普通高等教育“十一五”国家级规划教材
国家级精品课程教材

21世纪高等学校电子信息工程规划教材

数字图像处理基础

阮秋琦　主编

清华大学出版社
北京

内容简介

本书全面、系统地介绍了数字图像处理的基础理论及基本技术。全书共分10章，包括绪论，图像、图像系统与视觉系统，图像处理中的正交变换，图像增强，图像编码，图像复原，图像重建，图像分析，数学形态学原理，模式识别的理论和方法。在每章结尾都附有思考题，供教学或自学练习。同时提供作者编制的数字图像处理实验软件以及相应的MATLAB及C语言程序。为方便教学，还提供了相应的电子教案。

本书可作为高等院校信号与信息处理、通信、自动控制、遥感、生物工程、计算机科学以及医学、物理、化学等专业的本科生、研究生教材，也可供科技人员参考。

图书在版编目(CIP)数据

数字图像处理基础/阮秋琦主编. —北京：清华大学出版社，2009.12(2022.1重印)
(21世纪高等学校电子信息工程规划教材)
ISBN 978-7-302-19611-2

Ⅰ.数… Ⅱ.阮… Ⅲ.数字图像处理－高等学校－教材 Ⅳ.TN911.73

中国版本图书馆CIP数据核字(2009)第025328号

责任编辑：付弘宇 顾 冰
责任校对：李建庄
责任印制：丛怀宇

出版发行：清华大学出版社
网 址：http://www.tup.com.cn，http://www.wqbook.com
地 址：北京清华大学学研大厦A座 邮 编：100084
社 总 机：010-62770175 邮 购：010-83470235
投稿与读者服务：010-62776969，c-service@tup.tsinghua.edu.cn
质 量 反 馈：010-62772015，zhiliang@tup.tsinghua.edu.cn
印 装 者：三河市龙大印装有限公司
经 销：全国新华书店
开 本：185mm×260mm **印 张**：24.75 **字 数**：598千字
版 次：2009年12月第1版 **印 次**：2022年1月第10次印刷
印 数：13601～14100
定 价：59.00元

产品编号：028400-04

出版说明

随着我国高等教育规模的扩大和产业结构调整的进一步完善，社会对高层次应用型人才的需求将更加迫切。各地高校紧密结合地方经济建设发展需要，科学运用市场调节机制，合理调整和配置教育资源，在改革和改造传统学科专业的基础上，加强工程型和应用型学科专业建设，积极设置主要面向地方支柱产业、高新技术产业、服务业的工程型和应用型学科专业，积极为地方经济建设输送各类应用型人才。各高校加大了使用信息科学等现代科学技术提升、改造传统学科专业的力度，从而实现传统学科专业向工程型和应用型学科专业的发展与转变。在发挥传统学科专业师资力量强、办学经验丰富、教学资源充裕等优势的同时，不断更新其教学内容、改革课程体系，使工程型和应用型学科专业教育与经济建设相适应。

为了配合高校工程型和应用型学科专业的建设和发展，急需出版一批内容新、体系新、方法新、手段新的高水平电子信息类专业课程教材。目前，工程型和应用型学科专业电子信息类专业课程教材的建设工作仍滞后于教学改革的实践，如现有的电子信息类专业教材中有不少内容陈旧(依然用传统专业电子信息教材代替工程型和应用型学科专业教材)，重理论、轻实践，不能满足新的教学计划、课程设置的需要；一些课程的教材可供选择的品种太少；一些基础课的教材虽然品种较多，但低水平重复严重；有些教材内容庞杂，书越编越厚；专业课教材、教学辅助教材及教学参考书短缺，等等，都不利于学生能力的提高和素质的培养。为此，在教育部相关教学指导委员会专家的指导和建议下，清华大学出版社组织出版本系列教材，以满足工程型和应用型电子信息类专业课程教学的需要。本系列教材在规划过程中体现了如下一些基本原则和特点：

(1) 系列教材主要是电子信息学科基础课程教材，面向工程技术应用培养。本系列教材在内容上坚持基本理论适度，反映基本理论和原理的综合应用，强调工程实践和应用环节。电子信息学科历经了一个多世纪的发展，已经形成了一个完整、科学的理论体系，这些理论是这一领域技术发展的强大源泉，基于理论的技术创新、开发与应用显得更为重要。

(2) 系列教材体现了电子信息学科使用新的分析方法和手段解决工程实际问题。利用计算机强大功能和仿真设计软件，使得电子信息领域中大量复杂的理论计算、变换分析等变得快速简单。教材充分体现了利用计算机解决理论分析与解算实际工程电路的途径与方法。

(3) 系列教材体现了新技术、新器件的开发应用实践。电子信息产业中仪器、设备、产品都已使用高集成化的模块，且不仅仅由硬件来实现，而是大量使用软件和硬件相结合方法，使得产品性价比很高，如何使学生掌握这些先进的技术、创造性地开发应用新技术是本系列教材的一个重要特点。

(4) 以学生知识、能力、素质协调发展为宗旨，系列教材编写内容充分注意了学生创新能力和实践能力的培养，加强了实验实践环节，各门课程均配有独立的实验课程和课程设计。

(5) 21 世纪是信息时代，学生获取知识可以是多种媒体形式和多种渠道的，而不再局限于课堂上，因而传授知识不再以教师为中心，以教材为唯一依托，而应该多为学生提供各类学习资料(如网络教材、CAI 课件、学习指导书等)。应创造一种新的学习环境(如讨论、自学、设计制作竞赛等)，让学生成为学习主体。该系列教材以计算机、网络和实验室为载体，配有多种辅助学习资料，提高学生学习兴趣。

繁荣教材出版事业，提高教材质量的关键是教师。建立一支高水平的以老带新的教材编写队伍才能保证教材的编写质量和建设力度，希望有志于教材建设的教师能够加入到我们的编写队伍中来。

21 世纪高等学校电子信息工程规划教材编委会

联系人：魏江江　weijj@tup.tsinghua.edu.cn

前　言

数字图像处理起源于20世纪20年代，当时通过海底电缆从英国的伦敦到美国的纽约采用数字压缩技术传输了第一幅数字照片。此后，由于遥感及医学等领域的应用，使图像处理技术逐步受到关注并得到相应的发展。1964年美国的“喷气推进实验室”处理了由太空船“徘徊者七号”发回的月球照片，这标志着第三代计算机问世后，数字图像处理开始得到普遍应用。由于CT的发明、应用，以及获得备受科技界瞩目的诺贝尔奖，使得图像处理技术大放异彩。其后，数字图像处理技术发展迅速，目前已成为工程学、计算机科学、信息科学、统计学、物理、化学、生物学、医学甚至社会科学等领域中各学科学习和研究的对象。随着信息高速公路、数字地球概念的提出以及Internet的广泛应用，信息传输中的非话业务急剧增长，其中，图像信息以其信息量大、传输速度快、作用距离远等一系列优点使其成为人类获取信息的重要来源及利用信息的重要手段。今天，随着科技事业的进步以及人类需求的多样化发展，使得多学科的交叉、融合成为现代科学发展的突出特色和重要途径。因此，图像处理科学与技术逐步向其他学科领域渗透并为其他学科所利用是科学发展的必然。图像处理科学又是与国计民生紧密相连的一门应用科学，它已给人类带来了巨大的经济和社会效益。未来，它不仅在理论上会有更深入的发展，在应用上亦是科学研究、社会生产乃至人类生活中不可缺少的强有力的工具。它的发展及应用与我国的现代化建设联系之密切、影响之深远是不可估量的。在信息社会中，图像处理科学无论是在理论上还是在实践上都存在着巨大的潜力。

本书共分10章。根据作者多年教学及科研实践的体会并参考相关文献，概括地描述了图像处理理论和技术所涉及的各个分支。图像处理理论和技术所包含的内容是如此之广，各章都涉及有专业深度的理论及内容，因此，每一个章节自成一书亦不为过。本书只能提纲挈领地介绍图像处理的基本理论和方法，其目的是使读者对图像处理科学有较全面的了解，为进一步深入研究打下扎实的基础。

作者根据多年的实践编制了一套实验演示软件，该软件既可以用作教学或自学演示，加深读者的感性认识，也可以在教学中用作实验软件或直接用于图像处理。同时，也编制了一些典型处理的MATLAB程序及C程序，供初学者学习参考，这些程序可以在清华大学出版社网站(http://www.tup.tsinghua.edu.cn)上下载。

本书在编写过程中得到了清华大学出版社的大力支持，同时，在编程方面也得到作者所在单位的部分博士生、硕士生的帮助，对此，本人深表感谢。此外，还要感谢本书中所引用论文和资料的作者。由于本人水平所限，书中一定会有许多不足之处，敬请读者批评指正。

读者在本书的使用中遇到任何问题或有任何建议，请发邮件至fuhy@tup.tsinghua.edu.cn。

作　者

2009年9月

于北京交通大学

目　　录

第1章 绪 论

1.1 序言

人类传递信息的主要媒介是语音和图像。据统计，在人类接受的各种信息中，听觉信息占20%，视觉信息占60%，其他如味觉、触觉、嗅觉总起来不过占20%。所以，作为传递信息的重要媒体和手段——图像信息是十分重要的。俗话说"百闻不如一见"、"一目了然"，这些都反映了图像在传递信息中的独到之处。

图像处理技术的最早应用当属遥感与医学领域。从世界上出现第一幅照片(1839年)及意大利人乘飞机拍摄了第一张照片(1909年)通常被认为是遥感技术的起源，也是图像处理技术的兴起。在医学领域中利用图像进行直观诊断可追溯至1895年X射线的发现。德国维尔茨堡大学校长兼物理研究所所长伦琴教授(1845—1923)，在他从事阴极射线的研究时，发现了X射线，如图1-1所示。

伦琴教授偶然发现的X射线可以穿透肌肉照出手骨轮廓，图1-2是伦琴教授夫人的手骨透视图像，手指上的结婚戒指都很清楚。这就是第一张具有历史意义的医学透视图像。后来在医学领域发挥了巨大作用，同时也促进了图像技术的发展。

图1-1 德国科学家伦琴

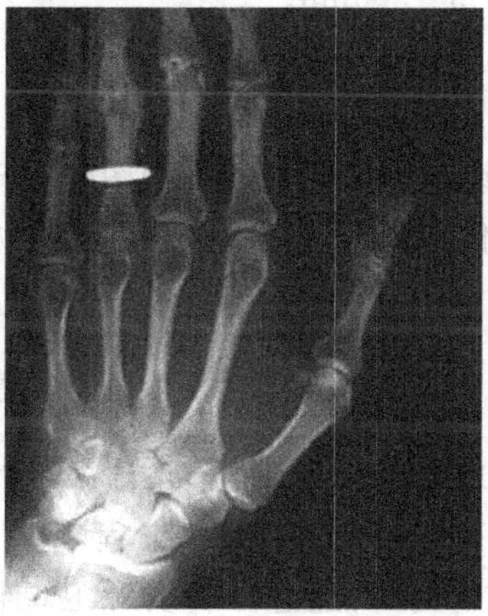

图1-2 世界第一张X光图像

数字图像处理技术起源于20世纪20年代，当时通过海底电缆从英国伦敦到美国纽约传输了一幅照片，它采用了数字压缩技术。就20世纪20年代的技术水平来看，如果不压缩，传输这样一幅图像要一周时间，压缩后只用了3小时。1964年美国的"喷气推进实验室"处理了由太空船"徘徊者七号"发回的月球照片，这标志着第三代计算机问世后数字图像处理概念开始得到应用。其后，数字图像处理技术发展迅速，目前已成为工程学、计算机科学、信息科学、统计学、物理、化学、生物学、医学甚至社会科学等领域中各学科之间学习和研究的对象。如今,数字图像处理技术已给人类带来了巨大的经济和社会效益。未来,它不仅在理论上会有更深入的发展,在应用上也是科学研究、社会生产乃至人类生活中不可缺少的强有力的工具。

当前图像处理面临的主要任务是研究新的处理方法,构造新的处理系统,开拓更广泛的应用领域。

图像处理科学对人类具有重要意义,它表现在以下 3 个方面。

1. 图像是人们从客观世界获取信息的重要来源

人类通过感觉器官从客观世界获取信息,即通过耳、目、口、鼻、手和听、看、尝、嗅以及触摸的方式获取信息。在这些信息中,视觉信息占 60%~70%。视觉信息的特点是信息量大、传播速度快,作用距离远,有心理和生理作用,加上大脑的思维和联想,具有很强的判断能力。其次是人的视觉十分完善,人的眼睛灵敏度高,鉴别能力强,不仅可以辨别景物,还能辨别人的情绪。由此可见,图像信息对人类来说是十分重要的。

2. 图像信息处理是人类视觉延续的重要手段

众所周知,人的眼睛只能看到可见光部分,但就目前科技水平来看,能够成像的并不仅仅是可见光。一般来说,可见光的波长为 0.38~0.8μm,而迄今为止人类发现可成像的射线已有多种,如:

γ 射线:0.003~0.03nm。

X 射线:0.03~3nm。

紫外线:3~300nm。

红外线:0.8~300μm。

微波:0.3~100cm。

这些射线均可以成像。利用图像处理技术把这些不可见射线所成图像加以处理并转换成可见图像,实际上大大延伸了人类视觉器官的功能,扩大了人类认识客观世界的能力。

3. 图像处理技术对国计民生的重要意义

图像处理技术发展到今天,许多技术已日趋成熟。在各个领域的应用取得了巨大的成功和显著的经济效益,在工程领域、工业生产、军事、医学以及科学研究中的应用已十分普遍。例如,通过分析资源卫星得到的照片可以获得地下矿藏资源的分布及埋藏量;利用红外线、微波遥感技术不仅可以进行农作物估产、环境污染监测、国土资源普查,而且还可以侦察到隐蔽的军事设施;X 射线 CT 已广泛应用于临床诊断,由于它可得到人体内部器官的断层图像,因此,可准确地确定病灶位置,为诊断和治疗疾病带来了极大的方便。至于在工业生产中的设计自动化及产品质量检验中更是大有可为。在安全保障及监控方面,图像处理技术更是不可缺少的基本技术,如无损安全检查、指纹、虹膜、掌纹、人脸等生物特征识别与认证等应用例子随处可见,在信息安全中的信息隐藏及数字水印技术以其不可替代的优势也正受到广泛的关注;至于在通信及多媒体技术中,数字图像处理更是重要的关键技术。因此,图像处理技术在国计民生中的重要意义是显而易见的。正因为如此,图像处理理论和技术受到了各界的广泛重视。在科学工作者的不懈努力之下,已取得了令人瞩目的成就,并正在向更加深入及更高的层次发展。

1.2 图像处理技术的分类

图像处理技术基本可分为两大类,即模拟图像处理和数字图像处理。

1.2.1 模拟图像处理

模拟图像处理(analog image processing)包括光学处理(利用透镜)和电子处理,如照相、遥感图像处理、电视信号处理等。模拟图像处理的特点是速度快,一般为实时处理,理论上讲可达到光的速度,并可同时并行处理。电视图像是模拟信号处理的典型例子,它处理的是活动图像,通常是 25 帧/秒或 30 帧/秒。模拟图像处理的缺点是精度较差,灵活性差,很难有判断能力和非线性处理能力。

1.2.2 数字图像处理

数字图像处理(digital image processing)一般都用计算机处理或实时的硬件处理,因此,也称之为计算机图像处理(computer image processing)。其优点是处理精度高,处理内容丰富,可进行复杂的非线性处理,有灵活的变通能力。一般来说,只要改变软件就可以改变处理内容。其缺点是处理速度还有待提高,特别是进行复杂的处理更是如此。一般情况下,处理静止画面居多,如果实时处理一般精度的数字图像,计算机大约要具有 100MIPS 的处理能力;其次是分辨率及精度尚有一定限制,如一般精度图像是 512×512×8 位,分辨率高的可达 2048×2048×12 位,如果精度及分辨率再提高,所需处理时间将显著地增加。

从广义上讲,一般的数字图像很难为人所理解,因此,数字图像处理也离不开模拟技术,为实现人-机对话和自然的人机接口,特别需要人去参与观察和判断的情况下,模拟图像处理技术是必不可少的。

1.3 数字图像处理的特点

数字图像处理的特点表现在以下几个方面。

1. 图像信息量大

在数字图像处理中,一幅图像可看成是由图像矩阵中的像素(pixel)组成的,每个像素的灰度级至少要用6位(单色图像)来表示,一般采用8位(彩色图像),高精度的可用12位或16位。一般分辨率的图像像素数为256×256、512×512,高分辨率图像可达1024×1024或2048×2048。例如:

$$256\times256\times8=64\text{KB}$$
$$512\times512\times8=256\text{KB}$$
$$1024\times1024\times8=1\text{MB}$$
$$2048\times2048\times8=4\text{MB}$$

X光照片一般有64～256KB的数据量,一幅遥感图像占用3240×2340×4=30MB的存储空间。大数据量给存储、传输和处理都带来巨大的困难。

2. 图像处理技术综合性强

在数字图像处理中涉及的基础知识和专业技术相当广泛。一般来说涉及通信技术、计算机技术、电子技术、电视技术,至于涉及的数学、物理等方面的基础知识就更多。

当今的图像处理理论大多是通信理论的推广,很多理论是把通信中的一维问题推广到二维,以便于分析。在此基础上,逐步发展自己的理论体系。因此,图像处理技术与通信技术密切相关。

在图像处理工程中的信息获取和显示技术主要源于电视技术,其中的摄像、显示、同步等各项技术是必不可少的。

计算机已是图像处理的常规工具。在图像处理中涉及软件、硬件、网络、接口等多项技术,特别是并行处理技术在实时图像处理中显得十分重要。

图像处理技术的发展涉及越来越多的基础理论知识,雄厚的数理基础及相关的边缘学科知识对图像处理科学的发展有越来越大的影响。总之,图像处理科学是一项涉及多学科的综合性科学。

3. 图像信息理论与通信理论密切相关

早在1948年Shannon发表了“A mathematical Theory of Communication”(通信中的数学理论)一文,它奠定了信息论的基础。此后,信息理论逐渐渗透到各个领域。图像信息论也属于信息论科学中的一个分支。从当今的理论发展看,可以说,图像信息论是在通信理论研究的基础上发展起来的。图像理论是把通信中的一维时间问题推广到二维空间上来研究的,也就是说,通信研究的是一维时间信息;图像研究的是二维空间信息;通信研究的是时间域和频率域的问题;图像理论研究的是空间域和空间频率域(或变换域)之间的关系;通信理论中认为,任何一个随时间变化的波形都是由许多频率不同、振幅不同的正弦波组合而成;图像理论认为,任何一幅平面图像是由许多频率、振幅不同的X-Y方向的空间频率波相叠加而成,高空间频率波决定图像的细节,低空间频率波决定图像的背景和动态范围。

总之,通信中的一维问题的分析方法都可推广到二维来研究和分析图像处理问题,尽管有些理论尚不完全贴切,但对图像处理自身理论体系的形成有极大的借鉴意义。

1.4 数字图像处理的主要方法及主要内容

1.4.1 数字图像处理方法

数字图像处理方法大致可分为两大类，即空域法和变换域法。

1. 空域法

这种方法是把图像看做是平面中各个像素组成的集合，然后直接对这一二维函数进行相应的处理。空域处理法主要有两大类。

1）邻域处理法

其中包括梯度运算(gradient algorithm)、拉普拉斯算子运算(laplacian operator)、平滑算子运算(smoothing operator)、卷积运算(convolution algorithm)等。

2）点处理法

其中包括灰度处理(grey processing)、面积、周长、体积、重心运算等。

2. 变换域法

数字图像处理的变换域处理方法是首先对图像进行正交变换，得到变换域系数阵列，然后再施行各种处理，处理后再将其反变换到空间域，得到处理结果。

这类处理包括滤波、数据压缩、特征提取等处理。

1.4.2 数字图像处理的主要内容

完整的数字图像处理工程大体上可分为以下几个方面：图像信息的获取、图像信息的存储、图像信息的传送、图像信息处理、图像信息的输出和显示。

1. 图像信息的获取(image information acquisition)

就数字图像处理而言，主要是把一幅图像转换成适合计算机或数字设备处理的数字信号。这一过程主要包括摄取图像、光电转换及数字化等几个步骤。通常图像获取的方法有以下几种。

1）电视摄像机(video camera)

这是目前使用最广泛的图像获取设备(见图 1-3)。早期主要有光电摄像管、超正析摄像管等。近年来，主要是采用 CCD 摄像设备。该设备有以下特点。

优点：设备小巧、速度快、成本低、灵敏度高。

缺点：灰度层次较差、非线性失真度较大、有黑斑效应，在使用中需校正。

目前 CCD 摄像机在分辨率、灵敏度等方面已做到较高水平，如 1920×1035 像素或 1024×1024 像素的高分辨率的 CCD 摄像机已很成熟。

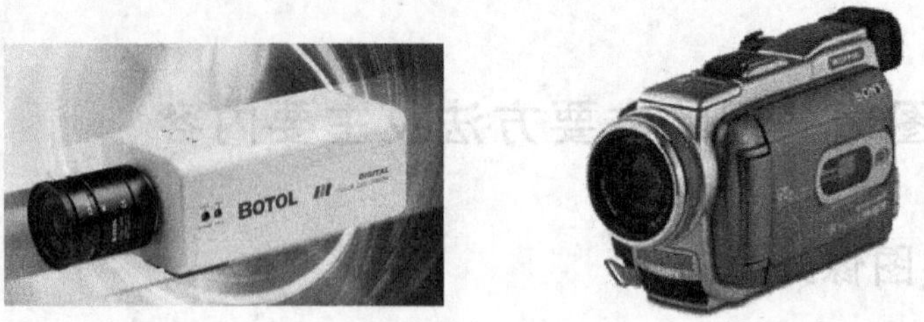

(a) (b)

图 1-3 电视摄像机

2) 飞点扫描器(flying point scanner)

这是一种以光源做扫描的图像获取设备。飞点扫描器是通过阴极射线管(Cathode Ray Tube,CRT)作为光源,在图片上进行扫描,其反射光由光电倍增管接收并变换为电信号输出。

飞点扫描器可获得与电视摄像机相仿的扫描速度,但位置精度和分辨率都比电视摄像机高,图像清晰,可透射成像也可反射成像。

飞点扫描器的缺点是稳定性和再现性比较差,这与荧光物质的不均匀、阴极射线管的畸变、光点在屏幕上的位置不够稳定等因素有关。其体积略显庞大,设备价格也较高。

3) 扫描鼓

这是一种高精度的滚筒式的图像摄取设备。机械扫描鼓的原理与传真机相似。照片或负片安放在鼓形滚筒上,最大尺寸可达 250mm×250mm,由光线照射或从内部光源透射在图像上,再由光学系统收集后送至光电倍增管,变换成电信号,经放大后送至 A/D 变换器,再经高速数据接口送入计算机。一般先送入磁盘等外存储器,再作处理。

机械扫描鼓是一种扫描精度高、信噪比高、可靠性好的图像输入设备。它输入一幅 $36mm^2$ 的图片只需要数分钟,速度比平台式微密度计要快得多,它既可以输入也可以输出。其缺点是只能采用逐行扫描方式,不能用于随机扫描。同时,价格也相当昂贵,维护要求高。

4) 扫描仪

优点:精度和分辨率中等,600dpi 精度的扫描仪已很常见。扫描仪的成本很低,近几年尤其降价显著,一般台式扫描仪已有不足 1000 元的产品。所以是当今应用最为广泛的图像信息获取设备,如图 1-4 所示。

缺点:速度较慢,精度一般。扫描仪是非实时设备。

图 1-4 扫描仪

5) 微光密度计

微光密度计(microdensitometer)是一种平台机械扫描式的光电转换图像输入设备,它既可输入如胶片之类的负片图像,又可输入如照片、文件之类的正片图像。微光密度计的测量精度很高。使用计算机控制旋转被测样片的平台,作 x、y 方向运动,可形成逐行扫描、螺旋扫描、随机扫描及跟踪扫描。国外典型的产品有英国的 PDS 微光密度计、MDM-6 型微光密度计,都是比较先进的。以上产品的基本原理和操作都大体相似,只是光路系统设计各有所长。

微光密度计是一种速度很慢、精度很高、取样很密、价格昂贵的图像输入设备。一般输入一张图片到计算机磁带上要用一小时以上的时间。因此，它一般用于要求精度高、速度慢的图像输入。

其他遥感中常用的图像获取设备还有多种。

光学摄影：摄像机、多光谱相机等。

MSS：多光谱扫描仪。

微波：微波辐射计、侧视雷达、真实空孔径雷达、合成孔径雷达(SAR)。

合成孔径雷达是 20 世纪 50 年代发展起来的技术，如图 1-5 所示。它采用小天线通过直线飞行(长距离)合成一条很长的线阵天线，从而达到优良的横向方位的分辨率。目前的

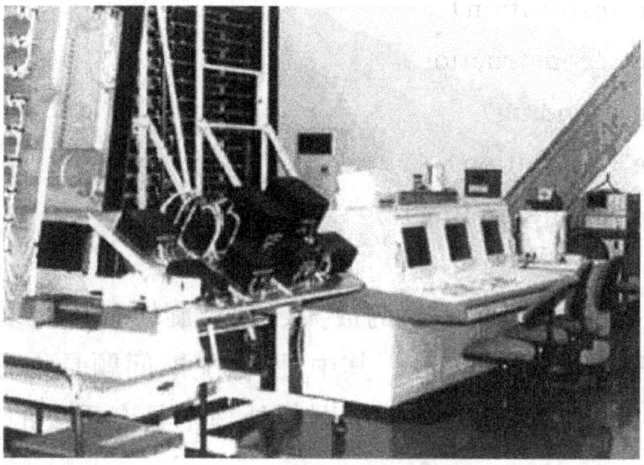

图 1-5 星载合成孔径雷达

国际水平，在距雷达 50～100km 范围内，合成孔径雷达的纵向和横向分辨率已达 1m×1m 以下。例如，$\lambda=3$cm，距雷达 50km 处的分辨率要达到 1m×1m 时所需的飞行直线合成孔径可由下式计算得到：

$$L = K\frac{\lambda R_0}{2\delta\gamma_a}$$

$$\lambda = 3\text{cm},\quad K = 1.35,\quad R_0 = 50\text{km},\quad \delta\gamma_a = 1,\quad L = 1012\text{m}$$

由此可以看出飞行距离很长。为使飞机能直线、恒速飞行，要用到陀螺导航仪、GPS 定位系统等设备和技术加以保证。

2. 信息的存储(image information storage)

图像信息的突出特点是数据量巨大。一般作档案存储主要采用磁带、磁盘或光盘。为解决海量存储问题，主要研究数据压缩、图像格式及图像数据库技术等。近年来，图像检索也受到了极大重视，特别是基于内容的检索是研究的热点课题。

3. 图像信息的传送(image information transmission)

图像信息的传送可分为系统内部传送与远距离传送。内部传送多采用 DMA(Direct Memory Access)技术以解决速度问题。外部远距离传送主要研究图像通信问题。电视是大家熟知的图像传输方式，目前有各种制式和标准，如彩色电视的 NTSC、PAL、SECAM 制式，电视会议的 H.320、H.323、RTP/RTCP、UDP 传输协议，以及 H.261、H.263、H.264、H.26L、MPEG1、MPEG2、MPEG4、MPEG7、MPEG21 等编码标准。图像通信主要解决占

用带宽问题，图像通信网正在逐步建立。

4. 数字图像处理(digital image processing)

目前，数字图像处理多半采用计算机处理，因此，有时也称之为计算机图像处理(computer image processing)。数字图像处理概括地说主要包括以下几项内容。

- 几何处理(geometrical processing)
- 算术处理(arithmetic processing)
- 图像增强(image enhancement)
- 图像复原(image restoration)
- 图像重建(image reconstruction)
- 图像编码(image encoding)
- 图像识别(image recognition)
- 图像理解(image understanding)

1) 几何处理

几何处理主要包括：坐标变换，图像的放大、缩小、旋转、移动，多个图像配准，全景畸变校正，扭曲校正，周长、面积、体积计算等。其中，图像配准问题是十分重要的处理方法之一，它涉及众多的数学变换问题。特别是在医学图像处理中具有重要的应用价值。

2) 算术处理

算术处理主要对图像施以＋、－、×、÷等运算，虽然该处理主要是针对像素点的处理，但非常有用，如医学图像的减影处理就有显著的效果，如图 1-6 所示。

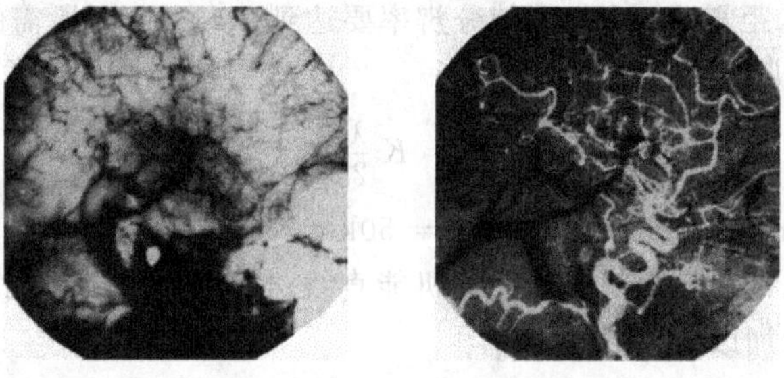

(a) (b)

图 1-6 减影处理的实例

3) 图像增强

图像增强处理主要是突出图像中感兴趣的信息，而减弱或去除不需要的信息，从而使有用信息得到加强，便于区分或解释。其主要方法有直方图修改技术、伪彩色增强法(pseudo color)、灰度窗口、图像平滑、图像尖锐化处理、同态处理等技术。

4) 图像复原

图像复原处理的主要目的是去掉干扰和模糊，恢复图像的本来面目。典型的例子如去噪就属于复原处理。图像噪声包括随机噪声和相干噪声，随机噪声干扰表现为麻点干扰，相干噪声表现为网纹干扰。去模糊也是复原处理的任务，这些模糊来自透镜散焦、相对运动、大气湍流、云层遮挡等。这些干扰可用维纳滤波、逆滤波、同态滤波等方法加以去除。

5）图像重建

几何处理、图像增强、图像复原都是从图像到图像的处理，即输入的原始数据是图像，处理后输出的也是图像，而重建处理则是从数据到图像的处理。也就是说输入的是某种数据，而处理结果得到的是图像。该处理的典型应用就是 CT 技术，CT 技术发明于 1972 年，早期为 X 光（X 射线）CT，后来发展的有 ECT、超声 CT、核磁共振（NMR）等。图像重建的主要算法有代数法、迭代法、傅里叶反投影法、卷积反投影法等，其中以卷积反投影法运用最为广泛，因为它的运算量小、速度快。值得注意的是三维重建算法发展很快，而且由于与计算机图形学相结合，把多个 2D 图像合成 3D 图像，并加以光照模型和各种渲染技术，能生成各种具有强烈真实感及纯净的高质量图像。三维图形的主要算法有线框法、表面法、实体法、彩色分域法等，这些算法在计算机图形学中都有详尽的介绍。三维重建技术也是当今颇为热门的虚拟现实和科学可视化技术的基础。

6）图像编码

图像编码的研究属于信息论中信源编码范畴，其主要宗旨是利用图像信号的统计特性及人类视觉的生理学及心理学特性对图像信号进行高效编码，即研究数据压缩技术，以解决数据量大的矛盾。一般来说，图像编码目的有 3 个：

① 减少数据存储量；

② 降低数据率以减少传输带宽；

③ 压缩信息量，便于特征抽取，为识别做准备。

就编码而言，M. Kunt 提出第一代、第二代编码的概念。Kunt 把 1948—1988 年这 40 年中研究的以去除冗余为基础的编码方法称为第一代编码。例如，PCM、DPCM、ΔM、亚取样编码法；变换编码中的 DFT、DCT、Walsh-Hadamard 变换等方法，以及以此为基础的混合编码法，均属于经典的第一代编码法。而第二代编码方法多是 20 世纪 80 年代以后提出的新的编码方法，如金字塔编码法、Fractal 编码、基于神经元网络的编码方法、小波变换编码法、模型基编码法等。现代编码法的特点是：充分考虑人的视觉特性；恰当地考虑对图像信号的分解与表述；采用图像的合成与识别方案压缩数据率。

图像编码是经典的研究课题，60 多年的研究已有多种成熟的方法得到应用。随着多媒体技术的发展，已有若干编码标准由 ITU-T 制定出来，如 JPEG、H. 261、H. 263、MPEG1、MPEG2、MPEG4、MPEG7、MPEG21、JBIG（二值图像压缩）（Joint Bo-level Image Coding Expert Group）等。相信经广大科技工作者的不懈努力，在未来会有更多、更有效的编码方法问世，以满足多媒体信息处理及通信的需要。

7）模式识别

模式识别是数字图像处理的又一研究领域。当今，模式识别方法大致有 3 种，即统计识别法、句法结构识别法、模糊识别法。

统计识别法侧重于特征，句法结构识别法侧重于结构和基元，模糊识别法是把模糊数学的一些概念和理论用于识别处理。在模糊识别处理中充分考虑人的主观概率，同时也考虑了人的非逻辑思维方法及人的生理、心理反应，这一独特性的识别方法目前正处于研究阶段，方法尚未成熟。

8）图像理解

图像理解是由图像识别发展起来的方法。该处理输入的是图像，输出的是一种描述。

这种描述并不仅是单纯地用符号做出详细的描绘，而是要利用客观世界的知识使计算机进行联想、思考及推论，从而理解图像所表现的内容。图像理解有时也叫景物理解。在这一领域还有相当多的问题需要进行深入研究。

以上所述的8项处理任务是图像处理所涉及的主要内容。总地说来，经多年的发展，图像处理经历了从静止图像到活动图像；从单色图像到彩色图像；从客观图像到主观图像；从二维图像到三维图像的发展历程。特别是与计算机图形学的结合已能产生高度逼真、非常纯净、更有创造性的图像。由此派生出来的虚拟现实技术的发展或许将从根本上改变人们的学习、生产和生活方式。

5. 图像的输出与显示

图像处理的最终目的是为人或机器提供一幅更便于解译和识别的图像。因此，图像输出也是图像处理的重要内容之一。图像的输出有两种，一种是硬拷贝，另一种是软拷贝。其分辨率随着科学技术的发展从256×256、512×512、1024×1024，至今已有2048×2048的高分辨率的显示设备问世。通常的硬拷贝方法有照相、激光复制、彩色喷墨打印等几种方法。软拷贝方法有以下几种。

1) CRT显示

自20世纪60年代以来，在显示技术中，CRT几乎独霸天下。目前，彩色显像管(Cathode Picture Tube，CPT)和彩色显示管(Cathode Display Tube，CDT)技术已相当成熟。20世纪90年代后期平板显示器件才相继问世。但专家们预测在未来一段时间内CRT仍是图像显示的主流。CRT显示质量好、亮度高、电子束寻址方式简单、制造成本低等都是CRT的显著优点。尤其采用微型滤光条(microfilter)工艺，加之动态聚焦技术的出现，使得CRT在对比度、色纯及光点大小方面都得到了改进。目前，分辨率为1280×1024像素、行频64kHz、点频110MHz的CRT已很普遍，高分辨率的可达到1920×1035像素，行频达80kHz，视频带宽达140MHz。进一步提高分辨率的主要困难在于显像管的制造和刷新存储器的速度。我国生产的CPT年产达1800万只，而CDT却很少，年产只有35万只。从市场占有率来看CRT亦是主流。

2) 液晶显示器

液晶的发现已有100多年的历史，但真正用于显示技术的历史还不到30年。尽管有人认为液晶显示器(Liquid Crystal Display，LCD)要想取代CRT至少还需若干年的时间，但其发展势头之大，发展速度之快却令人刮目相看。LCD的突出性能是极吸引人的，它的缺点正在逐步被克服。最近的新产品已大有改善，如Sharp公司推出的彩色非晶硅TFT-LCD产品，屏幕尺寸21英寸，分辨率640×480像素，像素数921600点，彩色数1670万种。富士通推出的10.4英寸显示器的视角可达120°。

3) 场致发光显示器

场致发光显示器(Field Emission Display，FED)有多种。总体来说，从技术上看还不能与CRT和LCD相竞争。但等离子显示器件的性能优于LCD。其本身视角可达160°，结构工艺简单，目前是有力的竞争者。1994年已有40英寸的壁挂式AD-PDP显示器展出。至于彩色荧光显示目前只能用于字符显示。

场致发光显示器具有光明的前途，它是最新发展起来的彩色平板显示器件。SID95’会议上展出的产品 6 英寸方形的全色 FED 分辨率已达到 512×512 像素。但目前要解决的是大面积的 FED 需要改善发光的均匀性和提高低压荧光粉的发光效率，在实用化中，封接、排气、真空维持等工艺尚有困难，这些问题解决后 FED 会大有前途。

1.5 数字图像处理的硬件设备

一般的数字图像处理系统如图 1-7 所示。

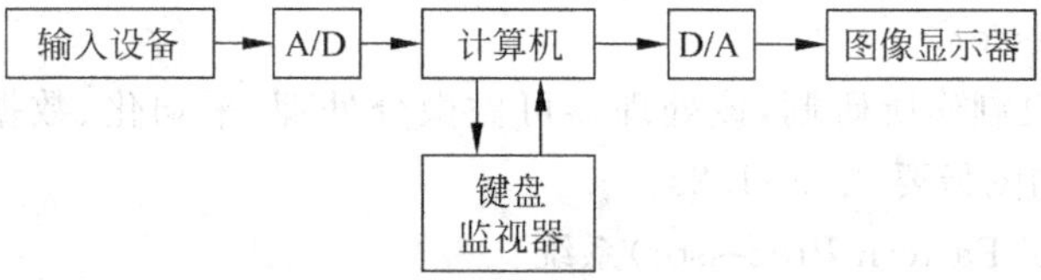

图 1-7 数字图像处理系统

早期的数字图像处理系统为提高处理速度，增加容量，都采用大型机。大型机的造价高，浪费大。后来较普遍的是发展小型机为主的系统。有代表性的是如美国的 I^2S 系统、加拿大的 Depex 系统。这种系统的主机均以 VAX/750、VAX/785 为主。现在的图像处理系统向两个方向发展，一个方向是微型图像处理系统，其主机为 PC 机，配以图像卡及显示设备就构成了最基本的微型图像处理系统。目前，国产的有 CA540、Vp32、FGCT11010N8、CA-CPE-1000、CA-CPE-2000 等图像板研制成功并已商品化。多媒体系统中常用的 Video Blaster 也是一种较普遍的图像卡。此外，大多数工作站也都有图像处理功能，也可以看做是微型的图像处理系统，但一般工作站大都以网络性能和图形功能见长。

微型系统成本低、设备紧凑、应用灵活、便于推广。特别是微型计算机的性能逐年提高，使得微型图像处理系统的性能也不断升级，加之软件配置丰富，使其更具实用价值。

图像处理系统的另一方向就是向大型机方向发展，以解决大数据量与处理能力之间的矛盾。

当前要从根本上解决处理能力、速度与数据量巨大的问题，还应该发展阵列机和并行处理技术，早期的几种有代表性的阵列处理器有以下几种。

1. AP-120B

AP-120B 是美国 Floating Point 公司研制的并行处理器，采用流水线结构，可用于空间滤波及 FFT 等处理。它有专用的浮点乘法器和加法器。对 512×512 像素的图像作 FFT，用 1.6s，比当时的大型机快几百倍。

2. FP(Flexible Processor)处理器

该处理器进行 8 位的乘法运算只要 250ns。该处理器广泛用于匹配计算、相关计算、图像空间坐标转换、灰度校正等。

3. 完全并行处理器

英国 London 大学曾研制 CLIP-4(Cellule Logic Image Processor-4)，该处理器由 96×96 的

基本细胞单元组成，由一台 PDP-11 做控制，处理速度可达 10 亿次/s。

4. 局部并行处理器

完全并行处理器的速度快，但运算电路数量多，而局部并行处理器却有一定的优点，因此应用也较广。

1) Pattern Processing

日本东京大阪大学研制的并行处理器，可做 5×5 窗口的门限处理，微分处理、细化处理等。对 64×64 大小的图像用 3×3 窗口作微分处理需要 12ms，细化处理要 15ms。

2) Image Processor

由日本日立中央制作所研制，该处理器可做微分处理、平均化、数据变换、直方图修改等，256×256 大小的图像要 0.2～1.2s。

3) PPP(Parallel Pattern Processor)系统

PPP 系统是日本东芝公司研制的。该系统采用流水线与并行处理方式，并行处理器有 8 个加法器和 8 个乘法器，可做滤波处理、变换处理，1μs 可做 64 次乘法和 64 次加法，同时还有 128 次存取操作。

总之，并行处理技术不仅是计算机科学中的重要研究对象，在实时图像处理中也是不可缺少的关键技术。

1.6 数字图像处理的应用

数字图像处理的应用越来越广，它的应用已渗透到工程、工业、医疗保健、航空航天，以及军事、科研、安全保卫等各个方面，在国计民生及国民经济中发挥着越来越大的作用。

具体应用领域可粗略概括为表 1-1。

表 1-1 图像处理的应用领域

学 科	应用内容
物理、化学	结晶分析、谱分析
生物、医学	细胞分析、染色体分类、血球分类、X 光照片分析、CT
环境保护	水质及大气污染调查
地质	资源勘探、地图绘制、GIS
农林	植被分布调查、农作物估产
海洋	鱼群探查、海洋污染监测
水利	河流分布、水利及水害调查
气象	云图分析等
通信	传真、电视、多媒体通信
工业、交通	工业探伤、铁路选线、机器人、产品质量监测
经济	电子商务、身份认证、防伪
军事	军事侦察、导弹制导、电子沙盘、军事训练等
法律	指纹识别等

其应用的典型例子如下。

1. 遥感(remote sensing)

在遥感的发展和大事记中，可以看到大量的与图像处理密切相关的技术。从世界上出现第一幅照片(1839 年)、意大利人乘飞机拍摄了第一张照片(1909 年)、苏联(1957 年)及美国(1958 年)发射第一颗人造地球卫星等都为遥感技术的发展奠定了坚实的基础。1962 年国际上正式使用遥感一词。

美国 20 世纪 70 年代，研制发射了第一代试验型地球资源卫星(Landsat-1、2、3)。这 3 颗卫星上装有返束光导摄像机和多光谱扫描仪 MSS，分别有 3 个和 4 个谱段，分辨率为 80m。80 年代，美国分别发射了第二代试验型地球资源卫星（Landsat-4、5)。卫星在技术上有了较大改进，其地面分辨率为 30m(TM6 的地面分辨率只有 120m)。Landsat-5 卫星是 1984 年发射的，现仍在运行。90 年代，美国又分别发射了第三代资源卫星(Landsat-6、7)。1999 年发射了 Landsat-7 卫星，以保持地球图像、全球变化的长期连续监测。该卫星装备了一台增强型专题绘图仪 ETM+，该设备增加了一个 15m 分辨率的全色波段，热红外信道的空间分辨率也提高了一倍。

图 1-8　飓风的遥感图像

遥感图像处理的作用越来越大，效率及分辨率也越来越高，如土地测绘、资源调查、气象监测、环境污染监测、农作物估产、军事侦察等。当前，在遥感图像处理中主要解决数据量大和处理速度慢的矛盾。图 1-8 所示为飓风的遥感图像。

2. 医学应用

图像处理在医学界的应用非常广泛，无论是在临床诊断还是病理研究方面都大量采用图像处理技术。它的直观、无创伤、安全方便的优点受到普遍的欢迎。其主要应用可举出众多的例子，如 X 光照片的分析、血球计数与染色体分类等。目前广泛应用于临床诊断和治疗的各种成像技术，如超声波诊断等都用到图像处理技术。有人认为计算机图像处理在医学上应用最成功的例子就是 X 光 CT(X-ray Computed Tomography)。在 1968—1972 年英国的 EMI 公司的 G. N. Hounsfeld 研制了头部 CT，1975 年又研制了全身 CT。70 年代下半年美、日、法、荷兰相继生产 CT。其中主要研制者 G. N. Hounsfeld(英)和 A. M. Commack(美)获得了 1979 年的诺贝尔生理医学奖。这足以说明 CT 的发明与研究对人类贡献之大、影响之深。类似的设备目前已有多种，如核磁共振 CT(Nuclear Magnetic Resonance Imaging，NMRI)、电阻抗断层图像技术(Electrical Impedance Tomography，EIT)或阻抗成像(impedance imaging)等。电阻抗断层图像是一种利用人体组织的电特性(阻抗、导纳、介电常数)形成人体内部图像的技术。由于不同组织和器官具有不同的电特性，这些电特性包含了解剖学信息。更重要的是人体组织的电特性随器官功能的状态而变化，因此，EIT 可望绘出反映与人体病理和生理状态相应功能的图像。目前，EIT 已发展了一些相应的算法(图像重建算法)，并在临床应用中也正在探索(如神经中枢系统、呼吸系统、心血管系统、消化系统)。当前的主要问题是分辨能力差,原因是入射电流进入人体组织后呈三维分布发散,因此,指向性不强,并且电流在人体组织中的分布规律复杂,未知因素多。虽然EIT分辨率不高,但是生物阻抗技术提取的组织和器官电特性信息对血液、气体、体液和不同组织成分有独特的鉴别能力,对血液的流动分布、肺内的气血交换、体液含量与流动等非常敏感,以此为基础,可进行心、脑、肺及相关循环系统的功能评价及血液动力学与流变学的研究。该技术对肺癌的早期发现显示出很大的优越性,这一点是现有的其他成像技术无法比拟的。图1-9所示为CT机外观及头部CT图像。

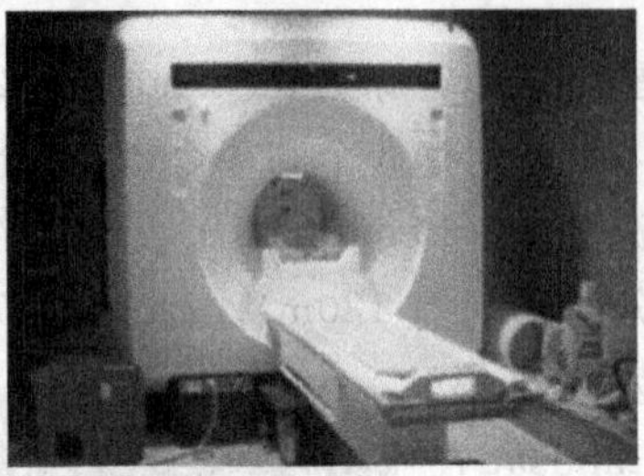
(a)

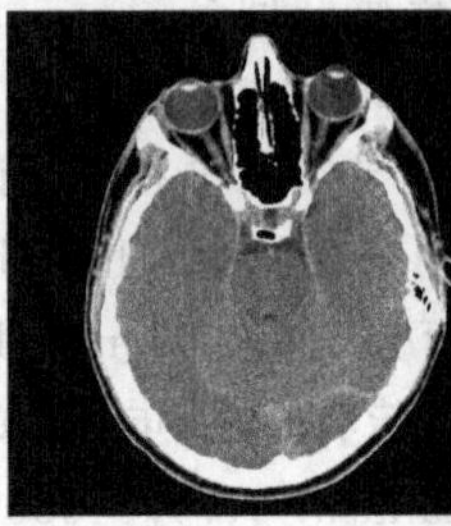
(b)

图1-9 CT机及其重建图像

3. 图像处理技术在通信中的应用

图像通信如按业务性能划分可分为电视广播(点对面通信)、传真、可视电话(点对点通信)、会议电视(点对多点)、图文电视可视图文及电缆电视等。如按图像变化性质分,可分为静止图像和活动图像通信。

从历史上看,早在1865年在法国就试验成功传真通信(巴黎至里昂),但后来由于技术及经济原因发展一直非常缓慢。20世纪70年代后,图像通信逐渐成为人们生活中常用的通信方式,随着大规模集成电路的发展,使得图像通信中所需的关键技术逐步得到解决,推动了图像通信的发展。1980年CCITT为3类传真机和公共电话交换网上工作的数字传真建立了国际标准,1984年CCITT提出了ISDN的建议,以及当今基于IP的多媒体通信都意味着非话业务通信方式已在通信中占有重要位置。图像通信主要有以下一些内容。

① 电视广播:黑白电视广播1925年在英国实现。1936年BBC开始电视广播。目前出现的彩色电视有3种制式,即NTSC(美国、日本等)、PAL(中、西欧、非洲等)和SECAM(法国、俄罗斯等)。

② 可视电话和会议电视:1964年美国国际博览会展出了Picture-phone MOD-Ⅰ可视电话系统,带宽为1MHz。目前的可视电话/会议电视均采用数字压缩技术,也出现了相应的国际标准。如图像编码标准H.261、H.263等及会议电视的H.320标准,在专用通信网中用PCM一次群传输,速率为2048kb/s。桌面型系统遵循H.323标准。

③ 传真:是把文字、图表、照片等静止图像通过光电扫描的方式变成电信号加以传送的设备。1980年CCITT为3类传真机和公共电话交换网上工作的数字传真建立了国际标准,即:一类机——不压缩,4线/毫米,A4文件传6min;二类机——采用频带压缩技术(残留边带传输)4线/毫米,传A4文件需3min;三类机——在传送前采用去冗余技术,在电话线上以1min传A4文件;四类机——在三类机的基础上发展的采用去冗余技术的传真设

备,采用去冗余、纠错码技术在公用数据网上使用的设备,加调制解调器(modem)也可以在公用电话网上使用。经过多年发展,传真技术不断进步,现在已有仅数秒钟就可传送一幅A4文件的传真机,分辨率高达16点/mm。

④ 图文电视和可视图文:图文电视(teletext)和可视图文(videotex)是提供可视图形文字信息的通信方式。图文电视是单向传送信息,它是在电视信号消隐期发送图文信息,用户可用电视机和专用终端收看该信息;可视图文是双向工作方式,用户可用电话向信息中心提出服务内容或从数据库中选择信息。

⑤ 电缆电视(CATV):是通过电缆或光缆传送的电视节目。第一个电缆电视系统于1949年安装在美国,采用光缆实现的CATV是1977年后的事情。

4. 工业生产的质量控制

在生产线中对生产的产品及部件进行无损检测也是图像处理技术的一个广泛的应用领域。如食品包装出厂前的质量检查,浮法玻璃生产线上对玻璃质量的监控和筛选,甚至在工件尺寸测量方面也可以采用图像处理的方法加以自动实现。另外,铁谱分析也是一个典型的应用,它在机械检测中发挥重要作用。

5. 安全保障、公安等方面的应用

该领域将采用模式识别等方法实现监控、指纹档案、案件侦破、交通管理等。

6. 教学及科研领域

该领域中也将大量应用图像处理技术。如科学可视化技术,远程培训及教学也将大量使用图像处理技术的成果。

7. 电子商务领域

当前呼声甚高的电子商务中,图像处理技术也大有可为,如身份认证、产品防伪、水印技术等逐渐成为电子商务中必不可少的关键技术之一。

总之,图像处理技术应用还可列出相当多的领域,它在国家安全、经济发展、日常生活中充当越来越重要的角色,它对国计民生的作用不可低估。

思考题

1. 图像处理的主要方法分为几大类?
2. 图像处理工程包括哪几项内容?
3. 数字图像处理的主要内容是什么?
4. 什么是软拷贝?什么是硬拷贝?
5. 图像信息获取设备有哪几种?其优、缺点是什么?
6. 图像显示的主要方法有几种?
7. 数字图像处理有哪些应用?

第2章 图像、图像处理系统与视觉系统

在数字图像处理技术中，处理方案的选择和设计与信源和信宿的特性密切相关。所谓信源就是处理前或处理后的图像，而信宿就是处理前后图像信息的接收者——人的视觉系统。因此，了解图像的特点及人的视觉系统的特性是恰当地选择处理图像的方法，以便从中获取最大的信息量所必备的先验知识。

本章将对图像的客观性质、图像处理系统的外围设备及人眼的视觉特性进行必要的讨论。

2.1 图像

2.1.1 有关光学的预备知识

在讨论图像与视觉系统的过程中，必然要涉及光学的有关知识。因此，这里首先介绍一下有关光学的术语及计量单位，以便为后续内容的展开做一些有益的铺垫。

光学理论中用到的主要术语及计量单位如下。

1. 发光强度(*I*)

光源发光的功率称为发光强度(intensity)，其单位主要有以下两种。

烛光功率(Candle Power，CP)：1cp是指标准蜡烛发出的光。标准蜡烛是用鲸脑油制成，重1/6磅，燃烧率为120格令(1格令＝0.0648g)的蜡烛。

新烛光(坎德拉Candle，cd)：1cd就是“全辐射体”加温到铂的熔点(2024K)时从1cm^2表面面积上发出的光的1/60。所谓“全辐射体”就是某一物质加热到某一温度时，它发出的能量分布在整个可见光范围内。理论上的全辐射体就是一个完全黑体，当冷却后，它将吸收所有入射到它上面的光。

在实用中可以认为1cp＝1cd。

2. 光通量(*Φ*)

光通量是每秒钟内光流量的度量，其单位是流明(Lumen，lm)。

流明是指与1cd的光源相距单位距离，并与入射光相垂直的单位面积上每秒钟流经的光流量称为1lm。

3. 照度(*E*)

入射到某表面的光通量密度称为该表面的照度(illumination)。用每单位面积的流明

数来表示。

主要单位体系有公制与英制两种。

1) 公制单位

① 勒克司(lx)：1lx=1lm/m^2。

② 幅透（phot)：1phot=1lm/cm^2。

③ 毫幅透(mphot)：1mphot=10^{-3}phot。

2) 英制单位

英尺-烛光：1 英尺-烛光=1lm/ft^2。

一般换算关系如下：

$$1\text{ 英尺-烛光}=1\text{lm/ft}^2=10.76\text{lm/m}^2=10.76\text{lx}$$

4. 反射

用来度量反射的是反射系数。

$$\text{反射系数 }\rho=\frac{\text{某表面反射的流明数}}{\text{入射到该表面的流明数}}$$

5. 透射

用来度量透射的是透射系数。透射系数用 τ 表示。

$$\text{透射系数 }\tau=\frac{\text{某物质透射的流明数}}{\text{入射到该物质的流明数}}$$

6. 亮度(*L*)

这个概念用来说明物体表面发光的量度。光可以由一个面光源直接辐射出来，也可以由入射光照射下的某表面反射出来。亮度对其两者均适用。

亮度的衡量有各种不同的单位。其中主要有 A、B 两组。A 组是以每单位面积上的发光强度来表示的；B 组是以每单位面积上发出的光通量来表示的。当然，这两组单位也是可以换算的。

1) A 组

使用新烛光(坎德拉)为单位。

- 尼特：1 尼特=1 新烛光(坎德拉)/平方米(cd/m^2)；
- 熙提：1 熙提=1 新烛光(坎德拉)/平方厘米(cd/cm^2)，1 熙提=10^4 尼特。

相应的英制单位如下。

- 1 新烛光(坎德拉)/平方英尺(cd/ft^2)；
- 1 新烛光(坎德拉)/平方英吋(cd/in^2)。

2) B 组

使用流明数为单位。

- 亚熙提：1 亚熙提=流明/平方米(lm/m^2)。
- 朗伯：1 朗伯=流明/平方厘米(lm/cm^2)，1 朗伯=10^4 亚熙提。

相应的英制单位为：1 英尺-朗伯=1 流明/平方英尺(lm/ft^2)。

3）A、B 两组的换算关系

1 尼特＝3.14 亚熙提

1 熙提＝3.14 朗伯

1 新烛光(坎德拉)/平方英尺＝10.76 尼特

1 英尺-朗伯＝10.76 亚熙提

1 新烛光(坎德拉)/平方英尺＝3.14 英尺-朗伯

由于光学单位名目繁多，容易引起混乱，所以又提出 SI 单位(国际单位)。

SI 单位制主要有 4 个度量单位，见表 2-1。

表 2-1　SI 单位制的 4 个主要度量单位

被 测 量	SI 单位	缩　写
发光强度(I)	新烛光(坎德拉)	cd
光通量(Φ)	流明	lm
照度(E)	勒克司	lx
亮度(L)	新烛光(坎德拉)/平方米	cd/m^2

以上是要用到的主要光学术语及计量单位。

2.1.2　图像的概念

“图像”一词在汉语中很难给出一个明确的定义。当打开英语词典时可以找到 3 个与图像有关的词，那就是 picture、image 和 pattern。一般英文词典对这 3 个词是这样注释的：picture——画、图画、图像、图片、电影等；image——像、图像、景象、映像、影像、反射、映射等；pattern——模型、式样、样本、图案、花样、图、图形等。从这 3 个词的注释中大致可做以下区分，其中 picture 是指与照片等相似的用手工描绘的人物或景物，其中侧重于手工描绘的一类“画”。image 是指用镜头等科技手段得到的视觉形象，一般来讲可定义为“以某一技术手段被再现于二维画面上的视觉信息”。通俗地说，就是指那些用技术手段把目标(object)原封不动地一模一样地再现的景物，它包含用计算机等机器产生的景物。而 pattern 指的是图形，在拉丁语中指裁衣服的纸样。因此，它主要是指图案、曲线、图形。综上所述，这里所说的图像处理应是 image processing。这里要处理的主要是属于照片、复印图、电视、传真、计算机显示的一类图像。

当用数学方法描述图像信息时，通常着重考虑它的点的性质，如一幅图像可以被看成是空间各个坐标点上强度的集合。它的最普遍的数学表达式为

$$I = f(x,y,z,\lambda,t) \tag{2-1}$$

式中，(x,y,z)是空间坐标；λ 是波长；t 是时间；I 是图像的强度。

这样一个表达式可以代表一幅活动的、彩色的、立体图像。

当研究的是静止图像(still image)时，则式(2-1)与时间 t 无关；当研究的是单色图像时，显然与波长 λ 无关，对于平面图像来说则与坐标 z 无关。因此，对于静止的、平面的、单色的图像来说其数学表达式可简化为式(2-2)，即

$$I = f(x,y) \tag{2-2}$$

式(2-2)说明一幅平面图像可以用二维亮度函数来表示。因为光也是能量的一种表现形式，所以

$$0 \leqslant f(x,y) < \infty \tag{2-3}$$

人们所感受到的图像一般都是由物体反射的光组成的。$f(x,y)$可以看成由两个分量组成，一个分量是所看到的景物上的入射光量，另一个分量是景物中被物体反射的光量，它们可分别被称为照射分量和反射分量。如果用$i(x,y)$表示照射分量，用$r(x,y)$表示反射分量，那么

$$I = f(x,y) = i(xy) \cdot r(xy) \tag{2-4}$$

式中

$$0 \leqslant i(x,y) < \infty \tag{2-5}$$

$$0 \leqslant r(x,y) \leqslant 1 \tag{2-6}$$

式(2-6)表示全吸收情况为 0，全反射的情况为 1。这里 $i(x,y)$由光源的性质来确定，而 $r(x,y)$则取决于景物中的物体。

$i(x,y)$的单位用照度来度量，即 $\mathrm{lm/m^2}$ 或 lx。

下面开列出一些 $i(x,y)$的典型值，以便为读者建立一点初步的感性认识。

例如，晴朗的日子，太阳在地球表面造成的照度为 9000 英尺-烛光(英制单位)也就是 96 840lx 或 96 840$\mathrm{lm/m^2}$。

当天空有云时，太阳在地球表面造成的照度为 1000 英尺-烛光或 10 760$\mathrm{lm/m^2}$，也就是 10 760lx。

晴天的夜晚而且是满月的情况下，地球表面的照度为 0.01 英尺-烛光＝0.1076lx。

一般房间照明充分的室内照度大约为 100 英尺-烛光＝1076lx。

$r(x,y)$是反射系数，其典型物质的典型值如下。

- 黑天鹅绒：0.01。
- 不锈钢：0.65。
- 白色墙：0.80。
- 镀银金属：0.90。
- 白雪：0.98。

在数字图像处理中经常用到监视器或电视机。自然景物映射到摄像管靶面的光的强弱取决于景物上反射出来的光通量。一般早期的黑白或彩色电视机的屏幕亮度为 80～120 新烛光(坎德拉)/米^2 或 80～120 尼特左右，当今阴极射线管的亮度已达到 500$\mathrm{cd/m^2}$，最新的等离子彩色电视显示器的亮度已达到 1000$\mathrm{cd/m^2}$。

2.1.3　图像的统计特性

在图像的统计特性表征中，认为图像信号是一个随机信号。对于一个随机信号的数学描述，则是振幅或相位的分布函数、概率密度函数以及一系列的相关矩、中心矩、功率谱等。利用这些参数来表征图像的特性，建立图像信息的数学模型，以便对图像信息进行有效的分析及处理。

1. 图像的振幅分布特性

图像信号的振幅分布特性由振幅分布函数或振幅分布密度函数来表示。振幅分布函数由式(2-7)表示，即

$$F(z) = P\{g(x,y) < z\} \tag{2-7}$$

式中：$F(z)$是振幅分布函数，$g(x,y)$是二维图像信号，P代表概率。由式(2-7)可知，所谓图像信号振幅分布函数就是图像信号$g(x,y)$之值小于某一给定值z的概率。$g(x,y)$的值落在z_1、z_2之间的概率由式(2-8)表示，即

$$F(z_2) - F(z_1) = P\{z_1 \leqslant g(x,y) < z_2\} \tag{2-8}$$

振幅分布密度函数$f(z)$可由$F(z)$的导数得到，即

$$f(z) = \frac{\mathrm{d}}{\mathrm{d}z}F(z) \tag{2-9}$$

或者由式(2-10)来表示，即

$$f(z) = \lim_{\Delta z \to 0} \frac{1}{\Delta z} P\{z \leqslant g(x,y) < z + \Delta z\} \tag{2-10}$$

图像信号的振幅分布函数及分布密度函数可由式(2-7)及式(2-10)来测定。

日本 NHK 技研所的千叶、安东曾对 3 种图像的振幅分布特性作了测量。其中有戏剧场面摄影作品、电影镜头画面等。其测试曲线如图 2-1 所示。

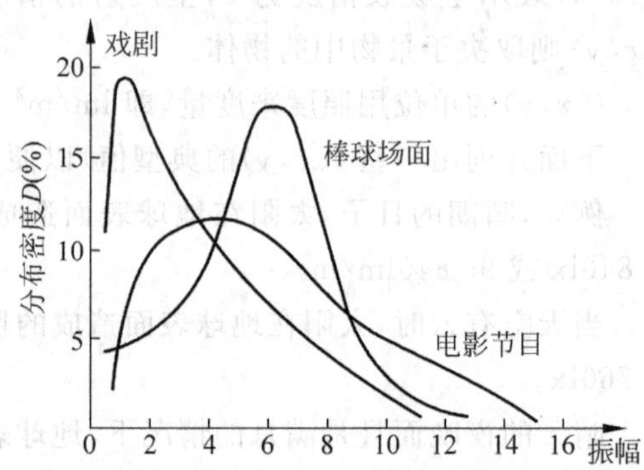

图 2-1　图像振幅分布密度曲线

2. 差值信号的振幅分布特性

对图像信号预测编码有重要意义的差值信号的振幅分布特性也进行了测定。早在1952 年，贝尔实验室的克雷茨默(Kretzmer)对相邻像素间的差值进行了测定，其分布密度曲线如图 2-2 所示。由曲线可见，相邻像素振幅的差大部分集中于零差值附近。这说明相邻像素间有较大的相关性。由曲线的形状，可认为其近似于指数分布，即

$$f(x) = \mathrm{e}^{-\alpha x} \tag{2-11}$$

式中：x是像素间的距离，α是由图像性质决定的系数，$f(x)$是概率密度函数。由实测结果可知，对于特写画面来说α值较小，对于群集远景画面来说α值较大。

对于电视信号来说，除了像素间的差值外，还存在帧间差值。坎迪(Candy)对帧差值信号的分布密度特性也进行了测定，其曲线如图 2-3 所示。由图 2-3 可见，变化剧烈的图像与变化缓慢的图像其差值的分布是不一样的。帧差值信号分布密度大致也可以用指数函数来表示，即

$$f(x) = \mathrm{e}^{-\beta x} \tag{2-12}$$

式中β是由图像变化程度所决定的系数。当图像内容变化比较剧烈时，β值较小；当图像内容变化比较缓慢时，β值较大。

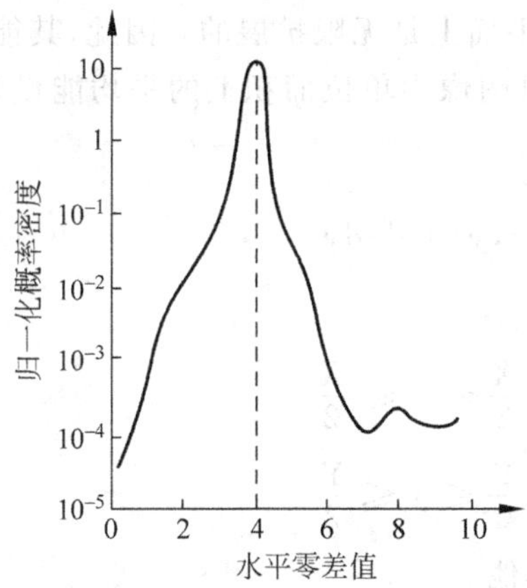

图 2-2　相邻像素间差值信号分布密度曲线

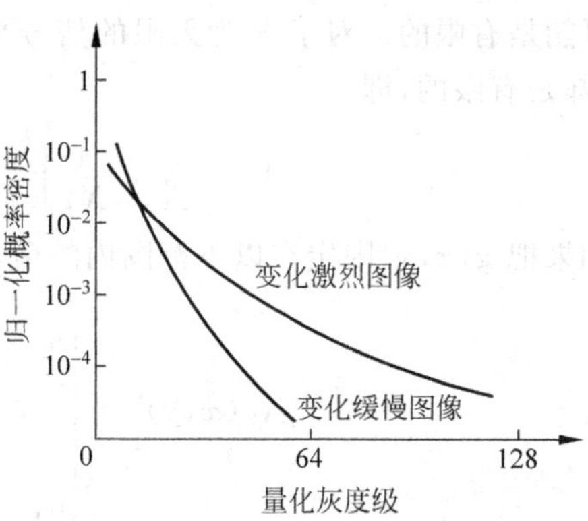

图 2-3　帧差值信号分布密度特性

3. 图像的自相关函数和空域功率谱

一般情况下，图像的自相关函数和空域功率谱针对稳定画面来定义。稳定画面就是指图像 $g(x,y)$，在 x、y 方向上可无限扩展，而且无论在哪个方向上都有相同的统计特性。为了充分了解这样的稳定画面的统计特性，将研究有限的、固定的图像的统计特性。

(1) 能量有限的图像振幅谱和自相关函数

当一幅图像用 $g(x,y)$ 来表示的话，那么它的傅里叶变换就是其振幅谱，即

$$G(u,v)=\int_{-\infty}^{\infty}\int_{-\infty}^{\infty}g(x,y)\mathrm{e}^{-\mathrm{j}(ux+vy)}\mathrm{d}x\mathrm{d}y \tag{2-13}$$

显然，如果知道了图像的振幅谱，用其反傅里叶变换就可以求得 $g(x,y)$，即

$$g(x,y)=\frac{1}{(2\pi)^2}\int_{-\infty}^{\infty}\int_{-\infty}^{\infty}G(u,v)\mathrm{e}^{\mathrm{j}(ux+vy)}\mathrm{d}u\mathrm{d}v \tag{2-14}$$

图像信号所具有的能量可由式(2-15)表示，即

$$E=\int_{-\infty}^{\infty}\int_{-\infty}^{\infty}|g(x,y)|^2\mathrm{d}x\mathrm{d}y \tag{2-15}$$

或者是

$$E=\frac{1}{(2\pi)^2}\int_{-\infty}^{\infty}\int_{-\infty}^{\infty}|G(u,v)|^2\mathrm{d}u\mathrm{d}v \tag{2-16}$$

式中 $|G(u,v)|^2$ 为能量谱。对于能量有限的图像信号 $g(x,y)$ 的自相关函数由式(2-17)表示，即

$$\rho(\xi,\eta)=\int_{-\infty}^{\infty}\int_{-\infty}^{\infty}g(x+\xi,y+\eta)g(x,y)\mathrm{d}x\mathrm{d}y \tag{2-17}$$

式中 $\rho(\xi,\eta)$ 与 $|G(u,v)|^2$ 之间存在着傅里叶变换关系，即

$$|G(u,v)|^2=\int_{-\infty}^{\infty}\int_{-\infty}^{\infty}\rho(\xi,\eta)\mathrm{e}^{-\mathrm{j}(u\xi+v\eta)}\mathrm{d}\xi\mathrm{d}\eta \tag{2-18}$$

$$\rho(\xi,\eta)=\frac{1}{(2\pi)^2}\int_{-\infty}^{\infty}\int_{-\infty}^{\infty}|G(u,v)|^2\mathrm{e}^{\mathrm{j}(u\xi+v\eta)}\mathrm{d}u\mathrm{d}v \tag{2-19}$$

(2) 功率有限的图像的空域功率谱和自相关函数

作为振幅谱和能量谱概念的自然扩展就可以导出功率谱的概念来。振幅谱或能量谱是

对能量有限的画面定义的。但是，多数画面在(x,y)平面上是无限扩展的。因此，其能量 E 也不可能是有限的。对于 E 为无限的信号来说，有时图像中单位面积上的平均能量(平均功率)却是有限的，即

$$W=\lim_{x,y\to\infty}\frac{1}{XY}\int_{-\frac{X}{2}}^{\frac{X}{2}}\int_{-\frac{Y}{2}}^{\frac{Y}{2}}|g(x,y)|^2\mathrm{d}x\mathrm{d}y \tag{2-20}$$

如果把 $g(x,y)$限定在以下范围内的话，即

$$g_{XY}(x,y)=\begin{cases}g(x,y), & -\dfrac{X}{2}\leqslant x\leqslant\dfrac{X}{2}\\ & -\dfrac{Y}{2}\leqslant y\leqslant\dfrac{Y}{2}\\ 0, & 其他\end{cases}$$

则式(2-20)可写成下面的形式

$$W=\lim_{X,Y\to\infty}\frac{1}{XY}\int_{-\infty}^{\infty}\int_{-\infty}^{\infty}|g_{XY}(x,y)|^2\mathrm{d}x\mathrm{d}y \tag{2-21}$$

如果令 $g_{XY}(x,y)$为有限能量的图像，其对应的振幅谱就是 $G_{XY}(u,v)$。此时则

$$XYW\approx\frac{1}{(2\pi)^2}\int_{-\infty}^{\infty}\int_{-\infty}^{\infty}|G_{XY}(u,v)|^2\mathrm{d}u\mathrm{d}v \tag{2-22}$$

$$W\approx\frac{1}{(2\pi)^2}\int_{-\infty}^{\infty}\int_{-\infty}^{\infty}\frac{1}{XY}|G_{XY}(u,v)|^2\mathrm{d}u\mathrm{d}v \tag{2-23}$$

当 X、Y 无限增大时，功率谱密度 $\psi(u,v)$如式(2-24)表示，即

$$\psi(u,v)=\lim_{X,Y\to\infty}\frac{1}{XY}|G_{XY}(u,v)|^2 \tag{2-24}$$

此时式(2-23)可写成以下形式

$$W=\frac{1}{(2\pi)^2}\int_{-\infty}^{\infty}\int_{-\infty}^{\infty}\psi(u,v)\mathrm{d}u\mathrm{d}v \tag{2-25}$$

当能量无限增大时，可定义自相关函数为

$$\Psi(\xi,\eta)=\lim_{X,Y\to\infty}\int_{-\frac{X}{2}}^{\frac{X}{2}}\int_{-\frac{Y}{2}}^{\frac{Y}{2}}g(x+\xi,y+\eta)g(x,y)\mathrm{d}x\mathrm{d}y \tag{2-26}$$

这里，$\psi(u,v)$和 $\Psi(\xi,\eta)$的关系是一对傅里叶变换关系，即

$$\psi(u,v)=\int_{-\infty}^{\infty}\int_{-\infty}^{\infty}\Psi(\xi,\eta)\mathrm{e}^{-\mathrm{j}(u\xi+v\eta)}\mathrm{d}\xi\mathrm{d}\eta \tag{2-27}$$

$$\Psi(\xi,\eta)=\frac{1}{(2\pi)^2}\int_{-\infty}^{\infty}\int_{-\infty}^{\infty}\psi(u,v)\mathrm{e}^{\mathrm{j}(u\xi+v\eta)}\mathrm{d}u\mathrm{d}v \tag{2-28}$$

(3) 自相关函数的测定结果

图像的自相关函数最早也是由贝尔实验室的克雷莰默测定的。测定采用光学方法，用两张完全相同的幻灯片，测量两者稍微错开时的透光量和完全重叠时的透光量，然后求其比值，进而得到相关函数。测定的曲线如图 2-4 所示。由图可见，自相关函数也近似于指数分布，即

$$\Psi(\xi,\eta)=\exp(-\alpha\sqrt{\xi^2+\eta^2}) \tag{2-29}$$

式中 α 也是与画面有关的系数，对于特写画面 α 较小，群集的远景 α 较大。

这一性质日本的矶部、藤村也同样用光学方法进行了测试，所得结果基本相似。

另外，克雷茨默对一帧场景各个方向上的相关性的测定，发现并没有明显的相关方向，其测试结果如图 2-5 所示。

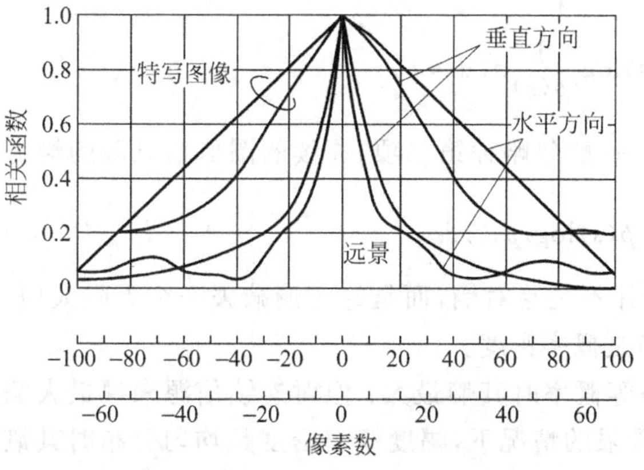

图 2-4　图像在水平和垂直方向上的自相关函数

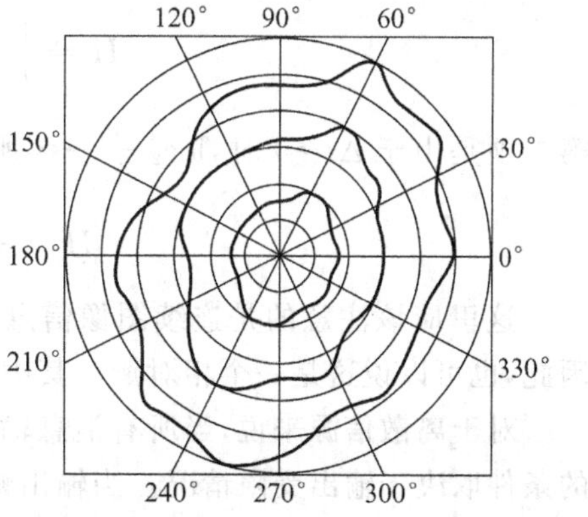

图 2-5　某景物各个方向上的自相关函数的轮廓

2.1.4　图像信息的信息量

1. 离散的图像信息的熵

对于一个连续的图像信号经过编码后就变成了离散的图像信息。一幅图像如果有 s_1，s_2，s_3，…，s_q 共 q 种幅度值，并且出现的概率分别为 P_1，P_2，P_3，…，P_q，那么每一种幅值所具有的信息量分别为 $\log_2\left(\frac{1}{P_1}\right)$，$\log_2\left(\frac{1}{P_2}\right)$，$\log_2\left(\frac{1}{P_3}\right)$，…，$\log_2\left(\frac{1}{P_q}\right)$。由此，其平均信息量可由式(2-30)表示，即

$$H=\sum_{i=1}^{q}P_i\log_2\frac{1}{P_i}=-\sum_{i=1}^{q}P_i\log_2 P_i \tag{2-30}$$

把这个平均信息量叫做熵，记作 H。

如果一个图像信源能输出 K 个独立的消息，当这些消息出现的概率彼此相等时，那么这个信源的熵最大。例如，一个信源只输出 P 和 $P-1$ 两个消息，熵的最大值出现在两个消息的概率都等于 0.5 处。

2. 连续的图像信息的熵

对于离散的图像信息来说，它只输出有限个符号。如果输出的不是有限个而是无限个，那么，这样的图像信息叫做连续图像信息。对于连续图像信息的熵也可以仿照离散图像信息的熵来计算。如图 2-6 所示的连续信源，把 s 分成小微分段 Δs，这样，类似于离散信源的熵可导出

$$H=-\sum_{i=-\infty}^{\infty}p(s_i)\cdot\Delta s\cdot\log_2[p(s_i)\Delta s]$$

$$=\sum_{i=\infty}^{\infty}p(s_i)\cdot\Delta s\cdot\log_2\frac{1}{p(s_i)\Delta s}$$

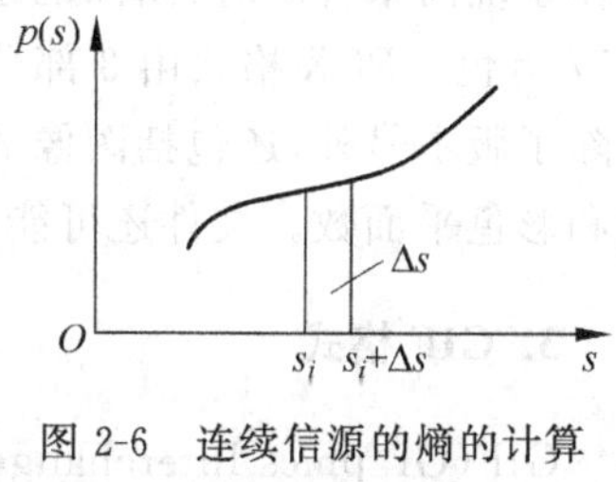

图 2-6　连续信源的熵的计算

$$= \sum_{i=-\infty}^{\infty} p(s_i)\Delta s \cdot \log_2 \frac{1}{p(s_i)} + \sum_{i=-\infty}^{\infty} p(s_i)\Delta s \cdot \log_2 \frac{1}{\Delta s}$$

当 $\Delta s \to 0$ 时,则

$$H = \int_{-\infty}^{\infty} p(s)\log \frac{1}{p(s)} \mathrm{d}s + \infty$$

第二项是由于 $\Delta s \to 0$ 时,$\log_2 \frac{1}{\Delta s} \to \infty$ 所致。一般忽略掉第二项,连续的图像信息源的熵为

$$H = -\int_{-\infty}^{\infty} p(s)\log_2 p(s)\mathrm{d}s \tag{2-31}$$

这里应该注意的是连续图像信息的熵并不是绝对熵,而是绝对熵减去一个无限大项。因此,也可以说这是一个相对熵。其中 $p(s)$ 是概率密度。

对于离散信源来说,当所有消息输出是等概率时其熵最大;但对连续信源来说最大熵的条件取决于输出受限情况。当输出幅值受限的情况下,幅度概率密度是均匀分布时其熵值最大。当输出功率受限的情况下,则输出幅度概率密度是高斯分布时其熵值最大。关于熵的概念在图像编码处理中有重要意义。

2.1.5 常用图像格式简介

在图像处理中,图像文件存储是最为常见又无法回避的问题之一,由于早期的标准化问题,目前已出现了众多的图像存储格式,对这些图像格式的基本了解是必备的知识之一。

1. BMP 格式

BMP 是 Windows Bit Map 的缩写,它是最普遍的点阵图像格式之一,也是 Windows 及 OS/2 两种操作系统的标准格式。在 Windows 环境中运行的图像软件都支持 BMP 图像格式。典型的 BMP 图像文件由 3 部分组成:位图文件头数据结构,它包含 BMP 图像文件的类型、显示内容等信息;位图信息数据结构(位图头),它包含有 BMP 图像的宽、高、压缩方法,以及定义颜色等信息;彩色对应表,彩色映像的大小一般为 2、16 或 256 各表项,BMP 只能存储 4 种图像数据:单色、16 色、256 色和全彩色。BMP 图像数据有压缩或不压缩两种处理方式。其中压缩方式只有 RRLE4(16 色)和 RLE8(256 色)两种,而由于 24 位 BMP 格式的图像文件无法压缩,因而文件尺寸比较大。

2. PCX 格式

PCX 图像格式是 MSDOS 下常用的格式,是 PC 机使用最久的一种格式。在 Windows 操作系统尚未普及时,图像的绘制、排版,多用 PCX 格式,从最早的 16 色发展至今已可达 1677 万色。PCX 格式由 3 部分组成,即文件头、位图数据和一个调色板。文件头占 128B,它除了版本号外,还包括图像的分辨率(每英寸点数)、大小(像素数)、每行字节数、每像素位数和彩色平面数。文件还可能包括一个调色板及表明调色板是灰度还是彩色的一个代码。

3. GIF 格式

GIF(Graphics Interchange Format,图形交换格式),是 CompuServe 公司所制订的图像

文件格式。它主要是为数据流而设计的一种传输格式，而不是作为文件存储的格式。它具有顺序的组织形式。除了多幅图像的顺序传输和显示外，这种顺序的组织形式对图像没有什么实际影响。目前，GIF 图像文件已经成为网络和 BBS 上图像传输的通用格式，经常用于动画、透明图像等。一个 GIF 文件能够储存多张图像，图像数据用一个字节存储一个像素点，采用 LZW 压缩格式，尺寸较小。图像数据有两种排列方式：顺序排列和交叉排列，但 GIF 格式的图像最多只有 256 色。GIF 格式有 5 个主要部分，这 5 个部分以固定的顺序出现，所有部分均以一个或多个块组成。每个块由第一个字节中的标识码或特征码标识。这些部分的顺序是头块、逻辑屏幕描述块、可选的“全局”色彩表块、各图像数据块及尾块（结束码）。

4. JPEG 格式

JPEG 是 Joint Photographic Experts Group（联合图像专家组）的缩写。在 1986 年，ISO 和 CCITT 成立了“联合图片专家组”，他们的主要任务是研究静止图像压缩算法的国际标准。JPEG 是一种有损压缩格式，能够将图像压缩在很小的储存空间。JPEG 压缩技术用有损压缩方式去除图像数据冗余，在获得极高的压缩率的同时能够满足图像质量要求，而且 JPEG 是一种很灵活的格式，具有调节图像质量的功能，允许用不同的压缩比例对文件进行压缩，支持多种压缩级别，压缩比率通常在 10∶1～40∶1 之间。JPEG 格式适用于互联网，可减少图像的传输时间，可以支持 24bit 真彩色，也普遍应用于需要连续色调的图像。

5. TIF(F)格式

TIF(F)(Tagged Image File Format)格式主要在应用程序和计算机平台之间交换文件，几乎被所有绘画、图像编辑和页面排版应用程序所支持，它与计算机结构、操作系统和图形硬件无关，而且几乎所有桌面扫描仪都可以生成 TIFF 图像。TIF 格式支持带 A1pha 通道的 CMYK、RGB 和灰度文件，支持不带 A1pha 通道的 Lab、索引颜色和位图文件。TIF 也支持 LZW 压缩。TIF 常被用于彩色图像的扫描，它是以 RGB 的全彩模式储存。TIFF 格式有 3 级结构，从高到低依次为文件头、一个或多个叫做 IFD 的包含标记指针的目录、数据。文件头包含 3 个表项，一个代码，用来指明字节顺序（低字节在前还是高字节在前）；一个代码号；一个指向图像文件目录(Image File Directory，IFD)的指针。IFD 提供一系列的指针，这些指针指出各种有关的数据字段在文件中的开始位置，并给出每个字段的数据类型及长度。这种方法允许数据字段定位在文件的任何地方，可以是任意长度，并可以包含大量信息。在一个文件中可能有几个相关的图像，这时可有几种 IFD。IFD 的最后一个表项指向任何一个后续的 IFD。每个指针都有一个标记，它指明所指向的数据字段类型的一个代码。TIFF 规范列出了所有正式的、非专用的标记号，并描述指针所识别的数据，指明数据的组织方法。

6. GEM 格式

GEM 是 Digital Research 公司定义的一种图像格式，该格式通常用 .IMG 为扩展名。图像可以是单色的、灰度或彩色的。.IMG 文件由文件头和后面的图像数据组成。图像按平面逐个存储。色彩对应表按从高位到低位平面顺序存储。位平面分 4 组，分别代表红、绿、蓝和灰度平面。图像头由 8 个或 9 个 16 位字组成，每个字按最高字节为先的顺序，用 bigendian 格式存储。图像数据按每个平面扫描行序列存储，每个扫描行以一个可选的重复计数值开始，后面跟一个或多个图像数据块。如果有重复计数值，则它制定下一扫描行在实际图像中重复的次数，在数据字节中，8 位代表 8 个像素，最高位为最左边的像素。

7. PBM 格式

PBM 是由 Jef. Poskanzer 编写的一套实用程序，它包括了读、写许多其他位图文件格式的程序，以及对图像完成变换的实用程序。用户可以组合这些程序进行各种图像格式的转换和图像变换。实用程序定义了 3 种简单的图像格式，即单色位图的 PBM、灰度位图的 PBM 和彩色位图的 PBM。通过组合，可以方便地实现在任何支持的格式之间相互转换。3 种格式中的每一个都以一个由 ASCII 码组成的头开始，后面跟随图像的像素。单色图 PBM 中的每一个像素代表单独一位，1 为黑，0 为白，后面的值是“1”或“0”，位间用空白字符隔开。位的顺序是从上到下逐行排列，每行则是按从左到右排列。灰度图 PBM 的每一个像素都有一个值，其值域从表示黑色的 0 开始到表示白的根据具体图像而定的最大值为止(这与黑白 PBM 正好相反)。彩色 PBM 文件中的每一个像素有红、绿、蓝 3 种色值的一个三元组来表示，值的范围是从 0 到视具体图像而定的最大值。黑色为(000)，白色为(最大值，最大值，最大值)。头后面是二进制值表示的像素，每一个分量用一个字节。每一个像素占 3 个字节，即按红、绿、蓝顺序各占一个字节。像素从上到下逐行排列，每行从左到右排列。

8. PSD 格式

PSD 图像是 Adobe Photoshop 的专用图像格式，可以以 RGB 或 CMYK 彩色模式储存，而且能自定义颜色数目，PSD 可以将不同的目标以层级(layer)分离储存，以便于修改和制作各种特殊效果。

9. PCD 格式

PCD 是 KODAK 公司所开发的 Photo CD 专用存储格式，由于其文件特别大，不得不存储在 CD-ROM 上，但应用特别广。

10. WMF 矢量格式

WMF 是微软公司开发的矢量图形格式，在 Office 等软件中得到大量的应用。

2.2 图像处理系统及外围设备

数字图像处理技术的进展及其日益广泛的应用促进了处理系统硬件设备的研制与开发。在图像处理技术发展的历史中，最初在模拟方案识别机构中开始应用计算机。它处理的对象是二值图像，处理的像素数目较少，数据量不大。因此，处理速度问题并没有显得十分突出。尽管如此，也看到了图像处理与一般的科学计算有着显著的不同，就是在图像处理中应该保持其两维的特点。图像的数目越来越多，每幅图像的像素数目越来越大，因此，处理一幅图像所需的时间越来越长，加之大型机的字长较长、代价较高、效率较低，这就越来越明显地看出通用计算机的图像处理能力有一定限制。因此，人们开始研制专用的计算机图像处理系统。到目前为止，已出现了各种各样的计算机图像处理系统，尽管各种系统大小不一，其处理能力也各有所长，但其基本硬件结构则都是由如图 2-7 所示的几个部分组成的，即由主机、输入设备、输出设备及存储器组成的。目前，这些系统就其应用领域来看有专用的，也有通用的。它们的主要差别则在于处理精度、处理速度、专用软件及存储容量等几个方面。为了较系统地理解图像处理系统的硬件设备，本节主要介绍几种常见的输入输出设备的工作原理及图像处理系统的典型结构。

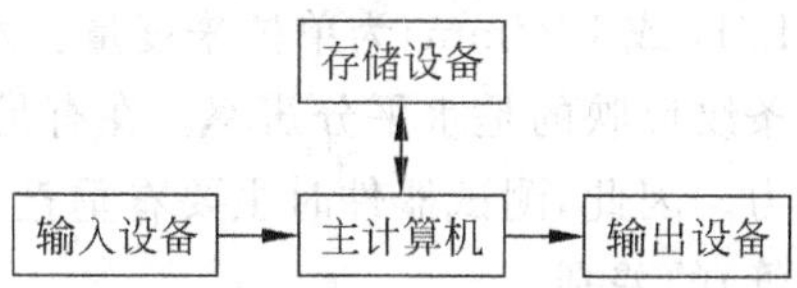

图 2-7　计算机图像处理系统基本结构框图

图像处理的输入设备有很多种，其工作原理及性能也各有长短。常用的输入设备主要有以下几种。

2.2.1　电视摄像机

电视摄像机是图像处理中常用的输入设备之一，它的关键部件是摄像器件。摄像器件的基本任务是把输入的二维辐射（即光学图像）信息转换为适宜处理和传输的电信号。

1. 摄像器件的分类

目前，由于对摄像器件不同用途的需要，发展的品种繁多，大体上可作以下分类。

① 按输入信息分类，可分为可见光方式（黑白或彩色方式）、不可见电磁辐射方式（红外线、紫外线及 X 射线）及超声波等。

② 按电流方式分类，可分为电子束扫描摄像管（快电子束、慢电子束和光束扫描）、固体摄像器件（XY 寻址扫描、电荷传输扫描及弹性表面波扫描）。

③ 按光敏靶的种类分类，可分为光电导型（注入型、阻挡型）、移像型（低增益靶，如超正析像管、分流直像管及二次电子传导等，电子轰击导生电导）、特殊型（热释电及压电型）。

2. 摄像器件的性能

摄像器件的性能好坏可以从以下几个方面来考虑。

① 频谱响应特性：亦称光谱响应特性、分光灵敏特性、光谱灵敏度等。它表示器件的分光灵敏度与相应波长的关系。

② 辐射灵敏度：也称响应度，即单位辐射通量或单位辐射照度均匀地输入到器件的接收靶面时所能产生的输出信号电流的大小。

③ 光电变换特性：亦称光信号变换特性。它是反映输入辐射或光量发生变化时相应的输出信号电流的变化。其中一个重要参数就是 r 值。一般常选用 $r<1$ 的摄像器件。

④ 信噪比：摄像器件噪声的来源很多，不同的探测目的所要求的输出信噪比也不一样。一般在广播电视中要求信噪比在 40dB 以上。在普通摄像器件中，内部噪声是主要的，它主要来源于电流的散弹噪声。

⑤ 暗电流：这是指在没有输入信息时器件输出的电流。从理论上讲，如果暗电流在空

间上和时间上是恒定的，它并不构成噪声。但是，实际上它不仅增加电流噪声，而且会使电子束发射系统和前置放大器负担过重。如果暗电流在空间和时间上不是恒定的话，那就会直接构成噪声，增加了图像亮度的不均匀性和色平衡困难。

⑥ 分辨率：它是指器件对图像细节的鉴别能力。通常是把一高对比度的鉴别率测试图案投射到光接收面上，然后观察可分辨的最小空间频率数。一般用可分辨电视行数(TVL/H 或 LP/mm)为单位来度量。水平条纹反映的是垂直分辨率，它受扫描线数限制。垂直条纹反映的是水平分辨率。在有足够的频带宽度的条件下，基本决定于摄像器件的分辨能力。因此，测试器件时主要看垂直条纹。应该注意到 CPT(彩色显像管)和 CDT(彩色显示管)的差别。

⑦ 调制传递函数和方波振幅响应度：这是在工程上更严格的表征器件分辨能力的方法。

⑧ 惰性：这是指输入信息在强度发生变化时，输出信号的相应变化在时间上的滞后现象。它有起始惰性和衰减惰性之分，还可分为电容性惰性和光电导惰性。它们分别与阴极温度高低、靶材料物理特性和器件的工作条件等有关。

⑨ 动态范围：摄像器件动态范围有两种含义：一种是指器件能够处理的一帧景物内最亮单元和最暗单元的亮度的比值。它反映器件能探测的最小信息和能接收的最大信息的能力；另一种指的是器件能容纳的不同的平均景物亮度的范围，即最亮的一帧景物平均亮度和最暗一帧景物平均亮度的比值。有时把前者称为内动态范围，后者称为外动态范围。

除了上面所列的评价摄像器件的性能的几项指标外，还有如畸变、疵点、晕光、成荫、余像烧伤、寿命、机械强度和环境适应性等。

以上对摄像器件的基本分类和性能作了简要的介绍，下面介绍几种常用的摄像器件的结构与特性，以便在建立图像处理系统时，根据不同的应用目的加以合理地选用。

3. 几种常用的摄像器件

1）光电导摄像管

光电导摄像管亦称视像管。其中硅靶管、碲化锌镉管和硒化镉管属于微光摄像器件，而硫化锑管、氧化铅管及硒砷碲管灵敏度较低。视像管由于所使用的半导体材料不同而分为硫化锑视像管、氧化铅视像管、硅靶视像管、硒化镉视像管、硒砷碲视像管、碲化锌视像管等。

各种光电导摄像管的性能列于表 2-2 中。

表 2-2 各种视像管典型性能一览表

管名 / 性能	硫化锑管	氧化铅管	硅靶管	硒化镉管	硒砷碲管	碲化锌镉管
光电灵敏度(μA/lm)	170	350～400	4350	2600	350	4300
极限分辨率(TVL)	800	750	700	800	900	800
惰性(三场后)(%)	20～25	约为 3	7～10	10～20	<2	<20
暗电流(nA)	20	2	10	<1	<1	10
r 值	0.65	0.95	1	0.95	1	1
动态范围	350∶1	60∶1	50∶!	60∶1		
抗烧伤能力	差	较差	极好	很好	较好	较好
晕光现象	很小		严重	小		很小
工作温度(℃)	+10～+40	－30～+50	－40～+50	+25～+35	－20～+60	<60

2) 移像型摄像管

超正析像管、分流直像管、二次电子传导管及电子轰击导生电导管均属移像型摄像管。它们大都属于微光摄像器件。

(1) 超正析像管(IO)

超正析像管又叫移像直像管。超正析像管的信噪比一般在34dB左右。超正析像管输出的视频信号电流大小与输入光的大小正好相反，输入光越强，光电子越多，靶电位上升高，吸收扫描电子多，返回的电子流就小，因而散弹噪声也相对地变小；而弱光时，回束电流及散弹噪声则相应地变大。这意味着在微光探测时，其信噪比劣化，它最多只能在10^{-2}lx的环境照度下工作。超正析像管的缺点除了信噪比较低外，尚有体积大、重量重、调节和维护麻烦等缺点。

(2) 分流直像管(IS)

分流直像管在弱光时的信噪比可达46dB，内动态范围很大，分辨率可达1200TVL。它的惰性较小，光电灵敏度为$5\times10^5\mu$A/lm。它的主要缺点是当面板照度下降时分辨率会迅速下降，此外，体积甚大，使用、调节麻烦且苛刻。因此，它主要用于科研、医疗等方面。

(3) 二次电子传导摄像管(SEC)

灵敏度为16 000μA/lm，可在满月下工作；弱光时r值接近于1，照度较高时接近于0.6；惰性较小；中心分辨率一般为600TVL，具有较强的信息积累能力和存储能力，暗电流小于0.1nA，存储时间可达24h。因此，在需要摄取相对静止的弱照度对象时，可以通过积累达到较高的信噪比。

(4) 电子轰击导生电导摄像管(EBIC)

灵敏度约为300 000μA/lm；极限分辨率不超过700TVL，其惰性、暗电流与硅靶摄像管相似。此外，管子寿命短一些。

3) 固体摄像器件

20世纪70年代初，随着金属-氧化物-半导体(MOS)器件制造技术的普及，常用的固体摄像器件，即电荷耦合器件(Charge Coupled Device，CCD)、MOS图像传感器、电荷注入器件(Charge Inject Device，CID)、光电二极管阵列(Photoelectric Diode Array，PDA)、电荷扫描器件(Charge Scan Device，CSD)已成为摄像管的有力竞争对手。

固体摄像器件的研究始于1960年。在1970年，美国贝尔实验室发明了一种新型半导体器件——电荷耦合器件(CCD)。CCD器件是一种MOS集成电路，它的基本结构如图2-8所示。

在P型硅衬底上通过氧化在表面形成一个二氧化硅层，然后在二氧化硅上蒸发一层金属膜，并用光刻的方法制成栅电极条。如果是三

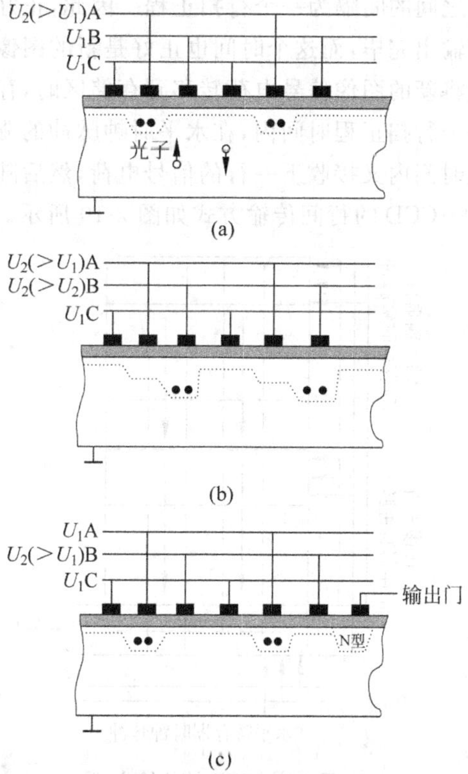

图2-8 CCD器件的基本结构

相驱动，那么，首先在所有金属栅极上都加上正偏压 U_1，U_1 要大于相应的绝缘栅场效应管的导通电压。这样就使电极下面的空穴远离二氧化硅表面，从而形成表面耗尽层，通常称为表面势阱。势阱的深度与所加的电压近似线性关系。如果在某一相加入比 U_1 为正的电压 U_2，则在该金属电极下面就会形成更深的势阱，这种情况如图 2-8 所示。

这里，如果有光子入射就会产生空穴-电子对，少数载流子——电子就会存储在较深的势阱中，形成所谓电荷包。电荷存储情况如图 2-8(a)所示。由于栅极间的距离很小，因此，各栅极下的表面电势会发生耦合。如果在下一组栅极上加上更高的电压，那么，耗尽层的变化将如图 2-8(b)所示，电荷包会转移到更深的势阱中去。如果所加电压如图 2-8(c)所示，那么，电荷包就会转移到 B 相的栅极下面。由此原理，如果对 A、B、C 三相加以按时序变化的时钟脉冲电压，则电极下面的势阱也会按时序变化，电荷包也会从一端传输到另一端。最后通过一个反偏压输出二极管收集电荷并送入前置放大器。从上述原理可见，CCD 器件就是一个移位寄存器。

固体 CCD 摄像器件从像素排列的结构上来看可分为两种类型，一种是线阵摄像器件，另一种是面阵摄像器件。

面阵摄像器件的帧传输方式如图 2-9 所示。

透镜将景物聚焦成像在光生电荷区，在场的正程，光生信号电荷进行积分，在场回扫时间内，光生电荷积分区都加帧转移高速时钟脉冲，使光生电荷区的整场图像快速地转移到存储区。在下一个场扫描正程时间内，存储区在行转移垂直寄存器的时钟脉冲驱动下，以一步一行的方式，将整场光生信号电荷转移到水平寄存器内，每一行在一个行扫逆程内完成，各行之间的间隔为一个行扫正程。因此，正好在一场扫描正程时间内将存储区内全部信号电荷输出完毕，而这个时间也正好是新的图像信号电荷的积累时间。当下一场扫描逆程时间内将新的图像信号电荷转移到存储区时，存储区正好空着。对于输出水平寄存器来说，它在一个行扫正程时间内，在水平时钟脉冲的驱动下，将信号电荷逐位移到输出二极管，在行逆程时间内又接收下一行的信号电荷，然后陆续输出。就这样周而复始地输出视频信号。

CCD 的行间传输方式如图 2-10 所示。其结构是将传感元件和存储元件相间排列在光

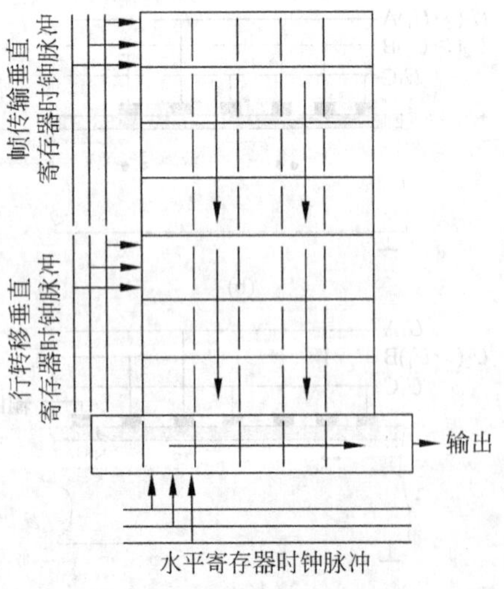

图 2-9　CCD 帧传输方式

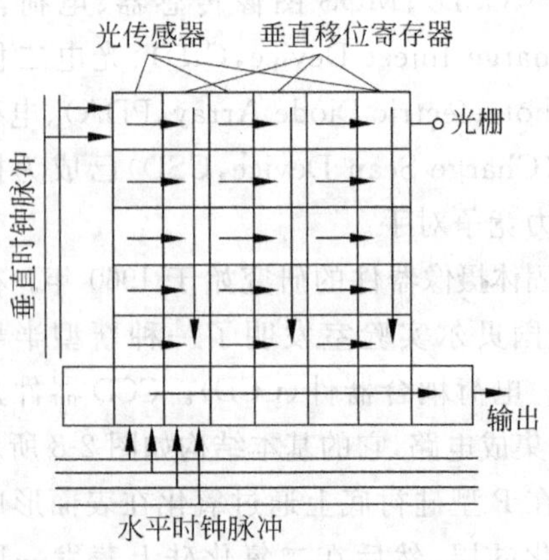

图 2-10　CCD 行间传输方式

传感器件半透明多晶硅栅上，加上场积分脉冲以形成势阱，用以收集光生载流子。传感器件的列间垂直移位寄存器采用不透明的金属栅列，与传感器件一一对应。在一场积分完毕后，在垂直时钟脉冲电压的作用下传感器件内的信号电荷便转移到相邻的垂直寄存器中，然后垂直寄存器列组又以一次一行的方式将信号电荷转移到水平移位寄存器内，而水平移位寄存器再逐位把这些电荷输出。

两种输出方法相比较，帧传输的灵敏度较高，但器件芯片面积较大。行间传输空间频率响应较好，但其灵敏度较低，而且工艺实现较困难。

线阵摄像器件的像素是一维阵列，因此，主要用于数码识别、传真及扫描仪等场合。

CCD 图像传感器经过几十年的发展，目前已经成熟并实现了商品化。CCD 图像传感器从最初简单的 8 像素移位寄存器发展至今，已具有数百万至上千万像素。由于 CCD 图像传感器具有很大的潜在市场和广阔的应用前景，因此，国际上 CCD 图像传感器的研究工作相当活跃，美国、日本、英国、荷兰、德国、加拿大、俄罗斯、韩国等国家均投入了大量的人力、物力和财力，并在 CCD 图像传感器的研究和应用方面取得了令人瞩目的成果。

从 1993 年德州仪器公司报道 1024×1024 像素 CCD 开始，目前 CCD 像素数已从 100 万像素提高到 2000 万像素以上。福特空间公司还推出了 2048×2048 像素和 4096×4096 像素帧转移 CCD。在摄像机方面，日电公司制成了 4096×5200 像素的超高分辨率 CCD 数字摄像机，分辨率高达 1000×1000 条 TV 线。加拿大达尔萨(Dalsa)公司报道了 5120×5120 像素帧转移 CCD。荷兰菲利浦成像技术公司研制成功了 7000×9000 像素 CCD。1997 年美国 EG&G. Retion 研制出 6144×6144 像素和 8192×8192 像素高分辨率 CCD 图像传感器。亚利桑那大学报道了 9126×9126 像素 CCD，1999 年欧洲南部天文开发成功 8184×8196 像素多光谱、宽视场 CCD 摄像器件。1998 年日本采用拼接技术开发成功了 16 384×12 288 像素即(4096×3072)×4 像素的 CCD 图像传感器。在科学应用领域，1024×1024 像素以上大面阵 CCD 图像传感器大量用于太空探测、地质、医学、生物科学以及遥感、遥测、低空侦察等。泰克公司和喷气推进实验室的 2048×2048 像素面阵 CCD 最早用于新一代哈勃太空望远镜摄谱仪和固定天文观测站。美国 Recon 光学公司开发的 5040×5040 像素 CCD 摄像机能在一万米高空进行拍摄试验，空间分辨率达 1.57 英寸。继美国轨道公司和加拿大达尔莎传感器公司 1994 年研制成功单片集成 5120×5120 像素 CCD 后，荷兰菲利浦光电子中心在 6 英寸晶片上研制出 9000×7000 像素 CCD 阵列，最近美国亚利那大学研制的 CCD 芯片，分辨率已达 9126×9126 的空前高度。CCD 的成本高低与像素大小和面阵大小有关，目前最小像素尺寸为 3.24μm×3.275μm，38 万像素阵列正趋向于 1/6 英寸以下芯片尺寸。X 射线 CCD 以非晶硅材料为主，可见光至紫外区扩展光谱则以普通 CCD 背面减薄技术为主。

CCD 图像传感器技术已比较成熟，并且得到非常广泛的应用。但是，随着 CCD 图像传感器应用范围的扩大，其缺点逐渐曝露出来。CCD 图像传感器技术难以将光敏单元阵列、驱动电路及模拟、数字信号处理电路单片集成，如模/数转换器、精密放大、存储等功能，要实现上述功能需要多个支持芯片；CCD 阵列驱动脉冲复杂，需要使用相对高的工作电压，不能与大规模集成电路制造工艺技术兼容。为此，美国 NASA 的 JPL 采用标准 CMOS 工艺技术研制了 CMOS 图像传感器。

CMOS 图像传感器是 20 世纪 70 年代由美国航空航天局(National Aeronautics and

Space Administration,NASA)的喷气推进实验室(Jet Propulsion Laboratory,JPL)研制的,它的研究与CCD图像传感器几乎是同时起步的。由于CCD摄像器件有光照灵敏度高、噪声低、像素尺寸小等优点,所以一直是图像传感器的主流产品。与此相反,CMOS图像传感器过去存在着像素尺寸大、信噪比小、分辨率低、灵敏度低等缺点,一直无法和CCD技术抗衡。但是,随着标准CMOS大规模集成电路技术的发展,过去CMOS图像传感器制造工艺中不易解决的技术难题现在都找到了相应解决的途径,从而大大改善了CMOS图像传感器的图像质量。CMOS图像传感器的高度集成化减小了系统的复杂性,降低了制造成本,它的成本仅为普通CCD图像传感器的1/20。它具有单一工作电压(电源电压为3.3V或5V)、功耗低(仅为普通CCD图像传感器的1/10)、像素缺陷率低(仅为普通CCD图像传感器的1/20)、可与其他的CMOS集成电路兼容、对局部像素图像的编程可随机访问,以及能设计出更灵巧的小型成像系统等优点。

CMOS图像传感器芯片的结构如图2-11所示。典型的CMOS像素阵列是一个二维可编址传感器阵列。传感器的每一列与一个位线相连,行允许、线允许所选择的行内每一个敏感单元输出信号送入它所对应的位线上,如图2-12所示。位线末端是多路选择器,按照各列独立的列编址进行选择。根据像素的不同结构,CMOS图像传感器可以分为无源像素被动式传感器(Passive Pixel Sensor,PPS)和有源像素主动式传感器(Active Pixel Sensor,APS)。根据光生电荷的不同产生方式,APS又分为光敏二极管型、光栅型和对数响应型,现在又提出了DPS(Digital Pixel Sensor)概念。

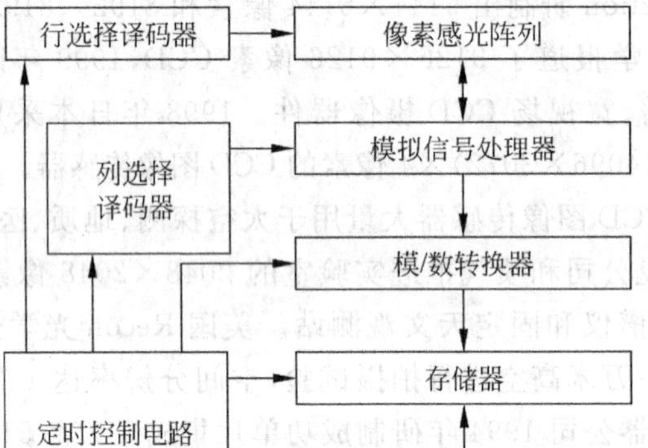

图2-11 CMOS图像传感器芯片的结构

CMOS传感器中PPS出现得最早,结构也最简单,使得CMOS图像传感器走向实用化,其结构原理如图2-13所示。每一个像素包含一个光敏二极管和一个开关管TS。当TS选通时,光敏二极管中由于光照产生的电荷传送到了列线col,列线下端的积分放大器将该信号转化为电压输出,光敏二极管中产生的电荷与光信号成一定的比例关系。无源像素具有单元结构简单、寻址简单、填充系数高、量子效率高等优点,但它的灵敏度低、读出噪声大。因此,PPS不利于向大型阵列发展,所以限制了应用,很快被APS代替。

光敏二极管像素单元如图2-14所示。它是由光电二极管、复位管T4、源跟随器T1和行选通开关管T2组成,此外还有电荷溢出门管T3。T3的作用是增加电路的灵敏度,用一个较小的电容就能够检测到整个光敏二极管的n+扩散区所产生的全部光生电荷,它的栅极

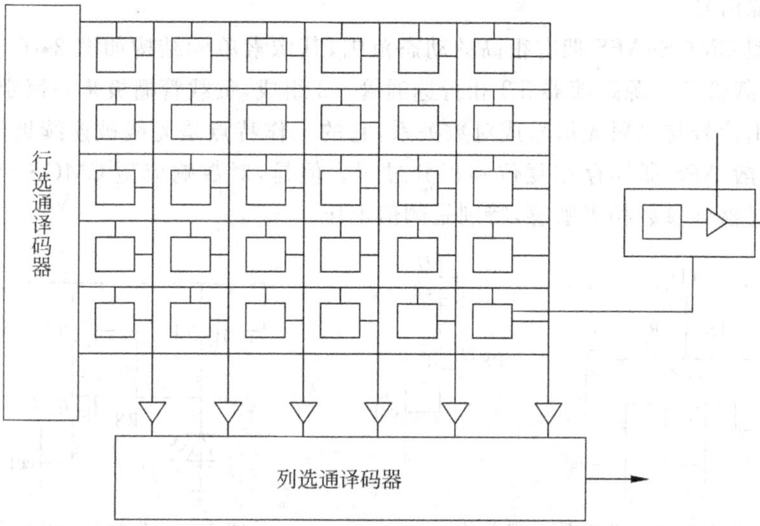

图 2-12　COMS 图像传感器像素阵列

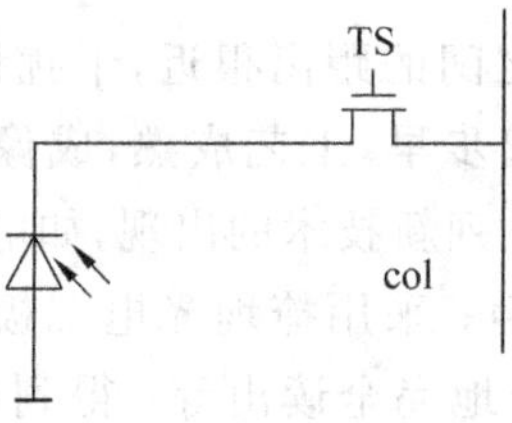

图 2-13　PPS 结构原理

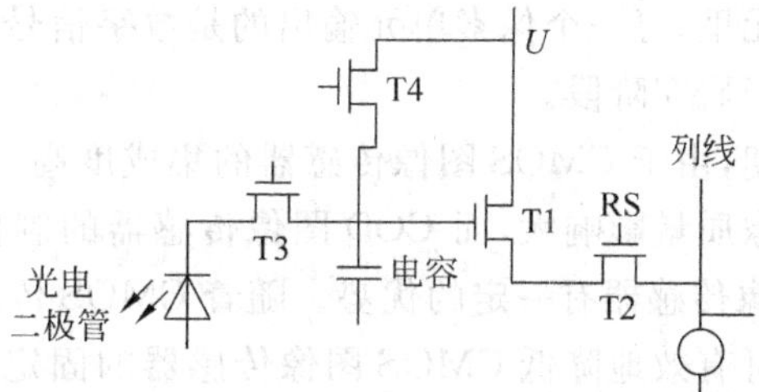

图 2-14　光敏二极管像素单元

接约 1V 的恒定电压，在分析器件工作原理时可以忽略将其看成短路。电荷敏感扩散电容用作收集光生电荷。复位管 T4 对光敏二极管和电容复位，同时作为横向溢出门控制光生电荷的积累和转移。源跟随器 T1 的作用是实现对信号的放大和缓冲，改善 APS 的噪声问题。源跟随器还可加快总线电容的充、放电，因而允许总线长度增加和像素规模增大。因此，APS 比 PPS 具有低读出噪声和高读出速率等优点，但像素单元结构复杂，填充系数降低，填充系数一般只有 20%～30%。它的工作过程是：首先进入"复位状态"，T1 打开，对光敏二极管复位；然后进入"取样状态"，T1 关闭，光照射到光敏二极管上产生光生载流子，并通过源跟随器 T2 放大输出；最后进入"读出状态"，这时行选通管 T3 打开，信号通过列总线输出。

光栅型 APS 是由美国喷气推进实验室首先推出的，其像素单元和读出电路如图 2-15 所示。其中感光结构由光栅 PG 和传输门 TS 构成。光栅输出端为漂移扩散端 FD，它与光栅 PG 被传输门 TS 隔开。像素单元还包括一个复位晶体管 T1、一个源跟随器 T2 和一个行选通晶体管 T3。当光照射在像素单元时，在光栅 PG 处产生电荷；与此同时，复位管 T1 打开，对势阱复位；然后复位管关闭，行选通管 T3 打开，复位后的电信号由此通路被读出并暂存起来，之后传输门 TS 打开，光照产生的电信号通过势阱并被读出，前、后两次的信号差就是真正的图像信号。

对数响应型 CMOS-APS 拥有很高的动态范围,其像素单元结构如图 2-16 所示。它由光敏二极管、负载管 T1、源跟随器 T2 和行选通管 T3 组成,负载管栅极是一恒定偏置电压,该像素单元输出信号与入射光信号成对数关系,它的工作特点是光线被连续地转化为信号电压,而不像一般 APS 那样存在复位和积分过程。但是,对数响应型 CMOS-APS 的一个致命缺陷就是对器件参数相当敏感,特别是阈值电压。

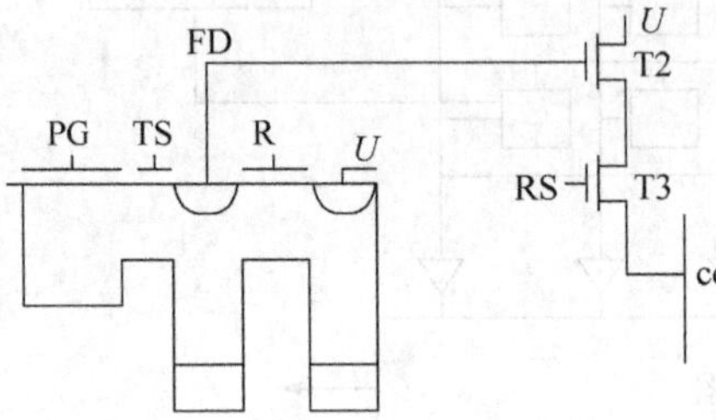

图 2-15 光栅型 APS 结构

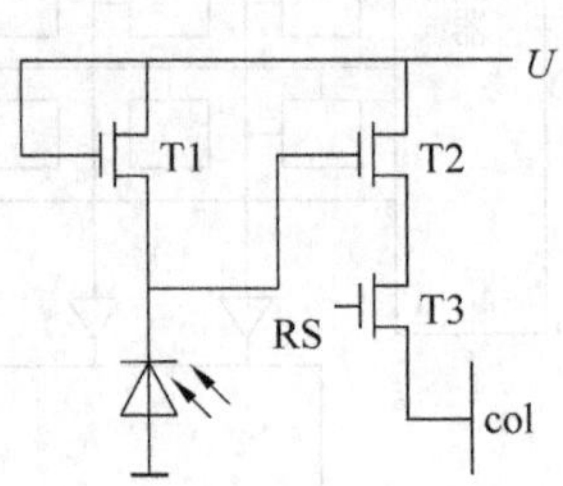

图 2-16 像素单元结构

PPS 和 APS 都是在像素外进行模/数(A/D)转换的,而 DPS 将模/数转换集成在每一个像素单元里,每一个像素单元输出的是数字信号,工作速度更快、功耗更低。这种传感器目前还处于研究阶段。

在早期,由于 CMOS 图像传感器的集成度高,各像元之间的距离很近,干扰比较严重,噪声对成像质量影响大,而 CCD 图像传感器的制作技术起步早,工艺成熟,成像质量相对 CMOS 图像传感器有一定的优势。随着 CMOS 传感器一系列新技术的出现,如电路消噪技术的进步可有效地降低 CMOS 图像传感器的固定图像噪声;采用掩埋光电二极管新型结构,可有效地降低漏泄电流,在低压下也能保证无电荷残余地完全读出等;得到与 CCD 图像传感器一样高质量的图像的 CMOS 窗内传感器已指日可待。目前,CMOS 传感器主要朝着高分辨率、高动态范围、高灵敏度、高帧速、集成化、数字化、智能化的方向发展。科技工作者主要致力于提高 CMOS 图像传感器,尤其是 CMOS 有源像素传感器(CMOS-APS)的综合性能,缩小像元尺寸,调整 CMOS 工艺参数,将时钟和控制电路、信号处理电路、A/D 电路、图像压缩等电路与图像传感器阵列完全集成在一起,并制作滤色片和微透镜阵列,以期实现低成本、低功耗、高度集成的单芯片成像微系统。现在,一种阶跃的复位栅电压技术能将 CMOS-APS 的动态范围提高到 90dB,而一般 CCD 图像传感器的动态范围仅为 70dB 左右。另外,CMOS 图像传感器具有体积小、功耗低、高度集成、新型 USB 计算机接口等这些新的优点,高性能单芯片 CMOS 微型和超微型摄像机已经商品化。至今,已研制出一系列 CMOS 图像传感器,如 CMOS 无源像素传感器(CMOS-PPS)、CMOS-APS、CMOS 视觉图像传感器、CMOS 视网膜图像传感器、CMOS 指纹图像传感器、对数变换 CMOS-APS 及 CMOS 凹传感器等。

在信息获取与处理领域,固体摄像器件是常用的关键器件。研制高集成度、高分辨率的单芯片摄像器件,是一项国内外微电子领域都在攻关的尖端技术。当今的大规模集成电路已朝着 0.18～0.09μm 方向发展,这就为制作更小的 CMOS 摄像器件提供了必要的条件,采用 0.18μm CMOS 工艺可以制作出上千万像素的 CMOS 图像传感器,无论在军用、特殊应用还是民用和常规应用场合,CMOS 微型和超微型摄像机都具有巨大的潜力。

4）彩色图像传感器

利用上述摄像器件可构成单色图像传感器，也可以做成彩色图像传感器。彩色图像传感器分为三管彩色摄像机和单管彩色摄像机。三管彩色摄像机的结构框图如图 2-17 所示。由图可见，三管彩色摄像机是由镜头、滤色镜、分色棱镜、3 只摄像管（R、G、B）、放大器、扫描发生器、寻像器及电源等附属设备组成。

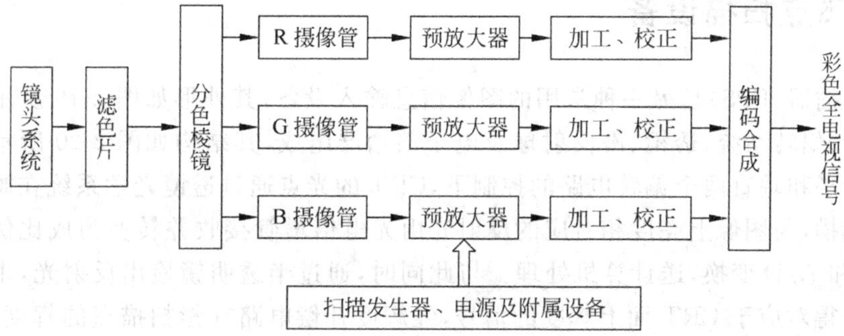

图 2-17　三管彩色摄像机结构框图

摄像机摄取彩色图像或景物，首先通过中性滤光片和色温滤光片，然后进入分色棱镜分解为三基色光像，三基色光像分别送入 3 只摄像管转变为图像电信号。然后，3 路信号分别经过校正（电缆校正、黑斑校正、轮廓校正、彩色校正、γ 校正及电平调节等），最后送入编码器以形成彩色全电视信号。

单管彩色摄像机只有一个摄像管，它没有分色棱镜，是利用管内直接镀在靶上的条纹滤色器实现 R、G、B 分色作用的。单管彩色摄像机又分为频率分离式、相位分离式和三电极式 3 种。

频率分离式摄像机的结构框图如图 2-18 所示。在摄像管靶面设置两片条状滤色器，一片为反红条状滤色器，另一片为反蓝条状滤色器，当光学图像经过滤色器和摄像管转变为电信号时，绿色信号是时间的连续函数，而红色和蓝色所对应的信号为时间采样函数。这些电信号经低通滤波器和带通滤波器即可分出亮度信号、红色信号及蓝色信号，经编码后就形成彩色全电视信号。

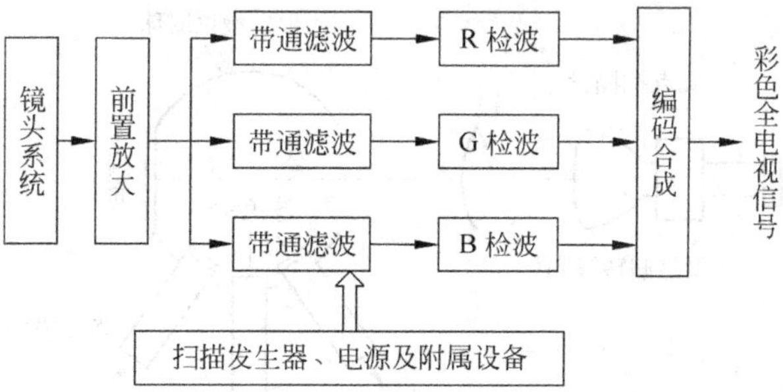

图 2-18　频率分离式单管摄像机框图

相位分离式单管式摄像机是在靶前设置带状透明导电膜和红、绿、蓝垂直条纹滤色器。当电子束扫描时会得到一组组红、绿、蓝点顺序信号，通过低通及带通滤波器后可得到相应的频谱信号。这种摄像机的白平衡性好，稳定性高，但清晰度不高。

三电极式摄像机是在三电极摄像管内装有重复的红、绿、蓝垂直条纹滤色器，并分别对准各自的相互绝缘的条状透明电极。当电子束扫描时，便把靶面上形成的图像或景物的3个基色的光像转变为3个基色信号，并分别通过各自的电极汇总到3条母线上，于是输出R、G、B信号，经编码后形成彩色全电视信号。这种摄像机白平衡、彩色重现和稳定性均好，但有时由于条状电极的静电电容影响，容易串色而影响清晰度。

2.2.2 飞点扫描设备

飞点扫描器(FPS)是另一种常用的图像信息输入设备，其外形如图2-19所示。它是由飞点扫描管、偏转系统、透镜、漫反射球及电子倍增器组成，其结构如图2-20所示。飞点扫描器是在水平和垂直两个偏转电路的控制下，CRT的光点通过透镜光学系统在画面上逐行逐点依次扫描，与图像上亮度相对应的反射光由光电倍增管接收并转换为成比例的电流信号，经放大和A/D变换，送计算机处理。与此同时，通过半透明镜检出反射光，由另一个光电倍增管获得对应于CRT面上辉度的信号，经辉度补偿电路补偿扫描点的辉度，以提高变换的线性度。

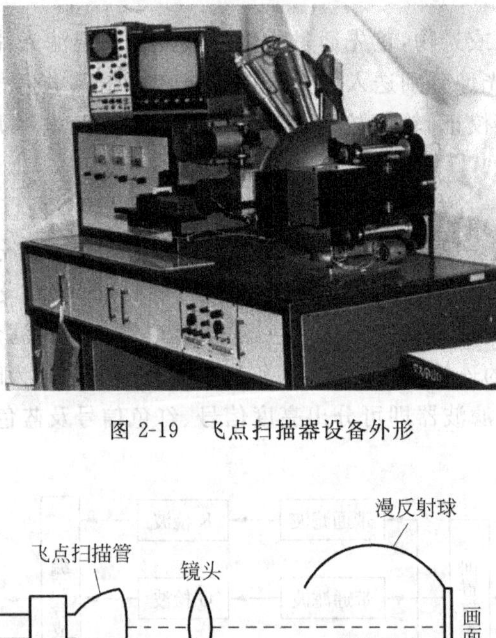

图2-19　飞点扫描器设备外形

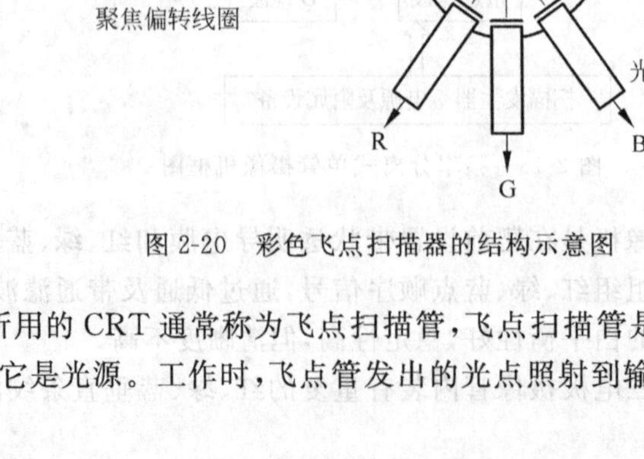

图2-20　彩色飞点扫描器的结构示意图

飞点扫描器所用的CRT通常称为飞点扫描管，飞点扫描管是一种亮度高、聚焦好的小型显像管，在这里它是光源。工作时，飞点管发出的光点照射到输入图像上。每一瞬间只照射一个像素，被照亮的像素反射的光射到光电倍增管上转换成电信号。目前已研制出高分辨率和高辉度的飞点扫描管。如日本的 OS701 飞点扫描器，采用 C-5 H05-B47 型 5 英寸磁偏转飞点扫描管，可形成 4096×4096 像素取样网格，输出灰度级为 128 级(7bit)，扫描速度为 2μs/步。

彩色飞点扫描器与单色飞点扫描器的工作原理完全相同，只不过它有 3 个带有红、绿、蓝滤色镜的光电倍增管。它们分别把 3 种反射光变成电信号，从而得到 R、G、B 信号，这 3 种信号经编码即可输出彩色全电视信号。飞点扫描器设备简单，工作稳定可靠，扫描速度高，控制方式灵活。缺点是设备笨重，只能摄取照片和底片，不能输入实景。飞点扫描器也可以作为图像输出设备输出硬拷贝。

2.2.3 鼓形扫描器

鼓形扫描器又叫光电滚筒扫描器或扫描鼓，它的结构框图如图 2-21 所示。它是由滚筒、光源、反射镜、光电倍增管及机械传动系统组成。机械扫描鼓的原理与传真机相似。照片或负片安放在鼓形滚筒上，最大尺寸可达 250mm×250mm，由光线照射或从内部光源透射在图像上，再由光学系统收集后送至光电倍增管，变换成电信号，经放大后送至 A/D 变换器，再经高速数据接口送入计算机。一般先送入磁盘等外存储器，再作处理。

机械扫描鼓的滚筒由步进电机带动做匀速圆周运动，而光电倍增管由另一步进电机通过丝杆带动在滚筒轴向做来回运动，形成相对图像的水平方向扫描，这样对图片构成了 x 方向和 y 方向的扫描。它的光学系统一般由光源、聚光镜、光栅、物镜和光电倍增管组成。整个光学系统均要放在一个密封的暗箱中，以防止杂散光的干扰。机械传动部分和丝杆的加工精度相当高，因而其重复定位精度高达 2～5μm，光密度的测量范围为 0～3D，且测量精度高。灰度级范围为 256 级。

机械扫描鼓是一种扫描精度高、信噪比高、可靠性好的图像输入设备。它输入一幅 36mm² 的图片只需要数分钟，速度比平台式微密度计要快得多，它既可以输入也可以输出。其缺点是只能采用逐行扫描方式，不能用于随机扫描。而且价格也相当昂贵，维护要求高。典型的产品有美国 P-1000 型扫描鼓、英国 Scanding-3 型扫描鼓。扫描鼓外形如图 2-22 所示。

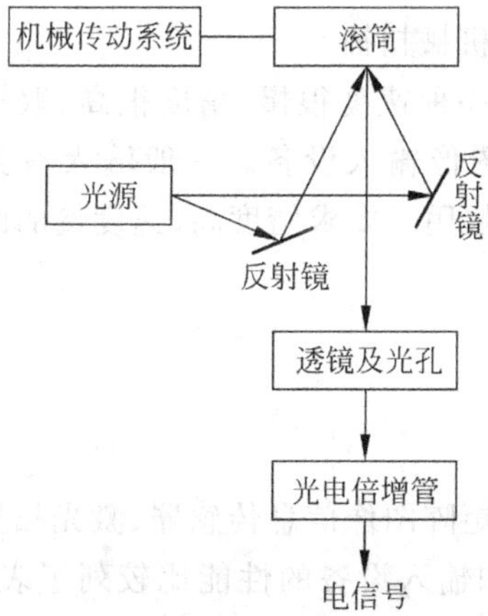

图 2-21　鼓形扫描器原理

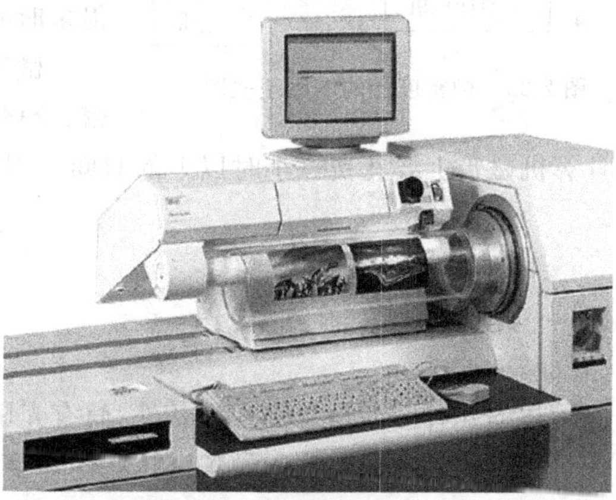

图 2-22　扫描鼓外形

2.2.4　微密度计

微密度计(microdensitometer)是一种平台机械扫描式的光电转换图像输入设备,它既可输入如胶片之类的负片图像,又可输入如照片、文件之类的正片图像。微密度计的测量精度很高。使用计算机控制旋转被测样片的平台,作 x、y 方向运动,可形成逐行扫描、螺旋扫描、随机扫描及跟踪扫描。国外典型的产品有英国的 PDS 微密度计、MDM-6 型微密度计,都是比较先进的。以上产品的基本原理和操作都大体相似,只是光路系统设计各有所长。

典型的微密度计光学系统的光源是一只 50W 的卤钨灯,扫描光点经光源窗孔(光栅)聚焦到置于可移动平台的样片上,最大取样尺寸可为 250mm×250mm。透射光(或反射光)再经检测器窗孔(光栅)作用于光敏硅二极管上,从而取出和该坐标位置对应的像素的灰度值。由于微密度计是光密度的精密测量设备,因此光源的光分成二路,一路经聚光系统聚在图片上,由光敏硅二极管 D_1 获得图像信息;而另一路则直接射到参考光敏硅二极管 D_2 上,以取得光补偿信息。由于光敏硅二极管用同样的材料和工艺制成,并且被放在同一暗盒内,性能和环境条件完全一致。因而当光源的光随时间、电源变化而变化时,光敏硅二极管的输出将同时增加或减少,可以消除光源波动的影响,以保证测量的高精度。光密度的测量范围一般可达 0～$4D$,精度为±0.005。

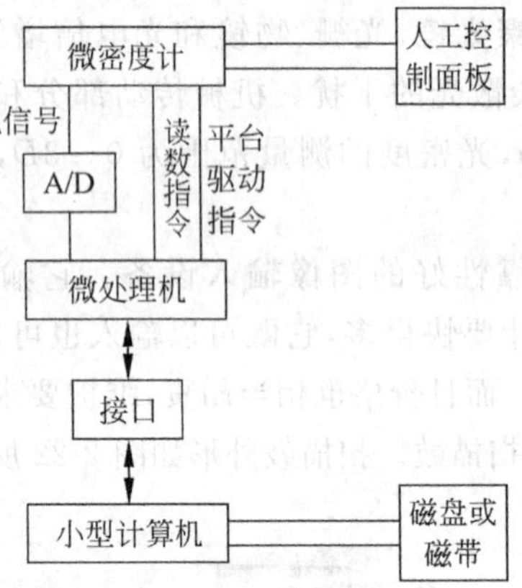

图 2-23　微密度计的电原理框图

图 2-23 表示典型的微密度计的电原理框图。其平台由小型计算机发出指令,经微处理器控制 x 方向和 y 方向的步进移动扫描。最小步距为 2.5μm,扫描速度为 5mm/s。只要改变相应的计算机程序,就可以任选逐行扫描、螺旋扫描、随机扫描或跟踪任何曲线等方式进行扫描。同时,光敏硅二极管获得的连续图像电信号,经 A/D 变换后,也先送到微处理机暂存,等整个画面扫描完后,再全部移至小型计算机,从而使主机不必花费很多时间来等待机械扫描。

微密度计是一种速度很慢、精度很高、取样很密、价格昂贵的图像输入设备。一般输入一张图片到计算机磁带上要花费一小时以上的时间。因此,它一般用于要求精度高、速度慢的图像输入。

2.2.5　其他图像输入设备

除前述的几种图像信息输入设备外,尚有光敏二极管矩阵图像信息传感器、激光扫描器和图像位置检出器等一些输入设备。这些图像信息转换和输入设备的性能比较列于表 2-3 中,以供参考。

表 2-3　图像信息输入设备性能比较表

图像输入设备		机械式	视像管	析像管	CCD	飞点扫描器	激光扫描器	光敏二极管
性能特点	清晰度	高	中	中	中/高	高	高	中/高
	线性	好	差	好	中等/好	好	好	好
	速度	慢	快	快	快	快	快	中等
	信噪比	高	中等	低	中等	高	高	中等
	存储效应	无	大	无	小	小	无	小
	适用波长	中	长	中	中	长	长	中
	扫描方式	顺序	顺序	顺序	顺序	顺序	顺序	顺序
	其他优、缺点	位置精度较高，光密度精度高，扫描速度慢，价格昂贵	位置及光密度较差，结构简单，使用方便，灵敏度高，扫描速度快，价格便宜	灵敏度与分辨率不能兼顾，寿命长，扫描速度快，价格便宜	体积小，重量轻，功耗低，可靠性好，几何失真度小	使用灵活，但不能在亮环境中应用，扫描速度快	干扰小，方向性强，单色性好，速度高，清晰度高，精度高	比较经济

2.3　图像处理中的输出设备

图像处理系统输出设备的主要任务有两个：一个是将处理前后的图像显示出来以供分析、识别和解释之用；另一个是以硬拷贝或以数据的形式记录下来永久保存。图像处理系统中可采用的输出设备是多种多样的，如前面介绍过的飞点扫描器、鼓形扫描器、激光扫描器等均可输出图像硬拷贝，而磁带机、磁盘机、光盘及磁鼓等可用来存储图像数据。此外，监视器、打印机等也是图像处理系统中常用的设备。

图像输出显示的对象可以是文字、数字和符号；也可以是单色或彩色的图形、图表等；还可以是一般图像，其中包括静止的或活动的图像，单色或彩色图像乃至立体图像。

对图像显示所要求的功能和性能可归纳为以下几个方面。第一，显示功能：它包括能够显示的像素数目、显示的灰度层次、显示的颜色种类和范围。此外还有显示精度(定位精度和图像畸变)、显示速度、有无记忆功能及与其他图像重叠显示功能等；第二，图像质量：它包括画面尺寸、画面形状、显示形态、亮度、对比度、分解力、清晰度、信噪比、图形畸变、电光变换特性、余辉及闪烁等；第三，其他有关性能：它包括操作、维护及调整的难易、稳定性、寿命、功耗乃至体积大小等。

下面介绍几种常用的图像输出设备。

2.3.1　监视器

监视器是图像处理系统中必不可少的图像输出显示设备。它的关键部件是显像管。这种被称为布老恩管的阴极射线管是 1897 年提出来的。自那时起虽经过了近 3/4 世纪，但管子形态并没有根本的变化，所作的大量工作也只是缩短管子长度、减小功耗、提高质量、降低成本等方面的工作。

1. 显像管

显像管(阴极射线管)的基本结构如图 2-24 所示,它由电子枪、电子束偏转系统和荧光屏组成。这些部件的主要功能如下:电子枪用来发射电子,并使之形成加速和聚焦的电子束,根据输入信号的大小,可控制电子束的强弱;偏转系统使电子束做水平或垂直偏转,以便使电子束根据输入的要求打在荧光屏的指定位置;荧光屏随着入射电子束的强度发出不同强弱的光,从而显示出可供观看的图像。

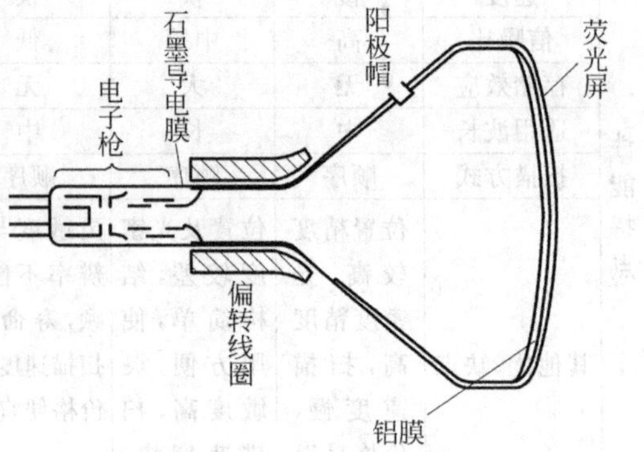

图 2-24　显像管(阴极射线管)的基本结构

目前,图像处理系统中的监视器多为彩色监视器。当然,彩色监视器的心脏是彩色显像管。彩色显像管有以下几种类型。

1) 荫罩式彩色显像管

这种管子是由红、绿、蓝信号调制的 3 条电子束穿过荫罩板上的小孔,然后各自去激发相应的荧光粉点(一般红、绿、蓝三色点呈三角形排列),使它们发光而显示出彩色图像。这种管子工作方式简单,能可靠地工作,生产较容易。但是它的效率较低,80%～85%的电子束被荫罩板挡住了,另外会聚调整较复杂。

2) 单枪三束式显像管

单枪三束式显像管是日本索尼公司 1968 年研制的一种彩色显像管。这种显像管荧光屏上的荧光粉不是呈圆点状而是呈条状排列。每 3 条(R、G、B)成一组垂直排列。荧光屏约有 500 多组这种 3 色条。这种单枪三束管的选色板叫做影条板,它上面开有 500 多条细缝。电子束即从细缝通过打在荧光条上。这种管子的荧光屏和影条板只能做成柱面形。另外一种单枪三束管的选色板是栅槽式的,它是影条板的改进型,选色板可做成球面形。在这种显像管中,3 条电子束共用一个电子枪,聚焦透镜的直径可以做得较大,因此能实现更好的聚焦。单枪三束管的优点是会聚简单。由于 3 条电子束水平排列,并且绿束位于中心轴上,因此,绿光栅不需会聚校正。红、蓝电子束对称排列于绿束两边,所以,只要作左右会聚校正就可以了。另一优点是清晰度好。由于聚焦好,电子束直径小且密度大,故清晰度好,同时也提高了图像的亮度。此外,这种类型的管子受地磁场影响小。这种显像管的电子透过率可达 20%。

除以上两种显像管外,还有三电子束控色栅管、单电子束控色栅管等。以上介绍的是几种常用的彩色显像管。用阴极射线管构成的监视器是图像处理系统中应用最为广泛的输出设备。随着技术的发展,这种显像管的清晰度和亮度正在逐步提高。

2. 监视器

监视器的种类很多,根据使用目的不同,其电路结构也有很大区别。在广播电视中为了解决兼容与传输方面的问题发明了 3 种彩色制式,即 NTSC(National Television Systems Committee)制、PAL(Phase Alternation Line)制和 SECAM(Sequential Couleur à Mèmoire)制。

制式不同的监视器电路结构略有不同，它们只能用于显示与自己制式相同的视频信号，不能混用。

1) PAL 制监视器

PAL 制彩色监视器原理框图如图 2-25 所示。它的工作原理如下：当彩色全电视信号送入视频输入端后，经带通放大器选出色度信号，进而由梳状滤波器分离出色度信号分量，然后，通过同步检波分别得到色差信号。解调副载波的频率和相位由色同步信号锁定，在识别出 PAL 倒相行后，由电子开关实现这种处理。其中自动色度控制(ACC)电路用于稳定色度信号电平。消色电路的作用是在接收到黑白视频信号时关闭色通道，以减少色杂波。彩色全电视信号的另一路送入亮度通道，为抑制色度信号的干扰，先通过副载波吸收网络，然后经放大、延迟与色差信号一起送入译码网，以便译出 R、G、B 信号送入显像管。另外，通过同步分离电路分离出同步信号以控制扫描电路，以便在荧光屏上显示出稳定的图像。这种监视器可用于广播电视系统，也可以用于图像处理系统。

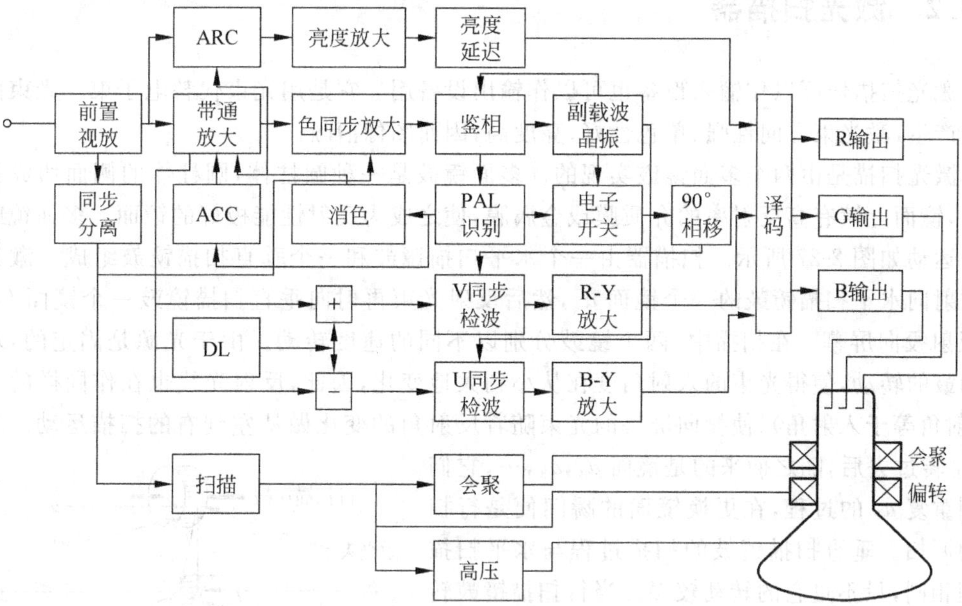

图 2-25　PAL 制彩色监视器原理框图

2) R、G、B 分别输入的彩色监视器

这种监视器原理框图如图 2-26 所示。监视器的电路十分简单，红、绿、蓝 3 个图像信号分别送入 3 路通道，经放大后直接激励显像管的 R、G、B 这 3 个阴极。另外，复合同步信号送入同步通道，经同步分离分别控制行扫描和场扫描以便得到稳定的图像显示。这种监视器只能用于图像处理系统，不能用于广播电视系统。

以 CD351 为例，其指标如下：屏幕尺寸为 20 英寸，分辨率为 1024×768 像素，放大器带宽为 20MHz，上升沿和下降沿不大于 25ns，振铃与上冲小于 10%，水平扫描为 15.5～23.5kHz，垂直为 50Hz、60Hz、72Hz、80Hz 这 4 种，几何失真最大为画面高度的 1.5%，R、G、B 3 信号输入幅度为 0.7V_{p-p}，同步信号为 4V_{p-p}，具有亮度、对比度控制及手动消磁控制。

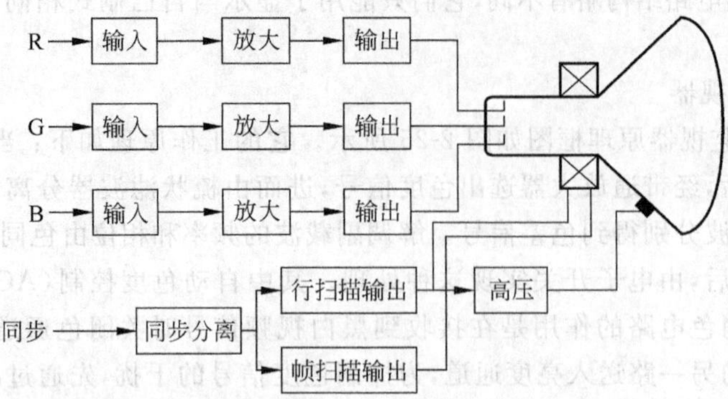

图 2-26　R、G、B 分别输入的彩色监视器原理框图

2.3.2　激光扫描器

激光扫描器可以作输入设备也可以作输出设备用。它是用光束代替电子束。光束由激光器产生，激光束方向性强、单色性好、亮度高，因而图像清晰。

激光扫描是由两个多面镜鼓实现的。多面镜鼓是一种圆柱体，圆柱体的侧面切成很多镜面，镜面上镀有高反射率的介质膜或金属膜，使之成为反射性能极好的镜面。多面镜鼓的扫描运动如图 2-27 所示。扫描器由一个水平扫描镜鼓和一个垂直扫描镜鼓组成。激光束首先射向水平扫描镜鼓的一个镜面 a_1，然后反射光束再射向垂直扫描镜鼓一个镜面 b_1，经 b_1 反射投向屏幕。在扫描中，两个镜鼓分别以不同的速度转动。由于光源是固定的，水平镜面鼓的转动，使得光束的入射角度在从小到大地变化，因此，反射光线也在作同样的变化(反射角等于入射角)，使投向屏幕的光束随着反射角的变化做从左到右的扫描运动。当镜面 a_1 转过去后，随之而来的是镜面 a_2，a_3，…，它们分别重复 a_1 的过程，在更换镜面的瞬间便是行扫描的回扫。垂直扫描镜鼓的扫描过程与水平扫描道理相同，只不过它的转动较慢。当行扫描镜鼓转 n 个面时，垂直扫描镜鼓转动一个面，则在屏幕上就会扫出一个具有 n 行的光栅。如果用图像信号去调制激光束的强弱，那么在屏幕上就会扫出一幅图像来。在屏幕位置放上感光相纸，就可以制成图像的硬拷贝。

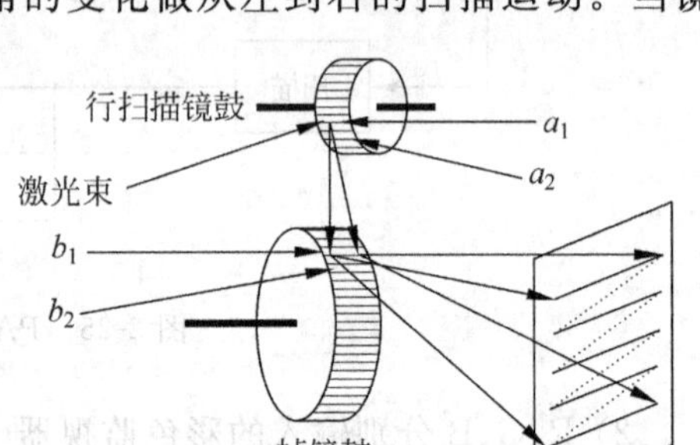

图 2-27　多面镜鼓的扫描运动

2.3.3　平板显示

平板显示包括气体放电平板显示、液晶显示、等离子显示、发光二极管显示、电致发光显示等。平板显示现在已在各个场合得到应用，目前，已是阴极射线管(CRT)的有力竞争者。平板显示设备有以下几种。

1. 液晶显示器

随着科学技术的高速发展，显示器技术也在向高清晰、低电磁辐射、低功耗和小体积等方向发展。虽然，目前流行的 CRT（阴极射线管）显示器的生产技术越来越成熟，画面的显示质量也越来越好，大多数中、高档产品也通过了严格的 TOC99 认证，但是，由于其本身的物理特性，它的体积和辐射问题仍然是不可避免的。因此，体积小、重量轻和无电磁辐射的液晶显示器就备受关注了，如图 2-28 所示。

图 2-28　液晶显示器

1）液晶显示器的发展

人们早在 1888 年就发现了液晶这一呈液体状的物质，它是一种几乎完全透明的物质，同时呈现固体与液体的某些特征。液晶从形状和外观上看去是一种液体，但它的水晶式分子结构又表现出固体的形态。像磁场中的金属一样，当受到外界电场影响时，其分子会产生精确的有序排列；如对分子的排列加以适当控制，液晶分子将会允许光线穿透；光线穿透液晶的路径可由构成它的分子排列来决定，这又是固体的一种特征。

20 世纪 60 年代起，人们发现给液晶充电会改变它的分子排列，继而造成光线的扭曲或折射。经过反复测试，1968 年，美国发明了 LCD 器件，随后 LCD 液晶显示屏正式面世了。从第一台 LCD 显示屏的诞生以来，短短 30 年中，液晶显示器技术得到了飞速的发展，20 世纪 70 年代初，日本开始生产 TN-LCD，并推广应用；20 世纪 80 年代初，TN-LCD 产品在计算器上得到广泛应用；1984 年，欧美国家提出 TFT-LCD（薄膜式晶体管）和 STN-LCD（超扭曲阵列）显示技术之后，到 20 世纪 80 年代末，日本掌握了 STN-LCD 的大规模生产技术，使 LCD 产业获得飞速发展。

1993 年，日本掌握 TFT-LCD 的生产技术后，液晶显示器开始向两个方向发展：一个方向是朝着低价格、低成本的 STN-LCD 显示器方向发展，随后又推出了 DSTN-LCD（双层超扭曲阵列）；而另一个方向是朝高质量的薄膜式晶体管 TFT-LCD 方向发展。日本在 1997 年开发了一批以 550mm×670mm 为代表的大基板尺寸、第三代 TFT-LCD 生产线，并于 1998 年使大尺寸的 LCD 显示屏的价格比 1997 年下降了一半。同时，1996 年以后，韩国和中国台湾都投巨资建第三代的 TFT-LCD 生产线。

中国从 20 世纪 80 年代初就开始引进了 TN-LCD 生产线，目前是世界上最大的 TN-LCD 生产国。从 1971 年开始，液晶作为一种显示媒体使用以来，随着液晶显示技术的不断完善和成熟，使其应用日趋广泛，到目前已涉及微型电视、数码照相机、数码摄像机及显示器等多个领域。在其经历了一段稳定、漫长的发展历程后，目前，它已在平面显示领域中占据了一个重要的地位，而且几乎是笔记本和掌上型计算机必备部件。1985 年，自从世界第一台笔记本计算机诞生以来，LCD 液晶显示屏就一直是笔记本计算机的标准显示设备。但随着液晶显示技术的不断进步，LCD 在笔记本计算机市场占据多年的领先地位之后，具备平滑显示屏幕的 LCD 液晶显示器又开始逐步地进入桌面系统市场。发展至今，更多的电子产品都纷纷采用 LCD 作为显示面板（如移动电话、便携式电视、游戏机等），因而也令 LCD 产业得到了蓬勃的发展。

2）液晶的物理特性及显示原理

众所周知，物质有固态、液态、气态3种形态。液体分子质心的排列虽然不具有任何规律性，但是如果这些分子是长形的（或扁形的），它们的分子指向就可能有规律性。于是就可将液态又细分为许多形态。分子方向没有规律性的液体直接称之为液体，而分子具有方向性的液体则称之为“液态晶体”，又简称“液晶”。液晶是在1888年由奥地利植物学家瑞尼兹（Reinitzer）发现的，是一种介于固体与液体之间，具有规则性分子排列的有机化合物。液晶按照分子结构排列的不同分为3种：黏土状的Smectic液晶、细柱形的Nematic液晶和软胶胆固醇状的Cholestic液晶。这3种液晶的物理特性各不相同。一般最常用的液晶形态为向列型液晶，分子形状为细长棒形，长宽为1～10nm。液晶的物理特性是：当通电时，排列变得有秩序，使光线容易通过；不通电时排列混乱，阻止光线通过。液晶显示器的结构是在两片无钠玻璃材质（substrates）中间夹着一层液晶。在自然状态下，这些棒状分子的长轴大致平行。将液晶倒入一个经精良加工的开槽平面，液晶分子会顺着槽排列，所以，假如那些槽非常平行，则各分子也是完全平行的。在不同电流电场作用下，液晶分子会做规则旋转90°排列，产生透光度的差别，如此在电源开/关下产生明暗的区别，依此原理控制每个像素，便可构成所需图像。

液晶显示器按照控制方式不同可分为被动矩阵式LCD及主动矩阵式LCD两种。被动矩阵式LCD在亮度及可视角方面受到较大的限制，反应速度也较慢。由于图像质量方面的问题，使得这种显示设备不利于发展为桌面型显示器，但由于成本低廉的因素，市场上仍有部分显示器采用被动矩阵式LCD。被动矩阵式LCD又可分为TN-LCD(Twisted Nematic-LCD)，扭曲向列LCD)、STN-LCD(Super TN-LCD，超扭曲向列LCD)和DSTN-LCD(Double Layer STN-LCD，双层超扭曲向列LCD)。

主动矩阵式LCD目前应用比较广泛，也称TFT-LCD(Thin Film Transistor-LCD，薄膜晶体管LCD)。TFT液晶显示器是在图像中的每个像素内建晶体管，可使亮度更明亮、色彩更丰富及得到更宽广的可视面积。

液晶显示器的显示原理如下。

① TN型液晶显示原理

TN型的液晶显示技术可说是液晶显示器中最基本的，其他种类的液晶显示器也可说是以TN型为原型来加以改良。同样，它的运作原理也较其他技术简单。图2-29所示的是TN型液晶显示器的简易构造及基本显示原理，包括了垂直方向与水平方向的偏光板，具有细纹沟槽的配向膜、液晶材料及导电的玻璃基板。不加电场的情况下，入射光经过偏光板后通过液晶层，偏光被分子扭转排列的液晶层旋转90°，离开液晶层时，其偏光方向恰与另一偏光板的方向一致，因此，光线能顺利通过，屏幕呈亮状态。当加入电场的情况时，每个液晶分子的光轴转向与电场方向一致，液晶层因此失去了旋光的能力，结果来自入射偏光片的偏光其偏光方向与另一偏光片的偏光方向成垂直的关系，光无法通过，屏幕因此呈现黑暗的状态（见图2-30）。显像器件是将液晶材料置于两片贴附光轴垂直偏光板的透明导电玻璃间，液晶分子会依配向膜的细沟槽方向依序旋转排列，如果电场未形成，光线会顺利地从偏光板射入，依液晶分子旋转其行进方向，然后从另一边射出。如果在两片导电玻璃通电之后，两片玻璃间会造成电场，进而影响其间液晶分子的排列，使其分子棒进行扭转，光线便无法穿透，进而遮住光源。这样所得到光暗对比的现象，叫做扭转式向列场效应，简称 TNFE (Twisted Nematic Field Effect)。在电子产品中所用的液晶显示器，几乎都是用扭转式向列场效应原理制成的。

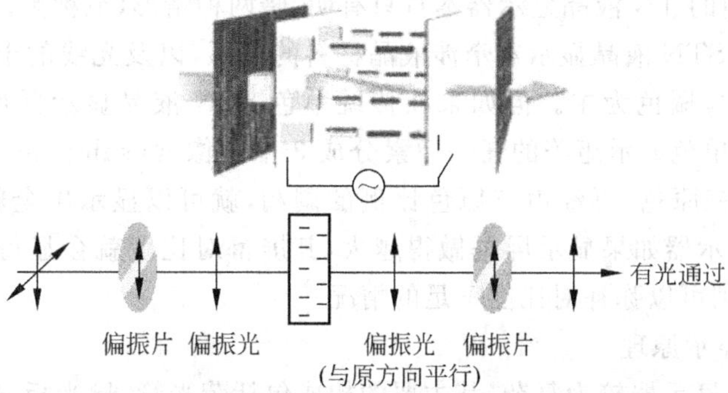

图 2-29　光线穿透原理及示意图

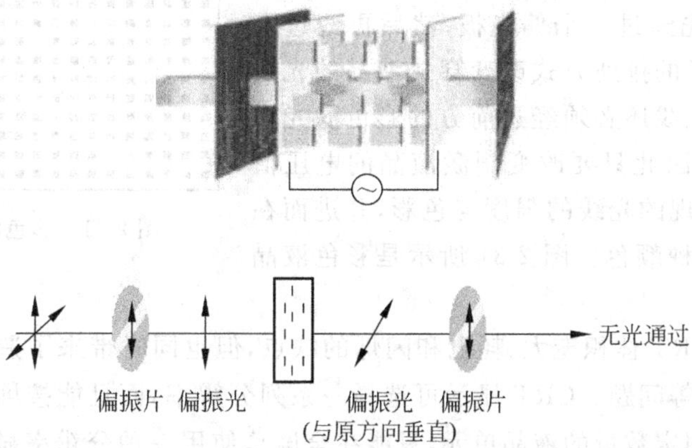

图 2-30　光线阻断原理及示意图

当然，也可以改变 LCD 中的液晶排列，使光线在加电时射出，而不加电时被阻断。但由于计算机屏幕几乎总是亮着的，所以只有“加电将光线阻断”的方案才能达到最省电的目的。

采用 LCD 的显示屏是由不同部分组成的分层结构。LCD 由两块玻璃板构成，厚约 1mm，其间由包含有液晶材料的 5μm 均匀间隔隔开。因为液晶材料本身并不发光，所以在显示屏两边都设有作为光源的灯管，在液晶显示屏背面有一块背光板（或称匀光板）和反光膜，背光板是由荧光物质组成的可以发射光线的装置，其作用主要是提供均匀的背景光源。背光板发出的光线在穿过第一层偏振过滤层之后进入包含成千上万水晶液滴的液晶层。液晶层中的水晶液滴都被包含在细小的单元格结构中，一个或多个单元格构成屏幕上的一个像素。在玻璃板与液晶材料之间是透明的电极，电极分为行和列，在行与列的交叉点上，通过改变电压而改变液晶的旋光状态，液晶材料的作用类似于一个个小的光阀。在液晶材料周边是控制电路部分和驱动电路部分。当 LCD 中的电极产生电场时，液晶分子就会产生扭曲，从而将穿越其中的光线进行有规则地折射，然后经过第二层过滤层的过滤在屏幕上显示出来。

② STN液晶显示原理

STN型的液晶显示器显示原理与TN相类似，不同的是TN扭转式向列场效应的液晶分子是将入射光旋转90°，而STN超扭转式向列场效应是将入射光旋转180°～270°。要在这里说明的是，单纯的TN液晶显示器本身只有明、暗两种情形（或称黑、白），并没有办法做到色彩的变化。而STN液晶显示器牵涉液晶材料的关系，以及光线的干涉现象，因此显示的色调都以淡绿色与橘色为主。但如果在传统单色STN液晶显示器加上一彩色滤光片（color filter），并将单色显示矩阵的任一像素分成3个子像素（sub-pixel），分别通过彩色滤光片显示红、绿、蓝三原色，再经由三原色比例的调和，就可以显示出全彩模式的色彩。另外，TN型的液晶显示器如果显示屏幕做得越大，其屏幕对比度就会显得越差，不过借助于STN的改良技术，则可以弥补对比度不足的情况。

③ TFT液晶显示原理

TFT型的液晶显示器较为复杂，其主要的构成包括荧光管、导光板、偏光板、滤光板、玻璃基板、配向膜、液晶材料、薄膜式晶体管等。首先液晶显示器必须先利用背光源，也就是荧光灯管投射出光源，这些光源会先经过一个偏光板，然后再经过液晶，这时由液晶分子的排列方式改变穿透液晶的光线角度。然后，这些光线还必须经过前方的彩色滤光膜与另一块偏光板。因此只要改变刺激液晶的电压值就可以控制最后出现的光线的强度与色彩，并进而在液晶面板上显示各种颜色。图2-31所示是彩色液晶板的示意图。

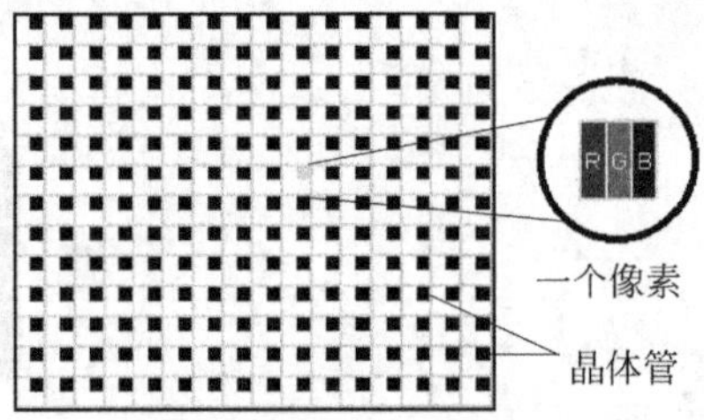

图2-31 彩色液晶板示意图

LCD克服了CRT体积庞大、耗电和闪烁的缺点，但也同时带来了造价过高、视角不广及彩色显示不理想等问题。CRT显示可选择一系列分辨率，而且能按屏幕要求加以调整，但LCD屏只含有固定数量的液晶单元，只能在全屏幕使用一种分辨率显示（每个单元就是一个像素）。

LCD不存在聚焦问题，因为每个液晶单元都是单独开关的。这正是同样一幅图像在LCD屏幕上为什么如此清晰的原因。LCD也不必关心刷新频率和闪烁。但是，LCD屏的液晶单元会很容易出现瑕疵。对1024×768像素的屏幕来说，每个像素都由3个单元构成，分别负责红、绿和蓝色的显示，所以总共约需240万个像素单元（1024×768×3＝2 359 296）。很难保证所有这些单元都完好无损。最有可能的是，其中一部分已经短路（出现“亮点”）或者断路（出现“黑点”）。

现在，几乎所有的应用于笔记本或桌面系统的LCD都使用薄膜晶体管（TFT）激活液晶层中的单元格。TFT LCD技术能够显示更加清晰、明亮的图像。早期的LCD由于是非主动发光器件，速度低、效率差、对比度小，虽然能够显示清晰的文字，但是在快速显示图像时往往会产生阴影，影响视频的显示效果。

随着技术的日新月异，LCD技术也在不断发展进步。目前各大LCD显示器生产商纷纷加大对LCD的研发费用，力求突破LCD的技术瓶颈，进一步加快LCD显示器的产业化进程，降低生产成本，实现用户可以接受的价格水平。

3）液晶显示器的优、缺点

液晶显示器有以下一些优、缺点。

① 超精致的图像质量，液晶显示器的液晶技术可产生比一般阴极射线显像管显示器更清晰、更精准的图像质量。

② 真正的平面显示。

③ 体积小、重量轻。一台普通 17 英寸 CRT 显示器厚度大约为 43cm，而一台 15 英寸 LCD 显示器加上后面支架也不过 20cm 左右。

④ 功耗较低，节省能源。CRT 显示器需要加热电极元件使电子枪以极高的速度发射电子束，这是 CRT 耗能的主要原因，而一台 15 英寸 LCD 显示器功耗大约是一台 17 英寸 CRT 显示器的 1/3 左右。

⑤ TFT LCD 无辐射、无闪烁，因而会使使用者眼睛感觉非常舒适，这对长期以来因 CRT 显示器而受到健康影响的人员来讲无疑是最大的福音。

液晶显示器的主要缺点是，与 CRT 显示器相比，LCD 显示器图像质量仍不够完善，这主要体现在色彩鲜艳和饱和度上，而且液晶显示器的响应时间仍然不够短，显示静止画面时也许并不突出，但在画面更新剧烈的显示类别中，液晶显示器的弱点就突显出来了，在技术上仍有待改进。此外，视角偏小也是液晶显示器的一大弱点。

4）液晶显示器性能的指标和参数

（1）点距和可视面积

液晶显示器的点距和可视面积有很直接的对应关系，可以直接通过计算得出。以 14 英寸的液晶显示器为例，14 英寸的液晶显示器的可视面积一般为 285.7mm×214.3mm，其最佳（也就是最大可显示）分辨率为 1024×768 像素，就是说该液晶显示板在水平方向上有 1024 个像素，垂直方向有 768 个像素，由此，可以计算出液晶显示器的点距是 285.7/1024 或者 214.3/768 等于 0.279mm。同理，也可以在得知某液晶显示器的点距和最大分辨率下算出该液晶显示器的最大可视面积来。需要说明的一点是，液晶的点距跟 CRT 的点距有些不同，实际上 CRT 显示器的点距由于技术原因，对荫罩管的显示器来说，中心处的点距要比四周的小，对荫栅管的显示器来说，其中间的点距（栅距）跟两侧的点距（栅距）也是不一样的。目前 CRT 厂商在标称显示器的点距（栅距）时，标的都是该显示器最小的（也就是中心的）点距。而液晶显示器则是整个屏幕任何一处的点距都是一样的，从根本上消除了 CRT 显示器在还原画面时的非线性失真。点距的概念见图 2-32。

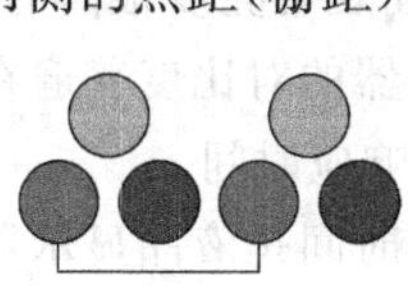

图 2-32　点距的概念（单位：mm）

（2）最佳分辨率（真实分辨率）

液晶显示器属于“数字”显示方式，其显示原理是直接把显示卡输出的模拟信号处理为带具体“地址”信息的显示信号。任何一个像素的色彩和亮度信息都是与屏幕上的像素点直接对应的，正是由于这种显示原理，所以液晶显示器不能像 CRT 显示器那样支持多个显示模式。液晶显示器只有在显示与该液晶显示板的分辨率完全一样的画面时才能达到最佳效果。而在显示小于最佳分辨率的画面时，液晶显示器则采用两种方式来显示，一种是居中显示，比如在显示 800×600 分辨率时，显示器就只是以其中间那 800×600 像素来显示画面，周围则为阴影。这种方式由于信号分辨率是一一对应的，所以画面清晰，唯一的遗憾就是画面太小。另外一种则是扩大方式，就是将 800×600 像素的画面通过计算方式扩大为 1024×768 像素的分辨率来显示。由于这种方式处理后的信号与像素并非一一对应，虽然画面大，但是比较模糊。目前市面上的 13 英寸、14 英寸、15 英寸的液晶显示器的最佳分辨率都是 1024×768 像素，17 英寸的最佳分辨率则是 1280×1024 像素。

当图像信号源的分辨率较低时，面板电路需要将较小的画面放大成与面板的最大分辨率一样的画面。假如电路不能有效地进行这项工作，显示在液晶面板上的图像将严重失真。从技术的观点来看，当 CRT 面临这样的问题时，只要调整电子束的偏转电压，就可接收新分辨率的图像信号。由于液晶显示器每一个像素都采用独立的主动控制，图像放大电路需要对较小的分辨率做更复杂的计算。从理论上分析，如果放大倍数为整数(例如，用最佳分辨率为 1600×1200 像素的液晶显示器显示 800×600 像素的图案，放大倍数为 2)的情况较为简单，只要用相邻的两个像素显示一个视觉点即可，放大后的图像质量不会有明显下降。但是，如果用最佳分辨率为 1024×768 像素的液晶显示器显示 800×600 像素的图案就没这么简单了，它的放大倍数为 1.28(不是整数)，所以，并不是原画面的每一个像素都等量放大。液晶显示器中的电路必须去决定哪一个像素该放大一倍而哪一个不需放大。数学上的模糊误差将导致放大后的图像或文字质量下降，给人视觉上以边缘模糊或者残缺不全的感觉。

为了得到更好的效果，放大电路通常使用一个小技巧减小这种误差，即：假如图像不能整数倍放大时，用减小某些像素放大后的亮度加以改善，但仍然不能达到十全十美。因此，建议在使用液晶显示器的时候一定将显示卡的输出信号设定为最佳分辨率状态，15 英寸的液晶显示器的最佳分辨率为 1024×768 像素，17 英寸的最佳分辨率则是 1280×1024 像素。

(3) 亮度和对比度

液晶显示器亮度以平方米烛光(cd/m^2)或者尼特(nt)为单位。市面上的液晶显示器由于背光灯的数量比笔记本计算机的显示器要多，所以亮度看起来明显比笔记本计算机的要亮。亮度普遍在 150～210nt 之间。需要注意的一点是，市面上的低档液晶显示器存在严重的亮度不均匀的现象，中心的亮度和距离边框部分区域的亮度差别较大。对比度是直接体现液晶显示器能否体现丰富的灰度级和彩色的参数，对比度越高，还原的图像的层次感就越好，即使在观看亮度很高的照片时，黑暗部位的细节也可以清晰地表现出来。目前市面上的液晶显示器的对比度普遍在 150：1～350：1 之间，高端的液晶显示器还远远不止这个数。

(4) 响应时间

响应时间是液晶显示器的一个重要参数，它指的是液晶显示器对于输入信号的反应时间。组成整块液晶显示板的最基本的像素单元"液晶盒"，在接收到驱动信号后从最亮到最暗的转换是需要一段时间的，而且液晶显示器从接收到显示卡输出信号后，处理信号以及把驱动信息加到晶体驱动管也需要一段时间，这一点在大屏幕液晶显示器上尤为明显。液晶显示器的这项指标直接影响到对动态图像的还原。与 CRT 显示器相比，液晶显示器由于过长的响应时间导致其在还原动态图像时有比较明显的拖尾现象(在对比强烈而且快速切换的图像上十分明显)，因此，在播放视频节目的时候，图像没有 CRT 显示器那么生动。响应时间是目前液晶显示器尚待进一步改善的技术难关。目前，市面上销售的 15 英寸液晶显示器响应时间一般在 50ms 左右。

(5) 可视角度

当观看液晶显示器时，发现在不同的角度观看的颜色效果并不相同，这是由于某些低端的液晶显示器可视角度过低导致失真。液晶显示器属于背光型显示器件，其发出的光由液晶模块背后的背光灯提供，而液晶主要是靠控制液晶体的偏转角度来“开关”图像像素的，这必然导致液晶显示器只有一个最佳的欣赏角度，这就是要正视。当你从其他角度观看时，由于背光可以穿透旁边的像素而进入人眼，所以会造成颜色的失真。液晶显示器的可视角度就是指能观看到可接收失真值的视线与屏幕法线的角度。这个数值当然是越大越好。目前，市面上的 15 英寸液晶显示器的水平可视角度一般在 120°或以上，并且是左右对称，而垂直可视角度则比水平可视角度要小得多，一般是 95°或以上，上下不对称，高端的液晶显示器可视角度已经可以做到水平和垂直都是 170°。

(6) 最大显示色彩数

液晶显示器的色彩表现能力当然是人们最关心的一个重要指标，市面上的 13 英寸、14 英寸、15 英寸的液晶显示器像素数一般是 1024×768 个，每个像素由 R、G、B 三基色组成，低端的液晶显示板各个基色只能表现 6 位色，即 $2^6=64$ 种颜色。可以简单地得出每个独立像素可以表现的最大颜色数是 64×64×64=262 144 种颜色。高端液晶显示板利用 FRC(帧频控制)技术使得每个基色可以表现 8 位色，即 $2^8=256$ 种颜色，则像素能表现的最大颜色数为 256×256×256=16 777 216 种颜色。这种显示板显示的图像色彩更丰富，层次感也好。

2. 等离子体 PDP 显示技术

1) 等离子显示屏的结构

“等离子”在物理学的角度来说是指“第四种物质”；但在医学的角度上看，“等离子”便是指“血浆”；另外，“等离子”也可解释为原形质或原生质，即包含了细胞核及细胞质的场所。然在 PDP(Plasma Display Panel)的技术中，“等离子”是指“放电现象”。

等离子显示屏如图 2-33 所示，它是由前、后两片玻璃面板组成。前面板是由玻璃基层、透明电极、辅助电极、诱电体层和氧化镁保护层构成，并且在电极上覆盖透明介电层(dielectric layer)及防止离子撞击介电层的 MgO 层；后面板玻璃上有 Data 电极、介电层及长条状的隔壁(barrier rib)，并且在中间隔壁内侧依序涂覆红色、绿色、蓝色的荧光体，在组合之后分别注入氦、氖等气体即构成等离子面板。

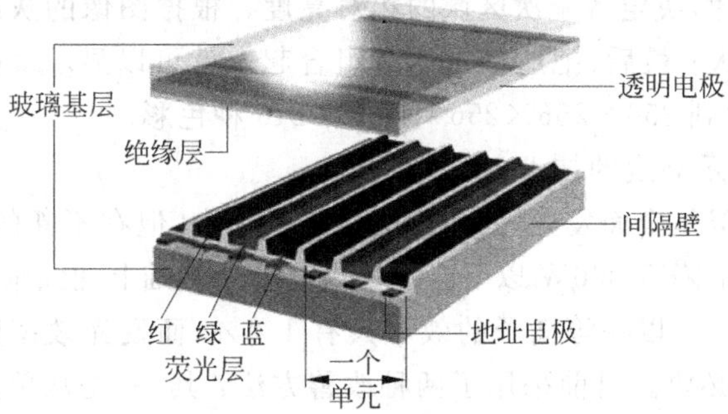

图 2-33　等离子显示屏的结构

等离子显示屏(Plasma Display Panel，PDP)的光点的排列如图 2-33 所示，每一个光点是由 3 个小光点所组成(R、G、B)，而这些光点与荧光灯的结构相似。

等离子发光原理示意图如图 2-34 所示。在两片玻璃板中含有一种混合气体,气体在电子放电时,会产生紫外线,紫外线激发荧光体发出可见光。

现在,各个等离子显示屏生产厂家均以 42 英寸 VGA(16∶9)的等离子屏幕为主,因此,每个单元(细胞)体的大小约为 0.36mm。但当分辨率由 VGA 提高至 XGA 时,细胞体的尺寸会缩小至 0.24mm,这样便会附带着间隔壁的尺寸、电极尺寸、介电层膜厚度、荧光体的厚度等变化,形状也会产生变化。

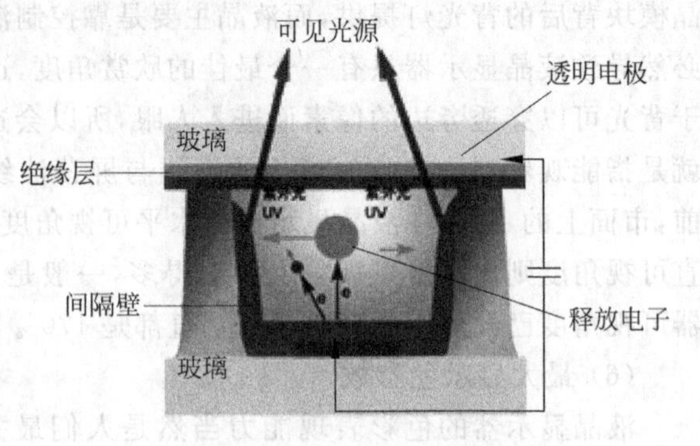

图 2-34 等离子发光原理

2) 等离子显示屏的发光原理

等离子显示器的控制方法有两种,一种是直流电(DC)控制,另一种是交流电(AC)控制。1964 年,美国伊利诺大学开发了 AC 型等离子显示屏,经历了多年的技术改革,现在等离子技术多半利用交流电控制,因为它简单的结构能延长等离子显示屏的寿命。

"放电现象"是等离子显示的基本机理。显示屏是以两片玻璃基板和间隔壁之间形成多个密封空间组成,在这些密封的空间内注入稀有气体及氖。另外,在这个密封空间的上下装置上电极(正、负电极),令粒子与气体以高速相撞,以产生高能量的状态。当这些粒子平静下来时,能量便会慢慢消散,从而放射出紫外线,放电现象便是这样形成的。紫外线可刺激红、绿、蓝荧光体发光。每个单元(细胞)体均可独立产生放电现象,放电现象随着图像信源而控制每个单元(细胞)的开关。要使等离子显示屏产生彩色图像,必须独立控制每个三原色单元(细胞)体。等离子显示屏采用与 CRT 完全不同的方法产生图像,由于显示屏是同时全面发光,因此,便以 60 次/s 由上至下将画面交替显示,但在这期间,之前的资料还保留在画面上,所以画面是处于不断发光的状态。因为紫外线和可见光都已经是处于饱和状态,所以使用通过电流的控制来操控亮度是不可能的。即使是电流改变,画面的明暗也不会改变。所以,等离子要利用 PCM(Pulse Code Modulation)技术来控制每一个区域内的脉冲,便可以改变画面的亮度。活动图像由 60 帧/s 构成;其次将每 1 帧分割成 8 个次区域,再遵照设定适当的脉冲规律,决定各个次区域的相对亮度。根据图像的灰度及颜色使各区域的小"荧光灯"发亮及熄灭;最后,把这些次区域组合起来就可以显示 256 种色调。将色彩的总数融合起来,就可得到 256×256×256=16 777 216 种色彩。

3) 提高等离子显示亮度的技术

由于等离子显示屏是全面发光,因此耗电量必然很大,但在不断的改进之下,等离子显示器的耗电量已逐渐下降至 300W 以下。在提高亮度的基础上加强画质效果仍然是等离子显示器的关键问题之一。以往等离子的效率只有 1.4%,而发光效率则只有 1.11m/W,所以仍然有加以改进的必要。目前采用了两种改善方法:其一,是从单元(细胞)体的开口率结构入手;其二是在材料方面作出改善。以一般的等离子构造来看,要提高发光率,最直接的方法便是提高单元(细胞)体的开口率,令放电的空间增加。而放电的单元体的开口率与等离子中的间隔壁(barrier rib)构造有关,利用新的制造方式,将间隔壁做得更薄来增加放电空间。一般等离子间隔壁的制造方式以 Screer、Printing、SanfCiilUSt 或 PhrWesist 方法为主流，但新的制造过程中，如 TORAY 的 Photosensitive film paste 或京瓷（Kyocera）的 Press Method 都能减少间隔壁所占空间，进而提高开口率。此外，先锋公司（Pioneer）将一般面板 R、G、B 排列方式由条状（stripe）改变成"井"字状，并采用 T 型透明电极，可防止荧光材料漏光且增加荧光材料发光面积，如此可以提高 20%的发光效率。但"井"字状的间隔壁在制造过程上难度较高。

由于等离子是靠稀有气体放电产生紫外线，照射荧光粉发光。其发光效率取决于放电效率及发光粉转换效率。因为放电空间很小，放电效率自然很低，而荧光粉能量转换效率只有 20%。如果加上紫外线辐射和各种吸收等因素，等离子显示屏目前的发光效率小于 0.4%，流明效率小于 1.11m/W，与高清晰电视的 PDP 51m/W AWO 效率要求，尚有一段距离。提高放电效率的方法，除了减薄间隔壁以增大放电空间外，放电体的混合比例及气体最佳化，放电紫外线红移及增大交流维持放电的时间都是可行的方案。

4）等离子的优点与缺点

等离子显示屏的优点与缺点如下：

① 等离子显示屏可以做得非常薄。由最初的 6 英寸的厚度，缩减至现在只有 3～4 英寸厚。对于目前的技术来看，厚度已达到极限。

② 超大屏幕。传统的电视画面最大可达到 40 英寸左右，而等离子电视画面可达到 63 英寸。就目前的技术来说已达到 150 英寸。

③ 超宽视角。等离子电视的视角为 160°以上，可以容纳更多的人观看。

④ 纯平面无失真。等离子完全是纯平面显示，并且各个发光单元的结构相同，因此不会出现显像管常见的梯形失真、桶形失真和枕形失真等图像几何失真现象。

⑤ 不受电磁干扰。等离子电视本身没有电磁结构，所以不会受电磁的干扰，喇叭、高压电、甚至磁场都不会对其产生任何干扰，因此会获得更稳定的画质。

⑥ 亮度均匀。传统的 CRT 技术有热晕问题，即画面正中与四角边位出现亮度不均匀，由于等离子显示器中每一个像素皆可独立发光，非常均匀，没有亮区和暗区，所以不会有上述问题。

⑦ 无电磁辐射。等离子显示器和 CRT 不同，不是使用磁偏转扫描的方式，所以不会出现闪烁，加上无电磁辐射，长时间使用不会造成伤害。

⑧ 高亮度及对比度。相比 CRT 和投影机，PDP 拥有高亮度和对比度，最新的 PDP 产品亮度已达到 1000cd/m^2，就是在户外强光下，也有非常清晰的画面，适合户外显示屏用。

⑨ 全数码显示。大部分 PDP 品牌已经支持 DVI(Digital Video Interface)，可减少因模拟信号所带来的失真现象。

⑩ 使用寿命长。世界等离子显示屏的各制造厂家均以约 5 万小时左右为目标开发该技术。一般估计实际的寿命约在 3 万小时左右。按每天观看 8 小时计算，使用可达 10 年以上。

等离子显示器有优点当然也有缺点，目前最大的缺点是价格和维修费十分昂贵。另一个缺点是图像会出现严重的锯齿状，色调呆板。此外，等离子显示器的耗电量颇大也是一大缺憾。

3. 数码纸显示技术

随着众所周知的多媒体时代的来临，显示器市场发生了巨大的变革，显示技术已经不再局限于以上这些传统思路，多种新型的显示技术和显示方式已在多媒体市场中出现，显示器市场也将进一步扩大，并更加多样化。目前国外一个研究热点——介于显示器技术与硬拷贝技术中间的可擦写数码纸技术就是其中之一（见图 2-35）。从舒适、方便、实用的人性化角度考虑，这种既像纸张一样阅读方便，又可随心所欲处理信息的新技术应运而生。

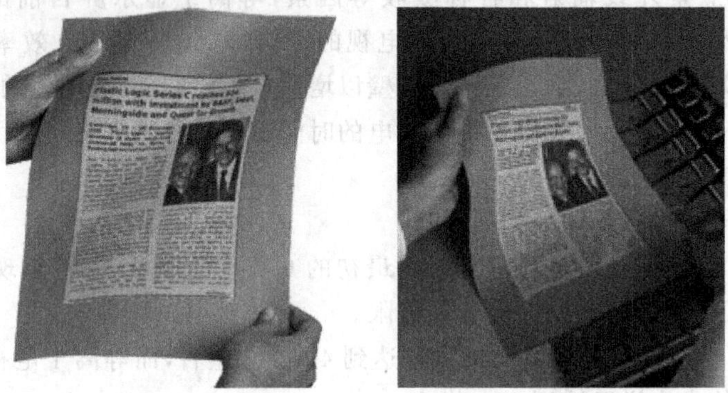

(a) (b)

图 2-35 美国 E Ink 开发的数码纸

1）数码纸显示技术的发展与现状

它以电子媒质为载体的信息能够轻松地进行传输、编辑和更新等处理，又不占空间，受到广泛欢迎。为了在外出时也能了解信息，人们已经开始使用 PDA 等小型信息终端。不过，PC 和 PDA 所使用的显示画面并不适于大量阅读以小文字为主的小说和报纸。因为长时间看着显示器，眼睛就会疲劳，所以对篇幅较长的文件，基本上大多数用户都要打印出来阅读。因此，尽管当前众多的信息是以电子化形式存储，然而信息的阅读媒质不一定是显示器（电子媒质），而可能更多是通过打印出来的纸（传统阅读媒质）。

两种阅读媒质各有优缺点：传统阅读媒质，具有舒适可视性。以纸为例，纸张之所以适合于文字阅读，是因为白纸黑字阅读起来非常清楚。另外，不仅手持时可以弯曲，而且打印出来的文字也不会很快消失。阅读姿势不受限制，躺着也能读取，携带方便，可同时几张并排起来互相参照着阅读等；但另一方面，纸张的复制也存在缺点，这就是一旦打印后，内容就不能再改写，不如显示器处理能力灵活。天长日久，纸张文件堆积如山，很多无用的文件被当作废纸丢弃，造成大量浪费。相反，电子阅读媒质则具有普通纸张所缺乏的灵活有效性。以显示器为例，具备电子显示设备的优点，即可自由改写、追加信息，具备检索功能甚至可以显示动态图像；但读、写起来却不如纸舒适。

因此，人们就想到了一种既能改写信息，又便于文字阅读的媒体，这就是能够利用电子装置显示，而且又具有像纸张一样的高可视性的“数码纸张”。这是一项早在约 30 年前就已开始研究的“梦幻技术”。一种自然的构想就是，将两种阅读媒质各取所长，融合成为一种新的阅读媒质，这就是数码纸张。

数码纸张（E-Paper），作为一种新型信息阅读媒质，将有望替代传统阅读媒质（纸）成为下一代阅读载体。其目标是具备如同读书一般舒适的可视性，纸一样薄，便于携带，甚至可折叠。同时具备电子显示设备的优点，即可自由改写、追加信息，具备检索功能甚至可以显示动态图像。目前的数码纸张(E-Paper)研究按照显示方式主要包括基于磁场显示方案、基于光显示方案、基于热显示方案和基于电场显示方案。而由于基于电场显示方案可以利用较小的能量引起较大的物理变化，媒质自由度比较大，已成为研究的重点。

2) 数码纸的基本功能

实现数码纸张有 3 个技术方向。第一个方向是提高显示器技术。众多制造商正在进一步努力实现显示器的超薄、轻量设计，以便使之接近于纸张。第二个方向是使用打印机和纸张，提高打印技术。目前正在研究在纸张上涂上特殊的液体，从而使之成为能够多次改写的纸张，这种纸张也称为“可改写纸”。第三个方向是提高能够复制发光画面信息的复制技术。

数码纸张所必须具备的条件有 3 个。第一个是文字便于阅读，背景的纯白度是至关重要的。背景越白，文字就越重，显示就越清楚。纯白度指标包括光线照射时的光线反射比例，即反射率，黑白浓度之比即对比度，文字的粗细则决定于分辨率(dpi 即每英寸的像素点数)。

第二个是即使关闭电源也能够继续显示。这是因为阅读大量文章时，某个画面必须显示一定时间。如果像今天的液晶显示器那样显示画面时必须加电，那么就需要内置电池。即使在数码纸张中内置电池，如果显示刷新的间隔较长，也能够控制耗电量。

第三个是要具有像纸张一样的易用性。也就是指像纸张一样薄，且能够弯曲。如果能够弯曲，就会具有较强的抗冲击性。

3) 数码纸设备的基本结构

基于带电粒子显像的数码纸张方案根据两种不同光学特性和电极性的粒子在静电场中运动的原理实现图像(文字)显示。上、下两电极板间的两色粒子分别带有正、负两种极性，在电场的作用下向相反方向移动，如图 2-36 所示。

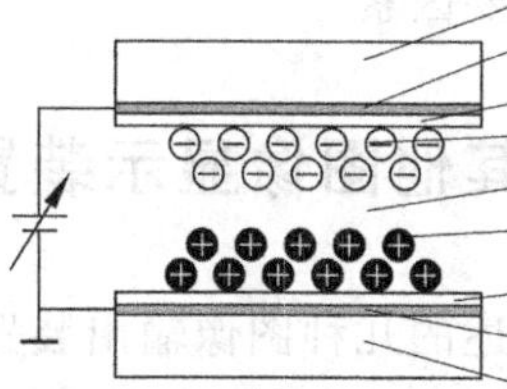

图 2-36　数码纸显示设备的结构

显示器带有两种绝缘粒子，这两种粒子分别带有相反的光学特性和带电极性。粒子被封入一对电极之间充满空气的空间中。显示器的上层是由透明电极和基板构成的，可以从基板的外侧看到附着在上层内侧的粒子。

白色粒子是带有金属氧化色素的球形合成树脂，而黑色粒子是带有炭黑色素的球形合成树脂。经过筛选，选出直径在 20μm 左右的绝缘粒子，表面洒上粉末以便控制粒子的摩擦带电过程。白色粒子摩擦后带负电，黑色粒子摩擦后带正电。

将一个带有 20mm 宽的方洞、0.3mm 厚的硅胶薄板置于带有 ITO(Indium Tin Oxide，金属锡的氧化物)电极的透明玻璃板(50mm×50mm)上，将混合的黑白粒子注入洞中。然后，将另一块带有电极的透明玻璃板置于硅胶薄板上，最后再把两块板合并在一起。每个玻璃板上的电极都与电源相连，两板之间所加电压在 0～±300V 之间。

数码纸显示器的显示过程如图 2-37 所示。

先将 ITO 透明电极附着在透明玻璃板上，再把直径为 10～20μm 的绝缘黑白粒子封入透明电极之间(通常间隔 100μm)的空气层中。粒子已经经过搅拌，分别带上了相反极性电荷，当在电极板上施加一定的电压使电极间形成静电场时，这些带电粒子就在电场力的作用下向相反方向运动起来。

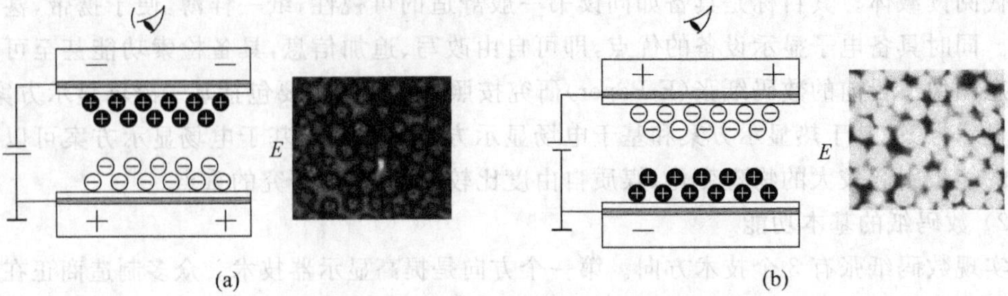

图 2-37 数码纸的显示原理

在有图像部分和无图像部分分别施加反向电压,使黑色粒子附着在有图像部分,而白色粒子附着在没有图像部分,这样图像就显示出来了。为了使粒子带电量稳定,在绝缘板上加了一层绝缘物质。用来驱动粒子的静电场的形成方法与液晶显示器类似,并且根据粒子在一定场强以上被激发数量激增的特点,利用了一种更为简便的驱动矩阵,施加电压在 0～±300V 之间。这样,整幅图像被分割成大量微小的矩形像素单元,每个单元由绝缘隔板隔开。

这种显示手段的特点是高对比度、视角广、成本低,即使切断电源,其显示内容仍可维持。并且可支持彩色显示和大面积显示设备。

就显示质量而言,粒子特性、填充量、混合比、电极间距离及表面绝缘层材质等是影响显示质量的主要因素。

2.3.4 其他图像显示装置

除了前述的几种图像输出装置外,还有一些其他图像显示设备,限于篇幅,这里不可能详细讨论它们的工作原理,在此仅列出一些装置的类型,以供参考。

1. 彩色打印机

彩色打印机可被计算机控制直接打印出彩色图像。

2. 投影显示器

投影显示器多用于大屏幕显示,可分为有源显示和无源显示。投影管显示为有源显示类型,而光阀显示和激光显示等为无源显示类型。这主要看光源本身是否有调制功能而定。

3. 其他平板显示

平板显示设备除了前边介绍的液晶和等离子显示外,还有其他几种,如场致发光显示器(FED)。

场致发光平面显示器有多种。总体来说,从技术上看还不能与 CRT 和 LCD 相竞争。场致发光显示器的主要问题是亮度低、寻址线路复杂、功耗大。另外,电致发光显示(ELD)是全固态的,视角宽、响应快,但亮度低,全色显示困难。至于彩色荧光显示目前只能用于字符显示。

FED 具有光明的前途。FED 是最新发展起来的彩色平板显示器件。SID95’会议上展出的产品 6 英寸方形的全色 FED 其分辨率达到 512×512。FED 有以下优点：

① 薄形，无需加背光源，比 LCD 还薄。

② 易于拼接，可做成大屏幕显示器。

③ 可以高度集成制成高清晰度和高亮度显示板。

④ 电压低、功耗小、寿命长，如 TFT-LCD，背光源功耗为 13W，而相同尺寸的 FED 只有 5W。

⑤ 图像质量好。FED 在高对比度下可获得 1600 万种颜色和 256 级灰度，分辨率为 1024×768，无视角限制，响应速度快（$\leqslant 2\mu s$）。

⑥ 发光亮度起伏小，成品率高。

⑦ 不需偏转线圈，无软 X 射线，抗辐射和电磁干扰，工作温度宽（$-40 \sim +85$℃）。

⑧ 生产工艺简单，而且 FED 每个像素有数十个至数百个阴极，即使几个不工作也没有影响。但目前要解决的问题是大面积的 FED 要改善发光的均匀性和提高低压荧光粉的发光效率，在实用化中封接、排气、真空维持等工艺有困难，这些问题解决后 FED 大有前途。

2.4 数字图像处理系统

如前所述，数字图像处理系统主要由主机和输入/输出系统组成，近年来围绕着数据量大和处理速度这一矛盾，开发了许多图像处理系统。下面介绍几种常见的图像处理系统及其性能。

2.4.1 小型图像处理系统

图 2-38 是我国早期研制的一种图像处理系统的框图。这个系统以国产 130 计算机为核心，加上一些外围设备组成。输入设备由摄像机和数字化器组成；输出设备为黑白监视器和彩色监视器；此外，还有磁盘、磁带、打印机及字符 CRT。

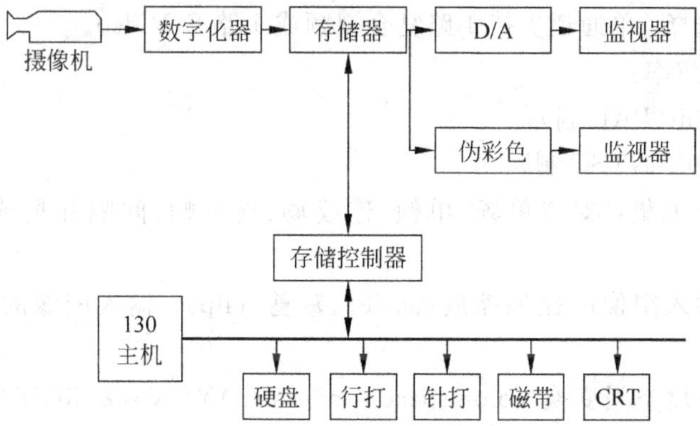

图 2-38　图像处理系统框图

一幅图像经摄像机摄入后，通过数字化器变为数字信号。然后送入图像存储器。这个存储器兼有输入及输出显示两个任务。在将图像数据送入计算机之前，首先经 D/A 变换送入监视器，监视一下输入的图像是否理想，如果不理想可重新输入，如果满意，则可通过总线送入计算机存入原始图像。反过来经处理后的图像通过总线系统送入存储器，此时，存储器作为刷新显示之用，以便显示处理结果。这套系统的精度为 256×256×8bit，输入速率为 1.5μs/pixel，输出速率为 2μs/pixel，RAM 读、写时间为 600ns，通道传输时间为 1.8μs/pixel。这是一个结构简单、价格便宜的通用处理系统。

2.4.2 微型图像处理系统

目前，随着微型计算机性能的不断提高，微型图像处理系统的应用越来越广泛，它的低成本、高性能使得微型图像处理系统足以应对大多数应用场合。一般的微型图像处理系统只要在微机中插上一块图像板卡就可以构成基本硬件系统，配上板卡的开发系统就可以构成完整的微型图像处理系统。在这样的系统上用户就可以开展各种图像处理算法的研究及开发符合不同用途的专用图像处理系统，简单而快捷。

图像处理板卡种类繁多，功能各异。板卡的选购完全取决于特定的用途。这里列举几种类似的板卡以供参考。

一是图 2-39 所示的 DH-VT142 图像采集卡，它是四通道彩色视频采集卡，使用新型 PCI-E X1 总线作为数据存取通道，图像采集速度较快，同时 DH-VT142 为用户提供了自行加密的手段，可以保护用户知识产权不受侵犯。

图 2-39 DH-VT142 图像采集卡

其性能指标如下。

① 标准 PAL、NTSC 制式彩色/黑白视频输入，$U_{P-P}=1V$。

② 四路复合视频同时输入同频显示。

③ 最大平均有效传输速率：4×768×576×24bit 同时传输，相当于 180MB/s（依赖于主机传输速率）。

④ 视频输入选择：单通道支持 1 路复合视频或 1 路 S-Video。

每通道最大分辨率：

768×576×32bit（PAL 制）；

640×480×32bit（NTSC 制）。

⑤ 灵活的图像采集：支持单场、单帧、连续场、连续帧、间隔几场或几帧等多种采集方式。

⑥ 硬件完成输入图像的比例缩放（scale）、裁剪（clip）；输入图像的大小、位置可灵活设置。

⑦ 硬件支持色度空间变换（color space conversion）YUV422、RGB32、RGB24、RGB15、RGB16 和 Y8bit 等多种图像显示和存储格式。

⑧ 图形覆盖（overlay）功能：通过填写屏蔽（mask）模板可实时显示和存储任意形状的输入图像。

⑨ 支持软件调整亮度、对比度、色调、饱和度。

⑩ 用户自定义保险箱。

二是图 2-40 所示的 MV-750 高精度、高速图像采集卡是高精度真彩色(黑白)实时图像采集卡,实时采集效果具有高分辨率、高清晰度、高保真的特点。它是一颗 9bit ADC,相对于 8bit ADC 芯片来说,不管是图像质量还是颜色的饱和度方面都要强很多,它配有 4 线 3D 梳状滤波器,能自动消除噪点,使图像采集质量有明显提高,完全实时、无像素衰减。该卡适合于进行专业的彩色或黑白图像分析、处理工作,可广泛应用于显微成像、医学影像、智能交通、分析测量、生物医学、机器视觉、工业图像分析,以及其他多种高精度图像处理分析领域。其性能指标如下:

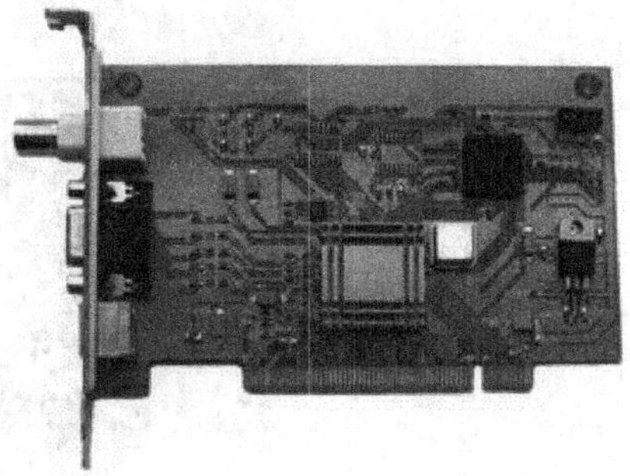

图 2-40　MV-750 高精度、高速图像采集卡

① 图像采集分辨率为 1024×768。

② 可实时采集单场、单帧、任意间隔以及连续帧的图像; 支持标准视频信号输入(PAL、NTSC),具有高清晰度 S-Video 接口。

③ 最多可连接两路组合视频,一路 S-Video,可编程实现多画面分割。

④ A/D 转换精度: 9bit,用户可得到 8bit 低噪声数据。

⑤ 亮度、对比度、色度、饱和度以及画面大小、比例,均可用软件调节(A/D 之前); 可在图像上实时中文叠加 OSD、实时视频预览、区域可调的运动检测引擎支持视频流的镜像、倒置功能。

⑥ 提供外部控制接口,可以通过外触发控制图像采集等功能; 硬件支持图像在水平/垂直方向任意缩小及开窗; 水平清晰度可达 500 电视线以上。

⑦ 支持"一机多卡"工作方式,可实现多通道实时采集。用户可编程加密字模块。

⑧ 适用温度范围: 0~60℃; 直流噪声: 噪声水平小于±2 灰级; 总功耗: +5V 供电小于 5W,-5V 供电小于 0.2W。

⑨ 提供 Windows 9X/NT/ME/2000/XP 系统下的开发库,支持 VC、VB、Delphi 等开发环镜,全力提供源自专业厂家的技术支援服务。

⑩ 底层程序稳定,功能丰富、开发简便、便于程序移植。硬件兼容性能好,工作稳定可靠。可在兼容机、原装机/工控机上良好地稳定工作。

三是图 2-41 所示的 Meteor Ⅱ是加拿大生产的板卡,Matrox Meteor Ⅱ可以采集标准的模拟彩色/黑白视频信号,它将强大的函数扩展性能集成到了采集卡上。Matrox Meteor Ⅱ可以将采集到的图像传输到系统(主 CPU)进行处理或到显存(VGA)以实时活动视频窗口进行显示。

① Matrox Meteor Ⅱ可提供 5/12V 电源输出到摄像头。电源直接采自于 PC,这样可以防止 PCI 总线过载。

② Matrox Meteor Ⅱ带 RS-232 串口,可远程控制摄像头(如增益、γ 控制、运行模式等),移动控制器件或 PLC。

③ 支持 PCI、CompactPCI® 或 PC/104-PLUS™格式,采集 NTSC、PAL、RS-170 和 CCIR 视频信号,12 路视频输入,32bit/33MHz PCI 总线。

④ Matrox Meteor Ⅱ有一个为视频输入设计的单独的 44 脚外部接口,分离的同步和

图 2-41 Matrox Meteor Ⅱ图像卡

控制信号，DC 电源输出和 RS-232 串口。

⑤ Matrox Meteor Ⅱ采用 32 位 PCI 总线主/从接口。总线主控可以以高达 130MB/s 的速率传输数据而不需要连续占用总线。即使系统同时进行采集、显示、制图、网络接收、磁盘存储及外部输入/输出，扩展的缓存功能也可以确保图像数据实时传输到主存。

⑥ 软件支持 Microsoft Windows 98、Windows Me、Windows NT 4.0、Windows 2000 和 Windows XP，并且有 Matrox Imaging Library（MIL）/ActiveMIL，或 MIL-Lite/ActiveMIL-Lite 开发工具。基于 Windows 交互图像软件 Matrox Inspector 支持 Matrox Meteor Ⅱ。

2.5 视觉系统

在图像处理中所采用的许多处理技术，其主要目的是帮助观察者理解和分析图像中的某些内容。因此，图像处理系统不但从视觉系统的角度来看是理想的系统，而且又是最经济、有效的系统。为了达到预期的目的，在图像处理中不但要考虑图像的客观性质，而且也要考虑视觉系统的主观性质。本节将对视觉系统的基本构造及其特性做一些讨论。

2.5.1 视觉系统的基本构造

人的视觉系统是由眼球、神经系统及大脑的视觉中枢构成。人的眼球的横断面如图 2-42 所示。人眼的形状为一球形，其平均直径约 20mm。这球形的外壳有 3 层薄膜，最外层是角膜和巩膜。角膜是硬而透明的组织，它覆盖在眼睛的前表面。巩膜与角膜连在一起，它是一层不透明的膜，包围着眼球剩余的部分。巩膜的里面是脉络膜，这层膜有血管网，它是眼睛的重要滋养源。脉络膜外壳着色很深，因此，有利于减少进入眼内的外来光和光在眼球内的反射。脉络膜的前边被分为睫状体和虹膜。虹膜的收缩和扩张控制着允许进入眼内的光量。虹膜的中间开口处是瞳孔，瞳孔的大小是可变的，大约可以从 2mm 变到 8mm。虹膜的前部有眼睛的明显色素，而后部则含有黑色素。眼睛最里层的膜是视网膜，它布满了整个后部的内壁上。当眼球被适当地聚焦时，从眼睛外部物体来的光就在视网膜上成像。晶状体由纤维细胞的同心层组成，并由睫状体上的睫状小带支撑着。它含有 60%～70%的水。晶状体被稍黄的色素染色，其颜色随年龄的增长而有所加深。它吸收可见光谱的 8%，波长越短吸收得越多。红外光和紫外光被晶状结构内的蛋白质大大地加以吸收。但是，过量的红外线和紫外线会伤害眼睛。除此之外，还有把光刺激传给大脑的神经系统及保护眼睛的眼睑和泪腺等附属组织。

视网膜可看成是大脑分化出来的一部分。它的构造比其他感觉器官都要复杂，它具有高度的信息处理机能。其结构模型如图 2-43 所示。视网膜的厚度有 0.1～0.5mm。参与信息处理的细胞有视觉细胞(包括锥状体和杆状体)、水平细胞(horizontal cell)、埃玛克里细胞(amacrine cell)、两极细胞(bipolar cell)和神经节细胞(ganglion cell)等 5 种。眼睛中的光接收器主要是视觉细胞，它包括锥状体和杆状体。在图 2-42 所示的中央凹(或称中心窝)部分特别薄，这部分没有杆状体，只密集地分布锥状体。锥状体只有在光线明亮的情况下才起作用，它具有辨别光波波长的能力，因此，对颜色十分敏感。有时它被叫做白昼视觉。每只眼睛的锥状体大约有 700 万个，在中央凹的分布间隔为 2～2.5μm。杆状体比锥状体的灵敏度高，在较暗的光线下就能起作用。但是，它没有辨别颜色的能力，有时又叫它夜视觉。杆状体分布在视网膜表面上，分布面积较大，其数量大约有 1 亿 3 千万个。正因为两种视觉细胞的不同特点，所以人们看到的物体在白天有鲜明的色彩，而在夜里却看不到颜色。与视觉细胞相比，神经节细胞数目较少，大约有 100 万左右。

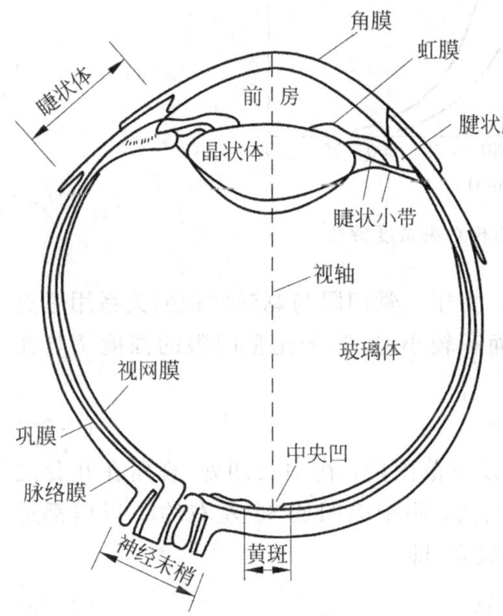

图 2-42　人眼的断面

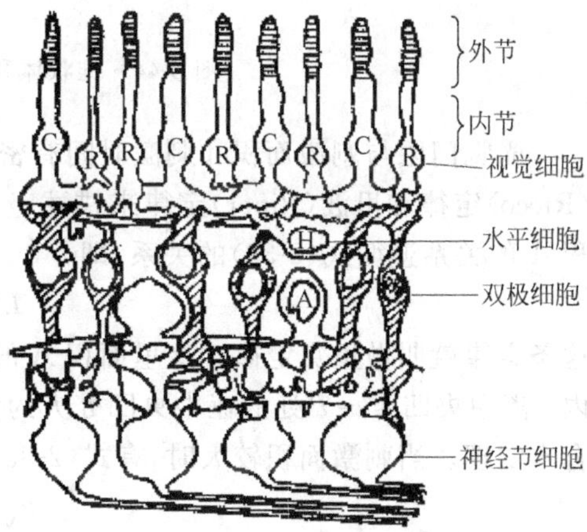

图 2-43　视网膜结构模型

锥状体和两极细胞的关系及细胞的结合方式并不十分明显，一般在数量上，在中央凹约为 1∶1。这些细胞接受光刺激后，通过神经系统传入大脑的视觉中枢，同时也可以控制眼球的转动，使感兴趣的物体的像落到视网膜的中央凹上。

2.5.2 光觉和色觉

眼睛对光的感觉称为光觉，对颜色的感觉称为色觉。这是眼睛的基本特性。

1. 光觉门限及亮度辨别门限

产生光的感觉必须有一定量的光进入眼睛，把产生光觉的最小亮度叫做光觉门限或光觉阈。光觉门限的适应状态受生理条件、光的波长、光刺激的持续时间、刺激面积以及在视网膜上的位置等因素的影响。光觉门限的值大约为 $1\times10^{-6}\,cd/m^2$（尼特）。人眼感觉光的范围的最大值和最小值之比达到 10^{10} 以上。

锥状体和杆状体各自的最大灵敏度随波长而异，其标准灵敏度特性如图 2-44 所示。其中 a 代表锥状体灵敏度曲线，b 代表杆状体灵敏度曲线。由图可见，杆状体的最灵敏点比锥状体最灵敏点波长短 50mm 左右。波长从 380～740mm 分别与紫、蓝、绿、黄、橙、红等顺序相对应。这就是在傍晚光线变暗时人们所看到的物体没有颜色的原因，这种现象叫 Purkinje shift 现象。

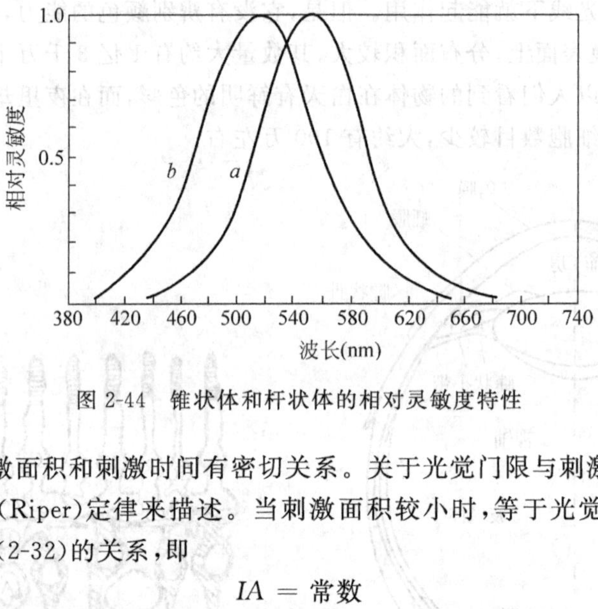

图 2-44 锥状体和杆状体的相对灵敏度特性

光觉门限与刺激面积和刺激时间有密切关系。关于光觉门限与刺激面积的关系用里克(Ricco)定律和里波(Riper)定律来描述。当刺激面积较小时，等于光觉门限的强度 I 与面积 A 的关系遵循式(2-32)的关系，即

$$IA = 常数 \tag{2-32}$$

这条定律就叫做里克定律。这里面积 A 的大小在以下范围内：在中央凹处，视角在几分之内；离中央凹 4°～7°处的亚中央凹处大约为 0.5°以内；距中央凹处 35°左右约 2°以内都适合本定理。当刺激面积较大时，有式(2-33)的关系成立，即

$$I\sqrt{A} = 常数 \tag{2-33}$$

这个关系就是里波定律。这个定律在视角范围内都可成立。一般情况下，里克定律和里波定律常合在一起用 IA=常数来表示，统称为里波定理。

关于光觉门限与时间的关系由布洛克(Block)定理来描述，它在时间较短的范围内才成立。布洛克定理是指光强等于光觉门限时，刺激时间 T 与光强度 I 的关系，如式(2-34)所示

$$IT = 常数 \tag{2-34}$$

式(2-34)约在 0.1s 以下的范围内成立。

光觉门限是指产生光觉的最小值,而辨别门限是指辨别亮度差别而必需的光强度差的最小值。这个最小值 ΔI 随光强 I 的大小而异。有时也采用相对辨别门限 $\Delta I/I$ 或称之为韦伯比来表示辨别门限。

亮度的相对辨别门限 $\Delta I/I$ 与光强度水平 I 及刺激面积的关系曲线如图 2-45 所示。这些曲线是斯坦哈特(Steinhardt)在 1936 年测定的。

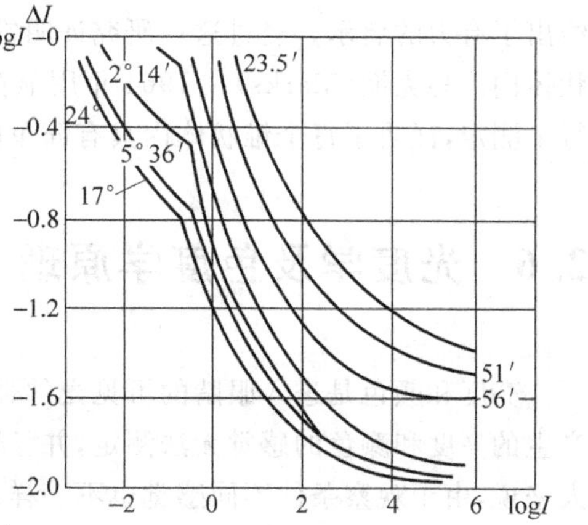

图 2-45　相对亮度辨别门限 $\Delta I/I$ 与光强 I 及刺激面积 A 的关系曲线

由图可见,开始时随 I 的增大,$\Delta I/I$ 减小,当 I 增大到一定值后,$\Delta I/I$ 则稳定在某一值上不再变化。在 $\lg I=0$ 处有一个不平滑点,这是因为处在杆状体和锥状体交替起作用的强度处。

亮度辨别门限与光觉门限一样,受刺激时间和面积的影响。刺激时间 T 在某一范围内 ΔI 值与 T 成反比。ΔI 与刺激面积的关系有与皮埃隆(Pieron)定理相似的关系成立。

关于光的波长与辨别门限的关系由赫克特(Hecht)在 450～670nm 内进行了测定。一般规律是波长越长则辨别门限越高(即辨别灵敏度低)。

在中央凹处及其周围的辨别门限也进行了测定,一般周围的辨别门限大。特别是在明亮的场合下,这种倾向将增强。

2. 有关色觉的学说

自 1730 年牛顿成功地分解了太阳光谱以来,认为光的波动经过神经传到大脑,由于波长不同而产生不同颜色感觉的这一假说至今还在提倡。最初,Young(1801 年)认为颜色不是光的物理性质而是一种感觉现象。后来赫姆霍尔兹(Helmholtz)发展了这种假说,认为视网膜有 3 种色细胞,由于光学反应引起 3 种视神经纤维的兴奋,由此又引起大脑 3 种神经细胞兴奋而产生色觉。这就是扬-赫姆霍尔兹(Young-Helmholtz)的色觉三原色学说。另一方面,也有对三原色假说持反对立场的人,特别是扬-赫姆霍尔兹的三原色为红、绿、紫。据经验,黄色用红色和绿色混合而成是难以理解的。也就是说,用三原色假说不能说明黄色的纯色性。提出这一反对论点的代表人物是赫林(Hering)。赫林的假说是在视网膜上有红-绿物质、黄-蓝物质、白-黑物质。在光刺激下,各物质同时向对立的方向发生化学变化,向两个方向变化的程度根据刺激的波长不同而不同,由此产生色觉。赫林的相对色假说对说明色适应和色对比现象理由较好,但对色盲的性质却不能加以详细说明。三原色假说和相对色假说考虑方法是对立的,20 世纪也有提倡一种折中的假说,如 Ladd-Franklindel 发展假说、Hart-ridgedel 多色假说等。最近采用物理手段研究生理学的方法发展很迅速。

3. 色觉的生理学结构

关于人眼的锥状体感光色素和色觉关系的研究由拉什顿(Rushton)在 1957 年建立了

良好的开端。他收集到入射到眼睛中的光在眼底的反射成分,分析其波长,结果显示出在正常人的中央凹锥状体中存在着叫做红敏素(erythrolabe)(吸收最大波长 $\lambda_{max}=590$nm)和绿敏素(chlorolabe)($\lambda_{max}=540$nm)的两种感光色素,特别是预言了叫做青蓝(Cyanolabe)色素的存在。并且指出红色色盲者不能检出红敏素色素来,这样,对色盲和视物之间的关系问题给出了有力的启示。经过这一研究证明锥状体内至少有两种感光色素,它们存在于同一锥状体内。马克斯(Marks)在 1964 年用显微分光法对动物和人的单一锥状体内感光色素进行了测定,证明了每个锥状体内具有简单的视觉物质存在。

2.6 光度学及色度学原理

亮度和颜色是进入眼睛的可见光的强弱及波长成分的一种感觉的属性。从某一入射光产生的亮度和颜色的感觉无法测定,并且这种因人而异的感觉也不能比较。即使对同一个人来说,由于观察条件不同感觉也不一样。既然这些感觉无法测定,那么用什么方法来表示亮度和颜色呢?下面对光度学和色度学及视觉特征做一些讨论。

2.6.1 颜色的表示方法及观察条件

颜色的表示大体上有两套方法。一种是设置一套作为标准的颜色样本,被试的颜色与样本进行比较,然后用特殊的记号来表示。具有代表性的例子就是芒塞尔(Munsell)表示系统。另一种方法是取决于刺激光的物理性质和色的感觉的对应关系。用与这个规定相对应的量来表示试料的光的物理性质。这就是国际上规定的 CIE 表示系统。在处理光的物理性质和色觉的关系时,可在单纯的条件下来决定这种规定。一般条件规定如下:

① 刺激亮度在视觉细胞的锥状体起作用又不刺眼的范围内。

② 观察视野在 2°(或 10°)范围内,而且范围外是黑暗的。

③ 视野内的光分布均匀并且不随时间而变化。

在这样单纯化了的条件下观察颜色时,记录刺激光的物理性质具有一贯性。但是,在这种条件下观察到的颜色与日常在复杂情况下观察到的颜色不一样,为与感觉色相区别,把这种颜色叫做心理物理色。

2.6.2 三基色混色及色度表示原理

根据光的波动说,单一波长的光称为单色光。从人们可以区别种种不同颜色这样一个事实出发,似乎可以假设视网膜上也存在着许多不同类型的锥状体,每一类型的锥状体只“谐振”于某一特定的颜色。如果锥状体果真有这样的单色响应,那么某一彩色感觉只能由相应波长的电磁能引起。然而,事实却不完全如此,照射到视网膜上的某一单色光并不是引起该彩色的唯一因素。例如,有几种单色黄光可以由射到视网膜上的红光和绿光配出来。几乎所有的彩色都能由 3 种基本彩色混配出来。这 3 种彩色就叫做三基色。

由三基色混配各种颜色的方法通常有两种,这就是相加混色和相减混色。彩色电视机上的颜色是通过相加混色产生的。而彩色电影和幻灯片等与绘画原料一样是通过相减混色产生各种颜色的。相加混色和相减混色的主要区别表现在以下 3 个方面。第一，相加混色是由发光体发出的光相加而产生各种颜色，而相减混色是先有白色光，而后从中减去某些成分(吸收)得到各种彩色。第二，相加混色的三基色是红、绿、蓝，而相减混色的三基色是黄、青、紫(一般不确切地说成是黄、蓝、红)。也就是说，相加混色的补色就是相减混色的基色。第三，相加混色和相减混色有不同规律(指颜料相混)，这些将在后续章节中详细叙述。

著名的格拉斯曼定律反映了视觉对颜色的反应取决于红、绿、蓝三输入量的代数和这一事实。格拉斯曼定律包括以下 4 项内容。

① 所有颜色都可以用互相独立的三基色混合得到。

② 假如三基色的混合比相等，则色调和色饱和度也相等。

③ 任意两种颜色相混合产生的新颜色与采用三基色分别合成这两种颜色的各自成分混合起来得到的结果相等。

④ 混合色的光亮度是原来各分量光亮度的总和。

这里色调、色饱和度及亮度是表示色觉程度的。色调是表示各种颜色种类的术语，色饱和度表示颜色深浅。以三基色为基础的格拉斯曼定律可用式(2-35)表示，即

$$F \equiv \mathrm{R(R)} + \mathrm{G(G)} + \mathrm{B(B)} \tag{2-35}$$

2.6.3　CIE 的 R、G、B 颜色表示系统

国际照明委员会(Commission Internationale de L'éclairage，CIE)选择红色(波长 λ=700.00nm)、绿色(波长 λ=546.1nm)、蓝色(波长 λ=438.8nm)这 3 种单色光作为表色系统的三基色。这就是 CIE 的 R、G、B 颜色表示系统。

在数字图像处理中的终端显示通常用 CRT，也就是用彩色监视器显示。由相加混色原理可知，白光可由红、绿、蓝 3 种基色光相加得到。产生 1lm 的白光所需要的三基色的近似值可用下面的亮度方程来表示：

$$1\mathrm{lm}(白光) = 0.30\mathrm{lm}(红) + 0.59\mathrm{lm}(绿) + 0.11\mathrm{lm}(蓝) \tag{2-36}$$

由式(2-36)可见，产生白光时三基色的比例关系是不等的，这显然给实际使用带来一些不方便。为了克服这一缺点，使用了三基色单位制。这就是所谓的 T 单位制。在使用 T 单位制时，认为白光是由等量的三基色组成。因此，式(2-36)表示的亮度方程可改写如下：

$$1\mathrm{lm(W)} = 1\mathrm{T(R)} + 1\mathrm{T(G)} + 1\mathrm{T(B)} \tag{2-37}$$

比较式(2-36)和式(2-37)可以看出：1T 单位红光=0.30lm；1T 单位绿光=0.59lm；1T 单位蓝光=0.11lm。由此可知 T 单位与流明数的关系，在需要的时候可以很容易地进行转换。T 单位的采用除掉了复杂数字带来的麻烦。

由三基色原理可知，任何颜色都可由三基色混配而得到。为了简单又方便地描绘出各种彩色与三基色的关系，采用了彩色三角形与色度图的表示方法。

彩色三角形以最简单的直观图形给出 3 个给定彩色相混合时所获得的彩色的大致范围。彩色三角形如图 2-46 所示。这是一个等边三角形，3 个顶点分别为红、绿、蓝三色。其中黄色位于红与绿之间，紫色落在蓝色和红色中间，青色在绿色与蓝色中间。三角形的中心就是三基色分量都相等的白色。以三角形 3 个边为界，其内部每一点都是三基色混合而成

的颜色。穿过中心点的任何一条直线所连系的两种彩色互为补色，即两者混配起来就形成白色。越靠近三角形中点则色饱和度越低。

对彩色的感觉必须考虑3个量，即色调、色饱和度和亮度。彩色三角形是二维图形，因此，它只能表示色调和色饱和度，它不能表示亮度。

一般在彩色三角形上标上标度就可直接读出产生某给定色调所需的三基色比例，为此，采用直角三角形更为方便。图2-47便是采用直角三角形表示的彩色三角形。图中每一色调的量取为1个T单位。红色沿着x轴，绿色沿着y轴，给定的蓝色可简单地用格拉斯曼定律推出。因为每一色调都规定1个T单位，所以，任一色调的红、绿、蓝分量总和为1，蓝色的T单位数就可以从1减去红色和绿色的T单位而推出。例如，图2-47所示的P点，这一色调位于$R=0.5$、$G=0.2$处，这说明，1个T单位的"P"色调包含有0.5T单位的红色和0.2T单位的绿色。由格拉斯曼定律可算出蓝色量为$1-(0.5+0.2)=0.3$T单位。也就是说，1个T单位的"P"色调等于0.5T单位的红色、0.2T单位的绿色、0.3T单位的蓝色之和。

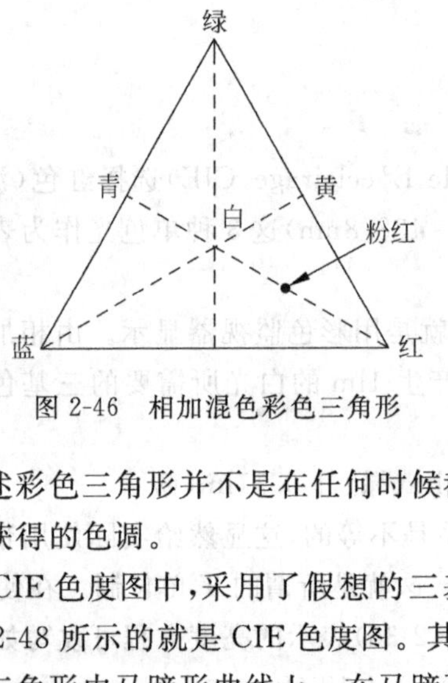

图2-46　相加混色彩色三角形

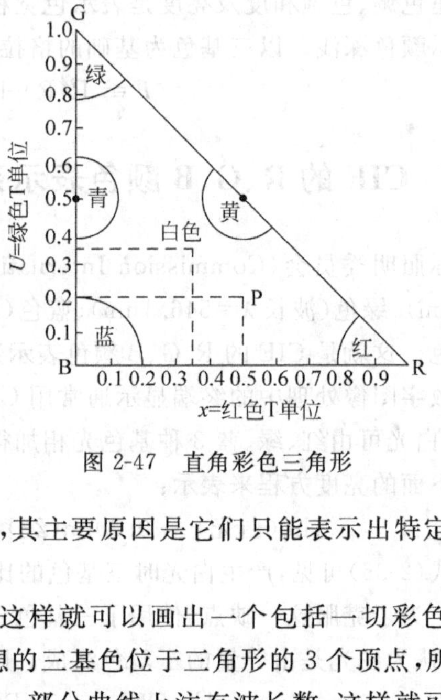

图2-47　直角彩色三角形

上述彩色三角形并不是在任何时候都适用，其主要原因是它们只能表示出特定的三基色所能获得的色调。

在CIE色度图中，采用了假想的三基色。这样就可以画出一个包括一切彩色的色度图。图2-48所示的就是CIE色度图。其中假想的三基色位于三角形的3个顶点，所有谱色都位于三角形内马蹄形曲线上。在马蹄形图的一部分曲线上注有波长数，这样就可以根据波长辨别颜色。在马蹄形的底部没有标度，这里是非谱色，波长在这里自然没有意义。所谓谱色是指能以单色出现在光谱上而且有一定波长的彩色，反之，不能作为单色出现在光谱上的颜色称为非谱色，各种紫红色就是非谱色的例子。

图2-48中的C点是标准白光。作为标准光源，CIE规定的有A、B、C三种，A光源是绝对温度约为2845K的全辐射体发出的光，其色度坐标为$x=0.4476$，$y=0.4075$。有代表性的就是白炽电灯发出的光。B光源是绝对温度约为4870K全辐射体发出的光，其色度坐标为$x=0.3485$，$y=0.3518$。正午时刻直射的日光与其近似。在实验室中可由A光源用特制的滤色镜得到。C光源的绝对温度为6740K，色度坐标为$x=0.3101$，$y=0.3163$。直射的日光与天上蓝色天空的光混合起来近似于这种光源。

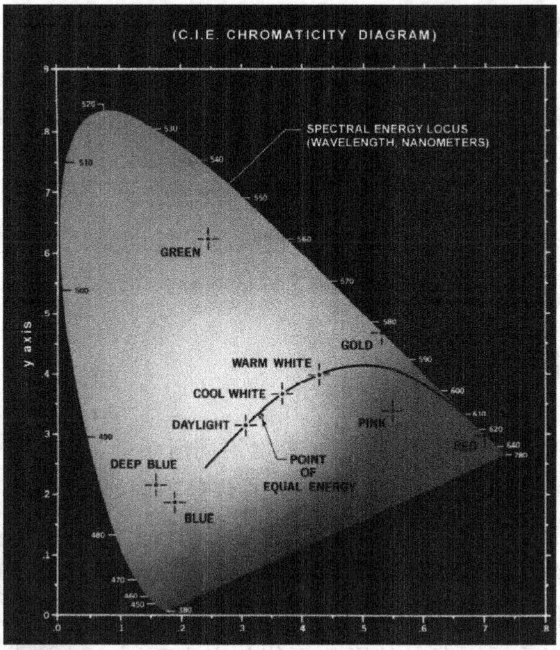

图 2-48 CIE 色度图

由于色觉与刺激视野有关,所以上述色度图对视野大约为 2°时成立。为了适应视野较大的场合,在 1964 年又定义了视野为 10°的颜色表示系统。

2.7 亮度和颜色感觉的视觉特征

2.7.1 刺激强度与感觉的关系

对于感觉器官来说,刺激强度 I 产生 ΔI 的变化,而且这个变化刚刚能辨别出来,那么对应于感觉有式(2-38)成立,即

$$\Delta s = k\frac{\Delta I}{I} \tag{2-38}$$

两边积分后即成为式(2-39)的形式

$$s = k\log\frac{I}{I_0} \tag{2-39}$$

式(2-39)说明感觉量与刺激强度的对数成比例,式中的 I_0 为绝对门限值。这个关系叫韦伯-费克纳法则(Weber-Fechner)。

关于刺激光的强度和颜色的感觉,由于在较暗的情况下只有杆状体起作用,所以此时并没有颜色感觉。亮度达到 $10^{-3}\,cd/m^2$ 时锥状体才起作用,也就是亮度达到所谓微明视觉的水平时才有色觉。颜色刺激与颜色感觉的对应关系比较复杂,光的亮度变化时,颜色也变化,这种现象叫贝佐尔得-布鲁克(Bezold-Brucke)现象。

2.7.2　亮度适应和颜色适应

从较亮的场所到较暗的场所时，很难马上看到东西；相反，从较暗的场所到较亮的场所，也看不到东西。一般把眼睛的状态适应明暗条件的变化叫亮度适应。从亮到暗的变化叫暗适应；从暗向亮的变化叫亮适应。一般亮适应时间较短，暗适应时间较长。与亮度适应相区别，随着光的分布而变化，眼睛有对颜色刺激灵敏度变化的性质。例如，用强红光刺激眼睛后看本来是黄色的物体却是绿色的。这种依赖分光分布的视觉灵敏度现象叫色适应。

2.7.3　亮度对比和颜色对比

一般情况下，在相同亮度的刺激下，背景亮度不同所感觉到的明暗程度也不同。图 2-49 中的圆环的亮度是一样的，但是，由于左右两边的背景不同，看到的圆环两边的明暗程度也不一样，背景暗会觉得圆环亮一些；背景亮会感觉圆环较暗。在观察颜色的场合也一样，在图形的色度一样，但背景颜色不一样时，感觉到的图形的色度也不一样。

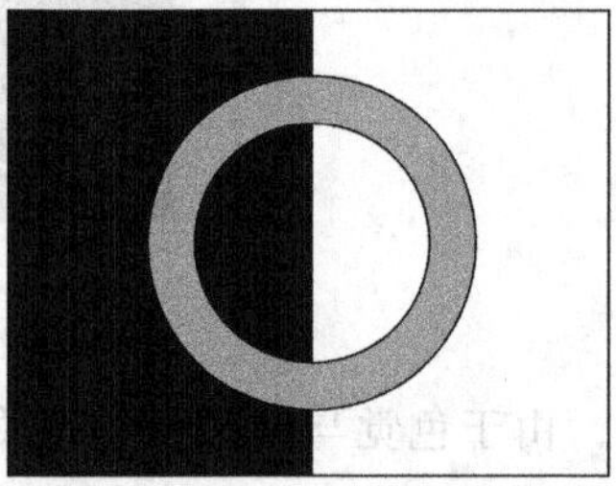

图 2-49　明暗对比的例子

刺激的亮度和色度受周围背景的影响而使其产生不同感觉的现象叫同时对比现象。这里包括亮度对比和颜色对比。另外，在两个刺激相继出现的场合，后续刺激的感觉受到先行刺激的影响，这种现象叫相继对比。但是，相继对比可以看做是视觉的时间特性或适应效果的一个侧面，因此，一般的对比多指同时对比。实验表明，在背景亮度比目标亮度低的场合，感觉目标有一定亮度。当背景亮度比目标亮时，看到的目标就有暗得多的感觉。同时对比效果在背景大的场合比较显著，但不一定在目标被包围的情况下才产生，在其他场合也可以产生，只是效果小一些罢了。

关于对比效果有一定性的法则，即基尔希曼(Kirschman)法则。其基本内容如下：

① 目标比背景小，颜色对比大。

② 颜色对比在空间分离的两个领域内也发生，间隔大时则效果较小。

③ 背景大，对比量亦大。

④ 明暗对比最小时，颜色对比最大。

⑤ 明暗相同时，背景色度高对比量大。

⑥ 亮度及颜色的恒定性。

有这样一些例子可以说明亮度的恒定性。例如，人们感觉一张白纸的亮度，照明光的强度改变时它也不怎么改变，总有一定的亮度感觉。更为显著的例子是，与白天的煤山相比尽管夜间的雪山亮度低，但感觉煤山还是黑的，而雪山还是白的。这种物理亮度在变化而感觉却有保持一定的倾向叫亮度的恒定性。

另外，在照明光的颜色稍微改变的场合，感觉白纸仍然是白纸。这一类照明光改变但感觉到物体颜色能稍微保持一定的倾向叫颜色的恒定性。这些恒定性与亮度和颜色的适应性与对比因素有关，同时也与材质有关。

2.7.4 颜色感觉与刺激面积的关系

对于一个色觉正常的人来说，颜色刺激面积非常小时就不能识别颜色了，这种色觉异常状态叫第三色盲。米德尔顿(Middleton)和霍姆斯(Holmes)曾用视角为 $2'$和 $1'$的目标研究了色度变化的感觉。他们得到的结果是当面积较小时，橙、蓝、绿直线的感觉很接近，当更小时，就只有灰色的感觉了。这个原理被用到彩色电视机原理中，对减少传送频带作出了贡献。

2.7.5 主观颜色

如图 2-50 所示的黑白圆板。当它旋转时，将看到色度较低的颜色。因为这个现象不能用刺激光的分光特性来预测，所以叫主观色。有时也叫 Feahner color。当模型板缓慢旋转时，会看到 a、b、c、d 位置上的不同颜色。

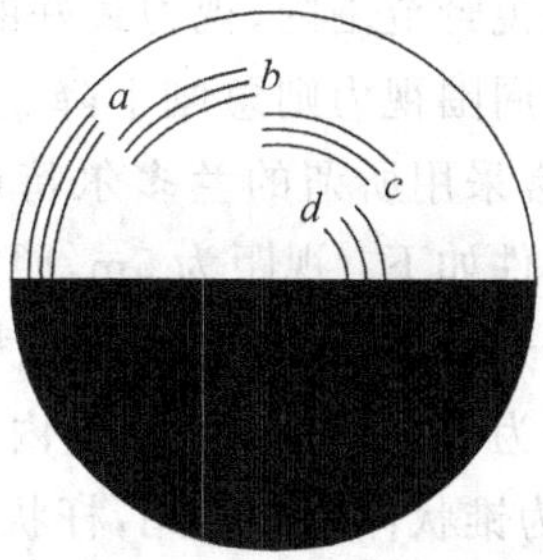

图 2-50 贝纳姆(Benham)模型

2.7.6 记忆色

我们经常接触的物体，对它的特有的颜色会有记忆，这就是记忆色的概念。例如，人的皮肤颜色、草木的颜色等很容易从颜色样本中选出来，这是人人都有的视觉倾向。但是，一般来说记忆色与实际颜色并不一样，记忆色的色度和亮度比实际颜色都要高。记忆色与理想颜色的再现关系密切，无论在彩色电视技术上还是绘画上都受到广泛的关注。

2.7.7 进入色、后退色、膨胀色、收缩色

人们观察物体时，根据其颜色有的感觉距离较近，有的感觉较远。使你有拉近距离的颜色叫进入色，它有较长的波长。看着有推远距离感觉的颜色叫后退色，它有较短的波长。另外，有的颜色，使人们有物体变大的感觉，这叫膨胀色。有的会有缩小的感觉，这叫收缩色。这些特性又与亮度有关。亮度高的黄色有增大的感觉，亮度低的蓝色有缩小的感觉，除此之外，还有所谓的暖色、冷色等。

2.7.8 颜色和爱好

颜色与人的感情有关。人们也各自有自己所爱好的颜色。这种爱好会随着性别、年龄、时代等因素而变化。另外，两种颜色相邻时，由配色而产生的和谐感也是一个重要的问题。有人做了大量研究，提出了一些所谓彩色和谐理论。

2.8 视觉的空间性质

2.8.1 视力

视力是指人眼分辨物体细微部分的能力。眼睛的视野是较广的。一般以视线为中心向鼻子一侧大约为65°、向耳朵一侧为100°～104°、向上约65°、向下约75°这样一个范围。在这样宽的视野范围内，视力最好的那一部分仅仅在视线附近，也就是只在视网膜中央凹上。在中央凹周围视力则急剧下降。根据不同的测试条件测得的视力值也不相同。根据国际标准，通常采用所谓的兰多尔特(Landolt)环来测定视力值。具体测定方法如图2-51所示。测试条件如下：视距为5m，照度为500lx，环的开口缝隙则刚好使视角为1′。当刚好勉强能分辨得开时，这种情况下的视力为1.0。如果使缝隙为上述的1/2时，那么在其他条件相同时视力为2.0。在视角范围内或者说在视网膜的各个部分上视力是不同的。在较暗的场合，因为锥状体不起作用，杆状体密度较高的中央凹附近视力相对变高。

眼睛的光学系统对视力也有影响。瞳孔较大时，因为成像的光行差而使视力变低，瞳孔直径在3mm以下时，由瞳孔引起的折射和光行差互相抵消，因此，视力有一定值。但是在极端情况下，瞳孔很小时视力也要下降。

另外，影响视力的因素还有水晶体的调节状态，也就是说由于视距不同视力也不同。一般情况下，视距在1m以下时视距越小则视力降低越显著。此外，照明亮度高或者测试卡与背景的对比度大则视力会提高。但是，当背景用黑色、测试标为白色时，在某一对比度的场合由于光渗作用视力也会降低。特别是测试标在运动的情况下，运动速度越快则视力越低。视力与测试标运动速度的关系如图2-52所示。

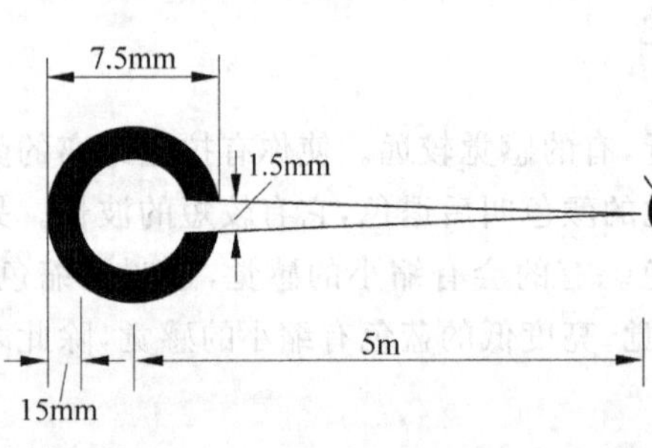

图2-51　视力为1.0时的兰多尔特环

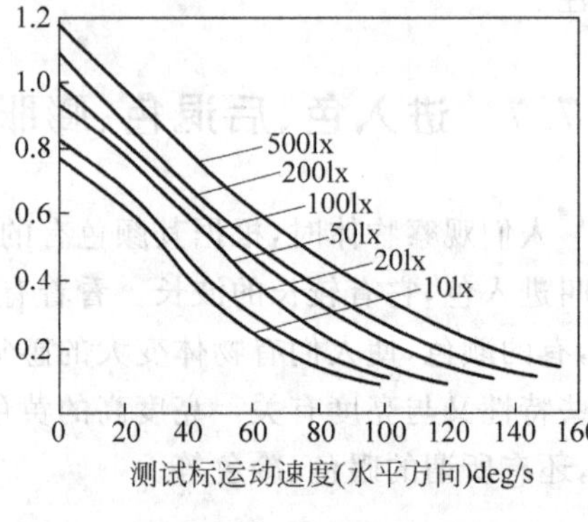

图2-52　测试运动速度对视力的影响

2.8.2 视觉的空间频率特性

在电信号的传输系统中，常常用输入激励和输出响应之间的关系表示系统的特性。最为常用的是相位特性与频率特性等。如果系统没有非线性失真，那么响应与激励之间就有确定的对应关系，此时就可以用一个测量结果采用数学处理方法来推导其他响应。

在光学系统中，可以用空间变化的信号来代替时间变化的信号。例如，空间正弦波，只要把时间量纲换以距离的量纲就可以用相同的方法加以处理。对于视觉系统，采用视力和亮度辨别门限一类参数来表示视觉系统的特性固然有重要意义，同时也希望考虑物理图像传输系统和适用于数学处理的系统这一环节。以此为基础，有可能采用通盘考虑视觉系统的反差灵敏度和分辨能力以及图像的主观粒状性质和清晰度等物理系统的方法进行处理和预测。

1. 眼睛光学系统的空间频率特性

眼睛光学系统的空间频率特性已由拉曼特(Lamant)、迪莫特(Demott)、克劳斯科普夫(Krauskopf)及罗尔勒(Rohler)等人进行了测定，测定结果如图 2-53 所示。图中实线是克劳斯科普夫的测定结果；点画线是罗尔勒测定的结果；点线是迪莫特测定的结果；虚线是拉曼特测定的结果。由图可见眼球光学系统具有低通特性。

2. 根据主观判断求得的视觉空间频率特性

根据主观判断测定视觉空间频率特性可以这样进行，将图 2-54 所示的图形(空间正弦波模型)通过光学装置或电视装置显示出来并让被试验者观看，然后使辉度固定，改变对比度，求出刚好能辨别出图形的辨别门限。或者另外准备一个标准的对比度模型，求出认为与模型相等的对比度主观等价值点 PSE(Point of Subjective Equality)。根据各种空间频度数测出的曲线就表示出视觉的空间频率特性。用这种方法，很多人对上述特性进行了测试，其结果如图 2-55 所示。

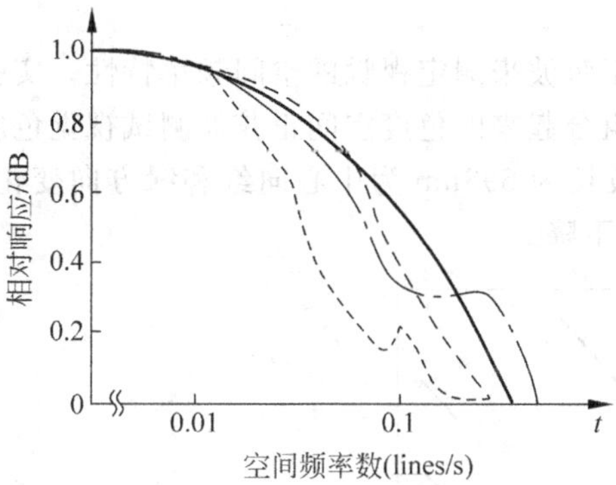

图 2-53　眼睛光学系统的空间频率特性

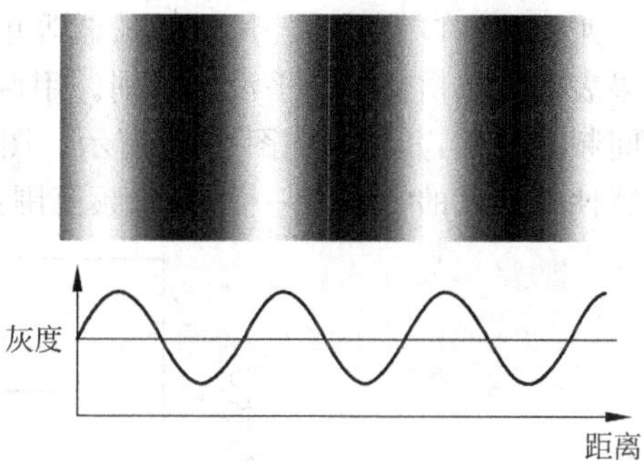

图 2-54　空间正弦波图形

测试结果虽然多少有些差异，但总的倾向是一致的。在高频域和低频域其响应值均较低，其整个特性近似于带通滤波器特性。图中 A 曲线是日本 NHK 测定的，采用的平均辉度为 10 英尺-朗伯；B 曲线是大上(日本)的测试结果；C 曲线是谢德(Schade)在 1955 年测得的结果。视觉的空间频率特性随图像的平均辉度、提示时间的变化及图像移动与否有关。在视觉的空间频率特性中的一个重要特性是马赫效应。马赫效应是一种轮廓增强现象。一幅明暗图像，一边亮一边暗，中间过渡是缓慢斜变的，当观看这样的图像时，视觉的感觉是亮的一边更亮，暗的一边更暗，同时靠近暗的一边的亮度比远离暗的一边要亮，而靠近亮的一边比远离亮的一边显得更暗。这就是如图 2-56 所示的辉度上冲现象。

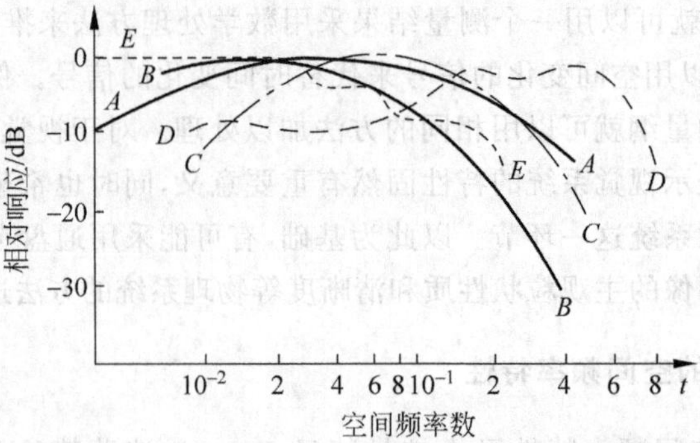

图 2-55　用对比度辨别门限测定的空间频率特性

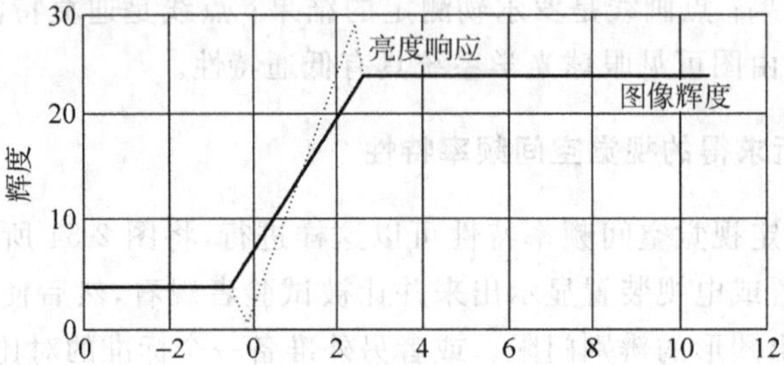

图 2-56　马赫(Mach)现象

2.8.3　颜色辨别门限的空间频率特性

谢德和山口等人曾经用红、绿、蓝等单色空间正弦波来测定视觉的空间频率特性。实验结果表明与黑白情况几乎没有差别。用两种颜色组合起来的色度空间正弦波测试视觉色度空间频率特性，其结果如图 2-57 所示。图中是以波长为 598nm 为中心向红和绿方向变化，其特性与亮度的情况不一样，在低频范围灵敏度不下降。

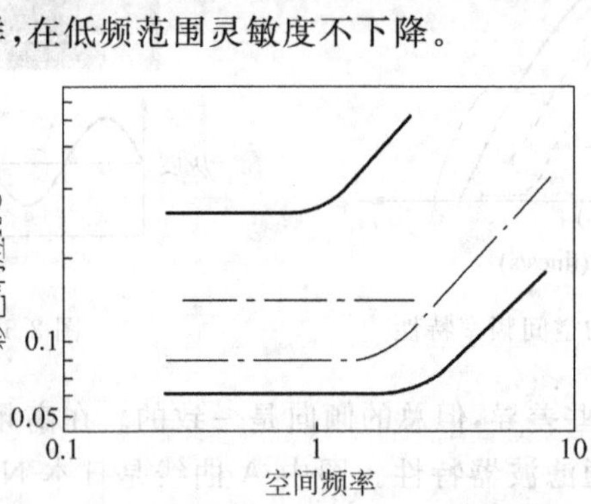

图 2-57　用辨别门限测定的色度空间频率特性

2.8.4　视觉的空间频率特性和图像的清晰度

清晰度是指图像边界的明确程度。它是表示描述细微图像能力的物理量。分解力是表示微小图像的再现能力。因此，清晰度和分解力两者尚不尽相同。50 多年前在光学领域中就引入了空间频率特性的概念，并开始研究包括视觉系统在内的图像传送的空间频率特性和主观清晰度的关系。到目前为止提出了不少关系式，实验结果大致上相同，但究竟用什么尺度来衡量还须进一步讨论。

就电视而言，传输频带受限时还必须考虑相位关系。单纯加大传输能量，主观清晰度不一定能提高。在 NTSC 制式的电视中，彩色副载波为 3.58MHz，在接收机图像放大电路中要进行衰减，这样，支配清晰度的辉度信号的频带就变窄了。在这种条件下与视觉空间频率特性的峰值相当的图像频率（在距画面高度 4 倍的距离观看时，这频率约 1MHz）附近的增益比低频范围提高 5～6dB 时，图像的清晰度会显著提高。

2.9　视觉的时间特性

视觉的时间特性是指对光刺激的过渡反应特性，如对闪烁的灵敏度特性、适应性、残像、对运动的感觉及眼球运动和感觉的关系等性质。

2.9.1　加入阶跃光波刺激的明暗感觉

加入阶跃光波刺激产生的感觉曲线如图 2-58 所示。由图可见，刺激后在几十毫秒时达到顶点，然后慢慢减少到一个常值。感觉曲线的上升沿随刺激光强的增加而缩短。

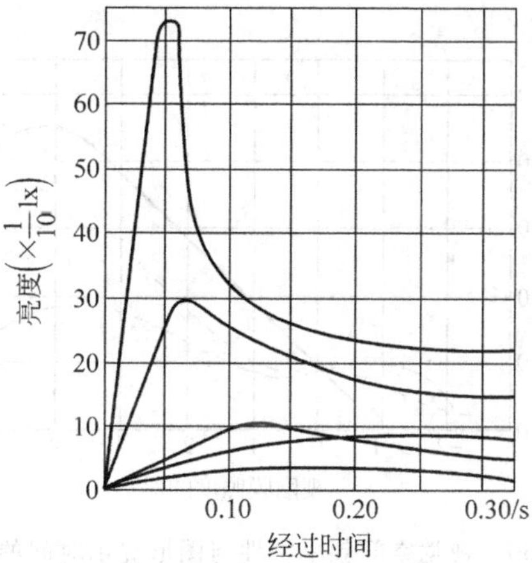

图 2-58　阶跃白光刺激对明暗感觉的曲线

2.9.2　闪烁

当光的闪烁次数增加时，就不会有闪烁的感觉了，这时与连续光刺激的感觉一样。闪烁的次数叫临界融合频率（Critical Fusion Frequency，CFF）。CFF 与照射光的强度及在视网膜上的部位不同而有显著变化。其关系曲线如图 2-59 所示。由图可见，离中央凹越远（偏角大）其融合频率越低。照度越高则融合频率越高。人眼锥状体的 CFF 值为 60～70Hz，杆状体是 12～15Hz。CFF 值与光强有式（2-40）所示的关系，即

$$F = a\log l + b \tag{2-40}$$

式中，F 代表 CFF；l 表示刺激光强；a、b 为常数。这个关系叫费里-波台特(Ferry-Porter)定律。除此之外，CFF 值还受背景亮度影响，背景亮度高时随着刺激光强的增大 CFF 值也提高。

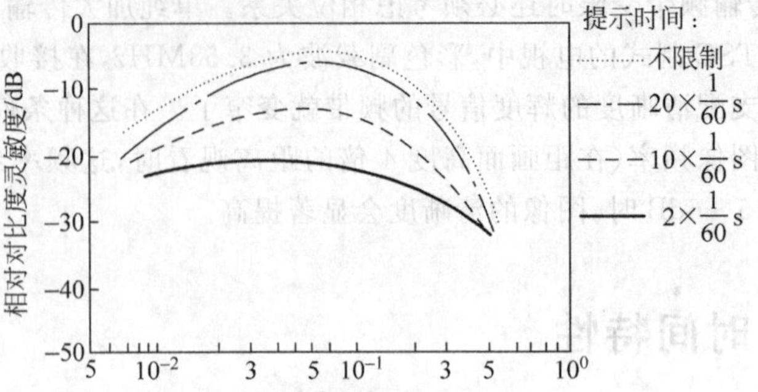

图 2-59 视网膜部位及刺激光强与 CFF 的关系曲线

2.9.3 视觉空间频率特性和时间因素的关系

如前所述，用空间正弦波图形测试视觉的空间频率特性，测试图形的出示时间直接影响相对对比度灵敏度，其结果如图 2-60 所示。当测试图出示时间不受限制时相对灵敏度最大，出示时间越短则越低。

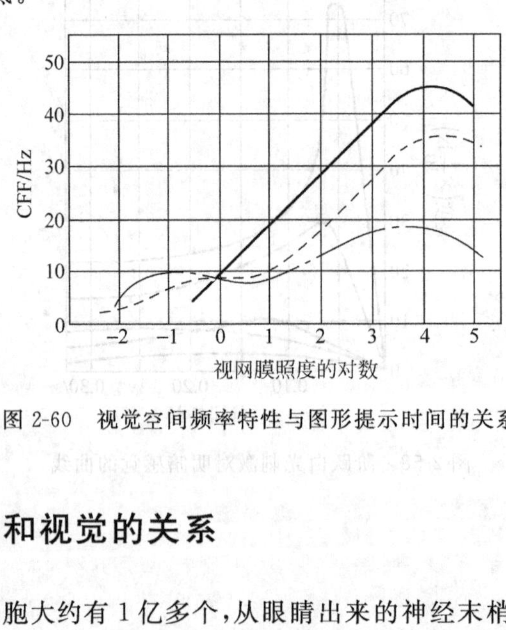

图 2-60 视觉空间频率特性与图形提示时间的关系

2.9.4 眼球运动和视觉的关系

视网膜上的视觉细胞大约有 1 亿多个，从眼睛出来的神经末梢不超过 100 万个。黄斑处的锥状细胞大约有 34 000 个，其中每个细胞都有独立的神经末梢通往大脑。黄斑以外的部分则是几个杆状体接到一个神经末梢上。因此，视力最好的部分只限于黄斑附近。在视野的大部分只能看到一个模糊的像。但是，实际上人们却总能看到一个清楚的像，这主要归功于眼球的自由运动机能。

眼球运动有断续性运动、平稳跟踪运动、辐辏开散(vergence movement)运动和凝视运动等。断续性运动是高速的跳跃性的运动,上升时间为 1/20～1/100s;平稳跟踪运动是低速眼球运动;辐辏开散运动是指两眼视线在远近方向上的运动,运动速度较低;凝视运动是指视线注视一点时常常进行类似噪声状的微小运动,它包括有颤动、闪烁和偏移等形式。总之,眼睛观察物体时总是伴随着各种运动,即使是注视着某一物体也伴随着所谓凝视运动的微小运动。眼球运动有维持对比度感觉的作用。一般情况下,对于不能预测的运动要延迟 0.2s 左右才能响应,能够预测的情况下眼球运动往往先于对象物的运动。

2.10　运动的感觉

不仅在实际物体运动和观察者运动时有运动的感觉,而且实际上物体不运动而其他条件在运动的条件下也有运动的感觉。在心理学上把实际物体或观察者运动产生的运动感觉叫做实际运动,不是这种情况下产生的运动感觉叫假象运动、诱导运动、自动运动及残像等。诱导运动就是由于静止物体的周围物体运动的影响而感觉它在运动的现象。如在流动着的云中看月亮时,倒觉得好像是月亮在移动,而云反而似乎是静止的。自动运动就是当在黑暗的室内凝视一发光小点,会感到小光点在运动的现象。当凝视飞落的瀑布时,在视线离开瀑布移向另外方向,会看到静止物体似乎在向着瀑布落下相反的方向运动,这种现象叫运动残像。

1. 实际运动

物体运动或观察者本身运动产生的运动感觉并没有特别的区别。为了感知物体运动,运动的速度和运动的偏移量必须大于某一数值,但速度过大也不会有运动的感觉。各种情况下的界限值叫做速度门限、运动距离门限和速度极限。在速度变化或者两个运动物体有速度差的情况下,能感觉到运动的最小速度差叫做速度辨别门限。速度辨别门限与测试目标大小、背景情况及明暗条件有关。运动距离门限用视角来表示,其最小值为 $8''$～$20''$。关于速度门限,一般以一个小点的移动为目标来实验,当背景质地不同时角速度约为 $1'$～$2'$/s,当背景质地相同时约为上述值的 10～20 倍。

中心视觉与边缘视觉相比较,一般来说中心视觉速度门限低,速度极限高。因此,仍然是中心视觉最好。感觉速度快慢的门限值同样受各种因素影响。例如,视线跟踪物体与视线固定两种情况后者感觉快;如果物体的形状在运动方向上较长和与运动方向相垂直的方向上较长的两物体以相同速度运动,会感觉前者速度快;大物体和小物体相比,当它们以相等的速度运动时,会感到大物体运动速度较慢。

2. 假象运动

一般把静止的光刺激的交替发生而产生运动的感觉叫假象运动。例如,把两个红灯泡一个点亮,一个关掉这样反复切换,会感到好像一个点亮的红灯泡在往复运动。假象运动最为简单的情况是两个点光源在适当的距离间隔和适当的时间间隔交替点亮和关掉而产生,其间隔和点亮的时间不同,感觉运动的情况也不同,把感觉运动最平稳的时间条件叫最佳时间。

科特(Korte)(1915 年)对于刺激出现的时间 T,距离间隔 S,刺激强度 I,时间间隔 P 的关系进行了研究。保持一恒定的运动感觉,当 I 增大时,可用增大 S 来补偿(这是第一法则);P 增大时,可用增大 I 来补偿(这是第二法则);P 增大时,可用增大 S 来补偿(这是第三法则);也可用减小 T 来补偿(这是第四法则)。

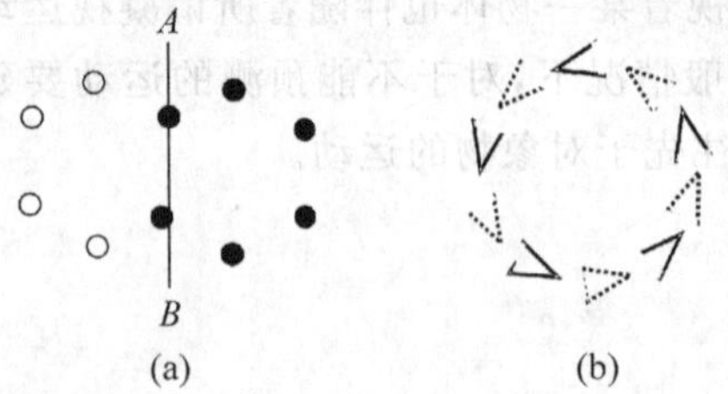

图 2-61　假象运动图形影响的实例

假象运动如果加进图形因素,运动方向就会受到显著影响。图 2-61(a)所示的图形,如果○和●的刺激图形交替出现和消失,就会感到图形在以 AB 为轴作立体旋转运动(如同翻书一样的运动)。图 2-61(b)所示是图形影响的另一个例子。当虚线图形和实线图形交替出现时会产生逆时针方向运动的感觉而绝不会出现相反的运动感觉。

3. 残像

光刺激移去后而残留的感觉叫残像。残像形成直到消灭的经过是复杂的。白色光刺激的痕迹一般是明像和暗像交替出现,徐徐消失。有色光刺激后是刺激光的颜色和它的补色相近的色交替出现徐徐消失。残像主要是由视觉细胞的光化学反应引起的。

2.11 形状感觉与错视

视觉系统所感觉到的物体的形状并不是简单的投影到视网膜上的原封不动的形状。对形状的感觉会受到物体自身形状及周围背景的影响。这类影响是多种多样的,有神经系统引起的错视现象也有心理因素的作用。

在研究心理学的作用方面格斯特尔特(Gestalt)学派曾作出了较大的贡献。比如沃梯默(Wertheimer)提出,当出示几个图形时,互相接近的人之间对图形的感觉比较容易取得一致的看法,这里就包括有心理上的诱导作用,他把这种现象叫做群化法则。另一个关系到心理因素的重要问题是图形和背景的关系问题。例如,看到图 2-62 所示的图形时,首先感觉到的是图形还是背景呢?通过研究发现,对图形和背景的感觉与观察者的经验、态度、明暗差别以及面积的比例等各种因素都有关系。

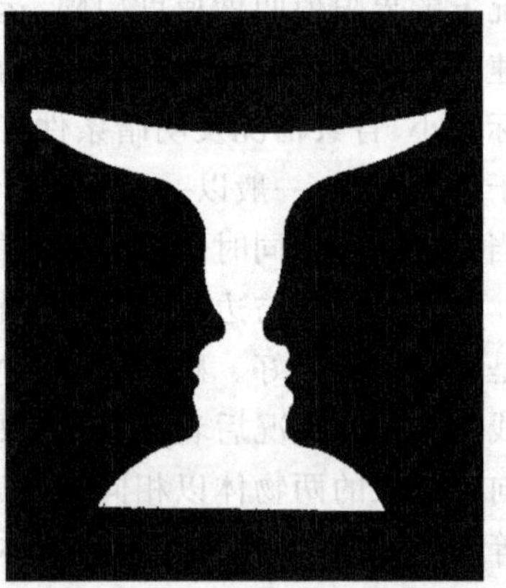

图 2-62　图和背景反转的图形

错视是视觉对图形感觉的一个重要现象。图 2-63 所示是几个著名的几何学的错视图形的例子。图 2-63(a)本是两条相等的线段,由于两端加了不同方向的图形使人们感觉下边的一条线段较长;图 2-63(b)使人们看到斜线是错位的;图 2-63(c)中原本是两条平行的直线,可给人的感觉却是两根弯曲的线;图 2-63(d)本来是互相平行的 3 条线,可看到的却是不平行的了;图 2-63(e)中左边和右边两图中央的圆是相同的,但却觉得右边的要大,所有这些均是由错视造成的。

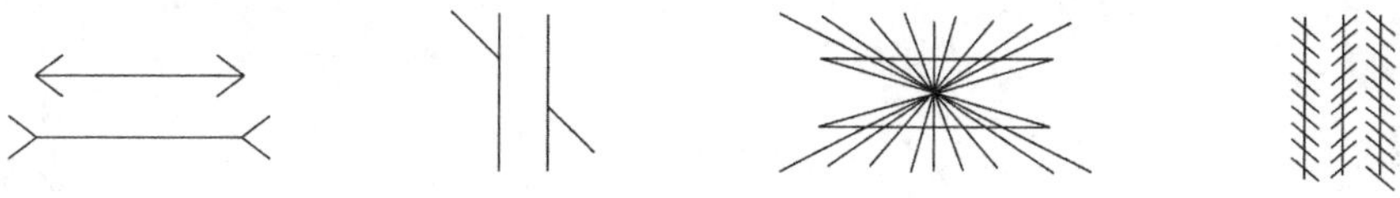

(a)　(b)　(c)　(d)

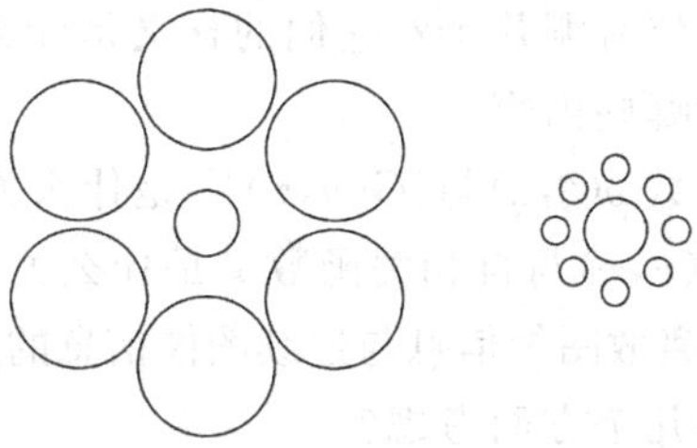

(e)

图 2-63　几种错视图形

视觉对大小形状的感觉也有时间因素的影响。例如，当长时间凝视一条弯曲的线之后马上看一条直线，就会感到这条直线向着原来所看的曲线相反的方向弯曲。这种现象叫做吉布森(Gibson)效应。另外，如图 2-64 所示的两个同心圆，外边的圆的直径固定，当内部小圆的直径作大小变化时，看到的情况却好像大圆也在变化。通常这个现象叫图形残效(figural after effect)。

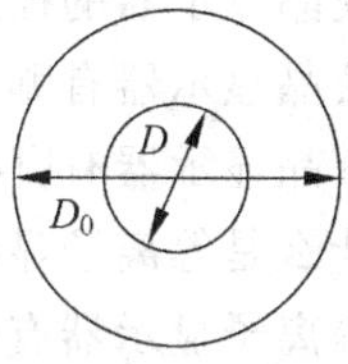

图 2-64　同心圆过大过小的错视

当视网膜受到刺激时，并不是只有与刺激部位相对应的神经系统产生反应，而是对其周围也有影响。这种影响可以看成是由某种场引起的，所以把它叫做诱导场。利用诱导场的概念可以解释一些错视现象。如图 2-65 所示的图形，图 2-65(a)中的白色线条的交点处给人的感觉是灰色的而不是白色的。图 2-65(b)中菱形的中央特别黑。这些现象都可以用诱导场的概念来解释。

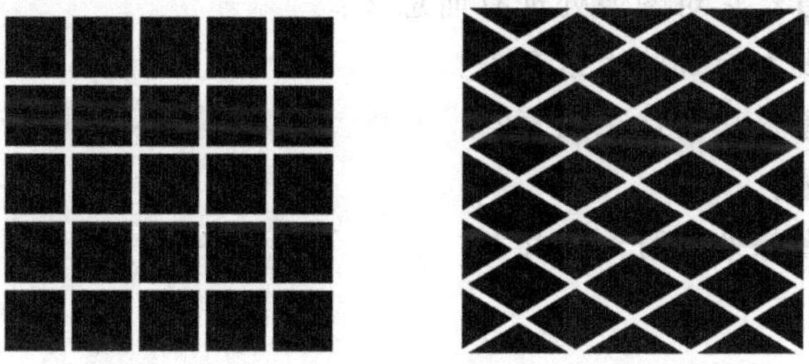

(a)　(b)

图 2-65　诱导场引起的视觉现象

本章对图像和视觉的特性进行了许多讨论。但这只是一些初步认识，应该看到，就图像本身的客观性质而言，至今尚未找到一个更加贴切的数学模型来表达图像的内在实质。同时对于视觉器官以及人的生理和心理特性的研究也远未穷尽。在图像处理这一领域中会涉及许多边缘学科知识，若在这些边缘学科中有新的突破，那么也必然会给图像处理这一学科带来方向性的影响。所以，在深入研究各种处理方法的同时，要对图像信号的统计特性及视觉特性这一带有根本性的理论问题给予充分的注意。

思考题

1. 光学中的主要计量单位有哪几个？它们的含义是什么？
2. 图像的统计特性包括哪些内容？
3. 图像信号的自相关函数 $\rho(\xi,\eta)$ 与 $|G(u,v)|^2$ 是什么关系？
4. 图像的功率谱密度 $\psi(u,v)$ 与自相关函数又是什么关系？
5. 何为图像信息的熵？离散图像信息与连续图像信息的熵有何区别？其表达式是什么？
6. 摄像器件的性能从哪几个方面考虑？
7. 什么是 CRT 显示设备？
8. CRT 显示器有哪些优、缺点？
9. 液晶有哪些特性？
10. 液晶显示器的控制方法有哪些？
11. 液晶显示器有哪些重要技术指标？其含义是什么？
12. 液晶显示器有哪些优、缺点？
13. 什么是等离子显示器？其显示原理是什么？
14. 等离子显示器有什么优、缺点？
15. 什么是 E-paper？
16. E-paper 的显示原理是什么？
17. 什么叫光觉？什么叫色觉？
18. 什么是三基色？相加混色与相减混色的基色是否相同？
19. 格拉斯曼定律包含哪些内容？
20. 标准白光有哪几种？其色度坐标是多少？
21. 何为第三色盲？它对图像处理有何意义？
22. 何为视力？视力与哪些因素有关？
23. 何为马赫现象？它指什么而言？
24. 何为光觉门限？
25. 错视现象对图像处理有何意义？

第3章　图像处理中的正交变换

数字图像处理的方法主要分为两大类：一类是空间域处理法(或称空域法)，另一类是频域法(或称变换域法)。在频域法处理中最为关键的预处理便是变换处理。这种变换一般是线性变换，其基本线性运算式是严格可逆的，并且满足一定的正交条件，因此，也将其称作酉变换。目前，在图像处理技术中正交变换被广泛地运用于图像特征提取、图像增强、图像复原、图像识别及图像编码等处理中。本章将对几种主要的正交变换进行较详细的讨论。

3.1　傅里叶变换

傅里叶变换是大家所熟知的正交变换。在一维信号处理中得到了广泛应用。把这种处理方法推广到图像处理中是很自然的事。本节将对傅里叶变换的基本概念及算法做一些讨论。

3.1.1　傅里叶变换的定义及基本概念

傅里叶变换在数学中的定义是严格的。设 $f(x)$为 x 的函数，如果 $f(x)$满足下面的狄里赫莱条件：

① 具有有限个间断点。

② 具有有限个极值点。

③ 绝对可积。

则有下列两式成立

$$F(u) = \int_{-\infty}^{\infty} f(x) e^{-j2\pi ux} dx \tag{3-1}$$

$$f(x) = \int_{-\infty}^{\infty} F(u) e^{j2\pi ux} du \tag{3-2}$$

式中，x 为时域变量；u 为频率变量。如果令 $\omega = 2\pi u$，则有

$$F(\omega) = \int_{-\infty}^{\infty} f(x) e^{-j\omega x} dx \tag{3-3}$$

$$f(x) = \frac{1}{2\pi}\int_{-\infty}^{\infty} F(\omega) e^{j\omega x} d\omega \tag{3-4}$$

通常把以上公式称为傅里叶变换对。

函数 $f(x)$的傅里叶变换一般是一个复量，它可以由式(3-5)表示，即

$$F(\omega) = R(\omega) + jI(\omega) \tag{3-5}$$

或写成指数形式

$$F(\omega)=|F(\omega)|\mathrm{e}^{\mathrm{j}\phi(\omega)} \tag{3-6}$$

$$|F(\omega)|=\sqrt{R^2(\omega)+I^2(\omega)} \tag{3-7}$$

$$\phi(\omega)=\arctan\frac{I(\omega)}{R(\omega)} \tag{3-8}$$

把$|F(\omega)|$叫做 $f(x)$的傅里叶幅度谱，而 $\phi(\omega)$叫相位谱。

傅里叶变换广泛用于频谱分析。

例 3-1 求图 3-1 所示波形 $f(x)$的频谱。

解

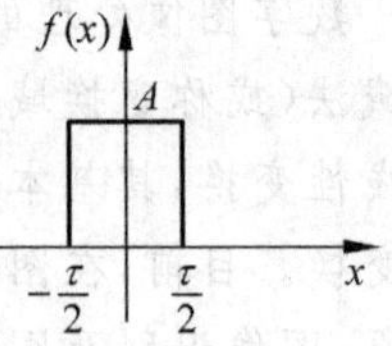

图 3-1 函数 $f(x)$的波形

$$f(x)=\begin{cases}A, & -\dfrac{\tau}{2}\leqslant x\leqslant\dfrac{\tau}{2}\\ 0, & x>\dfrac{\tau}{2}\\ 0, & x<-\dfrac{\tau}{2}\end{cases}$$

$$F(\omega)=\int_{-\infty}^{+\infty}f(x)\mathrm{e}^{-\mathrm{j}\omega x}\,\mathrm{d}x=\int_{-\frac{\tau}{2}}^{\frac{\tau}{2}}A\mathrm{e}^{-\mathrm{j}\omega x}\,\mathrm{d}x$$

$$=\frac{A}{\mathrm{j}\omega}(\mathrm{e}^{\mathrm{j}\omega\frac{\tau}{2}}-\mathrm{e}^{-\mathrm{j}\omega\frac{\tau}{2}})=\frac{2A}{\omega}\sin\frac{\omega\tau}{2}$$

则

$$|F(\omega)|=\frac{2A}{\omega}\left|\sin\frac{\omega\tau}{2}\right|=A\tau\left|\frac{\sin\dfrac{\omega\tau}{2}}{\dfrac{\omega\tau}{2}}\right|$$

$$\phi(\omega)=\begin{cases}0, & \dfrac{4n\pi}{\tau}<\omega<\dfrac{2(2n+1)\pi}{\tau}, & n=0,1,2,\cdots\\ \pi, & \dfrac{2(2n+1)\pi}{\tau}<\omega<\dfrac{4(n+1)\pi}{\tau}, & n=0,1,2,\cdots\end{cases}$$

$f(x)$的幅度谱及相位谱如图 3-2 所示。

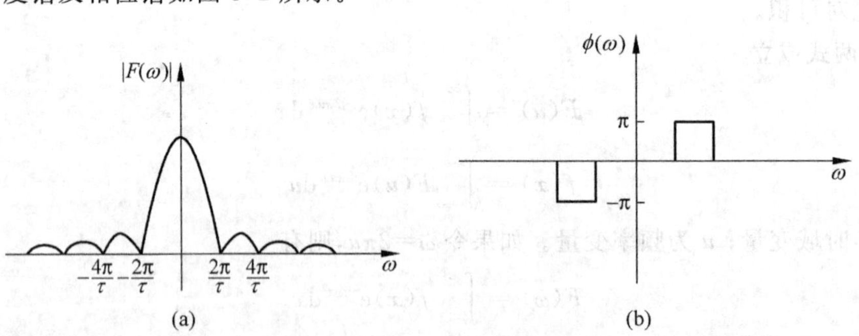

图 3-2 $f(x)$的幅度谱及相位谱

例 3-2 求周期函数的傅里叶谱。

解 一个周期为 T 的信号 $f(x)$可用傅里叶级数来表示，即

$$f(x)=\sum_{n=-\infty}^{\infty}F(n)\mathrm{e}^{\mathrm{j}n\omega_0 x}$$

$$F(n)=\frac{1}{T}\int_{-\frac{T}{2}}^{\frac{T}{2}}f(x)\mathrm{e}^{-\mathrm{j}n\omega_0 x}\mathrm{d}x$$

式中

$$\omega_0=\frac{2\pi}{T}$$

因此,傅里叶变换可写成

$$\begin{aligned}F(\omega)&=\mathcal{F}[f(x)]\\&=\mathcal{F}\left[\sum_{n=-\infty}^{\infty}F(n)\mathrm{e}^{-\mathrm{j}n\omega_0 x}\right]=\sum_{n=-\infty}^{\infty}F(n)\ \mathcal{F}[\mathrm{e}^{-\mathrm{j}n\omega_0 x}]\\&=\sum_{n=-\infty}^{\infty}F(n)\int_{-\infty}^{\infty}\mathrm{e}^{\mathrm{j}n\omega_0}\cdot\mathrm{e}^{\mathrm{j}\omega x}\mathrm{d}x=\sum_{n=-\infty}^{\infty}F(n)\int_{-\infty}^{\infty}\mathrm{e}^{\mathrm{j}(\omega-n\omega_0)}\mathrm{d}x\\&=2\pi\sum_{n=-\infty}^{\infty}F(n)\delta(\omega-n\omega_0)\end{aligned}$$

式中 $\delta(\omega-n\omega_0)$是冲激序列,其幅度谱如图3-3所示。

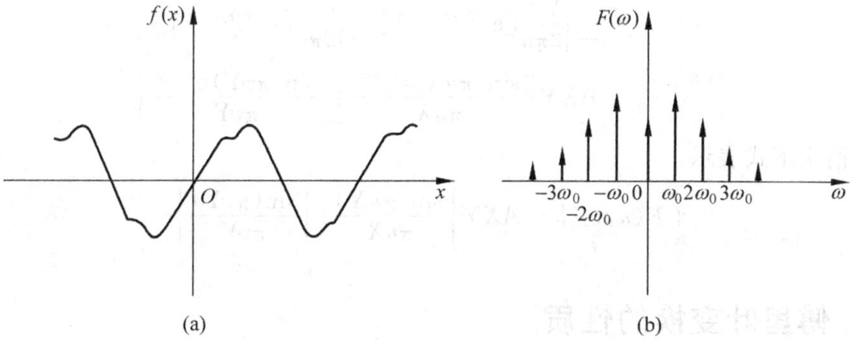

图3-3 周期函数的傅里叶谱

由上面的例子可以建立起下面几个概念:

① 只要满足狄里赫莱条件,连续函数就可以进行傅里叶变换,实际上这个条件在工程运用中总是可以满足的。

② 连续非周期函数的傅里叶谱是连续的非周期函数,连续的周期函数的傅里叶谱是离散的非周期函数。

傅里叶变换可推广到二维函数。如果二维函数 $f(x,y)$满足狄里赫莱条件,那么将有下面二维傅里叶变换对存在:

$$F(u,v)=\int_{-\infty}^{\infty}\int_{-\infty}^{\infty}f(x,y)\mathrm{e}^{-\mathrm{j}2\pi(ux+vy)}\mathrm{d}x\mathrm{d}y \tag{3-9}$$

$$f(x,y)=\int_{-\infty}^{\infty}\int_{-\infty}^{\infty}F(u,v)\mathrm{e}^{\mathrm{j}2\pi(ux+vy)}\mathrm{d}u\mathrm{d}v \tag{3-10}$$

与一维傅里叶变换类似,二维傅里叶变换的幅度谱和相位谱如下:

$$|F(u,v)|=\sqrt{R^2(u,v)+I^2(u,v)} \tag{3-11}$$

$$\phi(u,v)=\arctan\frac{I(u,v)}{R(u,v)} \tag{3-12}$$

$$E(u,v)=R^2(u,v)+I^2(u,v) \tag{3-13}$$

式中：$F(u,v)$是幅度谱；$\phi(u,v)$是相位谱；$E(u,v)$是能量谱。

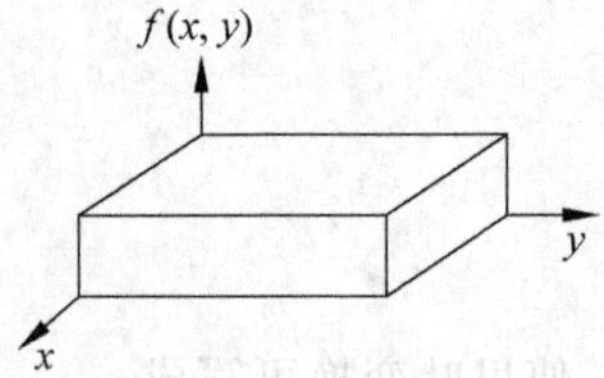

图 3-4　函数 $f(x,y)$

例 3-3　求图 3-4 所示函数的傅里叶谱。

解

$$f(x,y)=\begin{cases}A, & 0\leqslant x\leqslant X,0\leqslant y\leqslant Y\\ 0, & x>X,x<0,y>Y,y<0\end{cases}$$

$$\begin{aligned}F(u,v)&=\int_{-\infty}^{\infty}\int_{-\infty}^{\infty}f(x,y)\mathrm{e}^{-\mathrm{j}2\pi(ux+vy)}\mathrm{d}x\mathrm{d}y\\&=\int_{0}^{X}\int_{0}^{Y}A\mathrm{e}^{-\mathrm{j}2\pi(ux+vy)}\mathrm{d}x\mathrm{d}y\\&=A\int_{0}^{X}\mathrm{e}^{-\mathrm{j}2\pi ux}\mathrm{d}x\int_{0}^{Y}\mathrm{e}^{-\mathrm{j}2\pi vy}\mathrm{d}y\\&=A\left[\frac{\mathrm{e}^{-\mathrm{j}2\pi ux}}{-\mathrm{j}2\pi ux}\right]_{0}^{X}\left[\frac{\mathrm{e}^{-\mathrm{j}2\pi vy}}{-\mathrm{j}2\pi vy}\right]_{0}^{Y}\\&=\frac{A}{-\mathrm{j}2\pi u}[\mathrm{e}^{-\mathrm{j}2\pi ux}-1]\frac{1}{-\mathrm{j}2\pi v}[\mathrm{e}^{-\mathrm{j}2\pi vy}-1]\\&=AXY\left[\frac{\sin(\pi uX)\mathrm{e}^{-\mathrm{j}\pi ux}}{\pi uX}\right]\left[\frac{\sin(\pi vY)\mathrm{e}^{-\mathrm{j}\pi vy}}{\pi vY}\right]\end{aligned}$$

其傅里叶谱由下式表示

$$|F(u,v)|=AXY\left|\frac{\sin(\pi uX)}{\pi uX}\right|\left|\frac{\sin(\pi vY)}{\pi vY}\right|$$

3.1.2　傅里叶变换的性质

傅里叶变换有许多重要性质。这些性质为实际运算处理提供了极大的便利。这里，仅就二维傅里叶变换为例列出其主要的几个性质。

1. 具有可分性

$$\begin{aligned}F(u,v)&=\int_{-\infty}^{\infty}\int_{-\infty}^{\infty}f(x,y)\mathrm{e}^{-\mathrm{j}2\pi(ux+vy)}\mathrm{d}x\mathrm{d}y\\&=\int_{-\infty}^{\infty}\int_{-\infty}^{\infty}f(x,y)\mathrm{e}^{-\mathrm{j}2\pi ux}\cdot\mathrm{e}^{-\mathrm{j}2\pi vy}\mathrm{d}x\mathrm{d}y\\&=\int_{-\infty}^{\infty}\left[\int_{-\infty}^{\infty}f(x,y)\mathrm{e}^{-\mathrm{j}2\pi ux}\mathrm{d}x\right]\cdot\mathrm{e}^{-\mathrm{j}2\pi vy}\mathrm{d}y\\&=\int_{-\infty}^{\infty}\{\mathcal{F}_x[f(x,y)]\}\cdot\mathrm{e}^{-\mathrm{j}2\pi vy}\mathrm{d}y\\&=\mathcal{F}_y\{\mathcal{F}_x[f(x,y)]\}\end{aligned}\tag{3-14}$$

这个性质说明一个二维傅里叶变换可用二次一维傅里叶变换来实现。

2. 线性

傅里叶变换是线性算子，即

$$\mathcal{F}[a_1 f_1(x,y) + a_2 f_2(x,y)] \\ = a_1 \mathcal{F}[f_1(x,y)] + a_2 \mathcal{F}[f_2(x,y)] \tag{3-15}$$

3. 共轭对称性

如果 $F(u,v)$是 $f(x,y)$的傅里叶变换,$F^*(-u,-v)$是 $f(-x,-y)$傅里叶变换的共轭函数,那么

$$F(u,v) = F^*(-u,-v) \tag{3-16}$$

4. 旋转性

如果空间域函数旋转的角度为 θ_0,那么在变换域中此函数的傅里叶变换也旋转同样的角度,即

$$f(r,\theta+\theta_0) \Leftrightarrow F(k,\phi+\theta_0) \tag{3-17}$$

在式(3-17)中引入极坐标表示。其中：$x=r\cos\theta, y=r\sin\theta, u=k\cos\phi, v=k\sin\phi$。所以 $f(x,y)$和 $F(u,v)$分别用 $f(r,\theta)$和 $F(k,\phi)$来表示。式中的⇔为对应关系符号。反之,如果 $F(u,v)$旋转某一角度,则 $f(x,y)$在空间域也旋转同样的角度。这条性质只要以极坐标代以 x、y、u、v,则立即可以得到证明。

5. 比例变换特性

如果 $F(u,v)$是 $f(x,y)$的傅里叶变换。a 和 b 分别为两个标量,那么

$$af(x,y) \Leftrightarrow aF(u,v) \tag{3-18}$$

$$f(ax,by) \Leftrightarrow \frac{1}{|ab|} F\left(\frac{u}{a},\frac{v}{b}\right) \tag{3-19}$$

6. 帕斯维尔(Parseval)定理

这个性质也可称为能量保持定理。如果 $F(u,v)$是 $f(x,y)$的傅里叶变换,那么有式(3-20)成立,即

$$\int_{-\infty}^{\infty}\int_{-\infty}^{\infty} |f(x,y)|^2 \mathrm{d}x\mathrm{d}y = \int_{-\infty}^{\infty}\int_{-\infty}^{\infty} |F(u,v)|^2 \mathrm{d}u\mathrm{d}v \tag{3-20}$$

这个性质说明变换前、后并不损失能量。

7. 相关定理

如果 $f(x)$、$g(x)$为两个一维时域函数；$f(x,y)$和 $g(x,y)$为两个二维空域函数,那么,定义以下两式为相关函数

$$f(x) \circ g(x) = \int_{-\infty}^{\infty} f(\alpha) g(x+\alpha) \mathrm{d}\alpha \tag{3-21}$$

$$f(x,y) \circ g(x,y) = \int_{-\infty}^{\infty}\int_{-\infty}^{\infty} f(\alpha,\beta) g(x+\alpha,y+\beta) \mathrm{d}\alpha\mathrm{d}\beta \tag{3-22}$$

式中 $\circ$ 符号表示相关运算。由以上定义可引出傅里叶变换的一个重要性质。这就是相关定理,即

$$f(x,y) \circ g(x,y) \Leftrightarrow F(u,v) \cdot G^*(u,v) \tag{3-23}$$

$$f(x,y)\cdot g^*(x,y)\Leftrightarrow F(u,v)\text{o}G(u,v) \tag{3-24}$$

式中，$F(u,v)$是$f(x,y)$的傅里叶变换；$G(u,v)$是$g(x,y)$的傅里叶变换；$G^*(u,v)$是$G(u,v)$的共轭；$g^*(x,y)$是$g(x,y)$的共轭。

8. 卷积定理

如果$f(x)$和$g(x)$是一维时域函数，$f(x,y)$和$g(x,y)$是二维空域函数，那么，定义以下两式为卷积函数，即

$$f(x)*g(x)=\int_{-\infty}^{\infty}f(\alpha)g(x-\alpha)\mathrm{d}\alpha \tag{3-25}$$

$$f(x,y)*g(x,y)=\int_{-\infty}^{\infty}\int_{-\infty}^{\infty}f(\alpha,\beta)g(x-\alpha,y-\beta)\mathrm{d}\alpha\mathrm{d}\beta \tag{3-26}$$

式中$*$符号表示卷积关系。由此，可得到傅里叶变换的卷积定理为

$$f(x,y)*g(x,y)\Leftrightarrow F(u,v)\cdot G(u,v) \tag{3-27}$$

$$f(x,y)\cdot g(x,y)\Leftrightarrow F(u,v)*G(u,v) \tag{3-28}$$

式中$F(u,v)$和$G(u,v)$分别是$f(x,y)$和$g(x,y)$的傅里叶变换。

3.1.3 离散傅里叶变换

连续函数的傅里叶变换是波形分析的有力工具，这在理论分析中无疑具有很大价值。离散傅里叶变换使得数学方法与计算机技术建立了联系，这就为傅里叶变换这样一个数学工具在实用中开辟了一条宽阔的道路。因此，它不仅有理论价值，而且在某种意义上说它也有了更重要的实用价值。

1. 离散傅里叶变换的定义

如果$x(n)$为一数字序列，则其离散傅里叶正变换定义由式(3-29)来表示，即

$$X(m)=\sum_{n=0}^{N-1}x(n)\mathrm{e}^{-\mathrm{j}\frac{2\pi mn}{N}} \tag{3-29}$$

离散傅里叶反变换定义由式(3-30)来表示，即

$$x(n)=\frac{1}{N}\sum_{m=0}^{N-1}X(m)\mathrm{e}^{\mathrm{j}\frac{2\pi mn}{N}} \tag{3-30}$$

由式(3-29)和式(3-30)可见，离散傅里叶变换是直接处理离散时间信号的傅里叶变换。如果要对一个连续信号进行计算机数字处理，那么就必须经过离散化处理。这样，对连续信号进行的傅里叶变换的积分过程就会自然地蜕变为求和过程。关于这一点，下面先用图3-5所示图形建立一个直观概念。由图3-5(a)可见，时域信号是非周期的连续信号，其傅里叶谱就是连续的非周期的波形。由图3-5(b)可见，时域信号是周期性的连续信号，其傅里叶谱就是非周期的离散谱。由图3-5(c)可见，将时域非周期信号通过取样作离散化处理，其傅里叶谱就是周期的连续谱。从图3-5(d)可见，将时域信号作离散化处理并延拓为周期性信号，其傅里叶变换就是离散的周期谱了，以此可以看出离散傅里叶变换的概念。

上述概念也可以用数学方式表述如下：

如果$x(t)$是连续的非周期函数，其频谱$X(f)$就是连续的非周期谱。由图3-5(b)可见，

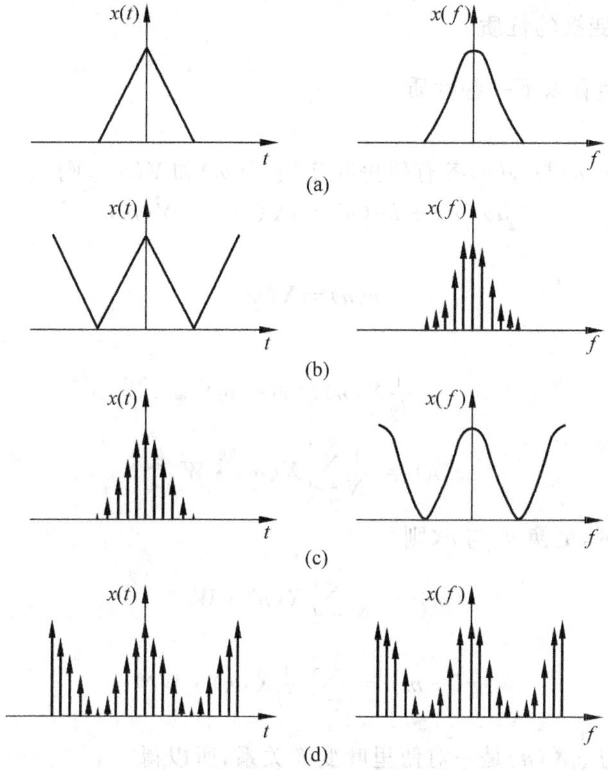

图 3-5　离散傅里叶变换的物理概念示意图

对周期函数来说其傅里叶变换可写成式(3-31)和式(3-32)，即

$$X(m)=\frac{1}{T}\int_{-\frac{T}{2}}^{+\frac{T}{2}}x(t)\mathrm{e}^{-\mathrm{j}2\pi mt}\,\mathrm{d}t \tag{3-31}$$

$$x(t)=\sum_{m=-\infty}^{\infty}X(m)\mathrm{e}^{\mathrm{j}2\pi mt} \tag{3-32}$$

如果 $x(t)$是离散的函数，那么，其频谱就是一个周期的连续谱，可写成式(3-33)和式(3-34)，即

$$X(f)=\sum_{n=-\infty}^{\infty}x(n)\mathrm{e}^{-\mathrm{j}2\pi nf} \tag{3-33}$$

$$x(n)=\frac{1}{f}\int_{-\frac{f}{2}}^{+\frac{f}{2}}X(f)\mathrm{e}^{\mathrm{j}2\pi nf}\,\mathrm{d}f \tag{3-34}$$

综合上述两种情况，如果 $x(n)$既是离散的又是周期的函数，那么，它的傅里叶谱则必然是离散的、周期的谱，即

$$X(m)=\sum_{n=-\infty}^{\infty}x(n)\mathrm{e}^{-\mathrm{j}2\pi mn} \tag{3-35}$$

$$x(n)=\sum_{m=-\infty}^{\infty}X(m)\mathrm{e}^{\mathrm{j}2\pi mn} \tag{3-36}$$

由上面的讨论可以比较容易地建立起离散傅里叶变换的物理概念。正因为函数从连续函数变为离散函数，所以，也就使傅里叶变换的积分运算变为求和运算。

2. 离散傅里叶变换的性质

离散傅里叶变换有以下一些性质。

1）线性

如果时间序列 $x(n)$与 $y(n)$各有傅里叶变换 $X(m)$和 $Y(m)$，则

$$ax(n)+by(n)\Leftrightarrow aX(m)+bY(m) \tag{3-37}$$

2）对称性

如果
$$x(n)\Leftrightarrow X(m)$$
则
$$\frac{1}{N}X(n)\Leftrightarrow x(-m) \tag{3-38}$$

证明 因为
$$x(n)=\frac{1}{N}\sum_{m=0}^{N-1}X(m)\cdot W^{-mn}$$

这里令 $W=\mathrm{e}^{-\mathrm{j}\frac{2\pi}{N}}$，更换 m 与 n，则

$$x(m)=\frac{1}{N}\sum_{n=0}^{N-1}X(n)\cdot W^{-mn}$$

$$x(-m)=\sum_{n=0}^{N-1}\frac{1}{N}X(n)\cdot W^{mn}$$

由此可知，$x(-m)$与$\frac{1}{N}X(n)$是一对傅里叶变换关系，所以得

$$\frac{1}{N}X(n)\Leftrightarrow x(-m) \tag{3-39}$$

3）时间移位

如果
$$x(n)\Leftrightarrow X(m)$$
序列向右（或向左）移动 k 位，则
$$x(n-k)\Leftrightarrow X(m)\cdot W^{km}$$

证明 因为

$$x(n-k)=\frac{1}{N}\sum_{m=0}^{N-1}X(m)\cdot W^{-(n-k)m}$$

$$=\frac{1}{N}\sum_{m=0}^{N-1}X(m)\cdot W^{-nm}\cdot W^{km}$$

$$=\frac{1}{N}\sum_{m=0}^{N-1}[X(m)\cdot W^{km}]\cdot W^{-mn}$$

则
$$x(n-k)\Leftrightarrow X(m)\cdot W^{km}$$

4）频率移位

如果
$$x(n)\Leftrightarrow X(m)$$
则
$$x(n)\cdot W^{-kn}\Leftrightarrow X(m-k) \tag{3-40}$$

证明 因为
$$X(m)=\sum_{n=0}^{N-1}x(n)\cdot W^{mn}$$

$$X(m-k)=\sum_{n=0}^{N-1}x(n)W^{(m-k)n}$$
$$=\sum_{n=0}^{N-1}x(n)W^{mn}\cdot W^{-kn}$$
$$=\sum_{n=0}^{N-1}[x(n)W^{-kn}]\cdot W^{mn}$$

则　$x(n)\cdot W^{-kn}\Leftrightarrow X(m-k)$

5）周期性

如果　$x(n)\Leftrightarrow X(m)$

则

$$x(n\pm rN)=x(n) \tag{3-41}$$

证明

$$x(n\pm rN)=\frac{1}{N}\sum_{m=0}^{N-1}X(m)\cdot W^{(n\pm rN)\cdot m}$$
$$=\frac{1}{N}\sum_{m=0}^{N-1}X(m)\cdot W^{\pm mrN}\cdot W^{mn}$$

由于　$W=\mathrm{e}^{-\mathrm{j}\frac{2\pi}{N}}$

因此　$W^{\pm mrN}=\mathrm{e}^{-\mathrm{j}\frac{2\pi}{N}mrN}=\mathrm{e}^{-\mathrm{j}2\pi mr}=1$

（r 是正整数）

代入上一个式中，有 $X(m)\cdot W^{\pm mrN}=X(m)$。

则　$x(n\pm rN)=x(n)$

6）偶函数

如果　$x_e(n)=x_e(-n)$

则

$$X_e(m)=\sum_{n=0}^{N-1}x_e(n)\cos\left(\frac{2\pi mn}{N}\right) \tag{3-42}$$

证明　因为

$$X(m)=\sum_{n=0}^{N-1}x_e(n)\mathrm{e}^{-\mathrm{j}\frac{2\pi}{N}mn}$$
$$=\sum_{n=0}^{N-1}x_e(n)\left[\cos\left(\frac{2\pi}{N}mn\right)-\mathrm{j}\sin\left(\frac{2\pi}{N}mn\right)\right]$$
$$=\sum_{n=0}^{N-1}x_e(n)\left[\cos\left(\frac{2\pi}{N}mn\right)-\mathrm{j}\sum_{n=0}^{N-1}x_e(n)\sin\left(\frac{2\pi}{N}mn\right)\right]$$

由于 $x_e(n)=x_e(-n)$ 是一偶函数，$\cos\left(\frac{2\pi}{N}mn\right)$ 是偶函数。$\sin\left(\frac{2\pi}{N}mn\right)$ 是奇函数，所以上式中的虚部累加和是 0。则

$$X_e(m)=\sum_{n=0}^{N-1}x_e(n)\cdot\cos\left(\frac{2\pi}{N}mn\right)$$

7）奇函数

如果
$$x_o(n)=-x_o(-n)$$
则
$$X_o(m)=-\mathrm{j}\sum_{n=0}^{N-1}x_o(n)\cdot\sin\left(\frac{2\pi}{N}mn\right) \tag{3-43}$$

证明

$$\begin{aligned}X_o(m)&=\sum_{n=0}^{N-1}x_o(n)\mathrm{e}^{-\mathrm{j}\frac{2\pi}{N}mn}\\&=\sum_{n=0}^{N-1}x_o(n)\left[\cos\left(\frac{2\pi}{N}mn\right)-\mathrm{j}\sin\left(\frac{2\pi}{N}mn\right)\right]\\&=\sum_{n=0}^{N-1}x_o(n)\cdot\cos\left(\frac{2\pi}{N}mn\right)-\mathrm{j}\sum_{n=0}^{N-1}x_o(n)\cdot\sin\left(\frac{2\pi}{N}mn\right)\end{aligned}$$

由于 $x_o(n)$ 是奇函数，而 $\cos\left(\frac{2\pi}{N}mn\right)$ 是偶函数，因此，实部之和为 0。则
$$X_o(m)=-\mathrm{j}\sum_{n=0}^{N-1}x_o(n)\cdot\sin\left(\frac{2\pi}{N}mn\right)$$

8）卷积定理

如果
$$x(n)\Leftrightarrow X(m),\ y(n)\Leftrightarrow Y(m)$$
则
$$x(n)*y(n)\Leftrightarrow X(m)\cdot Y(m) \tag{3-44}$$

证明 由卷积定义可知
$$x(n)*y(n)=\sum_{h=0}^{N-1}x(h)y(n-h)$$
又设 $x(n)*y(n)$ 的离散傅里叶变换为 C。则
$$\begin{aligned}C&=\sum_{n=0}^{N-1}[x(n)*y(n)]\cdot W^{mn}\\&=\sum_{n=0}^{N-1}\left[\sum_{h=0}^{N-1}x(h)y(n-h)\right]\cdot W^{mn}\\&=\sum_{n=0}^{N-1}\sum_{h=0}^{N-1}x(h)y(n-h)\cdot W^{mn}\\&=\sum_{h=0}^{N-1}x(h)\left[\sum_{n=0}^{N-1}y(n-h)\cdot W^{mn}\right]\end{aligned}$$
由移位定理可知
$$\sum_{n=0}^{N-1}y(n-h)\cdot W^{mn}=\left[\sum_{n=0}^{N-1}y(n)\cdot W^{mn}\right]\cdot W^{mh}$$
代入上式有
$$\begin{aligned}C&=\left[\sum_{h=0}^{N-1}x(h)\cdot W^{mh}\right]\left[\sum_{n=0}^{N-1}y(n)\cdot W^{mn}\right]\\&=X(m)\cdot Y(m)\end{aligned}$$

因此　$x(n) * y(n) \Leftrightarrow X(m) \cdot Y(m)$

反之　$x(n) \cdot y(n) \Leftrightarrow X(m) * Y(m)$也成立。

9）相关定理

如果

$$x(n) \Leftrightarrow X(m)$$

$$y(n) \Leftrightarrow Y(m)$$

则

$$x(n) \circ y(n) \Leftrightarrow X^*(m) \cdot Y(m) \tag{3-45}$$

证明　由相关定义有

$$x(n) \circ y(n) = \sum_{h=0}^{N-1} x(h) y(n+h)$$

设相关的傅里叶变换为 C'，则

$$C' = \sum_{n=0}^{N-1} [x(n) \circ y(n)] \cdot W^{mn}$$

$$= \sum_{n=0}^{N-1} \left[\sum_{h=0}^{N-1} x(h) y(n+h) \right] \cdot W^{mn}$$

$$= \sum_{h=0}^{N-1} x(h) \left[\sum_{n=0}^{N-1} y(n+h) \cdot W^{mn} \right]$$

由移位性质

$$\sum_{n=0}^{N-1} y(n+h) W^{mn} = \sum_{n=0}^{N-1} y(n) W^{mn} W^{-mh}$$

代入上式有

$$C = \sum_{h=0}^{N-1} x(h) \cdot W^{-mh} \cdot \sum_{n=0}^{N-1} y(n) \cdot W^{mn}$$

$$= X^*(m) \cdot Y(m)$$

其中

$$X(m) = \sum_{h=0}^{N-1} x(h) \cdot W^{mh}$$

$$X^* = \sum_{h=0}^{N-1} x(h) \cdot W^{-mh}$$

则

$$x(n) \circ y(n) \Leftrightarrow X^*(m) \cdot Y(m)$$

10）帕斯维尔定理

如果

$$x(n) \Leftrightarrow X(m)$$

则

$$\sum_{n=0}^{N-1} x^2(n) = \frac{1}{N} \sum_{m=0}^{N-1} |X(m)|^2 \tag{3-46}$$

证明　由相关定理，如果 $x(n)=y(n)$，则 $C'=|X(m)|^2$，求 C' 的离散傅里叶反变换，

则

$$\frac{1}{N} \sum_{m=0}^{N-1} |X(m)|^2 \cdot W^{-nm} = \sum_{h=0}^{N-1} x(h) x(n+h)$$

令 $n=0$

则

$$\sum_{h=0}^{N-1} x^2(h) = \frac{1}{N} \sum_{m=0}^{N-1} |X(m)|^2$$

令 $h=n$，则

$$\sum_{n=0}^{N-1} x^2(n) = \frac{1}{N}\sum_{m=0}^{N-1} \mid X(m) \mid^2$$

定理得证。

3.1.4 快速傅里叶变换

随着计算机技术和数字电路的迅速发展，在信号处理中使用计算机和数字电路的趋势愈加明显。离散傅里叶变换已成为数字信号处理的重要工具。然而，它的计算量较大，运算时间长，在某种程度上却限制了它的使用范围。快速傅里叶算法大大提高了运算速度，在某些应用场合已可能做到实时处理，并且开始应用于实时控制系统。快速傅里叶变换并不是一种新的变换，它是离散傅里叶变换的一种算法。这种方法是在分析离散傅里叶变换中的多余运算的基础上，进而消除这些重复工作的思想指导下得到的，所以在运算中大大节省了工作量，达到了快速运算的目的。下面就从基本定义入手，讨论其原理。

对于一个有限长序列 $\{x(n)\}(0\leqslant n\leqslant N-1)$，它的傅里叶变换由式(3-47)表示，即

$$X(m) = \sum_{n=0}^{N-1} x(n)\mathrm{e}^{\frac{-\mathrm{j}2\pi mn}{N}} \quad m = 0,1,\cdots,N-1 \tag{3-47}$$

令 $W=\mathrm{e}^{-\mathrm{j}\frac{2\pi}{N}}, W^{-1}=\mathrm{e}^{\mathrm{j}\frac{2\pi}{N}}$，傅里叶变换对可写成式(3-48)，即

$$X(m) = \sum_{n=0}^{N-1} x(n)W^{mn} \tag{3-48}$$

$$x(n) = \frac{1}{N}\sum_{n=0}^{N-1} X(m)W^{-mn} \tag{3-49}$$

将正变换式(3-48)展开可得到以下算式

$$\begin{aligned} X(0) &= x(0)W^{00} + x(1)W^{01} + \cdots + x(N-1)W^{0(N-1)} \\ X(1) &= x(0)W^{10} + x(1)W^{11} + \cdots + x(N-1)W^{1(N-1)} \\ X(2) &= x(0)W^{20} + x(1)W^{21} + \cdots + x(N-1)W^{2(N-1)} \\ &\vdots \\ X(N-1) &= x(0)W^{(N-1)0} + x(1)W^{(N-1)1} + \cdots + x(N-1)W^{(N-1)(N-1)} \end{aligned} \tag{3-50}$$

上面的方程式(3-50)可以用矩阵来表示为

$$\begin{bmatrix} X(0) \\ X(1) \\ X(2) \\ \vdots \\ X(N-1) \end{bmatrix} = \begin{bmatrix} W^{00} & W^{01} & \cdots & W^{0(N-1)} \\ W^{10} & W^{11} & \cdots & W^{1(N-1)} \\ W^{20} & W^{21} & \cdots & W^{2(N-1)} \\ \vdots & \vdots & & \vdots \\ W^{(N-1)0} & W^{(N-1)1} & \cdots & W^{(N-1)(N-1)} \end{bmatrix} \cdot \begin{bmatrix} x(0) \\ x(1) \\ x(2) \\ \vdots \\ x(N-1) \end{bmatrix} \tag{3-51}$$

从上面的运算显然可以看出，要得到每一个频率分量，需进行 N 次乘法和 $N-1$ 次加法运算。要完成整个变换需要 N^2 次乘法和 $N(N-1)$次加法运算。当序列较长时，必然要花费大量的时间。

观察上述系数矩阵，发现 W^{mn} 是以 N 为周期的，即

$$W^{(m+LN)(n+hN)} = W^{mn} \tag{3-52}$$

例如，当 $N=8$ 时，其周期性如图 3-6 所示。由于 $W=e^{-j\frac{2\pi}{N}}=\cos\frac{2\pi}{N}-j\sin\frac{2\pi}{N}$，所以，当 $N=8$ 时，可得

$$W^N=1,\quad W^{\frac{N}{2}}=-1$$
$$W^{\frac{N}{4}}=-j,\quad W^{\frac{3N}{4}}=j$$

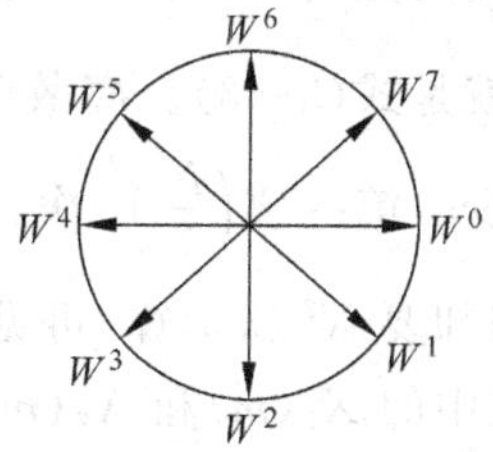

图 3-6　$N=8$ 时 W^{mn} 的周期性和对称性

可见，离散傅里叶变换中的乘法运算有许多重复内容。1965 年库利-图基提出把原始的 N 点序列依次分解成一系列短序列，然后求出这些短序列的离散傅里叶变换，以此来减少乘法运算。例如，设

$$x_1(n)=x(2n)\quad n=0,1,\cdots,\frac{N}{2}-1$$

$$x_2(n)=x(2n+1)\quad n=0,1,\cdots,\frac{N}{2}-1$$

由此，离散傅里叶变换可写成下面的形式，即

$$\begin{aligned}X(m)&=\sum_{n=0}^{N-1}x(n)W_N^{mn}\\&=\sum_{n=0}^{\frac{N}{2}-1}x_1(n)W_N^{mn}+\sum_{n=0}^{\frac{N}{2}-1}x_2(n)W_N^{mn}\\&=\sum_{n=0}^{\frac{N}{2}-1}x(2n)W_N^{m(2n)}+\sum_{n=0}^{\frac{N}{2}-1}x(2n+1)W_N^{m(2n+1)}\end{aligned}$$

因为　$W_{2N}^k=W_N^{\frac{k}{2}}$

所以

$$\begin{aligned}X(m)&=\sum_{n=0}^{\frac{N}{2}-1}x(2n)W_{\frac{N}{2}}^{mn}+\sum_{n=0}^{\frac{N}{2}-1}x(2n+1)W_{\frac{N}{2}}^{mn}\cdot W_N^m\\&=\sum_{n=0}^{\frac{N}{2}-1}x(2n)W_{\frac{N}{2}}^{mn}+W_N^m\sum_{n=0}^{\frac{N}{2}-1}x(2n+1)W_{\frac{N}{2}}^{mn}\\&=X_1(m)+W_N^mX_2(m)\end{aligned}\tag{3-53}$$

式中 $X_1(m)$ 和 $X_2(m)$ 分别是 $x_1(n)$ 和 $x_2(n)$ 的 $\frac{N}{2}$ 点的傅里叶变换。由于 $X_1(m)$ 和 $X_2(m)$ 均是以 $\frac{N}{2}$ 为周期，所以

$$X_1\left(m+\frac{N}{2}\right)=X_1(m)$$
$$X_2\left(m+\frac{N}{2}\right)=X_2(m)\tag{3-54}$$

这说明当 $m\geqslant\frac{N}{2}$ 时，式(3-54)也是重复的。因此

$$X(m)=X_1(m)+W_N^mX_2(m)\quad m=0,1,\cdots,N-1$$

也是成立的。

由上面的分析可见，一个 N 点的离散傅里叶变换可由两个$\frac{N}{2}$点的傅里叶变换得到，其组合规则就是式(3-53)。离散傅里叶变换的计算时间主要由乘法决定，分解后所需乘法次数大为减少。第一项$\left(\frac{N}{2}\right)^2$次，第二项$\left(\frac{N}{2}\right)^2+N$次，总共为$2\times\left(\frac{N}{2}\right)^2+N$次运算即可完成，而原来却要$N^2$次运算，可见分解后的乘法计算次数减少了近一半。当 N 是 2 的整数幂时，则上式中的$X_1(m)$和$X_2(m)$还可以再分成两个更短的序列，因此，计算时间会更短。由此可见，利用W_N^m的周期性和分解运算，从而减少乘法运算次数是实现快速运算的关键。

快速傅里叶变换简称 FFT(Fast Fourier Transformation)。其算法根据分解的特点一般有两类：一类是按时间分解；另一类是按频率分解。下面介绍一下 FFT 的基本形式及蝶式运算流程图。

1. 基数 2 按时间分解的算法

这种算法的流程如图 3-7 所示。图 3-7(a)所示的输入为顺序的，运算结果是乱序的；图 3-7(b)所示的输入为乱序的，运算结果是顺序的。上述流程图的正确性不难由公式得到的结果来验证。例如，可以由流程图 3-7(a)算得

$$\begin{aligned}X(1) &= x_2(4)+x_2(5)W^1\\&= x_1(4)+x_1(6)W^2+[x_1(5)+x_1(7)W^2]W^1\\&= x(0)+x(4)W^4+[x(2)+x(6)W^4]W^2+[x(1)+x(5)W^4]W^1\\&\quad+[x(3)+x(7)W^4]W^2W^1\\&= x(0)+x(4)W^4+x(2)W^2+x(6)W^4W^2\\&\quad+x(1)W^1+x(5)W^4W^1+x(3)W^2W^1+x(7)W^4W^2W^1\\&= x(0)+x(4)W^4+x(2)W^2+x(6)W^6+x(1)W^1+x(5)W^5\\&\quad+x(3)W^3+x(7)W^7\end{aligned}$$

由公式计算可得以下结果

$$X(m)=\sum_{n=0}^{n-1}x(n)W_N^{mn}$$

$$\begin{aligned}X(1)= &x(0)+x(1)W^1+x(2)W^2+x(3)W^3+x(4)W^4\\&+x(5)W^5+x(6)W^6+x(7)W^7\end{aligned}$$

显然，从流程图得到的结果和利用公式得到的结果完全一致。当然，利用流程图 3-7(b)也会得到同样的结果。

2. 基数 2 按频率分解的算法

这种分解方法是直接把序列分为前$\frac{N}{2}$点和后$\frac{N}{2}$点两个序列，即

$$\begin{aligned}x_1(n)&=x(n)\quad n=0,1,2,\cdots,\frac{N}{2}-1\\x_2(n)&=x\left(n+\frac{N}{2}\right)\quad n=0,1,2,\cdots,\frac{N}{2}-1\end{aligned}\tag{3-55}$$

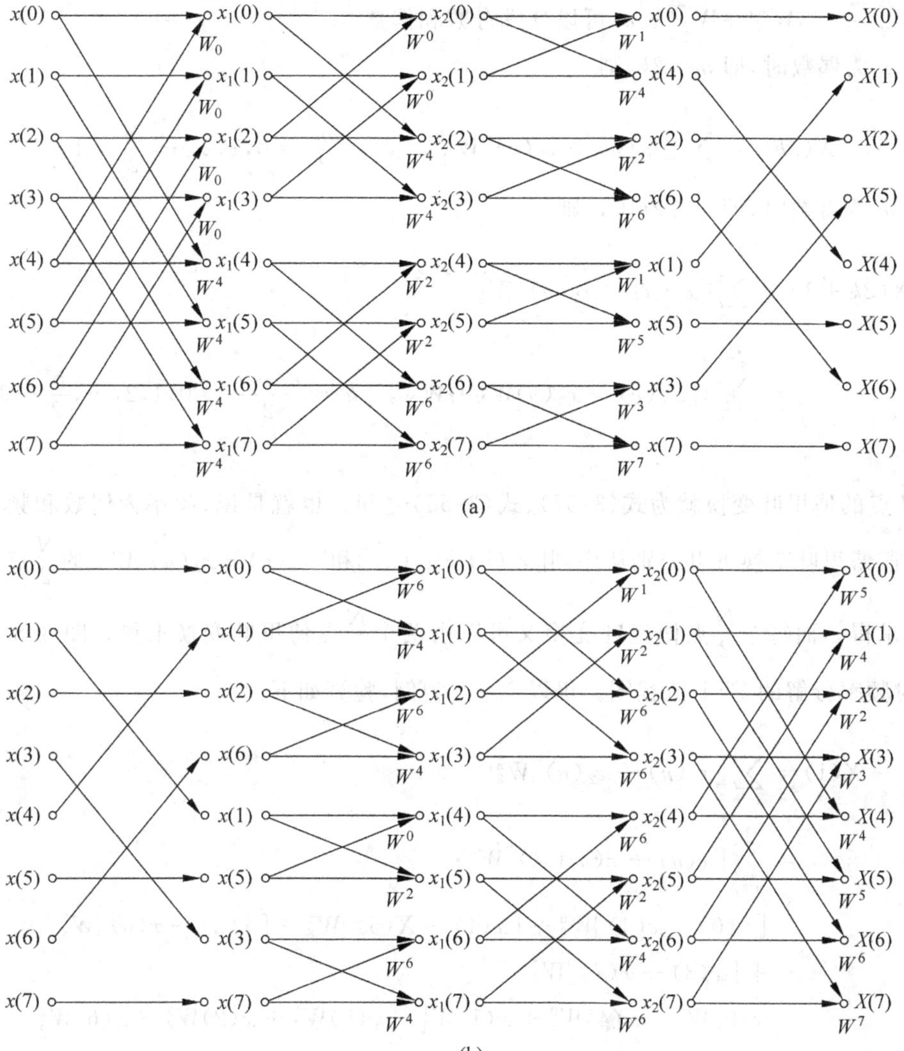

图 3-7　FFT 蝶式运算流程（按时间分解）

因此，离散傅里叶变换公式可写成式(3-56)，即

$$
\begin{aligned}
X(m) &= \sum_{n=0}^{\frac{N}{2}-1} x(n) W_N^{mn} + \sum_{n=\frac{N}{2}}^{N-1} x(n) W_N^{mn} \\
&= \sum_{n=0}^{\frac{N}{2}-1} x_1(n) W_N^{mn} + \sum_{n=0}^{\frac{N}{2}-1} x_2(n) W_N^{m\left(n+\frac{N}{2}\right)} \\
&= \sum_{n=0}^{\frac{N}{2}-1} x_1(n) W_N^{mn} + (W_N^{\frac{N}{2}})^m \sum_{n=0}^{\frac{N}{2}-1} x_2(n) W_N^{mn} \\
&= \sum_{n=0}^{\frac{N}{2}-1} [x_1(n) + (-1)^m x_2(n)] W_{\frac{N}{2}}^{m\frac{N}{2}}
\end{aligned}
\tag{3-56}
$$

式中，$W_N^{\frac{N}{2}}=-1, W_N^{mn}=W_{\frac{N}{2}}^{m\frac{N}{2}}$。$m$ 可以分成奇数和偶数。

当 m 为偶数时，即 $m=2k$，则

$$X(2k)=\sum_{n=0}^{\frac{N}{2}-1}[x_1(n)+x_2(n)]W_{\frac{N}{2}}^{nk},\quad k=\frac{m}{2}=0,1,2,\cdots,\frac{N}{2}-1 \tag{3-57}$$

当 m 为奇数时，即 $m=2k+1$，则

$$\begin{aligned}X(2k+1)&=\sum_{n=0}^{\frac{N}{2}-1}[x_1(n)-x_2(n)]W_{\frac{N}{2}}^{(2k+1)\cdot\frac{n}{2}}\\&=\sum_{n=0}^{\frac{N}{2}-1}\{[x_1(n)-x_2(n)W_N^n]\}W_{\frac{N}{2}}^{nk},\quad k=\frac{m-1}{2}=0,1,2,\cdots,\frac{N}{2}-1\end{aligned} \tag{3-58}$$

全部 N 点的傅里叶变换就为式(3-57)、式(3-58)之和。也就是说，频率为偶数和频率为奇数的离散傅里叶变换可以分别从序列$[x_1(n)+x_2(n)]$和$[x_1(n)-x_2(n)]W_N^n$ 的$\frac{N}{2}$点傅里叶变换来求得。而每个$\frac{N}{2}$点傅里叶变换又可以由两个$\frac{N}{4}$点傅里叶变换求得。图 3-8 所示为 $N=8$时频率分解的 FFT 流程图。仍以 $N=8$ 为例，验算如下：

$$\begin{aligned}X(1)&=\sum_{n=0}^{\frac{N}{2}-1}[x_1(n)-x_2(n)]W_8^n\\&=\sum_{n=0}^{3}[x(n)-x(n+4)]W_8^n\\&=[x(0)-x(4)]W_8^0+[x(1)-X(5)]W_8^1+[x(2)-x(6)]W_8^2\\&\quad+[x(3)-x(7)]W_8^3\\&=x(0)W_8^0-x(4)W_8^0+x(1)W_8^1-x(5)W_8^1+x(2)W_8^2-x(6)W_8^2\\&\quad+x(3)W_8^3-x(7)W_8^3\end{aligned}$$

由流程图得到的结果如下，显然是一致的。

$$\begin{aligned}X(1)=&x(0)W^0+x(4)W^4+x(2)W^2+x(6)W^6+x(1)W^1\\&+x(5)W^5+x(3)W^3+x(7)W^7\end{aligned}$$

因为

$$W^4=-W^0,\quad W^6=-W^2$$
$$W^5=-W^1,\quad W^7=-W^3$$

所以

$$\begin{aligned}X(1)=&x(0)W^0-x(4)W^0+x(1)W^1-x(5)W^1+x(2)W^2-x(6)W^2\\&+x(3)W^3-x(7)W^3\end{aligned}$$

整个快速傅里叶变换需要$\frac{N}{2}\log_2 N$ 次复数乘法和$\frac{N}{2}\log_2 N$ 次复数加法。当 N 越大时则快速傅里叶算法的优越性越显著。

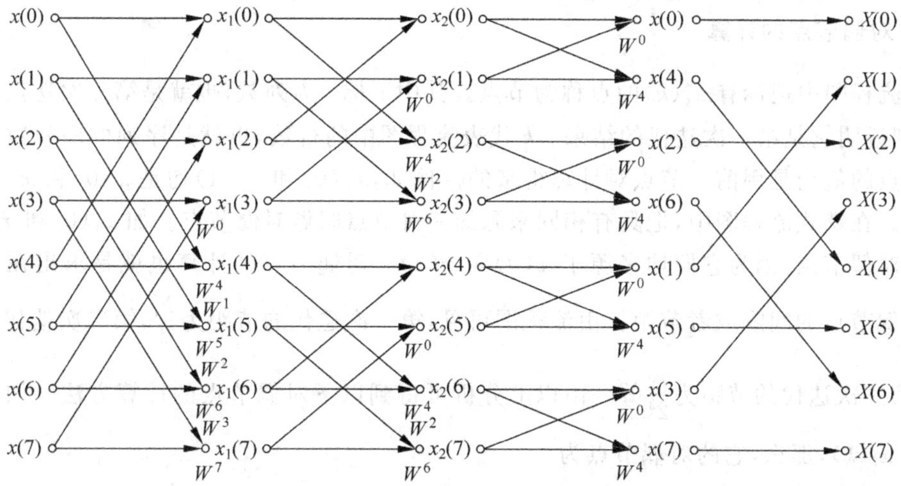

(a)

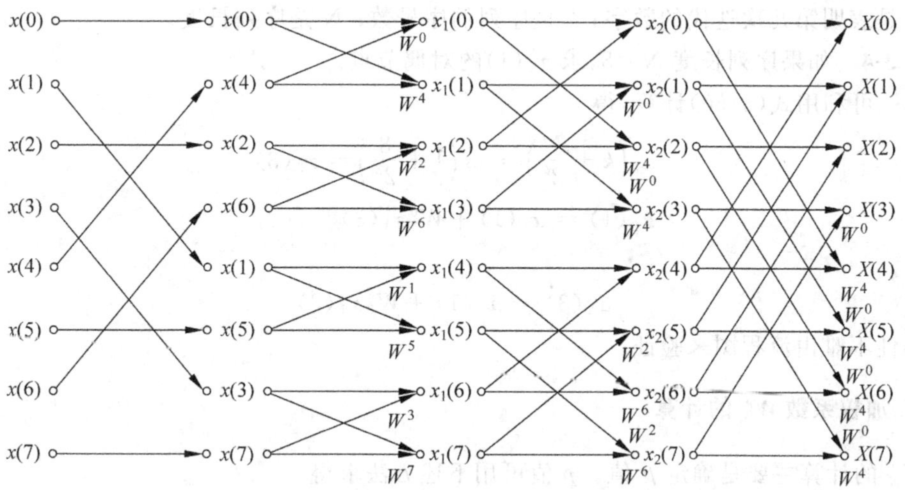

(b)

图 3-8　按频率分解 FFT 算法流程

3.1.5　用计算机实现快速傅里叶变换

利用 FFT 蝶式流程图算法在计算机上实现快速傅里叶变换必须解决以下几个问题：迭代次数 r 的确定；对偶节点的计算；加权系数 W_N^p 的计算；重新排序问题。

1. 迭代次数 r 的确定

由蝶式流程图可见，迭代次数与 N 有关。r 值可由式(3-59)确定，即

$$r = \log_2 N \tag{3-59}$$

式中 N 是变换序列的长度。对于前述基数 2 的蝶式流程图来说，N 是 2 的整数次幂。例如，序列长度为 8 则要 3 次迭代，序列长度为 16 时就要 4 次迭代等。

2. 对偶节点的计算

在流程图中把标有 $x_l(k)$ 的点称为节点。其中下标 l 为列数，也就是第几次迭代，例如，$x_1(k)$ 则说明它是第一次迭代的结果。k 代表流程图中的行数，也就是序列的序号数。其中每一节点的值均是用前一节点对计算得来的。例如，$x_1(0)$ 和 $x_1(4)$ 均是 $x(0)$ 和 $x(4)$ 计算得来的。在蝶式流程图中，把具有相同来源的一对节点叫做对偶节点。如 $x_1(0)$ 和 $x_1(4)$ 就是一对对偶节点，因为它们均来源于 $x(0)$ 和 $x(4)$。对偶节点的计算也就是求出在每次迭代中对偶节点的间隔或者节距。由流程图可见，第一次迭代的节距为 $\frac{N}{2}$，第二次迭代的节距为 $\frac{N}{4}$，第三次迭代的节距为 $\frac{N}{2^3}$ 等。由以上分析可得到以下对偶节点的计算方法。如果某一节点为 $x_l(k)$，那么，它的对偶节点为

$$x_l\left(k+\frac{N}{2^l}\right) \tag{3-60}$$

式中，l 是表明第几次迭代的数字；k 是序列的序号数；N 是序列长度。

例 3-4 如果序列长度 $N=8$，求 $x_2(1)$ 的对偶节点。

解 可利用式(3-60)计算，得

$$x_l\left(k+\frac{N}{2^l}\right)=x_2\left(1+\frac{8}{2^2}\right)=x_2(3)$$

$$x_2(1)=x_1(1)+W_8^0x_1(3)$$

则

$$x_2(3)=x_1(1)+W_8^4x_1(3)$$

其正确性不难由流程图来验证。

3. 加权系数 W_N^p 的计算

W_N^p 的计算主要是确定 p 值。p 值可用下述方法求得。

① 把 k 值写成 r 位的二进制数(k 是序列的序号数，r 是迭代次数)。

② 把这个二进制数右移 $r-l$ 位，并把左边的空位补零(结果仍为 r 位)。

③ 把这个右移后的二进制数进行比特倒转。

④ 把这比特倒转后的二进制数翻译成十进制数就得到 p 值。

例 3-5 求 $x_2(2)$ 的加权系数 W_8^p。

解 由 $x_2(2)$ 和 W_8^p 可知 $k=2,l=2,n=8$，则

$$r=\log_2N=\log_2 8=3$$

(1) 因为 $k=2,r=3$，所以写成二进制数为 010。

(2) $r-l=3-2=1$，把 010 左移一位得到 001。

(3) 把 001 做位序颠倒，即做比特倒转，得到 100。

(4) 把 100 译成十进制数，得到 4，所以 $p=4$，$x_2(2)$ 的加权值为 W_8^4。

结合对偶节点的计算，可以看出 W_N^p 具有下述规律：如果某一节点上的加权系数为 W_N^p，则其对偶节点的加权系数必然是 $W_N^{p+\frac{N}{2}}$，而且 $W_N^p=-W_N^{p+\frac{N}{2}}$，所以一对对偶节点可用下

式计算,即

$$x_l(k)=x_{l-1}(k)+W_N^p x_{l-1}\left(k+\frac{N}{2^l}\right) \tag{3-61}$$

$$x_l\left(k+\frac{N}{2^l}\right)=x_{l-1}(k)-W_N^p x_{l-1}\left(k+\frac{N}{2^l}\right) \tag{3-62}$$

4. 重新排序问题

由蝶式流程图可见,如果序列 $x(n)$是按顺序排列的,经过蝶式运算后,其变换序列是非顺序排列的,即乱序的;反之,如果 $x(n)$是乱序的,那么,$X(m)$就是顺序的。因此,为了便于输出使用,最好加入重新排序程序,以便保证 $x(n)$与它的变换系数 $X(m)$的对应关系。具体排序方法如下:

① 将最后一次迭代结果 $x_l(k)$中的序号数 k 写成二进制数,即

$$x_l(k)=x_l(k_{r-1}k_{r-2}\cdots k_1k_0)$$

② 将 r 位的二进制数比特倒转,即

$$x_l(k_0k_1\cdots k_{r-2}k_{r-1})$$

也就是,$X(m)=X(k_0k_1\cdots k_{r-2}k_{r-1})$

③ 求出倒置后的二进制数代表的十进制数,就可以得到与 $x(k)$相对应的 $X(m)$的序号数。

例 3-6　写出序号数。

解

$$x_3(0)\rightarrow x_3(000)\rightarrow X(000)\rightarrow X(0)$$
$$x_3(1)\rightarrow x_3(001)\rightarrow X(100)\rightarrow X(4)$$
$$x_3(2)\rightarrow x_3(010)\rightarrow X(010)\rightarrow X(2)$$
$$x_3(3)\rightarrow x_3(011)\rightarrow X(110)\rightarrow X(6)$$
$$x_3(4)\rightarrow x_3(100)\rightarrow X(001)\rightarrow X(1)$$
$$x_3(5)\rightarrow x_3(101)\rightarrow X(101)\rightarrow X(5)$$
$$x_3(6)\rightarrow x_3(110)\rightarrow X(011)\rightarrow X(3)$$
$$x_3(7)\rightarrow x_3(111)\rightarrow X(111)\rightarrow X(7)$$

由蝶式流程图中可见,在中间迭代中不必考虑节点值的排序问题,在迭代运算全部完成后使用比特倒转法就可以得到正确的变换系数的顺序。

解决了上述几个关键问题之后便可以设计程序。附录光盘中给出一个 FFT 的子程序供读者参考。

3.1.6　二维离散傅里叶变换

一幅静止的数字图像可看做是二维数据阵列。因此,数字图像处理主要是二维数据处理。二维离散傅里叶变换的定义可用下面两式表示。正变换式为

$$F(u,v)=\sum_{x=0}^{M-1}\sum_{y=0}^{N-1}f(x,y)\exp\left[-\mathrm{j}2\pi\left(\frac{ux}{M}+\frac{vy}{N}\right)\right]$$

$$u = 0,1,2,\cdots,M-1$$
$$v = 0,1,2,\cdots,N-1 \tag{3-63}$$

反变换式为

$$f(x,y)=\frac{1}{MN}\sum_{u=0}^{M-1}\sum_{v=0}^{N-1}F(u,v)\exp\left[\mathrm{j}2\pi\left(\frac{ux}{M}+\frac{vy}{N}\right)\right]$$
$$x = 0,1,2,\cdots,M-1 \tag{3-64}$$
$$y = 0,1,2,\cdots,N-1$$

在图像处理中,一般总是选择方形阵列,所以通常情况下总是 $M=N$。因此,二维离散傅里叶变换多采用下面两式形式,即

$$F(u,v)=\frac{1}{N}\sum_{x=0}^{N-1}\sum_{y=0}^{N-1}f(x,y)\exp\left[-\mathrm{j}2\pi\left(\frac{(ux+vy)}{N}\right)\right]$$
$$u,v=0,1,2,\cdots,N-1 \tag{3-65}$$

$$f(x,y)=\frac{1}{N}\sum_{u=0}^{N-1}\sum_{v=0}^{N-1}F(u,v)\exp\left[\mathrm{j}2\pi\left(\frac{(ux+vy)}{N}\right)\right]$$
$$x,y=0,1,2,\cdots,N-1 \tag{3-66}$$

式中 $F(u,v)$称为空间频率。

二维离散傅里叶变换的可分离性是显而易见的。

$$F(u,v)=\frac{1}{N}\sum_{x=0}^{N-1}\exp\left[-\mathrm{j}2\pi\frac{ux}{N}\right]\times\sum_{y=0}^{N-1}f(x,y)\exp\left[-\mathrm{j}2\pi\frac{vy}{N}\right]$$
$$u,v=0,1,\cdots,N-1 \tag{3-67}$$

$$f(x,y)=\frac{1}{N}\sum_{u=0}^{N-1}\exp\left[\mathrm{j}2\pi\frac{ux}{N}\right]\times\sum_{v=0}^{N-1}F(u,v)\exp\left[\mathrm{j}2\pi\frac{vy}{N}\right]$$
$$x,y=0,1,\cdots,N-1 \tag{3-68}$$

这个性质可以使二维变换用两次一维变换实现。

除此之外,二维离散傅里叶变换有平移特性,即

$$f(x,y)\exp\left[\mathrm{j}2\pi\frac{u_0x+v_0y}{N}\right]\Leftrightarrow F(u-u_0,v-v_0) \tag{3-69}$$

$$f(x-x_0,y-y_0)\Leftrightarrow F(u,v)\exp\left[-\mathrm{j}2\pi\frac{u_0x+v_0y}{N}\right] \tag{3-70}$$

周期性,即

$$F(u,v)=F(u+N,v)=F(u,v+N)$$
$$=F(u+N,v+N) \tag{3-71}$$

共轭对称性,即

$$F(u,v)=F^*(-u,-v) \tag{3-72}$$

此外,与连续二维傅里叶变换一样,二维离散傅里叶变换也具有线性、旋转性、相关定理、卷积定理、比例性等性质。这些性质在分析及处理图像时具有重要意义。例如,要观察一个完全周期的傅里叶谱,往往把变换原点移到$\left(\frac{N}{2},\frac{N}{2}\right)$处,这样才能看到整个谱图。而这个目的只要利用平移特性就可方便地达到,即

$$f(x,y)(-1)^{x+y} \Leftrightarrow F\left(u-\frac{N}{2}, v-\frac{N}{2}\right) \tag{3-73}$$

用傅里叶变换分析处理图像信息有许多优点，应用也相当普遍。但是，它也有一些缺点，其一是傅里叶变换需要计算复数而不是实数，其二是收敛速度慢。因此，在有的场合下，傅里叶变换不一定是理想的变换方法。二维傅里叶变换的处理结果示于图 3-9 中。

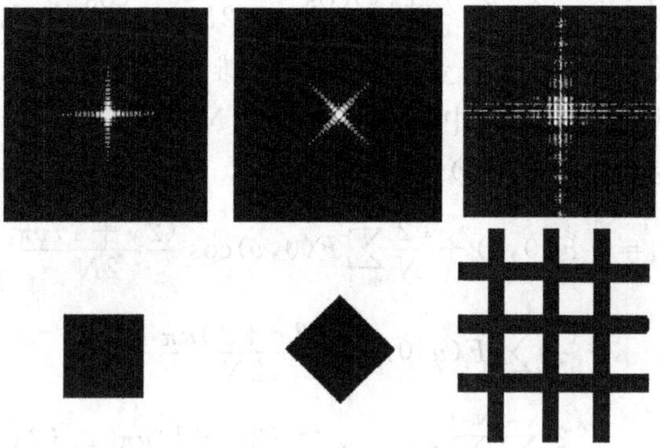

(a)　(b)　(c)

图 3-9　二维傅里叶变换的处理结果

3.2　离散余弦变换

图像处理中常用的正交变换除了傅里叶变换外，还有其他一些有用的正交变换。其中离散余弦变换就是一种。离散余弦变换表示为 DCT。

3.2.1　离散余弦变换的定义

一维离散余弦变换的定义由式(3-74)和式(3-75)表示，即

$$F(0)=\frac{1}{\sqrt{N}}\sum_{x=0}^{N-1} f(x) \tag{3-74}$$

$$F(u)=\sqrt{\frac{2}{N}}\sum_{x=0}^{N-1} f(x)\cos\frac{2(x+1)u\pi}{2N} \tag{3-75}$$

式中，$F(u)$是第 u 个余弦变换系数；u 是广义频率变量，$u=1,2,3,\cdots,N-1$；$f(x)$是时域 N 点序列，$x=0,1,\cdots,N-1$。

一维离散余弦反变换由式(3-76)表示，即

$$f(x)=\sqrt{\frac{1}{N}}F(0)+\sqrt{\frac{2}{N}}\sum_{u=1}^{N-1} F(u)\cos\frac{(2x+1)u\pi}{2N} \tag{3-76}$$

显然，式(3-74)、式(3-75)和式(3-76)构成了一维离散余弦变换对。

二维离散余弦变换的定义由式(3-77)表示，即

$$F(0,0)=\frac{1}{N}\sum_{x=0}^{N-1}\sum_{y=0}^{N-1} f(x,y)$$

$$F(0,v)=\frac{\sqrt{2}}{N}\sum_{x=0}^{N-1}\sum_{y=0}^{N-1}f(x,y)\cos\frac{(2y+1)v\pi}{2N}$$

$$F(u,0)=\frac{\sqrt{2}}{N}\sum_{x=0}^{N-1}\sum_{y=0}^{N-1}f(x,y)\cos\frac{(2x+1)u\pi}{2N} \tag{3-77}$$

$$F(u,v)=\frac{2}{N}\sum_{x=0}^{N-1}\sum_{y=0}^{N-1}f(x,y)\cos\frac{(2x+1)u\pi}{2N}\cos\frac{(2y+1)v\pi}{2N}$$

式(3-77)是正变换公式。其中 $f(x,y)$是空间域二维向量元素。$x,y=0,1,2,\cdots,N-1$，$F(u,v)$是变换系数阵列的元素。式中表示的阵列为 $N\times N$。

二维离散余弦反变换由式(3-78)表示，即

$$\begin{aligned}f(x,y)=&\frac{1}{N}F(0,0)+\frac{\sqrt{2}}{N}\sum_{v=1}^{N-1}F(0,v)\cos\frac{(2y+1)v\pi}{2N}\\&+\frac{\sqrt{2}}{N}\sum_{u=1}^{N-1}F(u,0)\cos\frac{(2x+1)u\pi}{2N}\\&+\frac{2}{N}\sum_{u=1}^{N-1}\sum_{v=1}^{N-1}F(u,v)\cos\frac{(2x+1)u\pi}{2N}\cos\frac{(2y+1)v\pi}{2N}\end{aligned} \tag{3-78}$$

式中的符号意义同正变换式一样。式(3-77)和式(3-78)是离散余弦变换的解析式定义。更为简洁的定义方法是采用矩阵式定义。如果令 $N=4$，那么由一维解析式定义可得以下展开式

$$\begin{cases}F(0)=0.500f(0)+0.500f(1)+0.500f(2)+0.500f(3)\\F(1)=0.653f(0)+0.271f(1)-0.271f(2)-0.653f(3)\\F(2)=0.500f(0)-0.500f(1)-0.500f(2)+0.500f(3)\\F(3)=0.271f(0)-0.653f(1)+0.653f(2)-0.271f(3)\end{cases} \tag{3-79}$$

写成矩阵式

$$\begin{bmatrix}F(0)\\F(1)\\F(2)\\F(3)\end{bmatrix}=\begin{bmatrix}0.500&0.500&0.500&0.500\\0.653&0.271&-0.271&-0.653\\0.500&-0.500&-0.500&0.500\\0.271&-0.653&0.653&-0.271\end{bmatrix}\begin{bmatrix}f(0)\\f(1)\\f(2)\\f(3)\end{bmatrix} \tag{3-80}$$

若定义$[A]$为变换矩阵，$[F(u)]$为变换系数矩阵，$[f(x)]$为时域数据矩阵，则一维离散余弦变换的矩阵定义式可写成以下形式：

$$[F(u)]=[A][f(x)] \tag{3-81}$$

同理，可得到反变换展开式

$$\begin{cases}f(0)=0.500F(0)+0.653F(1)+0.500F(2)+0.271F(3)\\f(1)=0.500F(0)+0.271F(1)-0.500F(2)-0.653F(3)\\f(2)=0.500F(0)-0.271F(1)-0.500F(2)+0.653F(3)\\f(3)=0.500F(0)-0.653F(1)+0.500F(2)-0.271F(3)\end{cases} \tag{3-82}$$

写成矩阵式

$$\begin{bmatrix}f(0)\\f(1)\\f(2)\\f(3)\end{bmatrix}=\begin{bmatrix}0.500&0.653&0.500&0.271\\0.500&0.271&-0.500&-0.653\\0.500&-0.271&-0.500&0.653\\0.500&-0.653&0.500&-0.271\end{bmatrix}\begin{bmatrix}F(0)\\F(1)\\F(2)\\F(3)\end{bmatrix} \tag{3-83}$$

即
$$[f(x)]=[A]^{\mathrm{T}}[F(u)] \tag{3-84}$$
当然，二维离散余弦变换也可以写成矩阵式
$$\begin{aligned}[F(u,v)] &= [A][f(x,y)][A]^{\mathrm{T}}\\ [f(x,y)] &= [A]^{\mathrm{T}}[F(u,v)][A]\end{aligned} \tag{3-85}$$
式中，$[f(x,y)]$是空间数据阵列；$[F(u,v)]$是变换系数阵列；$[A]$是变换矩阵；$[A]^{\mathrm{T}}$ 是$[A]$的转置。

3.2.2　离散余弦变换的正交性

由一维 DCT 的定义可知
$$F(0)=\frac{1}{\sqrt{N}}\sum_{x=0}^{N-1}f(x)$$
$$F(u)=\sqrt{\frac{2}{N}}\sum_{x=0}^{N-1}f(x)\cos\frac{(2x+1)u\pi}{2N}$$
它的基向量是
$$\left\{\sqrt{\frac{1}{N}},\sqrt{\frac{2}{N}}\cos\frac{(2x+1)u\pi}{2N}\right\} \tag{3-86}$$
在高等数学中，切比雪夫多项式的定义为
$$\begin{aligned}T_0(p) &= \sqrt{\frac{1}{N}}\\ T_u(z_x) &= \sqrt{\frac{2}{N}}\cos[u\arccos(z_x)]\end{aligned} \tag{3-87}$$
式中 $T_u(z_x)$是 u 和 z_x 的多项式。它的第 N 个多项式为
$$T_N(z_x)=\sqrt{\frac{2}{N}}\cos[N\arccos(z_x)]$$
如果
$$T_N(z_x)=0$$
那么
$$z_x=\cos\frac{(2x+1)\pi}{2N}$$
将此式代入 $T_N(z_x)$中

则
$$\begin{aligned}T_N(z_x) &= \sqrt{\frac{2}{N}}\cos\left\{u\arccos\left[\cos\frac{(2x+1)\pi}{2N}\right]\right\}\\ &= \sqrt{\frac{2}{N}}\cos\frac{(2x+1)u\pi}{2N}\end{aligned} \tag{3-88}$$
显然，这与一维 DCT 的基向量是一致的。因为切比雪夫多项式是正交的，所以 DCT 也是正交的。另外，离散余弦变换的正交性也可以通过实例看出。如前所示，当 $N=4$ 时，有
$$[A]=\begin{bmatrix}0.500 & 0.500 & 0.500 & 0.500\\ 0.653 & 0.271 & -0.271 & -0.653\\ 0.500 & -0.500 & -0.500 & 0.500\\ 0.271 & -0.653 & 0.653 & -0.271\end{bmatrix}$$

$$[A]' = \begin{bmatrix} 0.500 & 0.635 & 0.500 & 0.2710 \\ 0.500 & 0.271 & -0.500 & -0.653 \\ 0.500 & -0.271 & -0.500 & 0.653 \\ 0.500 & -0.653 & 0.500 & -0.271 \end{bmatrix}$$

显然，$[A][A]'=[I]$。

这是满足正交条件的。从上述讨论可见，离散余弦变换是一类正交变换。

3.2.3 离散余弦变换的计算

与傅里叶变换一样，离散余弦变换自然可以由定义式出发进行计算。但这样的计算量太大，在实际应用中很不方便，所以也要寻求一种快速算法。

首先，从定义出发，作以下推导

$$\begin{aligned} F(u) &= \sqrt{\frac{2}{N}}\sum_{x=0}^{N-1} f(x)\cos\frac{(2x+1)u\pi}{2N} \\ &= \sqrt{\frac{2}{N}}\sum_{x=0}^{N-1} f(x)\mathrm{Re}\left\{\mathrm{e}^{-\mathrm{j}\frac{(2x+1)u\pi}{2N}}\right\} \\ &= \sqrt{\frac{2}{N}}\mathrm{Re}\left\{\sum_{x=0}^{N-1} f(x)\mathrm{e}^{-\mathrm{j}\frac{(2x+1)u\pi}{2N}}\right\} \end{aligned} \tag{3-89}$$

式中 Re 是取其实部的意思。如果把时域数据向量作下列延拓，即

$$f_{\mathrm{e}}(x) = \begin{cases} f(x), & x = 0,1,2,\cdots,N-1 \\ 0, & x = N,N+1,\cdots,2N-1 \end{cases} \tag{3-90}$$

则 $f_{\mathrm{e}}(x)$ 的离散余弦变换可写成下式，即

$$\begin{aligned} F(0) &= \frac{1}{\sqrt{N}}\sum_{x=0}^{2N-1} f_{\mathrm{e}}(x) \\ F(u) &= \sqrt{\frac{2}{N}}\sum_{x=0}^{2N-1} f_{\mathrm{e}}(x)\cos\frac{(2x+1)u\pi}{2N} \\ &= \sqrt{\frac{2}{N}}\mathrm{Re}\left\{\sum_{x=0}^{2N-1} f_{\mathrm{e}}(x)\mathrm{e}^{-\mathrm{j}\frac{(2x+1)u\pi}{2N}}\right\} \\ &= \sqrt{\frac{2}{N}}\mathrm{Re}\left\{\mathrm{e}^{-\mathrm{j}\frac{u\pi}{2N}}\cdot\sum_{x=0}^{2N-1} f_{\mathrm{e}}(x)\mathrm{e}^{-\mathrm{j}\frac{2xu\pi}{2N}}\right\} \end{aligned} \tag{3-91}$$

由式(3-91)可见

$$\sum_{x=0}^{2N-1} f_{\mathrm{e}}(x)\mathrm{e}^{-\mathrm{j}\frac{2xu\pi}{2N}}$$

是 $2N$ 点的离散傅里叶变换。所以，在作离散余弦变换时，可以把序列长度延拓为 $2N$，然后作离散傅里叶变换，产生的结果取其实部便可得到余弦变换。

同样道理，在作反变换时，首先在变换空间，把 $[F(u)]$ 作以下延拓

$$F_{\mathrm{e}}(u) = \begin{cases} F(u), & u = 0,1,2,\cdots,N-1 \\ 0, & u = N,N+1,\cdots,2N-1 \end{cases} \tag{3-92}$$

那么,反变换也可用式(3-93)表示,即

$$
\begin{aligned}
f(x) &= \frac{1}{\sqrt{N}}F_e(0) + \sqrt{\frac{2}{N}}\sum_{u=1}^{2N-1}F_e(u)\cos\frac{(2x+1)u\pi}{2N} \\
&= \frac{1}{\sqrt{N}}F_e(0) + \sqrt{\frac{2}{N}}\sum_{u=1}^{2N-1}F_e(u)\mathrm{Re}\{\mathrm{e}^{\mathrm{j}\frac{(2x+1)u\pi}{2N}}\} \\
&= \frac{1}{\sqrt{N}}F_e(0) + \sqrt{\frac{2}{N}}\sum_{u=1}^{2N-1}F_e(u)\mathrm{Re}\{\mathrm{e}^{\mathrm{j}\frac{2xu\pi}{2N}}\cdot \mathrm{e}^{\mathrm{j}\frac{u\pi}{2N}}\} \\
&= \frac{1}{\sqrt{N}}F_e(0) + \sqrt{\frac{2}{N}}\mathrm{Re}\left\{\sum_{u=1}^{2N-1}F_e(u)\cdot \mathrm{e}^{\mathrm{j}\frac{u\pi}{2N}}\cdot \mathrm{e}^{\mathrm{j}\frac{2xu\pi}{2N}}\right\} \\
&= \left[\frac{1}{\sqrt{N}} - \sqrt{\frac{2}{N}}\right]F_e(0) + \sqrt{\frac{2}{N}}\mathrm{Re}\left\{\sum_{u=0}^{2N-1}[F_e(u)\cdot \mathrm{e}^{\mathrm{j}\frac{u\pi}{2N}}]\mathrm{e}^{\mathrm{j}\frac{2xu\pi}{2N}}\right\}
\end{aligned}
\tag{3-93}
$$

由式(3-93)可见,离散余弦反变换可以从$[F_e(u)\cdot \mathrm{e}^{\mathrm{j}\frac{u\pi}{2N}}]$的 $2N$ 点反傅里叶变换实现。

通过快速离散余弦变换的原理分析,则不难用计算机实现快速余弦变换。附录光盘中给出 $2N$ 点 FFT 实现快速 DCT 的程序,供读者参考。

3.3　沃尔什变换

离散傅里叶变换和余弦变换在快速算法中都要用到复数乘法,占用的时间仍然比较多。在某些应用领域中,需要更为便利、更为有效的变换方法。沃尔什变换就是其中的一种。

沃尔什函数是在 1923 年由美国数学家沃尔什(J. L. Walsh)提出来的。在沃尔什的原始论文中,给出了沃尔什函数的递推公式,这个公式是按照函数的序数由正交区间内过零点平均数来定义的。不久以后,这种规定函数序数的方法也被波兰数学家卡兹马兹(S. Kaczmarz)采用了,所以,通常将这种规定函数序数的方法称为沃尔什-卡兹马兹(Walshi-Kaczmarz)定序法。

1931 年美国数学家佩利(R. E. A. C. Paley)又给沃尔什函数提出了一个新的定义。他指出,沃尔什函数可以用有限个拉德梅克(Rademacher)函数的乘积来表示。这样得到的函数的序数与沃尔什得到的函数的序数完全不同。这种定序方法是用二进制来定序的,所以称为二进制序数或自然序数。

利用只包含+1 和−1 阵元的正交矩阵可以将沃尔什函数表示为矩阵形式。早在 1867 年,英国数学家希尔威斯特(J. J. Sylvester)已经研究过这种矩阵。后来,法国数学家哈达玛(M. Hadamard)在 1893 年将这种矩阵加以普遍化,建立了所谓哈达玛矩阵。利用克罗内克乘积算子(Kronecker Product Operator)不难把沃尔什函数表示为哈达玛矩阵形式。利用这种形式定义的沃尔什函数称为克罗内克序数。这就是沃尔什函数的第三种定序法。

由上述历史可见,沃尔什函数及其有关函数的数学基础早已奠定了。但是,这些函数在工程中得到应用却是近几十年的事情。主要原因是由于半导体器件和计算机在近几十年得到迅速发展,它们的发展为沃尔什函数的实用解决了手段问题,因此,也使沃尔什函数得到了进一步发展。与傅里叶变换相比,沃尔什变换的主要优点在于存储空间少和运算速度高,

这一点对图像处理来说是至关重要的，特别是在大量数据需要进行实时处理时，沃尔什函数就更加显示出它的优越性。

3.3.1　正交函数的概念

一组实值的连续函数$\{S_n(t)\}=\{S_0(t),S_1(t),S_2(t),\cdots\}$，在$0\leqslant t\leqslant T$区间内，如果满足式(3-94)，即

$$\int_0^T kS_n(t)\cdot S_m(t)\mathrm{d}t=\begin{cases}k, & m=n\\ 0, & m\neq n\end{cases}\tag{3-94}$$

叫$\{S_n(t)\}$在区间$0\leqslant t\leqslant T$内是正交的。m、n是正实数，k是与m、n无关的非负的常数。如果$k=1$，称为归一化正交。任一组非归一化的正交函数总可以变换为归一化正交函数。

如果$f(t)$是定义在$(0,T)$区间上的实值信号，利用正交函数可表示为式(3-95)，即

$$f(t)=\sum_{n=0}^{\infty}C_nS_n(t)\tag{3-95}$$

式中C_n是第n项系数。

一组完备的正交函数必然是一组闭合函数。完备的正交函数组必须满足下述两个条件。

第一，不存在这样一个函数$x(t)$，它满足

$$0<\int_T x^2(t)\mathrm{d}t<\infty\tag{3-96}$$

而且也满足

$$\int_T x(t)S_n(t)\mathrm{d}t=0,\quad n=0,1,2,\cdots\tag{3-97}$$

这个条件的意思是说，再也没有不属于$\{S_n(t)\}$的某个非零的函数$x(t)$，它与$\{S_n(t)\}$的每一个函数正交。也就是说，所有互相正交的函数都包括在$\{S_n(t)\}$里面了。

第二，对于任何满足$\int_T f^2(t)\mathrm{d}t<\infty$的函数，对于给定的任意微小正数$\varepsilon>0$，总存在一个正整数$N$与有限展开式

$$\hat{f}(t)=\sum_{n=0}^{N-1}C_nS_n(t)\tag{3-98}$$

使得

$$\int_T|f(t)-\hat{f}(t)|^2\mathrm{d}t<\varepsilon\tag{3-99}$$

这一条件的意思是，任意一个能量有限的信号$f(t)$总可以用有限级数来逼近它。对于给定的误差来说，总可以找到一个N值，使这种逼近的精确度满足要求。

完备性的必要和充分条件是在正交区间内各分量函数的平方之和存在，并且应该完全满足帕斯维尔定理。这个条件的物理意义是：一组完备的正交函数所包含的能量，无论是在时域中还是在变换域中都是相同的。完备性的重要意义在于：只有当正交函数是完备的，才能将一个满足一定条件的函数展开成此正交函数系的级数，否则将不能保证能量相等。

正交性、完备性、归一化的定义适用于一组函数中的所有函数。它所规定的区间可以是半无限区间$(0,\infty)$，也可以是全无限区间$(-\infty,\infty)$，当然也可以是有限区间$\left(-\frac{T}{2},+\frac{T}{2}\right)$、$(0,T)$等。

沃尔什函数的一个有用的特点是由有限多个沃尔什函数组成的时间受限信号在变换域中只占据有限区间。而对于圆函数来说则不然，一般来说，时间受限，其频谱区间则是无限的，反之，频域受限信号，在时间域上则是无限的。

3.3.2 拉德梅克函数

拉德梅克(Rademacher)函数集是一个不完备的正交函数集，由它可以构成完备的沃尔什函数。在这里首先介绍一下拉德梅克函数。拉德梅克函数包括 n 和 t 两个自变量，用 $R(n,t)$来表示拉德梅克函数。把一个正弦函数作无限限幅就可以得到拉德梅克函数。它可用式(3-100)来表示，即

$$R(n,t)=\operatorname{sgn}(\sin 2^n \pi t) \tag{3-100}$$

$$\operatorname{sgn}(x)=\begin{cases}1, & x>0\\ -1, & x<0\end{cases} \tag{3-101}$$

当 $x=0$ 时，$\operatorname{sgn}(x)$无定义。

由 sin 函数的周期性知道 $R(n,t)$也是周期性函数。由式(3-100)可见，当 $n=1$ 时，$R(n,t)$的周期为 1；当 $n=2$ 时，$R(2,t)$的周期为$\frac{1}{2}$；当 $n=3$ 时，$R(3,t)$的周期为$\frac{1}{2^2}$；一般情况下可用式(3-102)表示，即

$$R(n,t)=R\left(n,t+\frac{1}{2^{n-1}}\right),\quad n=1,2,\cdots \tag{3-102}$$

拉德梅克函数的波形如图 3-10 所示。

由图 3-10 可见，拉德梅克函数有以下一些规律：

① $R(n,t)$的取值只有$+1$ 和-1。

② $R(n,t)$是 $R(n-1,t)$的二倍频。因此，如果已知最高次数 $m=n$，则其他拉德梅克函数可由脉冲分频器来产生。

③ 如果已知 n，那么，$R(n,t)$有 2^{n-1} 个周期，其中 $0<t<1$。

④ 如果在 $t=\dfrac{k+\frac{1}{2}}{2^N}$处作取样，则可得到一数据序列 $R(n,k)$。$k=0,1,2,\cdots,2^n-1$。每一取样序列将与下述矩阵相对应。这里取 $n=3$，$k=0,1,2,\cdots,7$。

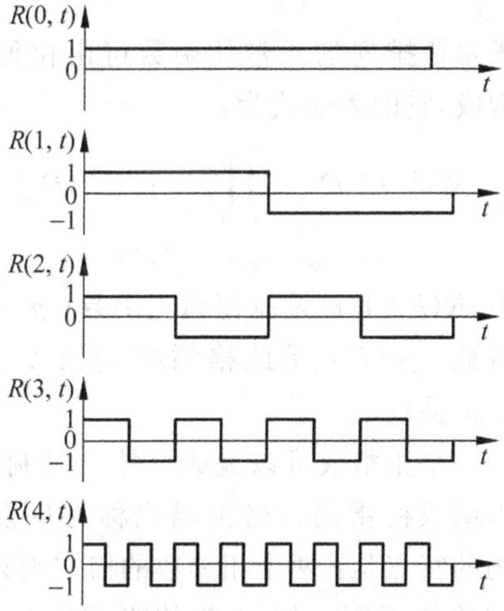

图 3-10 拉德梅克函数波形

$$\begin{bmatrix} R(0,k) \\ R(1,k) \\ R(2,k) \\ R(3,k) \end{bmatrix} \Leftrightarrow \begin{bmatrix} 1 & 1 & 1 & 1 & 1 & 1 & 1 & 1 \\ 1 & 1 & 1 & 1 & -1 & -1 & -1 & -1 \\ 1 & 1 & -1 & -1 & 1 & 1 & -1 & -1 \\ 1 & -1 & 1 & -1 & 1 & -1 & 1 & -1 \end{bmatrix} \tag{3-103}$$

采用上述离散矩阵形式就可以用计算机进行灵活处理。

3.3.3　沃尔什函数

沃尔什函数系是完备的正交函数系，其值也是只取＋1 和－1。从排列次序来定义不外乎 3 种：一种是按沃尔什排列或称按列率排列来定义；第二种是按佩利排列或称自然序数排列来定义；第三种是按哈达玛排列来定义。还可用其他方式来定义，但沃尔什函数的定义至今尚未统一，下面分别讨论上述 3 种排列方法定义的沃尔什函数。

1. 按沃尔什排列的沃尔什函数

按沃尔什排列的沃尔什函数用 $\mathrm{Wal_W}(i,t)$来表示。函数波形如图 3-11 所示。

按沃尔什排列的沃尔什函数实际上就是按列率排列的沃尔什函数。通常把正交区间内波形变号次数的 1/2 称为列率(sequency)。如果令 i 为波形在正交区间内的变号次数，那么，按照 i 为奇数或偶数，函数 $\mathrm{Wal_W}(i,t)$的列率将分别由式(3-104)来决定，即

$$S_i = \begin{cases} 0, & i = 0 \\ \dfrac{i+1}{2}, & i = \text{odd} \\ \dfrac{i}{2}, & i = \text{even} \end{cases} \tag{3-104}$$

按沃尔什排列的沃尔什函数可由拉德梅克函数构成，它的表达式为：

$$\mathrm{Wal_W}(i,t) = \prod_{k=0}^{P-1} [R(k+1,t)]^{g(i)_k}$$
$$g(i)_k \in \{0,1\} \tag{3-105}$$

式中，$R(k+1,t)$是拉德梅克函数；$g(i)$是 i 的格雷码；$g(i)_k$ 是此格雷码的第 k 位数字；P 为正整数。

一个正整数可以编成自然二进制码，但也可以编成格雷码。格雷码也称为反射码。格雷码的特点是：两个相邻数的格雷码只有一个码位的值不同。例如，2 的格雷码是(0011)，3 的格雷码为(0010)。这两个相邻的数字的格

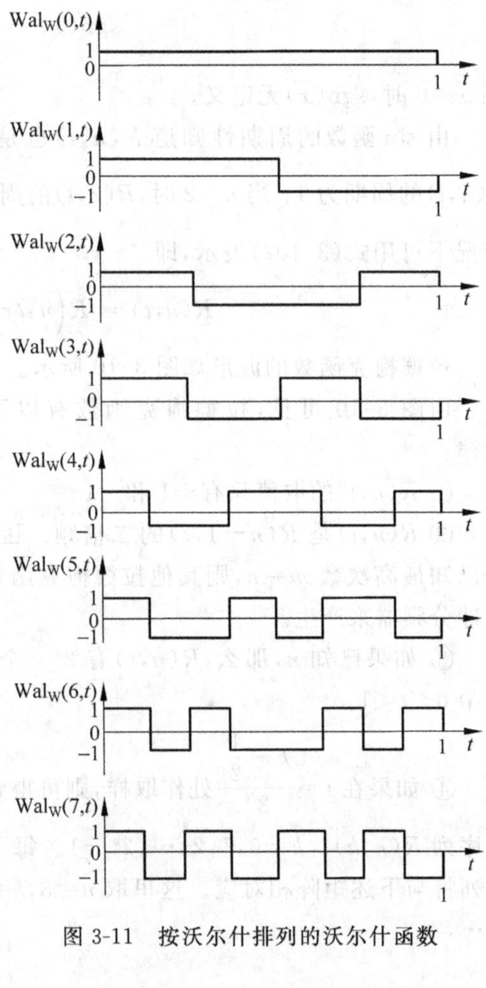

图 3-11　按沃尔什排列的沃尔什函数

雷码只有第四个码位的值不同。在脉冲编码技术中，常常采用这种码，以便得到较好的误差特性。一个正整数的自然二进制码和格雷码之间是可以互相转换的。从自然二进制码转换成格雷码的方法如下：

设一个十进制数的自然二进制码为

$$n = (n_{p-1}n_{p-2}\cdots n_k\cdots n_2 n_1 n_0)_{\mathrm{B}}$$

并设 n 的格雷码为

$$g = (g_{p-1}g_{p-2}\cdots g_k\cdots g_2 g_1 g_0)_{\mathrm{G}}$$

其中 n_k 和 g_k 分别为自然二进制码和格雷码内的码位数字，并且 n_k、$g_k\in\{0,1\}$。它们之间的关系可用式(3-106)表示，即

$$\begin{cases} g_{p-1} = n_{p-1} \\ g_{p-2} = n_{p-1}\oplus n_{p-2} \\ g_{p-3} = n_{p-2}\oplus n_{p-3} \\ \quad\vdots \\ g_k = n_{k-1}\oplus n_k \\ \quad\vdots \\ g_1 = n_2\oplus n_1 \\ g_0 = n_1\oplus n_0 \end{cases} \tag{3-106}$$

式中⊕代表模 2 加。

例 3-7　试求(2)的格雷码。

解　因为　$n(2)=(0010)_{\mathrm{B}}$

其中

$$n_3 = 0$$
$$n_2 = 0$$
$$n_1 = 1$$
$$n_0 = 0$$

所以

$$g_3 = n_3 = 0$$
$$g_2 = n_3\oplus n_2 = 0\oplus 0 = 0$$
$$g_1 = n_2\oplus n_1 = 0\oplus 1 = 1$$
$$g_0 = n_1\oplus n_0 = 1\oplus 0 = 1$$

其格雷码为　$g(2)=(0011)_{\mathrm{G}}$

同理　若 $n(3)=(0011)_{\mathrm{B}}$，则其格雷码为 $g(3)=(0010)_{\mathrm{G}}$

在格雷码中，有以下关系存在

$$g(m)\oplus g(n) = g(m\oplus n) \tag{3-107}$$

例 3-8　设

$$m = 2 = (0010)_{\mathrm{B}}$$
$$n = 3 = (0011)_{\mathrm{B}}$$
$$g(2) = (0011)_{\mathrm{G}}$$
$$g(3) = (0010)_{\mathrm{G}}$$

则　　　　$g(2)\oplus g(3)=(0001)$

而　　　　$(2)_B\oplus(3)_B=(0001)$

所以　　　　$g(2)\oplus g(3)=g(2\oplus 3)$

从正整数的格雷码也可以求出该十进制数的自然二进制码。其转换方法如下。

设正整数的格雷码为

$$g(n)=(g_{p-1}g_{p-2}g_{p-3}\cdots g_k\cdots g_2g_1g_0)$$

又设其自然二进制码为

$$b(n)=(n_{p-1}n_{p-2}n_{p-3}\cdots n_k\cdots n_2n_1n_0)$$

则

$$\begin{cases} n_{p-1}=g_{p-1} \\ n_{p-2}=g_{p-1}\oplus g_{p-2} \\ n_{p-3}=g_{p-1}\oplus g_{p-2}\oplus g_{p-3} \\ \vdots \\ n_k=g_{p-1}\oplus g_{p-2}\oplus g_{p-3}\oplus\cdots\oplus g_k \\ \vdots \\ n_2=g_{p-1}\oplus g_{p-2}\oplus g_{p-3}\oplus\cdots\oplus g_2 \\ n_1=g_{p-1}\oplus g_{p-2}\oplus g_{p-3}\oplus\cdots\oplus g_2\oplus g_1 \\ n_0=g_{p-1}\oplus g_{p-2}\oplus g_{p-3}\oplus\cdots\oplus g_2\oplus g_1\oplus g_0 \end{cases} \tag{3-108}$$

例 3-9　n 的格雷码为 1011,求其二进制码表示。

解　由给定的格雷码可知

$$(n)_G=(1011)$$

其中

$$g_3=1$$
$$g_2=0$$
$$g_1=1$$
$$g_0=1$$

所以

$$n_3=g_3=1$$
$$n_2=g_3\oplus g_2=1\oplus 0=1$$
$$n_1=g_3\oplus g_2\oplus g_1=1\oplus 0\oplus 1=0$$
$$n_0=g_3\oplus g_2\oplus g_1\oplus g_0=1\oplus 0\oplus 1\oplus 1=1$$

即：二进码为$(1101)_B$

以上便是格雷码的定义及格雷码与自然二进制码之间的转换方法。下面再回过头来看由拉德梅克函数定义的按沃尔什排列的沃尔什函数。

例 3-10　用式(3-105)求 $P=4$ 时的 $\mathrm{Wal_W}(5,t)$。

解　因为 $i=5$,所以 5 的自然二进制码为(0101)。由前面所述的转换规则可得到格雷码为(0111)。因此,有下面的对应关系

$$
\begin{array}{cccc}
(0 & 1 & 1 & 1) \\
\uparrow & \uparrow & \uparrow & \uparrow \\
\text{第 3 位} & \text{第 2 位} & \text{第 1 位} & \text{第 0 位} \\
g(5)_3 & g(5)_2 & g(5)_1 & g(5)_0
\end{array}
$$

即

$$g(5)_0=1,\quad g(5)_1=1$$

$$g(5)_2=1,\quad g(5)_3=0$$

代入式(3-105)得

$$\mathrm{Wal_W}(i,t)=\prod_{k=0}^{P-1}[R(k+1,t)]^{g(i)_k}$$

$$\begin{aligned}\mathrm{Wal_W}(5,t)&=[R(1,t)]^1\cdot[R(2,t)]^1\cdot[R(3,t)]^1\cdot[R(4,t)]^0\\&=R(1,t)\cdot R(2,t)\cdot R(3,t)\end{aligned}$$

例 3-11　令：$P=4, i=9$，求 $\mathrm{Wal_W}(9,t)$。

解　因为 $i=9$，所以其格雷码为(1101)，因此

$$g(9)_3=1$$

$$g(9)_2=1$$

$$g(9)_1=0$$

$$g(9)_0=1$$

代入式(3-105)得

$$\begin{aligned}\mathrm{Wal_W}(9,t)&=[R(1,t)]^1\cdot[R(2,t)]^0\cdot[R(3,t)]^1\cdot[R(4,t)]^1\\&=R(1,t)\cdot R(3,t)\cdot R(4,t)\end{aligned}$$

模仿正弦、余弦函数的奇、偶对称性，按沃尔什排列的沃尔什函数也可以分成 $\mathrm{cal}(i,t)$ 和 $\mathrm{sal}(i,t)$。当 i 是偶数时称为 $\mathrm{cal}(i,t)$，当 i 是奇数时称为 $\mathrm{sal}(i,t)$。例如，$P=4$ 时

$$\begin{aligned}
\mathrm{cal}(0,t)&=\mathrm{Wal_W}(0,t)\\
\mathrm{sal}(1,t)&=\mathrm{Wal_W}(1,t)\\
\mathrm{cal}(1,t)&=\mathrm{Wal_W}(2,t)\\
\mathrm{sal}(2,t)&=\mathrm{Wal_W}(3,t)\\
\mathrm{cal}(2,t)&=\mathrm{Wal_W}(4,t)\\
\mathrm{sal}(3,t)&=\mathrm{Wal_W}(5,t)\\
\mathrm{cal}(3,t)&=\mathrm{Wal_W}(6,t)\\
\mathrm{sal}(4,t)&=\mathrm{Wal_W}(7,t)
\end{aligned}$$

即

$$\mathrm{Wal_W}(2i,t)=\mathrm{cal}(i,t)\quad(\text{偶函数})$$

$$\mathrm{Wal_W}(2i-1,t)=\mathrm{sal}(i,t)\quad(\text{奇函数})$$

按沃尔什排列的沃尔什函数也可以用三角函数来定义。在正交区间[0,1]内，$i=0,1,2\cdots\leqslant(2^P-1)$，$P$ 为正整数的情况下，可由下式来定义

$$\mathrm{Wal_W}(i,t)=\prod_{k=0}^{P-1}\mathrm{sgn}[\cos i_k 2^k \pi t] \tag{3-109}$$

式中 i_k 是 i 的二进制码的第 k 位数字，$i_k\in\{0,1\}$。

例 3-12　$P=3$ 时，求 $\mathrm{Wal_W}(3,t)$ 的三角函数表达式。

解 因为 $i=3$，所以其自然二进制码为(011)。将 $i_2=0, i_1=1, i_0=1$，代入式(3-109)得

$$
\begin{aligned}
\mathrm{Wal_W}(3,t) &= \mathrm{sgn}[\cos 1\times 2^0\pi t]\cdot \mathrm{sgn}[\cos 1\times 2^1\pi t]\cdot \mathrm{sgn}[\cos 0\times 2^2\pi t] \\
&= \mathrm{sgn}[\cos\pi t]\cdot \mathrm{sgn}[\cos 2\pi t]
\end{aligned}
$$

当 $P=3$ 时，对前 8 个 $\mathrm{Wal_W}(i,t)$ 取样，同样可以写成矩阵式为

$$
\boldsymbol{H}_\mathrm{W}(3)=\begin{bmatrix}
1 & 1 & 1 & 1 & 1 & 1 & 1 & 1\\
1 & 1 & 1 & 1 & -1 & -1 & -1 & -1\\
1 & 1 & -1 & -1 & -1 & -1 & 1 & 1\\
1 & 1 & -1 & -1 & 1 & 1 & -1 & -1\\
1 & -1 & -1 & 1 & 1 & -1 & -1 & 1\\
1 & -1 & -1 & 1 & -1 & 1 & 1 & -1\\
1 & -1 & 1 & -1 & -1 & 1 & -1 & 1\\
1 & -1 & 1 & -1 & 1 & -1 & 1 & -1
\end{bmatrix} \tag{3-110}
$$

2. 按佩利排列的沃尔什函数

用 $\mathrm{Wal_P}(i,t)$ 来表示按佩利排列的沃尔什函数，其波形如图 3-12 所示。按佩利排列的沃尔什函数也可以由拉德梅克函数产生。其定义由式(3-111)表示，即

$$
\mathrm{Wal_P}(i,t)=\prod_{k=0}^{P-1}[R(k+1,t)]^{i_k} \tag{3-111}
$$

式中，$R(k+1,t)$ 是拉德梅克函数；i_k 是将函数序号写成自然二进制码的第 k 位数字，$i_k\in\{0,1\}$，即

$$
(i)=(i_{n-1}i_{n-2}\cdots i_2 i_1 i_0)_\mathrm{B}
$$

例 3-13 $P=3$ 时，求 $\mathrm{Wal_P}(1,t)$。

解 因为 $i=1$，所以自然二进制码为

$$
\begin{matrix}
[0 & 0 & 1] \\
\uparrow & \uparrow & \uparrow \\
\text{第 2 位} & \text{第 1 位} & \text{第 0 位}
\end{matrix}
$$

代入式(3-111)得

$$
\begin{aligned}
\mathrm{Wal_P}(1,t) &= \prod_{k=0}^{2}[R(k+1,t)]^{i_k} \\
&= [R(1,t)]^1\cdot[R(2,t)]^0\cdot[R(3,t)]^0 \\
&= R(1,t)
\end{aligned}
$$

例 3-14 $P=3$，求 $\mathrm{Wal_P}(5,t)$。

解 因为 $i=5$，所以，二进制码为(101)，代入式(3-111)，则

$$
\begin{aligned}
\mathrm{Wal_P}(5,t) &= \prod_{k=0}^{2}[R(k+1,t)]^{i_k} \\
&= [R(1,t)]^1\cdot[R(2,t)]^0\cdot[R(3,t)0]^1
\end{aligned}
$$

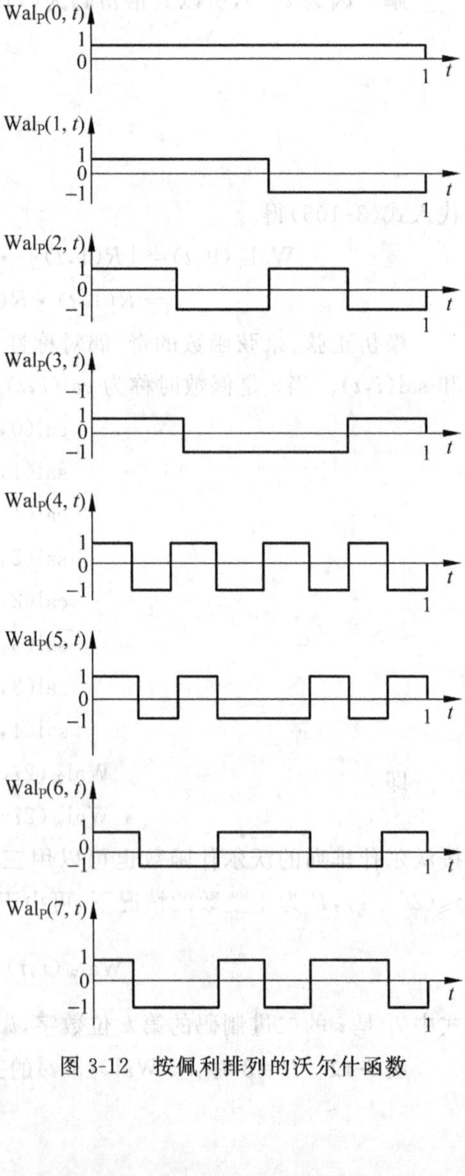

图 3-12 按佩利排列的沃尔什函数

$$=R(1,t)\cdot R(3,t)$$

当 $p=3$ 时的 8 个沃尔什函数经取样后可得矩阵 $H_P(3)$，如式(3-112)所示。

$$\boldsymbol{H}_P(3)=\begin{bmatrix}1&1&1&1&1&1&1&1\\1&1&1&1&-1&-1&-1&-1\\1&1&-1&-1&1&1&-1&-1\\1&1&-1&-1&-1&-1&1&1\\1&-1&1&-1&1&-1&1&-1\\1&-1&1&-1&-1&1&-1&1\\1&-1&-1&1&1&-1&-1&1\\1&-1&-1&1&-1&1&1&-1\end{bmatrix}\tag{3-112}$$

由按佩利排列的沃尔什函数前 8 个波形可以看出有以下一些规律。

① 函数序号 i 与正交区间内取值符号变化次数有表 3-1 所列的关系。

表 3-1　按佩利排列的沃尔什函数序号与变号次数的关系

i	0	1	2	3	4	5	6	7
变号数	0	1	3	2	7	6	4	5

② i 与变号次数的关系是自然二进制码与格雷码的关系。如 $i=6=(110)_B$，这个二进制码按格雷码读出是 4，也就是说，把十进制数 i 编成自然二进制码，然后按格雷码的规律反变回十进制数，这个数就是这个序号的沃尔什函数的变号次数。

3. 按哈达玛排列的沃尔什函数

按哈达玛排列的沃尔什函数是从 2^n 阶哈达玛矩阵得来的。2^n 阶哈达玛矩阵每一行的符号变化规律对应某个沃尔什函数在正交区间内符号变化的规律，也就是说，2^n 阶哈达玛矩阵的每一行就对应着一个离散沃尔什函数。2^n 阶哈达玛矩阵有以下形式：

$$\boldsymbol{H}(0)=[1]\tag{3-113}$$

$$\boldsymbol{H}(1)=\begin{bmatrix}1&1\\1&-1\end{bmatrix}\tag{3-114}$$

$$\boldsymbol{H}(2)=\begin{bmatrix}1&1&1&1\\1&-1&1&-1\\1&1&-1&-1\\1&-1&-1&1\end{bmatrix}\tag{3-115}$$

$$\vdots$$

一般情况下

$$\boldsymbol{H}(m)=\begin{bmatrix}H(m-1)&H(m-1)\\H(m-1)&-H(m-1)\end{bmatrix}=H(m-1)\otimes H(1)\tag{3-116}$$

式(3-116)是哈达玛矩阵的递推关系式。利用这个关系式可以产生任意 2^n 阶哈达玛矩阵。这个关系也叫做克罗内克积(Kronecker Product)关系，或叫直积关系。

按哈达玛排列的沃尔什函数用 $\mathrm{Wal_H}(i,t)$ 来表示。它的前 8 个函数波形如图 3-13 所示。按哈达玛排列的沃尔什函数也可以写成矩阵式，即

$$
\boldsymbol{H}_{\mathrm{H}}(3)=\begin{bmatrix}
1 & 1 & 1 & 1 & 1 & 1 & 1 & 1\\
1 & -1 & 1 & -1 & 1 & -1 & 1 & -1\\
1 & 1 & -1 & -1 & 1 & 1 & -1 & -1\\
1 & -1 & -1 & 1 & 1 & -1 & -1 & 1\\
1 & 1 & 1 & 1 & -1 & -1 & -1 & -1\\
1 & -1 & 1 & -1 & -1 & 1 & -1 & 1\\
1 & 1 & -1 & -1 & -1 & -1 & 1 & 1\\
1 & -1 & -1 & 1 & -1 & 1 & 1 & -1
\end{bmatrix} \tag{3-117}
$$

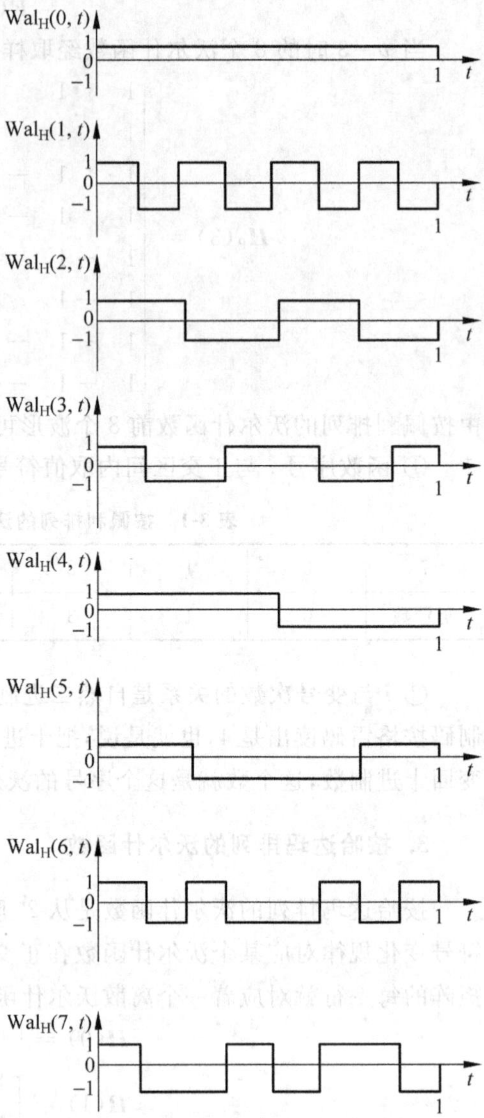

图 3-13　按哈达玛排列的沃尔什函数

按哈达玛排列的沃尔什函数有以下一些特点。

① 从 2 阶哈达玛矩阵可得到 2 个沃尔什函数，从 4 阶哈达玛矩阵可得到 4 个沃尔什函数，一般地说，2^n 阶哈达玛矩阵可得到 2^n 个沃尔什函数。

② 由不同阶数的哈达玛矩阵得到的沃尔什函数排列顺序是不同的。例如，从 $H_{\mathrm{H}}(4)$得到的沃尔什函数 $\mathrm{Wal_H}(2,t)$并不是从 $H_{\mathrm{H}}(8)$得到的 $\mathrm{Wal_H}(2,t)$，而是从 $H_{\mathrm{H}}(8)$得到的 $\mathrm{Wal_H}(4,t)$。

③ 由于哈达玛矩阵的简单的递推关系，使得按哈达玛排列的沃尔什函数特别容易记忆。

按哈达玛排列的沃尔什函数也可以由拉德梅克函数产生，解析式如式(3-118)所示，即

$$
\mathrm{Wal_H}(i,t)=\prod_{k=0}^{P-1}\left[R(k+1,t)\right]^{\langle i_k\rangle} \tag{3-118}
$$

式中，$R(k+1,t)$仍然是拉德梅克函数；$\langle i_k\rangle$是把 i 的自然二进制码反写后的第 k 位数字，并且 $i_k\in\{0,1\}$，也就是

$$
(i)=(i_{n-1}i_{n-2}\cdots i_2 i_1 i_0)_{\mathrm{B}}
$$

反写后

$$
\langle i\rangle=(i_0 i_1 i_2\cdots i_{n-1} i_{n-2})
$$

⋯　↑　↑

第 1 位第 0 位

例 3-15　求 $P=3$ 时，$\mathrm{Wal_H}(6,t)$的波形。

解　第一种方法：可用比较简单的方法写出 $2^n=2^3=8$ 阶哈达玛矩阵 $H_{\mathrm{H}}(8)$，并自上而下从 0 数起至第 6 行就是 $\mathrm{Wal_H}(6,t)$。

第二种方法：应用数学解析式。因为

$i=6=(110)_B$，所以

$$\begin{array}{c} \langle i\rangle = (0 \quad 1 \quad 1) \\ \quad\quad\;\; \uparrow \quad \uparrow \quad \uparrow \\ \quad\quad\;\; \langle i_2\rangle \; \langle i_1\rangle \; \langle i_0\rangle \end{array}$$

代入式(3-118)得

$$\mathrm{Wal}_H(6,t) = [R(1,t)]^{\langle i_0\rangle} \cdot [R(2,t)]^{\langle i_1\rangle} \cdot [R(3,t)]^{\langle i_2\rangle} = R(1,t) \cdot R(2,t)$$

3 种定义下的沃尔什函数，尽管它们的排列顺序各不相同，但 3 种排序方法得到的沃尔什函数是有一定关系的。它们之间的关系如表 3-2 和图 3-14 所示。

表 3-2　3 种排列的前 8 个沃尔什函数之间的关系

$\mathrm{Wal}_H(i,t)$	$\mathrm{Wal}_W(i,t)$	$\mathrm{Wal}_P(i,t)$
$\mathrm{Wal}_H(0,t)$	$\mathrm{Wal}_W(0,t)$	$\mathrm{Wal}_P(0,t)$
$\mathrm{Wal}_H(1,t)$	$\mathrm{Wal}_W(7,t)$	$\mathrm{Wal}_P(4,t)$
$\mathrm{Wal}_H(2,t)$	$\mathrm{Wal}_W(3,t)$	$\mathrm{Wal}_P(2,t)$
$\mathrm{Wal}_H(3,t)$	$\mathrm{Wal}_W(4,t)$	$\mathrm{Wal}_P(6,t)$
$\mathrm{Wal}_H(4,t)$	$\mathrm{Wal}_W(1,t)$	$\mathrm{Wal}_P(1,t)$
$\mathrm{Wal}_H(5,t)$	$\mathrm{Wal}_W(6,t)$	$\mathrm{Wal}_P(5,t)$
$\mathrm{Wal}_H(6,t)$	$\mathrm{Wal}_W(2,t)$	$\mathrm{Wal}_P(3,t)$
$\mathrm{Wal}_H(7,t)$	$\mathrm{Wal}_W(5,t)$	$\mathrm{Wal}_P(7,t)$

例如，$\mathrm{Wal}_P(2,t)$的 $\mathrm{Wal}_W(i,t)$和 $\mathrm{Wal}_H(i,t)$之间的关系如下：$2=(010)_B$，按格雷码读，即$(010)_G=3$，所以 $\mathrm{Wal}_P(2,t)$就是 $\mathrm{Wal}_W(3,t)$，(010)比特倒置后为(010)，按二进制码读仍为 2，则 $\mathrm{Wal}_P(2,t)$就是 $\mathrm{Wal}_H(2,t)$。其他以此类推。以上就是沃尔什函数 3 种定义之间的关系。

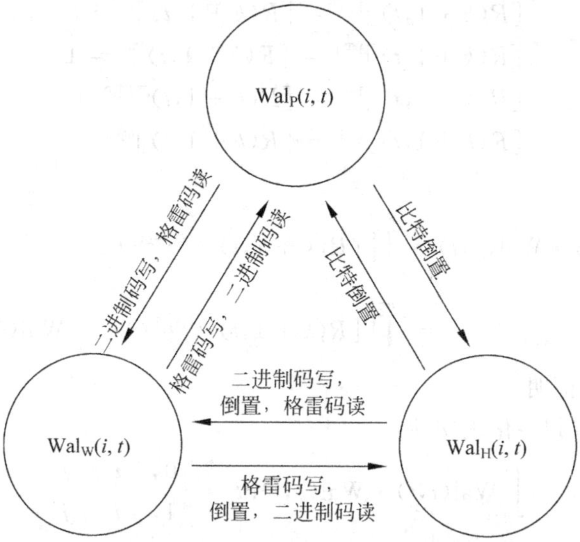

图 3-14　3 种定义的沃尔什函数序号之间的关系

3.3.4 沃尔什函数的性质

沃尔什函数有以下一些主要性质。

① 在区间[0,1]内有下式成立：

$$\int_0^1 \mathrm{Wal}(0,t)\mathrm{d}t = 1 \tag{3-119}$$

$$\int_0^1 \mathrm{Wal}(i,t)\mathrm{d}t = 0,\ i=1,2,\cdots \tag{3-120}$$

$$[\mathrm{Wal}(i,t)]^2 = 1,\quad i=0,1,2,3,\cdots \tag{3-121}$$

这说明在[0,1]区间内除了 Wal(0,t)外，其他沃尔什函数取+1和−1的时间是相等的。

② 在区间[0,1]的第一小段时间内(通常称为时隙)沃尔什函数总是取+1。

③ 沃尔什函数有以下乘法定理：

$$\mathrm{Wal}(i,t)\cdot\mathrm{Wal}(j,t) = \mathrm{Wal}(i\oplus j,t) \tag{3-122}$$

并且，该定理服从结合律

$$[\mathrm{Wal}(i,t)\cdot\mathrm{Wal}(j,t)]\cdot\mathrm{Wal}(k,t) = \mathrm{Wal}(i,t)\cdot[\mathrm{Wal}(j,t)\cdot\mathrm{Wal}(k,t)]$$
$$i,j,k=0,1,2,\cdots,(2^p-1) \tag{3-123}$$

证明 由定义式

$$\mathrm{Wal}(i,t)\cdot\mathrm{Wal}(j,t) = \prod_{k=0}^{p-1}[R(k+1,t)]^{g(i)_k}\cdot\prod_{k=0}^{p-1}[R(k+1,t)]^{g(j)_k}$$
$$=\prod_{k=0}^{p-1}[R(k+1,t)]^{g(i)_k+g(j)_k}$$

但是

$$g(i)_k,g(j)_k\in\{0,1\}$$
$$[R(k+1,t)]^{1+1}=[R(k+1,t)]^2=1$$
$$[R(k+1,t)]^{1\oplus 1}=[R(k+1,t)]^0=1$$
$$[R(k+1,t)]^{1+0}=[R(k+1,t)]^{1\oplus 0}$$
$$[R(k+1,t)]^{0+1}=[R(k+1,t)]^{0\oplus 1}$$

因此

$$\mathrm{Wal}(i,t)\cdot\mathrm{Wal}(j,t) = \prod_{k=0}^{p-1}[R(k+1,t)]^{g(i)_k+g(j)_k}$$
$$=\prod_{k=0}^{p-1}[R(k+1,t)]^{g(i)_k\oplus g(j)_k}=\mathrm{Wal}(i\oplus j,t)$$

以上便是乘法定理的证明。

④ 沃尔什函数有归一化正交性：

$$\int_0^1 \mathrm{Wal}(i,t)\cdot\mathrm{Wal}(j,t)\mathrm{d}t = \begin{cases}0, & i\neq j\\ 1, & i=j\end{cases} \tag{3-124}$$

证明 由乘法定理有

$$\int_0^1 \mathrm{Wal}(i,t)\cdot\mathrm{Wal}(j,t)\mathrm{d}t = \int_0^1 \mathrm{Wal}(i\oplus j,t)\mathrm{d}t = \int_0^1 \mathrm{Wal}(l,t)\mathrm{d}t$$

其中　$i \oplus j = l$

由于

$$\int_0^1 \mathrm{Wal}(0,t)\mathrm{d}t = 1$$

$$\int_0^1 \mathrm{Wal}(i,t)\mathrm{d}t = 0 \quad i = 1,2,3,\cdots$$

所以当 $l=0$,即 $i=j$ 时,则

$$\int_0^1 \mathrm{Wal}(i,t) \cdot \mathrm{Wal}(j,t)\mathrm{d}t = 1$$

而当 $l \neq 0$,即 $i \neq j$ 时,则

$$\int_0^1 \mathrm{Wal}(i,t) \cdot \mathrm{Wal}(j,t)\mathrm{d}t = 0$$

正交性得证。

⑤ 沃尔什函数形成群:

- 由沃尔什函数全体所组成的集合对于乘法运算而言形成一个可交换群。
- 由 2^n 个沃尔什函数$\{\mathrm{Wal}(0,t),\mathrm{Wal}(1,t),\cdots,\mathrm{Wal}(2^n-1,t)\}$,其中 n 为正整数,所组成的子集,也形成一个可交换群,而且是上述群的一个子群。因为集合$\{\mathrm{Wal}(i,t)\}$满足形成群的 4 个公理,也就是说它满足封闭性;乘法结合律;存在一个单位元素 e,对于集合中的每一个元素 a,都可在该集合中找到一个逆元素 a^{-1},使得 $a \cdot a^{-1}=e$,而 $\mathrm{Wal}(i,t)$的逆元素就是其本身。除此之外,沃尔什函数群满足乘法交换律,所以是一个可交换群。

⑥ 该性质表明,$\mathrm{Wal}(2^n i,t)$在$[0,1]$区间的图形可从 $\mathrm{Wal}(i,t)$的图形沿 t 轴压缩 2^n 倍得到。

$$\mathrm{Wal}(2^n i,t) = \mathrm{Wal}(i,2^n t) \tag{3-125}$$

这里 n 为整数。这个性质可证明如下:

令　$$i = \sum_{k=0}^{p-1} i_k \cdot 2^k, \quad t < 2^{p-1}$$

则　$$2^n i = 2^n \cdot \sum_{k=0}^{p-1} i_k \cdot 2^k = \sum_{k=0}^{p-1} i_k \cdot 2^{n+k}$$

由定义　$$\mathrm{Wal}_\mathrm{W}(i,t) = \prod_{k=0}^{p-1} \mathrm{sgn}[\cos t_k \cdot 2^k \pi t]$$

可得

$$\begin{aligned}\mathrm{Wal}_\mathrm{W}(2^n \cdot i,t) &= \prod_{k=0}^{p-1} \mathrm{sgn}[\cos i_k \cdot 2^{n+k} \pi t] \\ &= \prod_{k=0}^{p-1} \mathrm{sgn}[\cos i_k \cdot 2^k \pi \cdot (2^n t)] = \mathrm{Wal}_\mathrm{W}(i,2^{nt})\end{aligned}$$

所以　$$\mathrm{Wal}(2^n \cdot i,t) = \mathrm{Wal}(i,2^n t)$$

⑦ 对称性:

$$\mathrm{Wal}(i,t) = \mathrm{Wal}(t,i) \tag{3-126}$$

这一性质只适用于离散沃尔什函数。

3.3.5　沃尔什变换

离散沃尔什变换可由以下两式表达

$$W(i)=\frac{1}{N}\sum_{t=0}^{N-1}f(t)\cdot \mathrm{Wal}(i,t) \tag{3-127}$$

$$f(t)=\sum_{i=0}^{N-1}W(i)\cdot \mathrm{Wal}(i,t) \tag{3-128}$$

离散沃尔什变换解析式写成矩阵式可得到沃尔什变换矩阵式

$$\begin{bmatrix} W(0)\\ W(1)\\ \vdots \\ W(N-1)\end{bmatrix}=\frac{1}{N}[\mathrm{Wal}(N)]\begin{bmatrix} f(0)\\ f(1)\\ \vdots \\ f(N-1)\end{bmatrix} \tag{3-129}$$

$$\begin{bmatrix} f(0)\\ f(1)\\ \vdots \\ f(N-1)\end{bmatrix}=[\mathrm{Wal}(N)]\begin{bmatrix} W(0)\\ W(1)\\ \vdots \\ W(N-1)\end{bmatrix} \tag{3-130}$$

式中 Wal(N)代表 N 阶沃尔什矩阵。

另外，沃尔什函数可写成以下形式

$$\mathrm{Wal}(i,t)=(-1)^{\sum_{k=0}^{p-1}t_{p-1-k}(i_{k+1}\oplus i_k)} \tag{3-131}$$

式中：$t=(t_{p-1}t_{p-2}\cdots t_k\cdots t_2t_1t_0)_B$，$i=(i_{p-1}i_{p-2}\cdots i_k\cdots t_2t_1t_0)_B$，$N=2^p$。因此，可得到指数形式的沃尔什变换式

$$W(i)=\frac{1}{N}\sum_{t=0}^{N-1}f(t)\cdot(-1)^{\sum_{k=0}^{p-1}t_{p-1-k}(i_{k+1}\oplus i_k)} \tag{3-132}$$

$$f(t)=\sum_{i=0}^{N-1}W(i)\ (-1)^{\sum_{k=0}^{p-1}i_{p-1-k}(t_{k+1}\oplus t_k)} \tag{3-133}$$

以上是离散沃尔什变换的 3 种定义，其中矩阵式最为简洁。

3.3.6　离散沃尔什哈-达玛变换

由沃尔什函数的定义可知，按哈达玛排列的沃尔什函数与按沃尔什排列的沃尔什函数相比较只是排列顺序不同，其本质并没有什么不同。但是哈达玛矩阵具有简单的递推关系，也就是高阶矩阵可用低阶矩阵的直积得到，这就使得沃尔什-哈达玛变换有许多方便之处。因此，用得较多的是沃尔什-哈达玛变换。

离散沃尔什-哈达玛变换的定义可直接由沃尔什变换得到，只要用按哈达玛排列的沃尔什函数去代替按沃尔什排列的沃尔什函数，就可以得其矩阵式如下

$$\begin{bmatrix} W(0) \\ W(1) \\ \vdots \\ W(N-1) \end{bmatrix} = \frac{1}{N}[H(N)] \begin{bmatrix} f(0) \\ f(1) \\ \vdots \\ f(N-1) \end{bmatrix} \tag{3-134}$$

式中：$[W(0),W(1),W(2),\cdots,W(N-1)]^{\mathrm{T}}$ 是沃尔什-哈达玛变换系数序列，$[f(0),f(1),f(2),\cdots,f(N-1)]^{\mathrm{T}}$ 是时间序列；$N=2^p$；p 为正整数。式(3-134)的逆变换式为

$$\begin{bmatrix} f(0) \\ f(1) \\ \vdots \\ f(N-1) \end{bmatrix} = [H(N)] \begin{bmatrix} W(0) \\ W(1) \\ \vdots \\ W(N-1) \end{bmatrix} \tag{3-135}$$

例 3-16　将时间序列{0,0,1,1,0,0,1,1}做沃尔什-哈达玛变换及反变换。

$$\begin{bmatrix} W(0) \\ W(1) \\ W(2) \\ W(3) \\ W(4) \\ W(5) \\ W(6) \\ W(7) \end{bmatrix} = \frac{1}{8} \begin{bmatrix} 1 & 1 & 1 & 1 & 1 & 1 & 1 & 1 \\ 1 & -1 & 1 & -1 & 1 & -1 & 1 & -1 \\ 1 & 1 & -1 & -1 & 1 & 1 & -1 & -1 \\ 1 & -1 & -1 & 1 & 1 & -1 & -1 & 1 \\ 1 & 1 & 1 & 1 & -1 & -1 & -1 & -1 \\ 1 & -1 & 1 & -1 & -1 & 1 & -1 & 1 \\ 1 & 1 & -1 & -1 & -1 & -1 & 1 & 1 \\ 1 & -1 & -1 & 1 & -1 & 1 & 1 & -1 \end{bmatrix} \begin{bmatrix} 0 \\ 0 \\ 1 \\ 1 \\ 0 \\ 0 \\ 1 \\ 1 \end{bmatrix} = \begin{bmatrix} 1/2 \\ 0 \\ -1/2 \\ 0 \\ 0 \\ 0 \\ 0 \\ 0 \end{bmatrix}$$

反变换为

$$\begin{bmatrix} f(0) \\ f(1) \\ f(2) \\ f(3) \\ f(4) \\ f(5) \\ f(6) \\ f(7) \end{bmatrix} = \begin{bmatrix} 1 & 1 & 1 & 1 & 1 & 1 & 1 & 1 \\ 1 & -1 & 1 & -1 & 1 & -1 & 1 & -1 \\ 1 & 1 & -1 & -1 & 1 & 1 & -1 & -1 \\ 1 & -1 & -1 & 1 & 1 & -1 & -1 & 1 \\ 1 & 1 & 1 & 1 & -1 & -1 & -1 & -1 \\ 1 & -1 & 1 & -1 & -1 & 1 & -1 & 1 \\ 1 & 1 & -1 & -1 & -1 & -1 & 1 & 1 \\ 1 & -1 & -1 & 1 & -1 & 1 & 1 & -1 \end{bmatrix} \begin{bmatrix} 1/2 \\ 0 \\ -1/2 \\ 0 \\ 0 \\ 0 \\ 0 \\ 0 \end{bmatrix} = \begin{bmatrix} 0 \\ 0 \\ 1 \\ 1 \\ 0 \\ 0 \\ 1 \\ 1 \end{bmatrix}$$

3.3.7　离散沃尔什变换的性质

离散沃尔什变换有许多性质。下面把主要性质列举于下。为叙述方便起见，用$\{f(t)\}$表示时间序列，用$\{W(n)\}$表示变换系数序列，以$\{f(t)\}\Leftrightarrow\{W(n)\}$表示沃尔什变换对应关系。

1. 线性

如果

$$\{f_1(t)\}\Leftrightarrow\{W_1(n)\}$$

$$\{f_2(t)\}\Leftrightarrow\{W_2(n)\}$$

则

$$a_1\{f_1(t)\}+a_2\{f_2(t)\}\Leftrightarrow a_1\{W_1(n)\}+a_2\{W_2(n)\} \tag{3-136}$$

其中 $a_1 a_2$ 为常数。

2. 模 2 移位性质

将时间序列$\{f(t)\}$作 L 位模 2 移位所得到的序列，称为模 2 移位序列。模 2 移位是这样实现的：

设$\{f(t)\}=\{f(0),f(1),f(2),\cdots,f(N-1)\}$是周期长度为 N 的序列。作一个新的序列

$$\{z(m)\}_l=\{z(0),z(1),z(2),\cdots,z(N-1)\} \tag{3-137}$$

其中 $z(m)=f(t\oplus l)$。此时，称$\{z(m)\}_l$是序列的位模 2 移位序列。

如$\{f(t)\}=\{f(0),f(1),f(2),f(3),f(4),f(5),f(6),f(7)\}$

$N=8$，则：

$$\{z(m)\}_2=\{f(0\oplus 2),f(1\oplus 2),f(2\oplus 2)f(3\oplus 2),f(4\oplus 2),\\ f(5\oplus 2),f(6\oplus 2),f(7\oplus 2)\}$$

由于

$$\begin{aligned}
0\oplus 2&=(0\,0\,0)\oplus(0\,1\,0)=(0\,1\,0)_B=(2)_D\\
1\oplus 2&=(0\,0\,1)\oplus(0\,1\,0)=(0\,1\,1)_B=(3)_D\\
2\oplus 2&=(0\,1\,0)\oplus(0\,1\,0)=(0\,0\,0)_B=(0)_D\\
3\oplus 2&=(0\,1\,1)\oplus(0\,1\,0)=(0\,0\,1)_B=(1)_D\\
4\oplus 2&=(1\,0\,0)\oplus(0\,1\,0)=(1\,1\,0)_B=(6)_D\\
5\oplus 2&=(1\,0\,1)\oplus(0\,1\,0)=(1\,1\,1)_B=(7)_D\\
6\oplus 2&=(1\,1\,0)\oplus(0\,1\,0)=(1\,0\,0)_B=(4)_D\\
7\oplus 2&=(1\,1\,1)\oplus(0\,1\,0)=(1\,0\,1)_B=(5)_D
\end{aligned}$$

所以 $\{z(m)\}_2=\{f(2),f(3),f(0)f(1),f(6),f(7),f(4),f(5)\}$

同理 $\{z(m)\}_3=\{f(3),f(2),f(1)f(0),f(7),f(6),f(5),f(4)\}$

用矩阵表示为

$$\begin{gathered}[z]_1=[M_1][f]\\ [f]=[f(t)]^{\mathrm{T}}\quad [z]_1=[z(m)]_1^{\mathrm{T}}\end{gathered} \tag{3-138}$$

式中

$$[M_1]=\begin{bmatrix}0&1&0&0&0&0&0&0\\1&0&0&0&0&0&0&0\\0&0&0&1&0&0&0&0\\0&0&1&0&0&0&0&0\\0&0&0&0&0&1&0&0\\0&0&0&0&1&0&0&0\\0&0&0&0&0&0&0&1\\0&0&0&0&0&0&1&0\end{bmatrix} \tag{3-139}$$

$$[z]_2=[M_2][f] \tag{3-140}$$

$$[M_2]=\begin{bmatrix}0&0&1&0&0&0&0&0\\0&0&0&1&0&0&0&0\\1&0&0&0&0&0&0&0\\0&1&0&0&0&0&0&0\\0&0&0&0&0&0&1&0\\0&0&0&0&0&0&0&1\\0&0&0&0&1&0&0&0\\0&0&0&0&0&1&0&0\end{bmatrix}\tag{3-141}$$

按照模 2 和的性质，可知

$$[M]^{\mathrm{T}}[M]=[I]\tag{3-142}$$

这里$[I]$是么阵。

模 2 移位性质是指下面的关系，如果$\{f(t)\}\Leftrightarrow\{W(n)\}$，并且$\{z(t)\}_l$是$f(t)$的模 2 移位序列，

则
$$\{z(t)\}_l\Leftrightarrow\{W_z(n)\}$$

式中：$W_z(n)=\mathrm{Wal}(n,l)\cdot W(n)$，$\mathrm{Wal}(n,l)$是矩阵$[\mathrm{Wal}]_{2^p}$中的第$n$行第$l$列的元素；$n=0,1,2,\cdots,(N-1)$；$t=0,1,2,\cdots,(N-1)$；$N=2^p$，$p$是正整数。

此定理可证明如下：

令$z(t)$为$[z(t)]_l$的元素，$[z(t)]_l$是$[f(t)]$的模 2 移位序列，则

$$\begin{aligned}W_z(n)&=\frac{1}{N}\sum_{t=0}^{N-1}z(t)\cdot\mathrm{Wal}(n,t)\\&=\frac{1}{N}\sum_{t=0}^{N-1}f(t\oplus l)\cdot\mathrm{Wal}(n,t)\end{aligned}$$

令$r=t\oplus l$，则有$t=r\oplus l$，并且当t取值由 0 到$N-1$时，r也取同样的值，只不过取值的顺序不同而已。于是可写成以下形式

$$\begin{aligned}W_z(n)&=\frac{1}{N}\sum_{r=0}^{N-1}f(r)\cdot\mathrm{Wal}(n,r\oplus l)\\&=\frac{1}{N}\sum_{r=0}^{N-1}f(r)\cdot\mathrm{Wal}(n,r)\cdot\mathrm{Wal}(n,l)\\&=\mathrm{Wal}(n,l)\left[\frac{1}{N}\sum_{r=0}^{N-1}f(r)\cdot\mathrm{Wal}(n,r)\right]\\&=\mathrm{Wal}(n,l)\left[\frac{1}{N}\sum_{t=0}^{N-1}f(t)\cdot\mathrm{Wal}(n,t)\right]\\&=\mathrm{Wal}(n,l)\cdot W(n)\end{aligned}$$

所以，证明$\{z(t)\}_l\Leftrightarrow\{W_z(n)\}$。又因为$[W_z(n)]^2=[\mathrm{Wal}(n,l)]^2\cdot[W(n)]^2=[W(n)]^2$，这说明$[W_z(n)]^2$与$l$无关。也就是说，模 2 移位后的序列作沃尔什变换后，所得到的第n个系数的平方$[W_z(n)]^2$与模 2 移位的移位位数无关。$[W_z(n)]^2$仍然等于$[W(n)]^2$。因此，模 2 移位定理（或称为并元移位定理）又可表达为输入序列$\{f(t)\}$模 2 移位后的功率谱是不变的。

例如，设输入序列$\{f(t)\}=\{0,0,1,1,0,0,1,1\}$，对此序列作 $l=3$ 的模 2 移位，得

$$\{z(t)\}_3=\{f(t\oplus 3)\}=\{1,1,0,0,1,1,0,0\}$$

作沃尔什变换得

$$\{W(n)\}=\left\{\frac{1}{2},0,-\frac{1}{2},0,0,0,0,0\right\}$$

根据 $W_z(n)=\text{Wal}(n,l)\cdot W(n)$可得

$$\begin{aligned}\{W_z(n)\}&=\{\text{Wal}(n,l)\cdot W(n)\}\\&=\{\text{Wal}(n,3)\cdot W(n)\}\\&=\left\{\frac{1}{2},0,\frac{1}{2},0,0,0,0,0\right\}\end{aligned}$$

从上面的结果可知$[W(0)]^2=\left(\frac{1}{2}\right)^2=\frac{1}{4}$，$[W(3)]^2=\left(-\frac{1}{2}\right)^2=\frac{1}{4}$，而$[W_z(0)]^2=\left(\frac{1}{2}\right)^2=\frac{1}{4}$，$[W_z(3)]^2=\left(\frac{1}{2}\right)^2=\frac{1}{4}$。可见 n 相同时，功率也相同，也就是说功率列率谱是不变的。

3. 模 2 卷积定理(时间)

在讨论下面的定理之前，首先说明一下模 2 移位卷积与模 2 移位相关的概念。

令 $f_1(t)$和 $f_2(t)$是两个长度相同的周期性序列。用下面两式来定义两个序列的模 2 移位卷积和模 2 移位相关

$$\begin{aligned}C_{12}(t)&=\frac{1}{N}\sum_{l=0}^{N-1}f_1(l)\cdot f_2(t\ominus l)\\&=\frac{1}{N}\sum_{l=0}^{N-1}f_1(l)\cdot f_2(t\oplus l)\end{aligned}\tag{3-143}$$

式中，$C_{12}(t)$为模 2 卷积的代表符号；$\ominus$为模 2 减运算符，它的运算结果与模 2 加一样。模 2 移位相关的定义式如式(3-144)所示，即

$$K_{12}(t)=\frac{1}{N}\sum_{l=0}^{N-1}f_1(l)\cdot f_2(t\oplus l)\tag{3-144}$$

式中，$K_{12}(t)$表示模 2 移位相关；$f_2(t\oplus l)$是 $f_2(t)$的模 2 移位序列。

由式(3-143)和式(3-144)可见，模 2 移位卷积和模 2 移位相关具有相同的结果，即

$$K_{12}(t)=C_{12}(t)=\frac{1}{N}\sum_{l=0}^{N-1}f_1(l)\cdot f_2(t\oplus l)$$

下面讨论模 2 移位卷积定理。

如果

$$\{f_1(t)\}\Leftrightarrow\{W_1(n)\}$$

$$\{f_2(t)\}\Leftrightarrow\{W_2(n)\}$$

则

$$\{C_{12}(t)\}\Leftrightarrow\{W_1(n)\cdot W_2(n)\}\tag{3-145}$$

如果用$\mathcal{W}$代表作沃尔什变换，则

$$\mathcal{W}[C_{12}(t)]=\frac{1}{N}\sum_{t=0}^{N-1}C_{12}(t)\cdot \mathrm{Wal}(n,t)$$

$$=\frac{1}{N}\sum_{t=0}^{N-1}\left[\frac{1}{N}\sum_{l=0}^{N-1}f_1(l)\cdot f_2(t\oplus l)\right]\cdot \mathrm{Wal}(n,t)$$

$$=\frac{1}{N}\sum_{l=0}^{N-1}f_1(l)\left[\frac{1}{N}\sum_{t=0}^{N-1}f_2(t\oplus l)\cdot \mathrm{Wal}(n,t)\right]$$

$$=\frac{1}{N}\sum_{l=0}^{N-1}f_1(l)\cdot W_2(n)\cdot \mathrm{Wal}(n,l)$$

$$=W_2(n)\cdot\left[\frac{1}{N}\sum_{l=0}^{N-1}f_1(l)\cdot \mathrm{Wal}(n,t)\right]=W_2(n)\cdot W_1(n)$$

所以证明

$$\{C_{12}(t)\}\Leftrightarrow\{W_1(n)\cdot W_2(n)\}$$

4. 模 2 移位列率卷积定理

模 2 移位列率卷积由式(3-146)来表示，即

$$W_1(n)*W_2(n)=\sum_{r=0}^{N-1}W_1(r)\cdot W_2(r\oplus n) \tag{3-146}$$

依照模 2 时间卷积定理，模 2 移位列率卷积定理如下：

如果

$$\{f_1(t)\}\Leftrightarrow\{W_1(n)\}$$
$$\{f_2(t)\}\Leftrightarrow\{W_2(n)\}$$

则

$$\{W_1(n)*W_2(n)\}\Leftrightarrow\{f_1(t)\cdot f_2(t)\} \tag{3-147}$$

这个仿照模 2 移位时间卷积定理的证明方法不难得到证明。

5. 模 2 移位自相关定理

从模 2 移位时间卷积(相关)定理可以得到模 2 移位自相关定理。只要把定理中的 $\{f_2(t)\}$和$\{W_2(n)\}$换成$\{f_1(t)\}$和$\{W_1(n)\}$，便立即可以得到模 2 移位自相关定理

$$\{K_{11}(t)\}\Leftrightarrow\{W_1^2(n)\} \tag{3-148}$$

其证明方法也与模 2 移位时间卷积定理的证明方法一样。

从式(3-148)可以建立一个重要概念：模 2 移位自相关序列的沃尔什变换等于序列的功率谱。也就是说，模 2 移位下的自相关序列的沃尔什变换正好与序列的功率谱相符合。与傅里叶变换相比较，模 2 移位下的自相关与沃尔什谱的关系相当于线性移位下的自相关序列的离散傅里叶变换与其功率谱的关系。

6. 帕斯维尔定理

如果

$$\{f_1(t)\}\Leftrightarrow\{W_1(n)\}$$

则

$$\frac{1}{N}\sum_{t=0}^{N-1} f_1^2(t) = \sum_{n=0}^{N-1} W_1^2(n) \tag{3-149}$$

证明 设$\{K_{11}(t)\}\Leftrightarrow\{W(n)\}$

则

$$K_{11}(t)=\sum_{n=0}^{N-1} W(n)\cdot \mathrm{Wal}(n,t)$$

$$=\sum_{n=0}^{N-1} W_1^2(n)\cdot \mathrm{Wal}(n,t)$$

因为 $K_{11}(t)$是自相关函数，所以

$$\{K_{11}(t)\}\Leftrightarrow\{W_1^2(n)\}$$

又由于

$$K_{11}(t) = \frac{1}{N}\sum_{l=0}^{N-1} f_1(l)\cdot f_1(t\oplus l)$$

所以

$$\frac{1}{N}\sum_{l=0}^{N-1} f_1(l)\cdot f_1(t\oplus l) = \sum_{n=0}^{N-1} W_1^2(n)\cdot \mathrm{Wal}(n,t)$$

如果令 $t=0$，则

$$\frac{1}{N}\sum_{l=0}^{N-1} f_1^2(l) = \sum_{n=0}^{N-1} W_1^2(n)$$

由于 l 仅是求和运算的变量，因此将 l 换成t，即可得

$$\frac{1}{N}\sum_{t=0}^{N-1} f_1^2(t) = \sum_{n=0}^{N-1} W_1^2(n)$$

7. 循环移位定理

把序列$\{f(t)\}$循环地向左移若干位，如移 l 位，$l=1,2,\cdots,N-1$，这样得到的序列叫循环移位序列。如果用$\{z(t)_l\}$来表示循环移位序列，则

$$\begin{aligned}&\{z(t)_l\} = \{f(l),f(l+1),\cdots,f(l-2),f(l-1)\}\\&l = 1,2,\cdots,N-1\end{aligned} \tag{3-150}$$

例如，有一个 $N=8$ 的序列，$\{f(t)\}=\{f(0),f(1),f(2),(f3),f(4),f(5),f(6),f(7)\}$，当 $l=5$、$l=3$ 的循环移位序列分别为

$$\{z(t)_5\} = \{f(5),f(6),f(7),(f0),f(1),f(2),f(3),f(4)\}$$

$$\{z(t)_3\} = \{f(3),f(4),f(5),(f6),f(7),f(0),f(1),f(2)\}$$

循环移位定理的内容如下：

如果$\{f(t)\}$和它的循环移位序列$\{z(t)_l\}$的沃尔什-哈达玛变换分别是 $W_f(n)$和 $W_z(n)$，则

$$\left.\begin{aligned}&W_z^2(0) = W_f^2(0)\\&\sum_{n=2^{(r-1)}}^{2^r-1} W_z^2(n) = \sum_{n=2^{(r-1)}}^{2^r-1} W_f^2(n)\end{aligned}\right\} \tag{3-151}$$

式中 $r=1,2,\cdots,p$，$p=\log_2 N$，$l=1,2,\cdots,N-1$。这个定理把序列$\{f(t)\}$的沃尔什-哈达玛变换系数$W_f(n)$与循环移位序列$\{z(t)_l\}$的沃尔什-哈达玛变换系数$W_z(n)$联系了起来，即某些$W_f^2(n)$之和与$W_z^2(n)$之和是相等的。所以这个定理又称为沃尔什-哈达玛变换的循环移位不变性。下面用一个例子来说明本定理的意义。

例如，设$\{f(t)\}=\{0,0,1,1,0,0,1,1\}$，经沃尔什-哈达玛变换后的系数序列为

$$\{W_f(n)\}=\left\{\frac{1}{2},0,-\frac{1}{2},0,0,0,0,0\right\}$$

现将$\{f(t)\}$做 $l=3$ 的循环移位，则

$$\{z(t)_3\}=\{1,0,0,1,1,0,0,1\}$$

此序列经沃尔什-哈达玛变换后的系数序列为

$$\{W_z(n)\}=\left\{\frac{1}{2},0,\frac{1}{2},0,0,0,0,0\right\}$$

从两个序列$W_f(n)$与$W_z(n)$可以看出，$W_z(0)=\frac{1}{2}$，$W_f(0)=\frac{1}{2}$，所以

$$W_z^2(0)=W_f^2(0)=\frac{1}{4}$$

当 $r=1$ 时，则

$$\sum_{n=2^{(r-1)}}^{2^r-1} W_z^2(n)=W_z^2(1)=0$$

$$\sum_{n=2^{(r-1)}}^{2^r-1} W_f^2(n)=W_f^2(1)=0$$

所以

$$W_z^2(1)=W_f^2(1)=0$$

当 $r=2$ 时，则

$$\sum_{n=2^{(r-1)}}^{2^r-1} W_z^2(n)=W_z^2(2)+W_z^2(3)=\frac{1}{4}$$

$$\sum_{n=2^{(r-1)}}^{2^r-1} W_f^2(n)=W_f^2(2)+W_f^2(3)=\frac{1}{4}$$

所以

$$W_z^2(2)+W_z^2(3)=W_f^2(2)+W_f^2(3)=\frac{1}{4}$$

当 $r=3$ 时，则

$$\sum_{n=2^{r-1}}^{2^r-1} W_z^2(n)=W_z^2(4)+W_z^2(5)+W_z^2(6)+W_z^2(7)=0$$

$$\sum_{n=2^{r-1}}^{2^r-1} W_f^2(n)=W_f^2(4)+W_f^2(5)+W_f^2(6)+W_f^2(7)=0$$

所以

$$W_z^2(4)+W_z^2(5)+W_z^2(6)+W_z^2(7)=W_f^2(4)+W_f^2(5)+W_f^2(6)+W_f^2(7)$$

显然，这些关系符合循环移位定理。

需要特别指出的是，这个定理只适用于沃尔什-哈达玛变换。此定理的更加一般性的证明可参阅有关书籍，在此不再赘述。

3.3.8 快速沃尔什变换

离散傅里叶变换有快速算法。同样，离散沃尔什变换也有快速算法。利用快速算法，完成一次变换只需 $N\log_2 N$ 次加减法，运算速度可大大提高。当然快速算法只是一种运算方法，就变换本身来说快速变换与非快速变换是没有区别的。由于沃尔什-哈达玛变换有清晰的分解过程，而且快速沃尔什变换可由沃尔什-哈达玛变换修改得到，所以下面着重讨论沃尔什-哈达玛快速变换。

由离散沃尔什-哈达玛变换的定义可知

$$\boldsymbol{W}_{\mathrm{H}}(n)=\frac{1}{N}\boldsymbol{H}\boldsymbol{f}(t) \tag{3-152}$$

式中 $N=2^P$，P 为正整数。

这里以 8 阶沃尔什-哈达玛变换为例，讨论其分解过程及快速算法。由克罗内克积可知

$$\begin{aligned}
\boldsymbol{H}_8 &= \boldsymbol{H}_2\otimes\boldsymbol{H}_4\\
&=\begin{bmatrix}\boldsymbol{H}_4 & \boldsymbol{H}_4\\ \boldsymbol{H}_4 & -\boldsymbol{H}_4\end{bmatrix}\\
&=\begin{bmatrix}\boldsymbol{H}_4 & 0\\ 0 & \boldsymbol{H}_4\end{bmatrix}\begin{bmatrix}\boldsymbol{I}_4 & \boldsymbol{I}_4\\ \boldsymbol{I}_4 & -\boldsymbol{I}_4\end{bmatrix}\\
&=\begin{bmatrix}\boldsymbol{H}_2 & \boldsymbol{H}_2 & 0 & 0\\ \boldsymbol{H}_2 & -\boldsymbol{H}_2 & 0 & 0\\ 0 & 0 & \boldsymbol{H}_2 & \boldsymbol{H}_2\\ 0 & 0 & \boldsymbol{H}_2 & -\boldsymbol{H}_2\end{bmatrix}\begin{bmatrix}\boldsymbol{I}_4 & \boldsymbol{I}_4\\ \boldsymbol{I}_4 & -\boldsymbol{I}_4\end{bmatrix}\\
&=\begin{bmatrix}\boldsymbol{H}_2 & 0 & 0 & 0\\ 0 & \boldsymbol{H}_2 & 0 & 0\\ 0 & 0 & \boldsymbol{H}_2 & 0\\ 0 & 0 & 0 & \boldsymbol{H}_2\end{bmatrix}\begin{bmatrix}\boldsymbol{I}_2 & \boldsymbol{I}_2 & 0 & 0\\ \boldsymbol{I}_2 & -\boldsymbol{I}_2 & 0 & 0\\ 0 & 0 & \boldsymbol{I}_2 & \boldsymbol{I}_2\\ 0 & 0 & \boldsymbol{I}_2 & -\boldsymbol{I}_2\end{bmatrix}\begin{bmatrix}\boldsymbol{I}_4 & \boldsymbol{I}_4\\ \boldsymbol{I}_4 & -\boldsymbol{I}_4\end{bmatrix}\\
&=\boldsymbol{G}_0\boldsymbol{G}_1\boldsymbol{G}_2
\end{aligned} \tag{3-153}$$

其中

$$\boldsymbol{G}_0=\begin{bmatrix}\boldsymbol{H}_2 & 0 & 0 & 0\\ 0 & \boldsymbol{H}_2 & 0 & 0\\ 0 & 0 & \boldsymbol{H}_2 & 0\\ 0 & 0 & 0 & \boldsymbol{H}_2\end{bmatrix} \tag{3-154}$$

$$\boldsymbol{G}_1=\begin{bmatrix}\boldsymbol{I}_2 & \boldsymbol{I}_2 & 0 & 0\\ \boldsymbol{I}_2 & -\boldsymbol{I}_2 & 0 & 0\\ 0 & 0 & \boldsymbol{I}_2 & \boldsymbol{I}_2\\ 0 & 0 & \boldsymbol{I}_2 & -\boldsymbol{I}_2\end{bmatrix} \tag{3-155}$$

$$\boldsymbol{G}_2=\begin{bmatrix}\boldsymbol{I}_4 & \boldsymbol{I}_4\\ \boldsymbol{I}_4 & -\boldsymbol{I}_4\end{bmatrix} \tag{3-156}$$

其中 $\boldsymbol{I}_2$、$\boldsymbol{I}_4$ 均为幺阵。

由上面的分解有

$$\boldsymbol{W}_{\mathrm{H}}(n)=\frac{1}{8}\boldsymbol{G}_0\boldsymbol{G}_1\boldsymbol{G}_2\boldsymbol{f}(t) \tag{3-157}$$

令

$$\boldsymbol{f}_1(t)=\boldsymbol{G}_2\boldsymbol{f}(t)$$

$$\boldsymbol{f}_2(t)=\boldsymbol{G}_1\boldsymbol{f}_1(t)$$

$$\boldsymbol{f}_3(t)=\boldsymbol{G}_0\boldsymbol{f}_2(t)$$

则

$$[W_{\mathrm{H}}(n)]=\frac{1}{8}[f_3(t)]$$

下面是具体计算 $\boldsymbol{f}_1(t)$、$\boldsymbol{f}_2(t)$、$\boldsymbol{f}_3(t)$的公式及流程图。

$$\boldsymbol{f}_1(t)=\boldsymbol{G}_2\boldsymbol{f}(t)$$

$$\begin{bmatrix}f_1(0)\\f_1(1)\\f_1(2)\\f_1(3)\\f_1(4)\\f_1(5)\\f_1(6)\\f_1(7)\end{bmatrix}=\begin{bmatrix}1&0&0&0&1&0&0&0\\0&1&0&0&0&1&0&0\\0&0&1&0&0&0&1&0\\0&0&0&1&0&0&0&1\\1&0&0&0&-1&0&0&0\\0&1&0&0&0&-1&0&0\\0&0&1&0&0&0&-1&0\\0&0&0&1&0&0&0&-1\end{bmatrix}\begin{bmatrix}f(0)\\f(1)\\f(2)\\f(3)\\f(4)\\f(5)\\f(6)\\f(7)\end{bmatrix}=\begin{bmatrix}f(0)+f(4)\\f(1)+f(5)\\f(2)+f(6)\\f(3)+f(7)\\f(0)-f(4)\\f(1)-f(5)\\f(2)-f(6)\\f(3)-f(7)\end{bmatrix} \tag{3-158}$$

$$\boldsymbol{f}_2(t)=\boldsymbol{G}_1\boldsymbol{f}_1(t)$$

$$\begin{bmatrix}f_2(0)\\f_2(1)\\f_2(2)\\f_2(3)\\f_2(4)\\f_2(5)\\f_2(6)\\f_2(7)\end{bmatrix}=\begin{bmatrix}1&0&1&0&0&0&0&0\\0&1&0&1&0&0&0&0\\1&0&-1&0&0&0&0&0\\0&1&0&-1&0&0&0&0\\0&0&0&0&1&0&1&0\\0&0&0&0&0&1&0&1\\0&0&0&0&1&0&-1&0\\0&0&0&0&0&1&0&-1\end{bmatrix}\begin{bmatrix}f_1(0)\\f_1(1)\\f_1(2)\\f_1(3)\\f_1(4)\\f_1(5)\\f_1(6)\\f_1(7)\end{bmatrix}=\begin{bmatrix}f_1(0)+f_1(2)\\f_1(1)+f_1(3)\\f_1(0)-f_1(2)\\f_1(1)-f_1(3)\\f_1(4)+f_1(6)\\f_1(5)+f_1(7)\\f_1(4)-f_1(6)\\f_1(5)-f_1(7)\end{bmatrix} \tag{3-159}$$

$$\boldsymbol{f}_3(t)=\boldsymbol{G}_0\boldsymbol{f}_2(t)$$

$$\begin{bmatrix}f_3(0)\\f_3(1)\\f_3(2)\\f_3(3)\\f_3(4)\\f_3(5)\\f_3(6)\\f_3(7)\end{bmatrix}=\begin{bmatrix}1&1&0&0&0&0&0&0\\1&-1&0&0&0&0&0&0\\0&0&1&1&0&0&0&0\\0&0&1&-1&0&0&0&0\\0&0&0&0&1&1&0&0\\0&0&0&0&1&-1&0&0\\0&0&0&0&0&0&1&1\\0&0&0&0&0&0&1&-1\end{bmatrix}\begin{bmatrix}f_2(0)\\f_2(1)\\f_2(2)\\f_2(3)\\f_2(4)\\f_2(5)\\f_2(6)\\f_2(7)\end{bmatrix}=\begin{bmatrix}f_2(0)+f_2(1)\\f_2(0)-f_2(1)\\f_2(2)+f_2(3)\\f_2(2)-f_2(3)\\f_2(4)+f_2(5)\\f_2(4)-f_2(5)\\f_2(6)+f_2(7)\\f_2(6)-f_2(7)\end{bmatrix}\tag{3-160}$$

因为

$$\boldsymbol{H}_8=\boldsymbol{G}_0\boldsymbol{G}_1\boldsymbol{G}_2$$

而 $\boldsymbol{H}_8$、$\boldsymbol{G}_0$、$\boldsymbol{G}_1$、$\boldsymbol{G}_2$ 是对称矩阵，即

$$\boldsymbol{H}_8{}^{\mathrm T}=\boldsymbol{H}_8$$

$$\boldsymbol{G}_0{}^{\mathrm T}=\boldsymbol{G}_0$$

$$\boldsymbol{G}_1{}^{\mathrm T}=\boldsymbol{G}_1$$

$$\boldsymbol{G}_2{}^{\mathrm T}=\boldsymbol{G}_2$$

所以

$$\begin{aligned}\boldsymbol{H}_8&=\boldsymbol{H}_8^{\mathrm T}=\{\boldsymbol{G}_0\boldsymbol{G}_1\boldsymbol{G}_2\}^{\mathrm T}\\&=\boldsymbol{G}_2^{\mathrm T}\boldsymbol{G}_1^{\mathrm T}\boldsymbol{G}_0^{\mathrm T}\\&=\boldsymbol{G}_2\boldsymbol{G}_1\boldsymbol{G}_0\end{aligned}$$

$$\boldsymbol{W}_{\mathrm H}(n)=\frac{1}{8}\boldsymbol{G}_2\boldsymbol{G}_1\boldsymbol{G}_0\boldsymbol{f}(t)\tag{3-161}$$

$$\boldsymbol{f}_1'(t)=\boldsymbol{G}_0\boldsymbol{f}(t)$$

$$\boldsymbol{f}_2'(t)=\boldsymbol{G}_1\boldsymbol{f}_1'(t)$$

$$\boldsymbol{f}_3'(t)=\boldsymbol{G}_2\boldsymbol{f}_2'(t)$$

$$\boldsymbol{W}_{\mathrm H}(n)=\frac{1}{8}\boldsymbol{f}_3'(t)$$

由此，可得到另一种蝶形运算流程图，如图 3-15 所示。

对于一般情况，$N=2^p$，$p=0,1,\cdots$，则矩阵 $\boldsymbol{H}_{2^p}$ 可分解成 p 个矩阵 $\boldsymbol{G}_p$ 之乘积，即

$$\begin{aligned}\boldsymbol{H}_{2^p}&=\prod_{p=0}^{p-1}\boldsymbol{G}_p=\boldsymbol{G}_0\boldsymbol{G}_1\boldsymbol{G}_2\cdots\boldsymbol{G}_{p-1}\\&=\boldsymbol{G}_{p-1}\boldsymbol{G}_{p-2}\cdots\boldsymbol{G}_1\boldsymbol{G}_0\end{aligned}\tag{3-162}$$

所以，任意 2^r 阶快速沃尔什-哈达玛变换蝶式流程图不难用上述方法引申。

3.3.9　多维变换

在图像处理中广泛运用的是二维变换，因此，下面对二维沃尔什-哈达玛变换作一介绍。二维沃尔什-哈达玛变换的指数式为

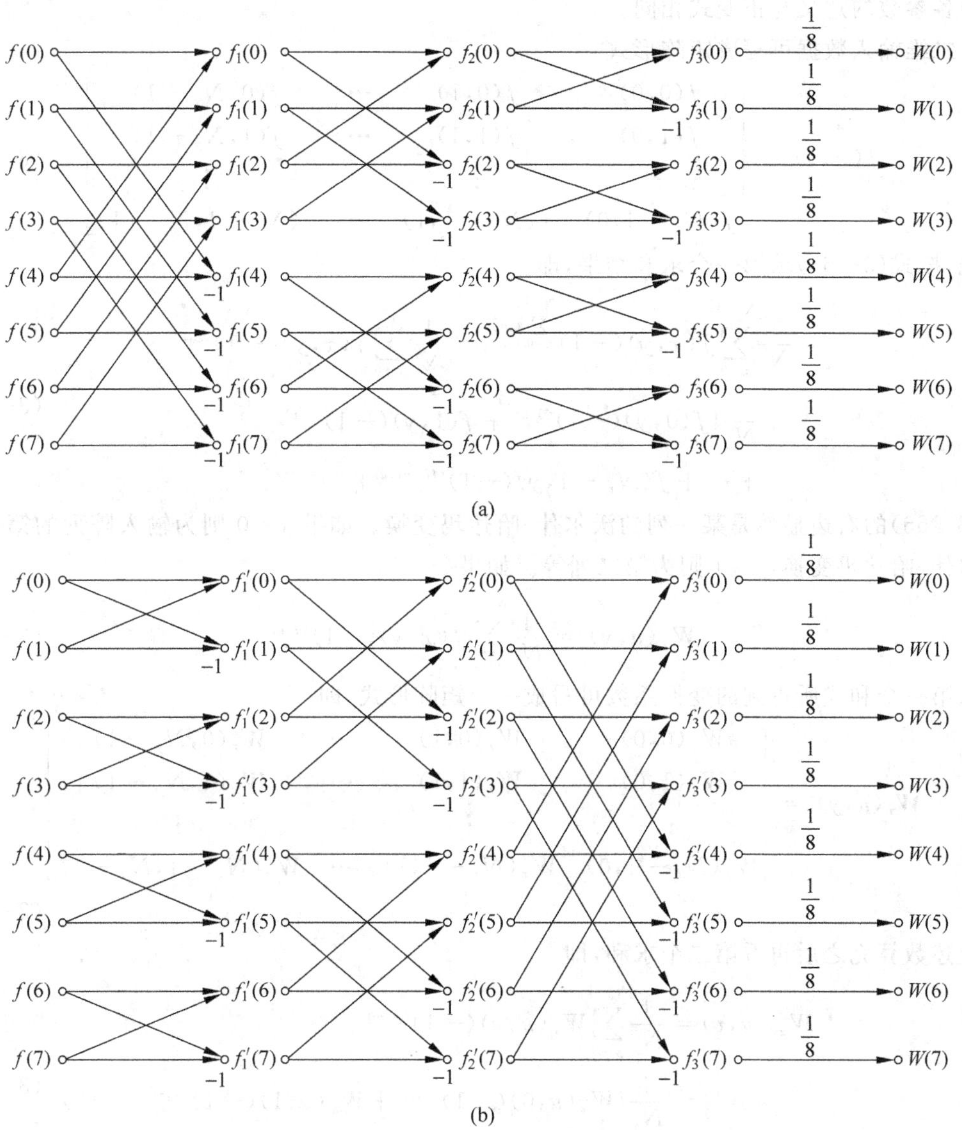

图 3-15　快速沃尔什-哈达玛变换信号流图（两种算法）

$$W_{xy}(u,v)=\frac{1}{N_y}\frac{1}{N_x}\sum_{y=0}^{N_y-1}\sum_{x=0}^{N_x-1}f(x,y)\cdot(-1)^{\sum\limits_{r=0}^{p_x-1}x_ru_r+\sum\limits_{s=0}^{p_y-1}y_sv_s}\tag{3-163}$$

式中，$f(x,y)$代表图像的像素；x、y 是该像素在空间中的位置坐标；$W_{xy}(u,v)$代表变换系数；$x,u=0,1,2,\cdots,N_x-1$；$N_x=2^{p_x}$，p_x 为正整数；x_r、u_r 是 x、u 的二进制码的第 r 位数字，$\{x_r,u_r\}\in\{0,1\}$；$y,v=0,1,2,\cdots,N_y-1$，$N_y=2^{p_y}$，p_y 为正整数；y_s、v_s 为 y、v 的二进制码的第 s 位数字$\{y_s,v_s\}\in\{0,1\}$。

二维沃尔什-哈达玛变换的逆变换式为

$$f(x,y)=\sum_{v=0}^{N_y-1}\sum_{u=0}^{N_m-1}W_{xy}(u,v)(-1)^{\sum\limits_{r=0}^{p_x-1}x_ru_r+\sum\limits_{s=0}^{p_y-1}y_sv_s}\tag{3-164}$$

式中各参数的意义与正变式相同。

二维输入数据可写成矩阵形式

$$\boldsymbol{f}(x,y)=\begin{bmatrix} f(0,0) & f(0,1) & \cdots & f(0,N_y-1) \\ f(1,0) & f(1,1) & \cdots & f(1,N_y-1) \\ \vdots & \vdots & & \vdots \\ f(N_x-1,0) & f(N_x-1,1) & \cdots & f(N_x-1,N_y-1) \end{bmatrix} \tag{3-165}$$

首先，按式(3-163)求第一个求和结果，即

$$\begin{aligned} \frac{1}{N_x}\sum_{x=0}^{N_x-1} f(x,y)(-1)^{\sum\limits_{r=0}^{p_r-1} x_r u_r} &= \frac{1}{N_x}\sum_{x=0}^{N_x-1} f(x,y)(-1)^{\langle x,u\rangle} \\ &= \frac{1}{N_x}\{f(0,y)(-1)^{\langle 0,u\rangle}+f(1,y)(-1)^{\langle 1,u\rangle} \\ &\quad +\cdots+f(N_x-1,y)(-1)^{\langle N_x-1,u\rangle}\} \end{aligned} \tag{3-166}$$

式(3-166)的右边显然是某一列的沃尔什-哈达玛变换。如果 $y=0$ 则为输入阵列的第一列沃尔什-哈达玛变换，$y=1$ 则为第二列等。如果令

$$W_x(u,y)=\frac{1}{N_x}\sum_{x=0}^{N_x-1} f(x,y)(-1)^{\langle x,u\rangle} \tag{3-167}$$

那么第一个和式所得到的变换系数可写成一个矩阵形式，即

$$\boldsymbol{W}_x(u,y)=\begin{bmatrix} W_x(0,0) & W_x(0,1) & \cdots & W_x(0,N_y-1) \\ W_x(1,0) & W_x(1,1) & \cdots & W_x(1,N_y-1) \\ \vdots & \vdots & & \vdots \\ W_x(N_x-1,0) & W_x(N_x-1,1) & \cdots & W_x(N_x-1,N_y-1) \end{bmatrix} \tag{3-168}$$

将上述数算完之后再看第二个求和，即

$$\begin{aligned} W_{xy}(u,v) &= \frac{1}{N_y}\sum_{y=0}^{N_y-1} W_x(u,y)(-1)^{\langle y,v\rangle} \\ &= \frac{1}{N_y}\{W_x(u,0)(-1)^{\langle 0,v\rangle}+W_x(u,1)(-1)^{\langle y,v\rangle} \\ &\quad +\cdots+W_x(u,N_y-1)(-1)^{\langle N_y-1,v\rangle}\} \end{aligned} \tag{3-169}$$

式中，$\langle y,u\rangle=\sum\limits_{s=0}^{p_y-1} y_s v_s$

式(3-169)说明，$W_{xy}(u,v)$可以从计算$\boldsymbol{W}_x(u,y)$的每一行的沃尔什-哈达玛变换得到。其结果产生 N_xN_y 个系数。其矩阵表达式如式(3-170)所示，即

$$\boldsymbol{W}_{xy}(u,v)=\begin{bmatrix} W_{xy}(0,0) & W_{xy}(0,1) & \cdots & W_{xy}(0,N_y-1) \\ W_{xy}(1,0) & W_{xy}(1,1) & \cdots & W_{xy}(1,N_y-1) \\ \vdots & \vdots & & \vdots \\ W_{xy}(N_x-1,0) & W_{xy}(N_x-1,1) & \cdots & W_{xy}(N_x-1,N_y-1) \end{bmatrix} \tag{3-170}$$

由上面的分析可见，二维沃尔什-哈达玛变换可用一维沃尔什-哈达玛变换来计算，其步

骤如下：

① 以 $N=N_x$，对 $\boldsymbol{f}(x,y)$中 N_y 个列中的每一列做变换，得到$\boldsymbol{W}_x(u,y)$。

② 以 $N=N_y$ 对 $\boldsymbol{W}_x(u,y)$中 N_x 行的每一行作变换，即可得到二维变换系数 $\boldsymbol{W}_{xy}(u,v)$。根据这一步骤，便可以利用一维快速沃尔什-哈达玛变换来完成二维沃尔什-哈达玛变换的计算。

另外一种计算方法是将二维沃尔什-哈达玛变换当作一维来计算。这种方法是将数据矩阵的各列依次顺序排列，这样就形成由 $N_x \times N_y$ 个元素组成的列矩阵。然后再按照一维沃尔什-哈达玛变换方法来计算。下面用实例说明一下两种计算方法。

例 3-17　设数据矩阵如下：

$$\boldsymbol{f}(x,y)=\begin{bmatrix}1 & 1 & 3 & 1\\2 & 1 & 2 & 2\end{bmatrix}$$

求 $\boldsymbol{f}(x,y)$的二维沃尔什-哈达玛变换。

解　首先对 $\boldsymbol{f}(x,y)$的每一列作变换：

第一列

$$\boldsymbol{W}_x(x,0)=\frac{1}{2}\boldsymbol{H}_2\begin{bmatrix}1\\2\end{bmatrix}=\frac{1}{2}\begin{bmatrix}1 & 1\\1 & -1\end{bmatrix}\begin{bmatrix}1\\2\end{bmatrix}=\frac{1}{2}\begin{bmatrix}3\\-1\end{bmatrix}$$

第二列

$$\boldsymbol{W}_x(x,1)=\frac{1}{2}\begin{bmatrix}1 & 1\\1 & -1\end{bmatrix}\begin{bmatrix}1\\1\end{bmatrix}=\frac{1}{2}\begin{bmatrix}2\\0\end{bmatrix}$$

第三列

$$\boldsymbol{W}_x(x,2)=\frac{1}{2}\begin{bmatrix}1 & 1\\1 & -1\end{bmatrix}\begin{bmatrix}3\\2\end{bmatrix}=\frac{1}{2}\begin{bmatrix}5\\1\end{bmatrix}$$

第四列

$$\boldsymbol{W}_x(x,3)=\frac{1}{2}\begin{bmatrix}1 & 1\\1 & -1\end{bmatrix}\begin{bmatrix}1\\2\end{bmatrix}=\frac{1}{2}\begin{bmatrix}3\\-1\end{bmatrix}$$

所以

$$\boldsymbol{W}_x(x,v)=\frac{1}{2}\begin{bmatrix}3 & 2 & 5 & 3\\-1 & 0 & 1 & -1\end{bmatrix}$$

对 $\boldsymbol{W}_x(u,y)$每一行作变换

第一行

$$\boldsymbol{W}_y(0,v)=\frac{1}{4}\times\frac{1}{2}\begin{bmatrix}1 & 1 & 1 & 1\\1 & -1 & 1 & -1\\1 & 1 & -1 & -1\\1 & -1 & -1 & 1\end{bmatrix}\begin{bmatrix}3\\2\\5\\3\end{bmatrix}=\frac{1}{8}\begin{bmatrix}13\\3\\-3\\-1\end{bmatrix}$$

第二行

$$\boldsymbol{W}_y(1,v)=\frac{1}{4}\times\frac{1}{2}\begin{bmatrix}1 & 1 & 1 & 1\\1 & -1 & 1 & -1\\1 & 1 & 1 & 1\\1 & -1 & -1 & 1\end{bmatrix}\begin{bmatrix}-1\\0\\1\\-1\end{bmatrix}=\frac{1}{8}\begin{bmatrix}-1\\1\\1\\-3\end{bmatrix}$$

最后得到二维变换系数矩阵

$$W_{xy}(u,v)=\frac{1}{8}\begin{bmatrix}13 & 3 & -3 & -1\\ -1 & 1 & -1 & -3\end{bmatrix}$$

以上是采用第一种算法得到的结果。

第二种算法如下：

将 $f(x,y)$ 改写成列矩阵 $\boldsymbol{Y}$，即

$$\boldsymbol{Y}=\begin{bmatrix}1\\2\\1\\1\\3\\2\\1\\2\end{bmatrix}$$

对 $\boldsymbol{Y}$ 做一维变换

$$\begin{bmatrix}W_y(0)\\W_y(1)\\W_y(2)\\W_y(3)\\W_y(4)\\W_y(5)\\W_y(6)\\W_y(7)\end{bmatrix}=\begin{bmatrix}1 & 1 & 1 & 1 & 1 & 1 & 1 & 1\\ 1 & -1 & 1 & -1 & 1 & -1 & 1 & -1\\ 1 & 1 & -1 & -1 & 1 & 1 & -1 & -1\\ 1 & -1 & -1 & 1 & 1 & -1 & -1 & 1\\ 1 & 1 & 1 & 1 & -1 & -1 & -1 & -1\\ 1 & -1 & 1 & -1 & -1 & 1 & -1 & 1\\ 1 & 1 & -1 & -1 & -1 & -1 & 1 & 1\\ 1 & -1 & -1 & 1 & -1 & 1 & 1 & -1\end{bmatrix}\begin{bmatrix}1\\2\\1\\1\\3\\2\\1\\2\end{bmatrix}=\begin{bmatrix}13\\-1\\3\\1\\-3\\-1\\-1\\-3\end{bmatrix}$$

然后重排一下，得

$$W_{xy}(u,v)=\frac{1}{8}\begin{bmatrix}13 & 3 & -3 & -1\\ -1 & 1 & -1 & -3\end{bmatrix}$$

显然，与第一种算法得到的结果一致。

二维沃尔什-哈达玛变换的矩阵式定义如下

$$\boldsymbol{W}_{xy}(u,v)=\frac{1}{N_xN_y}\boldsymbol{H}_{2^{n_x}}\boldsymbol{f}(x,y)\boldsymbol{H}_{2^{n_y}} \tag{3-171}$$

$$\boldsymbol{f}(x,y)=\boldsymbol{H}_{2^{n_x}}\boldsymbol{W}_{xy}(u,v)\boldsymbol{H}_{2^{n_y}} \tag{3-172}$$

式中 $\boldsymbol{H}_{2^{p_x}}$ 和 $\boldsymbol{H}_{2^{p_y}}$ 分别为 2^{p_x} 阶和 2^{p_y} 阶哈达玛矩阵。

以上介绍的是图像处理中应用的几种主要变换法，从某种意义上可以说，这些是比较经典的方法。目前，就变换来说，针对特殊的用途及目的还有更多的变换方法用于图像处理。如 Harr 变换、斜变换、小波变换、数论变换、霍夫变换等，由于学时及篇幅所限，在这里就不一一介绍了，读者可参考文献[116]。

思考题

1. 函数 $f(x,y)$可做傅里叶变换的基本条件是什么？

2. 连续的非周期函数的傅里叶谱是什么样的谱？连续的周期函数的傅里叶谱又是什么样的谱？

3. 二维傅里叶变换有哪些性质？

4. 试证明傅里叶变换的旋转性质。

5. 离散傅里叶变换有哪些性质？

6. 试证明离散傅里叶变换的卷积定理 $x(n)\cdot y(n)\Leftrightarrow X(m)*Y(m)$。

7. 快速傅里叶变换的基本思想是什么？

8. 当 $N=16$ 时，试画出快速傅里叶变换的两种流程图。

9. 试写出 128×128 大小图像的快速傅里叶变换程序并上机实验。

10. 基 2 的时间分解和基 2 的频率分解的要点是什么？

11. 用计算机实现快速傅里叶变换要解决哪些问题？如何解决？

12. 如果 $N=16$，试求 $x_3(2)$的对偶节点。

13. 如果 $N=16$，试求 $x_2(9)$的对偶节点。

14. 试求 $N=16$，$x_2(4)$的加权系数 W_{16}^{P}。

15. 试求 $N=16$，$x_2(8)$的加权系数 W_{16}^{P}。

16. 如何实现离散余弦变换的快速算法？

17. 试写出利用快速傅里叶变换实现的离散余弦变换程序并上机实验。

18. 沃尔什函数是如何定义的？它们之间的关系是什么？

19. 如何用 Rademacher 函数来构造三种沃尔什函数？

20. 如果 $p=4$，试求 $\mathrm{Wal_w}(9,t)$的 Rademacher 函数表达式。

21. 如果 $p=4$，试求 $\mathrm{Wal_p}(9,t)$的 Rademacher 函数表达式。

22. 如果 $p=4$，试求 $\mathrm{Wal_H}(9,t)$的 Rademacher 函数表达式。

23. 如果 $\mathrm{Wal_w}(5,t)$已知，试求与其相对应的 $\mathrm{Wal_p}(i,t)$及 $\mathrm{Wal_H}(i,t)$。

24. 离散沃尔什变换有哪些性质？

25. 什么是模 2 移位序列？它是如何构造的？

26. 试证明模 2 移位列率卷积定理。

27. 什么是循环移位序列？它是如何构造的？

28. 快速沃尔什变换的基本思想是什么？

29. 当 $N=16$ 时，试画出快速沃尔什变换的两种流程图。

第4章 图像增强

图像增强是数字图像处理的基本内容之一。

图像增强是指按特定的需要突出一幅图像中的某些信息，同时，削弱或去除某些不需要的信息的处理方法。其主要目的是使处理后的图像对某种特定的应用来说，比原始图像更适用。因此，这类处理是为了某种应用目的而去改善图像质量的。处理的结果使图像更适合于人的视觉特性或机器的识别系统。应该明确的是，增强处理并不能增强原始图像的信息，其结果只能增强对某种信息的辨别能力，而这种处理有可能损失一些其他信息。

图像增强技术主要包括直方图修改处理、图像平滑化处理、图像尖锐化处理及彩色处理技术等。在实用中可以采用单一方法处理，也可以采用几种方法联合处理，以便达到预期的增强效果。

图像增强技术基本上可分成两大类：一类是频域处理法；另一类是空域处理法。

频域处理法的基础是卷积定理。它采用修改图像傅里叶变换的方法实现对图像的增强处理。由卷积定理可知，如果原始图像是 $f(x,y)$，处理后的图像是 $g(x,y)$，而 $h(x,y)$ 是处理系统的冲激响应，那么，处理过程可由式(4-1)表示，即

$$g(x,y) = h(x,y) * f(x,y) \tag{4-1}$$

其中 $*$ 代表卷积。如果 $G(u,v)$、$H(u,v)$、$F(u,v)$ 分别是 $g(x,y)$、$h(x,y)$、$f(x,y)$ 的傅里叶变换，那么，上面的卷积关系可表示为变换域的乘积关系，即

$$G(u,v) = H(u,v) \cdot F(u,v) \tag{4-2}$$

式中 $H(u,v)$ 为传递函数。

在增强问题中，$f(x,y)$ 是给定的原始数据，经傅里叶变换可得到 $F(u,v)$。选择合适的 $H(u,v)$，使得由式

$$g(x,y) = \mathcal{F}^{-1}[H(u,v) \cdot F(u,v)] \tag{4-3}$$

得到的 $g(x,y)$ 比 $f(x,y)$ 在某些特性方面更加鲜明、突出，因而更加易于识别、解译。例如，可以强调图像中的低频分量使图像得到平滑，也可以强调图像中的高频分量使图像的边缘得到增强等。以上就是频域处理法的基本原理。

空域法是直接对图像中的像素进行处理，基本上是以灰度映射变换为基础的。所用的映射变换取决于增强的目的，如增加图像的对比度、改善图像的灰度层次等处理均属空域法处理。

应该特别提及的是，增强后的图像质量的好坏主要靠人的视觉来评定，而视觉评定是一种高度的主观处理。因此，为了一种特定的用途而采用的一种特定的处理方法，得到一幅特定的图像，对其质量的评价方法和准则也是特定的，所以，很难对各种处理定出一个通用的标准。由此可知，图像增强没有通用理论。

4.1　用直方图修改技术进行图像增强

灰度级的直方图描述了一幅图像的概貌,用修改直方图的方法增强图像是实用而有效的处理方法之一。

4.1.1　直方图

什么是灰度级的直方图呢？简单地说,灰度级的直方图就是反映一幅图像中的灰度级与出现这种灰度的概率之间关系的图形。

设变量 r 代表图像中像素灰度级。在图像中,像素的灰度级可作归一化处理,这样,r 的值将限定在下述范围之内：

$$0 \leqslant r \leqslant 1 \tag{4-4}$$

在灰度级中,$r=0$ 代表黑,$r=1$ 代表白。对于一幅给定的图像来说,每一个像素取得[0,1]区间内的灰度级是随机的,也就是说 r 是一个随机变量。假定对每一瞬间它们是连续的随机变量,那么,就可以用概率密度函数 $p_r(r)$ 来表示原始图像的灰度分布。如果用直角坐标系的横轴代表灰度级 r,用纵轴代表灰度级的概率密度 $p_r(r)$,这样就可以针对一幅图像在这个坐标系中作出一条曲线来。这条曲线在概率论中就是分布密度曲线,如图 4-1 所示。

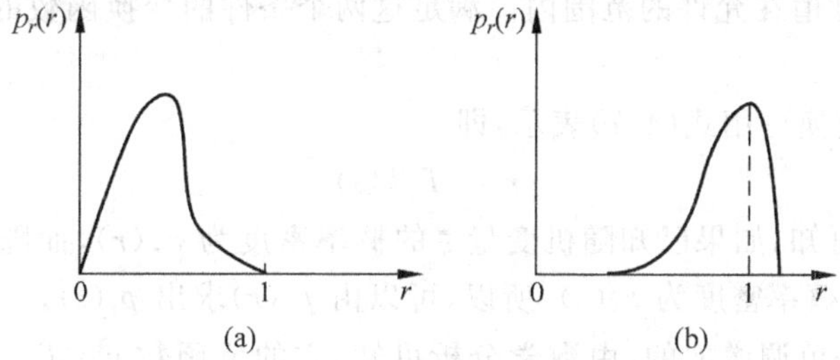

图 4-1　图像灰度分布概率密度函数

从图像灰度级的分布可以看出一幅图像的灰度分布特性。例如,从图 4-1 中的(a)、(b)两个灰度密度分布中可以看出,图 4-1(a)所示的大多数像素灰度值取在较暗的区域,所以这幅图像肯定较暗,一般在摄影过程中曝光过强就会造成这种结果；而图 4-1(b)所示图像的像素灰度值集中在亮区,因此,图 4-1(b)所示的特性将偏亮,一般在摄影中曝光太弱将导致这种结果。当然,从两幅图像的灰度分布来看图像的质量均不理想。

为了有利于数字图像处理,必须引入离散形式。在离散形式下,用 r_k 代表离散灰度级,用 $P_r(r_k)$代替 $p_r(r)$,并且有式(4-5)成立,即

$$P_r(r_k) = \frac{n_k}{n}, \quad 0 \leqslant r_k \leqslant 1, \quad k = 0,1,2,\cdots,l-1 \tag{4-5}$$

式中,n_k 为图像中出现 r_k 这种灰度的像素数；n 是图像中像素总数；$\frac{n_k}{n}$ 就是概率论中所说的频数。在直角坐标系中作出 r_k 与 $P_r(r_k)$的关系图形,这个图形称为直方图,如图 4-2 所示。

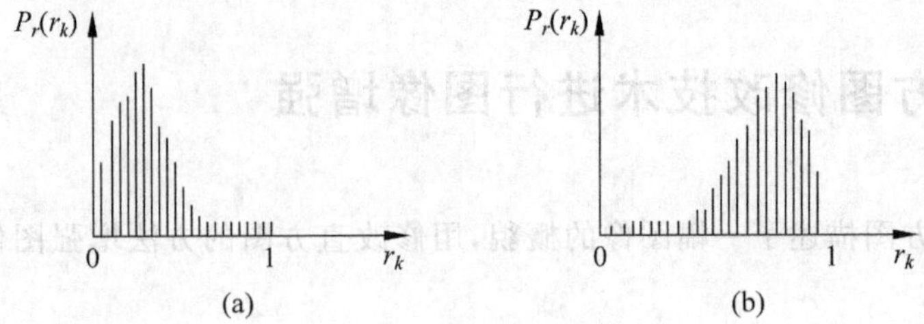

图 4-2　灰度级的直方图

4.1.2 直方图修改技术的基础

如上面所述，一幅给定的图像的灰度级分布在 $0 \leqslant r \leqslant 1$ 范围内。可以对[0,1]区间内的任意一个 r 值进行以下变换：

$$s = T(r) \tag{4-6}$$

也就是说，通过上述变换，每个原始图像的像素灰度值 r 都对应产生一个 s 值。变换函数 $T(r)$ 应满足下列条件：

① 在 $0 \leqslant r \leqslant 1$ 区间内，$T(r)$ 单值单调增加。

② 对于 $0 \leqslant r \leqslant 1$，有 $0 \leqslant T(r) \leqslant 1$。

这里的第一个条件保证了图像的灰度级从白到黑的次序不变。第二个条件则保证了映射变换后的像素灰度值在允许的范围内。满足这两个条件的变换函数的一个例子如图 4-3 所示。

从 s 到 r 的反变换可用式(4-7)表示，即

$$r = T^{-1}(s) \tag{4-7}$$

由概率论理论可知，如果已知随机变量 ξ 的概率密度为 $p_r(r)$，而随机变量 η 是 ξ 的函数，即 $\eta = T(\xi)$，η 的概率密度为 $p_s(s)$，所以，可以由 $p_r(r)$ 求出 $p_s(s)$。

因为 $s = T(r)$ 是单调增加的，由数学分析可知，它的反函数 $r = T^{-1}(s)$ 也是单调函数。在这种情况下，如图 4-4 所示，$\eta < s$ 且仅当 $\xi < r$ 时发生，所以可以求得随机变量 η 的分布函数为

$$F_\eta(s) = P(\eta < s) = P[\xi < r] = \int_{-\infty}^{r} p_r(x)\mathrm{d}x \tag{4-8}$$

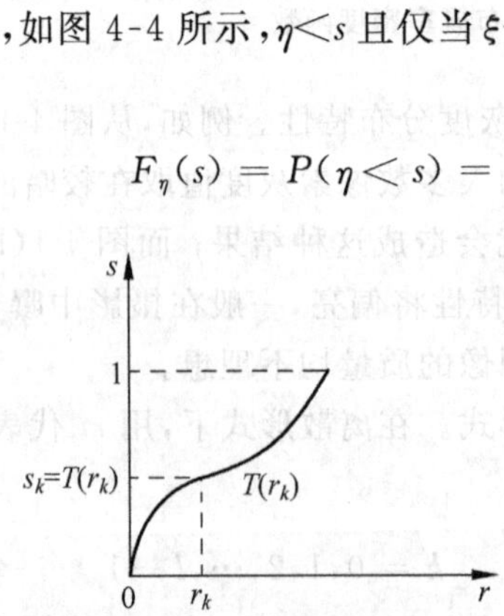

图 4-3　一种灰度变换函数

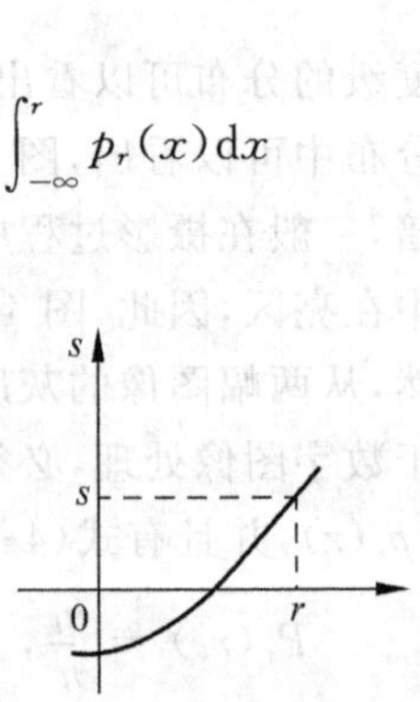

图 4-4　r 和 s 的变换函数关系

对式(4-8)两边求导，即可得到随机变量 η 的分布密度函数 $p_s(s)$ 为

$$p_s(s) = p_r(r) \cdot \frac{\mathrm{d}}{\mathrm{d}s}[T^{-1}(s)] = \left[p_r(r) \cdot \frac{\mathrm{d}r}{\mathrm{d}s}\right]_{r=T^{-1}(s)} \tag{4-9}$$

由式(4-9)可见，通过变换函数 $T(r)$ 可以控制图像灰度级的概率密度函数，从而改变图像的灰度层次。这就是直方图修改技术的基础。

4.1.3　直方图均衡化处理

直方图均衡化处理是以累积分布函数变换法为基础的直方图修正法。假定变换函数为

$$s = T(r) = \int_0^r p_r(\omega)\mathrm{d}\omega \tag{4-10}$$

式中，ω 是积分变量；$\int_0^r p_r(\omega)\mathrm{d}\omega$ 是 r 的累积分布函数(CDF)。这里，累积分布函数是 r 的函数，并且单调地从 0 增加到 1，所以这个变换函数满足关于 $T(r)$ 在 $0 \leqslant r \leqslant 1$ 内单值单调增加，在 $0 \leqslant r \leqslant 1$ 内有 $0 \leqslant T(r) \leqslant 1$ 的两个条件。

对式(4-10)中的 r 求导，则

$$\frac{\mathrm{d}s}{\mathrm{d}r} = p_r(r) \tag{4-11}$$

再把结果代入式(4-9)则

$$\begin{aligned} p_s(s) &= \left[p_r(r) \cdot \frac{\mathrm{d}r}{\mathrm{d}s}\right]_{r=T^{-1}(s)} \\ &= \left[p_r(r) \cdot \frac{1}{\frac{\mathrm{d}s}{\mathrm{d}r}}\right]_{r=T^{-1}(s)} = \left[p_r(r) \cdot \frac{1}{p_r(r)}\right] = 1 \end{aligned} \tag{4-12}$$

由上面的推导可见，在变换后的变量 s 的定义域内的概率密度是均匀分布的。由此可见，用 r 的累积分布函数作为变换函数可产生一幅灰度级分布具有均匀概率密度的图像。其结果扩展了像素取值的动态范围。

例如，在图 4-5 中，图 4-5(a)是原始图像的概率密度函数。从图中可知，这幅图像的灰度集中在较暗的区域，这相当于一幅曝光过强的照片。由图 4-5(a)可知，原始图像的概率密度函数为

$$p_r(r) = \begin{cases} -2r+2, & 0 \leqslant r \leqslant 1 \\ 0, & r \text{ 为其他值} \end{cases}$$

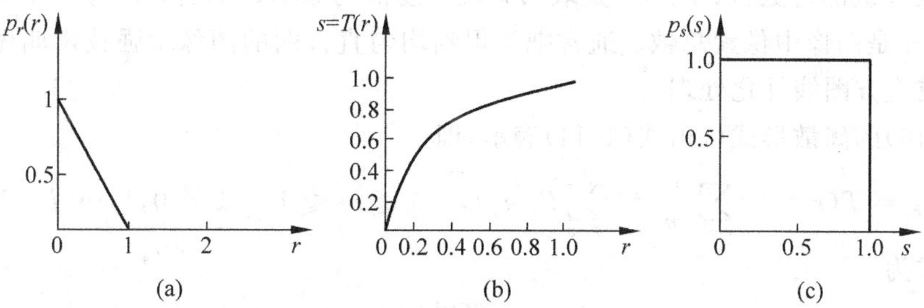

图 4-5　均匀密度变换法

用累积分布函数原理求变换函数

$$s=T(r)=\int_0^r p_r(\omega)\mathrm{d}\omega$$

$$=\int_0^r(-2\omega+2)\mathrm{d}\omega=-r^2+2r$$

由此可知变换后的 s 值与 r 值的关系为

$$s=-r^2+2r=T(r)$$

按照这样的关系变换就可以得到一幅改善了质量的新图像。这幅图像的灰度层次将不再是呈现黑暗色调的图像，而是一幅灰度层次较为适中的、比原始图像清晰、明快得多的图像。

下面还可以通过简单的推证，证明变换后的灰度级概率密度是均匀分布的。

因为

$$s=T(r)=-r^2+2r$$

所以

$$r=T^{-1}(r)=1\pm\sqrt{1-s}$$

由于 r 取值在[0,1]区间内，所以

$$r=1-\sqrt{1-s}$$

$$\frac{\mathrm{d}r}{\mathrm{d}s}=\frac{\mathrm{d}}{\mathrm{d}s}\left[1-\sqrt{1-s}\right]=\frac{1}{2\sqrt{1-s}}$$

而

$$p_r(r)=-2r+2=-2(1-\sqrt{1-s})+2=2\sqrt{1-s}$$

因此

$$p_s(s)=\left[p_r(r)\cdot\frac{\mathrm{d}r}{\mathrm{d}s}\right]_{r=T^{-1}(s)}=\left[2\sqrt{1-s}\cdot\frac{1}{2\sqrt{1-s}}\right]=1$$

这个简单的证明说明，在希望的灰度级范围内，其概率密度呈均匀分布。

图 4-5(b)、(c)分别为变换函数和变换后的均匀的概率密度函数。

上面的修正方法是以连续随机变量为基础进行讨论的。正如前面谈到的那样，为了对图像进行数字处理，必须引入离散形式的公式。当灰度级是离散值的时候，可用频数近似代替概率值，即

$$P_r(r_k)=\frac{n_k}{n},\quad 0\leqslant r_k\leqslant 1,\quad k=0,1,\cdots,l-1 \tag{4-13}$$

式中，l 是灰度级的总数目；$P_r(r_k)$是取第 k 级灰度值的概率；n_k 是在图像中出现第 k 级灰度的次数；n 是图像中像素总数。通常把为得到均匀直方图的图像增强技术叫做直方图均衡化处理或直方图线性化处理。

式(4-10)的离散形式可由式(4-14)表示，即

$$s_k=T(r_k)=\sum_{j=0}^{k}\frac{n_j}{n}=\sum_{j=0}^{k}P_r(r_j),\quad 0\leqslant r_j\leqslant 1,\quad k=0,1,\cdots,l-1 \tag{4-14}$$

其反变换式为

$$r_k=T^{-1}(s_k) \tag{4-15}$$

例如，假定有一幅像素数为 64×64、灰度级为 8 级的图像，其灰度级分布如表 4-1 所示，对其进行均衡化处理。其灰度级直方图如图 4-6 所示。

表 4-1　64×64 大小的图像灰度分布

r_k	n_k	$P_r(r_k)=\frac{n_k}{n}$	r_k	n_k	$P_r(r_k)=\frac{n_k}{n}$
$r_0=0$	790	0.19	$r_4=\frac{4}{7}$	329	0.08
$r_1=\frac{1}{7}$	1023	0.25	$r_5=\frac{5}{7}$	245	0.06
$r_2=\frac{2}{7}$	850	0.21	$r_6=\frac{6}{7}$	122	0.03
$r_3=\frac{3}{7}$	656	0.16	$r_7=1$	81	0.02

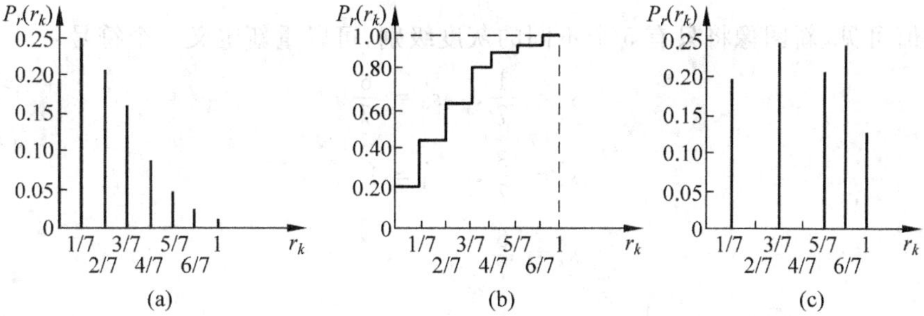

图 4-6　直方图均衡化处理直方图

处理过程如下：

由式(4-14)，可得到变换函数为

$$s_0 = T(r_0) = \sum_{j=0}^{0} P_r(r_j)$$
$$= P_r(r_0) = 0.19$$
$$s_1 = T(r_1) = \sum_{j=0}^{1} P_r(r_j)$$
$$= P_r(r_0) + P_r(r_1) = 0.44$$
$$s_2 = T(r_2) = \sum_{j=0}^{2} P_r(r_j)$$
$$= P_r(r_0) + P_r(r_1) + P_r(r_2)$$
$$= 0.19 + 0.25 + 0.21 = 0.65$$
$$s_3 = T(r_3) = \sum_{j=0}^{3} P_r(r_j)$$
$$= P_r(r_0) + P_r(r_1) + P_r(r_2) + P_r(r_3) = 0.81$$

依此类推

$$s_4 = 0.89$$
$$s_5 = 0.95$$
$$s_6 = 0.98$$
$$s_7 = 1.00$$

变换函数如图 4-6 (b)所示。

这里对图像只取 8 个等间隔的灰度级,变换后的 s 值也只能选择最靠近的一个灰度级的值。因此,对上述计算值加以修正。

$$s_0 \approx \frac{1}{7}, \quad s_4 \approx \frac{6}{7}$$

$$s_1 \approx \frac{3}{7}, \quad s_5 \approx 1$$

$$s_2 \approx \frac{5}{7}, \quad s_6 \approx 1$$

$$s_3 \approx \frac{6}{7}, \quad s_7 \approx 1$$

由上述数值可见,新图像将只有 5 个不同的灰度级别,可以重新定义一个符号:

$$s'_0 = \frac{1}{7}, \quad s'_3 = \frac{6}{7}$$

$$s'_1 = \frac{3}{7}, \quad s'_4 = 1$$

$$s'_2 = \frac{5}{7}$$

因为 $r_0 = 0$ 经变换得 $s'_0 = \frac{1}{7}$,所以有 790 个像素取 s'_0 这个灰度值,r_1 映射到 $s'_1 = \frac{3}{7}$,所以有 1023 个像素取 $s'_1 = \frac{3}{7}$ 这一灰度值,依此类推,有 850 个像素取 $s'_2 = \frac{5}{7}$ 这一灰度值。但是,因为 r_3 和 r_4 均映射到 $s'_3 = \frac{6}{7}$ 这一灰度值,所以有 656+329=985 个像素取这个值。同样,有 245+122+81=448 个像素取 $s_4 = 1$ 这个新灰度值。用 $n = 4096$ 来除上述这些 n_k 值便可得到新的直方图。新直方图如图 4-6 (c)所示。

由上面的例子可见,利用累积分布函数作为灰度变换函数,经变换后得到的新灰度的直方图虽然不很平坦,但毕竟比原始图像的直方图平坦得多,而且其动态范围也大大地扩展了。因此这种方法对于对比度较弱的图像进行处理是很有效的。

由以上例子可见,直方图均衡化处理的步骤如下:

① 对给定的待处理图像统计其直方图,求出 $P_r(r)$。

② 根据统计出的直方图采用累积分布函数做变换:

$$s_k = T(r_k) = \sum_{j=0}^{k} P_r(r_j)$$

求变换后的新灰度。

③ 用新灰度代替旧灰度,求出 $P_s(s)$。这一步是近似过程,应根据处理目的尽量做到合理,同时把灰度值相等或近似地合并到一起。

以上便是直方图均衡化处理的基本步骤。

因为直方图是近似的概率密度函数,所以用离散灰度级作变换时很少能得到完全平坦的结果。另外,从上例中可以看出变换后的灰度级减少了,这种现象叫做“简并”现象。由于简并现象的存在,处理后的灰度级总是要减少的。这是像素灰度有限的必然结果。由于上述原因,数字图像的直方图均衡只是近似的。

那么如何减少简并现象呢？产生简并现象的根源是利用变换公式 $s_k = \sum_{j=0}^{k} P_r(r_j)$ 求新灰度时，所得到的 s_k 往往不是允许的灰度值，这时就要采用舍入的方法求近似值，以便用与它最接近的允许灰度来代替它。在舍入的过程中，一些相邻的 s_k 值变成了相同的 s'_k 值，这就发生了简并现象，于是也就造成了一些灰度层次的损失。减少简并现象的简单方法是增加像素的比特数。比如，通常用 8bit 来代表一个像素，而现在用 12bit 来表示一个像素，这样就可减少简并现象发生的机会，从而减少灰度层次的损失。另外，采用灰度间隔放大理论的直方图修正法也可以减少简并现象。这种灰度间隔放大可以按照眼睛的对比度灵敏度特性和成像系统的动态范围进行放大。一般实现方法采用以下几步：

① 统计原始图像的直方图。

② 根据给定的成像系统的最大动态范围和原始图像的灰度级来确定处理后的灰度级间隔。

③ 根据求得的步长来求变换后的新灰度。

④ 用处理后的新灰度代替处理前的灰度。

以上两种方法都可以提高直方图均衡化处理的质量。大大减少由于简并现象所带来的灰度级丢失。

4.1.4 直方图规定化处理

直方图均衡化处理方法是行之有效的增强方法之一，但是，由于它的变换函数采用的是累积分布函数，因此，正如前面所证明的那样，它只能产生近似均匀的直方图这样一种结果。这样就必然会限制它的效能。也就是说，在不同的情况下，并不是总需要具有均匀直方图的图像，有时需要具有特定的直方图的图像，以便能够对图像中的某些灰度级加以增强。直方图规定化方法就是针对上述思想提出来的一种直方图修正增强方法。下面仍然从研究连续灰度级的概率密度函数入手来讨论直方图规定化的基本思想。

假设 $p_r(r)$ 是原始图像灰度分布的概率密度函数，$p_z(z)$ 是希望得到的图像的概率密度函数。如何建立 $p_r(r)$ 和 $p_z(z)$ 之间的联系是直方图规定化处理的关键。

首先对原始图像进行直方图均衡化处理，即

$$s = T(r) = \int_0^r p_r(\omega)\,\mathrm{d}\omega \tag{4-16}$$

假定已经得到了所希望的图像，并且规定它的概率密度函数是 $p_z(z)$。对这幅图像也作均衡化处理，即

$$u = G(z) = \int_0^z p_z(\omega)\,\mathrm{d}\omega \tag{4-17}$$

因为对于两幅图像（注意，这两幅图像只是灰度分布概率密度不同）同样做了均衡化处理，所以 $p_s(s)$ 和 $p_u(u)$ 具有同样的均匀密度。其中式(4-17)的逆过程为

$$z = G^{-1}(u) \tag{4-18}$$

这样，如果用从原始图像中得到的均匀灰度级 s 来代替逆过程中的 u，其结果灰度级将是所要求的概率密度函数 $p_z(z)$ 的灰度级。

$$z = G^{-1}(u) = G^{-1}(s) \tag{4-19}$$

根据以上思路，可以总结出直接直方图规定化增强处理的步骤如下：

① 用直方图均衡化方法将原始图像作均衡化处理。

② 规定希望的灰度概率密度函数 $p_z(z)$，并用式(4-17)做均衡化处理，求得变换函数 $G(z)$。

③ 将逆变换函数 $z=G^{-1}(s)$ 用到步骤(1)中所得到的灰度级，即

$$z = G^{-1}(u)$$
$$z \approx G^{-1}(s)$$
$$z \approx G^{-1}[T(r)]$$

这样，就实现了 r 与 z 的映射关系。

以上 3 步得到了原始图像的另一种处理方法。在这种处理方法中得到的新图像的灰度级具有事先规定的概率密度函数 $p_z(z)$。

直方图规定化方法中包括两个变换函数，这就是 $T(r)$ 和 $G^{-1}(s)$。这两个函数可以简单地组成一个函数关系。利用这个函数关系可以从原始图像产生希望的灰度分布。

将 $s=T(r)=\int_0^r p_r(\omega)\mathrm{d}\omega$，代入式(4-19)，有

$$z = G^{-1}[T(r)] \tag{4-20}$$

式(4-20)就是用 r 来表示 z 的公式。很显然，如果 $G^{-1}[T(r)]=T(r)$ 时，这个式子就简化为直方图均衡化方法了。

这种方法在连续变量的情况下涉及求反变换函数的解析式的问题，一般情况下较为困难。但是由于数字处理是处理离散变量，因此，可用近似的方法绕过这个问题，从而较简单地克服了这个困难。

下面通过例子来说明处理过程。例如，这里仍用 64×64 像素的图像，其灰度级仍然是 8 级。其直方图如图 4-7(a)所示，图 4-7(b)是规定的直方图，图 4-7(c)为变换函数，图 4-7(d)为处理后的结果直方图。原始直方图和规定的直方图的数值分别列于表 4-2 和表 4-3 中，经过直方图均衡化处理后的直方图数值列于表 4-4 中。

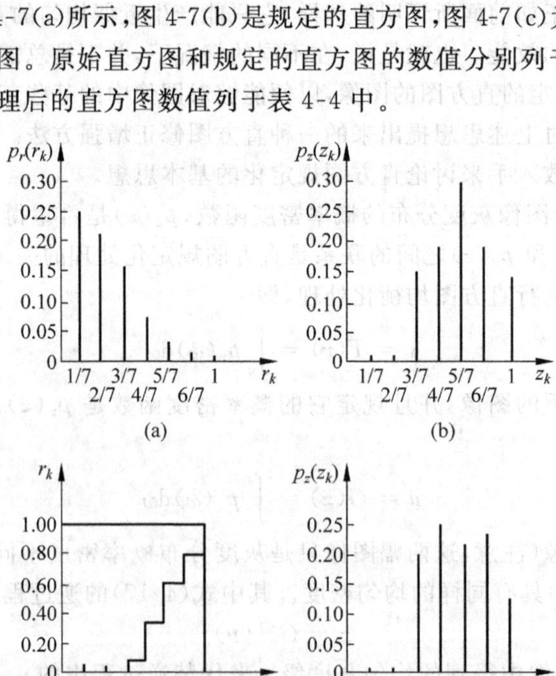

图 4-7　直方图规定化处理方法

表 4-2 原始直方图数据

r_k	n_k	$p_r(r_k)=\frac{n_k}{n}$	r_k	n_k	$p_r(r_k)=\frac{n_k}{n}$
$r_0=0$	790	0.19	$r_4=\frac{4}{7}$	329	0.08
$r_1=\frac{1}{7}$	1023	0.25	$r_5=\frac{5}{7}$	245	0.06
$r_2=\frac{2}{7}$	850	0.21	$r_6=\frac{6}{7}$	122	0.03
$r_3=\frac{3}{7}$	656	0.16	$r_7=1$	81	0.02

表 4-3 规定的直方图数据

z_k	$p_z(z_k)$	z_k	$p_z(z_k)$
$z_0=0$	0.00	$z_4=\frac{4}{7}$	0.20
$z_1=\frac{1}{7}$	0.00	$z_5=\frac{5}{7}$	0.30
$z_2=\frac{2}{7}$	0.00	$z_6=\frac{6}{7}$	0.20
$z_3=\frac{3}{7}$	0.15	$z_7=1$	0.15

表 4-4 均衡化处理后的直方图数据

$r_j\rightarrow s_k$	n_k	$p_s(s_k)$	$r_j\rightarrow s_k$	n_k	$p_s(s_k)$
$r_0\rightarrow s_0=\frac{1}{7}$	790	0.19	$r_3,r_4\rightarrow s_3=\frac{6}{7}$	985	0.24
$r_1\rightarrow s_1=\frac{3}{7}$	1023	0.25	$r_5,r_6,r_7\rightarrow s_4=1$	448	0.11
$r_2\rightarrow s_2=\frac{5}{7}$	850	0.21			

计算步骤如下：

① 对原始图像进行直方图均衡化映射处理的数值列于表 4-4 的 n_k 栏目内。

② 利用式(4-14)计算变换函数。

$$u_k=G(z_k)=\sum_{j=0}^{k}p_z(z_j)$$

$$u_0=G(z_0)=\sum_{j=0}^{0}p_z(z_j)=p_z(z_0)=0.00$$

$$u_1=G(z_1)=\sum_{j=0}^{1}p_z(z_j)=p_z(z_0)+p_z(z_1)=0.00$$

$$u_2=G(z_2)=\sum_{j=0}^{2}p_z(z_j)$$
$$=p_z(z_0)+p_z(z_1)+p_z(z_2)=0.00$$

$$u_3=G(z_3)=\sum_{j=0}^{3}p_z(z_j)$$
$$=p_z(z_0)+p_z(z_1)+p_z(z_2)+p_z(z_3)=0.15$$

依此类推求得

$$u_4 = G(z_4) = 0.35$$
$$u_5 = G(z_5) = 0.65$$
$$u_6 = G(z_6) = 0.85$$
$$u_7 = G(z_7) = 1$$

③ 用直方图均衡化中的 s_k 进行 G 的反变换求 z：

$$z_k = G^{-1}(s_k)$$

这一步实际上是近似过程，也就是找出 s_k 与 $G(z_k)$ 的最接近的值。例如，$s_0=\dfrac{1}{7}\approx 0.14$，与它最接近的是 $G(z_3)=0.15$，所以可写成 $G^{-1}(0.15)=z_3$。用这样的方法可得到下列变换值：

$$s_0 = \frac{1}{7} \rightarrow z_3 = \frac{3}{7}$$
$$s_1 = \frac{3}{7} \rightarrow z_4 = \frac{4}{7}$$
$$s_2 = \frac{5}{7} \rightarrow z_5 = \frac{5}{7}$$
$$s_3 = \frac{6}{7} \rightarrow z_6 = \frac{6}{7}$$
$$s_4 = 1 \rightarrow z_7 = 1$$

④ 用 $z=G^{-1}[T(r)]$ 找出 r 与 z 的映射关系：

$$r_0 = 0 \rightarrow z_3 = \frac{3}{7}$$
$$r_1 = \frac{1}{7} \rightarrow z_4 = \frac{4}{7}$$
$$r_2 = \frac{2}{7} \rightarrow z_5 = \frac{5}{7}$$
$$r_3 = \frac{3}{7} \rightarrow z_6 = \frac{6}{7}$$
$$r_4 = \frac{4}{7} \rightarrow z_6 = \frac{6}{7}$$
$$r_5 = \frac{5}{7} \rightarrow z_7 = 1$$
$$r_6 = \frac{6}{7} \rightarrow z_7 = 1$$
$$r_7 = 1 \rightarrow z_7 = 1$$

⑤ 根据这样的映射重新分配像素，并用 $n=4096$ 去除，可得到最后的直方图，其数据如表 4-5 所示。

由图 4-7 可见，结果直方图与希望的形状并不完全吻合，与直方图均衡化的情况一样，这种误差是多次近似造成的。只有在连续的情况下，求得准确的反变换函数才能得到准确的结果。在灰度级减少时，规定的和最后得到的直方图之间的误差趋向于增加。但是实际处理效果表明，尽管是一种近似的直方图，也可以得到较明显的增强效果。

表 4-5　结果直方图数据

z_k	n_k	$p_k(z_k)$	z_k	n_k	$p_k(z_k)$
$z_0=0$	0	0.00	$z_4=\frac{4}{7}$	1023	0.25
$z_1=\frac{1}{7}$	0	0.00	$z_5=\frac{5}{7}$	850	0.21
$z_2=\frac{2}{7}$	0	0.00	$z_6=\frac{6}{7}$	985	0.24
$z_3=\frac{3}{7}$	790	0.19	$z_7=1$	448	0.11

实际上，从 s 到 z 的反变换有时不是单值的。当在规定的直方图中没有填满的灰度级或在 $G^{-1}(s)$ 取最接近的可能的灰度级的过程中，就会出现这种情况，如图 4-8 所示。从图中可见，$s=\frac{3}{7}$ 既可以映射成 $z=\frac{3}{7}$，也可以映射成 $\frac{4}{7}$。处理这种情况的方法一般是指定一个灰度级，使这个灰度级尽可能与给定的灰度级相配合。

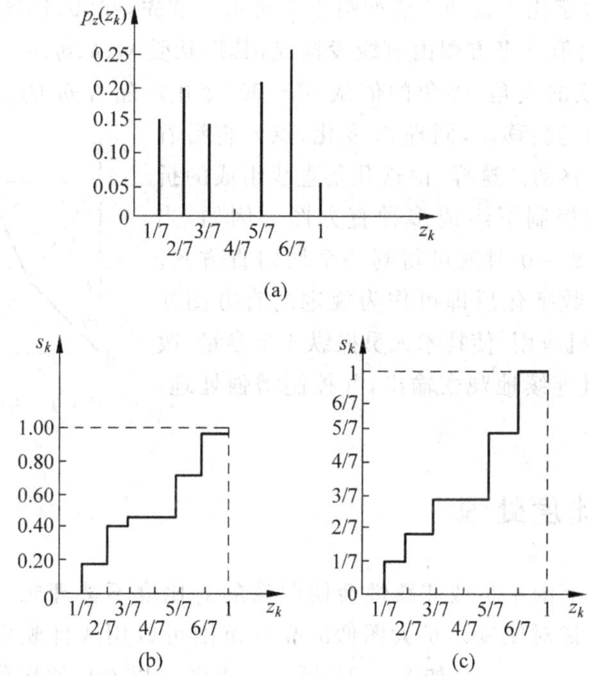

图 4-8　一种非单值变换情况

(a) 规定的直方图；(b) 原始变换函数；(c) 舍入函数

利用直方图规定化方法进行图像增强的主要困难在于如何构成有意义的直方图。一般有两种方法。

一种是给定一个规定的概率密度函数，如高斯、瑞利等函数。一些常用的直方图修正转换函数列于表 4 6 中。

表 4-6 直方图修正转换函数

规定的概率密度模型		转换函数
均匀	$p_z(z)=\dfrac{1}{r_{\max}-r_{\min}}$ $r_{\min}\leqslant r\leqslant r_{\max}$	$r=[r_{\max}-r_{\min}]p_r(r)+r_{\min}$
指数	$p_z(z)=a\exp\{-a(r-r_{\min})\}$ $r\geqslant r_{\min}$	$r=r_{\min}-\dfrac{1}{a}\ln[1-p_r(r)]$
雷利	$p_z(z)=\dfrac{r-r_{\min}}{a^2}\exp\left\{-\dfrac{(r-r_{\min})^2}{2a^2}\right\}$ $r\geqslant r_{\min}$	$r=r_{\min}+\left[2a^2\ln\left(\dfrac{1}{1-p_r(r)}\right)\right]^{\frac{1}{2}}$
双曲线(立方根)	$p_z(z)=\dfrac{1}{3}\dfrac{r^{\frac{2}{3}}}{r_{\max}^{\frac{1}{3}}-r_{\min}^{\frac{1}{3}}}$	$r=[(r_{\max}^{\frac{1}{3}}-r_{\min}^{\frac{1}{3}})p_r(r)+r_{\min}^{\frac{1}{3}}]^3$
双曲线(对数)	$p_z(z)=\dfrac{1}{r[\ln r_{\max}-\ln r_{\min}]}$	$r=r_{\min}\left[\dfrac{r_{\max}}{r_{\min}}\right]p_r(r)$

另一种方法是规定一个任意可控制的直方图,其形状可由一些直线所组成,得到希望的形状后,将这个函数数字化。这种方法如图 4-9 所示。首先,在[0,1]区间内任何地方选一点 m,并且 h 点是非负值。直方图由直线段构成,其形状受 m、h、θ_l、θ_r 这 4 个参量的控制,其中 θ_l 与 θ_r 是与垂线的夹角,夹角的值从 0°～90°变化。随着 θ_l 的变化,转折点 j 沿着(0,1)和(m,0)两点的连线移动,同理 θ_r 变化,点 k 将沿着(1,1)和(m,0)的连线移动。这样,由这几条直线组成的折线可在 m、h、θ_l、θ_r 的控制下组成多种直方图。例如,当 $m=0.5$、$h=1.0$、$\theta_l=\theta_r=0$ 时就可得到一个均匀直方图。这样得到的直方图经数字化后即可作为规定的直方图使用。这种方法可以联机应用,使技术人员操纵 4 个参量,改变直方图的形状,并且连续地观察输出,并控制增强处理,使之达到预期的目的。

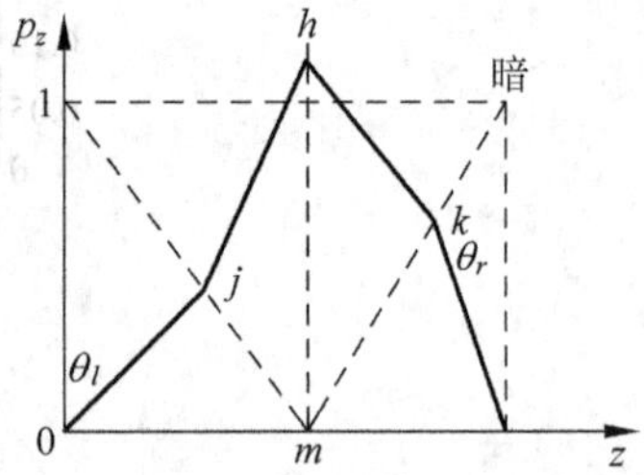

图 4-9 直方图参量规定化法

4.1.5 图像对比度处理

由于图像的亮度范围不足或非线性会使图像的对比度不甚理想,可用像素幅值重新分配的方法来改善图像对比度。扩大图像的亮度范围可以用线性映射的方法,这种方法如图 4-10 所示。由图可以看出原图像的范围较小,经映射后的图像亮度范围展宽了。在这种转换中,设计转换函数应考虑到灰度量化问题,如果原始图像的灰度级为 k 级,映射后输出图像的灰度级仍然是 k 级,这样由于输出图像的灰度范围加大了,因此,使每一级灰度分层的跳变比原始图像大,由此将会产生伪轮廓效应。如果能适当地加多输出图像的灰度分层数,就有可能减小这种效应。

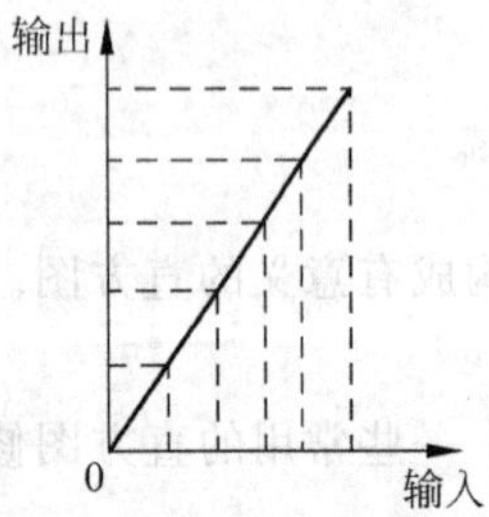

图 4-10 数字图像对比度增强

在对比度处理法中，根据不同的目的可以设计出不同的转换函数。例如，图 4-10 是对比度转换函数。图 4-11 是线性映射转换函数，这种函数将图像在整个灰度范围内作线性映射。另外一种映射转换函数如图 4-12 所示。这种转换是将图像中两个极端的灰度值加以限幅，这种限幅的比例也是可以选择的。除此之外，为了不同的目的还有其他一些类型的转换函数。这些转换函数的形式如图 4-13 所示。灰度变换的效果如图 4-14(a)、(b)所示，其中图 4-14(a)是原像，图 4-14(b)是处理后的图像。灰度反转的转换函数是把图像的低亮度区域转到较高的亮度区，而高亮度区转换为低亮度区，其效果如图 4-15 所示，其中图 4-15(a)是原像，图 4-15(b)是处理后的图像。锯齿形转换可以把几段较窄的输入灰度区间都扩展到整个输出灰度范围内，这种处理可以把灰度变化较平缓的区域也较鲜明地显示出来。其效果如图 4-16 所示，其中图 4-16(a)是原像，图 4-16(b)是处理后的图像，这里选 $n=2$。开窗式转换的目的是只对部分输入灰度区间进行转换，通过窗口位置的选择可以观察某些灰度区间的灰度分布，并且对这一区域的灰度进行映射变换。当然，图 4-13 只是举出几种常用的转换函数的形状。根据不同的需要还可以设计出更多的转换函数，其基本原理都是一样的，只不过处理效果不同。经开窗式转换函数处理的图像效果如图 4-17 所示，图 4-17(a)是原像，图 4-17(b)是处理后的图像。

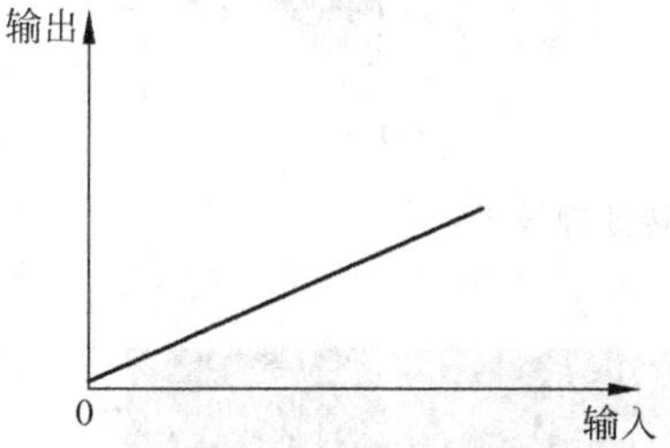

图 4-11　图像灰度的线性映射转换

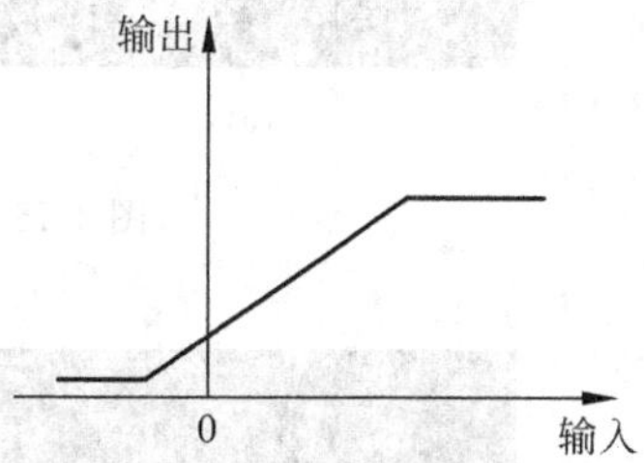

图 4-12　限幅的线性映射转换

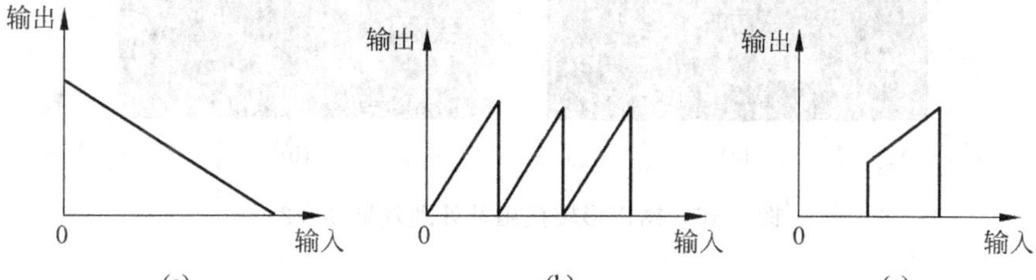

图 4-13　其他一些转换函数

利用直方图修正技术增强图像简便而有效。直方图均衡化处理可大大改善图像灰度的动态范围，利用直方图规定化方法能得到更加符合需要的结果，通过对比度转换函数的正确设计可以方便、灵活地改善图像。因此，这种方法在数字图像处理中得到广泛应用。光盘中的附录四作为实例给出直方图均衡化增强的实用程序及处理效果供读者参考，此程序包括头文件及处理程序。处理结果如图 4-18 所示。图 4-18(a)和(c)为原始图像，图 4-18(b)和(d)分别为前 图均衡化处理后的图像。

(a)　　　　(b)

图 4-14　灰度转换处理效果

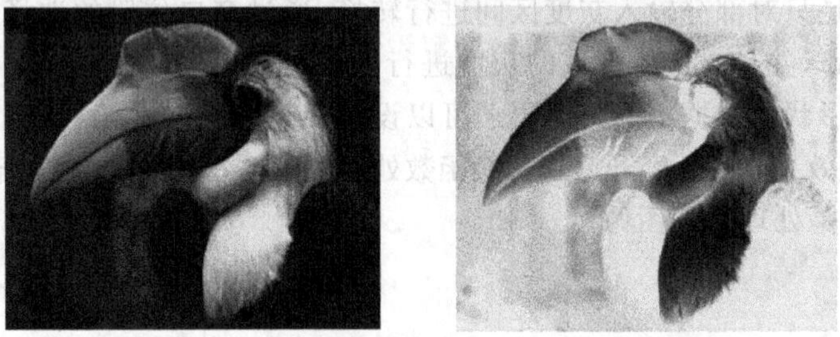

(a)　　　　(b)

图 4-15　灰度反转处理效果

(a)　　　　(b)

图 4-16　锯齿形转换函数处理效果($n=2$)

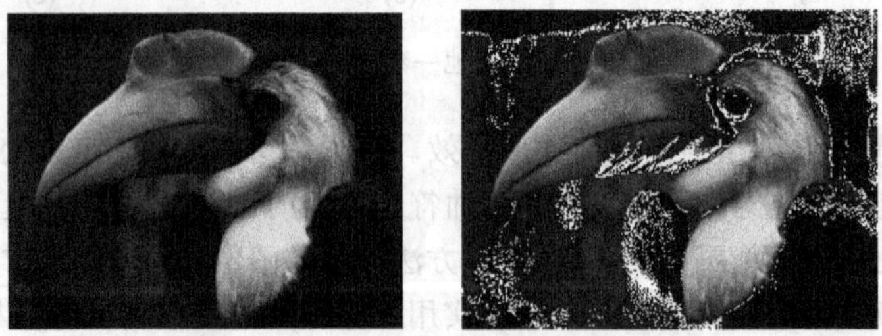

(a)　　　　(b)

图 4-17　经开窗转换函数处理的效果

图 4-18　处理结果

4.2　图像平滑化处理

一幅图像可能存在着各种寄生效应。这些寄生效应可能在传输中产生，也可能在量化等处理过程中产生。一个较好的平滑方法应该是既能消掉这些寄生效应又不使图像的边缘轮廓和线条变模糊。这就是研究图像平滑化处理要追求的主要目标。图像平滑化处理方法有空域法和频域法两大类，主要有邻域平均法、低通滤波法、多图像平均法等。本节将对这些方法做一些讨论。

4.2.1　邻域平均法

邻域平均法是简单的空域处理方法。这种方法的基本思想是用几个像素灰度的平均值来代替每个像素的灰度。假定有一幅 $N\times N$ 个像素的图像 $f(x,y)$，平滑处理后得到一幅图像 $g(x,y)$。$g(x,y)$ 由式(4-21)决定，即

$$g(x,y)=\frac{1}{M}\sum_{(m,n)\in S}f(m,n) \tag{4-21}$$

式中：$x,y=0,1,2,\cdots,N-1$；S 是(x,y)点邻域中点的坐标的集合，但其中不包括(x,y)点；M 是集合内坐标点的总数。式(4-21)说明，平滑化的图像 $g(x,y)$ 中的每个像素的灰度值均由包含在(x,y)的预定邻域中的 $f(x,y)$ 的几个像素的灰度值的平均值来决定。例如，可以以(x,y)点为中心，取单位距离构成一个邻域，其中点的坐标集合为

$$S=\{(x,y+1),(x,y-1),(x+1,y),(x-1,y)\}$$

图 4-19 给出了两种从图像阵列中选取邻域的方法。图 4-19(a)所示的方法是一个点的邻域,定义为以该点为中心的一个圆的内部或边界上的点的集合。图中像素间的距离为 Δx,选取 Δx 为半径作圆,那么,点 R 的灰度值就是圆周上 4 个像素灰度值的平均值。图 4-19(b)是选$\sqrt{2}\Delta x$ 为半径的情况下构成的点 R 的邻域,选择在圆的边界上的点和在圆内的点为 S 的集合。

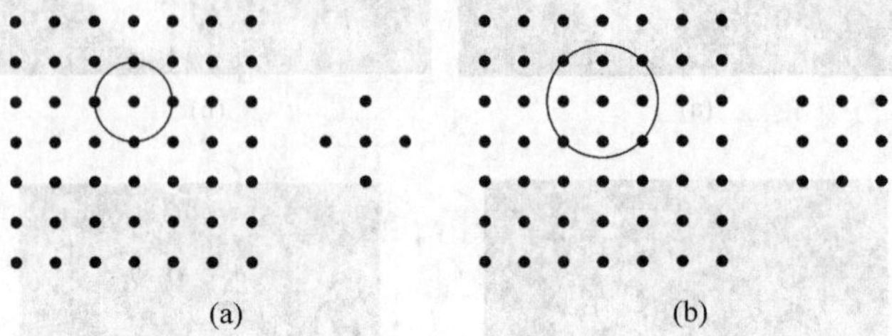

图 4-19 在数字图像中选取邻域的方法

(a) 半径$=\Delta x$;(b) 半径$=\sqrt{2}\Delta x$

处理结果表明,上述选择邻域的方法对抑制噪声是有效的,但是随着邻域的加大,图像的模糊程度也愈加严重。为克服这一缺点,可以采用阈值法减少由于邻域平均所产生的模糊效应。其基本方法由式(4-22)决定,即

$$g(x,y)=\begin{cases}\dfrac{1}{M}\sum\limits_{(m,n)\in S}f(m,n), & \left|f(x,y)-\dfrac{1}{M}\sum\limits_{(m,n)\in S}f(m,n)\right|>T\\ f(x,y), & \text{其他}\end{cases} \tag{4-22}$$

式中 T 就是规定的非负的阈值。这个表达式的物理概念是:当一些点及其邻域内点的灰度的平均值的差不超过规定的阈值 T 时,就仍然保留其原灰度值不变,如果大于阈值 T 时就用它们的平均值来代替该点的灰度值。这样就可以大大减少模糊的程度。

4.2.2 低通滤波法

这种方法是一种频域处理法。在分析图像信号的频率特性时,一幅图像的边缘、跳跃部分及颗粒噪声代表图像信号的高频分量,而大面积的背景区则代表图像信号的低频分量。用滤波的方法滤除其高频部分就能去掉噪声,使图像得到平滑。

由卷积定理可知

$$G(u,v)=H(u,v)\cdot F(u,v) \tag{4-23}$$

式中,$F(u,v)$是含有噪声的图像的傅里叶变换;$G(u,v)$是平滑处理后的图像的傅里叶变换;$H(u,v)$是传递函数。选择传递函数 $H(u,v)$,利用 $H(u,v)$使 $F(u,v)$的高频分量得到衰减,得到 $G(u,v)$后再经反傅里叶变换就可以得到所希望的平滑图像 $g(x,y)$了。根据前面的分析,显然 $H(u,v)$应该具有低通滤波特性,所以这种方法叫低通滤波法平滑化处理。低通滤波平滑化处理流程如图 4-20 所示。

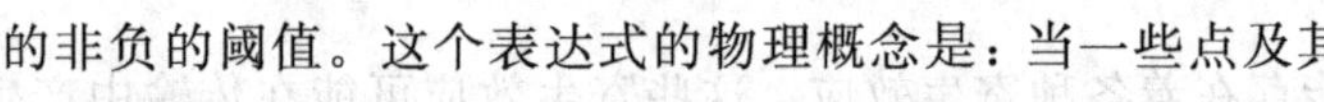

图 4-20 线性滤波器处理框图

常用的低通滤波器有以下几种。

1. 理想低通滤波器

一个理想的二维低通滤波器的传递函数由式(4-24)表示，即

$$H(u,v)=\begin{cases}1, & D(u,v)\leqslant D_0\\ 0, & D(u,v)>D_0\end{cases} \tag{4-24}$$

式中，D_0 是一个规定的非负的量，叫做理想低通滤波器的截止频率；$D(u,v)$是从频率域的原点到(u,v)点的距离，即

$$D(u,v)=[u^2+v^2]^{\frac{1}{2}} \tag{4-25}$$

$H(u,v)$对 u、v 来说是一幅三维图形。$H(u,v)$的剖面图如图 4-21(a)所示。将剖面图绕纵轴旋转 360°就可以得到整个滤波器的传递函数，如图 4-21(b)所示。所谓理想低通滤波器是指以截止频率 D_0 为半径的圆内的所有频率都能无损地通过，而在截止频率之外的频率分量完全被衰减。理想低通滤波器可以用计算机模拟实现，但是却不能用电子元器件来实现。

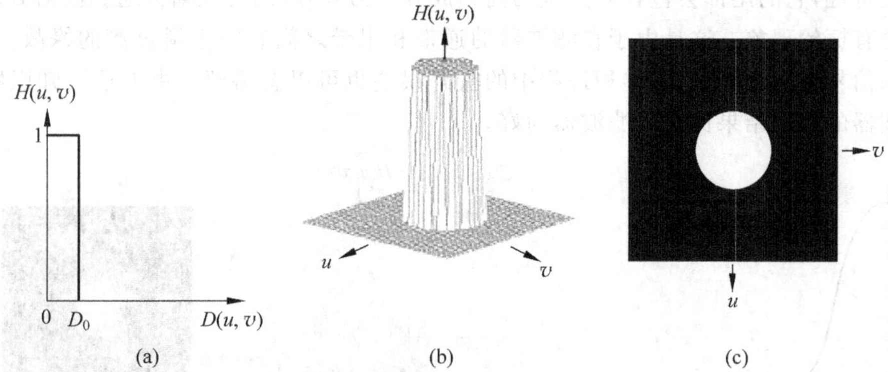

图 4-21　理想低通滤波器传递函数立体图及俯视图

理想低通滤波器平滑处理的概念是清晰的，但在处理过程中会产生较严重的模糊和振铃现象。这种现象正是由于傅里叶变换的性质决定的。因为滤波过程是由式(4-23)描述的，由卷积定理可知在空域中则是一种卷积关系，即

$$g(x,y)=h(x,y)*f(x,y) \tag{4-26}$$

式中 $g(x,y)$、$h(x,y)$、$f(x,y)$分别是 $G(u,v)$、$H(u,v)$、$F(u,v)$的傅里叶反变换。既然 $H(u,v)$是理想的矩形特性，那么它的反变换 $h(x,y)$的特性必然会产生无限的振铃特性。经与 $f(x,y)$卷积后则给 $g(x,y)$带来模糊和振铃现象，D_0 越小这种现象越严重，当然，其平滑效果也就较差。这是理想低通滤波器不可克服的弱点。

2. 巴特沃斯(Butterworth)低通滤波器

一个 n 阶巴特沃斯低通滤波器的传递函数由式(4-27)表示，即

$$H(u,v)=\frac{1}{1+\left[\frac{D(u,v)}{D_0}\right]^{2n}} \tag{4-27}$$

式中，D_0 为截止频率；$D(u,v)$的值由式(4-28)决定，即

$$D(u,v) = [u^2 + v^2]^{\frac{1}{2}} \tag{4-28}$$

巴特沃斯低通滤波器又称最大平坦滤波器。它与理想低通滤波器不同，它的通带与阻带之间没有明显的不连续性。也就是说，在通带和阻带之间有一个平滑的过渡带。通常把 $H(u,v)$下降到某一值的那一点定为截止频率 D_0。在式(4-27)中是把 $H(u,v)$下降到原来值的$\frac{1}{2}$时的 $D(u,v)$定为截止频率点 D_0。一般情况下，常常采用下降到 $H(u,v)$最大值的$\frac{1}{\sqrt{2}}$那一点为截止频点，该点也常称之为半功率点。这样，式(4-27)可修改为式(4-29)的形式，即

$$H(u,v) = \frac{1}{1 + [\sqrt{2} - 1]\left[\frac{D(u,v)}{D_0}\right]^{2n}} \tag{4-29}$$

巴特沃斯低通滤波器 $H(u,v)$的剖面如图 4-22(a)所示。与理想低通滤波器的处理结果相比，经巴特沃斯滤波器处理过的图像模糊程度会大大减少。因为它的 $H(u,v)$不是陡峭的截止特性，它的尾部会包含有大量的高频成分。另外，经巴特沃斯低通滤波器处理的图像将不会有振铃现象。这是由于在滤波器的通带和阻带之间有一平滑过渡的缘故。另外，由于图像信号本身的特性，在卷积过程中的折叠误差也可以忽略掉。由上述可知巴特沃斯低通滤波器的处理结果比理想滤波器为好。

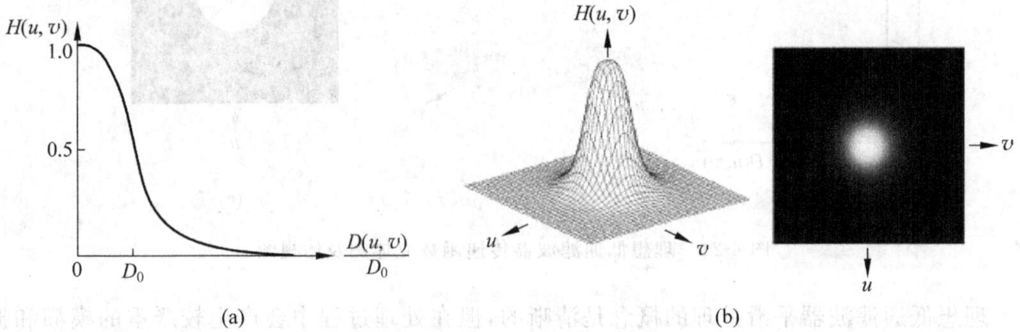

图 4-22 巴特沃斯低通滤波器

3. 指数低通滤波器

在图像处理中常用的另一种平滑滤波器是指数低通滤波器。它的传递函数如式(4-30)表示，即

$$H(u,v) = e^{-\left[\frac{D(u,v)}{D_0}\right]^n} \tag{4-30}$$

式中，D_0 为截止频率；$D(u,v)$由式(4-31)决定，即

$$D(u,v) = [u^2 + v^2]^{\frac{1}{2}} \tag{4-31}$$

式中的 n 是决定衰减率的系数。从式(4-30)可见，如果 $D(u,v)=D_0$，则

$$H(u,v) = \frac{1}{e} \tag{4-32}$$

如果仍然把截止频率定在 $H(u,v)$最大值的$\frac{1}{\sqrt{2}}$处，那么，公式可作以下修改：

$$
\begin{aligned}
H(u,v) &= \mathrm{e}^{\left[\ln\frac{1}{2}\right]\left[\frac{D(u,v)}{D_0}\right]^n} \\
&= \mathrm{e}^{-0.347\left[\frac{D(u,v)}{D_0}\right]^n}
\end{aligned}
\tag{4-33}
$$

指数低通滤波器传递函数的剖面图如图 4-23 所示。由于指数低通滤波器有更快的衰减率，所以，经指数低通滤波器的图像比巴特沃斯低通滤波器处理的图像稍模糊一些。由于指数低通滤波器的传递函数也有较平滑的过渡带，所以图像中也没有振铃现象。

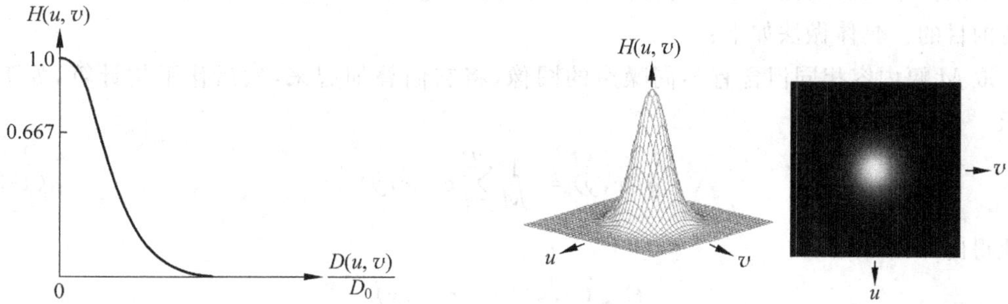

(a)　　(b)

图 4-23　指数低通滤波器传递函数径向剖面

4. 梯形低通滤波器

梯形低通滤波器传递函数的形状介于理想低通滤波器和具有平滑过渡带的低通滤波器之间。它的传递函数由式(4-34)表示，即

$$
H(u,v) = \begin{cases} 1, & D(u,v) < D_0 \\ \dfrac{1}{[D_0 - D_1]}[D(u,v) - D_1], & D_0 \leqslant D(u,v) \leqslant D_1 \\ 0, & D(u,v) > D_1 \end{cases}
\tag{4-34}
$$

其中 $D(u,v)=[u^2+v^2]^{\frac{1}{2}}$，在规定 D_0 和 D_1 时要满足 $D_0<D_1$ 的条件。一般为了方便，把传递函数的第一个转折点 D_0 定义为截止频率；第二个变量 D_1 可以任意选取，只要 $D_1>D_0$ 就可以。梯形低通滤波器传递函数的剖面如图 4-24 所示。由于梯形低通滤波器的传递函数特性介于理想低通滤波器和具有平滑过渡带滤波器之间，所以其处理效果也介于其两者中间。梯形滤波法的结果有一定的振铃现象。

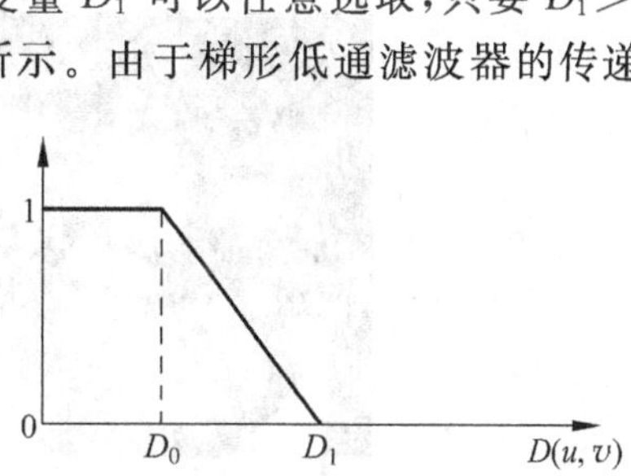

图 4-24　梯形低通滤波器传递函数剖面

用低通滤波器进行平滑处理可以使噪声伪轮廓等寄生效应减低到不明显的程度，但是由于低通滤波器对噪声等寄生成分滤除的同时，对有用高频成分也滤除，因此，这种去噪的美化处理是以牺牲清晰度为代价而换取的。

4.2.3 多图像平均法

如果一幅图像包含有加性噪声，这些噪声对于每个坐标点是不相关的，并且其平均值为零，在这种情况下就可能采用多图像平均法来达到去掉噪声的目的。

设 $g(x,y)$ 为有噪声图像，$n(x,y)$ 为噪声，$f(x,y)$ 为原始图像，可用式(4-35)表示，即

$$g(x,y)=f(x,y)+n(x,y) \tag{4-35}$$

多图像平均法是把一系列有噪声的图像 $\{g_j(x,y)\}$ 叠加起来，然后再取平均值以达到平滑的目的。具体做法如下：

取 M 幅内容相同但含有不同噪声的图像，将它们叠加起来，然后作平均计算，如下式所示

$$\bar{g}(x,y)=\frac{1}{M}\sum_{j=1}^{M}g_j(x,y) \tag{4-36}$$

由此得出

$$E\{\bar{g}(x,y)\}=f(x,y) \tag{4-37}$$

$$\sigma_{\bar{g}(x,y)}^2=\frac{1}{M}\sigma_{n(x,y)}^2 \tag{4-38}$$

式中，$E\{\bar{g}(x,y)\}$ 是 $\bar{g}(x,y)$ 的数学期望；$\sigma_{\bar{g}(x,y)}^2$ 和 $\sigma_{n(x,y)}^2$ 是 $\bar{g}$ 和 n 在 (x,y) 坐标上的方差。在平均图像中任意一点的均方差可由式(4-39)得到，即

$$\sigma_{\bar{g}(x,y)}=\frac{1}{\sqrt{M}}\sigma_{n(x,y)} \tag{4-39}$$

由上两式可见，M 增加则像素值的方差就减小，这说明由于平均的结果使得由噪声造成的像素灰度值的偏差变小。从式(4-37)中可以看出，当作平均处理的噪声图像数目增加时，其统计平均值就越接近原始无噪声图像。这种方法在实际应用中的最大困难在于把多幅图像配准起来，以便使相应的像素能正确地对应排列。

图 4-25 示出了图像平滑处理的效果。图 4-25(a)是待处理图像，图 4-25(b)是处理后的图像。

(a)

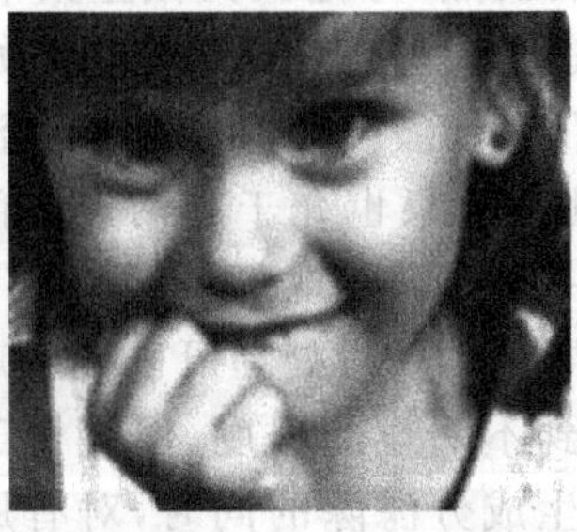

(b)

图 4-25 图像平滑处理效果

4.3 图像尖锐化处理

图像尖锐化处理主要用于增强图像的边缘及灰度跳变部分。通常所讲的勾边增强方法就是图像尖锐化处理。与图像平滑化处理一样,图像尖锐化处理同样也有空域和频域两种处理方法。

4.3.1 微分尖锐化处理

在图像平滑化处理中,主要的空域处理法是采用邻域平均法,这种方法类似于积分过程,积分的结果使图像的边缘变得模糊了。积分既然使图像细节变模糊,那么,微分就会产生相反的效应。因此,微分法是图像尖锐化方法之一。

微分尖锐化的处理方法最常用的是梯度法。由场论理论知道,数量场的梯度是这样定义的:

设一数量场 $u,u=u(x,y,z)$,把大小是在某一点方向导数的最大值,方向是取得方向导数最大值的方向的矢量叫数量场的梯度,即

$$\operatorname{grad}(u)=\frac{\partial u}{\partial x}\boldsymbol{i}+\frac{\partial u}{\partial y}\boldsymbol{j}+\frac{\partial u}{\partial z}\boldsymbol{k} \tag{4-40}$$

由这个定义出发,如果给定一个函数 $f(x,y)$,在坐标(x,y)上的梯度可定义为一个矢量,即

$$\operatorname{grad}[f(x,y)]=\begin{bmatrix}\dfrac{\partial f}{\partial x}\\[2ex]\dfrac{\partial f}{\partial y}\end{bmatrix} \tag{4-41}$$

由梯度的定义可知它有两个特点:

① 矢量 $\operatorname{grad}[f(x,y)]$是指向 $f(x,y)$最大增加率的方向。

② 如果用 $G[f(x,y)]$来表示 $\operatorname{grad}[f(x,y)]$的幅度,那么

$$\begin{aligned}G[f(x,y)]&=\max\{\operatorname{grad}[f(x,y)]\}\\&=\left[\left(\frac{\partial f}{\partial x}\right)^2+\left(\frac{\partial f}{\partial y}\right)^2\right]^{\frac{1}{2}}\end{aligned} \tag{4-42}$$

这就是说 $G[f(x,y)]$等于在 $\operatorname{grad}[f(x,y)]$的方向上每单位距离 $f(x,y)$的最大增加率。显然,式(4-42)是一个标量函数,并且 $G[f(x,y)]$永远是正值。由于经常用到的是式(4-42),因此,在后续讨论中将笼统地称“梯度的模”为梯度。

在数字图像处理中,仍然要采用离散形式,为此,用差分运算代替微分运算。式(4-42)可用下面的差分公式来近似

$$\begin{aligned}G[f(x,y)]\approx\{&[f(x,y)-f(x+1,y)]^2\\&+[f(x,y)-f(x,y+1)]^2\}^{\frac{1}{2}}\end{aligned} \tag{4-43}$$

在用计算机计算梯度时,通常用绝对值运算代替式(4-43),所以,有式(4-44)所示的近似公式,即

$$G[f(x,y)] \approx |f(x,y)-f(x+1,y)| + |f(x,y)-f(x,y+1)| \tag{4-44}$$

图 4-26 示出了式(4-44)中像素间的关系。应该注意到，对一幅 $N \times N$ 个像素的图像计算梯度时，对图像的第一行和最后一行，以及第一列和最后一列不能用式(4-44)来求解，解决方法是对这个区域的像素在 $x=N, y=N$ 时，重复前一行和前一列的梯度值。或者在计算之前，将原始图像进行扩展处理，即用重复第一行和最后一行，并重复第一列和最后一列的方法加以扩展，然后再施以梯度运算。

关于梯度处理的另一种方法是所谓的罗伯特梯度(Robert gradient)法。这是一种交叉差分法。其近似计算值如式(4-45)，即

$$\begin{aligned} G[f(x,y)] \approx \{ & [f(x,y)-f(x+1,y+1)]^2 \\ & +[f(x+1,y)-f(x,y+1)]^2\}^{\frac{1}{2}} \end{aligned} \tag{4-45}$$

用绝对值近似计算式

$$G[f(x,y)] \approx |f(x,y)-f(x+1,y+1)| + |f(x+1,y)-f(x,y+1)| \tag{4-46}$$

式(4-45)和式(4-46)中像素间的关系如图 4-27 所示。

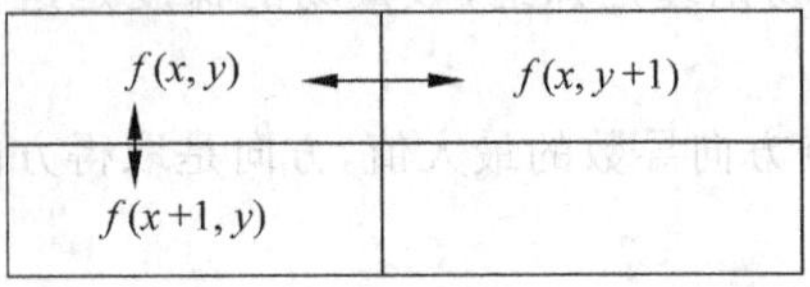

图 4-26　计算二维梯度的一种方法

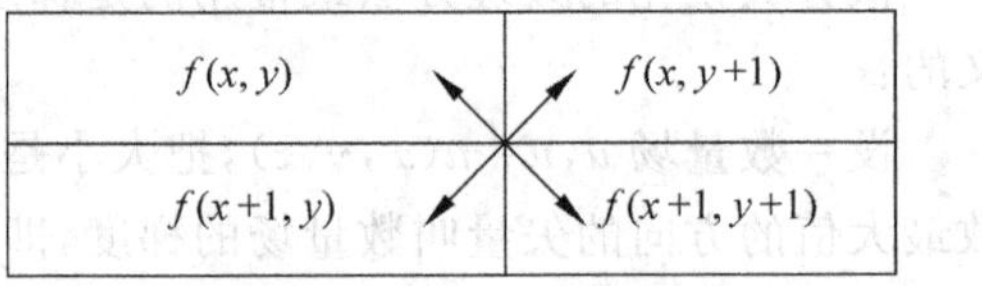

图 4-27　罗伯特梯度法

由上面的公式可见，梯度的近似值都和相邻像素的灰度差成正比。这正像所希望的那样，在一幅图像中，边缘区梯度值较大，平滑区梯度值较小，对于灰度级为常数的区域梯度值为零。这种性质正如图 4-28 所示。图 4-28(a)是一幅二值图像，图 4-28(b)所示为计算梯度后的图像。由于梯度运算的结果，使得图像中不变的白区变为零灰度值，黑区仍为零灰度值，只留下了灰度值急剧变化的边沿处的点。

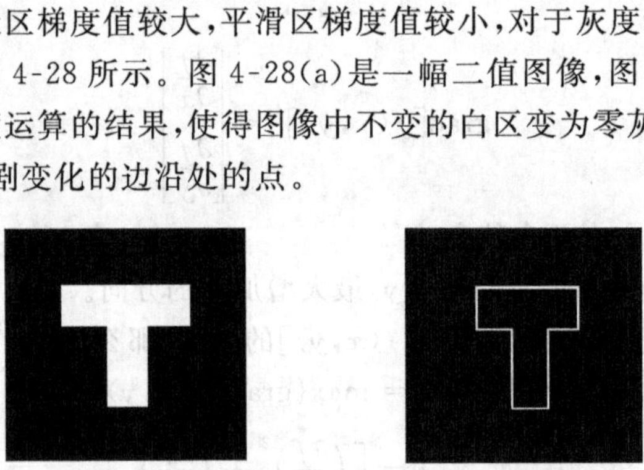

(a)　　(b)

图 4-28　二值图像及计算梯度的结果

当选定了近似梯度计算方法后，可以有多种方法产生梯度图像 $g(x,y)$。最简单的方法是让坐标 (x,y) 处的值等于该点的梯度，即

$$g(x,y) = G[f(x,y)] \tag{4-47}$$

这个简单方法的缺点是使 $f(x,y)$ 中所有平滑区域在 $g(x,y)$ 中变成暗区，因为平滑区内各点梯度很小。为克服这一缺点可采用阈值法(或叫门限法)。其方法如式(4-48)表示，即

$$g(x,y)=\begin{cases}G[f(x,y)], & G[f(x,y)]\geqslant T\\ f(x,y), & \text{其他}\end{cases}\tag{4-48}$$

也就是说，事先设定一个非负的门限值 T，当梯度值不小于 T 时，则这一点就取其梯度值作为灰度值，如果梯度值小于 T 时则仍保留原 $f(x,y)$ 值。这样，通过合理地选择 T 值，就有可能既不破坏平滑区域的灰度值又能有效地强调了图像的边缘。

基于上述思路的另一种作法是给边缘处的像素值规定一个特定的灰度级 L_G，即

$$g(x,y)=\begin{cases}L_G, & G[f(x,y)]\geqslant T\\ f(x,y), & \text{其他}\end{cases}\tag{4-49}$$

这种处理会使图像边缘的增强效果更加明显。

当只研究图像边缘灰度级变化时，要求不受背景的影响，则用式(4-50)来构成梯度图像，即

$$g(x,y)=\begin{cases}G[f(x,y)], & G[f(x,y)]\geqslant T\\ L_B, & \text{其他}\end{cases}\tag{4-50}$$

式中 L_B 是规定的背景灰度值。

另外，如果只对边缘的位置感兴趣，则可采用式(4-51)的规定产生图像，即

$$g(x,y)=\begin{cases}L_G, & G[f(x,y)]\geqslant T\\ L_B, & \text{其他}\end{cases}\tag{4-51}$$

计算方法框图如图 4-29 所示。

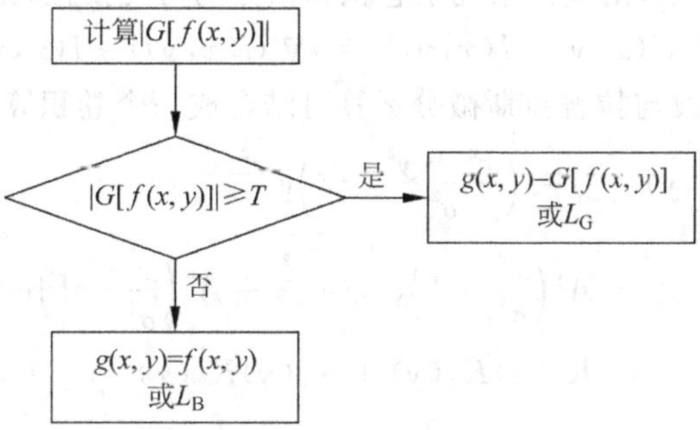

图 4-29　梯度法尖锐化处理计算框图

一种典型的边缘增强图像如图 4-30 所示。

图 4-30(a)所示为原像，图 4-30(b)所示为提取边缘后的图像。

图 4-30 示出了图像尖锐化处理的典型例子。图 4-30(a)是原像，图 4-30(b)是 soble 算子处理的结果，图 4-30(c)是拉普拉斯算子处理结果，图 4-30(d)是个向异性处理结果。

4.3.2　零交叉边缘检测

Marr 和 Hildreth 提出的拉普拉斯边缘检测算子 $\nabla^2 G$ 被誉为最佳边缘检测器之一。在 Marr 的视觉理论中，拉普拉斯-高斯算子 $\nabla^2 G$ 扮演着相当重要的角色。该算子的特点是利

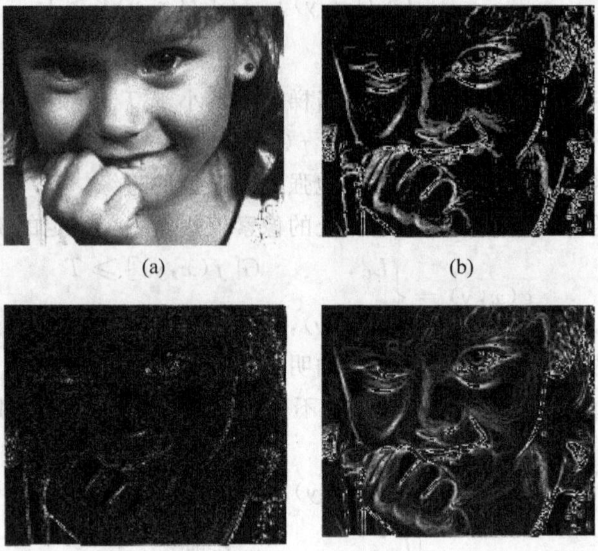

(a) (b) (c) (d)

图 4-30 图像尖锐化处理的例子

用高斯滤波器对图像进行平滑。二维高斯滤波器的响应函数为

$$G(x,y)=\frac{1}{2\pi\sigma^2}\mathrm{e}^{-\frac{x^2+y^2}{2\sigma^2}} \tag{4-52}$$

设 $I(x,y)$ 为灰度图像函数，由线性系统中卷积和微分的可交换性，得

$$\nabla^2\{G(x,y)*I(x,y)\}=\{\nabla^2 G(x,y)\}*I(x,y) \tag{4-53}$$

即对图像的高斯平滑滤波与拉普拉斯微分运算可结合成一个卷积算子

$$\begin{aligned}\nabla^2 G(x,y)&=\frac{1}{2\pi\sigma^4}\left(\frac{x^2+y^2}{\sigma^2}-2\right)\mathrm{e}^{-\frac{x^2+y^2}{2\sigma^2}}\\&=A^2\left(\frac{x^2}{\sigma^2}-1\right)\mathrm{e}^{-\frac{x^2}{2\sigma^2}}\mathrm{e}^{-\frac{y^2}{2\sigma^2}}+A^2\left(\frac{y^2}{\sigma^2}-1\right)\mathrm{e}^{-\frac{x^2}{2\sigma^2}}\mathrm{e}^{-\frac{y^2}{2\sigma^2}}\\&=K_1(x)K_2(y)+K_1(y)K_2(x)\end{aligned} \tag{4-54}$$

$$\left.\begin{aligned}A&=\frac{1}{\sqrt{2\pi\sigma^2}}\\K_1(x)&=A\left(\frac{x^2}{\sigma^2}-1\right)\mathrm{e}^{-\frac{x^2}{2\sigma^2}}\\K_2(x)&=A\mathrm{e}^{-\frac{y^2}{2\sigma^2}}\end{aligned}\right\} \tag{4-55}$$

用上述算子卷积图像，通过判断符号的变化所确定出零交叉点的位置，就是边缘点。此方法又称 LOG 算法(Laplacian-Of-Gaussian algorithm)，利用 $\nabla^2 G$ 的可分解性，对图像的二维卷积可简化为两个一维卷积

$$\begin{aligned}\nabla^2 G*I(x,y)&=\sum_{i=-W}^{W}\sum_{j=-W}^{W}I(x-j,y-i)(K_1(i)K_2(j)+K_2(i)K_1(j))\\&=\sum_{j=-W}^{W}\left\{\left(\sum_{i=-W}^{W}I(x-j,y-i)K_2(i)\right)K_1(j)+\left(\sum_{i=-W}^{W}I(x-j,y-i)K_1(i)\right)K_2(j)\right\}\end{aligned}$$

$$= \sum_{j=-W}^{W} (C(x-j,y)K_1(j) + D(x-j,y)K_2(j))$$

其中

$$\left.\begin{aligned} C(x-j,y) &= \sum_{i=-W}^{W} I(x-j,y-i)K_2(i) \\ D(x-j,y) &= \sum_{i=W}^{W} I(x-j,y-i)K_1(i) \end{aligned}\right\} \tag{4-56}$$

用零交叉算子和 Sobel 算子对图像处理的结果如图 4-31 所示。图 4-31(a)是 Lena 原始图像，图 4-31(b)是用 Sobel 算子处理后的图像，图 4-31(c)是用零交叉算子处理后的图像，尺度空间常数为 1.414，图 4-31(d)是用零交叉算子处理后的图像，尺度空间常数为 1.35。

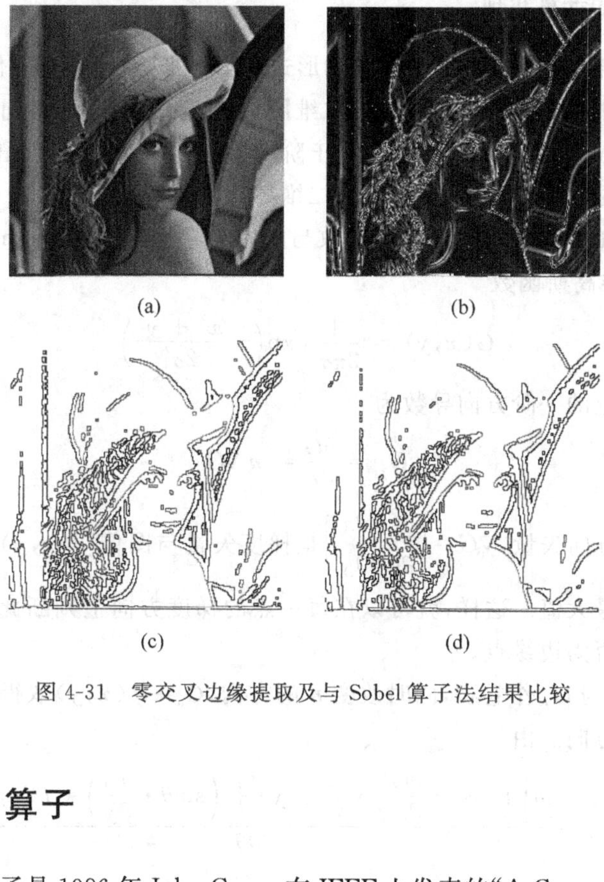

(a)　(b)　(c)　(d)

图 4-31　零交叉边缘提取及与 Sobel 算子法结果比较

4.3.3　Canny 算子

坎尼(Canny)算子是 1986 年 John Canny 在 IEEE 上发表的“A Computational Approach to Edge Detection”这篇文章中提出的。文章中还给出了边缘检测的 3 条准则，即 Canny 准则(Canny's Criteria)，并在此基础上提出了一个实用算法。

1. 边缘检测的 Canny 准则

坎尼算子是一阶算子，其方法的实质是用一个准高斯函数作平滑运算，然后以带方向的一阶微分算子定位导数最大值，它可用高斯函数的梯度来近似，在理论上很接近 4 个指数函数线性组合形成的边缘算子。

根据边缘检测的有效性和定位的可靠性，Canny 研究了最优边缘检测器所需的特性，推导出最优边缘检测器的数学表达式。对于各种类型的边缘，Canny 边缘检测算子的最优形式是不同的。

边缘检测或边缘增强算子的 3 个准则如下：

① 优良的信噪比。即对边缘的错误检测率要尽可能低，也就是说将非边缘点判别为边缘点比将边缘点判为非边缘点的概率要低。

② 优良的定位性能。即检测出的边缘位置要尽可能在实际边缘的中心。

③ 对同一边缘仅有唯一响应。即单个边缘产生多个响应的概率要低，并且虚假边缘响应应得到最大抑制。

2. Canny 算子的计算实现

Canny 将他总结出的 3 个判据用数学的形式表示出来，然后采用最优化数值方法，得到给定边缘类型的最佳边缘检测模板。对于二维图像，需要使用若干方向的模板分别对图像进行卷积处理，再取最可能的边缘方向。对于阶跃型的边缘，Canny 推出的最优边缘检测器的形状与高斯函数的一阶导数类似，而根据二维高斯函数的圆对称性和可分解性，可以很容易地计算高斯函数在任意方向上的方向导数与图像的卷积。根据 Canny 的定义，中心边缘点为算子 G_n，设二维高斯函数

$$G(x,y)=\frac{1}{2\pi\sigma^2}\exp\left(-\frac{x^2+y^2}{2\sigma^2}\right) \tag{4-57}$$

在某一方向 $\boldsymbol{n}$ 上的一阶方向导数为

$$G_n=\frac{\partial G}{\partial n}=\boldsymbol{n}\,\nabla G \tag{4-58}$$

其中，$\boldsymbol{n}=\begin{bmatrix}\cos\theta\\ \sin\theta\end{bmatrix}$是方向矢量，$\nabla G=\begin{bmatrix}\partial G/\partial x\\ \partial G/\partial y\end{bmatrix}$是梯度矢量与图像 $f(x,y)$ 的卷积在边缘梯度方向上的区域中的最大值。这样，就可以在每一点的梯度方向上判断此点强度是否为其最大值来确定该点是否为边缘点。

将图像 $f(x,y)$ 与 G_n 作卷积，同时改变 $\boldsymbol{n}$ 的方向，$G_n * f(x,y)$ 取得最大值时的 $\boldsymbol{n}$ 就是正交于检测边缘的方向。由

$$\frac{\partial(G_n * f(x,y))}{\partial n}=\frac{\partial\left[\left(\cos\theta\cdot\dfrac{\partial G}{\partial x}\right)*f(x,y)+\left(\sin\theta\cdot\dfrac{\partial G}{\partial y}\right)*f(x,y)\right]}{\partial\theta}=0 \tag{4-59}$$

得

$$\tan\theta=\frac{\dfrac{\partial G}{\partial y}*f(x,y)}{\dfrac{\partial G}{\partial x}*f(x,y)},\quad \cos\theta=\frac{\dfrac{\partial G}{\partial x}*f(x,y)}{|\nabla G*f(x,y)|},\quad \sin\theta=\frac{\dfrac{\partial G}{\partial y}*f(x,y)}{|\nabla G*f(x,y)|} \tag{4-60}$$

因此，对应于极值的方向 $\boldsymbol{n}$

$$\boldsymbol{n}=\frac{\nabla G*f(x,y)}{|\nabla G*f(x,y)|} \tag{4-61}$$

在该方向上 $G_n * f(x,y)$ 有最大输出响应，此时

$$|G_n * I| = \left|\cos\theta \frac{\partial G}{\partial x} * f(x,y) + \sin\theta \frac{\partial G}{\partial x} * f(x,y)\right| = |\nabla G * f(x,y)| \quad (4\text{-}62)$$

二维次最优阶跃边缘算子是以卷积 $G_n * f(x,y)$ 为基础的，边缘强度由

$$|G_n * I| = |\nabla G * f(x,y)|$$

来决定，而边缘方向为 $\boldsymbol{n} = \nabla G * f(x,y)/|\nabla G * f(x,y)|$。

可以使用分解的方法来提高速度，即把 ∇G 的二维滤波卷积模板分解为两个一维的行列滤波器

$$\frac{\partial G}{\partial x} = kx\exp\left(-\frac{x^2}{2\sigma^2}\right)\exp\left(-\frac{y^2}{2\sigma^2}\right) = h_1(x)h_2(y) \quad (4\text{-}63)$$

$$\frac{\partial G}{\partial y} = ky\exp\left(-\frac{y^2}{2\sigma^2}\right)\exp\left(-\frac{x^2}{2\sigma^2}\right) = h_1(y)h_2(x) \quad (4\text{-}64)$$

其中

$$h_1(x) = \sqrt{k}x\exp\left(-\frac{x^2}{2\sigma^2}\right)$$

$$h_1(y) = \sqrt{k}y\exp\left(-\frac{y^2}{2\sigma^2}\right)$$

$$h_2(x) = \sqrt{k}\exp\left(-\frac{x^2}{2\sigma^2}\right)$$

$$h_2(y) = \sqrt{k}\exp\left(-\frac{y^2}{2\sigma^2}\right)$$

将上面的 $\frac{\partial G}{\partial x}$ 与 $\frac{\partial G}{\partial y}$ 分别与图像 $f(x,y)$ 卷积，得到输出

$$E_x = \frac{\partial G}{\partial x} * f(x,y), \quad E_y = \frac{\partial G}{\partial y} * f(x,y) \quad (4\text{-}65)$$

令

$$M(x,y) = \sqrt{E_x^2(x,y) + E_y^2(x,y)}, \boldsymbol{\alpha}(x,y) = \arctan\left[\frac{E_y(x,y)}{E_x(x,y)}\right]$$

其中，$M(x,y)$ 反映了图像点 (x,y) 处的边缘强度；$\boldsymbol{\alpha}(x,y)$ 是图像点 (x,y) 的法向矢量（正交于边缘方向）。

根据 Canny 的定义，中心边缘点是算子 G_n 与图像 $f(x,y)$ 的卷积在边缘梯度方向上的最大值，这样就可以在每一个点的梯度方向上判断此点强度是否为其邻域的最大值来确定该点是否为边缘点。当一个像素满足以下 3 个条件时，则被认为是图像的边缘点：

(1) 该点的边缘强度大于沿该点梯度方向的两个相邻像素点的边缘强度。

(2) 与该点梯度方向上相邻两点的方向差小于 45°。

(3) 以该点为中心的 3×3 邻域中的边缘强度极大值小于某个阈值。

此外，如果(1)和(2)同时被满足，那么在梯度方向上的两相邻像素就从候选边缘点中取消，条件(3)相当于用区域梯度最大值组成的阈值图像与边缘点进行匹配，这一过程消除了许多虚假的边缘点。

3. Canny 边缘检测算法

(1) 双阈值技术

Canny 还提出一种对噪声估计的实用方法。假设边缘信号较大值的响应比较少，而噪

声较小值的响应很多,那么阈值就可以通过滤波后的图像的统计累积直方图得到。

但是,仅仅有一个阈值并不充分,由于噪声影响边缘信号响应只有差不多一半大于这个阈值,由此造成了斑纹现象,也就是说边缘是断的。如果把这个阈值降低,往往会出现错误的“边缘”。为了解决这个问题,Canny 提出了一种双阈值方法。前面利用累计统计直方图得到一个高阈值 T_1,然后再取一个低阈值 T_2。如果图像信号的响应大于高阈值,那么它一定是边缘;如果低于低阈值,那么它一定不是边缘;如果在低阈值和高阈值之间,就看它的 8 个邻接像素有没有大于高阈值的边缘。所以,应用 Canny 算子提取边缘时,首先将图像通过高斯卷积进行平滑,接着对这个有着很高的一阶导数的平滑过的图像在其高光区域应用一个简单的二维一阶导数算子(有点类似 Roberts 交叉算子)。边缘在梯度数量图像中呈现屋脊状,随后算子沿着这些屋脊的最大值开始进行边缘的追踪,并将不在屋脊最大值的像素设为 0 值,这样就可以输出一条很细的边缘线,这就是非最大值抑制。边缘追踪的过程采用了滞后策略,由 T_1 和 T_2 两个阈值($T_1 > T_2$)控制,从屋脊大于 T_1 的点开始追踪,随后沿着两个方向继续进行追踪,直到某个点的高度值小于 T_2 停止。这一滞后有助于保证噪声边缘不被掺杂到多重边缘片段中去。

(2) 多尺度技术

滤波器的尺度选择一直是边缘检测的一大难题。所谓滤波器的尺度在离散情况下就是指模板宽度 W。如果 W 越大,则检测出的边缘效果就越好,噪声的影响越少,但是定位就变得越不准确。

因此,就提出了尺度空间的概念,也就是利用多个尺度进行边缘检测。这是因为:

① 在现实世界中的任何度量都是在一定尺度下进行的。

② 尺度的大小会影响到度量结果,这里的模板宽度 W 就是如此。

③ 信息包含在不同尺度中,因此,要很好地求出边缘就需要在多个尺度下进行检测。

④ 小的“孔径”并不一定就比大的尺度提供更多的信息。

而在连续滤波器中,尺度指的是不同滤波器的一些参数。这些参数决定了它们当 $|x| \to +\infty$ 时的衰减速度,比如说高斯函数的参数等。用多个不同尺度的滤波器检测边缘的时候,对同一边缘来说检测出的边缘的位置是不同的,这时就选择尺度最小的滤波器的结果。因为理论分析表明尺度小时得到的滤波器定位比较好。具体实现时可以这样做:先用最小的滤波器去检测边缘并把边缘标记出来,然后估计一下一个较大的滤波器检测到的这个边缘的位置(把检测结果和高斯函数做平滑)。然后用一个较大的滤波器和原来的图像做卷积,如果在刚才预测的地方检测到边缘了,那么只有它的振幅远远大于低尺度滤波器时才接受这个边缘。

在此基础上,Canny 设计了一个边缘检测算法(见图 4-32)。

① 首先用二维高斯滤波模板进行卷积以消除噪声。

② 利用导数算子(比如 Prewitt 算子、Sobel 算子)找到图像灰度沿着两个方向的偏导数 (G_x, G_y),并求出梯度的大小

$$|G| = \sqrt{G_x^2 + G_y^2} \tag{4-66}$$

③ 利用②的结果计算出梯度的方向

$$\theta = \arctan\left(\frac{G_x}{G_y}\right)$$

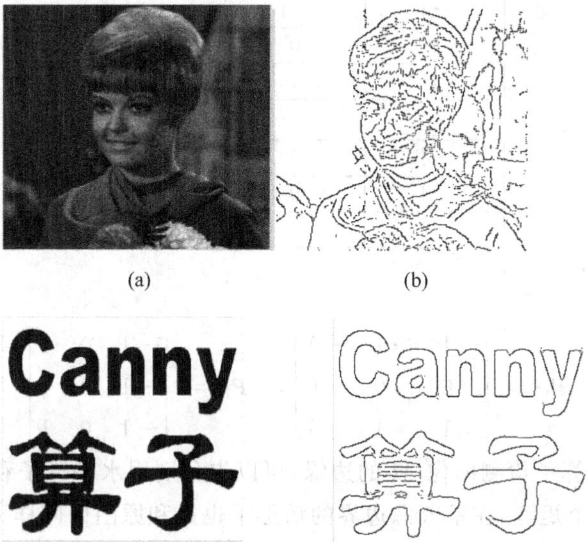

(a)　(b)　(c)　(d)

图 4-32　Canny 算子的处理结果

④ 一旦知道了边缘的方向,就可以把边缘梯度的方向大致地分为 4 种(水平、竖直、45°方向及 135°方向)。也就是,把 0～180°分为 5 个部分：0～22.5°以及 157.5°～180°算做是水平方向；22.5°～67.5°算做 45°方向；67.5°～112.5°算是竖直方向；112.5°～157.5°记为 135°方向。需要记住的是：这些方向是梯度的方向,也就是可能的边缘方向的正交方向。通过梯度的方向,就可以找到这个像素梯度方向的邻接像素。

⑤ 非最大值抑制：遍历图像,若某个像素的灰度值与其梯度方向上前、后两个像素的灰度值相比不是最大的,那么这个像素值置为 0,即不是边缘。

⑥ 使用累计直方图计算两个阈值。凡是大于高阈值的一定是边缘；凡是小于低阈值的一定不是边缘；如果检测结果大于低阈值但又小于高阈值,那就要看这个像素的邻接像素中有没有超过高阈值的边缘像素。如果有的话,那么它就是边缘；否则它就不是边缘。

⑦ 还可以利用多尺度综合技术做得更好。

4.3.4　Prewitt 算子

1970 年,Prewitt 提出了一个边缘检测算子

$$
\begin{aligned}
P_x &= \{f(x+1,y-1)+f(x+1,y)+f(x+1,y+1)\} \\
&\quad -\{f(x-1,y-1)+f(x-1,y)+f(x-1,y+1)\} \\
P_y &= \{f(x-1,y+1)+f(x,y+1)+f(x+1,y+1)\} \\
&\quad -\{f(x-1,y-1)+f(x,y-1)+f(x+1,y-1)\}
\end{aligned}
\tag{4-67}
$$

这就是 Prewitt 算子。两个卷积形成了该算子,图像中的每个像素都用这两个核作卷积,一个核对垂直边缘影响最大,另一个核对水平边缘影响最大。两个卷积的最大值作为该点的输出值。Prewitt 算子使用两个有向算子(一个水平的、一个是垂直的,一般称为模板)如下：

-1	-1	-1
0	0	0
1	1	1

-1	0	1
-1	0	1
-1	0	1

即

$$\boldsymbol{P}_{\mathrm{V}}=\begin{bmatrix}-1 & -1 & -1\\ 0 & 0 & 0\\ 1 & 1 & 1\end{bmatrix},\quad \boldsymbol{P}_{\mathrm{H}}=\begin{bmatrix}-1 & 0 & 1\\ -1 & 0 & 1\\ -1 & 0 & 1\end{bmatrix}$$

如果用 Prewitt 算子检测图像 M 的边缘，可以先分别用水平算子和垂直算子对图像进行卷积，得到的是两个矩阵，在不考虑边界的情形下也是和原图像同样大小的 M_1、M_2，它们分别表示图像 M 中相同位置处的两个偏导数。然后把 M_1、M_2 对应位置的两个数平方后相加得到一个新的矩阵 $\boldsymbol{G}$，$\boldsymbol{G}$ 表示 M 中各个像素的灰度的梯度值（一个逼近）。然后就可以通过阈值处理得到边缘图像。总的过程如下

$$E=((M\otimes P_{\mathrm{V}})^2+(M\otimes P_{\mathrm{H}})^2)>\mathrm{Thresh}^2 \tag{4-68}$$

式中，Thresh 是一个非负的阈值。

可以这样解释这些模板：假设图像的灰度满足下面这个关系

$$M_{x,y}=\alpha x+\beta y+\gamma \tag{4-69}$$

则梯度是(α,β)。

显然，当前 3×3 邻域内像素值为

$$\begin{bmatrix}-\alpha-\beta+\gamma & -\alpha+\gamma & -\alpha+\beta+\gamma\\ -\beta+\gamma & \gamma & \beta+\gamma\\ \alpha-\beta+\gamma & \alpha+\gamma & \alpha+\beta+\gamma\end{bmatrix}$$

定义垂直算子和水平算子形如

$$\begin{bmatrix}-a & -b & -a\\ 0 & 0 & 0\\ a & b & a\end{bmatrix}\begin{bmatrix}-a & 0 & a\\ -b & 0 & b\\ -a & 0 & a\end{bmatrix}$$

之所以这样定义是为了满足对称性和电路设计的需要。

利用这两个模板对当前像素进行卷积，得到的方向导数为

$$\begin{aligned}g_x&=2\beta(2a+b)\\ g_y&=2\alpha(2a+b)\end{aligned} \tag{4-70}$$

因此当前像素处的梯度的大小为

$$G=2(2a+b)\sqrt{\alpha^2+\beta^2} \tag{4-71}$$

显然要得到 Prewitt 算子，令

$$2(2a+b)=1$$

即可。如果取 $a=b=1/6$，则得到的模板就是 1/6 乘 Prewitt 算子。

4.3.5　经典的 Kirsch 算子

1971 年，R. Kirsch 提出了一种边缘检测的新方法：他使用了 8 个模板来确定梯度和梯度的方向，是一种最佳匹配的边缘检测。用 $M_0 \sim M_7$ 分别与图像的各对应元素相乘，计算该结果的最大值作为中央像素的强度边缘。8 个卷积核形成了 Kirsch 算子，图像的每个像素都用这 8 个掩模进行卷积，每个掩模都对某个特定边缘方向作出最大响应，所有 8 个方向的最大值作为该点的输出值。最大响应掩模的序号构成了边缘方向的编码。

假设，原来的 3×3 子图像如下

$$\begin{bmatrix} a_3 & a_2 & a_1 \\ a_4 & (i,j) & a_0 \\ a_5 & a_6 & a_7 \end{bmatrix} \tag{4-72}$$

则边缘的梯度大小为

$$m(i,j) = \max\{1, \max\{|5s_k - 3t_k| : k = 0,1,\cdots,7\}\} \tag{4-73}$$

其中

$$\begin{aligned} s_k &= a_k + a_{k+1} + a_{k+2} \\ t_k &= a_{k+3} + a_{k+4} + \cdots + a_{k+7} \end{aligned} \tag{4-74}$$

上面的下标如果超过 7 就用 8 去除取余数。

注意到 $k=0,1,\cdots,7$，其实就是使用了 8 个模板，即

$$\begin{bmatrix} +5 & +5 & +5 \\ -3 & 0 & -3 \\ -3 & -3 & -3 \end{bmatrix} \begin{bmatrix} -3 & +5 & +5 \\ -3 & 0 & +5 \\ -3 & -3 & -3 \end{bmatrix} \begin{bmatrix} -3 & -3 & +5 \\ -3 & 0 & +5 \\ -3 & -3 & +5 \end{bmatrix} \begin{bmatrix} -3 & -3 & -3 \\ -3 & 0 & +5 \\ -3 & +5 & +5 \end{bmatrix}$$

$$\begin{bmatrix} -3 & -3 & -3 \\ -3 & 0 & -3 \\ +5 & +5 & +5 \end{bmatrix} \begin{bmatrix} -3 & -3 & -3 \\ +5 & 0 & -3 \\ +5 & +5 & -3 \end{bmatrix} \begin{bmatrix} +5 & -3 & -3 \\ +5 & 0 & -3 \\ +5 & -3 & -3 \end{bmatrix} \begin{bmatrix} +5 & +5 & -3 \\ +5 & 0 & -3 \\ -3 & -3 & -3 \end{bmatrix}$$

在进行边缘提取时，将上述模板分别与图像中的一个 3×3 区域相乘，选取输出值为最大的模板。然后，把这一最大输出值作为中央像素点上的边缘强度，把取得最大值的边缘模板 M_k 的方向 k（k 的取值如图 4-33 所示）作为其边缘方向。假设图像中一点 $P(i,j)$ 及其 8 邻域的灰度如图 4-34 所示，并设 $q_k(k=0,1,\cdots,7)$ 为图像经过 Kirsch 算子第 k 个模板处理后得到的 k 方向上的边缘强度，则 $P(i,j)$ 的边缘强度为 $S(i,j)=\max\{q_k\}(k=0,1,\cdots,7)$，而相应的边缘方向 $D(i,j)=\{k \mid q_k \text{ 为最大值}\}$。

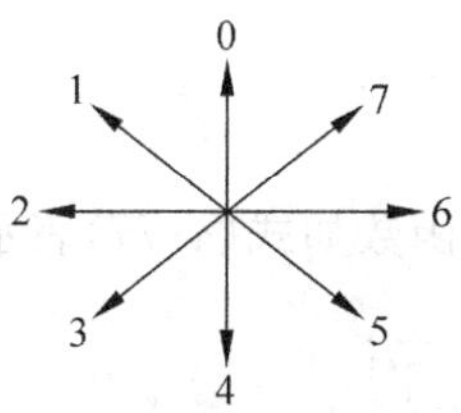

图 4-33　边缘方向

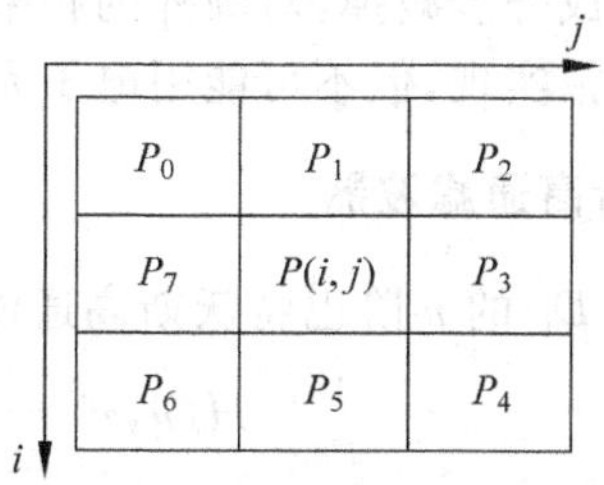

图 4-34　窗口设置示意图

该算法处理所需的运算量可以这样估计：首先，分析图中的任意一点 A 的计算量。计算 A 点的灰度值所需运行的加法运算次数为 $P_A=7\times8=56$(次)，乘法运算次数为 $M_A=2\times8=16$(次)。由此，处理一幅 $N\times N$ 的图像所需的运算量为：加法运算次数为 $56N^2$ 次，乘法运算次数为 $16N^2$ 次。

4.3.6 高通滤波法

因为图像中的边缘及急剧变化部分与高频分量有关，所以当利用高通滤波器衰减图像信号中的低频分量时就会相对地强调其高频分量，从而加强了图像中的边缘及急剧变化部分，达到图像尖锐化的目的。与低通滤波器相对应，常用的高通滤波器有理想高通滤波器、巴特沃斯高通滤波器、指数高通滤波器和梯形高通滤波器等。这里只讨论径向对称的零相移滤波器。

1. 理想高通滤波器

一个理想的二维高通滤波器的传递函数由式(4-75)表示，即

$$H(u,v)=\begin{cases}0, & D(u,v)\leqslant D_0\\ 1, & D(u,v)>D_0\end{cases}\tag{4-75}$$

式中，D_0 是从频率平面原点算起的截止频率(或距离)；$D(u,v)$仍然由式(4-76)决定，即

$$D(u,v)=[u^2+v^2]^{\frac{1}{2}}\tag{4-76}$$

理想高通滤波器传递函数的剖面如图 4-35 所示。图 4-35(a)是理想高通滤波器传递函数径向剖面，图 4-35(b)是为立体图及俯视图。

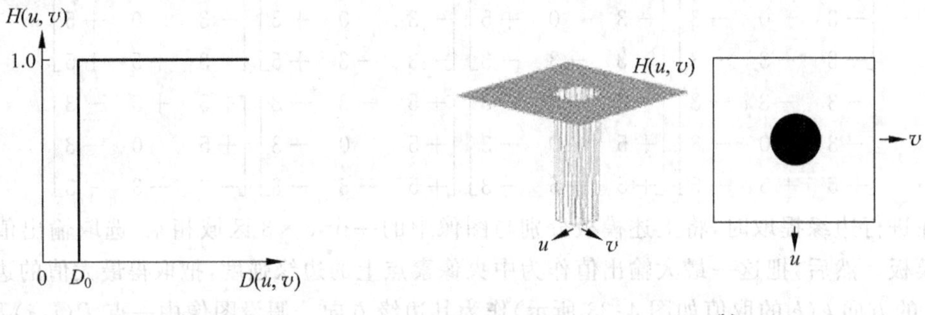

图 4-35 理想高通滤波器传递函数的剖面

由图可见，理想高通传递函数与理想低通正好相反。通过高通滤波正好把以 D_0 为半径的圆内的频率成分衰减掉，对圆外的频率成分则无损地通过。与理想低通一样，理想高通可以用计算机模拟实现，但不可能用电子元件来实现。

2. 巴特沃斯高通滤波器

截止频率为 D_0 的 n 阶巴特沃斯高通滤波器的传递函数如式(4-77)表示，即

$$H(u,v)=\frac{1}{1+\left[\dfrac{D_0}{D(u,v)}\right]^{2n}}\tag{4-77}$$

式中 $D(u,v)=[u^2+v^2]^{\frac{1}{2}}$。

巴特沃斯高通滤波器传递函数的径向剖面如图 4-36 所示。图 4-36(a)是巴特沃斯高通滤波器传递函径向剖面图($n=1$)，图 4-36(b)为立体图及俯视图。

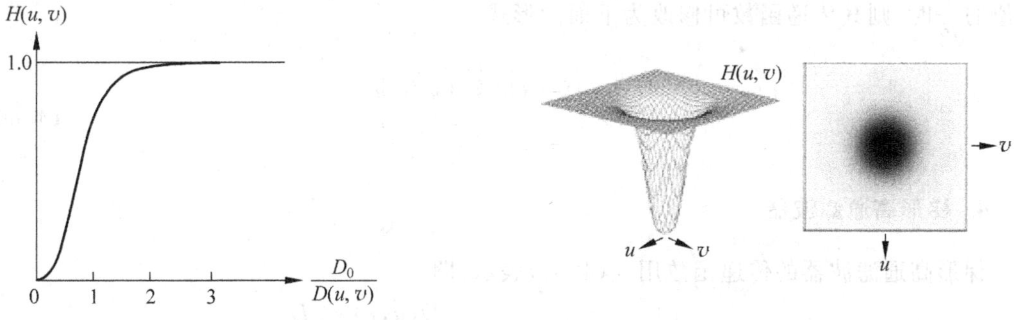

(a)　(b)

图 4-36　巴特沃斯高通滤波器传递函数的径向剖面

与低通滤波器一样，上式是定 $H(u,v)$下降到其最大值的$\frac{1}{2}$处的 $D(u,v)$为截频点 D_0。一般情况下，高通滤波器的截止频率选择在使 $H(u,v)$下降到其最大值的$\frac{1}{\sqrt{2}}$处，满足这一条件的传递函数可修改成式(4-78)，即

$$\begin{aligned} H(u,v) &= \frac{1}{1+[\sqrt{2}-1]\left[\frac{D_0}{D(u,v)}\right]^{2n}} \\ &= \frac{1}{1+0.414\left[\frac{D_0}{D(u,v)}\right]^{2n}} \end{aligned} \tag{4-78}$$

3. 指数高通滤波器

截止频率为 D_0 的指数高通滤波器的传递函数如式(4-79)表示，即

$$H(u,v) = e^{-\left[\frac{D_0}{D(u,v)}\right]^n} \tag{4-79}$$

式中，D_0 为截止频率；$D(u,v)=[u^2+v^2]^{\frac{1}{2}}$，参数 n 控制着 $H(u,v)$的增长率。指数高通滤波器的传递函数径向剖面如图 4-37 所示。图 4-37(a)是指数高通滤波器传递函数径向剖面图，图 4-37(b)为立体及俯视图。

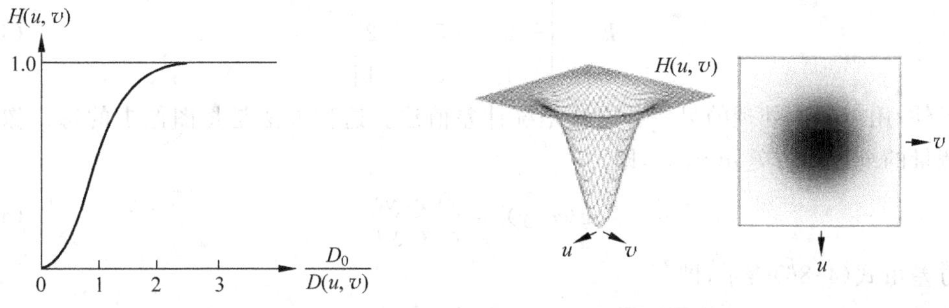

(a)　(b)

图 4-37　指数高通滤波器传递函数径向剖面

由式(4-79)可知，当 $D(u,v)=D_0$ 时，$H(u,v)=\frac{1}{e}$。如果仍然把截止频率定在 $H(u,v)$ 最大值的 $\frac{1}{\sqrt{2}}$ 时，则其传递函数可修改为下面的形式。

$$\begin{aligned} H(u,v) &= e^{\left[\ln\frac{1}{\sqrt{2}}\right]\left[\frac{D_0}{D(u,v)}\right]^n} \\ &= e^{-0.347\left[\frac{D_0}{D(u,v)}\right]^n} \end{aligned} \tag{4-80}$$

4. 梯形高通滤波器

梯形高通滤波器的传递函数用式(4-81)表示，即

$$H(u,v)=\begin{cases}0, & D(u,v)<D_0 \\ \dfrac{[D(u,v)-D_1]}{[D_0-D_1]}, & D_1\leqslant D(u,v)\leqslant D_0 \\ 1, & D(u,v)>D_0\end{cases} \tag{4-81}$$

式中 $D(u,v)=[u^2+v^2]^{\frac{1}{2}}$。$D_0$ 和 D_1 为规定值，并且 $D_0>D_1$，定义截止频率为 D_0，D_1 是任选的，只要满足 $D_0>D_1$ 就可以了。梯形高通滤波器的传递函数径向剖面如图 4-38 所示。

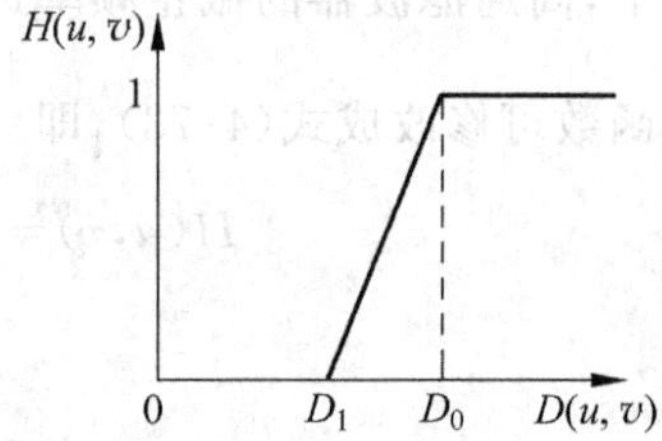

图 4-38 梯形高通滤波器传递函数径向剖面

在图像尖锐化处理中也可以采用空域离散卷积的方法，这种方法与高通滤波相比有类似的效果。这种方法是首先确定掩模，然后作卷积处理。式(4-82)～式(4-84)列出了几种掩模，式中的冲激响应阵列是高通形式的。

$$\boldsymbol{h}=\begin{vmatrix}0 & -1 & 0\\ -1 & 5 & -1\\ 0 & -1 & 0\end{vmatrix} \tag{4-82}$$

$$\boldsymbol{h}=\begin{vmatrix}-1 & -1 & -1\\ -1 & 9 & -1\\ -1 & -1 & -1\end{vmatrix} \tag{4-83}$$

$$\boldsymbol{h}=\begin{vmatrix}1 & -2 & 1\\ -2 & 5 & -2\\ 1 & -2 & 1\end{vmatrix} \tag{4-84}$$

另外，用于勾边处理的另一种方法是统计差值法。这种方法是将图像中的每一像素值除以测量的统计均方差 $\sigma(x,y)$，即

$$g(x,y)=\frac{f(x,y)}{\sigma(x,y)} \tag{4-85}$$

其中方差由式(4-86)表示，即

$$\sigma^2(x,y)=\sum\sum[f(x,y)-\bar{f}(x,y)]^2,\quad x,y\in N(x,y) \tag{4-86}$$

$\sigma^2(x,y)$是在(x,y)点某 x 一邻 y 域 $N(x,y)$内计算的。$\bar{f}(x,y)$是原始图像在(x,y)点

上的平均值。

以上介绍的是图像尖锐化处理的几种方法。值得注意的是在尖锐化处理过程中，图像的边缘细节得到了加强，但图像中的噪声也同时被加重了，所以在实际处理中往往采用几种方法处理以便能得到更加满意的效果。

4.4 利用同态系统进行增强处理

利用同态系统进行图像增强处理是把频率过滤和灰度变换结合起来的一种处理方法。它是把图像的照明反射模型作为频域处理的基础，利用压缩亮度范围和增强对比度来改善图像的一种处理技术。

一幅图像 $f(x,y)$ 可以用它的照射分量 $i(x,y)$ 及反射分量 $r(x,y)$ 来表示，即

$$f(x,y)=i(x,y)\cdot y(x,y) \tag{4-87}$$

因为傅里叶变换是线性变换，所以对于式(4-87)中具有相乘关系的两个分量无法分开，也就是说

$$\mathcal{F}\{f(x,y)\}\neq\mathcal{F}\{i(x,y)\}\cdot\mathcal{F}\{y(x,y)\}$$

式中 $\mathcal{F}$ 代表傅里叶变换。如果首先把式(4-87)的两边取对数就可以把式中的乘性分量变成加性分量，而后再加以进一步处理，即

$$z(x,y)=\ln f(x,y)=\ln i(x,y)+\ln r(x,y) \tag{4-88}$$

此后，对式(4-87)两端再进行傅里叶变换，得

$$\begin{aligned}\mathcal{F}\{z(x,y)\}&=\mathcal{F}\{\ln f(x,y)\}\\&=\mathcal{F}\{\ln i(x,y)\}+\mathcal{F}\{\ln r(x,y)\}\end{aligned} \tag{4-89}$$

令

$$Z(u,v)=\mathcal{F}\{z(x,y)\}$$
$$I(u,v)=\mathcal{F}\{\ln i(x,y)\}$$
$$R(u,v)=\mathcal{F}\{\ln r(x,y)\}$$

则

$$Z(u,v)=I(u,v)+R(u,v) \tag{4-90}$$

如果用一个传递函数为 $H(u,v)$ 的滤波器来处理 $Z(u,v)$，那么，如前面所讨论的那样，则

$$\begin{aligned}S(u,v)&=H(u,v)\cdot Z(u,v)\\&=H(u,v)\cdot I(u,v)+H(u,v)\cdot R(u,v)\end{aligned} \tag{4-91}$$

处理后，将式(4-91)再施以傅里叶反变换，则

$$\begin{aligned}s(x,y)&=\mathcal{F}^{-1}\{S(u,v)\}\\&=\mathcal{F}^{-1}\{H(u,v)\cdot I(u,v)\}+\mathcal{F}^{-1}\{H(u,v)\cdot R(u,v)\}\end{aligned} \tag{4-92}$$

令

$$i'(x,y)=\mathcal{F}^{-1}\{H(u,v)\cdot I(u,v)\}$$
$$r'(x,y)=\mathcal{F}^{-1}\{H(u,v)\cdot R(u,v)\}$$

式(4-91)可写成式(4-93)，即

$$s(x,y)=i'(x,y)+r'(x,y) \tag{4-93}$$

因为 $z(x,y)$是 $f(x,y)$的对数，为了得到所要求的增强图像 $g(x,y)$，还要进行一次相反的运算，即

$$
\begin{aligned}
g(x,y) &= \exp\{s(x,y)\} \\
&= \exp\{i'(x,y)+r'(x,y)\} \\
&= \exp\{i'(x,y)\}\cdot\exp\{r'(x,y)\}
\end{aligned}
\tag{4-94}
$$

令

$$
i_0(x,y)=\exp\{i'(x,y)\}
$$

$$
r_0(x,y)=\exp\{r'(x,y)\}
$$

则

$$
g(x,y)=i_0(x,y)\cdot r_0(x,y) \tag{4-95}
$$

式中，$i_0(x,y)$是处理后的照射分量；$r_0(x,y)$是处理后的反射分量。

一幅图像的照射分量通常用慢变化来表征，而反射分量则倾向急剧变化。这个特征使人们有可能把一幅图像取对数后的傅里叶变换的低频分量和照射分量联系起来，而把反射分量与高频分量联系起来。这样的近似虽然是粗糙的，但是却可以收到有效的增强效果。

用同态滤波方法进行增强处理的流程框图如图 4-39 所示。

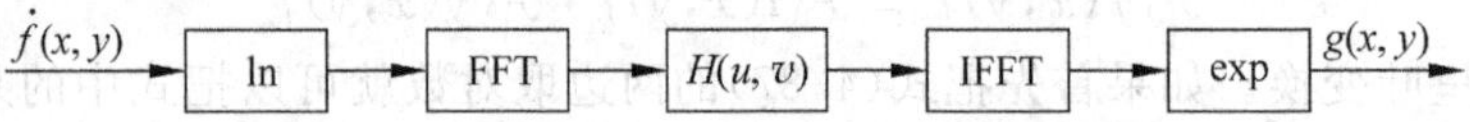

图 4-39 同态滤波法增强处理流程框图

一般情况下，照明决定了图像中像素灰度的动态范围，而对比度是图像中某些内容反射特性的函数。用同态滤波器可以理想地控制这些分量。适当地选择滤波器传递函数将会对傅里叶变换中的低频分量和高频分量产生不同的响应。处理结果会使像素灰度的动态范围或图像对比度得到增强。

当处理一幅由于照射光不均匀而产生黑斑暗影时（摄像机常常会有这种缺陷），想要去掉这些暗影又不失去图像的某些细节，则这种处理是很有效的。

4.5 彩色图像处理

前面几节讨论的都是对单色图像的处理技术。为了更有效地增强图像，在数字图像处理中广泛应用了彩色处理技术。

在图像处理中色彩的运用主要出于两个因素。首先，在自动图像分析中色彩是一个有力的描绘子，它通常可使从一个场景中识别和抽取目标的处理得到简化。第二，人们对图像进行分析时，人眼能区别的灰度层次大约只有 20 几种，但却能够识别成千上万种色彩。

彩色图像处理被划分为 3 个主要领域，即全彩色（或真彩色）处理、假彩色处理和伪彩色处理。在全彩色处理中，被处理的图像一般从全彩色传感器中获得，如彩色摄影机或彩色扫描仪；假彩色处理是一种尽量逼近真实彩色的人工彩色处理技术；伪彩色处理的问题是分配彩色给某种灰度（强度或强度范围），以增强辨识能力。这种 20 世纪 80 年代取得重大进步的图像处理技术由于彩色传感器和彩色图像处理的硬件的成熟而使得彩色图像处理技术

得到广泛应用。

一般情况下，把能真实反映自然物体本来颜色的图像叫真彩色图像。例如，由彩色摄像机摄制，并由彩色监视器复原的彩色图像就近于真彩色。在计算机图像处理系统中进行真彩色图像处理的方法如图 4-40 所示。

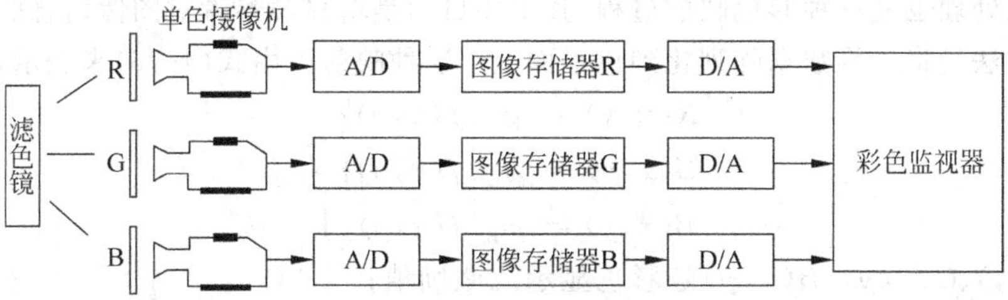

图 4-40 真彩色图像处理框图

在处理过程中，首先用加有红色滤色片的摄像机(黑白摄像机)摄取彩色图像，图像信号经数字化送入一块图像存储板存起来，第二步用带有绿色滤色片的摄像机摄取图像，图像信号经数字化送入第二块图像存储板，最后用带有蓝色滤色片的摄像机摄取图像，图像数据存储在第三块图像存储板内。3 幅图像数据准备好后就可以在系统的输出设备——彩色监视器上合成一幅真彩色图像。另外，利用彩色摄像机摄取彩色图像，然后利用解码电路解出红、绿、蓝 3 幅单色图像进行处理也是常用的彩色图像处理方法。其原理如图 4-41 所示。

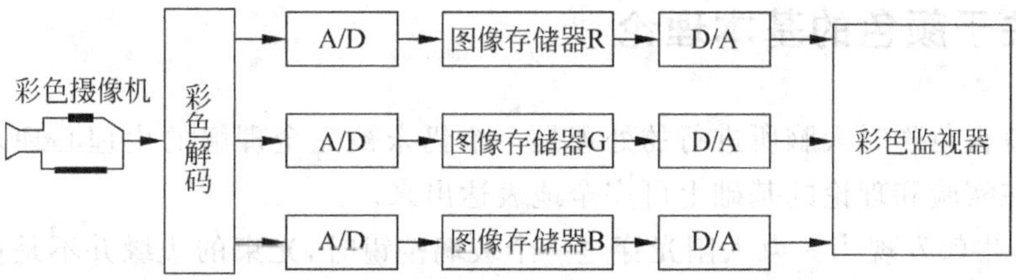

图 4-41 另一种真彩色图像处理框图

关于假彩色图像处理与伪彩色图像处理这两个术语在有些文献中并没有加以严格区分。但从图像处理的角度来看，二者还是有差别的。例如，人们常常把没有颜色的人物照片用人工着色的方法彩色化，并且其主要目的是在于使其颜色尽量接近于真实色彩，这种技术笔者认为应归入假彩色技术。W. K 普拉特提出的假彩色概念是这样的，将一幅由三基色描绘的彩色原图像或具有同一内容的一套多光谱图像，逐像素映射到由三激励值所确定的色度空间上去，这种映射可以是线性的也可以是非线性的。

伪彩色技术早期在遥感图片处理中已有应用，采用的方法是光学方法。这种方法固然有几何失真小的优点，但其处理速度是极慢的，而且处理一幅照片要较复杂的洗印技术，这样有时会限制它的应用范围。一般情况下人为设计的各个目标物的颜色是不同的。如蓝色的天空可以映射为红色，绿色的草地也可以映射为蓝色等。其主要目的在于使处理后的图像中的某些内容更加醒目，当然彩色的设计与人的视觉心理特性有很大关系。伪彩色技术也可以应用于线性彩色坐标变换，它可以由原图像基色转变为另一组新基色。

伪彩色数字图像处理是计算机处理方法。它可以实时处理，而且其精度可以做得很高。在处理结果需要保留时，可有多种方法制作硬拷贝。为什么伪彩色处理可以达到增强的效果呢？这主要是由于人眼对彩色的分辨能力远远大于对黑白灰度的分辨率。对于一般的观察者来说，通常只能分辨十几级灰度。就是经过专门训练的人员（如X光透视医生）也只能分辨几十级灰度。而对于彩色来说，人的眼睛可分辨出上千种彩色的色调和强度。因此，在一幅黑白图像中检测不到的信息，经伪彩色增强后可较容易地被检测出来。

伪彩色处理也是一种彩色映射过程，其主要目的是增强观察者对图像信息的检测能力。它的主要方法是将二维数据阵列化到色平面上。这种映射可由式(4-96)来表示，即

$$\left.\begin{aligned} R(x,y) &= \wp_{R}\{f(x,y)\} \\ G(x,y) &= \wp_{G}\{f(x,y)\} \\ B(x,y) &= \wp_{B}\{f(x,y)\} \end{aligned}\right\} \tag{4-96}$$

式中，$R(x,y)$、$G(x,y)$、$B(x,y)$是彩色显示三激励值；$\wp_R$、$\wp_G$、$\wp_B$是映射算子，它们可以是线性的也可以是非线性的。

通过以上映射关系就可以确定出三维色空间的轨迹，这种映射关系如图4-42所示。当在色度空间里给定了一条伪彩色轨迹后，还要选择数据面上变量和轨迹上距离增量之间的标度关系，一般将轨迹长度分为相等的增量距离。

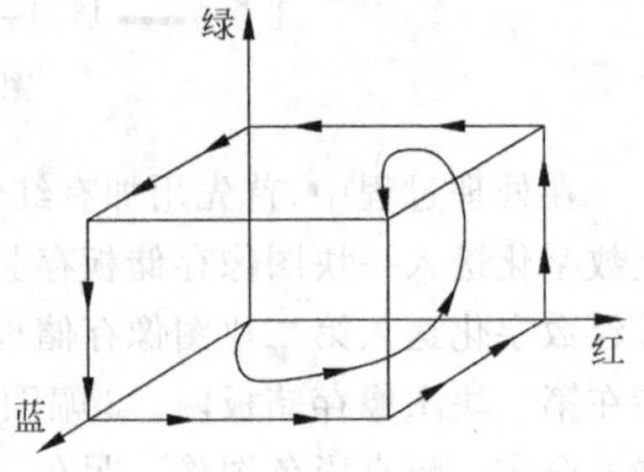

图4-42 伪彩色映射轨迹

4.5.1 关于颜色的基本理论

尽管在获得色彩时人脑所进行的处理是一个仍未被完全理解的生理心理现象，但颜色的物理特性在实验和理论的基础上可完全地表达出来。

1666年，牛顿发现当一束太阳光穿过一个玻璃棱镜时，光束的边缘并不是白色的，而是一个连续的光谱，一端是紫色，另一端是红色（见图4-43）。这条彩色光谱可分为6个宽域：紫色、蓝色、绿色、黄色、橘黄和红色。当用全彩色法观看，彩带中并没有那种截然的颜色界限，而是每种彩条都平滑地变成另外一种。

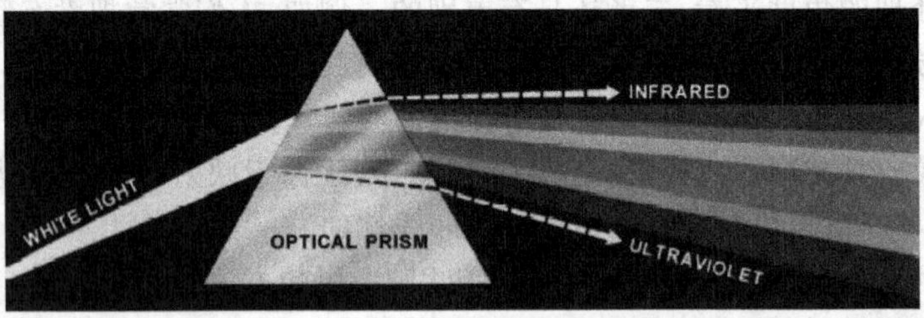

图4-43 棱镜把太阳光分为连续光谱

人们从一个物体上获得颜色的感觉取决于这个物体的反射光的自然特性。也就是说，可见光由电磁能谱中相对狭长的频带组成。如果物体的反射光在所有可见光波长中的成分相对平衡时，物体显示出白色。如果物体只反射有限的可见频谱范围内的某些光波时，物体则显示不同的颜色。例如，物体反射光的波长主要是500～570nm，而吸收多数其他波长的能量时，物体则显示绿色。

光的特点是颜色科学的中心。如果光线没有颜色，它唯一的属性就是它的强度或灰度。无色光通常就是人们在黑白电视机中所看到的画面，而且它已成为图像处理中所讨论的主要对象。因此，灰度一词指的是强度的数量量度，即从黑到灰最后到白。

有色光的电磁能谱范围为400～700nm。有3个基本参数可用来描述可见光源的特性，即辐射、灰度和亮度。如第2章所述，辐射是通过光源的能量总和，它通常用瓦特(W)衡量，灰度用流明(lm)来衡量，是观察者从光源获得的能量的量度。例如，从工作于红外线区的光谱中发射的光线可能有很大的能量，但观察者几乎感觉不到它，因为它的灰度几乎是零。亮度是一个客观标志，它是无色光强度概念的表征，而且是一个描述颜色概念的关键因素。

由于人眼的结构，所有颜色都被看做是3种所谓的基色，即红、绿、蓝的不同组合。为了标准化，如第2章所述，CIE在1931年给这3种基色规定了以下特定的波长值，即蓝为435.8nm、绿为546.1nm、红为700nm。但从某种意义上来说，没有哪种单一的颜色可被看成为红、绿、蓝。这样为了标准化而规定3种特定颜色的波长并不意味着这3种固定的单一波长的红、绿、蓝三基色能产生所有的频谱颜色。因为“基本”这个词的使用有可能使人们错误地认为这3种标准的基色当以不同的强度比例混合时能产生各种不同的颜色。

基色可以产生合成色光——紫红色(红加蓝)、蓝绿色(绿加蓝)和黄色(红加绿)。以一种合适的浓度混合这3种基色，或混合合成色光与它的补色可产生白光。它说明了这3种基色和它们的组合可产生合成光。

在第2章中已讨论过，光的基色和颜料或着色剂的基色之间是有区别的。颜料或着色剂的基色被定义为吸收一种基本有色光并反射另外两种光。因此，颜料的基色是紫红色、蓝绿色和黄色，合成色是红色、绿色和蓝色。3种颜料基色的适当组合或一种合成色与它的补色的组合产生黑色。

彩色电视机发出的光的颜色是采用相加混色原理。许多彩色电视显像管的内部结构由大量的荧光粉组合构成。红、绿、蓝三色点一般呈三角形或一字形按组排列。当显像时，一组中的每个点都产生一种基色。如发红光的像素点的强度由显像管的电子枪来调整，其强度正比于“红色脉冲”的能量。每组中的绿色和蓝色像素点也以同样的方式来调整，显示在电视接收机上。这种效果就是来自每个像素点的三基色被加到一起并由眼中的锥状体接收，就感觉到了一幅全彩色图像。每秒钟刷新25(或30)帧就会产生连续图像。

通常用来区别一种颜色与另一种颜色的特征量有亮度、色度和饱和度。亮度用来表征颜色强度概念，色度是一种与波长有关的属性，这样色度表征了观察者所获得的主导颜色的感觉。当说一个物体是红色、橘黄或黄色时，也就确定了它的色度。与色度相比较饱和度是在颜色中掺杂白色光的数量多少的度量。纯谱颜色是完全饱和的。如紫色(红和白)和淡紫色(紫和白)这样的颜色是不饱和的。饱和的程度与添加白光的数量成比例。

色度和饱和度合在一起被称为彩色。因此，一种颜色可能是以它的亮度和彩色为特征，用来形成任何一种特定颜色的红、绿、蓝被称为三原色值，并相应地用R、G、B表示。一种颜色可以由它的三原色系数来确定，即：

$$r=\frac{R}{R+G+B} \tag{4-97}$$

$$g=\frac{G}{R+G+B} \tag{4-98}$$

$$b=\frac{B}{R+G+B} \tag{4-99}$$

显然,从这些等式有以下关系:

$$r+g+b=1 \tag{4-100}$$

一种表征颜色的途径是前面已经介绍过的色度图,它以一种 r(红)、g(绿)和 b(蓝)的函数表示颜色组成。对任意 r 和 g 的值,相应的 b(蓝)的值可从式(4-100)中获得,即 $b=1-(r+g)$。例如,某颜色有大约62%的绿色和25%的红色,那么,由式(4-103)可知,蓝色的组成大约有13%。

各种谱色的位置(从紫色的380nm到红色的780nm)标示在舌形色度图的边缘上。这些是纯谱色。任何不在边缘上而在中间的点都代表一些谱色的混合色。定位在图的边缘上的任意一点是完全饱和的。当一点越离开边缘点接近等能量点,加入的白光就越多,它就越不饱和。等能量点的饱和度为零。

色度图对于颜色混合是非常有用的。因为图中连接任意两点的直线部分定义了所有不同颜色的变化,这种变化可以通过另外合并这两种颜色来获得。例如,一条从红画到绿点的直线,如果红光比绿光多,代表新颜色的点将在该连线上,但它离红点比离绿点要近。同样,一条从等能量点画到图的边缘上任意点的直线将定义一个特定的谱色。

4.5.2 颜色模型

按通常的方式,彩色模型化的目的是按某种标准利用基色表示颜色。实质上,一种颜色模型是用一个三维坐标系统及这个系统中的一个子空间来表示。在这个系统中每种颜色都由一个单点表示。

通常使用的多数彩色模型或者是面向硬件设备(如彩色监视器或打印机),或者是面向应用的。在实际中,通常使用的与硬件有关的模型有RGB模型,这种模型用在彩色监视器和彩色摄像机等领域。CMY模型用在彩色打印机上。YIQ模型用于彩色电视广播。在第三种模型中,Y 相对于亮度,而 I 和 Q 是被称为正交的两个颜色分量。在所有模型中最常用于彩色图像模拟的是HSI模型和HSV模型。

在图像处理中最常用的模型是RGB、YIQ和HSI模型。下面将介绍这3种模型的基本特性,并且讨论它们的不同点和在数字图像处理中的应用。尽管CMY模型用于打印,而不是用于实际的图像处理,在这里也介绍一下,因为它在获得硬拷贝输出上很重要。

1. RGB彩色模型

在RGB模型中,每种颜色的主要光谱中都有红、绿、蓝的成分。这种模型基于Cartesian(笛卡儿)坐标系统。颜色子空间如图4-44的立方体所示,在图中,RGB值在3个顶角上,蓝绿色、紫红色和黄色在另外3个顶角上,黑色在原点,白色在离原点最远的角上。在这个模型中,灰度级沿着黑、白两点的连线从黑延伸到白,其他各种颜色由位于立方体内或立方

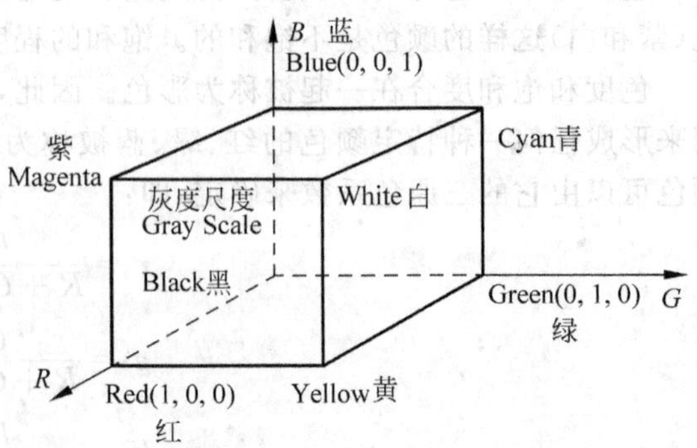

图4-44 R、G、B 彩色正方体

体上的点来表示，同时由原点延伸的矢量决定。为了方便，假定所有的颜色值都已被标准化，图 4-44 中的立方体就是单位立方体。也就是，所有 R、G、B 的值都被假定在[0,1]范围内。

RGB 彩色模型中的图像由 3 个独立的图像平面构成，每个平面代表一种原色。当输入 RGB 监视器时，这 3 个图像在屏幕上组合产生了合成的彩色图像。这样，当图像本身用三原色平面描述时，在图像处理中运用 RGB 模型就很有意义。相应地，大多数用来获取数字图像的彩色摄像机都使用 RGB 格式。目前，在图像处理设备中只使用这种重要模型。

RGB 模型应用的一个例子是航天和卫星多光谱图像数据的处理。图像是由工作于不同光谱范围的图像传感器获得的。例如，一帧 LANDSAT 陆地卫星图像由 4 幅数字图像组成。每幅图像有相同的场景，但通过不同的光谱范围或窗口获得，两个窗口在可见光谱范围内，大致对应于绿和红，另外两个窗口在光谱的红外线部分。这样每幅图像平面都有物理意义。

如果对人脸的彩色图像进行增强处理，部分图像隐藏在阴影中，直方图均衡是处理这类问题的理想工具。如果应用 RGB 模型，因为存在 3 种图像（红、绿、蓝），而直方图均衡仅根据强度值处理，很显然，如果把每幅图像单独地进行直方图均衡，所有可能隐藏在阴影中的图像部分都将被增强。然而，所有 3 种图像的强度将不同地改变颜色性能（如色调），显示在 RGB 监视器上时就不再是自然和谐的了。因此，RGB 模型对于这类处理就不太合适。

2. CMY 彩色模型

如前所述，蓝绿色、红紫色和黄色都是光的合成色（或二次色）。例如，当用白光照蓝绿色的表面时，没有红光从这个表面反射出来。也就是说，蓝绿色从反射的白光中除去红光，这白光本身由等量的红、绿、蓝光组成。

多数在纸上堆积颜色的设备，如彩色打印机、复印机，要求 CMY 数据输入或进行一次 RGB 到 CMY 的变换。这一变换可以用一简单的变换式表示，即

$$\begin{bmatrix} C \\ M \\ Y \end{bmatrix} = \begin{bmatrix} 1 \\ 1 \\ 1 \end{bmatrix} - \begin{bmatrix} R \\ G \\ B \end{bmatrix} \tag{4-101}$$

这里，假定所有的颜色值都已被标准化到[0,1]范围内。式(4-101)表明从一个纯蓝绿色表面反射的光线中不包括红色（即 $C=1-R$）。类似地，纯红紫色不反射绿色，纯黄色不反射蓝色。式(4-101)揭示了 RGB 值可以很容易地用 1 减 CMY 单个值的方法获得。如前描述，CMY 模型在图像处理中用在产生硬拷贝输出上，因此，从 CMY 到 RGB 的反变换操作通常没有实际意义。

3. YIQ 彩色模型

YIQ 彩色模型用于彩色电视广播。为了有效地传输并与黑白电视兼容，YIQ 是一个 RGB 的编码。实际上，YIQ 系统中的 Y 分量提供了黑白电视机要求的所有影像信息。RGB 到 YIQ 的变换定义为

$$\begin{bmatrix} Y \\ I \\ Q \end{bmatrix} = \begin{bmatrix} 0.299 & 0.587 & 0.114 \\ 0.596 & -0.275 & -0.321 \\ 0.212 & -0.523 & 0.311 \end{bmatrix} \begin{bmatrix} R \\ G \\ B \end{bmatrix} \tag{4-102}$$

为了从一组 RGB 值中获得 YIQ 值，可简单地进行矩阵变换。YIQ 模型利用人的可视系统对亮度变化比对色调和饱和度变化更敏感而设计的。这样，YIQ 标准中用以表示 Y 时给予较大的带宽（是数字颜色时用比特），用于表示 I、Q 时赋予较小的带宽。

另外，它成为普遍应用的标准是因为在图像处理中 YIQ 模型的主要优点是去掉了亮度（Y）和颜色信息（I 和 Q）间的紧密联系。亮度是与眼中获得的光的总量成比例的。去除这种联系的重要性在于处理图像的亮度成分时能在不影响颜色成分的情况下进行。例如，前面提到的 RGB 模型。可以采用直方图均衡技术对由 YIQ 格式的彩色图像进行处理，即通过给它的 Y 成分进行直方图均衡处理，图像中相关的颜色不受处理影响。

4. HSI 彩色模型

回想一下前节中讨论的色调是描述纯色（纯黄、橘黄或红）的颜色属性。而饱和度提供了由白光冲淡纯色程度的量度。HSI 颜色模型的重要性在于两方面：第一，去掉强度成分（I）在图像中与颜色信息的联系；第二，色调和饱和度成分与人们获得颜色的方式密切相关。这些特征使 HSI 模型成为一个理想的研究图像处理运算法则的工具，这个法则基于人的视觉系统的一些颜色感觉特性。

很多实用系统都用到 HSI 模型，如自动判断水果和蔬菜的成熟度的图像处理系统、用颜色样本匹配或检测彩色产品品质的图像处理系统等。在这些相似的应用中，关键是把系统操作建立在颜色特性上，人们用这些特性完成特定的任务。

从 RGB 到 HSI 的变换公式比以前的模型更复杂。

5. 由 RGB 到 HSI 的转换

如前面所讨论的，RGB 模型的定义与单位立方体图有关。然而，HSI 模型的颜色分量（色调(hue)和饱和度(saturation)）的定义与图 4-45(a)所示的彩色三角形有关。在图 4-45(a)中，可以注意到，颜色点 P 的色调 H 是该向量与红色轴的夹角。因此，当 $H=0°$ 时为红色，$H=60°$ 时为绿色等。色点 P 的饱和度 S 是指一种颜色被白色稀释的程度，它与 P 点到三角形中心的距离成正比。P 点距三角形中心越远，这种颜色的饱和度越大。

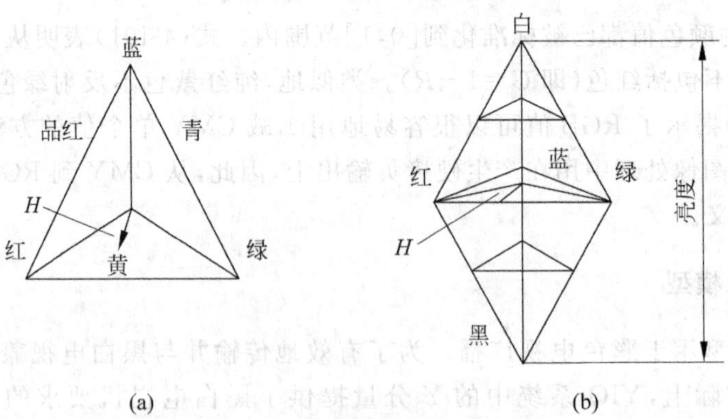

图 4-45 HSI 模型的颜色分量

HSI 模型中的亮度的测量与垂直于三角形并通过其中心的直线有关。沿着位于三角形下方的直线，亮度逐渐由暗变到黑，相反，在三角形上方，亮度逐渐由明亮变到白。

在三维色空间中将色调、饱和度、亮度结合起来，就产生了如图4-45(b)所示的三面的、类似金字塔的结构。这个结构表面上的任意一点代表一种完全饱和的颜色。这种颜色的色调由它与红色轴的夹角决定，亮度由该点与黑色点的垂直距离决定(与黑色点的距离越远，亮度越强)。类似的结论也适用于结构内的点，唯一不同的是，随着它们逐渐接近纵轴，颜色的饱和度逐渐降低。

考虑用图4-46所示的立方体结构和相应的HSI空间的关键点是垂直强度轴和位于垂直于该轴的平面的彩色点的轨迹。当平面沿强度轴向上或向下移动时，由平面与立方体表面构成的横截面决定的边界不是呈三角形就是六边形状。这种情况如图4-47(a)所示。

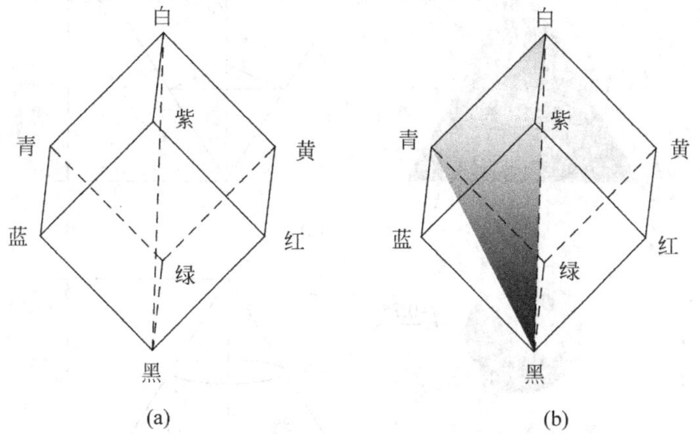

图4-46　RGB和HSI彩色模型间的关系

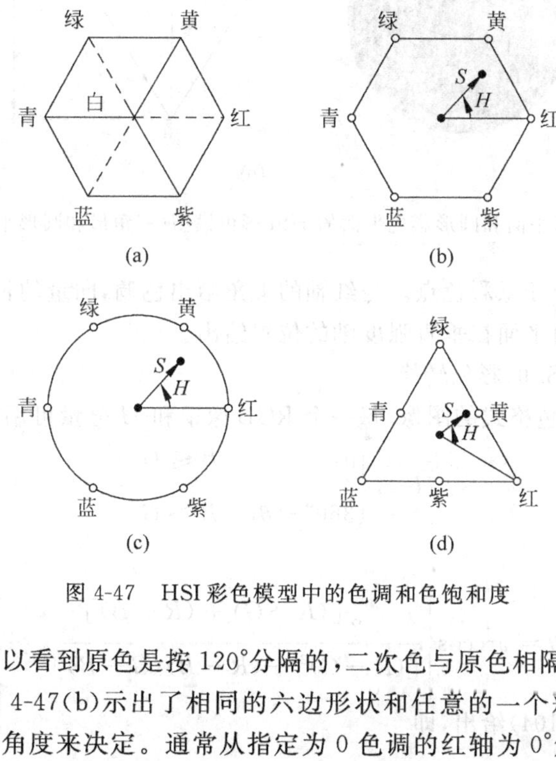

图4-47　HSI彩色模型中的色调和色饱和度

在这个平面中可以看到原色是按120°分隔的，二次色与原色相隔60°，这意味着二次色之间也相隔120°。图4-47(b)示出了相同的六边形状和任意的一个彩色点，该点的色调由来自某参考点的一个角度来决定。通常从指定为0色调的红轴为0°角，从这里开始色调逆时针增长。饱和度是从原点到该点的向量的长度。HSI 彩色空间的重要分量是垂直强度轴到一彩色点的向量长度和这一向量与红轴的角度，如图 4-47(c)、(d)所示。图 4-48 示出了基于彩色三角形和圆形的 HSI 模型。

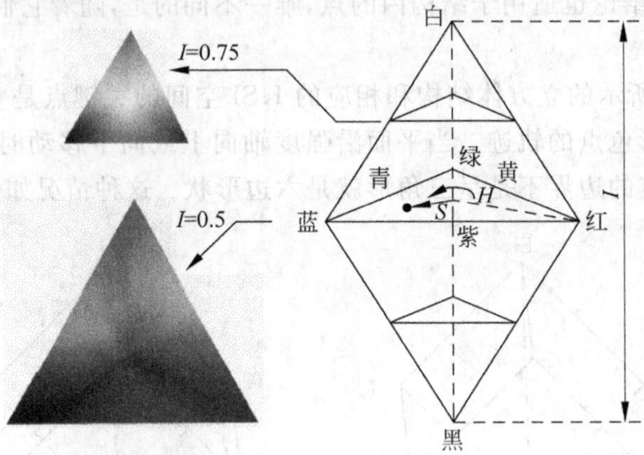

(a)

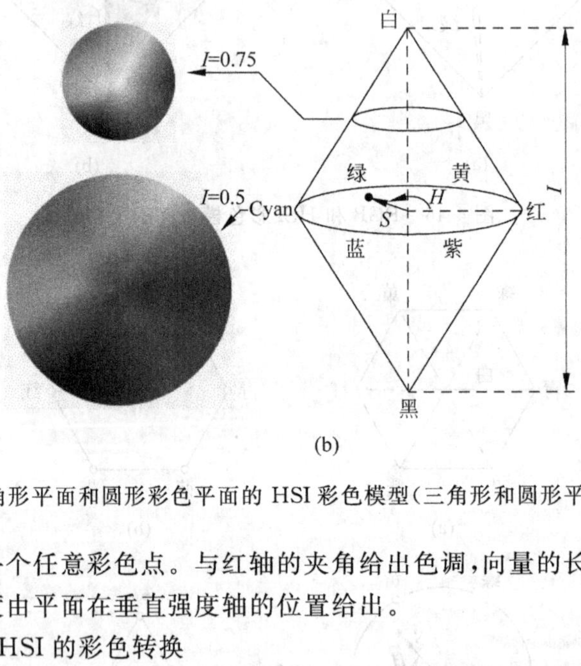

(b)

图 4-48　基于三角形平面和圆形彩色平面的 HSI 彩色模型(三角形和圆形平面垂直于强度轴)

图中的黑点是一个任意彩色点。与红轴的夹角给出色调，向量的长度是饱和度，在该平面中所有彩色的强度由平面在垂直强度轴的位置给出。

(1) 从 RGB 到 HSI 的彩色转换

给定一幅 RGB 彩色格式的图像，每一个 RGB 像素和 H 分量可用下面的公式得到

$$H=\begin{cases}\theta, & B\leqslant G\\ 360^{\circ}-\theta, & B>G\end{cases}\tag{4-103}$$

此处

$$\theta=\arccos\left\{\frac{\frac{1}{2}[(R-G)+(R-B)]}{[(R-G)^2+(R-B)(G-B)]^{\frac{1}{2}}}\right\}$$

色饱和度分量由式(4-104)给出，即

$$S = 1 - \frac{3}{(R+G+B)}[\min(R,G,B)] \tag{4-104}$$

最后，强度分量由式(4-105)给出，即

$$I = \frac{1}{3}(R+G+B) \tag{4-105}$$

如图 4-47 指出的那样，假定 RGB 值归一化为[0,1]范围内，角度 θ 根据 HSI 空间的红轴来度量。

色调可以用式(4-103)得到的值除以 360°归一化为[0,1]范围内。如果给出的 RGB 值在[0,1]区间内，则其他两个 HSI 分量已经在[0,1]范围内了。

(2) 从 HSI 到 RGB 的转换

在[0,1]内给出 HSI 值，现在要在相同的值域找到 RGB 值，可利用 H 值公式。在原始色分割中有 3 个相隔 120°的扇形(见图 4-47)。从 H 乘以 360°开始，这样色调值返回原来的[0°,360°]的范围。RG 扇形(0°≤H<120°)，当 H 位于这一扇形区时，R、G、B 分量由式(4-106)～式(4-108)给出，即

$$B = I(1-S) \tag{4-106}$$

$$R = I\left[1 + \frac{S\cos H}{\cos(6^\circ - H)}\right] \tag{4-107}$$

$$G = 1 - (R+B) \tag{4-108}$$

GB 扇形区(120°≤H<240°)：如果给定的 H 值在这一扇区。

首先从 H 中减去 120°，即

$$H = H - 120^\circ \tag{4-109}$$

然后 R、G、B 分量为

$$R = I(1-S) \tag{4-110}$$

$$G = I\left[1 + \frac{S\cos H}{\cos(60^\circ - H)}\right] \tag{4-111}$$

$$B = I - (R+G) \tag{4-112}$$

BR 扇区(240°≤H<360°)：最后，如果 H 在这一扇区，从 H 中减去 240°。

$$H = H - 240^\circ \tag{4-113}$$

然后 R、G、B 分量为

$$G = I(1-S) \tag{4-114}$$

$$B = I\left[1 + \frac{S\cos H}{\cos(60^\circ - H)}\right] \tag{4-115}$$

$$R = I - (G+B) \tag{4-116}$$

4.5.3 伪彩色图像处理

1. 等密度分层伪彩色技术

等密度分层伪彩色处理是应用较多的一种方法。这种处理可以用专用硬件来实现，也可以用查表的方法来实现。密度分层是一个沿用术语，它最初来源于照相技术，因为一幅照

片的浓淡层次是由照相底片上银粒的沉积密度决定的，所以照片的反差（相当于电视画面的对比度）直接与密度有关。在图像处理技术中更为常用的术语是灰度一词，因此密度分层就是灰度分层。

在这一节中，将研究几种根据黑白图像的灰度级为之分配颜色的方法。

2. 灰度分割

灰度分割（intensity slicing）和颜色编码是伪彩色图像处理的最简单的例子之一。如果一幅图像可被看做一个二维亮度函数，这种方法可理解为用一些平行于图像坐标平面的平面，每一平面在与函数相交处分割函数。图 4-49 展示了一个用平面 $f(x,y)=I_j$，将函数分割为两部分的例子。

如果在图 4-48 所示平面两侧分配不同颜色，那么，灰度级在平面以上的所有像素将用一种颜色编码，而灰度级在平面以下的所有像素将用另一种颜色编码，灰度级恰好位于平面本身的像素可任意分配两种颜色之一，结果是一个两色图像。将切割平面沿灰度级坐标上下移动可控制图像的外观。

多分层过程也类似图 4-49 所示的原理。具体过程可作以下解释，可作若干个平行于 xy 坐标面的平面，那么每个平面将与函数 $f(x,y)$ 相交，这样就把 $f(x,y)$ 表示的连续灰度分成若干级别，分层数可根据需要的精度加以任意设置。例如，在所定的灰度级 L_1，L_2，…，L_M 处定义 M 个平面，这些平面是等间距的，这 M 个平面把灰度分成 $M+1$ 个区域，区域级别为 $L_1,L_2,L_3,\cdots,L_M$，令 L_1 代表黑色[$f(x,y)=0$]，L_M 代表白色[$f(x,y)=L_M$]。那么，设 $0<M<L$，这样就完成了等密度分层。然后，可根据下面的关系式分配颜色：

$$f(x,y)=C_k \quad 若 \quad f(x,y)\in R_k \tag{4-117}$$

这里，C_k 是与切割平面定义的第 k 个区间 R_k 相关的颜色。

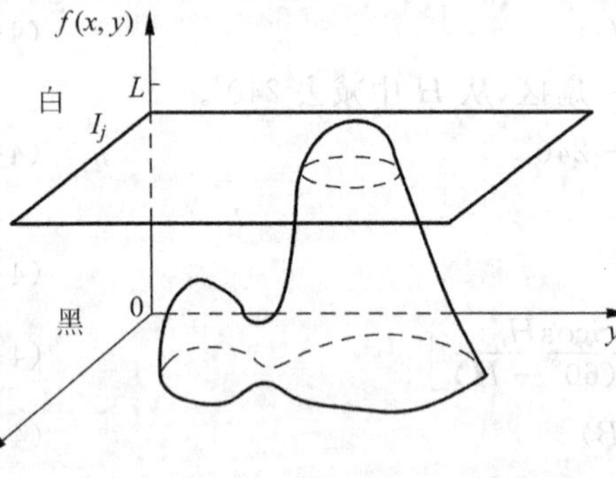

图 4-49 密度分层技术示意图

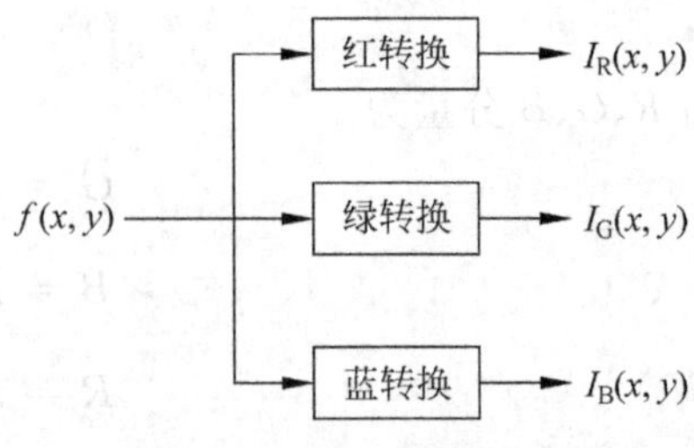

图 4-50 伪彩色图像处理框图

灰度-彩色变换的任务是给不同的灰度级赋予不同的颜色。它既可以结合软件用计算机来实现，也可以用硬件来实时实现。最后彩色显示都是将彩色编码送到彩色监视器的 RGB 电路上合成一幅彩色图像。

3. 灰度级转换为彩色

另外几种转换方法比上一节讨论的分割技术更为普遍，因而也能更好地实现伪彩色的增强效果。其中特别吸引人的一种方法如图 4-50 所示。这种方法的基本思想是对输入像素的灰度级进行 3 个相互独立的转换，然后，这 3 个结果分别送到彩色电视监视器的红、绿、蓝的电子发射枪上。这种方法产生了一幅彩色图像，它的颜色内容由转换函数的性质决定。注意到，这是对图像的灰度级值的转换，而不是位置的函数。

另外一种灰度-彩色变换方案如图 4-51 所示。

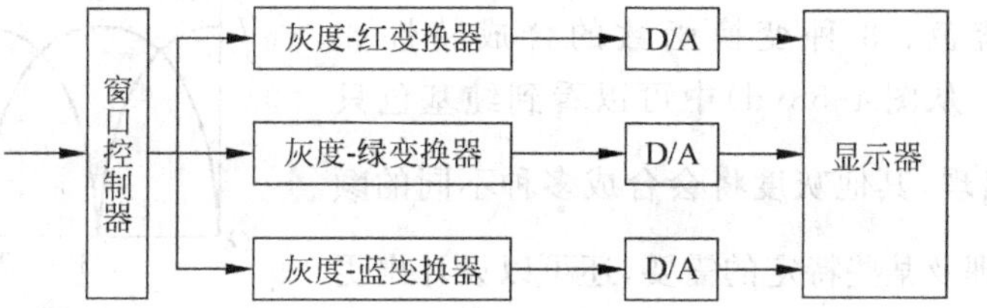

图 4-51　另一种灰度——彩色变换方案

这种方法的基本概念是首先对灰度动态范围开窗，然后对窗口内的灰度进行 3 个独立的变换，变换的结果分别加到彩色监视器的 R、G、B 这 3 个控制通道，这样就可以在监视器上得到受变换函数控制的彩色合成图像。

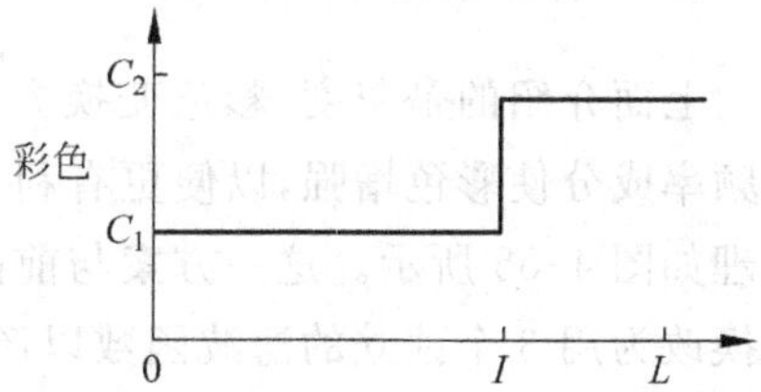

图 4-52　两种颜色的显示方法

图 4-52 示出了一种转换函数，如在机场中的安全检查 X 光监测仪，左边显示的是正常物体，右边显示的可能是另一种物体，当选择正确的分割点时，有可能将两种物品用不同的颜色区分出来。

图 4-53 示出一种转换函数。

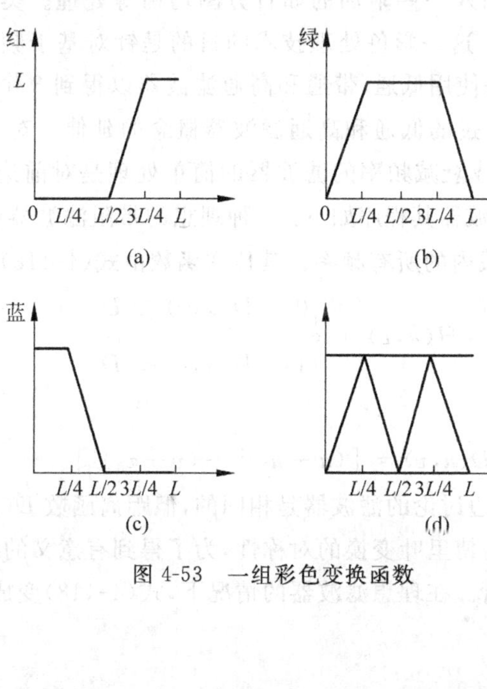

图 4-53　一组彩色变换函数

图 4-53(a)是灰度-红色变换函数，在这个函数中将低于$\frac{L}{2}$的所有灰度映射成最暗的红色，在$\frac{L}{2}\sim\frac{3L}{4}$之间的灰度映射为线性增加饱和度的红色，在$\frac{3L}{4}\sim L$之间的灰度映射为最亮的红色。同样道理，绿色映射变换器如图 4-53(b)所示，从 $0\sim\frac{L}{4}$绿色亮度线性增加，$\frac{L}{4}\sim\frac{3L}{4}$是最亮的绿色，$\frac{3L}{4}\sim L$ 的绿色亮度线性递减。蓝色映射变换函数如图 4-53(c)所示，$0\sim\frac{L}{4}$为最亮的蓝色，$\frac{L}{4}\sim\frac{L}{2}$为线性递减特性，$\frac{L}{2}\sim L$映射为最暗的蓝色。3 种变换函数的合成特性如图 4-53(d)所示。从图 4-53(d)中可以看到纯基色只在 0、$\frac{L}{2}$和 L 处出现，其他灰度将会合成多种不同的颜色。根据以上原理及某些特定的需要，还可以设计出更多的变换函数。上述变换函数比较适合医学图像处理，而图 4-54 所示的变换函数则更适合遥感图片处理。

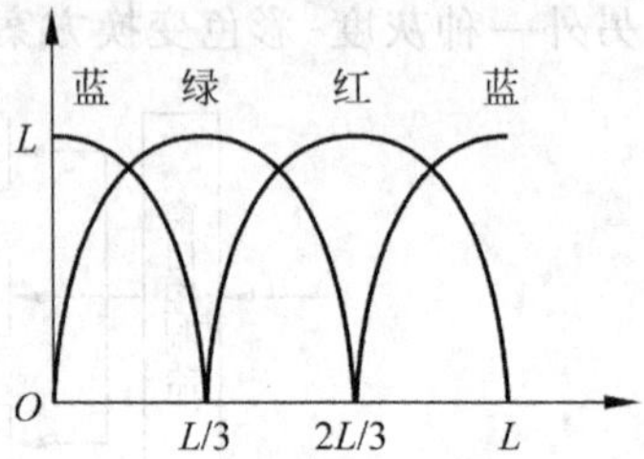

图 4-54　另一种灰度-彩色变换函数

4. 一种滤波处理

上面介绍的是灰度-彩色变换方法。在实际应用中，根据需要也可以针对图像中的不同频率成分使彩色增强，以便更有利于抽取频率信息。这就是基于频域运算的编码方案，其原理如图 4-55 所示。这一方案与前面讨论过的基本滤波处理相同，除了一幅图像的傅里叶变换改为用 3 个独立的滤波函数以产生 3 个图像，以便送入彩色监视器的红、绿、蓝 3 个输入端。作为一个例子，下列步骤得到红色通道的图像。用一个特定的滤波函数改变输入图像的傅里叶变换，然后，再用傅里叶反变换得到处理后的图像。这些处理步骤在图像被送入监视器的红色通道之前可加入一些附加的如直方图均衡等处理。类似的处理也可以用于图 4-55所示的另两个通道。这一彩色处理技术的目的是针对基于频率内容的彩色编码范畴。一个典型的滤波处理是使用低通、带通和高通滤波器以得到 3 个范围的频率分量。带阻和带通滤波器是已经讨论过的低通和高通滤波器概念的延伸。对于产生一个以(u_0,v_0)为原点，以环形邻域为抑制或衰减频率的滤波器的简单处理是对前边讨论过的高通滤波器进行坐标变换。对于理想滤波器其程序如下：一种理想的带阻滤波器(IBRF)抑制以(u_0,v_0)为圆心，以 D_0 为半径的邻域内的所有频率。其传递函数由式(4-118)给出，即

$$H(u,v)=\begin{cases}0, & D(u,v)\geqslant D_0\\1, & D(u,v)<D_0\end{cases}\tag{4-118}$$

式中

$$D(u,v)=\left[(u-u_0)^2+(v-v_0)^2\right]^{\frac{1}{2}}\tag{4-119}$$

注意到式(4-118)与前边讨论的滤波器是相同的，但距离函数 $D(u,v)$是以点(u_0,v_0)计算而不是以原点计算。由于傅里叶变换的对称性，为了得到有意义的结果，非原点的带阻滤波器必须以对称的方式进行。在理想滤波器的情况下，式(4-118)变成式(4-120)，即

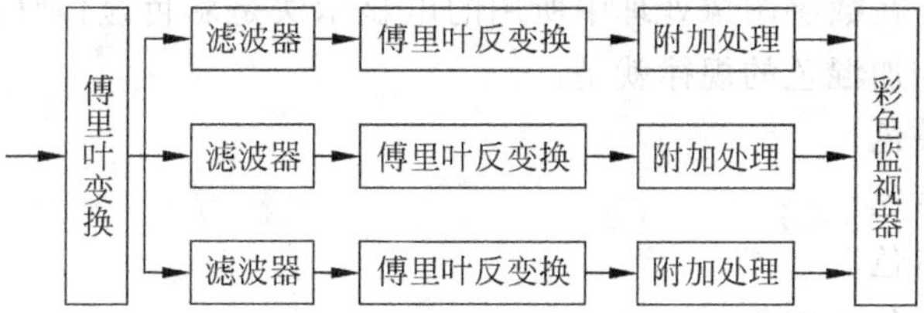

图 4-55 频率-彩色变换模型

$$H(u,v)=\begin{cases}0, & D_1(u,v)\leqslant D_0 \quad 或 \quad D_2\leqslant D_0\\1, & 其他\end{cases}\tag{4-120}$$

这里

$$D_1(u,v)=[(u-u_0)^2+(v-v_0)^2]^{\frac{1}{2}}\tag{4-121}$$

$$D_2(u,v)=[(u+u_0)^2+(v+v_0)^2]^{\frac{1}{2}}\tag{4-122}$$

这一过程可扩展至4个或更多的区域。在前边讨论过的巴特沃斯滤波器可根据谈到的理想滤波器技术直接推出带阻滤波器。上边讨论的滤波器是关于远离傅里叶变换原点的一些点。为了移动以原点为中心的频带，可以考虑类似于前边讨论过的低通滤波器和高通滤波器那样的滤波器。对于理想的和巴特沃斯滤波器可遵循如下步骤：一个径向对称的理想带阻滤波器关于原点的频带移动由式(4-123)给出，即

$$H(u,v)=\begin{cases}1, & D(u,v)<D_0-\dfrac{W}{2}\\0, & D_0-\dfrac{W}{2}\leqslant D(u,v)\leqslant D_0+\dfrac{W}{2}\\1, & D(u,v)>D_0+\dfrac{W}{2}\end{cases}\tag{4-123}$$

式中，W 是带宽；D_0 是中心点。如果是一个径向对称的滤波器，该滤波器可完全由一个横截面来确定。例如，一个 n 阶的径向对称的巴特沃斯带阻滤波器有以下的传递函数

$$H(u,v)=\frac{1}{1+\left[\dfrac{D(u,v)W}{D^2(u,v)-D_0^2}\right]^{2n}}\tag{4-124}$$

式中，W 是带宽；D_0 是中心点。带通滤波器通过指定带宽内的频率，而衰减或阻止所有其他频率。因此，它们恰好是带阻滤波器的对立面。这样，如果 $H_R(u,v)$ 是带阻滤波器的传递函数，则相应的带通滤波器的传递函数可简单地用“倒转”的方法得到，即

$$H(u,v)=-[H_R(u,v)-1]\tag{4-125}$$

4.5.4 关于彩色显示

在彩色图像处理中彩色显示方法主要有两种。一种是电子显示法，也就是用彩色监视器显示，有时称这种显示为软拷贝。当然这种方法可以用彩色摄影法得到硬拷贝图像。另一种方法就是用彩色硬拷贝设备进行彩色显示。这两种设备的彩色显示原理是不同的。在日常活动中所见到的各种颜色是不同波长的光波混合而成的。任何谱色都可以用三基色按

不同比例混合得到。在数字图像处理中所用的电显示法是彩色显像管,它是用相加混色法产生各种颜色的。相加混色的规律就是:

红色+绿色=黄色

红色+蓝色=紫色

蓝色+绿色=青色

红色+蓝色+绿色=白色

这里的三基色是红色、绿色、蓝色。青色、紫色、黄色称为它们的补色。

彩色硬拷贝设备是用相减混色原理显示彩色图像的。相减混色有下列规律:

黄色=白色-蓝色

紫色=白色-绿色

青色=白色-红色

黄色+紫色=白色-蓝色-绿色=红色

黄色+青色=白色-蓝色-红色=绿色

紫色+青色=白色-绿色-红色=蓝色

黄色+紫色+青色=白色-蓝色-绿色-红色=黑色

以上的关系均指颜料的混合。需要注意的是在绘画颜料方面,画家们提出的三基色是黄、蓝、红,所以绘画中的基色与色度学中的基色是不同的。

利用 VC5.0 可以实现灰度图像的 16 灰度级伪彩色显示。输入图像可以是任意大小、任意灰度级的,它被自动转换为 16 灰度级。灰度值和使用彩色的对应关系是{0,1,2,3,4,5,6,7,8,9,10,11,12,13,14,15}→{黑、深蓝、深绿、深红、深灰、品红、浅蓝、棕色、浅绿、浅红、浅灰、浅蓝绿、黄色、白色、深蓝绿、浅紫}。其基本功能包括:

① 打开一灰度图像文件,显示该文件,并得到其宽度 ImageWidth 和高度 ImageHeight。

② 读取图像数据,将灰度值存入二维数组 Img[i][j]中。

③ 求出最大灰度值 maxGray,并将原图像灰度转换成 16 级灰度,即:对任意一点(i,j),计算其新的灰度值

colorIndex=16.0 * Img[i][j]/maxGray

④ 根据新的灰度值查表确定其对应的颜色值。

⑤ 显示彩色图像。

下面列出几个假彩色(见图 4-56)、真彩色(见图 4-57)和伪彩色(见图 4-58)的处理结果,以给读者一个清晰的概念。

图 4-56(a)为单色图像,图 4-56(b)为参考图像,图 4-56(c)为假彩色处理后图像。

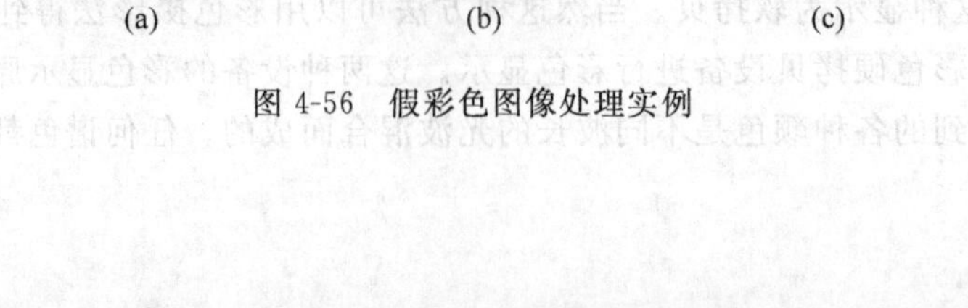

(a) (b) (c)

图 4-56 假彩色图像处理实例

(a)　(b)

图 4-57　真彩色图像处理

图 4-57(a)为原始图像,图 4-57(b)为采用 HSI 模型进行增强处理后的图像。

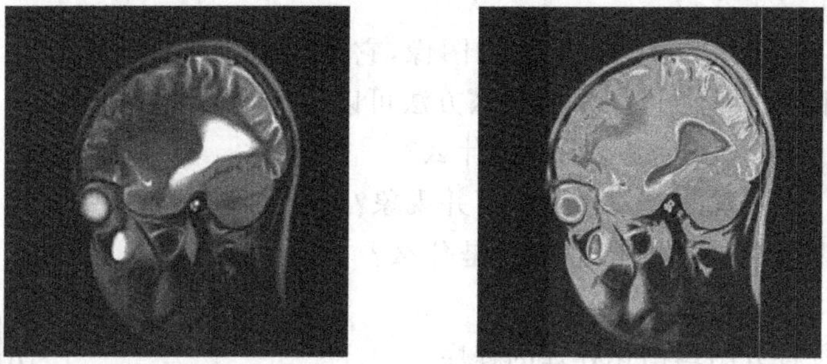

(a)　(b)

图 4-58　伪彩色图像处理

图 4-58(a)为原图像,图 4-58(b)为伪彩色增强后的图像。

思考题

1. 图像增强的目的是什么?
2. 什么是直方图?
3. 直方图修改的技术基础是什么?
4. 在直方图修改技术中采用的变换函数的基本要求是什么?
5. 直方图均衡化处理采用何种变换函数?
6. 直方图均衡化处理的结果是什么?
7. 假定有 64×64 大小的图像,灰度为 16 级,概率分布如表 4-7 所示,试用直方图均衡化方法处理之,并画出处理前后的直方图。

表 4-7　思考题用表

r	n_k	$P_r(r_k)$	r	n_k	$P_r(r_k)$
$r_0=0$	800	0.195	$r_2=\frac{2}{15}$	600	0.147
$r_1=\frac{1}{15}$	650	0.160	$r_3=\frac{3}{15}$	430	0.106

续表

r	n_k	$P_r(r_k)$	r	n_k	$P_r(r_k)$
$r_4=\frac{4}{15}$	300	0.073	$r_{10}=\frac{10}{15}$	110	0.027
$r_5=\frac{5}{15}$	230	0.056	$r_{11}=\frac{11}{15}$	96	0.023
$r_6=\frac{6}{15}$	200	0.049	$r_{12}=\frac{12}{15}$	80	0.019
$r_7=\frac{7}{15}$	170	0.041	$r_{13}=\frac{13}{15}$	70	0.017
$r_8=\frac{8}{15}$	150	0.037	$r_{14}=\frac{14}{15}$	50	0.012
$r_9=\frac{9}{15}$	130	0.031	$r_{15}=0$	30	0.007

8. 如果有如图 4-59 所示的直方图的图像，它是否可用直方图均衡化方法处理？如果可以，其结果如何？如果不可以，采用什么方法可以解决该问题？

9. 直方图均衡化处理的主要步骤是什么？

10. 什么是“简并”现象？如何克服简并现象？

11. 直方图规定化处理的技术难点是什么？如何解决？

12. 试写一段直方图均衡化处理的程序。

13. 在邻域平均法处理中如何选取邻域？

14. 低通滤波法中通常有几种滤波器？它们的特点是什么？

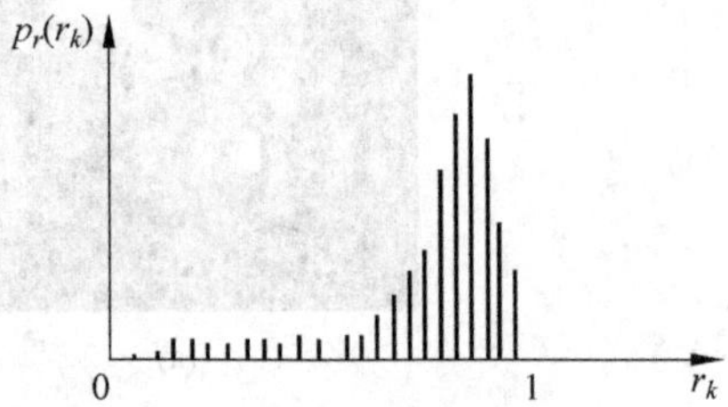

图 4-59 习题 8 用图

15. 多图像平均法为何能去掉噪声？它的主要难点是什么？

16. 图像尖锐化处理有几种方法？

17. 零交叉边缘检测的优点是什么？

18. 何为同态处理？试述其基本原理。

19. 彩色图像的获取方法有几种？

20. 在图像处理中有哪几种模型？它们的应用对象是什么？

21. 何为 RGB 模型？

22. 何为 CMY 模型？

23. 何为 YIQ 模型？

24. 何为 HSI 模型？

25. 如何由 RGB 模型转换为 HSI 模型？

26. 如何由 HSI 模型转换为 RGB 模型？

27. 如何由 RGB 模型转换为 YIQ 模型？

28. 如何由 YIQ 模型转换为 RGB 模型？

29. 如何由 RGB 模型转换为 CMY 模型？

30. 如何由 CMY 模型转换为 RGB 模型？

31. 什么是伪彩色增强处理？它的主要目的是什么？

32. 试写一段伪彩色增强程序。

第5章 图像编码

图像编码是图像处理科学的经典课题，它经历了理论探索、试验研究和实用化等几个阶段，如今已得到广泛的应用。

模拟图像信号在传输及处理中需要高精度宽带技术，这给设计制造和设备维护带来许多困难，使其进一步发展受到限制。模拟图像信号在传输过程中极易受到各种噪声的干扰，而且模拟图像信号一旦受到污染则很难完全得到恢复。另外，在模拟领域中，要进行人与机器（计算机或智能机），机器与机器之间的信息交换以及对图像进行诸如压缩、增强、恢复、特征提取和识别等一系列处理都是比较困难的。所以无论从完成图像通信与数据通信网的结合方面来看，还是从对图像信号进行各种处理的角度来看，图像信号数字化都是首当其冲的重要问题。图像数字化有很多优点：第一，数字图像传输和记忆性能好，受系统特性变化影响小，抗干扰能力强，图像质量与记忆次数无关，远距离传输质量劣化小；第二，易于组织图像、语音及其他数据的综合传输和交换，为多媒体技术奠定了基础；第三，有可能借助于计算机进行高质量的图像处理，如压缩、增强、恢复、识别、加密等处理；第四，数字电路故障少，待调元件少，易于制造、保养和维修，生产和维护成本低。由于上述的种种优点，图像的数字化一直受到广泛关注。因此，图像编码是图像处理学中的经典的研究课题。本章将对图像编码进行较为详细的讨论。

5.1 图像编码概述

编码是把模拟制信号转换为数字制信号的一种技术。图像编码技术不仅是应用线性脉冲编码调制法（线性 PCM）进行数字化，而更主要的是利用图像信号的统计特性以及视觉对图像的生理学和心理学特性对图像进行信源编码。

在信息论中将数字通信过程概括为图 5-1 所示的形式。

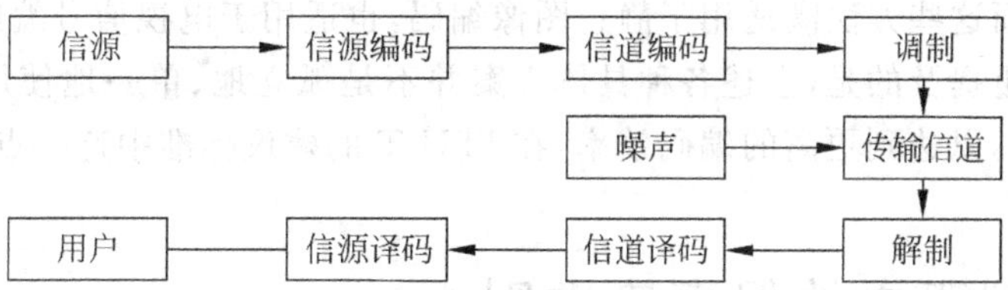

图 5-1 数字通信系统模型

图 5-1 所示的模型是一个数字通信系统模型。在这样一个模型中有二次编、译码，即信源编码、信源译码、信道编码、信道译码。信源编码的主要任务是解决有效性问题，也就是对信源实现压缩处理，使处理后的信号更适宜数字通信系统。解决有效性问题就是在编码过

程中尽量提高编码效率，也就是力求用最少的数码传递最大的信息量。这实质上就是压缩频带的问题。信道编码的任务是解决可靠性问题。也就是尽量使处理过的信号在传输过程中不出错或少出错，既使出了错也要有能力尽量纠正错误。这是信道编码所应完成的任务。因此，在信道编码中往往引进用作误差控制的数码，以实现自动检错和纠错。因此，两次编、解码承担着不同的任务。图像编码主要是要研究压缩数码率，即高效编码问题。

信源编码是信息处理科学中的经典研究课题，就图像编码而言，已有 60 多年的历史，近年来，M. Kunt 提出第一代、第二代编码的概念。Kunt 把 1948—1988 年这 40 年中研究的以去除冗余为基础的编码方法称为第一代编码，如 PCM、DPCM、ΔM、亚取样编码法，变换域的 DFT、DCT、Walsh-Hadamard 变换编码等方法以及以此为基础的混合编码法均属于经典的第一代编码法。而第二代编码方法多是 20 世纪 80 年代以后提出的新的编码方法，如金字塔编码法、Fractal 编码法、基于神经元网络的编码法、小波变换编码法、模型基编码法等。现代编码法的特点是：充分考虑人的视觉特性；恰当地考虑对图像信号的分解与表述；采用图像的合成与识别方案压缩数据率。这种分法尽管并没得到图像编码界全体同仁的广泛认可，但笔者认为对了解图像编码发展进程是有益的。

图像编码这一经典的研究课题，经 60 多年的研究已有多种成熟的方法得到应用，特别是所谓的第一代编码更是如此。随着多媒体技术的发展已有若干编码标准由 ITU-T 制定出来，如 JPEG、JPEG2000、H. 261、H. 263、H. 264、MPEG1、MPEG2、MPEG4、MPEG7、MPEG21、JBIG(二值图像压缩）(Joint Bo-level Image Coding Expert Group)等。相信经广大科技工作者的不懈努力，在未来会有更多、更有效的编码方法问世，以满足多媒体信息处理及通信的需要。

图像编码是属于信源编码的范畴。对它的方法进行归类并不统一，从不同的角度来看问题就会有不同的分类方法。按图像形式可分为图示像编码和非图示像的编码。从光度特征出发可分为单色图像编码、彩色图像编码和多光谱图像编码。从灰度层次上分可以分为二值图像编码和多灰度图像编码，按照信号处理形式可分为模拟图像编码和数字图像编码。从处理维数出发可以分成行内编码、帧内编码和帧间编码。从上面的介绍可见，图像编码的分类并没有统一的标准，同时也可以看到图像编码的方案也是多种多样的。图像编码是属于信源编码的范畴，从信源编码的角度来分类，图像编码大致可分为匹配编码、变换编码和识别编码。从压缩的角度来分，也可大致分为熵压缩编码和无失真编码。

另外，如果从目前已有的实用方案的角度来分类，可以分为 3 大类，即预测编码、变换编码及统计编码。而这些方法既适用于静止图像编码，也适用于电视信号编码。

最后需要着重提及的是，上述各种具体方案并不是孤立地、单一地使用，往往是各种方法混合、交叉使用，以达到更高的编码效率，在 ITU-T 的建议标准中这一点尤为突出。

5.2 图像编码中的保真度准则

图像信号在编码和传输过程中会产生误差，尤其是在熵压缩编码中，产生的误差应在允许的范围之内。在这种情况下，保真度准则可以用来衡量编码方法或系统质量的优劣。通常，这种衡量的尺度可分为客观保真度准则和主观保真度准则。

5.2.1 客观保真度准则

通常使用的客观保真度准则有输入图像和输出图像的均方根误差；输入图像和输出图像的均方根信噪比两种。输入图像和输出图像的均方根误差是这样定义的。设输入图像是由 $N\times N$ 个像素组成，令其为 $f(x,y)$，其中 $x,y=0,1,2,\cdots,N-1$。这样一幅图像经过压缩编码处理后，送至受信端，再经译码处理，重建原来图像。这里令重建图像为 $g(x,y)$。它同样包含 $N\times N$ 个像素，并且 $x,y=0,1,2,\cdots,N-1$。在 $0,1,2,\cdots,N-1$ 范围内 x,y 的任意值，输入像素和对应的输出图像之间的误差可用式(5-1)表示，即

$$e(x,y)=g(x,y)-f(x,y) \tag{5-1}$$

而包含 $N\times N$ 个像素的图像的均方误差为

$$\begin{aligned}\overline{e}^2&=\frac{1}{N^2}\sum_{x=0}^{N-1}\sum_{y=0}^{N-1}e^2(x,y)\\&=\frac{1}{N^2}\sum_{x=0}^{N-1}\sum_{y=0}^{N-1}[g(x,y)-f(x,y)]^2\end{aligned} \tag{5-2}$$

由式(5-2)可得到均方根误差为

$$e_{\mathrm{rms}}=[\overline{e}^2]^{\frac{1}{2}} \tag{5-3}$$

如果把输入、输出图像间的误差看做是噪声，那么，重建图像 $g(x,y)$ 可由式(5-4)表示，即

$$g(x,y)=f(x,y)+e(x,y) \tag{5-4}$$

在这种情况下，另一个客观保真度准则——重建图像的均方信噪比如式(5-5)表示，即

$$\begin{aligned}\left(\frac{S}{N}\right)_{\mathrm{ms}}&=\frac{\sum\limits_{x=0}^{N-1}\sum\limits_{y=0}^{N-1}g^2(x,y)}{\sum\limits_{x=0}^{N-1}\sum\limits_{y=0}^{N-1}e^2(x,y)}\\&=\frac{\sum\limits_{x=0}^{N-1}\sum\limits_{y=0}^{N-1}g^2(x,y)}{\sum\limits_{x=0}^{N-1}\sum\limits_{y=0}^{N-1}[g(x,y)-f(x,y)]^2}\end{aligned} \tag{5-5}$$

均方根信噪比为

$$\left(\frac{S}{N}\right)_{\mathrm{rms}}=\left\{\frac{\sum\limits_{x=0}^{N-1}\sum\limits_{y=0}^{N-1}g^2(x,y)}{\sum\limits_{x=0}^{N-1}\sum\limits_{y=0}^{N-1}[g(x,y)-f(x,y)]^2}\right\}^{\frac{1}{2}} \tag{5-6}$$

5.2.2 主观保真度准则

图像处理的结果，绝大多数场合是给人观看，由研究人员来解释的，因此，图像质量的好坏与否，既与图像本身的客观质量有关，也与人的视觉系统的特性有关。有时客观保真度完全一样的两幅图像可能会有完全不相同的视觉质量，所以又规定了主观保真度准则。这种

方法是把图像显示给观察者，然后把评价结果加以平均，以此来评价一幅图像的主观质量。另外一种方法是规定一种绝对尺度，举例如下。

① 优秀的：具有极高质量的图像。

② 好的：是可供观赏的高质量的图像，干扰并不令人讨厌。

③ 可通过的：图像质量可以接受，干扰不讨厌。

④ 边缘的：图像质量较低，希望能加以改善，干扰有些讨厌。

⑤ 劣等的：图像质量很差，尚能观看，干扰显著地令人讨厌。

⑥ 不能用：图像质量非常之差，无法观看。

另外常用的还有两种准则，即妨害准则和品质准则。

妨害准则分以下 5 级：

① 没有妨害感觉。

② 有妨害，但不讨厌。

③ 能感到妨害，但没有干扰。

④ 妨害严重，并有明显干扰。

⑤ 不能接收信息。

品质准则分以下 7 级：

① 非常好。

② 好。

③ 稍好。

④ 普通。

⑤ 稍坏。

⑥ 恶劣。

⑦ 非常恶劣。

除此之外，还可以采用成对比较法，也就是同时出示两幅图像，让观察者表示更喜欢哪一幅图像，借此排出图像质量的等级。也有采用随机抽取法来评定图像质量的。这种方法是把数量相等的原始图像和经编、译码后的图像混杂在一起，然后让观察者挑出他认为质量差的图像。质量较差的图像可定义为处理过的图像，然后统计错挑的概率，显然错挑概率越大说明图像经处理后的劣化越小。总之，主观保真度评价方法的准则可不同，但其基本原理都一样，当然，对观察者的视觉条件应有一定的要求。

5.3 PCM 编码

5.3.1 PCM 编码的基本原理

脉冲编码调制（Pulse Coding Modulation，PCM）是将模拟图像信号变为数字图像信号的基本手段。图像信号的 PCM 编码与语音信号 PCM 编码相比并没有原则上的区别。但是，图像信号，特别是电视信号占的频带宽，要求响应速度快，因此，电路设计与实现上有较大的难度。

图像信号 PCM 编、译码原理方框图如图 5-2 所示。图像信号 PCM 编码由前置低通滤波器、取样保持电路、量化器、编码器组成。前置低通滤波器的作用有两个，其一是为满足取样定理的带限要求，以减少折叠误差；其二是对杂散噪声也有一定的抑制作用。取样保持电路将完成把时间上是连续的模拟信号进行时间离散化的任务。取样周期由奈奎斯特(Nyquist)定理限定。

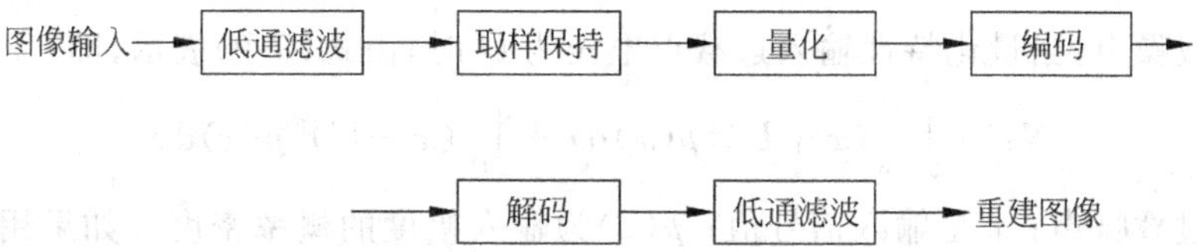

图 5-2　PCM 编、译码原理方框图

量化器的任务是把模拟信号的幅值离散化。经取样与量化处理后就可产生多值数字信号。编码的任务是把多值的数字信号变成二进制数字的多比特信号，以便传输或进行后续处理。译码器的原理比较简单，它包括一个译码电路和一个低通滤波器。译码器把数字信号恢复为模拟信号，这个模拟信号就是在接收端重建的图像信号，此处滤波器的作用是平滑与内插，以恢复更加柔和的图像质量。

5.3.2　PCM 编码的量化噪声

量化是对时间离散的模拟信号进行幅度离散化的过程，这个过程是去零取整的过程。量化后的样值与原信号相比大部分是近似关系。这样，把连续的数值限制在固定的台阶式的变化之下必然会带来畸变。这种畸变在接收端是无法克服的，只能使其尽量减小。由量化带来的噪声可分为量化噪声和过载噪声。以正弦波输入为例，输入幅度较大和输入幅度较小时的量化噪声如图 5-3 所示。图 5-3(a)是输入信号超过编码范围时的量化噪声和过载噪声的形成，图 5-3(b)是信号未超过编码范围，只有量化噪声的情况。在 PCM 编码中，量化噪声主要取决于码的位数，码位数越多(即量化阶数多)量化噪声的功率越小。一个量化阶的电压可由式(5-7)表示，即

$$\Delta = \frac{U}{2^n} \tag{5-7}$$

式中，U 为输入信号电压；n 为样值用二进制数表示的比特数。

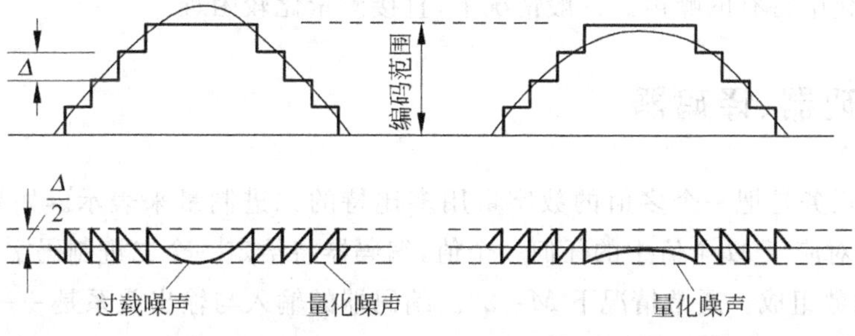

图 5-3　量化噪声与过载噪声的形成

如果在整个输入幅度内量化阶是一个常数，就称这个量化为均匀量化；否则就是非均匀量化。线性 PCM 编码中均采用均匀量化法。在均匀量化中，设量化阶为 Δ，量化噪声在 $-\frac{\Delta}{2}\sim+\frac{\Delta}{2}$ 内可看成是均匀分布的，因此，其功率可由式(5-8)表示，即

$$P_Q=\int_{-\frac{\Delta}{2}}^{+\frac{\Delta}{2}}\frac{1}{\Delta}x^2\,dx=\frac{\Delta^2}{12} \tag{5-8}$$

对于过载噪声，当量化特性输入过载点电压为 U 时，由式(5-9)表示，即

$$N_S=\int_{-\infty}^{-U}(x+U)^2p(x)\,dx+\int_{U}^{\infty}(x-U)^2p(x)\,dx \tag{5-9}$$

式中，N_S 为过载噪声；x 是输入信号值；$p(x)$为输入幅度的概率密度。如果用信噪比作为客观保真度准则的话，可推得 PCM 编码在均匀量化下的量化信噪比如下：

因为

$$\Delta=\frac{U}{2^n}$$

$$P_Q=\frac{\Delta^2}{12}$$

所以

$$P_Q=\frac{\frac{U^2}{(2^n)^2}}{12} \tag{5-10}$$

由信噪比的概念，则

$$\begin{aligned}\left(\frac{S}{N}\right)_{dB}&=10\lg\frac{U^2}{P_Q}\\&=10\lg\frac{U^2}{\frac{\frac{U^2}{(2^n)^2}}{12}}\\&=10\lg[12\times(2^n)^2]\\&=20\lg\sqrt{12}+20\lg2^n\\&\approx(11+6n)\end{aligned} \tag{5-11}$$

由式(5-11)可见，每增加一位码可得到 6dB 的信噪比增益。

值得注意的是，量化噪声不同于其他噪声，它的显著特点是仅在有信号输入时才出现，所以它是数字化中特有的噪声。一般情况下，直接测量比较困难。

5.3.3 编码器、译码器

编码器的任务是把一个多值的数字量用多比特的二进制量来表示。如果量化器输出 M 个值，那么，对应于 M 个值中的任何一个值，编码器将给定一个二进制码字。这个码字将由 m 个二进制数组成。通常情况下 $M=2^m$。编码器的输入与输出关系是一一对应的，其过程是可逆的，因此，不会引入任何误差。

线性 PCM 编码一般采用等长码，也就是说每一个码字都有相同的比特数。其中用得

最为普遍的是自然二进制码，也有用格雷码的。以 $M=8$ 为例的自然二进制码和格雷码列入表 5-1 中。

表 5-1　$M=8$ 的自然二进制码和格雷码

输　　入	自然二进制码			格　雷　码		
m_1	0	0	0	0	0	0
m_2	0	0	1	0	0	1
m_3	0	1	0	0	1	1
m_4	0	1	1	0	1	0
m_5	1	0	0	1	1	0
m_6	1	0	1	1	1	1
m_7	1	1	0	1	0	1
m_8	1	1	1	1	0	0

对于常规编码来说，减少量化分层数就可以降低比特速率。但是，量化分层数的最小值应满足图像质量的要求。当主观评定图像质量时，为了防止伪轮廓效应，量化分层数必须足够大。实践证明，对于线性 PCM 编码，黑白图像要 6～7bit，相当于分层数为 64～128 层，彩色复合编码要 8bit，即 256 个量化分层，这样恢复的图像才能与原模拟图像相比拟。如果码位不够，就会出现明显的伪轮廓。图 5-4 分别是女孩头像的编译码结果。图中(a)是原像，(b)是 1bit 编译码处理的图像，(c)是 2bit 编译码处理的图像，(d)是 3bit 编译码处理的图像，(e)是 4bit 编译码处理的图像，(f)是 6bit 编译码处理的图像，从图像上可见，随着比特数的降低伪轮廓愈加明显。

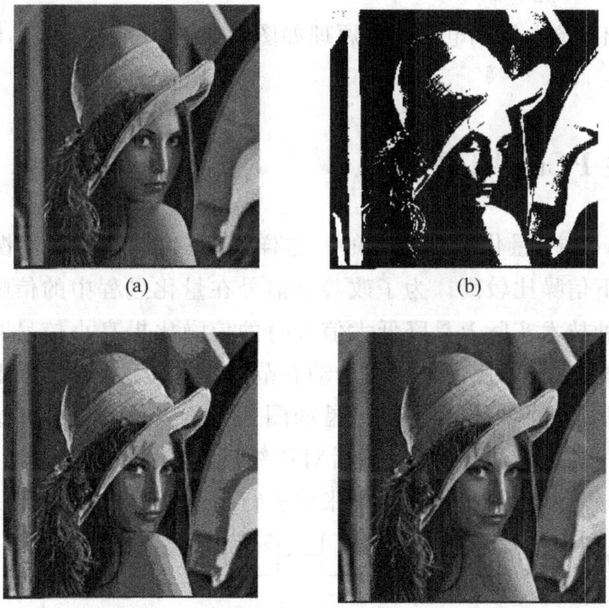

(a)　(b)　(c)　(d)

图 5-4　编码位数对画面质量的影响

(e)

(f)

图 5-4 (续)

译码器通常采用电流相加式译码网,其原理如图 5-5 所示。在这种方案中,每一位用一个独立的电流源,可以通过分别调整每一位的恒流源来补偿网络误差,因此,这种电路对电阻网的精度要求可适当放宽。这种方案的另一个优点是开关的接触电阻不会影响节点上的电压,因此,对开关电路的要求不高。电流相加式译码网由 3 部分组成,这 3 部分是 T 型电阻网、电子开关、恒流源。总输出电压由式(5-12)表示,即

$$U_0 = \sum_{i=0}^{n} a_i \cdot 2^i \cdot E_0 \tag{5-12}$$

式中 a_i 等于 1 或 0,当第 i 位开关闭合时则为 1;否则为 0。E_0 是开关闭合时的输出电压。

$$E_0 = \frac{2}{3}RI\left(\frac{1}{2}\right)^n \tag{5-13}$$

式中 I 是恒流源输出电流。译码电路的电原理如图 5-5 所示。

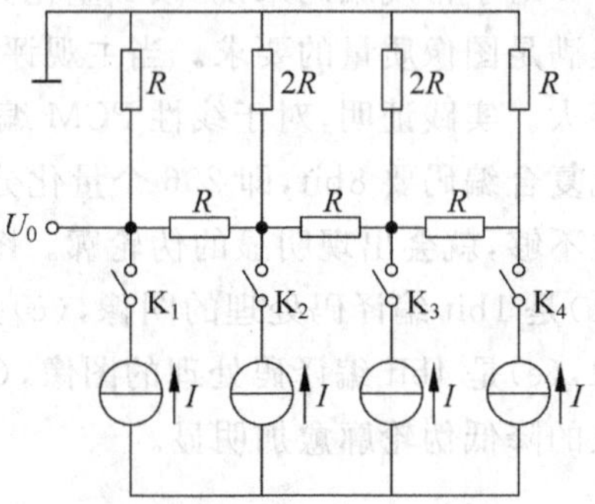

图 5-5 电流相加式译码原理

5.3.4 非线性 PCM 编码

在线性 PCM 编码中,量化阶是均匀的。这样,在小信号输入的情况下信噪比较低,在大信号输入的情况下信噪比较高。为了改善小信号在量化过程中的信噪比,采用一种瞬时压缩扩张技术。这种技术实际上是降低大信号时的信噪比提高小信号时的信噪比,其结果是在不增加数码率的情况下,使信号在整个动态范围内有较均衡的信噪比。

瞬时压扩技术基本有两种方案。一种是如图 5-6 所示的方案。在这种方案中,首先将取样后的 PAM 信号进行非线性压缩,然后对压缩后的 PAM 信号进行线性编码。在接收端,首先进行线性译码,然后再送入瞬时扩张器进行非线性扩张,恢复原来的 PAM 信号。

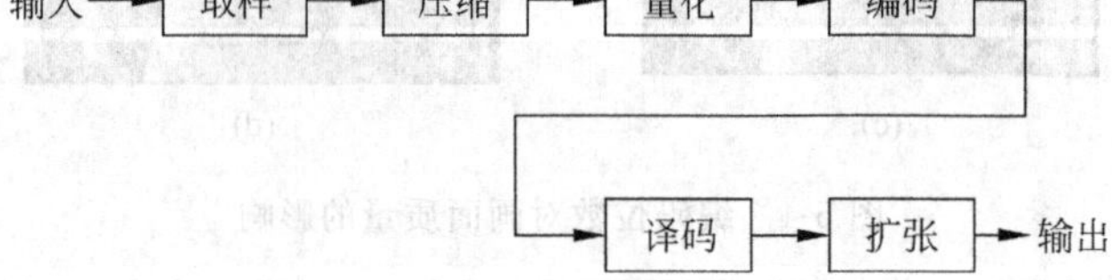

图 5-6 一种非线性压扩方案框图

该方案一般采用二极管电压、电流的非线性特性来实现。通常采用如图 5-7 所示的修正的对数特性。在图 5-7 中，对于压缩器来说，X 表示输入，Y 表示输出。对于扩张器来说，Y 表示输入，X 表示输出。参变量 μ 是表示压缩或扩张程度的量。显然，当 $\mu=0$ 时就是线性编码了。

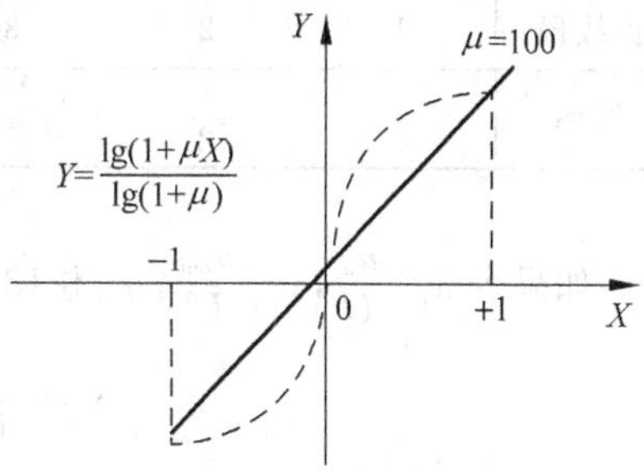

图 5-7 理论压扩曲线

这种方案电路比较简单，但是，要保证压缩与扩张特性的匹配比较困难。特别是在温度变化范围很宽的情况下必须有恒温设备，因此，给生产和调试均增加很大难度。

另外一种方案是数字化非线性压扩技术，其原理框图如图 5-8 所示。这种方案是把编码与压缩，译码与扩张都分别在编码和译码中一次完成。数字式非线性编码的压扩特性有 μ 特性、A 特性等。根据 CCITT 1970 年的建议，通常采用 13 折线（$A=87.6$）的压扩特性。13 折线压扩特性如图 5-9 所示。各折线的斜率列于表 5-2 中。由图中可见，各段折线的斜率是不一样的；4～8 段的小信号区的信噪比都得到了改善。图中的 u_{in} 表示压缩器的输入，u_{out} 表示压缩器的输出，U 为过载点电压。图 5-9 只画出了信号在正半周时的情况，负半周时也一样。由于正半周的 7、8 两段和负半周的 7、8 两段斜率都一样，所以在整个特性中这 4 段连成一条直线。因此，总共有 13 条直线段，简称 13 折线。

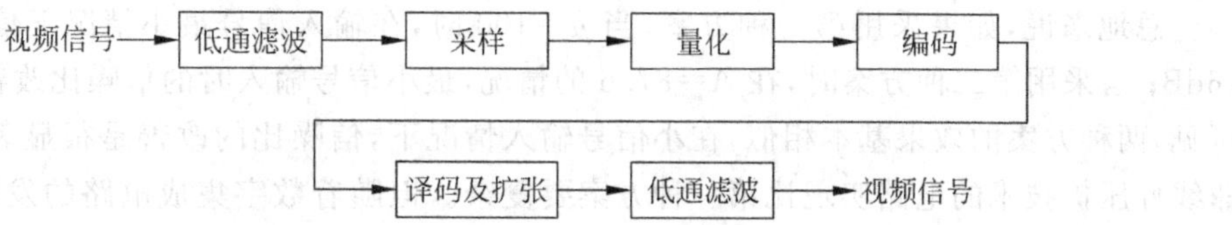

图 5-8 另一种非线性压扩方案框图

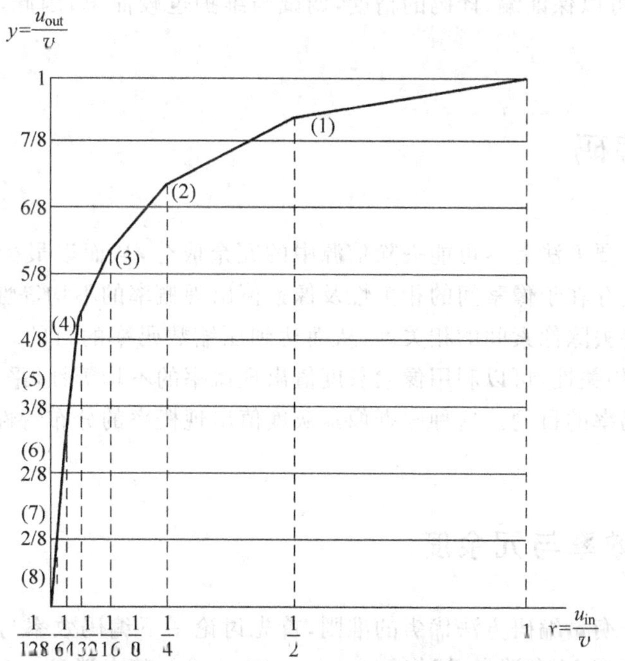

图 5-9 13 折线压扩特性（信号为正时的 8 段）

表 5-2 各种线段斜率表

折线段	1	2	3	4	5	6	7	8
斜率	$\frac{1}{4}$	$\frac{1}{2}$	1	2	4	8	16	16

如果令 $x=\frac{u_{\text{in}}}{U}, y=\frac{u_{\text{out}}}{U}$，上述 13 折线可用下式近似表示，即

$$y=\frac{Ax}{1+\ln A}, \quad 0<x\leqslant\frac{1}{A} \tag{5-14}$$

$$y=\frac{1+\ln Ax}{1+\ln A}, \quad \frac{1}{A}<x\leqslant 1 \tag{5-15}$$

式中 A 是一常数，不同的 A 值可决定一条不同的曲线。在原点处的斜率由式(5-16)表示，即

$$\frac{\mathrm{d}y}{\mathrm{d}x}=\frac{A}{1+\ln A} \tag{5-16}$$

当原点处的斜率为 16 时，则

$$\frac{\mathrm{d}y}{\mathrm{d}x}=\frac{A}{1+\ln A}=16$$

可求得 $A=87.6$。图 5-9 所示的折线就是 $A=87.6$ 的 13 折线压缩特性。

总地来说，如果采用第一种方案，当 $\mu=100$ 时，在输入信号最小情况下信噪比可提高 26dB；当采用第二种方案时，在 $A=87.6$ 的情况，最小信号输入时的信噪比改善大约 24dB。可见，两种方案的效果基本相似，在小信号输入情况下，信噪比的改善是很显著的。数字化非线性压扩技术的电路实现比第一种方案要复杂。但随着数字集成电路的发展，电路制作方面的障碍已不复存在。它能较容易地实现压扩特性的匹配，而且比较稳定可靠，不用恒温设备，在生产中也可以保证编、译码的精度，调试与维护也较简单，因此，这种方案应用较为广泛。

5.4 统计编码

高效编码的主要方法是尽可能去除信源中的冗余成分，从而以最少的数码率传递最大的信息量。冗余度存在于像素间的相关性及像素值出现概率的不均等性之中。对于有记忆性信源来说首先要去除像素间的相关性，从而达到压缩数码率的目的。对于无记忆性信源来说，像素间没有相关性，可以利用像素灰度值出现概率的不均等性，采用某种编码方法，也可以达到压缩数码率的目的。这种根据像素灰度值出现概率的分布特性而进行的压缩编码叫统计编码。

5.4.1 编码效率与冗余度

为了确定一个衡量编码方法优劣的准则，首先讨论一下编码效率与冗余度的问题。设某个无记忆信源共有 M 个消息，记作 $\{u_1, u_2, u_3, \cdots, u_M\}$。其中消息 $u_i(i=1,2,3,\cdots,M)$ 各

自出现的概率分别为$\{P_1,P_2,P_3,\cdots,P_M\}$。可把这个信源用式(5-17)表示，即

$$X=\begin{Bmatrix} u_1,u_2,u_3,\cdots,u_M \\ P_1,P_2,P_3,\cdots,P_M \end{Bmatrix} \tag{5-17}$$

根据该信源的消息集合，在字母集$A=\{a_1,a_2,a_3,\cdots,a_n\}$中选取$a_i$进行编码。一般情况下取二元字母集$A\in\{1,0\}$。通常，这一离散信源中的各个消息出现的概率并不相等。根据信息论中熵的定义，可计算出该信源的熵如式(5-18)，即

$$H(\boldsymbol{X})=-\sum_{i=1}^{M}P_i\log_a P_i \tag{5-18}$$

式中，$H(\boldsymbol{X})$代表熵；P_i代表第i个消息出现的概率。

例如，设一离散信源如下：

$$\boldsymbol{X}=\begin{Bmatrix} u_1 & u_2 & u_3 & u_4 \\ \frac{1}{2} & \frac{1}{4} & \frac{1}{8} & \frac{1}{8} \end{Bmatrix}$$

由式(5-18)可算出该信源的熵

$$\begin{aligned} H(\boldsymbol{X}) &=-\sum_{i=1}^{4}P_i\log_2 P_i \\ &=-\frac{1}{2}\log_2\frac{1}{2}-\frac{1}{4}\log_2\frac{1}{4}-\frac{1}{8}\log_2\frac{1}{8}-\frac{1}{8}\log_2\frac{1}{8}=\frac{7}{4}\text{bit/ 消息} \end{aligned}$$

设对应于每个消息的码字由N_i个符号组成。也就是说，每个消息所对应的码字长度各为N_i。那么，每个消息的平均码长可用式(5-19)表示，即

$$\overline{N}=\sum_{i=1}^{M}P_iN_i \tag{5-19}$$

式中，$\overline{N}$代表平均码长；M为信源中包含的消息个数；P_i为第i个消息出现的概率；N_i为第i个消息对应的码长。就平均而言，每个符号所含有的熵为

$$S=\frac{H(\boldsymbol{X})}{\overline{N}} \tag{5-20}$$

编码符号是在字母集A中选取的。如果编码后形成一个新的等概率的无记忆信源，字母数为n，那么，它的最大熵应为$\log_a n$ bit/符号，因此，这是极限值。如果$\frac{H(\boldsymbol{X})}{\overline{N}}=\log_a n$，则可认为编码效率已达到100%，若$\frac{H(\boldsymbol{X})}{\overline{N}}<\log_a n$，则可认为编码效率较低。

由上述概念，编码效率如式(5-21)表示，即

$$\eta=\frac{H(\boldsymbol{X})}{\overline{N}\log_a n} \tag{5-21}$$

式中，η代表编码效率；$H(\boldsymbol{X})$为信源的熵；$\overline{N}$为平均码长；n为字母集合中的字母数。

如果以比特(bit)作单位，$\log_a$的底为2，根据上述定义，则

$$\frac{H(\boldsymbol{X})}{\overline{N}}=\log_2 n,\quad \eta=100\%$$

$$\frac{H(\boldsymbol{X})}{\overline{N}}<\log_2 n,\quad \eta<100\%$$

显然，如果$\eta\neq 100\%$，就说明还有冗余度。因此，冗余度如式(5-22)表示，即

$$R_d = 1 - \eta = \frac{\overline{N}\log_2 n - H(\boldsymbol{X})}{\overline{N}\log_2 n} \tag{5-22}$$

统计编码要研究的问题就在于设法减小 $\overline{N}$,使 η 尽量趋近于1,R_d 趋近于0。显然 $\overline{N}$ 值有一个理论最低限,当 $\eta=1$ 时,$\overline{N}$ 的最低限就是 $H(\boldsymbol{X})/\log_2 n$。可以根据这一准则来衡量编码方法的优劣。下面举例加以说明。

例如,一个信源 $\boldsymbol{X}$ 和一个字母集合 A 如下:

$$\boldsymbol{X} = \begin{Bmatrix} u_1 & u_2 & u_3 & u_4 \\ \frac{1}{2} & \frac{1}{4} & \frac{1}{8} & \frac{1}{8} \end{Bmatrix}$$

$$A = \{0,1,2,3\}$$

可求得信源 $\boldsymbol{X}$ 的熵

$$H(\boldsymbol{X}) = \frac{7}{4}\text{bit/ 消息}$$

平均码长

$$\overline{N} = 1 \times \left(\frac{1}{2} + \frac{1}{4} + \frac{1}{8} + \frac{1}{8}\right) = 1$$

所以

$$\eta = \frac{\frac{7}{4}}{1 \times \log_2 4} = \frac{7}{8}$$

$$R_d = 1 - \eta = 1 - \frac{7}{8} = \frac{1}{8}$$

显然,编码后还有$\frac{1}{8}$的冗余度,没有达到 $\overline{N}$ 的最低限。

如果取 $A=\{0,1\}$,$n=2$,则可以编成等长码,即

$$u_1 = 00 \qquad u_3 = 10$$

$$u_2 = 01 \qquad u_4 = 11$$

此时

$$\overline{N} = 2 \times \left(\frac{1}{2} + \frac{1}{4} + \frac{1}{8} + \frac{1}{8}\right) = 2$$

$$\eta = \frac{\frac{7}{4}}{2 \times \log_2 2} = \frac{7}{8}$$

$$R_d = 1 - \frac{7}{8} = \frac{1}{8}$$

同样有1/8的冗余度。

上例中的两种编码方法,其特点是码字长度均相等,这种码叫等长码。显然此例中的两种等长码均没有达到最低限。怎样才能使信源编码达到最低限呢?再看下列的编码方法。仍选 $A=\{0,1\}$,$n=2$,作为编码字符集。在这种编码中,不用等长码,而是采用下面的原则来编码,即 P_i 大的消息编短码,P_i 小的消息编长码。例如:

$$u_1: 0$$

$$u_2: 10$$

$$u_3:110$$

$$u_4:111$$

可计算出平均码长

$$\overline{N}=1\times\frac{1}{2}+2\times\frac{1}{4}+3\times\frac{1}{8}+3\times\frac{1}{8}=\frac{7}{4}$$

其效率为

$$\eta=\frac{\frac{7}{4}}{\frac{7}{4}\times\log_2 2}=1$$

冗余度为

$$R_d=0$$

由此可见,这种编码法的码字平均长度达到了最低限。这说明用变长编码法可达到较高的效率。采用这种编码方法,信源中的消息与码字是一一对应的,因而译码时也是准确无误的。在编、译码过程中并不损失任何信息。它是一种信息保持编码法。

5.4.2 两种常用的统计编码法

变长编码是统计编码中最为主要的一种方法。变长编码的目标就是使平均码长达到低限,也就是使 $\overline{N}$ 最优,但是,这种最优必须在一定的限制下进行。编码的基本限制就是码字要有单义性和非续长性。

单义性代码是指任意一个有限长的码字序列只能被分割成一个一个的码字,而任何其他分割方法都会产生一些不属于码字集合中的码字。符合这个条件的代码就叫单义代码。

非续长代码是指任意一个码字都不是其他码字的续长。换句话说,就是码字集合中的任意一个码字都不是由其中一个码字在后面添上一些码元构成的。很容易看出非续长代码一定是单义的,但是,单义代码却不一定是非续长的。

例如,在表5-3中,列出4种代码。对码Ⅰ来说,如果在接收端收到0就无法判断是 u_1 还是 u_2,因此,在收端不能正确译码,显然码Ⅰ缺乏单义可译性。对码Ⅱ来说,也有重要缺陷,例如,发端送 u_1u_1 这样一个序列,其码字将是00,但是在收端既可判做 u_1u_1,也可以判做 u_3,所以这种码也缺乏单义可译性。而且,可以看出 u_3 的代码00是在 u_1 的代码0后面又加上一个0得到的,因此,又是可续长的。显然,码也不能使用。再看一下码Ⅲ,码Ⅲ既具备单义可译性又是非续长的码,它是可用的。码Ⅳ也具有单义可译性,但是却缺乏非续长性。例如,当收到0时,不能立刻判断它是 u_1,必须等第二个码字出现,如果第二个码字是0则可以判断第一个码是 u_1,当第二个码字是1时,又无法判断了,还必须等待下一个码字出现才有可能判断,所以,续长码是无法及时译码的。

从上面的例子可知,使 $\overline{N}$ 最短的码只是在单义可译性和非续长性的约束下才有意义。至于变长码的存在定理以及 $\overline{N}$ 的最低限是否存在等问题,在信息论中都有详细的定理加以证明及讨论,在此不加赘述了。

最为常用的变长编码方法是哈夫曼(Huffman)码和香农-费诺(Shannon-Fano)码。下面详细地讨论一下这两种码的构成方法。

表 5-3　4 种代码表

信　源	概　率	码Ⅰ	码Ⅱ	码Ⅲ	码Ⅳ
u_1	$\frac{1}{2}$	0	0	0	0
u_2	$\frac{1}{4}$	0	1	1 0	0 1
u_3	$\frac{1}{8}$	1	0 0	1 1 0	0 1 1
u_4	$\frac{1}{8}$	1 0	1 1	1 1 1	0 1 1 1

1. 哈夫曼码

哈夫曼变长编码法能得到一组最优的变长码。设原始信源有 M 个消息，即

$$\boldsymbol{X}=\begin{Bmatrix} u_1 & u_2 & u_3 & \cdots & u_M \\ P_1 & P_2 & P_3 & \cdots & P_M \end{Bmatrix} \tag{5-23}$$

可用下述步骤编出哈夫曼码：

第一步，把信源 $\boldsymbol{X}$ 中的消息按出现的概率从大到小的顺序排列，即 $P_1 \geqslant P_2 \geqslant P_3 \geqslant \cdots \geqslant P_M$。

第二步，把最后两个出现概率最小的消息合并成一个消息，从而使信源的消息数减少一个，并同时再次将信源中的消息的概率从大到小排列一次，得

$$\boldsymbol{X}_1=\begin{Bmatrix} u'_1 & u'_2 & u'_3 & \cdots & u'_{M-1} \\ P'_1 & P'_2 & P'_3 & \cdots & P'_{M-1} \end{Bmatrix} \tag{5-24}$$

第三步，重复上述步骤，直到信源最后为 $\boldsymbol{X}^0$ 形式为止。这里 $\boldsymbol{X}^0$ 有以下形式：

$$\boldsymbol{X}^0=\begin{Bmatrix} u_1^0 & u_2^0 \\ P_1^0 & P_2^0 \end{Bmatrix} \tag{5-25}$$

第四步，将被合并的消息分别赋予 1 和 0 或 0 和 1。对最后的 $\boldsymbol{X}^0$ 也对 u_1^0 和 u_2^0 对应地赋予 1 和 0 或 0 和 1。

通过上述步骤就可以构成最优变长码（哈夫曼码）。下面举例说明具体构成方法。

例如，求下述信源的哈夫曼码

$$\boldsymbol{X}=\begin{Bmatrix} u_1 & u_2 & u_3 & u_4 & u_5 & u_6 \\ 0.25 & 0.25 & 0.20 & 0.15 & 0.10 & 0.05 \end{Bmatrix}$$

由上述步骤，做一个新的信源

$$\boldsymbol{X}'=\begin{Bmatrix} u'_1 & u'_2 & u'_3 & u'_4 & u'_5 \\ 0.25 & 0.25 & 0.20 & 0.15 & 0.15 \end{Bmatrix}$$

这样可给 u_5 赋 0、u_6 赋 1，其中 $u'_5=(u_5+u_6)$。$\boldsymbol{X}'$ 中消息的概率大小顺序正好符合从大到小的规律，故不必重排。再做新的信源

$$\boldsymbol{X}''=\begin{Bmatrix} u''_1 & u''_2 & u''_3 & u''_4 \\ 0.25 & 0.25 & 0.20 & 0.30 \end{Bmatrix}$$

重排得

$$\boldsymbol{X}''=\begin{Bmatrix} u''_1 & u''_2 & u''_3 & u''_4 \\ 0.30 & 0.25 & 0.25 & 0.20 \end{Bmatrix}$$

将 u_4' 赋 0、u_5' 赋 1。将 u_3'' 和 u_4'' 合并构成新的信源

$$\boldsymbol{X}''' = \begin{Bmatrix} u'''_1 & u'''_2 & u'''_3 \\ 0.30 & 0.25 & 0.45 \end{Bmatrix}$$

重排得

$$\boldsymbol{X}''' = \begin{Bmatrix} u'''_1 & u'''_2 & u'''_3 \\ 0.45 & 0.30 & 0.25 \end{Bmatrix}$$

将 u_3'' 赋 0、u_4'' 赋 1。最后则

$$\boldsymbol{X}^0 = \begin{Bmatrix} u_1^0 & u_2^0 \\ 0.45 & 0.55 \end{Bmatrix}$$

重排得

$$\boldsymbol{X}^0 = \begin{Bmatrix} u_1^0 & u_2^0 \\ 0.55 & 0.45 \end{Bmatrix}$$

u'''_2 赋 0、u'''_3 赋 1，最后 u_1^0 赋 0、u_2^0 赋 1。编码结果可总结于表 5-4 中。编码图如图 5-10 所示。

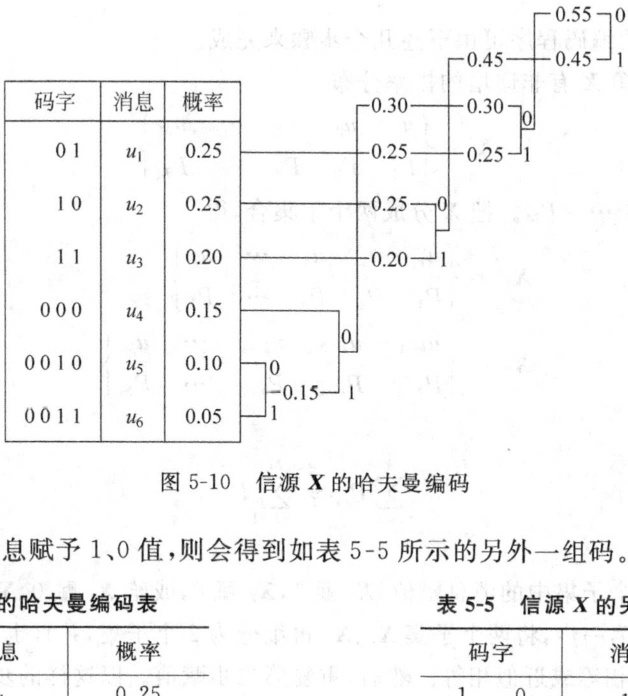

图 5-10　信源 $\boldsymbol{X}$ 的哈夫曼编码

如对合并的消息赋予 1、0 值，则会得到如表 5-5 所示的另外一组码。

表 5-4　信源 $\boldsymbol{X}$ 的哈夫曼编码表

码字	消息	概率
0　1	u_1	0.25
1　0	u_2	0.25
1　1	u_3	0.20
0 0 0	u_4	0.15
0 0 1 0	u_5	0.10
0 0 1 1	u_6	0.05

表 5-5　信源 $\boldsymbol{X}$ 的另一组哈夫曼编码表

码字	消息	概率
1　0	u_1	0.25
0　1	u_2	0.25
0　0	u_3	0.20
1 1 1	u_4	0.15
1 1 0 1	u_5	0.10
1 1 0 0	u_6	0.05

下面计算一下信源的熵、平均码长、效率及冗余度。

$$H(\boldsymbol{X}) = -\sum_{i=1}^{6} P_1 \log_2 P_i$$
$$= -0.25\log_2 0.25 - 0.25\log_2 0.25 - 0.20\log_2 0.20$$
$$- 0.15\log_2 0.15 - 0.10\log_2 0.10 - 0.05\log_2 0.05 = 2.42$$

$$\overline{N} = 2\times 0.25 + 2\times 0.25 + 2\times 0.20 + 3\times 0.15 + 4\times 0.10 + 4\times 0.05 = 2.45$$

$$\eta = \frac{H(\boldsymbol{X})}{\overline{N}\log_2 n} = \frac{2.42}{2.45\log_2 2} = 0.98 = 98\%$$

$$R_{\mathrm{d}} = 1 - \eta = 1 - 98\% = 2\%$$

所以，对于信源 $\boldsymbol{X}$ 的哈夫曼码的编码效率为 98%，尚有 2%的冗余度。

2. 香农-费诺码

另外一种常用的变长编码是香农-费诺码。这种码有时也可以得到最优编码性能。它的编码准则要符合非续长条件，在码字中 1 和 0 是独立的，而且是(或差不多是)等概率的。这样的准则一方面可保证无需用间隔来区分码字，同时又保证每传输 1 位码就有 1bit 的信息量。

香农-费诺码的编码程序可由下述几个步骤来完成。

第一步：设信源 $\boldsymbol{X}$ 有非递增的概率分布

$$\boldsymbol{X} = \begin{Bmatrix} u_1 & u_2 & u_3 & \cdots & u_M \\ P_1 & P_2 & P_3 & \cdots & P_M \end{Bmatrix} \tag{5-26}$$

其中 $P_1 \geqslant P_2 \geqslant P_3 \geqslant \cdots \geqslant P_M$。把 $\boldsymbol{X}$ 分成两个子集合，得

$$\boldsymbol{X}_1 = \begin{Bmatrix} u_1 & u_2 & u_3 & \cdots & u_k \\ P_1 & P_2 & P_3 & \cdots & P_k \end{Bmatrix} \tag{5-27}$$

$$\boldsymbol{X}_2 = \begin{Bmatrix} u_{k+1} & u_{k+2} & u_{k+3} & \cdots & u_M \\ P_{k+1} & P_{k+2} & P_{k+3} & \cdots & P_M \end{Bmatrix} \tag{5-28}$$

并且保证

$$\sum_{i=1}^{k} P_i \approx \sum_{i=k+1}^{M} P_i \tag{5-29}$$

成立或差不多成立。

第二步：给两个子集中的消息赋值，$\boldsymbol{X}_1$ 赋 1，$\boldsymbol{X}_2$ 赋 0，或给 $\boldsymbol{X}_1$ 赋 0，$\boldsymbol{X}_2$ 赋 1。

第三步：重复第一步，将两个子集 $\boldsymbol{X}_1$、$\boldsymbol{X}_2$ 再细分为 2 个子集，并且也同样使两个小子集里消息的概率之和相等或近似相等。然后，重复第二步赋值。以这样的步骤重复下去，直到每个子集内只包含一个消息为止。对每个消息所赋过的值依次排列出来就可以构成香农-费诺码。

下面举例说明香农-费诺码的具体构成方法。

例如，设有信源

$$\boldsymbol{X} = \begin{Bmatrix} u_1 & u_2 & u_3 & u_4 & u_5 & u_6 & u_7 & u_8 \\ \frac{1}{4} & \frac{1}{4} & \frac{1}{8} & \frac{1}{8} & \frac{1}{16} & \frac{1}{16} & \frac{1}{16} & \frac{1}{16} \end{Bmatrix}$$

其编码流程如图 5-11 所示。编码表如表 5-6 所示。如果对各子集赋予另外一种值，即 1、

0,那么,同样会得到另一种编码结果,其编码表如表 5-7 所示。

码字	消息	概率				
0 0	u_1	1/4	0	0		
0 1	u_2	1/4		1		
1 0 0	u_3	1/8	1	0	0	
1 0 1	u_4	1/8			1	
1 1 0 0	u_5	1/16		1	0	0
1 1 0 1	u_6	1/16				1
1 1 1 0	u_7	1/16			1	0
1 1 1 1	u_8	1/16				1

图 5-11　香农-费诺码编码流程

表 5-6　香农-费诺码编码表

消　息	概　率	码　字
u_1	$\frac{1}{4}$	0　0
u_2	$\frac{1}{4}$	0　1
u_3	$\frac{1}{8}$	1　0　0
u_4	$\frac{1}{8}$	1　0　1
u_5	$\frac{1}{16}$	1　1　0　0
u_6	$\frac{1}{16}$	1　1　0　1
u_7	$\frac{1}{16}$	1　1　1　0
u_8	$\frac{1}{16}$	1　1　1　1

表 5-7　另一种香农-费诺码编码表

消　息	概　率	码　字
u_1	$\frac{1}{4}$	1　1
u_2	$\frac{1}{4}$	1　0
u_3	$\frac{1}{8}$	0　1　1
u_4	$\frac{1}{8}$	0　1　0
u_5	$\frac{1}{16}$	0　0　1　1
u_6	$\frac{1}{16}$	0　0　1　0
u_7	$\frac{1}{16}$	0　0　0　1
u_8	$\frac{1}{16}$	0　0　0　0

下面计算一下香农-费诺码的平均码长、效率及冗余度。信源的熵可计算如下:

$$\begin{aligned}H(\boldsymbol{X}) &= -\frac{1}{4}\log_2\frac{1}{4}-\frac{1}{4}\log_2\frac{1}{4}-\frac{1}{8}\log_2\frac{1}{8}-\frac{1}{8}\log_2\frac{1}{8}\\&\quad-\frac{1}{16}\log_2\frac{1}{16}-\frac{1}{16}\log_2\frac{1}{16}-\frac{1}{16}\log_2\frac{1}{16}-\frac{1}{16}\log_2\frac{1}{16}\\&=2\,\frac{3}{4}\text{bit/ 消息}\end{aligned}$$

平均码长

$$\begin{aligned}\overline{N} &= \sum_{i=1}^{8}P_iN_i\\&=\frac{1}{4}\times 2+\frac{1}{4}\times 2+\frac{1}{8}\times 3+\frac{1}{8}\times 3+\frac{1}{16}\times 4\\&\quad+\frac{1}{16}\times 4+\frac{1}{16}\times 4+\frac{1}{16}\times 4=2\,\frac{3}{4}\end{aligned}$$

显然，$\eta=1, R_d=0$。效率已达到100%。这一结果并不奇怪，对于香农-费诺码来说，如果满足式(5-30)，即

$$P(u_i)=2^{-N_i} \tag{5-30}$$

且

$$\sum_{i=1}^{M} 2^{-N_i}=1 \tag{5-31}$$

就会使编码效率达到100%。式中的$P(u_i)$为消息u_i出现的概率，N_i是码字的长度。如果不满足上述条件就不会有100%的效率，如下例中图5-12所示。

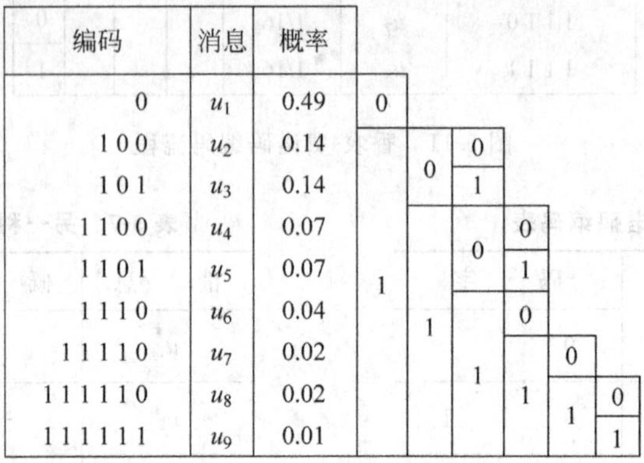

图5-12 编码流及形成的码字

例如，设有一信源

$$\boldsymbol{X}=\begin{Bmatrix} u_1 & u_2 & u_3 & u_4 & u_5 & u_6 & u_7 & u_8 & u_9 \\ 0.49 & 0.14 & 0.14 & 0.07 & 0.07 & 0.04 & 0.02 & 0.02 & 0.01 \end{Bmatrix}$$

编码流程及形成的码字如图5-12所示。可以计算出信源的熵为

$$H(\boldsymbol{X})=2.313$$

平均码长 $\bar{N}=2.33$

效率 $\eta=0.993$

冗余度 $R_d=0.007$

由此例可见，由于信源不满足式(5-30)和式(5-31)的条件，编码效率不能达到100%。然而从结果上看，它仍然是一种相当好的编码。

经过上面的讨论来看，统计编码是一种高效编码法。但是，它也有一些缺点，其一是它的码字不是等长的，在使用中需要用数据缓存单元收集可变比特率的代码，并以较慢的平均速率传输，这对使用来说不太方便。其次，这几种码都缺乏构造性，也就是说它们都不能用数学方法建立一一对应关系，而只能通过查表的方法来实现对应关系。如果消息数目太多，表就会很大，所需要的存储器也越多，相对的设备也就越复杂。再有一个难题就是在编码过程中应知道每种消息可能出现的概率。在图像编码中就是要知道每种图像信息出现的概率。实际上这种概率很难估计或测量，如果不能恰当地利用这种概率便会使编码性能明显下降，因此，目前使用的方法多需进一步改进。

5.4.3 算数编码

算术编码(arithmetic coding)的概念最早由 J. Rissaner 在 1976 年以后入先出的编码形式引入,1979 年他和 G. G. Langdom 一起将其系统化。由于省去了乘法,因此,处理比较简单。1981 年又将其推广用于二值图像编码。对于二元平稳马尔可夫信源,效率可高于 95%。在国际编码标准中,JPEG、JBIG 都有算术编码的应用。

与哈夫曼编码不同,算术编码是一种非分组编码方法,或叫非块码。正因为算术编码不是分组编码。因此,其译码也是一个字符一个字符地译码。算术编码是另一种能趋近于熵极限的编码方法。算术编码法与哈夫曼编码法一样,也是对出现概率大的采用短码,出现概率小的编以长码表示,但是,其编码原理与哈夫曼编码不同,也不一定非使用整数码。

1. 算术编码的基本原理

算术编码的基本原理可用下面的例子加以说明。

设:有一 4 符号的信源,其分别为 a_1、a_2、a_3、a_4,其概率如表 5-8 和图 5-13 所示。

表 5-8　符号信源 a_1、a_2、a_3、a_4 的概率

符号	a_1	a_2	a_3	a_4
概率(十进制)	1/8	1/4	1/2	1/8
概率(二进制)	0.001	0.01	0.1	0.001
累积概率	0	0.001	0.011	0.111

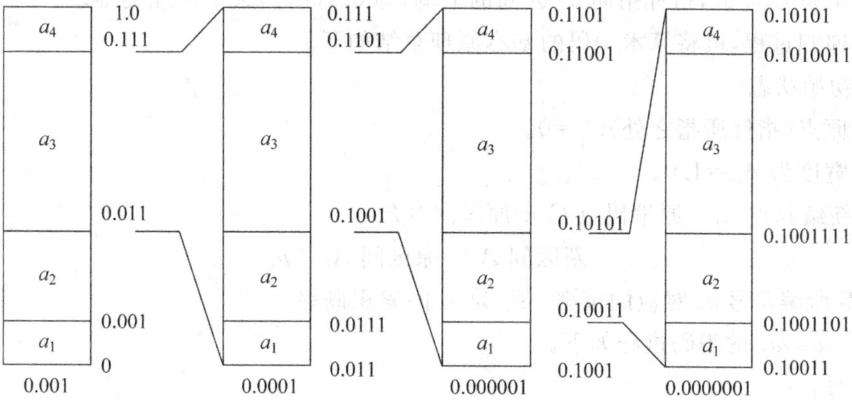

图 5-13　算术编码图示

图中符号出现的概率表示在概率区间之中,区间宽度表示概率值大小,图中子区间的边界值实际上是从下到上符号的累积概率,在算术编码中常用二进制小数来表示概率。其中 a_1、a_2、a_3、a_4 的概率值列在表 5-8 中。

这里请注意二进制数的计算规律:

① 逢二进一;

② 二进制数的表示:

$$(1101.101) = 1\times 2^3 + 1\times 2^2 + 0\times 2^1 + 1\times 2^0 + 1\times 2^{-1} + 0\times 2^{-2} + 1\times 2^{-3}$$

③ 二进制数乘上 2 倍，小数点向右移一位，二进制数除上 2 倍，小数点向左移一位。

例如：

$$(110.101)\times(10) = 1101.01$$

$$(110.101)\div(10) = 11.0101$$

在算术编码中，每个符号对应的概率区间都是半开区间，即该区间包括下端点而不包括上端点。

如：a_1 对应[0,0.001)；a_2 对应[0.001,0.011)等。

现在以符号序列 $a_3a_3a_2a_4$ 为例解释一下编码过程。

有以下几点概念要特别注意：

① 算术编码产生的码字实际上是一个二进制小数的指针，该指针指向所编码符号对应的概率区间；

② 按照上述原则，序列的第一个符号是 a_3，下面就用第 3 个子区间的指针来代表这个符号；

③ 从原理上讲，指针指向区间[0.011,0.111]内的任何部位都可以代表 a_3；但为方便起见，通常规定指向区间的下端点。因此，得码字 0.011；

④ 后续符号的编码将在前面符号编码指向的子区间进行。

将[0.011,0.111]再按符号的概率值划分成 4 份，其概率关系一样。第二个符号仍然是 a_3，指针指向 a_3 区间的下端，即 0.1001，也就是码字为 0.1001，然后 a_3 所对应的子区间再被划分为 4 份，概率关系一样。

第三个符号为 a_2，指针指向 a_2 区间的下端，即 0.10011，余下以此类推。

上述递归过程，可将算术编码的基本原理总结如下。

(1) 初始状态

编码原点(指针所指之处)$C_0=0$。

区间宽度为 $A_0=1.0$。

(2) 新编码点 C_1＝原编码点 C_0＋原区间×P_i

新区间 A_1＝原区间 $A_0\times p_i$

其中，p_i 为所编符号 a_i 对应的概率；P_i 为 a_i 的累积概率。

因此，对 $a_3a_3a_2a_4$ 的编码过程如下。

第一个符号：a_3

$$C_0 = 0 + 1\times 0.011 = 0.011$$

$$A_0 = 1\times 0.1 = 0.1$$

第二个符号：a_3

$$C_1 = 0.011 + 0.1\times 0.011 = 0.1001$$

$$A_1 = 0.1\times 0.1 = 0.01$$

第三个符号：a_2

$$C_2 = 0.1001 + 0.01\times 0.001 = 0.10011$$

$$A_2 = 0.01\times 0.01 = 0.0001$$

第四个符号：a_4

$$C_3 = 0.10011 + 0.0001 \times 0.111 = 0.1010011$$
$$A_3 = 0.0001 \times 0.001 = 0.0000001$$

以上是编码过程。

2. 解码原理

在解码过程中，当收到码字串0.1010011时，由于这个码字串指向子区间[0.011，0.111]，因此，解出的第一个符号应为a_3，然后用相反的步骤，从码字串中减去已解符号子区间下端点的数值(累积概率)，并将差值除以该子区间的宽度(概率值)则得到码字串，即

$$\begin{aligned}&[(0.1010011)-(0.011)]\div 0.1\\=&(0.0100011)\div 0.1\\=&0.100011\end{aligned}$$

由图5-13所示，该字串仍然落在[0.011，0.111]区间内，因此，解出的第二个字符为a_3。第三个字符：

$$\begin{aligned}&(0.100011-0.011)\div 0.1\\=&0.001011\div 0.1\\=&0.01011\end{aligned}$$

字符落在[0.001，0.011]之间。

因此是a_2。第四个字符

$$\begin{aligned}&(0.01011-0.001)\div 0.01\\=&0.00111\div 0.01\\=&0.111\end{aligned}$$

字符落在[0.111，1.0]之间。

因此是a_4。

以上就是解码过程。

在算术编码中，值得注意的是进位问题。但在哈夫曼编码中没有这类问题。

如上，在述的例子中，编完第3个符号之后得到的码字是0.10011，对第四个符号编码时前3位0.100就变成0.101了($a_2$0.10011，$a_4$0.1010011)。

这就是相加过程中的进位引起的。

解码过程是(收到的码字串－已解符号子区间的下端点)÷(字符概率)

3. 二进制算术编码

输入字符只有两种的情况称之为二进制。在二进制算术编码的两个字符中，出现概率大的称为MPS(More Probable Symbol)，出现概率小的称为LPS(Less Probable Symbol)。如果LPS出现的概率为Q，MPS出现的概率为$1-Q$。

对于两个符号构成的序列的编码与前边介绍的算术编码原理是一样的，也是不断地划分概率子区间的过程。如果规定编码指针指向子区间的底部，则编码规则如下。

对于 MPS 来说：

$$C = C$$
$$A = A(1-Q) = A - AQ$$

对于 LPS 来说：

$$C = C + A(1-Q) = C + A - AQ$$
$$A = AQ$$

在实现上述算法时，有以下几点需要注意：

① 在概率子区间不断划分的过程中，区间宽度不断变小，因此，表示 A 的数字的位数越来越多。

② 在完成上述运算的过程中，用到乘法运算，因此，算法开销较大。

③ 当已编好的码字串中连续出现多个 1 时，如果后续编码过程中在最后一位上加 1，将连续改变前面已编好的码字，产生连续多个 0，直到出现 1 为止，这就是进位问题。

为了有效地实现算术编码，在过去的研究中，已提出若干办法解决以上问题，从而出现了不同的二进制编码器。

5.5 预测编码

预测编码法是一种设备简单、质量较佳的高效编码法。预测编码方法主要有两种。一种是 ΔM(Delta Modulation)或 DM 编码法，另一种是 DPCM(Differential Pulse Code Modulation)编码法。本节主要介绍这两种方法的原理及其在图像编码中的应用。

5.5.1 预测编码的基本原理

预测编码的基本原理如图 5-14 所示。假设有一个平均值为零，均方根值为 σ 的平稳信号 $X(t)$ 在时刻 $t_1, t_2, \cdots, t_n$ 被取样，而且其相应的样值为 $x_1, x_2, \cdots, x_n$。在图 5-14(a)所示的编码原理中，x_i 是下一个样值。根据前面出现的 n 个样值，可以得到 x_i 的预测值 $\hat{x}_i$。

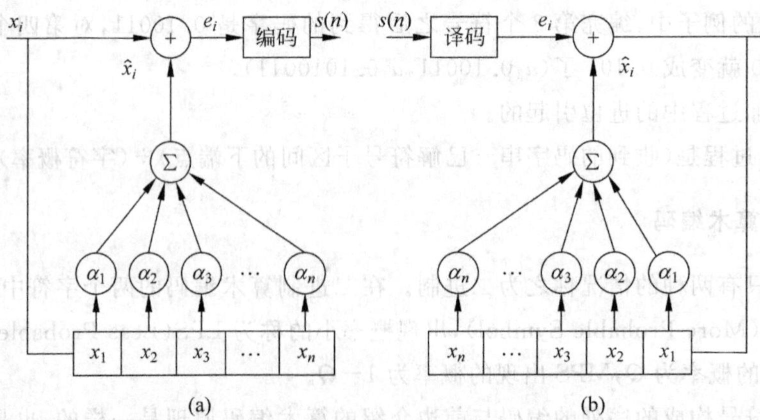

图 5-14 预测编码原理

$$\hat{x}_i = \alpha_1 x_1 + \alpha_2 x_2 + \alpha_3 x_3 + \cdots + \alpha_n x_n \tag{5-32}$$

式中，$x_1, x_2, x_3, \cdots, x_n$ 是 x_i 的前 n 个样值；$\alpha_1, \alpha_2, \alpha_3, \cdots, \alpha_n$ 是预测参数。设 e_i 为 x_i 与 $\hat{x}_i$ 之间的误差值，则

$$e_i = x_i - \hat{x}_i \tag{5-33}$$

预测编码就是要对误差 e_i 进行编码，而不是对样值直接编码。那么，对误差编码果真可以压缩数据率吗？下面先定性地分析一下其可能性。

假如直接对样值 x 编码，那么正如前面谈到的那样，代码平均长度有一个下限 $\overline{N}_{\min}$，这个下限就是信源的熵 $H(\boldsymbol{X})$，即

$$\overline{N}_{\min} = H(\boldsymbol{X}) = -\sum p(i)\log p(i) \tag{5-34}$$

同样道理，如果对误差信号进行编码，那么，它也应该有一个下限，设为 $H(E)$。显然，预测编码可以压缩数码率的条件是

$$H(E) < H(\boldsymbol{X}) \tag{5-35}$$

熵是概率分布的函数，分布越均匀熵越大。熵值大，则其平均码长的下限必然会加大，码率就会增高。反之，分布越集中熵值越小，而其平均码长的下限就会越短，码率就会降低。如果预测比较准确，那么误差就会集中于不大的数值内，从而使 $H(E)$ 小于 $H(\boldsymbol{X})$。由于图像信号中样值的高度相关性，使得相邻样值之间的差别总是十分微小的，所以其差值分布十分集中。预测前后的概率分布情况如图 5-15 所示。

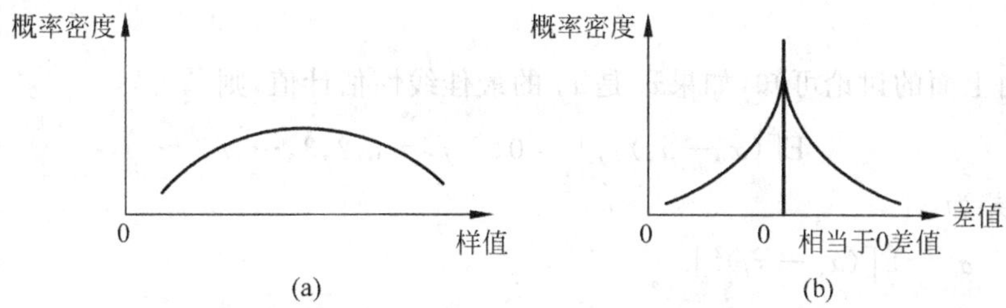

图 5-15　预测前后的概率密度分布示意图

图 5-15(a)为图像信号概率密度分布，图 5-15(b)为差值信号概率密度分布。

在第 2 章关于图像信号性质的讨论中可知，帧内像素相关系数在 0.85 左右，帧间相关系数在 0.95 左右。由此可见，图像像素间的相关性是很大的，其压缩潜力也是很大的。由上面的定性分析可知，预测编码是可以压缩码率的。

一般情况下，使用线性预测器，预测值与前面的 n 个已出现样值的关系如式(5-32)所示。线性预测的关键一步在于预测系数 α_i 的求解。预测误差信号是一个随机变量，它的均方误差为 σ_i^2，即

$$\sigma_i^2 = \mathrm{E}[(x_i - \hat{x}_i)^2] \tag{5-36}$$

这里 E[ ]表示数学期望。通常把均方误差最小的预测称为最佳预测。通过最小均方误差准则可求解预测系数，即

$$\frac{\partial \mathrm{E}[(x_i - \hat{x}_i)^2]}{\partial \alpha_j} = 0, \quad j = 1,2,3,\cdots,n \tag{5-37}$$

将式(5-32)代入，则

$$\frac{\partial \mathrm{E}[(x_i-\hat{x}_i)^2]}{\partial \alpha_j}=\frac{\partial \mathrm{E}[(x_i-(\alpha_1 x_1+\alpha_2 x_2+\cdots+\alpha_n x_n))^2]}{\partial \alpha_j}$$
$$=-2\mathrm{E}[(x_i-(\alpha_1 x_1+\alpha_2 x_2+\cdots+\alpha_n x_n))x_j] \tag{5-38}$$

为求极小值可令式(5-38)等于0,即

$$\mathrm{E}[(x_i-(\alpha_1 x_1+\alpha_2 x_2+\cdots+\alpha_n x_n))x_j]=0$$

或

$$\mathrm{E}[(x_i-\hat{x}_i)x_j]=0,\quad j=1,2,3,\cdots,n \tag{5-39}$$

因为信号 x 是平稳的随机过程,并且均值为零,所以可将任意两个像素的协方差定义为 R_{ij},即

$$R_{ij}=\mathrm{E}[x_i x_j] \tag{5-40}$$

展开式(5-39)得

$$\mathrm{E}[x_i x_j-\alpha_1 x_1 x_j-\alpha_2 x_2 x_j-\cdots-a_n x_n x_j]=0$$

令式中 $j=1,2,3,\cdots,n$; $i=0$ 则

$$\begin{cases} R_{01}=\alpha_1 R_{11}+\alpha_2 R_{22}+\cdots+\alpha_n R_{n1} \\ R_{02}=\alpha_1 R_{12}+\alpha_2 R_{22}+\cdots+\alpha_n R_{n2} \\ \vdots \\ R_{0n}=\alpha_1 R_{1n}+\alpha_2 R_{2n}+\cdots+\alpha_n R_{nn} \end{cases} \tag{5-41}$$

这是一个 n 阶线性联立方程组,当协方差 R_{ij} 都已知时,那么各个预测参数 α_i 是可以解出来的。

另外,由上面的讨论可知,如果 $\hat{x}_i$ 是 x_i 的最佳线性估计值,则

$$\mathrm{E}[(x_i-\hat{x}_i)x_j]=0,\quad j=1,2,3,\cdots,n$$

而其均方误差为

$$\begin{aligned} \sigma_i^2 &= \mathrm{E}[(x_i-\hat{x}_i)^2] \\ &= \mathrm{E}[(x_i-\hat{x}_i)(x_i-\hat{x}_i)] \\ &= \mathrm{E}[(x_i-\hat{x}_i)x_i-(x_i-\hat{x}_i)\hat{x}_i] \\ &= \mathrm{E}[(x_i-\hat{x}_i)x_i]-\mathrm{E}[(x_i-\hat{x}_i)\hat{x}_i] \\ &= \mathrm{E}[(x_i-\hat{x}_i)x_i]-\mathrm{E}[(x_i-\hat{x}_i)(\alpha_1 x_1+\alpha_2 x_2+\cdots+\alpha_n x_n)] \\ &= \mathrm{E}[(x_i-\hat{x}_i)x_i]-\mathrm{E}[\alpha_1(x_i-\hat{x}_i)x_1]-\mathrm{E}[\alpha_2(x_i-\hat{x}_i)x_2] \\ &\quad -\cdots-\mathrm{E}[\alpha_n(x_i-\hat{x}_i)x_n]=\mathrm{E}[(x_i-\hat{x}_i)x_i] \end{aligned}$$

由此可得

$$\sigma_i^2=\mathrm{E}[(x_i-\hat{x}_i)x_i] \tag{5-42}$$

当 $i=0$ 时,则

$$\sigma_0^2=\mathrm{E}[x_0^2-x_0\hat{x}_0] \tag{5-43}$$

将

$$\hat{x}_0=\alpha_1 x_1+\alpha_2 x_2+\cdots+\alpha_n x_n$$

代入式(5-43),并引入协方差的定义,则

$$\sigma_0^2=R_{00}-(\alpha_1 R_{01}+\alpha_2 R_{02}+\cdots+\alpha_n R_{0n}) \tag{5-44}$$

式中 R_{00} 是原序列 $\boldsymbol{X}$ 的方差。由式(5-44)可见,误差序列的方差 σ_0^2 比原序列的方差确实要小。如果在形成估计时对所用的取样值 n 无限制时,那么误差取样序列总可以是完全不相关的。如果取样序列是 r 阶马尔可夫序列,则在形成 x_i 的最佳估计中,只需采用 r 个取样值,而且得出的误差取样序列也会是不相关的。由于解除了样值间的相关性,也就解除了存在于相关性中的多余度。

对于图像编码,特别是电视信号编码,如果利用同一行的前 r 个样值进行预测,叫一维预测。如果同时利用前面几行的样值预测就叫二维预测。电视图像一般是一帧一帧连续发送的,那么可以利用前面若干帧进行预测,这时就是三维预测了。

对于电视信号来说,可认为它是一阶马尔可夫过程,这时只采用前值预测法便可以了。其误差值为

$$e_i = x_i - \hat{x}_i = x_i - \alpha_1 x_{i-1} \tag{5-45}$$

此时,电视信号取样序列的自相关函数近于指数形式,即 $e^{-\alpha t}$ 的形式。

线性预测的原理框图如图 5-16 所示。在图中,输入信号为 x,x 的最佳估计为 $\hat{x}$;D_1,D_2,…,D_n 为延迟单元;α_1,α_2,…,α_n 为预测系数。如果采用前值预测,则

$$\hat{x} = \alpha_1 x_1 \tag{5-46}$$

前值预测原理框图如图 5-17 所示。

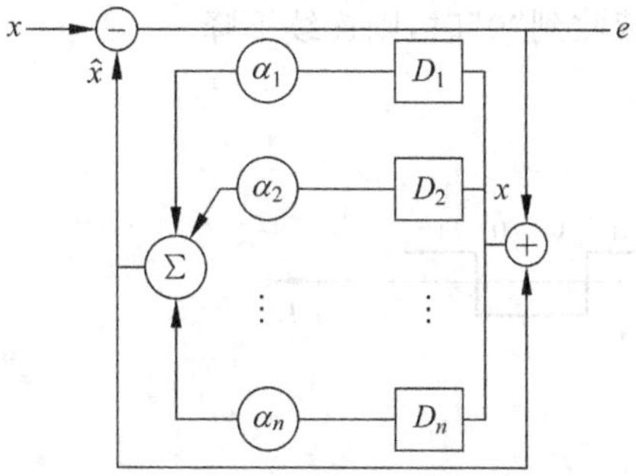

图 5-16　线性预测原理框图

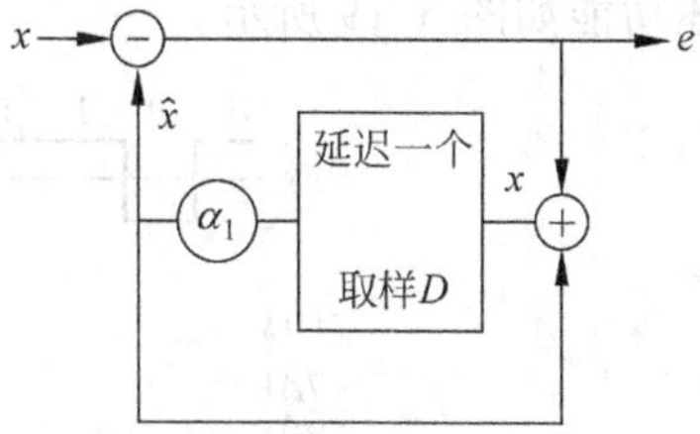

图 5-17　前值预测原理框图

以上便是预测编码的基本原理。目前,应用和实验研制的预测编码方法主要有两大类。一类是增量调制编码(ΔM),另外一类就是差分脉冲编码调制编码(DPCM)。两类编码法中又都有各自的各种自适应方案。下面将较详细地介绍这两类预测编码法。

5.5.2　ΔM(DM)编码

1. ΔM 编码的基本原理

ΔM 编码基本原理框图如图 5-18 所示,其中图 5-18(a)所示为编码原理框图,图 5-18(b)所示为译码原理框图。ΔM 编码器包括比较器、本地译码器和脉冲形成器 3 个部分。收端译码器比较简单,它只有一个与编码器中的本地译码一样的译码器及一个视频带宽的低通滤波器。

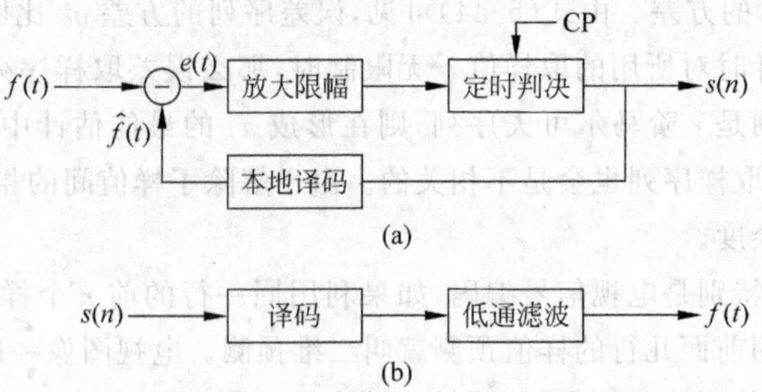

图 5-18 ΔM 编码、译码原理方框图

ΔM 编码器实际上就是 1bit 编码的预测编码器。它用一位码字来表示 $e(t)$，即

$$e(t)=f(t)-\hat{f}(t) \tag{5-47}$$

式中，$f(t)$为输入视频信号；$\hat{f}(t)$是 $f(t)$的预测值。当差值 $e(t)$为一个正的增量时用"1"码来表示，当差值 $e(t)$为一个负的增量时用"0"码来表示。在收端，当译码器收到"1"时，信号则产生一个正跳变，收到"0"时，则信号电压产生一个负跳变，由此即可实现译码。

根据上述原理，首先讨论一下译码电路。一般说来，译码器应具有下述 3 个功能：

① 收到"1"时，产生一个正斜变电压，当连续收到"1"时，则连续上升。

② 收到"0"时，产生一个负斜变电压，当连续收到"0"时，则连续下降。

③ 正、负斜率相等，且具有记忆功能。

上述功能如图 5-19 所示。

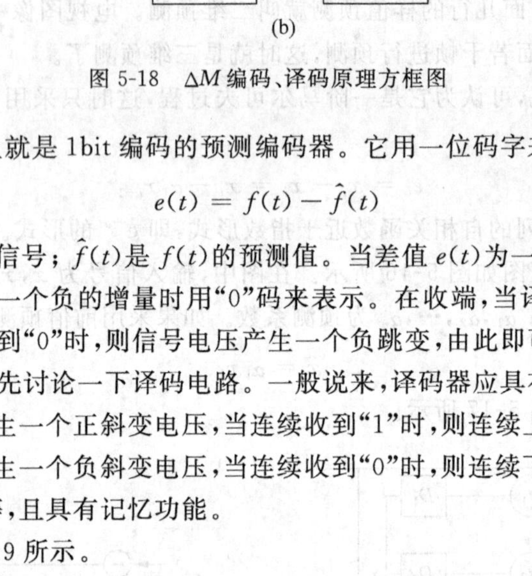

图 5-19 译码原理

最普通的译码器就是一个 RC 积分电路。电路的工作原理如图 5-20 所示。当输入"1"时，开关接$+E_0$，输入"0"时，开关接$-E_0$。电容的两端就是译码输出。如果在 $t=0$ 时输入"1"，也就是开关接到$+E_0$ 上。假定此时电容上已有电压 U_0，则电容器上的电压 U_C 可用式(5-48)求出，即

$$U_C=E_0(1-e^{-\frac{t}{RC}})+U_0e^{-\frac{t}{RC}} \tag{5-48}$$

式中，第一项表示 $U_0=0$ 时，E_0 对电容 C 的充电；第二项表示 $E_0=0$ 时 U_0 的放电。当二者都存在时，U_C 是它们的和。因为

$$e^{-\frac{t}{RC}}=1-\frac{t}{RC}+\frac{1}{2}\left(\frac{t}{RC}\right)^2-\frac{1}{2\times 3}\left(\frac{t}{RC}\right)^3+\cdots \tag{5-49}$$

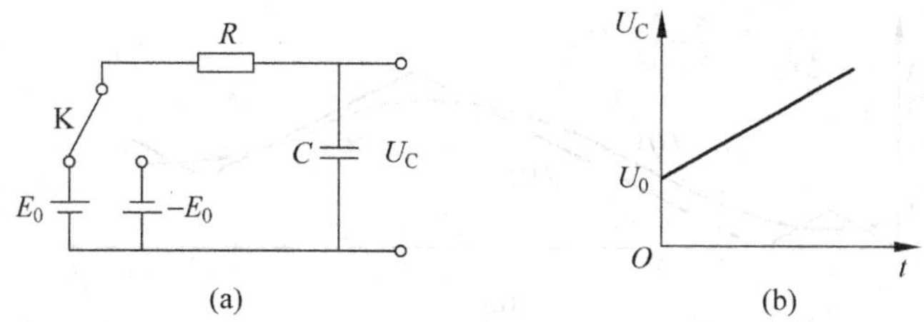

图 5-20 单积分 RC 译码器

这里 t 是一个码元的长度，而 t 远小于 RC，所以式(5-49)可近似为式(5-50)的形式，即

$$e^{-\frac{t}{RC}} \approx 1-\frac{t}{RC} \tag{5-50}$$

这样，在收到“1”时，电容器上的电压为

$$\begin{aligned} U_C &= E_0\left(1-1+\frac{t}{RC}\right)+U_0\left(1-\frac{t}{RC}\right) \\ &= (E_0-U_0)\frac{t}{RC}+U_0 \end{aligned} \tag{5-51}$$

式中 U_0 可看作是先前各码元在电容器上建立的电压的代数和。一般情况下，U_0 是远小于 E_0 的，所以，电容器上的电压 U_C 可近似为式(5-52)，即

$$U_C \approx E_0\frac{t}{RC}+U_0 \tag{5-52}$$

如果连续收到 n 个“1”，则电容器上的电压可由式(5-53)表示，即

$$U_C = E_0\frac{nt}{RC}+U_0 \tag{5-53}$$

只要 nt 远小于 RC，则电容器上的电压会一直随时间线性增长，保证在收到连“1”码时，每次上升同样一个量化级，上升的斜率就是 $E_0\frac{t}{RC}$。另外，电容器能够保持电荷，因而具有记忆作用。由式(5-52)知道，收到“1”时电压会上升一个量化阶，当收到“0”时，相当于图 5-20 中开关接到 $-E_0$，此时会使电容上的电压下降一个量化阶，所以，简单的 RC 电路就能实现增量调制编码器的译码。

下面讨论编码器的工作原理。假定“1”码的电压值为 $+E_0$，“0”码的电压值为 $-E_0$。编码原理如图 5-21 所示。

图像信号 $f(t)$ 送入相减器，输出码经本地译码后产生的预测值 $\hat{f}(t)$ 也送至相减器。相减器的输出就是图像信号 $f(t)$ 与其预测值 $\hat{f}(t)$ 之差 $e(t)$，即

$$e(t) = f(t)-\hat{f}(t)$$

误差信号 $e(t)$ 送入脉冲形成器以控制脉冲形成。脉冲形成器一般由放大限幅和双稳判决电路组成。脉冲形成器的输出就是所需要的数码。码率由取样脉冲决定。当取样脉冲到来时刻，$e(t)>0$ 则发“1”，$e(t)<0$ 则发“0”。发“0”还是发“1”完全由 $e(t)$ 的极性来控制，与 $e(t)$ 的大小无关。为了提高控制灵敏度，在电路中还加有放大限幅电路。图 5-21 说明了编码过程。在 $t=t_0$ 时，输入一模拟信号 $f(t)$，在此时刻 $f(t_0)>\hat{f}(t_0)$，也就是 $e(t)>0$，则脉冲形成

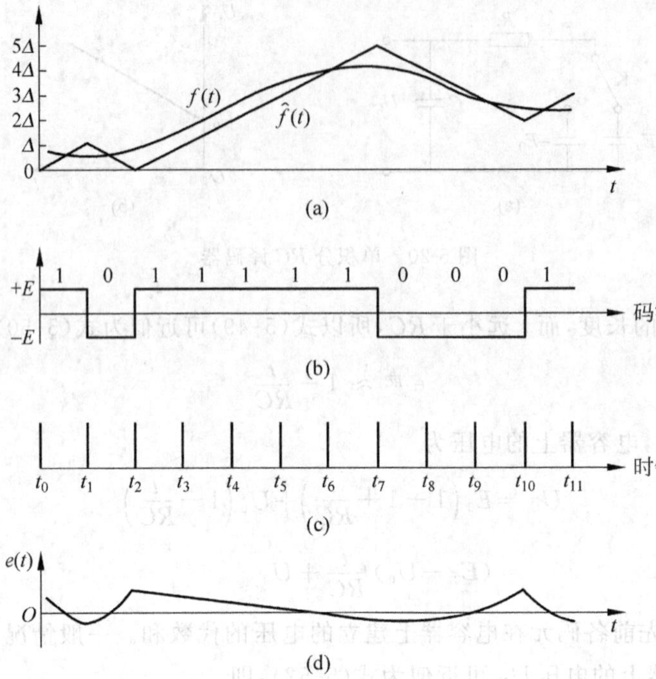

图 5-21 ΔM 编码原理

电路输出"1"。从 t_0 开始本地译码器将输出正斜变电压,使 $\hat{f}(t)$ 上升,以便跟踪 $f(t)$。由于 $f(t)$ 变化缓慢,$\hat{f}(t)$ 上升较快,所以在 t_1 时刻 $f(t)-\hat{f}(t)<0$,因此,在第二个时钟脉冲到来时便输出码"0"。以此类推,在 $t_2,t_3,\cdots,t_n$ 等时刻码字的产生原理相同。图 5-21 中分别画出了编出的码流、时钟及误差信号的示意波形。显而易见,$\hat{f}(t)$ 对 $f(t)$ 的跟踪越好,则误差信号 $e(t)$ 越小。这就是 ΔM 编、译码的基本原理。

2. ΔM 编码的基本特性

ΔM 编码性能主要由斜率过载特性、量化噪声及量化信噪比等性能来衡量。

(1) 斜率过载特性

由 ΔM 的编码原理可知,$\hat{f}(t)$ 应很好地跟踪 $f(t)$,跟踪得越好,误差 $e(t)$ 越小。当 ΔM 编码器出现连"1"或连"0"码时,就说明输入模拟信号 $f(t)$ 有较大的斜率。当判决时钟脉冲的频率及跳变量化台阶确定后,$f(t)$ 的最大变化斜率就应满足式(5-54),即

$$\left|\frac{\mathrm{d}f(t)}{\mathrm{d}t}\right|_{\max} \leqslant \frac{\Delta}{T_s} \tag{5-54}$$

式中,Δ 代表量化阶; T_s 是取样脉冲周期。

如果输入的是正弦信号,即

$$f(t) = A\sin\omega_c t \tag{5-55}$$

式中,A 是信号 $f(t)$ 的振幅; ω_c 是正弦波的角频率。当 $t=0$ 时

$$\left|\frac{\mathrm{d}f(t)}{\mathrm{d}t}\right|_{\max} = A\omega_c \tag{5-56}$$

在这种情况下，不过载条件为

$$A \leqslant \frac{\Delta}{2\pi}\left(\frac{f_s}{f_c}\right) \tag{5-57}$$

式中，f_s 是取样脉冲频率；f_c 是正弦波的频率。一般来说，为了满足不过载条件，ΔM 的取样率要比 PCM 高得多。例如，视频信号的带宽 $f_c=6.5\text{MHz}$，如果采用 PCM 编码 $f_s=2\times f_c=13\text{MHz}$。当每取样值编 8 位码时，码率可达 104Mbit。当采用 ΔM 编码时，如果正弦信号峰值 $A=1\text{V}$，量化阶为 $\Delta=0.1\text{V}$，由式(5-58)可求得不过载的 f_s，即

$$f_s \geqslant \frac{A}{\Delta}\times 2\pi f_c = \frac{1}{0.1}\times 2\times 3.14\times 6.5 = 408(\text{MHz}) \tag{5-58}$$

显然，码率太高了。当然，这只是指避免过载而言。一般情况下，不能单靠提高 f_s 的办法来解决过载问题，否则码率太高。解决斜率过载的有效方法是采用自适应增量编码法，即 ADM 编码法。

(2) ΔM 的量化噪声

ΔM 编码法量化噪声的产生如图 5-22 所示。由图可见，在不过载的情况下，量化噪声的幅度不会超过 $\pm\Delta$，而且，可认为在 $-\Delta\sim+\Delta$ 范围内量化噪声是以等概率出现的，因此，量化噪声的概率密度可由式(5-59)来表示，即

$$p(e)=\begin{cases}\dfrac{1}{2\Delta}, & -\Delta\leqslant e\leqslant+\Delta\\ 0, & 其他\end{cases} \tag{5-59}$$

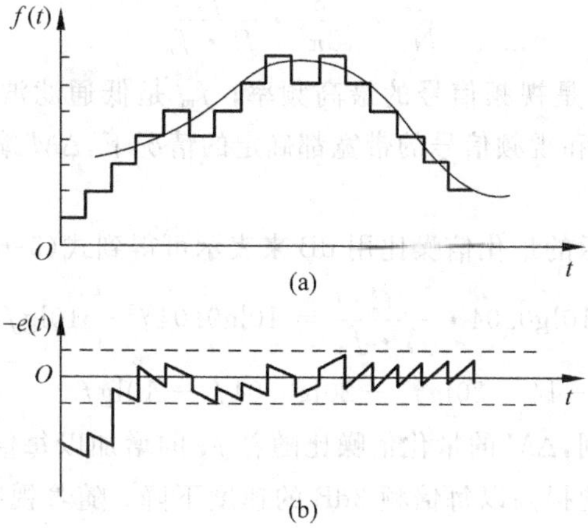

图 5-22　ΔM 编码的量化噪声

量化噪声的功率由式(5-60)来表示，即

$$N_q=\int_{-\Delta}^{+\Delta} e^2 p(e)\,\mathrm{d}e=\frac{\Delta^2}{3} \tag{5-60}$$

由式(5-60)得到的 N_q 是指在编码器中由比较判决带来的量化噪声功率。它的频谱很宽，并且它的频谱可以近似地认为是均匀分布的，也就是其频谱从低频到高频的分布是一样的。在这样的前提下，可容易地求出它的功率谱密度，即

$$\sigma_N=\frac{\Delta^2}{3f_s} \tag{5-61}$$

在译码时，由于有一个截止频率为 f_m 的低通滤波器，所以，它将抑制一部分量化噪声。此时，在译码输出端，量化噪声的平均功率由式(5-62)表示。$\overline{N}_q$ 就是 ΔM 编码器的量化噪声。

$$\overline{N}_q = \frac{\Delta^2}{3} \cdot \frac{f_m}{f_s} \tag{5-62}$$

(3) ΔM 的量化信噪比

一般量化噪声的大小并不能完全说明一幅图像质量的好坏。与语音信号编码一样，信号幅度(或功率)与噪声幅度(或功率)的比值才能较全面地说明一幅图像质量受噪声影响的程度。正弦信号的平均功率可由式(5-63)求得，即

$$S = \frac{A^2}{2} \tag{5-63}$$

在保证不过载的情况下，A 应满足式(5-64)，即

$$A \leqslant \frac{\Delta}{2\pi} \cdot \frac{f_s}{f_c} \tag{5-64}$$

因此

$$S = \frac{\left(\frac{\Delta}{2\pi} \cdot \frac{f_s}{f_c}\right)^2}{2} = \frac{\Delta^2}{8\pi^2} \cdot \left(\frac{f_s}{f_c}\right)^2 \tag{5-65}$$

由此，可以求得 ΔM 的量化信噪比为

$$\frac{S}{\overline{N}_q} = \frac{3}{8\pi^2} \cdot \frac{f_s^3}{f_c^2 \cdot f_m} \tag{5-66}$$

式中，f_s 是取样频率；f_c 是视频信号的最高频率；f_m 是低通滤波器的截止频率。由此可见，在滤波器的截止频率和视频信号的带宽都确定的情况下，ΔM 编码器的量化信噪比与取样频率的 3 次方成正比。

如果把式(5-66)表示的量化信噪比用 dB 来表示可得到式(5-67)，即

$$\begin{aligned}\left(\frac{S}{\overline{N}_q}\right)_{dB} &= 10\lg 0.04 \cdot \frac{f_s^3}{f_c^2 \cdot f_m} = 10\lg 0.04 f_s^3 - 10\lg f_c^2 - 10\lg f_m \\ &= -14 + 30\lg f_s - 20\lg 0.04 f_c - 10\lg f_m\end{aligned} \tag{5-67}$$

由式(5-67)可以看到，ΔM 的量化信噪比随着 f_s 的增加以每倍频 9dB 的速度增加；随着低通滤波器截止频率的提高以每倍频 3dB 的速度下降；随着视频信号带宽 f_c 的增加以每倍频 6dB 的速度下降。

5.5.3 DPCM 编码

预测编码的另一种有用的形式是 DPCM 编码(Differential Pulse Code Modulation)。这实际上是 ΔM 和 PCM 两种技术相结合的编码方法。

1. DPCM 编码的基本原理

在卡特勒的专利中提出利用积分器根据一行上前样本值预测现样本值，并且把现样本值与其估计值的差值进行量化和编码。这就是 DPCM 的基本设计思想。DPCM 编码的基

本原理如图 5-23 所示。图 5-23(a)中是编码器原理框图。它由取样器、比较器、量化器、预测器、编码器 5 个部分组成。输入信号经采样后将样值 $f(t)$ 送入比较器，使得 $f(t)$ 与预测值 $\hat{f}(t)$ 相减得出误差信号，即 $e(t)=f(t)-\hat{f}(t)$。然后，将 $e(t)$ 送入量化器量化为 M 个电平之一($M=2^N$)，量化后的样值再送入 PCM 编码器中编码，以便传输。另外一路是将 $e(t)$ 送入相加器，在这里 $e(t)$ 与 $\hat{f}(t)$ 相加后再送入预测器，以便预测下一个样值。译码器的原理框图如图 5-23(b)所示。译码器收到码字后首先经 PCM 译码，得到 $e(t)$ 后再送入相加器与预测值 $\hat{f}(t)$ 相加得到 $f(t)$。另外，$f(t)$ 又送到预测器以便预测下一个样值。

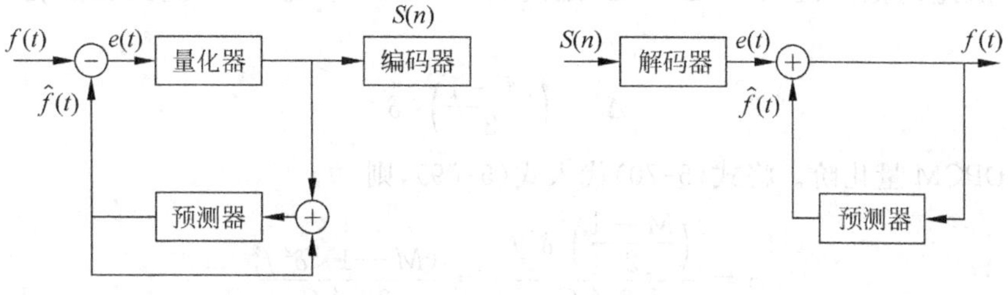

(a)　(b)

图 5-23　DPCM 编、译码原理框图

由上面的原理可知，DPCM 实际上是综合了 ΔM 和 PCM 两种编码技术的一种编码方法，ΔM 实际上是一位二进制码的差分脉码调制，也就是用 1bit 码来表示增量值，而 DPCM 是 N 位二进制码来表示 $e(t)$ 值的编码法，因此，DPCM 编码原理又可简化为图 5-24 所示的形式。

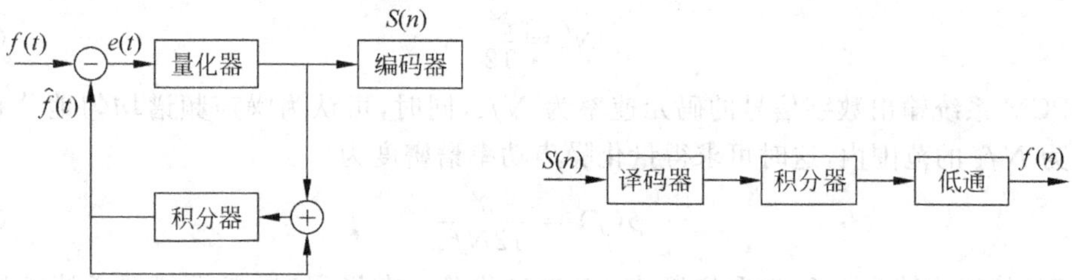

图 5-24　DPCM 原理框图

2. DPCM 编码的量化信噪比

DPCM 编码器中的量化器与 PCM 中的量化器具有相同的工作原理。如图 5-24 所示，量化器的特性有如图 5-24(a)、(b)所示两种。这两种特性在小信号输入情况下有比较明显的差别，对于图 5-24(a)所示的特性来说，当输入值在 0～Δ 之间时，量化器没有输出。但是，对于图 5-24(b)所示的特性来说则有输出。在输入信号幅度大时是没有区别的。图中的一个阶梯 Δ 就是一个量化阶。由于在整个输入信号幅度范围内量化阶 Δ 是一个常数，所以称为均匀量化。

由于 DPCM 编码仍然是对误差信号编码，所以其不过载条件仍然要满足下式，即

$$A \leqslant \frac{\Delta}{2\pi} \cdot \frac{f_s}{f_c}$$

在临界状态下

$$A = \frac{\Delta f_s}{2\pi f_c} \tag{5-68}$$

系统最大信号功率输出为

$$S = \frac{\Delta^2 f_s^2}{8\pi^2 f_c^2} \tag{5-69}$$

但是，由于误差的范围是在$(+\Delta, -\Delta)$之间，在 DPCM 系统中，误差又被量化为 M 个电平，则

$$\Delta = \left(\frac{M-1}{2}\right) \cdot \delta \tag{5-70}$$

式中 δ 是 DPCM 量化阶。将式(5-70)代入式(5-69)，则

$$S = \frac{\left(\frac{M-1}{2}\right)^2 \delta^2 f_s^2}{8\pi^2 f_c^2} = \frac{(M-1)^2 \delta^2 f_s^2}{32\pi^2 f_c^2} \tag{5-71}$$

这是在临界不过载条件下的最大输出功率公式。其中 M 是量化级数，δ 是 DPCM 量化阶，f_s 是取样频率，f_c 是视频信号频带宽度。

在 DPCM 中，由于系统的量化误差不再在 $\pm\Delta$ 范围内，而是在$\left(-\frac{\delta}{2}, +\frac{\delta}{2}\right)$范围内，其中 $\delta = \frac{2\Delta}{M-1}$。

由于对 $e(t)$的编码是 PCM 编码，所以其量化噪声应符合 PCM 编码量化噪声规律，即

$$N'_q = \frac{\delta^2}{12} \tag{5-72}$$

如果 DPCM 系统输出数字信号的码元速率为 Nf_s，同时，可认为噪声频谱均匀地分布于频带宽度为 Nf_s 的范围内，这时可求得量化噪声功率谱密度为

$$p(f) = \frac{\delta^2}{12Nf_s} \tag{5-73}$$

式中，N 是编码比特数；f_s 为取样频率；δ 为量化阶。在译码时，考虑到低通滤波器的作用，则噪声功率为

$$N_q = p(f) \cdot f(m) = \frac{\delta^2}{12Nf_s} \cdot f(m) \tag{5-74}$$

因此，可求得 DPCM 编码的量化信噪比为

$$\left(\frac{S}{N_q}\right) = \frac{\frac{(M-1)^2 \delta^2 f_s^2}{32\pi^2 f_c^2}}{\frac{\delta^2}{12Nf_s} \cdot f_m} = \frac{3N(M-1)^2 f_s^3}{8\pi^2 f_c^2 \cdot f_m} \tag{5-75}$$

式中，S 代表信号功率；N_q 代表噪声功率；f_m 是低通滤波器的截止频率；N 是编码的比特数。其他符号的意义同前。式(5-75)便是 DPCM 编码的信噪比性能。与 ΔM 编码的性能作一下比较。如前所述，ΔM 的量化信噪比为

$$\left(\frac{S}{N_q}\right) = \frac{3}{8\pi^2} \cdot \frac{f_s^3}{f_c^2 \cdot f_m}$$

而 DPCM 的量化信噪比为

$$\left(\frac{S}{N_q}\right)=\frac{3N(M-1)^2}{8\pi^2}\cdot\frac{f_s^3}{f_c^2\cdot f_m}$$

显然在 f_s 相同的情况下

$$\frac{3N(M-1)^2}{8\pi^2}\gg\frac{3}{8\pi^2}$$

这说明 DPCM 的性能远优于 ΔM。在 $N=1,M=2$ 的情况下，DPCM 就变成 ΔM 编码法了，其量化信噪比自然也就等于 ΔM 的量化信噪比。与 ΔM 编码方法一样，在 DPCM 编码中为了适应非平稳信号的特性，常采用可变量化器。这也是一种自适应方式。目前，DPCM 编码的自适应方案设计中，有两种途径可循，一是采用可变参数预测器，其参数随着信号的变化而变化，这样可产生一个平稳的差分信号；其次是采用固定预测器，而采用一个可变的量化器去适应所得到的非平稳的差分信号。除此之外，使用可变的取样速率，而预测器和量化器都是固定的，也应属于自适应的范畴。据文献报道，采用自适应技术较采用非自适应技术编码可使图像信噪比提高 10dB。

另外，曾经提出一种自适应改变编码方式的技术，如双模式预测编码。这种方法联合使用 ΔM 和 DPCM 编码技术。当视频信号变化缓慢时采用 ΔM 编码法，而变化较快时采用 DPCM 编码法。据称，对于单色、单帧图像，每像素 1.5bit 就会有较好的图像质量。当然，设备相应地也就比较复杂了。

5.6 变换编码

图像编码中另一类有效的方法是变换编码。变换编码的通用模型如图 5-25 所示。

图 5-25　图像变换编码模型

变换编码主要由映射变换、量化及编码几部分操作组成。映射变换是把图像中的各个像素从一种空间变换到另一种空间，然后针对变换后的信号再进行量化与编码操作。在接收端，首先对接收到的信号进行译码，然后再进行反变换以恢复原图像。映射变换的关键在于能够产生一系列更加有效的系数，对这些系数进行编码所需的总比特数比对原始图像进行编码所需要的总比特数要少得多，因此，使数据率得以压缩。

映射变换的方法很多。广义地讲，前面讨论的预测编码法也可称为是预测变换。它是将信号样值的绝对值映射为相对样元的差值，只是根据实用技术上的习惯，没有把它归入变换编码的范畴罢了。图像变换编码基本可分为两大类，一类是某些特殊的映射变换编码法，另一类就是函数变换编码法。

5.6.1 几种特殊的映射变换编码法

特殊映射变换编码法包括诸如行程编码、轮廓编码等一些变换编码方法。它们特别适用于所谓二值图像的编码。这类图像包括业务信件、公文、气象图、工程图、地图、指纹卡片及新闻报纸等。当然在编码技术上同样可分为精确编码和近似编码两类。精确编码可以不引入任何畸变,在接收端可以从编码比特流中精确恢复出原始图像。近似编码会引入一些畸变,但是,这种方法却可以在保证可用性的前提下获得较高的压缩比。下面通过几种具体的编码方法说明这种变换编码法的基本概念。

1. 一维行程编码

一维行程编码的概念如图 5-26 所示。

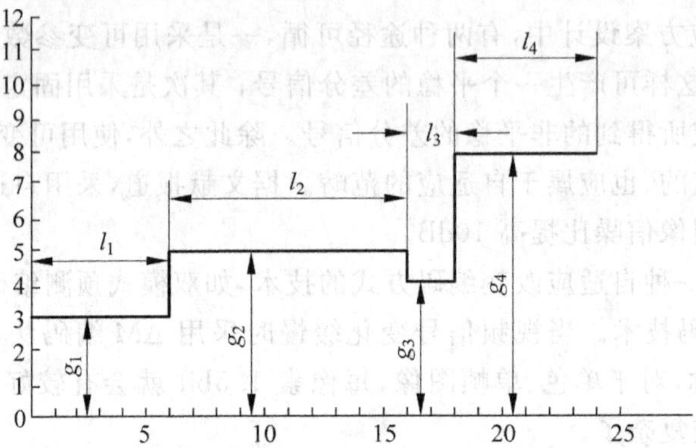

图 5-26　一维行程编码

假如沿着某一扫描行的像素为 $x_1, x_2, \cdots, x_N$,它们所具有的灰度值可能为 g_1, g_2, g_3, g_4。在编码之前,可以首先把这些像素映射为成对序列 (g_1, l_1),(g_2, l_2),(g_3, l_3) 和 (g_4, l_4)。其中 g_i 表示某一灰度值,l_i 表示第 i 次运行的行程。也可以说是连续取值为 g_i 灰度值的像素的个数。经过这样映射变换后就可以对 (g_i, l_i) 编码,而不必对像素直接编码。由于有些图像,如前面提到的二值图像,连续取同一灰度级的像素很多,对映射后的序列进行编码会大大压缩比特率。例如,图 5-26 所示的例子可映射成表 5-9 所示的序列对。在这个例子中有 8 级灰度,24 个像素。如果对 x_i 编码,总的比特数至少要 $24 \times 3 = 72$bit。如果对表 5-9 的序列对编码,灰度值用 3 位码,行程长度用 4 位码,每对参数用 7 位码,共 4 对,总比特数只要 28bit 就够了。可见压缩率是很可观的。

表 5-9　序列对

i	g_i	l_i
1	3	6
2	5	10
3	4	2
4	8	6

行程编码可分为行程终点编码和行程长度编码。如果行程终点的位置由扫描行的开始点算起,并且由到达行程终点的像素计数来确定,就称为行程终点编码。如果行程终点位置由这一终点与前一终点的相对距离确定,就称为行程长度编码。

对于二值图像来说采用行程长度编码,甚至不需要传送灰度信息。假定某一扫描线含有 3 个白色像素，其后是 2 个黑色像素，接着又是 10 个白色像素。这样，在行程长度编码中，只传送行程长度 3、2 和 10 就可以了。每个行程长度告诉沿扫描线的下一个边界点的相对位置。

行程长度编码的比特率可作如下估计。行程长度编码的消息集合含有行程长度 1，2，…，N。这里 N 是一条扫描线中的像素数目。如果测得行程长度的概率为 $P_1, P_2, \cdots, P_N$，且用统计编码法，则每个行程的比特率 B 应满足式(5-76)。

$$H \leqslant B \leqslant H+1 \tag{5-76}$$

其中 H 就是行程长度的熵

$$H=-\sum_{i=1}^{N} P_i \log_2 P_i \tag{5-77}$$

如果令 v 为平均行程长度

$$v=\sum_{i=1}^{N} i P_i \tag{5-78}$$

则每个像素的比特率应满足式(5-79)

$$\frac{H}{v} \leqslant b \leqslant \frac{H}{v}+\frac{1}{v} \tag{5-79}$$

这就是采用行程长度编码可能得到的比特率的估计。如果把黑白行程长度分开编码，有可能进一步降低行程长度编码的比特率。可以把消息集合分成两个子集，一个含有白色行程长度，另一个含有黑色行程长度。若对每个子集用统计编码法，则每个像素的比特率满足式(5-80)

$$h_{WB} \leqslant b \leqslant h_{WB}+\left(\frac{P_W}{v_W}+\frac{P_B}{v_B}\right) \tag{5-80}$$

其中

$$h_{WB}=P_W \frac{H_W}{v_W}+P_B \frac{H_B}{v_B} \tag{5-81}$$

式中：P_W 为白色像素概率；P_B 为黑色像素概率，并且 $P_W+P_B=1$；H_W 为白色行程长度的熵。

$$H_W=-\sum_{i=1}^{N} P_{Wi} \log_2 P_{Wi} \tag{5-82}$$

H_B 为黑色行程的熵

$$H_B=-\sum_{i=1}^{N} P_{Bi} \log_2 P_{Bi} \tag{5-83}$$

式中：P_{Wi} 是白色行程的概率，P_{Bi} 为黑色行程的概率，v_W 为平均白色行程长度。

$$v_W=\sum_{i=1}^{N} i P_{Wi} \tag{5-84}$$

v_B 为平均黑色行程长度。

$$v_B=-\sum_{i=1}^{N} i P_{Bi} \tag{5-85}$$

如果对黑白色行程长度分别用统计编码法，有可能使 $h_{WB} \leqslant \frac{H}{v}$。

与其他统计编码的难点一样，行程长度的概率是很难测量的。如果采用一阶马尔可夫模型,那么仅测量平均行程长度就能较好地估计出比特率。作为一阶马尔可夫信源的图像特征是转移概率,即 $P(B/W)=q_0$,$P(W/W)=1-q_0$, $P(W/B)=q_1$,$P(B/B)=1-q_1$。这里 $P(B/W)$表示在给定的第 k 个像素是白色时,第$(k+1)$个像素是黑色的概率。在这种条件下,可求得黑白像素的先验概率

$$P_W=\frac{q_1}{(q_0+q_1)},\quad P_B=\frac{q_0}{(q_0+q_1)} \tag{5-86}$$

黑白色行程长度概率为

$$P_{Wi}=q_0(1-q_0)^{i-1},\quad P_{Bi}=q_1(1-q_1)^{i-1} \tag{5-87}$$

黑白色行程的平均长度为

$$v_W=\frac{1}{q_0},\quad v_B=\frac{1}{q_1} \tag{5-88}$$

这样就可估计出一阶马尔可夫模型下的每个像素的比特率。根据 T. S. Huang 的报告,对气象图和印刷品进行行程长度编码,算得每像素的熵最大值为 0.37bit,最小值为 0.28bit。

2. 二维行程编码

二维行程编码也叫预测微分量化器(Predictive Differential Quantizer,PDQ)。其基本算法如图 5-27 所示。

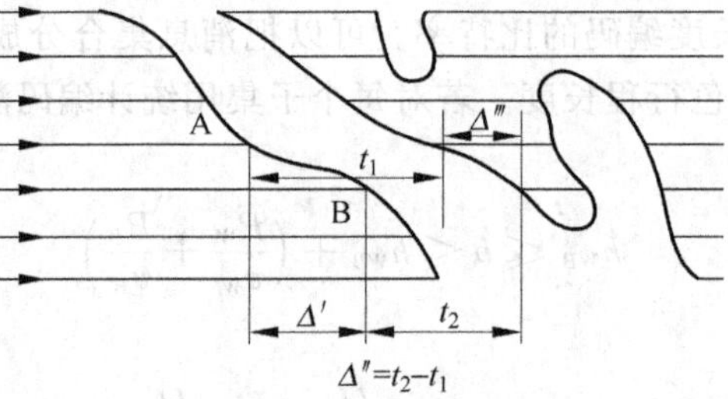

图 5-27　PDQ 算法说明

PDQ 的基本算法是将图像元素阵列变换为整数对 Δ'和Δ''的序列。这里Δ'和Δ''的意义如图 5-27 所示。Δ'是相邻扫描行上行程的开始点之间的差。图中 Δ'是 A 点和 B 点的差。Δ''是这相邻行行程的差。对应于 A 起始点的行程为 l_1,对应于 B 起始点的行程为 l_2,因此,$\Delta''=l_2-l_1$。另外,对于图中的暗面积还要有一个"开始"和"消失"的标记。这样就把一幅图像的像素阵列按相继扫描行变换为 Δ'、Δ''、开始、消失四个参量的序列,然后便可对这四个参量来编码。PDQ 法利用了扫描线间的相关性,因此,它有更大的压缩潜力。另外一种方法叫做双重增量编码(Double Delta Coding,DDC)。它是对 Δ'和 Δ'''进行编码而不是对Δ'和Δ''编码。Δ'''是前一扫描行的暗区后边界与相继扫描行暗区后边界的差。实验证明,这种方法的压缩比较 PDQ 法更大。

当在图像中有少数大的暗区时二维行程编码更有效,对于有许多小暗区的图像来说,一维行程编码更有效。

5.6.2　正交变换编码

变换编码中另一类方法是正交变换编码法(或称函数变换编码法)。这种方法的基本原

理是通过正交函数变换把图像从空间域转换为能量比较集中的变换域，然后对变换系数进行编码，从而达到缩减比特率的目的。

1. 正交变换编码的基本概念

正交变换编码的基本原理框图如图 5-28 所示。编码器由预处理、正交变换、量化与编码几部分组成，译码器由译码、反变换及后处理组成。在编码操作中，模拟图像信号首先送入预处理器，将模拟信号变为数字信号。然后把数字信号分块进行正交变换，通过正交变换就使空间域信号变换到变换域。然后对变换系数进行量化和编码。在信道中传输或在存储器中存储的是这些变换系数的码字。这就是编码端的处理过程。在译码端，首先将收到的码字进行译码，然后进行反变换以使变换系数恢复为空间域样值，最后经过处理使数字信号变为模拟信号以供显示。

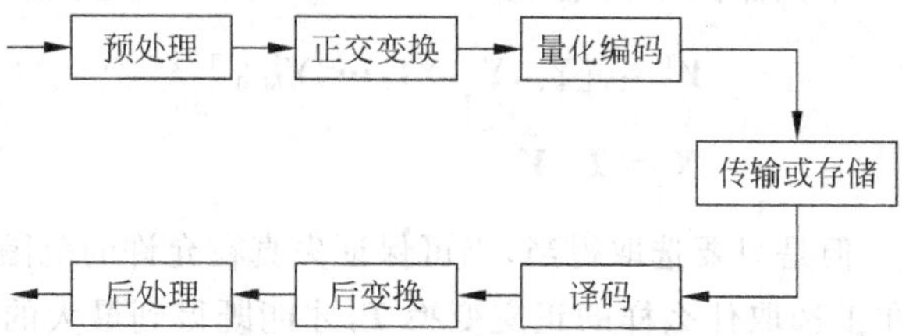

图 5-28　正交变换编码原理框图

正交变换编码之所以能够压缩数据率，主要是它有如下一些性质：

(1) 正交变换具有熵保持性质。这说明通过正交变换并不丢失信息，因此，可以用传输变换系数来达到传送信息的目的。

(2) 正交变换有能量保持性质。这就是第 3 章提到的各种正交变换的帕斯维尔能量保持性质。它的意义在于：只有当有限离散空间域能量全部转移到某个有限离散变换域后，有限个空间取样才能完全由有限个变换系数对于基础矢量加权来恢复。

(3) 能量重新分配与集中。这个性质使人们有可能采用熵压缩法来压缩数据。也就是在质量允许的情况下，可舍弃一些能量较小的系数，或者对能量大的谱点分配较多的比特，对能量较小的谱点分配较少的比特，从而使数据率有较大的压缩。

(4) 去相关特性。正交变换可以使高度相关的空间样值变为相关性很弱的变换系数。换句话说，正交变换有可能使相关的空间域转变为不相关的变换域。这样就使存在于相关性之中的多余度得以去除。

综上所述，由于正交变换的结果，相关图像的空间域可能变为能量保持、集中且为不相关的变换域。如果用变换系数来代替空间样值编码传送时，只需对变换系数中能量比较集中的部分加以编码，这样就能使数字图像传输或存储时所需的码率得到压缩。

2. 变换编码的数学模型分析

由正交变换编码的基本概念不难看出，编码过程主要是在变换域上进行。在这个基础上可以建立以下变换编码的数学模型。

设一图像信源为一向量 $\boldsymbol{X}$

$$\boldsymbol{X}^{\mathrm{T}} = [X_0, X_1, X_2, \cdots, X_{N-1}] \tag{5-89}$$

变换后输出一向量 $\boldsymbol{Y}$

$$\boldsymbol{Y}^{\mathrm{T}} = [Y_0, Y_1, Y_2, \cdots, Y_{N-1}] \tag{5-90}$$

取正交变换为 $\boldsymbol{T}$,那么 $\boldsymbol{X}$ 与 $\boldsymbol{Y}$ 之间的关系为

$$\boldsymbol{Y} = \boldsymbol{TX} \tag{5-91}$$

由于 $\boldsymbol{T}$ 是正交矩阵,所以

$$\boldsymbol{TT}^{\mathrm{T}} = \boldsymbol{I} = \boldsymbol{T}^{-1}\boldsymbol{T} \tag{5-92}$$

这里 $\boldsymbol{I}$ 为单位矩阵,$\boldsymbol{T}^{\mathrm{T}}$ 是 $\boldsymbol{T}$ 的转置,$\boldsymbol{T}^{-1}$ 是 $\boldsymbol{T}$ 的逆。反之也有

$$\boldsymbol{X} = \boldsymbol{T}^{-1}\boldsymbol{Y} \tag{5-93}$$

也就是说在编码端利用变换得到 $\boldsymbol{Y}$,在译码端可用反变换来恢复 $\boldsymbol{X}$。

如果在传输或存储中只保留 M 个分量,$M<N$,则可由 $\boldsymbol{Y}$ 的近似值 $\overset{0}{\boldsymbol{Y}}$ 来恢复 $\boldsymbol{X}$。

$$\begin{aligned} \overset{0}{\boldsymbol{Y}}{}^{\mathrm{T}} &= [Y_0, Y_1, Y_2, \cdots, Y_{M-1}] \\ \overset{0}{\boldsymbol{X}} &= \boldsymbol{T}^{-1}\overset{0}{\boldsymbol{Y}} \end{aligned} \tag{5-94}$$

当然 $\overset{0}{\boldsymbol{X}}$ 是 $\boldsymbol{X}$ 的近似值。但是只要选取得当,仍可保证失真在允许的范围内。

显然,关键问题在于选取什么样的正交变换 $\boldsymbol{T}$,才能既得到最大的压缩率,又不造成严重的失真。因此,有必要研究一下由正交变换得到 $\boldsymbol{Y}$ 的统计特性。$\boldsymbol{Y}$ 的统计特性中最为重要的是协方差矩阵。下面讨论一下正交变换后得到的 $\boldsymbol{Y}$ 的协方差矩阵采用何种形式。

设图像信号为一个 N 维向量

$$\boldsymbol{X}^{\mathrm{T}} = [X_0, X_1, X_2, \cdots, X_{N-1}] \tag{5-95}$$

当然,$\boldsymbol{X}$ 的统计特性可以测得。

$\boldsymbol{X}$ 的协方差矩阵

$$\boldsymbol{C}_X = \mathrm{E}\{(\boldsymbol{X}-\bar{\boldsymbol{X}})(\boldsymbol{X}-\bar{\boldsymbol{X}})^{\mathrm{T}}\} \tag{5-96}$$

式中 $\boldsymbol{C}_X$ 是 $\boldsymbol{X}$ 的协方差矩阵,$\bar{\boldsymbol{X}}$ 是 $\boldsymbol{X}$ 的均值,E 是求数学期望值。

又设变换系数向量为

$$\boldsymbol{Y}^{\mathrm{T}} = [Y_0, Y_1, Y_2, \cdots, Y_{N-1}] \tag{5-97}$$

$\boldsymbol{C}_Y$ 为 $\boldsymbol{Y}$ 的协方差矩阵,所以

$$\boldsymbol{C}_Y = \mathrm{E}\{(\boldsymbol{Y}-\bar{\boldsymbol{Y}})(\boldsymbol{Y}-\bar{\boldsymbol{Y}})^{\mathrm{T}}\} \tag{5-98}$$

式中 $\bar{\boldsymbol{Y}}$ 是 $\boldsymbol{Y}$ 的均值。

由正交变换的定义,有

$$\boldsymbol{Y} = \boldsymbol{TX}$$
$$\boldsymbol{X} = \boldsymbol{T}^{\mathrm{T}}\boldsymbol{Y}$$

因此

$$\begin{aligned} \boldsymbol{C}_Y &= \mathrm{E}\{(\boldsymbol{Y}-\bar{\boldsymbol{Y}})(\boldsymbol{Y}-\bar{\boldsymbol{Y}})^{\mathrm{T}}\} \\ &= \mathrm{E}\{\boldsymbol{TX}-\boldsymbol{T}\bar{\boldsymbol{X}})(\boldsymbol{TX}-\boldsymbol{T}\bar{\boldsymbol{X}})^{\mathrm{T}}\} \\ &= \mathrm{E}\{\boldsymbol{T}(\boldsymbol{X}-\bar{\boldsymbol{X}})(\boldsymbol{X}-\bar{\boldsymbol{X}})^{\mathrm{T}}\boldsymbol{T}^{\mathrm{T}}\} \\ &= \boldsymbol{T}\mathrm{E}\{(\boldsymbol{X}-\bar{\boldsymbol{X}})(\boldsymbol{X}-\bar{\boldsymbol{X}})^{\mathrm{T}}\}\boldsymbol{T}^{\mathrm{T}} \\ &= \boldsymbol{TC}_X\boldsymbol{T}^{\mathrm{T}} \end{aligned}$$

即

$$C_Y = TC_XT^{\mathrm{T}} \tag{5-99}$$

式(5-99)说明,变换系数的协方差矩阵可以通过空间域图像的协方差矩阵的二维变换得到。由此可以得出结论：变换系数的协方差矩阵决定于变换矩阵 T 和空间域图像的协方差矩阵 C_X。而 C_X 是图像本身所固有的,因此,关键在于寻求合适的 T。

如果 C_Y 是一个对角形矩阵,那就说明系数间的相关性完全解除了。也就是说解除了包含在相关性中的冗余度,为无失真压缩编码打下了基础。另外,还希望对角形矩阵中元素的能量尽量集中,以便使舍去若干系数后造成的误差不至于太大,这样,就为熵压缩编码提供了条件。综上所述,变换编码要解决的关键问题是合理地寻求变换矩阵 T。

3. 最佳变换问题

在研究各种变换矩阵 T 的过程中,自然要比较它们的优劣,因此,就有一个比较准则问题。下面讨论最佳变换问题。

1）最佳变换应满足的条件

最佳变换应满足下面两个条件：

① 能使变换系数之间的相关性全部解除；

② 能使变换系数之方差高度集中。

显然,第一个条件希望变换系数的协方差矩阵为对角形矩阵；第二个条件希望对角形矩阵中对角线上的元素能量主要集中在前 M 项上,这样就可以保证在去掉 $N-M$ 项后的截尾误差尽量小。

2）最佳的准则

常用的准则仍然是均方误差准则。均方误差由下式表示

$$\begin{aligned}\overline{e}^2 &= \frac{1}{N^2}\sum_{x=0}^{N-1}\sum_{y=0}^{N-1}e^2(x,y)\\ &= \frac{1}{N^2}\sum_{x=0}^{N-1}\sum_{y=0}^{N-1}[g(x,y)-f(x,y)]^2\end{aligned} \tag{5-100}$$

式中 $f(x,y)$ 代表原始图像,$g(x,y)$ 为经编译码后的恢复图像。均方误差准则就是要使 $\overline{e}^2$ 最小。$\overline{e}^2$ 最小的变换就是最佳变换。

3）均方误差准则下的最佳统计变换

均方误差准则下的最佳统计变换也叫 K-L 变换(Karhunen Loeve Transform)。

设 T 是一正交变换矩阵

$$T^{\mathrm{T}} = [\phi_1 \quad \phi_2 \quad \cdots \quad \phi_N] \tag{5-101}$$

这是一个 $N\times N$ 矩阵,其中 ϕ_i 是一个 N 维向量。这个矩阵是正交的,因此

$$\phi_i^{\mathrm{T}}\phi_j = \begin{cases}1, & i=j\\ 0, & i\neq j\end{cases} \tag{5-102}$$

显然

$$T^{\mathrm{T}}T = I$$

另外，设有一数据向量

$$X^{\mathrm{T}} - [X_1 X_2 \cdots X_N]$$

经正交变换后

$$\boldsymbol{X}=\boldsymbol{T}\boldsymbol{Y} \tag{5-103}$$

这里 $\boldsymbol{Y}^{\mathrm{T}}=[Y_1 \quad Y_2 \quad \cdots \quad Y_N]$

而

$$\boldsymbol{X}=\boldsymbol{T}^{\mathrm{T}}\boldsymbol{Y}=[\phi_1\phi_2\cdots\phi_N]\boldsymbol{Y} \tag{5-104}$$

于是

$$X=Y_1\phi_1+Y_2\phi_2+\cdots+Y_N\phi_N=\sum_{i=1}^{N}Y_i\phi_i \tag{5-105}$$

为了压缩数据，在恢复 $\boldsymbol{X}$ 时不取完整的 N 个 Y 分量，而是仅取 M 个分量，其中 $M<N$。这样其中 M 个分量构成一个子集，即

$$[Y_1Y_2\cdots Y_M]$$

用这 M 个分量去估计 $\boldsymbol{X}$，其余的用常量 b_i 来代替。于是可得到

$$\overset{0}{\boldsymbol{X}}=\sum_{i=1}^{M}Y_i\phi_i+\sum_{i=M+1}^{N}b_i\phi_i \tag{5-106}$$

这里 $\overset{0}{\boldsymbol{X}}$ 是 $\boldsymbol{X}$ 的估计。$\boldsymbol{X}$ 的值与 $\overset{0}{\boldsymbol{X}}$ 的误差为

$$\begin{aligned}\Delta\boldsymbol{X}&=\boldsymbol{X}-\overset{0}{\boldsymbol{X}}\\&=\boldsymbol{X}-\sum_{i=1}^{M}Y_i\phi_i-\sum_{i=M+1}^{N}b_i\phi_i\\&=\sum_{i=M+1}^{N}(Y_i-b_i)\phi_i\end{aligned} \tag{5-107}$$

设 ε 为均方误差，则

$$\varepsilon=\mathrm{E}\{\|\Delta\boldsymbol{X}\|^2\}=\mathrm{E}\{(\Delta\boldsymbol{X})^{\mathrm{T}}(\Delta\boldsymbol{X})\} \tag{5-108}$$

将 $\Delta\boldsymbol{X}$ 代入 ε

$$\varepsilon=\mathrm{E}\Big\{\sum_{i=M+1}^{N}\sum_{j=M+1}^{N}(Y_i-b_i)(Y_j-b_j)\phi_i^{\mathrm{T}}\phi_j\Big\}$$

由上述的正交条件可简化为

$$\varepsilon=\sum_{i=M+1}^{N}\mathrm{E}\{(Y_i-b_i)^2\} \tag{5-109}$$

根据最小均方误差准则，要使 ε 最小就要正确选取 b_i 及 ϕ_i。为了求得最佳的 b_i 和 ϕ_i，可分两步来求：

第一步把 ε 对 b_i 求导并令其等于零，即

$$\begin{aligned}\frac{\partial\varepsilon}{\partial b_i}&=\frac{\partial}{\partial b_i}\mathrm{E}\{(Y_i-b_i)^2\}\\&=-2[\mathrm{E}\{Y_i\}-b_i]=0\end{aligned} \tag{5-110}$$

$$b_i=\mathrm{E}\{Y_i\}$$

又因为

$$\boldsymbol{Y}_i=\phi_i^{\mathrm{T}}\boldsymbol{X}$$

所以

$$b_i=\phi_i^{\mathrm{T}}\mathrm{E}\{\boldsymbol{X}\}=\phi_i^{\mathrm{T}}\overline{\boldsymbol{X}} \tag{5-111}$$

式中 $\overline{\boldsymbol{X}}=\mathrm{E}\{\boldsymbol{X}\}$。

将 $Y_i=\phi_i^{\mathrm{T}}\boldsymbol{X}, b_i=\phi_i^{\mathrm{T}}\boldsymbol{X}$ 代入 ε，则

$$\begin{aligned}\varepsilon &= \sum_{i=M+1}^{N} \mathrm{E}\{(Y_i-b_i)(Y_i-b_i)^{\mathrm{T}}\} \\ &= \sum_{i=M+1}^{N} \phi^{\mathrm{T}}\mathrm{E}\{(\boldsymbol{X}-\overline{\boldsymbol{X}})(\boldsymbol{X}-\overline{\boldsymbol{X}})^{\mathrm{T}}\}\phi_i\end{aligned} \tag{5-112}$$

因为

$$\mathrm{E}\{(\boldsymbol{X}-\overline{\boldsymbol{X}})(\boldsymbol{X}-\overline{\boldsymbol{X}})^{\mathrm{T}}\}=[\boldsymbol{C}_X]$$

所以

$$\varepsilon = \sum_{i=M+1}^{N} \phi_i^{\mathrm{T}}[\boldsymbol{C}_X]\phi_i \tag{5-113}$$

第二步求最佳化的 ϕ_i。为了求得最佳的 ϕ_i，不仅要找出 ϕ_i 使 ε 最小，而且还要满足 $\phi_i^{\mathrm{T}}\phi=1$ 的条件。因此，可用求条件极值的拉格朗日乘数法法则。根据拉格朗日乘数法，在求 ϕ_i 的条件极值时做一个新的函数 $\hat{\varepsilon}$。

$$\begin{aligned}\hat{\varepsilon} &= \varepsilon - \sum_{i=M+1}^{N} \beta_i[\phi_i^{\mathrm{T}}\phi_i-1] \\ &= \sum_{i=M+1}^{N}\{\phi_i^{\mathrm{T}}C_X\phi_i-\beta_i[\phi_i^{\mathrm{T}}\phi_i-1]\}\end{aligned} \tag{5-114}$$

对 ϕ_i 求导，并注意到

$$\frac{\partial}{\partial\phi_i}[\phi_i^{\mathrm{T}}\boldsymbol{C}_X\phi_i] = 2\boldsymbol{C}_X\phi_i \tag{5-115}$$

$$\frac{\partial}{\partial\phi_i}[\phi_i^{\mathrm{T}}\phi_i] = 2\phi_i \tag{5-116}$$

所以

$$\frac{\partial\hat{\varepsilon}}{\partial\phi_i} = 2\boldsymbol{C}_X\phi_i - 2\beta_i\phi_i = 0 \tag{5-117}$$

即

$$\boldsymbol{C}_X\phi_i = \beta_i\phi_i \tag{5-118}$$

由线性代数理论可知

$$\begin{aligned}&\beta_i\phi_i - \boldsymbol{C}_X\phi_i = 0 \\ &(\beta_iE-\boldsymbol{C}_X)\phi_i = 0\end{aligned} \tag{5-119}$$

显然，β_i 就是 $\boldsymbol{C}_X$ 的特征根，ϕ_i 就是 $\boldsymbol{C}_X$ 的特征向量。如 $\boldsymbol{C}_X$ 是对称矩阵，就可找到一个变换 $\boldsymbol{T}$，使 $\boldsymbol{C}_Y$ 成为对角形矩阵。

在关于图像的统计特性的讨论中曾提到，如果图像信源是一阶马尔可夫模型的话，那么 $\boldsymbol{C}_X$ 将是一个 Toeplitz 矩阵，即

$$\boldsymbol{C}_X = \sigma_X^2\begin{bmatrix}1 & \rho & \rho^2 & \cdots & \rho^{N-1} \\ \rho & 1 & \rho & \cdots & \rho^{N-2} \\ \vdots & \vdots & \vdots & & \vdots \\ \rho^{N-1} & \rho & 1 & \cdots & \rho\end{bmatrix} \tag{5-120}$$

这是一个对称矩阵。因此，通过正交变换可以使 $\boldsymbol{C}_Y$ 成为对角形矩阵。也就是说可以找到一个变换矩阵 $\boldsymbol{T}$ 而得到最佳变换结果。这就是 K-L 变换的核心。

4）最佳变换的实现方法

由上面的分析可见，K-L 变换中的变换矩阵 $\boldsymbol{T}$ 不是一个固定的矩阵，它必须由信源来确定。当给定一信源时，可用如下几个步骤求得 $\boldsymbol{T}$：

① 给定一幅图像后，首先要统计其协方差矩阵 $\boldsymbol{C}_X$；

② 由 $\boldsymbol{C}_X$ 求 $\boldsymbol{\lambda}$ 矩阵，即 $[\boldsymbol{\lambda}E-\boldsymbol{C}_X]$。并且由 $|\boldsymbol{\lambda}E-\boldsymbol{C}_X|=0$ 求得其特征根，进而求得每一个特征根所对应的特征向量；

③ 由特征向量求出变换矩阵 $\boldsymbol{T}$；

④ 用求得的 $\boldsymbol{T}$ 对图像数据进行正交变换。

经过上面四步运算就可以保证在变换后使 $\boldsymbol{C}_Y=\boldsymbol{T}\boldsymbol{C}_X\boldsymbol{T}^{\mathrm{T}}$ 是一个对角形矩阵。这个 $\boldsymbol{T}$ 就是 K-L 变换中的变换矩阵。

通过上面的讨论不难看出，图像不同，$\boldsymbol{C}_X$ 就不同，因此 $\boldsymbol{T}$ 也就不同。为了得到最佳变换，每送一幅图像就要重复上述四个步骤，找出 $\boldsymbol{T}$ 后再进行正交变换操作，所以运算相当繁琐，而且没有快速算法。此外，K-L 变换在数学推导上总能实现，但用硬件实现就不那么容易了。因此，K-L 变换的实用性受到很大限制，一般多用来作变换性能的评价标准。当然，寻求 K-L 变换的简洁算法也是许多人研究的课题。

下面举一个简单的例子说明 K-L 变换的具体实现方法。

例 5-1 已知某信源的协方差矩阵为 $\boldsymbol{C}_X$，求最佳变换矩阵 $\boldsymbol{T}$。

$$\boldsymbol{C}_X=\begin{bmatrix}1&1&0\\1&1&0\\0&0&1\end{bmatrix}$$

写出 $\boldsymbol{\lambda}$ 矩阵

$$[\boldsymbol{\lambda}E-\boldsymbol{C}_X]=\begin{bmatrix}\lambda-1&-1&0\\-1&\lambda-1&0\\0&0&\lambda-1\end{bmatrix}$$

$$f(\lambda)=\begin{vmatrix}\lambda-1&-1&0\\-1&\lambda-1&0\\0&0&\lambda-1\end{vmatrix}$$

$$=(\lambda-1)^3-(\lambda-1)=0$$

求得

$$\lambda_1=2\quad\lambda_2=1\quad\lambda_3=0$$

求 $\lambda_1=2,\lambda_2=1,\lambda_3=0$ 的特征向量：

$$(\lambda_1E-C_X)X=0$$

$$\begin{bmatrix}1&-1&0\\-1&1&0\\0&0&1\end{bmatrix}\begin{bmatrix}X_1\\X_2\\X_3\end{bmatrix}=0$$

$$\begin{cases}X_1-X_2=0\\-X_1+X_2=0\\X_3=0\end{cases}$$

所以其基础解系为（1 1 0）。

归一化后为
$$\left(\frac{1}{\sqrt{2}} \quad \frac{1}{\sqrt{2}} \quad 0\right)$$

同理 $\lambda_2=1$ 时特征向量为
$$(0 \quad 0 \quad 1)$$

$\lambda_3=0$ 时特征向量为
$$\left(\frac{1}{\sqrt{2}} \quad \frac{-1}{\sqrt{2}} \quad 0\right)$$

由上面的结果可求得 $\boldsymbol{T}$

$$\boldsymbol{T}=\begin{bmatrix}\frac{1}{\sqrt{2}} & \frac{1}{\sqrt{2}} & 0\\ 0 & 0 & 1\\ \frac{1}{\sqrt{2}} & \frac{-1}{\sqrt{2}} & 0\end{bmatrix}$$

$$\boldsymbol{T}^{\mathrm{T}}=\begin{bmatrix}\frac{1}{\sqrt{2}} & 0 & \frac{1}{\sqrt{2}}\\ \frac{1}{\sqrt{2}} & 0 & \frac{-1}{\sqrt{2}}\\ 0 & 1 & 0\end{bmatrix}$$

$\boldsymbol{T}$ 便是 K-L 变换的变换矩阵。

4. 准最佳变换

最佳变换的性能固然好，但实现起来却不容易。因此，在实践中更加受到重视的是一些所谓的准最佳变换。什么是准最佳变换呢？最佳变换的核心在于经变换后能使$[C_Y]$成为对角形矩阵形式。如果能找到某些固定的变换矩阵 $\boldsymbol{T}$，使变换后的 $\boldsymbol{C}_Y$ 接近于对角形矩阵，那也是比较理想的了。

在线性代数理论中知道，任何矩阵都可以相似于一个约旦形矩阵，这个约旦形矩阵就是准对角形矩阵，其形状如式(5-121)所示。

$$\begin{bmatrix}\lambda_0 & & & & \\ 0 & \lambda_1 & & \boldsymbol{0} & \\ 0 & 1 & \lambda_2 & & \\ 0 & 0 & 0 & \ddots & \\ \vdots & \vdots & \ddots & \lambda_{N-2} & \\ 0 & 0 & \cdots & & \\ 0 & 0 & \cdots & 1 & \lambda_{N-1}\end{bmatrix} \tag{5-121}$$

其主对角线上是特征值，在下对角线上仅有若干个 1，这也就比较理想了。从相似变换理论可知，总可以找到一个非奇异矩阵 $\boldsymbol{T}$，使得

$$\boldsymbol{T}^{\mathrm{T}}\boldsymbol{A}\boldsymbol{T}=\boldsymbol{B} \tag{5-122}$$

而且这个 $\boldsymbol{T}$ 并不是唯一的。

在第 3 章讨论过的三种正交变换都具有 $\boldsymbol{T}$ 的性质。这五种正交变换就是常用的准最佳变换。尽管它们的性能比 K-L 变换稍差，但是，由于它们的变换矩阵 $\boldsymbol{T}$ 是固定的，这给工程实现带来了极大的方便。因此，首先付诸于实用的是这些准最佳变换法。

5. 各种准最佳变换的性能比较

从运算量大小以及压缩效果这两个方面来比较各种正交变换，其性能比较如表 5-10 所示。

表 5-10 各种正交变换性能比较

	正交变换类型	运 算 量	对视频图像实时处理的难易程度
劣 ↑	K-L	求$[C_X]$及其特征值，特征矢量。矩阵运算要 N^2 次实数加法和 N^2 次实数乘法	极难做到
	DFT	$N\log_2 N$ 次复数乘法以及 $N\log_2 N$ 次复数加法	较复杂
	FDCT	$\frac{3N}{2}\log_2(N-1)+2$ 次实数加法以及 $N\log_2 N-\frac{3N}{2}+4$ 次实数乘法	采用高速 CMOS/SOS 大规模集成电路，能做到实时处理
	ST	当 $N=4$ 时，共需 8 次加或减以及 6 次乘法	可能实时
	DWHT	$N\log_2 N$ 次实数加或减	可利用一般高速 TTL，ECL 数字集成电路做到实时
优	HT	$2(N-1)$次实数加或减	与 DWHT 相同

表中列举了一维 N 点各种正交变换所需的运算次数。从下至上的顺序代表了从运算量大小或硬件设备量的角度来看的优劣次序。而其压缩效果与表中的箭头方向正好相反。从表中可见，K-L 变换的运算量最大，极难做到用硬件来实现，而沃尔什-哈达玛变换运算量最小，用一般高速 TTL、ECL 数字集成电路就可以做到实时变换。但是其压缩效果则较差。假如图像信号为马尔可夫模型，那么各种正交变换在变换域能量集中的优劣情况如图 5-29 所示。

K-L→DCT→ST→DFT→ DWHT / HT

优————————→劣

图 5-29 正交变换在变换域能量集中优劣情况

6. 编码

变换为压缩数据创造了条件，压缩数据还要靠编码来实现。通常所用的编码方法有两种，一是区域编码法，二是门限编码法。

1）区域编码法

这种方法的关键在于选出能量集中的区域。例如，正交变换后变换域中的能量多半集中在低频率(或列率)空间上，在编码过程中就可以选取这一区域的系数进行编码传送，而其他区域的系数可以舍弃不用。在译码端可以对舍弃的系数进行补零处理。这样由于保持了大部分图像能量，在恢复图像中带来的质量劣化并不显著。

在区域编码中，区域抽样和区域编码的均方误差均与方块尺度有关。图 5-30 示出了图像变换区域抽样的均方误差与方块尺度的关系。图 5-31 则示出了图像区域编码均方误差与方块尺度的关系。区域编码的显著缺点是一旦选定了某个区域就固定不变了，有时图像中的能量也会在其他区域集中较大的数值，舍掉它们会造成图像质量较大的损失。

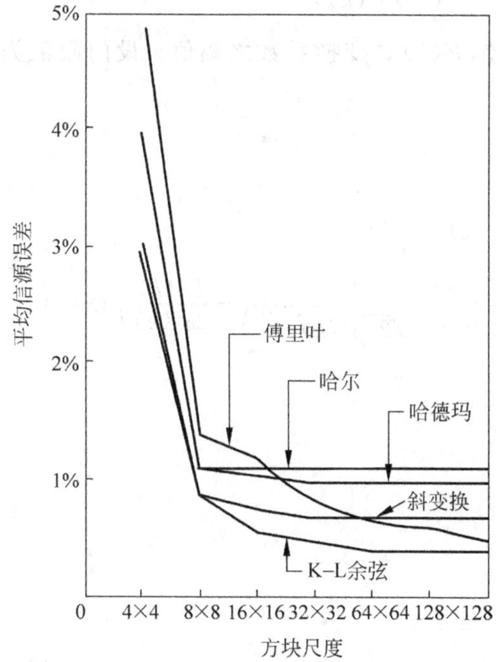

图 5-30　图像变换区域抽样的均方误差与方块尺度的关系

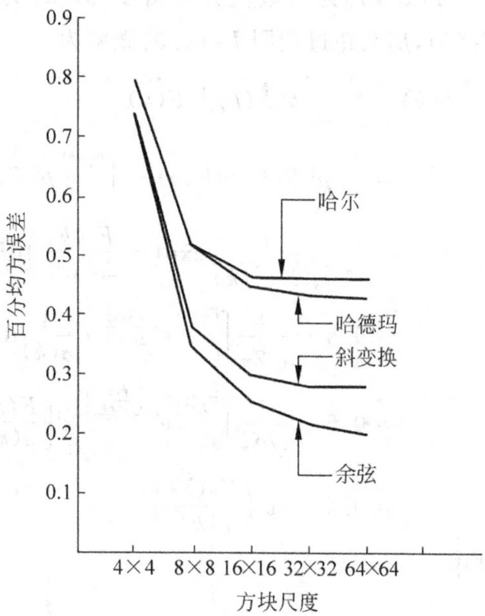

图 5-31　图像区域编码均方误差与方块尺度的关系

2）门限编码

这种采样方法不同于区域编码法，它不是选择固定的区域，而是事先设定一个门限值 T。如果系数超过 T 值，就保留下来并且进行编码传送。如果系数值小于 T 值就舍弃不用。这种方法有一定的自适应能力。它可以得到较区域编码为好的图像质量。但是，这种方法也有一定的缺点，那就是超过门限值的系数的位置是随机的。因此，在编码中除对系数值编码外，还要有位置码。这两种码同时传送才能在接收端正确恢复图像。所以，其压缩比有时会有所下降。一种简单实用的位置编码技术是对有效样本之间的无效样本数目编码。这种行程长度编码可以按下述方案设计：

(1) 对每一行的第一个样值不管其幅值如何都编码，并且把全 0 或全 1 的位置码字附加到这一行程幅度内，作为行同步码。

(2) 第二个行程长度码字的幅度是下一有效样值的编码幅度，而位置代码是由前一有效样值起进行二进制计数的无效样值数。

(3) 如果在扫描样值的最大行程长度以后没有出现新的有效样值，那么位置和幅度代码比特都取为 1，以表示这是最大行程长度。

在这个方案中包含有行同步码组，它的优点是不再需要对行数编码，同时可以避免信道误差扩散超出一行。

对于系数值的编码可用变长码，也可用等长码。

利用门限编码法可能得到的压缩比可作如下估计。设 WHT 的变换系数值服从正态分布

$$p[F(k)]=\frac{1}{\sqrt{2\pi\sigma^2(k)}}\exp\left(-\frac{F^2(k)}{2\sigma^2(k)}\right) \tag{5-123}$$

$p[F(k)]$为系数值分布密度，$\sigma^2(k)$为其方差，$F(k)$是变换系数之幅值。设门限值为$F_T(k)$，那么超过门限$F_T(k)$的概率为

$$\begin{aligned}
p(k)&=\int_{F_T(k)}^{\infty}p[F(k)]\mathrm{d}F(k)\\
&=\int_0^{\infty}p[F(k)]\mathrm{d}F(k)-\int_0^{F_T(k)}p[F(k)]\mathrm{d}F(k)\\
&=\int_0^{\infty}\frac{1}{\sqrt{2\pi\sigma^2(k)}}\exp\left(-\frac{F^2(k)}{2\sigma^2(k)}\right)\mathrm{d}F(k)-\int_0^{F_T(k)}\frac{1}{\sqrt{2\pi\sigma^2(k)}}\exp\left(-\frac{F^2(k)}{2\sigma^2(k)}\right)\mathrm{d}F(k)\\
&=0.5-\frac{1}{\sqrt{2\pi}}\int_0^{F_T(k)}\mathrm{e}^{-\frac{F^2(k)}{2\sigma^2(k)}}\cdot\frac{1}{\sigma(k)}\mathrm{d}F(k)\\
&=0.5-\frac{1}{\sqrt{2\pi}}\int_0^{F_T(k)}\mathrm{e}^{-\frac{\left[\frac{F(k)}{\sigma(k)}\right]^2}{2}}\mathrm{d}\left[\frac{F(k)}{\sigma(k)}\right]\\
&=0.5-\mathrm{erf}\left(\frac{F_T(k)}{\sigma(k)}\right)
\end{aligned}$$

其中

$$\mathrm{erf}=\frac{1}{\sqrt{2\pi}}\int_0^x\mathrm{e}^{-\frac{y^2}{2}}\mathrm{d}y \tag{5-124}$$

为误差函数

$$N_T=\sum_{K=0}^{N-1}\left[0.5-\mathrm{erf}\left(\frac{F_T(k)}{\sigma(k)}\right)\right] \tag{5-125}$$

如果令$\frac{F_T(k)}{\sigma(k)}=r$，那么可能的压缩比为

$$\frac{N}{N_T}=[0.5-\mathrm{erf}(r)]^{-1} \tag{5-126}$$

其中假定$F_r(k)=r\sigma(k)$呈线性关系。N是系数总数，N_T是超过门限的系数数目。式(5-126)就是门限编码法可能得到的压缩比估计。

5.7 图像编码的国际标准

随着计算机网络及非话通信业务的迅速发展，图像通信已越来越受到全世界科技工作者的关注。以往的非标准的工作状态极大地制约了图像处理技术的发展与应用。因此，CCITT(现为ITU-T)、ISO、IEC等国际组织积极致力于图像处理的标准化工作。特别是图像编码，由于它涉及多媒体、HDTV、数字电视、可视电话、会议电视等图像传输方面的广泛应用，所以，相关的国际组织成功地制定了一系列的国际标准，极大地推动了图像编码技术的发展与应用。目前，众所周知的一些编码标准有JPEG、MPEG、JBIG及H.26x等标准。

(1) JPEG标准：在1986年，ISO和CCITT成立了联合图片专家组(Joint Photographic

Expert Group)，该组织的主要任务是研究静止图像压缩算法的国际标准。1987 年用 Y：U：V=4：2：2，每像素 16bit，宽高比为 4：3 的电视图像进行了测试，遴选出三个方案，进行评选，其中，8×8 的 DCT 方案得分最高，经细致的工作，于 1991 年 3 月提出 ISO CD 10918 号建议草案，这就是 JPEG 标准。

(2) MPEG 标准：ISO 和 CCITT 于 1988 年成立了活动图像专家组(Moving Picture Expert Group)。该组的任务是制定用于数字存储媒介中活动图像及伴音的编码标准。于 1991 年 11 月提出了 1.5Mbit/s 的编码方案。1992 年通过了 ISO 11172 号建议，这就是 MPEG 标准，后来的发展又出现了 MPEG-2、MPEG-4、MPEG-7 等针对不同应用的多种标准，因此，把最初的 MPEG 标准定为 MPEG-1 标准。

(3) JBIG 标准：1988 年，由 ISO-IEC/JTC1/SC2/WG9 和 CCITT 第十三研究组成立了联合二值图像专家组(Joint Bi-level Image Expert Group)，它的主要任务是研究制定用于二值图像的编码标准。于 1991 年 10 月提出 ISO/IEC CD 11544(CCITT T.82)号建议草案，这就是二值传真图像压缩标准。

(4) H.261 标准：为适应可视电话和会议电视的需要，CCITT 第 15 研究组承担了视频的编解码标准的研究工作。并于 1988 年提出了视频 CODEC 的 H.261 建议。1990 年通过了 $P\times64$kbps 的编码方案，其中 $P=1\sim30$。1990 年 12 月在日内瓦最后通过了该建议。

(5) AVS 标准

AVS(Audio Video coding Standard)是中国自主制定的音视频编码技术标准。AVS 工作组成立于 2002 年 6 月，经历一年半的时间，审议了众多提案，2003 年 12 月 AVS 视频部分定稿。视频组专家以当前国际上最先进的 MPEG-4 AVC/ H.264 框架为起点，制定了适合既定应用领域的中国标准，强调自主知识产权，同时充分考虑实现复杂度。

目前音视频产业可以选择的信源编码标准有四个：MPEG-2、MPEG-4、MPEG-4 AVC(简称 AVC，也称 JVT、H.264)和 AVS。当前，AVS 视频主要面向高清晰度电视、高密度光存储媒体等应用中的视频压缩。

从这些编码标准来看，初步解决了静止图像、可视电话/会议电视、多媒体视频乃至 HDTV 的压缩编码的需要。从所采用的技术来看，都采用了最基本的编码技术，通过组合应用，达到了预期的编码效果。因此，这些编码方法都属于混合编码的范畴。由于篇幅所限，具体编码标准方案就不作详细介绍了，典型的标准采用的具体技术和编码原理请参考"数字图像处理学"一书，或直接参考编码标准手册。

思考题

1. 信源编码的目的是什么？信道编码的目的又是什么？
2. 按 M. Kunt 的提法，什么是第一代编码？第二代编码的特点是什么？
3. 图像编码的保真度准则是什么？
4. 试画出 PCM 图像编码的原理框图，如何提高 PCM 编码的量化信噪比？
5. 什么是非线性 PCM 编码？它有什么优点？
6. 试述两种压扩特性及其对小信号的信噪比性能的改善。

7. 试述编码效率和冗余度的概念及如何计算编码效率和冗余度。

8. 编码的基本要求是什么？试述其含义。

9. 何为匹配编码？

10. 有如下之信源 X：

$$X=\begin{Bmatrix} u_1 & u_2 & u_3 & u_4 & u_5 & u_6 & u_7 & u_8 \\ P_1 & P_2 & P_3 & P_4 & P_5 & P_6 & P_7 & P_8 \end{Bmatrix}$$

其中：$P_1=0.20, P_2=0.09, P_3=0.11, P_4=0.13, P_5=0.07, P_6=0.12, P_7=0.08, P_8=0.20$。

① 试将该信源编为 Huffman 码，并计算信源的熵、平均码长、编码效率及冗余度。

② 将该信源编成 Shannon-Fano 码并计算信源的熵、平均码长、编码效率和冗余度。

11. 试解释算术编码的基本原理。

12. 试述预测编码的基本原理。

13. 试述 DM 编、解码的基本原理，画出方框图并分析其量化信噪比。

14. 试述 DPCM 的编码原理，画出原理方框图，分析其量化信噪比，同时，与 DM 作一比较。

15. 正交变换有哪些性质可供编码利用？

16. 试述 WHT 变换编码的原理框图。

17. 何为最佳变换，最佳的准则是什么？

18. 最佳变换的实用难点是什么？

19. 何为区域编码？何为门限编码？

20. 图像编码有哪些国际标准？其基本应用对象是什么？

第 6 章　图像复原

图像复原是图像处理的另一重要课题。它的主要目的是改善给定的图像质量。当给定了一幅退化了的或者受到噪声污染了的图像后，利用退化现象的某种先验知识来重建或恢复原有图像是图像复原处理的基本过程。可能的退化有光学系统中的衍射，传感器非线性畸变，光学系统的像差，摄影胶片的非线性，大气湍流的扰动效应，图像运动造成的模糊以及几何畸变等。噪声干扰可以由电子成像系统传感器、信号传输过程或者胶片颗粒性造成的。各种退化图像的复原都可归结为一种过程，具体地说就是把退化模型化，并且采用相反的过程进行处理，以便恢复出原图像。本章将主要讨论一些基本的图像复原技术。

6.1　退化模型

图像恢复处理的关键问题在于建立退化模型。第 2 章已提到在用数学方法描述图像时，它的最普遍的数学表达式为 $I=f(x,y,z,\lambda,t)$。这样一个表达式可以代表一幅活动的、彩色的立体图像。当研究的是静止的、单色的、平面的图像时，则其数学表达式就简化为 $I=f(x,y)$。基于这样的数学表达式，可建立退化模型如图 6-1 所示的形式。由图 6-1 的模型可见，一幅纯净的图像 $f(x,y)$ 是由于通过了一个系统 H 及加入外来加性噪声 $n(x,y)$ 而使其退化为一幅图像 $g(x,y)$ 的。

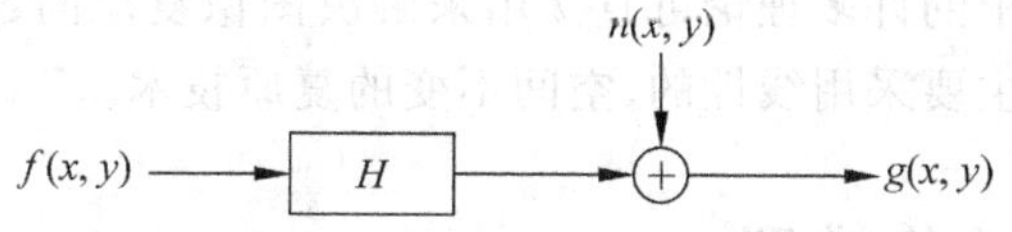

图 6-1　图像退化模型

图像复原可以看成是一个估计过程。如果已经给出了退化图像 $g(x,y)$ 并估计出系统参数 H，从而可近似地恢复 $f(x,y)$。这里，$n(x,y)$ 是一种统计性质的噪声信息。当然，为了对处理结果作出某种最佳的估计，一般应首先明确一个质量标准。

6.1.1　系统 H 的基本定义

根据图像的退化模型及复原的基本过程可见，复原处理的关键在于对系统 H 的基本了解。就一般而言，系统是某些元件或部件以某种方式构造而成的整体。系统本身所具有的某些特性就构成了通过系统的输入信号与输出信号的某种联系。

系统的分类方法很多。例如，系统可分为线性系统和非线性系统；时变系统和非时变系统；集中参数系统和分布参数系统；连续系统和离散系统等。

线性系统就是具有均匀性和相加性的系统。对于图 6-1 所示的系统来说，可表示成式(6-1)，即

$$g(x,y) = H[f(x,y)] + n(x,y) \tag{6-1}$$

如果暂不考虑加性噪声 $n(x,y)$ 的影响，而令 $n(x,y)=0$ 时，则

$$g(x,y) = H[f(x,y)] \tag{6-2}$$

如果输入信号为 $f_1(x,y)$、$f_2(x,y)$，对应的输出信号为 $g_1(x,y)$、$g_2(x,y)$，通过系统后有式(6-3)成立，即

$$\begin{aligned} H[k_1 f_1(x,y) + k_2 f_2(x,y)] &= H[k_1 f_1(x,y)] + H[k_2 f_2(x,y)] \\ &= k_1 g_1(x,y) + k_2 g_2(x,y) \end{aligned} \tag{6-3}$$

那么，系统 H 是一个线性系统。其中 k_1、k_2 为一常数。如果 $k_1=k_2=1$，则

$$\begin{aligned} H[f_1(x,y) + f_2(x,y)] &= H[f_1(x,y)] + H[f_2(x,y)] \\ &= g_1(x,y) + g_2(x,y) \end{aligned} \tag{6-4}$$

式(6-3)及式(6-4)说明，如果 H 为线性系统，那么两个输入之和的响应等于两个响应之和。显然，线性系统的特性为求解多个激励情况下的输出响应带来很大方便。

如果一个系统的参数不随时间变化，即称为时不变系统或非时变系统；否则，就称该系统为时变系统。与此概念相对应，对于二维函数来说，如果

$$H[f(x-\alpha, y-\beta)] = g(x-\alpha, y-\beta) \tag{6-5}$$

H 是空间不变系统(或称为位置不变系统)，式中的 α 和 β 分别是空间位置的位移量。这说明了图像中任意一点通过该系统的响应只取决于在该点的输入值，而与该点的位置无关。

由上述基本定义可见，如果系统 H 有式(6-3)和式(6-5)的关系，那么，系统就是线性的和空间位置不变的系统。在图像复原处理中，尽管非线性和空间变化的系统模型更具普遍性和准确性，但是，它却给处理工作带来巨大的困难，它常常没有解或者很难用计算机来处理。因此，在图像复原处理中，往往用线性和空间不变性的系统模型加以近似。这种近似的优点是使线性系统理论中的许多理论可直接用来解决图像复原问题，所以图像复原处理特别是数字图像复原处理主要采用线性的、空间不变的复原技术。

6.1.2 连续函数退化模型

在线性系统理论中，曾定义了单位冲激信号 $\delta(t)$。它是一个振幅在原点之外所有时刻为零，在原点处振幅为无限大、宽度无限小，面积为 1 的窄脉冲。其时域表达式为

$$\begin{cases} \int_{-\infty}^{\infty} \delta(t)\,\mathrm{d}t = 1, & t = 0 \\ \delta(t) = 0, & t \neq 0 \end{cases} \tag{6-6}$$

如果冲激信号 $\delta(t)$ 有一个 t_0 时刻的延迟，那么

$$\begin{cases} \int_{-\infty}^{\infty} \delta(t-t_0)\,\mathrm{d}t = 1, & t = t_0 \\ \delta(t-t_0) = 0, & t \neq t_0 \end{cases} \tag{6-7}$$

冲激信号的一个重要特性是取样特性。由于 $\delta(t)$ 除了 $t=0$ 外，其他值均为零，所以有

$$\int_{-\infty}^{\infty} \delta(t) f(t)\,\mathrm{d}t = \int_{-\infty}^{\infty} \delta(t) f(0)\,\mathrm{d}t$$

$$= f(0)\int_{-\infty}^{\infty}\delta(t)\mathrm{d}t = f(0) \tag{6-8}$$

同理，当 $t=t_0$ 时有

$$\begin{aligned}\int_{-\infty}^{\infty}\delta(t-t_0)f(t)\mathrm{d}t &= \int_{-\infty}^{\infty}\delta(t-t_0)f(t_0)\mathrm{d}t \\ &= f(t_0)\int_{-\infty}^{\infty}\delta(t-t_0)\mathrm{d}t = f(t_0)\end{aligned} \tag{6-9}$$

冲激函数的另外一个取样公式就是卷积取样，即

$$\int_{-\infty}^{\infty} f(x-t)\delta(t)\mathrm{d}t = f(x) \tag{6-10}$$

上述的一维时域冲激函数 $\delta(t)$ 不难推广到二维空间域中。如果推广至二维空间，那么可定义 $\delta(x,y)$ 为冲激函数。$\delta(x-\alpha,y-\beta)$ 就是有延迟的冲激函数。显然，可以把 $f(x,y)$ 写成式(6-11)形式，即

$$f(x,y) = \iint_{-\infty}^{\infty} f(\alpha,\beta)\delta(x-\alpha,y-\beta)\mathrm{d}\alpha\mathrm{d}\beta \tag{6-11}$$

根据 $g(x,y)=H\cdot[f(x,y)]+n(x,y)$ 的关系，如果令 $n(x,y)=0$，则有下式成立，即

$$\begin{aligned} g(x,y) &= H\cdot[f(x,y)] \\ &= H\cdot\left[\iint_{-\infty}^{\infty} f(\alpha,\beta)\delta(x-\alpha,y-\beta)\mathrm{d}\alpha\mathrm{d}\beta\right]\end{aligned}$$

由于 H 是线性算子，所以

$$\begin{aligned} g(x,y) &= H\cdot[f(x,y)] \\ &= H\cdot\left[\iint_{-\infty}^{\infty} f(\alpha,\beta)\delta(x-\alpha,y-\beta)\mathrm{d}\alpha\mathrm{d}\beta\right] \\ &= \iint_{-\infty}^{\infty} H\cdot[f(\alpha,\beta)\delta(x-\alpha,y-\beta)]\mathrm{d}\alpha\mathrm{d}\beta \\ &= \iint_{-\infty}^{\infty} f(\alpha,\beta)H\cdot\delta(x-\alpha,y-\beta)\mathrm{d}\alpha\mathrm{d}\beta \end{aligned} \tag{6-12}$$

令 $h(x,\alpha,y,\beta)=H\cdot\delta(x-\alpha,y-\beta)$

则

$$g(x,y) = \iint_{-\infty}^{\infty} f(\alpha,\beta)h(x,\alpha,y,\beta)\mathrm{d}\alpha\mathrm{d}\beta \tag{6-13}$$

其中 $h(x,\alpha,y,\beta)$ 就是系统 H 的冲激响应。也就是说 $h(x,\alpha,y,\beta)$ 是系统 H 对坐标为 α、β 处的冲激函数 $\delta(x-\alpha,y-\beta)$ 的响应。在光学中，冲激为一光点，所以 $h(x,\alpha,y,\beta)$ 又称为点扩散函数(PSF)。

式(6-13)就是线性系统理论中非常重要的费雷德霍姆(Fredholm)积分。式(6-13)指出，如果系统 H 对冲激函数的响应为已知，则对任意输入 $f(\alpha,\beta)$ 的响应可用式(6-13)求得。换句话说，线性系统 H 完全可由其冲激响应来表征。

在空间位置不变的情况下

$$H\cdot\delta(x-\alpha,y-\beta) = h(x-\alpha,y-\beta) \tag{6-14}$$

在这种情况下，显然

$$g(x,y) = \iint_{-\infty}^{\infty} f(\alpha,\beta)h(x-\alpha,y-\beta)\mathrm{d}\alpha\mathrm{d}\beta \tag{6-15}$$

这说明，系统 H 加入输入信号的响应就是系统输入信号与冲激响应的卷积积分。

在有加性噪声的情况下，前述的线性退化模型可表示为

$$g(x,y)=\iint_{-\infty}^{\infty} f(\alpha,\beta)h(x,\alpha,y,\beta)\mathrm{d}\alpha\mathrm{d}\beta+n(x,y) \tag{6-16}$$

当然，在上述情况下，都假设噪声与图像中的位置无关。

式(6-16)就是主要研究的连续函数的退化模型。

6.1.3 离散的退化模型

连续函数的退化模型是由输入函数 $f(\alpha,\beta)$ 和点扩散函数相乘后再积分来表示的。如果把 $f(\alpha,\beta)$ 和 $h(x-\alpha,y-\beta)$ 进行均匀取样后就可引申出离散的退化模型。为了研究离散的退化模型，不妨用一维函数来说明基本概念，然后再推广至二维情况。

假设有两个函数 $f(x)$ 和 $h(x)$，它们被均匀取样后分别形成 A 维和 B 维的阵列。在这种情况下，$f(x)$ 变成在 $x=0,1,2,\cdots,A-1$ 范围内的离散变量，$h(x)$ 变成在 $x=0,1,2,\cdots,B-1$ 范围内的离散变量。由此，连续函数退化模型中的连续卷积关系就演变为离散卷积关系。

如果 $f(x)$、$h(x)$ 都是具有周期为 N 的序列，那么，它们的时域离散卷积可定义为式(6-17)的形式，即

$$g(x)=\sum f(m)h(x-m) \tag{6-17}$$

显然，$g(x)$ 也是具有周期 N 的序列。周期卷积可用常规卷积法计算，也可用卷积定理进行快速卷积计算。

如果 $f(x)$ 和 $h(x)$ 均不具备周期性，则可以用延拓的方法使其成为周期函数。为了避免折叠现象，可以令周期 $M\geqslant A+B-1$，使 $f(x)$、$h(x)$ 分别延拓为下列离散阵列

$$f_e(x)=\begin{cases} f(x), & 0\leqslant x\leqslant A-1 \\ 0, & A-1<x\leqslant M-1 \end{cases}$$
$$h_e(x)=\begin{cases} h(x), & 0\leqslant x\leqslant B-1 \\ 0, & B-1<x\leqslant M-1 \end{cases} \tag{6-18}$$

这样延拓后，可得到一个离散卷积退化模型为

$$g_e(x)=\sum_{m=0}^{M-1} f_e(m)h_e(x-m) \tag{6-19}$$

式中 $x=0,1,2,\cdots,M-1$。显然，$g_e(x)$ 的周期也是 M。经过这样的延拓处理，一个非周期的卷积问题就变成了周期卷积问题了。因此也就可以用快速卷积法进行运算了。

如果用矩阵来表示上述离散退化模型，可写成式(6-20)的形式，即

$$\boldsymbol{g}=\boldsymbol{Hf} \tag{6-20}$$

这里 $\boldsymbol{g}$、$\boldsymbol{H}$、$\boldsymbol{f}$ 分别代表矩阵，其中

$$\boldsymbol{f}=\begin{bmatrix} f_e(0) \\ f_e(1) \\ \vdots \\ f_e(M-1) \end{bmatrix} \tag{6-21}$$

$$\boldsymbol{g}=\begin{bmatrix} g_e(0) \\ g_e(1) \\ \vdots \\ g_e(M-1) \end{bmatrix} \tag{6-22}$$

$\boldsymbol{H}$ 是 $M \times M$ 阶矩阵

$$\boldsymbol{H}=\begin{bmatrix} h_e(0) & h_e(-1) & h_e(-2) & \cdots & h_e(-M+1) \\ h_e(1) & h_e(0) & h_e(-1) & \cdots & h_e(-M+2) \\ h_e(2) & h_e(1) & h_e(0) & \cdots & h_e(-M+3) \\ \vdots & \vdots & \vdots & & \vdots \\ h_e(M-1) & h_e(M-2) & h_e(M-3) & \cdots & h_e(0) \end{bmatrix} \tag{6-23}$$

由于 $h_e(x)$ 具有周期性，所以 $h_e(x)=h_e(M+x)$，利用这一性质，式(6-23)又可以写成式(6-24)的形式，即

$$\boldsymbol{H}=\begin{bmatrix} h_e(0) & h_e(M-1) & h_e(M-2) & \cdots & h_e(1) \\ h_e(1) & h_e(0) & h_e(M-1) & \cdots & h_e(2) \\ h_e(2) & h_e(1) & h_e(0) & \cdots & h_e(3) \\ \vdots & \vdots & \vdots & & \vdots \\ h_e(M-1) & h_e(M-2) & h_e(M-3) & \cdots & h_e(0) \end{bmatrix} \tag{6-24}$$

由于 $h_e(x)$ 的周期性，使得 $\boldsymbol{H}$ 成为一个循环矩阵。

上述基本模型不难推广至二维情况。如果给出 $A \times B$ 大小的数字图像以及 $C \times D$ 大小的点扩散函数，可首先作成大小为 $M \times N$ 的周期延拓图像，即

$$f_e(x,y)=\begin{cases} f(x,y), & 0 \leqslant x \leqslant A-1 \\ & 0 \leqslant y \leqslant B-1 \\ & A \leqslant x \leqslant M-1 \\ 0, & B \leqslant y \leqslant N-1 \end{cases} \tag{6-25}$$

$$h_e(x,y)=\begin{cases} h(x,y), & 0 \leqslant x \leqslant C-1 \\ & 0 \leqslant y \leqslant D-1 \\ & C \leqslant x \leqslant M-1 \\ 0, & D \leqslant y \leqslant N-1 \end{cases} \tag{6-26}$$

这样延拓后 $f_e(x,y)$ 和 $h_e(x,y)$ 分别成为二维周期函数。它们在 x 和 y 方向上的周期分别为 M 和 N。由此得到二维退化模型为一个二维卷积形式，即

$$g_e(x,y)=\sum_{m=0}^{M-1}\sum_{n=0}^{N-1} f_e(m,n)h_e(x-m,y-n) \tag{6-27}$$

式中，$x=0,1,2,\cdots,M-1$；$y=0,1,2,\cdots,N-1$，卷积函数 $g_e(x,y)$ 也为周期函数，其周期与 $f_e(x,y)$ 和 $h_e(x,y)$ 一样。为避免重叠，同样要按式(6-28)规则延拓，即

$$M \geqslant A+C-1,\quad N \geqslant B+D-1 \tag{6-28}$$

式(6-27)的模型同样可用矩阵来表示

$$\boldsymbol{g}=\boldsymbol{Hf} \tag{6-29}$$

其中 $\boldsymbol{g}$、$\boldsymbol{f}$ 代表 MN 维列向量。这些列向量是由 $M \times N$ 维的函数矩阵$[f_e(x,y)]$，$g_e[(x,y)]$的各行堆积而成的。例如，$[f]$的第一组 N 个元素是$[f_e(x,y)]$的第一行元素，第二组 N 个

元素是由$[f_e(x,y)]$的第二行元素得到的等。因此,式(6-29)中的$\boldsymbol{g}$和$\boldsymbol{f}$是MN维向量矩阵,即$\boldsymbol{g}$、$\boldsymbol{f}$为$(MN)\times1$维矩阵。而$\boldsymbol{H}$为$MN\times MN$维矩阵,即

$$\boldsymbol{H}=\begin{bmatrix}\boldsymbol{H}_0 & \boldsymbol{H}_{M-1} & \boldsymbol{H}_{M-2} & \cdots & \boldsymbol{H}_1\\ \boldsymbol{H}_1 & \boldsymbol{H}_0 & \boldsymbol{H}_{M-1} & \cdots & \boldsymbol{H}_2\\ \boldsymbol{H}_2 & \boldsymbol{H}_1 & \boldsymbol{H}_0 & \cdots & \boldsymbol{H}_3\\ \vdots & \vdots & \vdots & & \vdots\\ \boldsymbol{H}_{M-1} & \boldsymbol{H}_{M-2} & \boldsymbol{H}_{M-3} & \cdots & \boldsymbol{H}_0\end{bmatrix} \tag{6-30}$$

每个部分$\boldsymbol{H}_j$是由延拓函数$h_e(x,y)$的j行构成的,构成方法如式(6-31),即

$$\boldsymbol{H}_j=\begin{bmatrix}h_e(j,0) & h_e(j,N-1) & h_e(j,N-2) & \cdots & h_e(j,1)\\ h_e(j,1) & h_e(j,0) & h_e(j,N-1) & \cdots & h_e(j,2)\\ h_e(j,2) & h_e(j,1) & h_e(j,0) & \cdots & h_e(j,3)\\ \vdots & \vdots & \vdots & & \vdots\\ h_e(j,N-1) & h_e(j,N-2) & h_e(j,N-3) & \cdots & h_e(j,0)\end{bmatrix} \tag{6-31}$$

这里$\boldsymbol{H}_j$是一个循环矩阵,$\boldsymbol{H}$的分块$\boldsymbol{H}_j$的下标也是循环方式标注。因此,$\boldsymbol{H}$是一个分块循环矩阵。

一个更加完善的退化模型应加上噪声项。所以离散退化模型的完整形式如式(6-32)所示,即

$$g_e(x,y)=\sum_{m=0}^{M-1}\sum_{n=0}^{N-1}f_e(m,n)h_e(x-m,y-n)+n_e(x,y) \tag{6-32}$$

其矩阵形式如下:

$$\boldsymbol{g}=\boldsymbol{H}\boldsymbol{f}+\boldsymbol{n} \tag{6-33}$$

式中$\boldsymbol{n}$也是MN维列向量。

上述离散退化模型都是在线性的空间不变的前提下推出的。目的是在给定了$g(x,y)$并且知道$h(x,y)$和$n(x,y)$的情况下,估计出理想的原始图像$f(x,y)$。但是,要想从式(6-33)得到$f(x,y)$,对于实用大小的图像来说,处理工作是十分艰巨的。例如,对于一般精度的图像来说,$M=N=512$,此时$\boldsymbol{H}$的大小为$MN\times MN=(512)^2\times(512)^2=262\,144\times262\,144$。因此,要直接得到$\boldsymbol{f}$则需要求解262 144个联立方程组。其计算量之浩大是不难想象的。为了解决这样的问题,必须研究一些简化算法,由于$\boldsymbol{H}$的循环性质,使得简化运算得以实现。

6.2 复原的代数方法

图像复原的主要目的是当给定退化的图像$\boldsymbol{g}$及$\boldsymbol{H}$和$\boldsymbol{n}$的某种了解或假设,估计出原始图像$\boldsymbol{f}$(在此为方便起见,用黑体字代表矩阵,即$\boldsymbol{g}=[g]$,$\boldsymbol{H}=[H]$,$\boldsymbol{n}=[n]$)。如果退化模型就是式(6-33)的形式,可以用线性代数中的理论解决图像复原问题。

代数复原方法的中心是寻找一个估计$\hat{\boldsymbol{f}}$,它使事先确定的某种优度准则为最小。

6.2.1 非约束复原方法

由式(6-33)的退化模型可知,其噪声项为

$$\boldsymbol{n} = \boldsymbol{g} - \boldsymbol{H}\boldsymbol{f} \tag{6-34}$$

在并不了解 $\boldsymbol{n}$ 的情况下,希望找到一个$\hat{\boldsymbol{f}}$,使得 $\boldsymbol{H}\hat{\boldsymbol{f}}$ 在最小二乘方意义上来说近似于 $\boldsymbol{g}$。也就是说,希望找到一个$\hat{\boldsymbol{f}}$,使

$$\|\boldsymbol{n}\|^2 = \|\boldsymbol{g} - \boldsymbol{H}\hat{\boldsymbol{f}}\|^2 \tag{6-35}$$

为最小。由定义可知

$$\|\boldsymbol{n}\|^2 = \boldsymbol{n}^{\mathrm{T}} \cdot \boldsymbol{n} \tag{6-36}$$

$$\|\boldsymbol{g} - \boldsymbol{H}\hat{\boldsymbol{f}}\|^2 = (\boldsymbol{g} - \boldsymbol{H}\hat{\boldsymbol{f}})^{\mathrm{T}}(\boldsymbol{g} - \boldsymbol{H}\hat{\boldsymbol{f}}) \tag{6-37}$$

求 $\|\boldsymbol{n}\|^2$ 最小等效于求 $\|\boldsymbol{g} - \boldsymbol{H}\hat{\boldsymbol{f}}\|^2$ 最小,即

$$\boldsymbol{J}(\hat{\boldsymbol{f}}) = \|\boldsymbol{g} - \boldsymbol{H}\hat{\boldsymbol{f}}\|^2 \tag{6-38}$$

实际上是求 $\boldsymbol{J}(\hat{\boldsymbol{f}})$的极小值问题,这里选择$\hat{\boldsymbol{f}}$ 除了要求 $\boldsymbol{J}(\hat{\boldsymbol{f}})$为最小外,不受任何其他条件约束,因此称为非约束复原。求式(6-38)的极小值方法就是用一般的求极值的方法。把 $\boldsymbol{J}(\hat{\boldsymbol{f}})$ 对$\hat{\boldsymbol{f}}$微分,并使结果为零,即

$$\frac{\partial \boldsymbol{J}(\hat{\boldsymbol{f}})}{\partial \hat{\boldsymbol{f}}} = -2\boldsymbol{H}^{\mathrm{T}}(\boldsymbol{g} - \boldsymbol{H}\hat{\boldsymbol{f}}) = 0 \tag{6-39}$$

$$\boldsymbol{H}^{\mathrm{T}}\boldsymbol{H}\hat{\boldsymbol{f}} = \boldsymbol{H}^{\mathrm{T}}\boldsymbol{g}$$

$$\hat{\boldsymbol{f}} = (\boldsymbol{H}^{\mathrm{T}}\boldsymbol{H})^{-1}\boldsymbol{H}^{\mathrm{T}}\boldsymbol{g} \tag{6-40}$$

令 $M=N$,因此,$\boldsymbol{H}$ 为一方阵,并且设 $\boldsymbol{H}^{-1}$存在,则可求得$\hat{\boldsymbol{f}}$,即

$$\hat{\boldsymbol{f}} = \boldsymbol{H}^{-1}(\boldsymbol{H}^{\mathrm{T}})^{-1}\boldsymbol{H}^{\mathrm{T}}\boldsymbol{g} = \boldsymbol{H}^{-1}\boldsymbol{g} \tag{6-41}$$

6.2.2 约束复原法

在最小二乘方复原处理中,为了在数学上更容易处理,常常附加某种约束条件。例如,可以令 $\boldsymbol{Q}$ 为 $\boldsymbol{f}$ 的线性算子,那么,最小二乘方复原问题可看成是使形式为 $\|\boldsymbol{Q}\hat{\boldsymbol{f}}\|^2$ 的函数,服从约束条件 $\|\boldsymbol{g} - \boldsymbol{H}\hat{\boldsymbol{f}}\|^2 = \|\boldsymbol{n}\|^2$ 的最小化问题。而这种有附加条件的极值问题可用拉格朗日乘数法来处理。其处理方法如下。

寻找一个$\hat{\boldsymbol{f}}$,使下述准则函数为最小

$$\boldsymbol{J}(\hat{\boldsymbol{f}}) = \|\boldsymbol{Q}\hat{\boldsymbol{f}}\|^2 + \lambda(\|\boldsymbol{g} - \boldsymbol{H}\hat{\boldsymbol{f}}\|^2 - \|\boldsymbol{n}\|^2) \tag{6-42}$$

式中 λ 为一常数,是拉格朗日系数。加上约束条件后,就可以按一般求极小值的方法进行求解。将式(6-42)对$\hat{\boldsymbol{f}}$微分,并使结果为零,则有

$$\frac{\partial \boldsymbol{J}(\hat{\boldsymbol{f}})}{\partial \hat{\boldsymbol{f}}} = 2\boldsymbol{Q}^{\mathrm{T}}\boldsymbol{Q}\hat{\boldsymbol{f}} - 2\lambda \boldsymbol{H}^{\mathrm{T}}(\boldsymbol{g} - \boldsymbol{H}\boldsymbol{f}) = 0 \tag{6-43}$$

求解$\hat{\boldsymbol{f}}$

$$\boldsymbol{Q}^{\mathrm{T}}\boldsymbol{Q}\hat{\boldsymbol{f}} + \lambda \boldsymbol{H}^{\mathrm{T}}\boldsymbol{H}\hat{\boldsymbol{f}} - \lambda \boldsymbol{H}^{\mathrm{T}}\boldsymbol{g} = 0$$

$$\frac{1}{\lambda}\boldsymbol{Q}^{\mathrm{T}}\boldsymbol{Q}\hat{\boldsymbol{f}} + \boldsymbol{H}^{\mathrm{T}}\boldsymbol{H}\hat{\boldsymbol{f}} = \boldsymbol{H}^{\mathrm{T}}\boldsymbol{g} \tag{6-44}$$

$$\hat{\boldsymbol{f}} = \left(\boldsymbol{H}^{\mathrm{T}}\boldsymbol{H} + \frac{1}{\lambda}\boldsymbol{Q}^{\mathrm{T}}\boldsymbol{Q}\right)^{-1}\boldsymbol{H}^{\mathrm{T}}\boldsymbol{g}$$

式(6-41)及式(6-44)是代数复原方法的基础。

6.3 逆滤波

逆滤波复原法也叫做反向滤波法。基本原理如下：

如果退化图像为 $g(x,y)$，原始图像为 $f(x,y)$，在不考虑噪声的情况下，其退化模型用式(6-45)表示，即

$$g(x,y) = \iint_{-\infty}^{\infty} f(\alpha,\beta)h(x-\alpha,y-\beta)\,\mathrm{d}\alpha\mathrm{d}\beta \tag{6-45}$$

这显然是一卷积表达式。由傅里叶变换的卷积定理可知有式(6-46)成立，即

$$G(u,v) = H(u,v)F(u,v) \tag{6-46}$$

式中 $G(u,v)$、$H(u,v)$、$F(u,v)$ 分别是退化图像 $g(x,y)$、点扩散函数 $h(x,y)$、原始图像 $f(x,y)$ 的傅里叶变换。由式(6-46)可得

$$F(u,v) = \frac{G(u,v)}{H(u,v)} \tag{6-47}$$

$$f(x,y) = \mathcal{F}^{-1}[F(u,v)] = \mathcal{F}^{-1}\left[\frac{G(u,v)}{H(u,v)}\right] \tag{6-48}$$

这意味着，如果已知退化图像的傅里叶变换和“滤波”传递函数，则可以求得原始图像的傅里叶变换，经反傅里叶变换就可求得原始图像 $f(x,y)$。这里 $G(u,v)$ 除以 $H(u,v)$ 起到了反向滤波的作用。这就是逆滤波法复原的基本原理。

在有噪声的情况下，逆滤波原理可写成以下形式

$$G(u,v) = H(u,v)F(u,v) + N(u,v) \tag{6-49}$$

$$F(u,v) = \frac{G(u,v)}{H(u,v)} - \frac{N(u,v)}{H(u,v)} \tag{6-50}$$

式中，$N(u,v)$ 是噪声 $n(u,v)$ 的傅里叶变换。

利用式(6-47)和式(6-50)进行复原处理时可能会发生下列情况，即在 u,v 平面上有些点或区域会产生 $H(u,v)=0$ 或 $H(u,v)$ 非常小的情况，在这种情况下，即使没有噪声，也无法精确恢复 $f(x,y)$。另外，在有噪声存在时，在 $H(u,v)$ 的领域内，$H(u,v)$ 的值可能比 $N(u,v)$ 的值小得多，因此由式(6-50)得到的噪声项可能会非常大，这样也会使 $f(x,y)$ 不能正确恢复。

一般来说，逆滤波法不能正确地估计 $H(u,v)$ 的零点，因此必须采用一个折衷的方法加

以解决。实际上逆滤波不是用 $1/H(u,v)$，而是采用另外一个关于 u,v 的函数 $M(u,v)$。它的处理框图如图 6-2 所示。在没有零点并且也不存在噪声的情况下

$$M(u,v)=\frac{1}{H(u,v)}$$

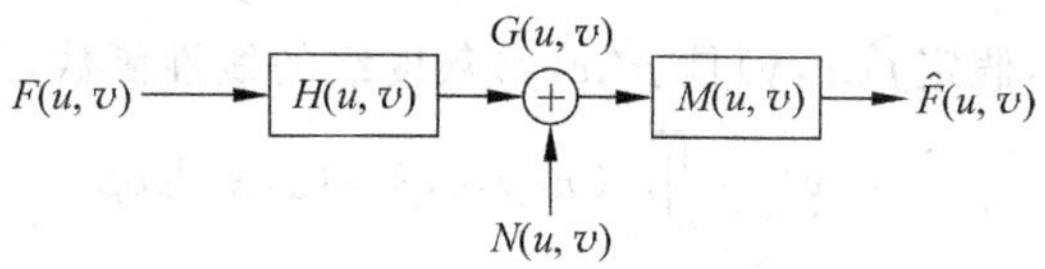

图 6-2　实际的逆滤波处理框图

图 6-2 所示的模型包括了退化和恢复运算。退化和恢复总的传递函数可用 $H(u,v)$、$M(u,v)$来表示。此时有

$$\hat{F}(u,v)=[H(u,v)M(u,v)]F(u,v) \tag{6-51}$$

式中，$\hat{f}(x,y)$是 $f(x,y)$的估计值；$\hat{F}(u,v)$是$\hat{f}(x,y)$的傅里叶变换。$H(u,v)$叫做输入传递函数，$M(u,v)$叫做处理传递函数，$H(u,v)M(u,v)$叫做输出传递函数。

一般情况下，$H(u,v)$的幅度随着离 u,v 平面原点的距离的增加而迅速下降，而噪声项 $N(u,v)$的幅度变化是比较平缓的。在远离 u,v 平面的原点时 $N(u,v)/H(u,v)$的值就会变得很大，而对于大多数图像来说 $F(u,v)$却变小，在这种情况下，噪声反而占优势，自然无法满意地恢复出原始图像。这一规律说明，应用逆滤波时仅在原点邻域内采用 $1/H(u,v)$方能奏效。换句话说，应使 $M(u,v)$在下述范围内来选择

$$M(u,v)=\begin{cases}\dfrac{1}{H(u,v)}, & u^2+v^2\leqslant\omega_0^2\\ 1, & u^2+v^2>\omega_0^2\end{cases} \tag{6-52}$$

ω_0 的选择应该将 $H(u,v)$的零点排除在此邻域之外。

6.4　最小二乘方滤波

最小二乘方滤波也就是维纳滤波。它是使原始图像 $f(x,y)$及其恢复图像$\hat{f}(x,y)$之间的均方误差最小的复原方法。

6.4.1　最小二乘方滤波的原理

设原始图像、相应的退化图像和噪声分别为 $f(x,y)$、$g(x,y)$和 $n(x,y)$。显然，它们有以下关系式成立，即

$$g(x,y)=\iint h(x-\alpha,y-\beta)f(\alpha,\beta)\mathrm{d}\alpha\mathrm{d}\beta+n(x,y) \tag{6-53}$$

式中，$g(x,y)$、$f(\alpha,\beta)$和 $n(x,y)$分别为随机像场。式中噪声随机像场是不能精确知道的，但假定它的统计特件是已知的。因此，在给定了 $g(x,y)$时，仍然不能精确地求解 $f(x,y)$。

在此,只能找出 $f(x,y)$ 的一个估计值 $\hat{f}(x,y)$,使得均方误差式

$$e^2 = \mathrm{E}\{[f(x,y)-\hat{f}(x,y)]^2\} \tag{6-54}$$

最小,其中 $\hat{f}(x,y)$ 就叫给定 $g(x,y)$ 时 $f(x,y)$ 的最小二乘方估计。

为了便于数学处理,假定 $\hat{f}(x,y)$ 是 $g(x,y)$ 灰度级的线性函数,那么

$$\hat{f}(x,y) = \iint m(x,y,\alpha,\beta) g(\alpha,\beta)\mathrm{d}\alpha\mathrm{d}\beta \tag{6-55}$$

这里 $m(x,y,\alpha,\beta)$ 是在计算 (x,y) 处的 $\hat{f}(x,y)$ 时给予退化图像在 (α,β) 点的灰度级的权重。如果随机像场是均匀的,则加权函数只与 $(x-\alpha,y-\beta)$ 有关,所以

$$\hat{f}(x,y) = \iint m(x-\alpha,y-\beta) g(\alpha,\beta)\mathrm{d}\alpha\mathrm{d}\beta \tag{6-56}$$

将式(6-56)代入式(6-54),则

$$e^2 = \mathrm{E}\left\{\left[f(x,y)-\iint m(x-\alpha,y-\beta) g(\alpha,\beta)\mathrm{d}\alpha\mathrm{d}\beta\right]^2\right\} \tag{6-57}$$

显然,需要寻求使 e^2 最小的点扩散函数 $m(x,y)$。

可以证明,对于 xy 平面上所有的位置向量 (x,y) 和 (α',β') 都满足式(6-58),即

$$\mathrm{E}\left\{\left[f(x,y)-\iint m(x-\alpha,y-\beta) g(\alpha,\beta)\mathrm{d}\alpha\mathrm{d}\beta\right]\times g(\alpha'\beta')\right\}=0 \tag{6-58}$$

的函数将使式(6-57)最小。

设 $m(x,y)$ 是一个满足式(6-58)的函数。任选一个其他函数 $m'(x,y)$,其均方误差由式(6-59)表示,即

$$e'^2 = \mathrm{E}\left\{\left[f(x,y)-\iint m'(x-\alpha,y-\beta) g(\alpha,\beta)\mathrm{d}\alpha\mathrm{d}\beta\right]^2\right\} \tag{6-59}$$

现在可证明 $m'(x,y)=m(x,y)$ 时,式(6-59)最小。将式(6-59)改写如下

$$\begin{aligned}
e'^2 =& \mathrm{E}\left\{\left[f(x,y)-\iint m'(x-\alpha,y-\beta) g(\alpha,\beta)\mathrm{d}\alpha\mathrm{d}\beta\right]^2\right\} \\
=& \mathrm{E}\left\{\left[f(x,y)-\iint m(x-\alpha,y-\beta) g(\alpha,\beta)\mathrm{d}\alpha\mathrm{d}\beta\right]\right. \\
& \left.+\iint[m(x-\alpha,y-\beta)-m'(x-\alpha,y-\beta)]g(\alpha,\beta)\mathrm{d}\alpha\mathrm{d}\beta\right\}^2 \\
=& \mathrm{E}\left\{\left[f(x,y)-\iint m(x-\alpha,y-\beta) g(\alpha,\beta)\mathrm{d}\alpha\mathrm{d}\beta\right]^2\right\} \\
& +\left\{\mathrm{E}\iint[m(x-\alpha,y-\beta)-m'(x-\alpha,y-\beta)]g(\alpha,\beta)\mathrm{d}\alpha\mathrm{d}\beta\right\}^2 \\
& +2\mathrm{E}\left\{\left[f(x,y)-\iint m(x-\alpha,y-\beta) g(\alpha,\beta)\mathrm{d}\alpha\mathrm{d}\beta\right]\right. \\
& \left.\times\left[\iint[m(x-\alpha,y-\beta)-m'(x-\alpha,\beta-y)]g(\alpha,\beta)\mathrm{d}\alpha\mathrm{d}\beta\right]\right\}
\end{aligned} \tag{6-60}$$

由式(6-60)可见,第一项就是 e^2,第二项总是大于零的项,所以,可写作

$$e'^2 = e^2 + 正数 + 2\mathrm{E}\left\{\left[f(x,y)-\iint m(x-\alpha,y-\beta) g(\alpha,\beta)\mathrm{d}\alpha\mathrm{d}\beta\right]\right.$$

$$\times\left[\iint[m(x-\alpha,y-\beta)-m'(x-\alpha,y-\beta)g(\alpha,\beta)\mathrm{d}\alpha\mathrm{d}\beta]\right]\Big\}\tag{6-61}$$

式(6-61)是两项之积，且都包含有(α,β)的积分，把后一个积分变量改为(α',β')并互换积分与求期望的次序，则有

$$e'^2=e^2+\text{正数}+\iint\mathrm{E}\Big\{\Big[f(x,y)-\iint m(x-\alpha,y-\beta)g(\alpha,\beta)\mathrm{d}\alpha\mathrm{d}\beta\Big]$$
$$\times g(\alpha',\beta')\Big\}[m(x-\alpha',y-\beta')-m'(x-\alpha',y-\beta')]\mathrm{d}\alpha'\mathrm{d}\beta'\tag{6-62}$$

显然，式(6-62)中第三项满足式(6-58)，因而第三项为零，式(6-62)变为

$$e'^2=e^2+\text{正数}\tag{6-63}$$

由此可见，$e'^2\geqslant e^2$。换句话说，任意$m(x,y)$的均方误差总是至少和满足式(6-58)的$m(x,y)$所产生的均方误差一样大。于是一个满足式(6-58)的$m(x,y)$将使式(6-57)有最小的可能值。

式(6-58)对于xy平面中每个(x,y)和(α',β')可以写成式(6-64)的形式，即

$$\iint m(x-\alpha,y-\beta)\mathrm{E}\{g(\alpha,\beta)g(\alpha',\beta')\}\mathrm{d}\alpha\mathrm{d}\beta=\mathrm{E}\{f(x,y)g(\alpha',\beta')\}\tag{6-64}$$

利用随机像场自相关和互相关的定义，对于xy平面中所有位置向量(x,y)和(α',β')可写成式(6-65)形式，即

$$\iint m(x-\alpha,y-\beta)R_{gg}(\alpha,\beta,\alpha',\beta')\mathrm{d}\alpha\mathrm{d}\beta=R_{fg}(x,y,\alpha',\beta')\tag{6-65}$$

如果随机像场是均匀的，则其自相关函数$R_{gg}(\alpha,\beta,\alpha',\beta')$和互相关函数$R_{fg}(x,y,\alpha',\beta')$可表达为$R_{gg}(\alpha-\alpha',\beta-\beta')$和$R_{fg}(x-\alpha',y-\beta')$。所以，式(6-65)可写成式(6-66)，即

$$\iint m(x-\alpha,y-\beta)R_{gg}(\alpha-\alpha',\beta-\beta')\mathrm{d}\alpha\mathrm{d}\beta=R_{fg}(x-\alpha',y-\beta')\tag{6-66}$$

为了得到一个大家习惯的标准形式，对式(6-66)中的变量作以下代换；令$\alpha-\alpha'=t_1,\beta-\beta'=t_2,x-\alpha=\tau_1,y-\beta=\tau_2$，则有$x-\alpha=\tau_1-t_1,y-\beta=\tau_2-t_2$，因此，式(6-66)可写成式

$$\iint m(\tau_1-t_1,\tau_2-t_2)R_{gg}(t_1,t_2)\mathrm{d}t_1\mathrm{d}t_2=R_{fg}(\tau_1,\tau_2)$$

再令$t_1=x,t_2=y,\tau_1=\alpha,\tau_2=\beta$则得到

$$\iint_{-\infty}^{\infty}m(\alpha-x,\beta-y)R_{gg}(x,y)\mathrm{d}x\mathrm{d}y=R_{fg}(\alpha,\beta)$$
$$-\infty<\alpha<\infty,-\infty<\beta<\infty\tag{6-67}$$

由式(6-67)可知，$m(x,y)$是恢复滤波的点扩散函数，它的傅里叶变换$M(u,v)$是传递函数。对式(6-67)两边进行傅里叶变换，则有

$$M(u,v)S_{gg}(u,v)=S_{fg}(u,v)\tag{6-68}$$

其中$S_{gg}(u,v)$是退化图像$g(x,y)$的谱密度，$S_{fg}(u,v)$是退化图像与原始图像的互谱密度。由式(6-68)可见，求解最小二乘方滤波器的传递函数$M(u,v)$需要退化图像和原始图像之间的互相关统计学知识。

如果图像$f(x,y)$和噪声$n(x,y)$不相关，并且$f(x,y)$或$n(x,y)$有零均值，则

$$\mathrm{E}\{f(x,y)n(x,y)\}=\mathrm{E}\{f(x,y)\}\mathrm{E}\{n(x,y)\}=0\tag{6-69}$$

在这种情况下，滤波器的形式比较简单。对这种情况有

$$R_{fg}(x,y,\alpha',\beta')=\mathrm{E}\{f(x,y)g(\alpha,\beta')\}$$

$$=\iint h(\alpha'-\alpha,\beta'-\beta)\mathrm{E}\{f(x,y)f(\alpha,\beta)\}\mathrm{d}\alpha\mathrm{d}\beta \tag{6-70}$$

考虑到随机像场的均匀性和自相关函数定义，得到

$$R_{\mathrm{fg}}(x-\alpha',y-\beta')=\iint h(\alpha-\alpha',\beta-\beta')R_{\mathrm{ff}}(x-\alpha,y-\beta)\mathrm{d}\alpha\mathrm{d}\beta \tag{6-71}$$

使用与得到式(6-67)所用的相类似的一系列变量代换，则可最后得到

$$R_{\mathrm{fg}}(x,y)=\iint_{-\infty}^{\infty}h(\alpha-x,\beta-y)R_{\mathrm{ff}}(\alpha,\beta)\mathrm{d}\alpha\mathrm{d}\beta \tag{6-72}$$

式(6-72)是两个确定性函数的互相关。对两边进行傅里叶变换，得

$$S_{\mathrm{fg}}(u,v)=H^{*}(u,v)S_{\mathrm{ff}}(u,v) \tag{6-73}$$

在式(6-69)成立时

$$S_{\mathrm{gg}}(u,v)=S_{\mathrm{ff}}(u,v)\left|H(u,v)\right|^{2}+S_{\mathrm{nn}}(u,v) \tag{6-74}$$

式中 $S_{\mathrm{nn}}(u,v)$是噪声的谱密度。由此可得

$$\begin{aligned}M(u,v)&=\frac{H^{*}(u,v)S_{\mathrm{ff}}(u,v)}{S_{\mathrm{ff}}(u,v)\left|H(u,v)\right|^{2}S_{\mathrm{nn}}(u,v)}\\&=\frac{1}{H(u,v)}\frac{\left|H(u,v)\right|^{2}}{\left|H(u,v)\right|^{2}+[S_{\mathrm{nn}}(u,v)/S_{\mathrm{ff}}(u,v)]}\end{aligned} \tag{6-75}$$

由式(6-75)可见，当 $S_{\mathrm{nn}}=0$ 时，就是理想的逆滤波器。

通常可认为噪声是白噪声，即 $S_{\mathrm{nn}}(u,v)=$常数。若 $S_{\mathrm{ff}}(u,v)$在 uv 平面中下降比 $S_{\mathrm{nn}}(u,v)$快得多，这个假设就可认为是正确的。

如果有关的随机过程的统计性质不知道，也可用式(6-76)近似表示(式 6-75)，即

$$M(u,v)=\frac{1}{H(u,v)}\frac{\left|H(u,v)\right|^{2}}{\left|H(u,v)\right|^{2}+\Gamma} \tag{6-76}$$

式中 Γ 是噪声对信号的功率密度比，它近似为一个适当的常数。这就是最小二乘方滤波器的传递函数。

6.4.2 用于图像复原的几种最小二乘方滤波器

除了上述的线性最小二乘方滤波器外，目前用于图像复原的还有几种变形的最小二乘方滤波器(或称为变形的维纳滤波器)。

1. 图像功率频谱滤波器

如果用 $H_{\mathrm{R}}(u,v)$表示滤波器的传递函数，则图像功率频谱滤波器的传递函数有以下形式，即

$$H_{\mathrm{R}}(u,v)=\left[\frac{W_{\hat{\mathrm{F}}\mathrm{I}}(u,v)}{\left|H_{\mathrm{D}}(u,v)\right|^{2}W_{\hat{\mathrm{F}}\mathrm{I}}(u,v)+W_{\mathrm{N}}(u,v)}\right]^{\frac{1}{2}} \tag{6-77}$$

式中，$H_{\mathrm{D}}(u,v)$是图像退化的传递函数；$W_{\hat{\mathrm{F}}\mathrm{I}}(u,v)$代表滤波器输出功率频谱，且

$$W_{\hat{\mathrm{F}}\mathrm{I}}(u,v)=\left|H_{\mathrm{D}}(u,v)\right|^{2}W_{\mathrm{FO}}(u,v) \tag{6-78}$$

式中，$W_{\mathrm{FO}}(u,v)$代表观测的功率频谱。它与理想图像的功率频谱的关系是

$$W_{\mathrm{FO}}(u,v)=\left|H_{\mathrm{D}}(u,v)\right|^{2}\cdot W_{\mathrm{FI}}(u,v)+W_{\mathrm{N}}(u,v) \tag{6-79}$$

式中，$W_{\mathrm{N}}(u,v)$是噪声功率频谱。由此可见，重建图像的功率频谱和理想图像的功率频谱相同，即

$$W_{\hat{\mathrm{F}}\mathrm{I}}(u,v)=W_{\mathrm{FI}}(u,v) \tag{6-80}$$

2. 几何平均滤波器

几何平均滤波器的传递函数由式(6-81)表示，即

$$H_{\mathrm{R}}(u,v)=[H_{\mathrm{D}}(u,v)]^{-S}\left[\frac{H_{\mathrm{D}}^{*}(u,v)W_{\mathrm{FI}}(u,v)}{|H_{\mathrm{D}}(u,v)|^{2}W_{\mathrm{FI}}(u,v)+W_{\mathrm{N}}(u,v)}\right]^{1-S} \tag{6-81}$$

式中S是一个设计参数，且$0\leqslant S\leqslant 1$。如果$S=\frac{1}{2}$，$H_{\mathrm{D}}(u,v)=H^{*}(u,v)$，则几何平均滤波器与图像功率频谱滤波器相同。

3. 约束最小平方滤波器的传递函数

约束最小平方滤波器的传递函数如下：

$$H_{\mathrm{R}}(u,v)=\frac{H_{\mathrm{D}}^{*}(u,v)}{|H_{\mathrm{D}}(u,v)|^{2}+r|L(u,v)|^{2}} \tag{6-82}$$

式中，r是一个设计常数；$L(u,v)$是一个设计频率变量。如果$r=1$，而且使$|L(u,v)|^{2}$等于频谱信噪功率比，那么，约束最小平方滤波器便成为标准的维纳滤波器了。

6.5 约束去卷积

最小二乘方恢复滤波器或维纳滤波器是在这样的假设下推导出来的，即原始图像和噪声都是平稳随机场，并且它们的功率谱已知。如果没有这方面的先验知识而只知道噪声方差的情况下，则可采用约束去卷积的方法来复原。

在一维情况下，退化模型仍然是以下形式：

$$g(x)=\int_{0}^{x}h(x-a)f(a)\mathrm{d}a+n(x) \tag{6-83}$$

式中，$g(x)$是退化信号；$f(x)$是原始信号；$h(x)$是系统冲激响应；$n(x)$是噪声项。式(6-83)的离散形式为

$$g(p)=\sum_{i=0}^{p}h(p-i)f(i)+n(p) \tag{6-84}$$

式中，$p=0,1,2,\cdots,M+J-2$。这里假定$f(i)$序列中有M个元素，$h(i)$中有J个元素，$g(p)$中有$M+J-1$个元素。式(6-84)可写成矩阵形式，即

$$\boldsymbol{g}=\boldsymbol{Hf}+\boldsymbol{n} \tag{6-85}$$

式中，$\boldsymbol{g}$、$\boldsymbol{f}$、$\boldsymbol{n}$分别是由$g(p)$、$f(i)$、$n(p)$组成的向量；$\boldsymbol{H}$是一个矩阵，它的第(p,i)个元素是

$$H(p,i)=\begin{cases}h(p-i), & 0\leqslant p-i\leqslant J-1\\ 0, & \text{其他}\end{cases} \tag{6-86}$$

此处$p=0,1,2,\cdots,M+J-2$，$i=0,1,2,\cdots,M-1$。例如，若$M=3$，$J=2$，则矩阵$\boldsymbol{H}$取下面的形式：

$$H=\begin{bmatrix} h(0) & 0 & 0 \\ h(1) & h(0) & 0 \\ 0 & h(1) & h(0) \\ 0 & 0 & h(1) \end{bmatrix}$$

在此假定

$$e^2=\sum_{p=0}^{M+J-2} n^2(p) \tag{6-87}$$

为一个已知的常数。要解决的恢复问题是在给定 $\boldsymbol{g}$、$\boldsymbol{H}$ 和 e^2 的情况下寻求一个 $\boldsymbol{f}$，使得

$$[\boldsymbol{g}-\boldsymbol{H}\boldsymbol{f}]^{\mathrm{T}}[\boldsymbol{g}-\boldsymbol{H}\boldsymbol{f}]=e^2 \tag{6-88}$$

满足式(6-88)的 $\boldsymbol{f}$ 可能很多，所以必须用某种其他的约束条件来选择其中最佳的 $\boldsymbol{f}$。这样一个约束条件必须具有某种先验的合理性。例如，可以用二阶导数最小作为约束条件。$f(i)$在 i 点的二阶导数可近似地用下式表示，即

$$\frac{\mathrm{d}^2 f(i)}{\mathrm{d}i^2}\approx f(i+1)-2f(i)+f(i-1)$$

因此，选择最佳解的标准可以表达为使

$$\sum_{i=0}^{M}[f(i+1)-2f(i)+f(i-1)]^2 \tag{6-89}$$

最小。

如果用矩阵式表示，则式(6-89)可表达为使 $\boldsymbol{f}^{\mathrm{T}}\boldsymbol{C}^{\mathrm{T}}\boldsymbol{C}\boldsymbol{f}$ 最小。这里的 $\boldsymbol{C}$ 是下面的矩阵：

$$\boldsymbol{C}=\begin{bmatrix} 1 & & & & & & \\ -2 & 1 & & & & & \\ 1 & -2 & 1 & & 0 & & \\ & 1 & -2 & & & & \\ & & 1 & & & & \\ & & & \ddots & & & \\ & & & & 1 & & \\ & 0 & & & -2 & 1 & \\ & & & & 1 & -2 & 1 \\ & & & & & 1 & -2 \\ & & & & & & 1 \end{bmatrix} \tag{6-90}$$

上述问题很自然地归入前述的约束复原方法。采用拉格朗日乘数法就可求得最小值解。

令 λ 为拉格朗日乘数，则有

$$\frac{\partial}{\partial \boldsymbol{f}(i)}\{\lambda(\boldsymbol{g}-\boldsymbol{H}\boldsymbol{f})^{\mathrm{T}}(\boldsymbol{g}-\boldsymbol{H}\boldsymbol{f})+\boldsymbol{f}^{\mathrm{T}}\boldsymbol{C}^{\mathrm{T}}\boldsymbol{C}\boldsymbol{f}\}=0$$

$$i=0,1,\cdots,M-1$$

也就是

$$\lambda(\boldsymbol{H}^{\mathrm{T}}\boldsymbol{H}\boldsymbol{f}-\boldsymbol{H}^{\mathrm{T}}\boldsymbol{g})+\boldsymbol{C}^{\mathrm{T}}\boldsymbol{C}\boldsymbol{f}=0$$

这样即可解出 $\boldsymbol{f}$

$$\boldsymbol{f}=\left(\boldsymbol{H}^{\mathrm{T}}\boldsymbol{H}+\frac{1}{\lambda}\boldsymbol{C}^{\mathrm{T}}\boldsymbol{C}\right)^{-1}\boldsymbol{H}^{\mathrm{T}}\boldsymbol{g} \tag{6-91}$$

其中$\frac{1}{\lambda}$可用迭代法确定如下：

选一个$\frac{1}{\lambda}$值，用式(6-91)计算$\boldsymbol{f}$，同时计算$(\boldsymbol{H}^{\mathrm{T}}\boldsymbol{f}-\boldsymbol{g})^{\mathrm{T}}(\boldsymbol{H}\boldsymbol{f}-\boldsymbol{g})$，如果$\frac{1}{\lambda}$正确，则此式等于$e^2$，如果其值大于$e^2$，就减小$\frac{1}{\lambda}$；如果小于$e^2$，就增大$\frac{1}{\lambda}$，直到合适为止。约束去卷积方法应用于图像复原处理将是针对二维情况的，即

$$g(x,y)=\sum_{m=0}^{M-1}\sum_{n=0}^{N-1}h(x-m,y-n)f(m,n)+n(x,y) \tag{6-92}$$

这里假定理想的原始图像矩阵$\boldsymbol{f}$大小是$M\times N$，点扩散函数矩阵$\boldsymbol{H}$的大小为$J\times K$。于是退化图像矩阵$\boldsymbol{g}$和噪声矩阵$\boldsymbol{n}$的大小为$(M+J-1)\times(N+K-1)$。

二维情况下的约束方程为

$$\sum_{x=0}^{M+J-2}\sum_{y=0}^{N+K-2}n^2(x,y)=e^2 \tag{6-93}$$

相应的准则是使

$$\sum_m\sum_n[f(m-1,n)+f(m,n-1)+f(m+1,n)+f(m,n+1)-4f(m,n)]^2 \tag{6-94}$$

最小。

由此可知，对于二维情况，恢复问题是在式(6-93)的约束下找到一个使式(6-94)为最小的式(6-92)的解$\boldsymbol{f}$。

为了把问题归结到前面已讨论过的处理方法上，首先把上述公式表达为矩阵形式。其步骤如下：

第一，选择$A\geqslant M+J-1$，$B\geqslant N+K-1$。形成新的延拓矩阵$\boldsymbol{f}_{\mathrm{e}}$、$\boldsymbol{H}_{\mathrm{e}}$、$\boldsymbol{g}_{\mathrm{e}}$、$\boldsymbol{n}_{\mathrm{e}}$和$\boldsymbol{l}_{\mathrm{e}}$，其中

$$f_{\mathrm{e}}(x,y)=\begin{cases}f(x,y), & \begin{cases}0\leqslant x\leqslant M-1\\0\leqslant y\leqslant N-1\end{cases}\\0, & \begin{cases}M\leqslant x\leqslant A-1\\N\leqslant y\leqslant B-1\end{cases}\end{cases}$$

$$h_{\mathrm{e}}(x,y)=\begin{cases}h(x,y), & \begin{cases}0\leqslant x\leqslant J-1\\0\leqslant y\leqslant K-1\end{cases}\\0, & \begin{cases}J\leqslant x\leqslant A-1\\K\leqslant y\leqslant B-1\end{cases}\end{cases}$$

$$g_{\mathrm{e}}(x,y)=\begin{cases}g(x,y), & \begin{cases}0\leqslant x\leqslant M+J-2\\0\leqslant y\leqslant N+K-2\end{cases}\\0, & \begin{cases}M+J-1\leqslant x\leqslant A-1\\N+K-1\leqslant y\leqslant B-1\end{cases}\end{cases}$$

$$n_e(x,y)=\begin{cases} n(x,y), & \begin{cases}0\leqslant x\leqslant M+J-2\\ 0\leqslant y\leqslant N+K-2\end{cases}\\ 0, & \begin{cases}M+J-1\leqslant x\leqslant A-1\\ N+K-1\leqslant y\leqslant B-1\end{cases}\end{cases}$$

$$l_e(x,y)=\begin{cases} l(x,y), & \begin{cases}0\leqslant x\leqslant 2\\ 0\leqslant y\leqslant 2\end{cases}\\ 0, & \begin{cases}3\leqslant x\leqslant A-1\\ 3\leqslant y\leqslant B-1\end{cases}\end{cases}$$

第二，将 $\boldsymbol{f}_e$、$\boldsymbol{g}_e$、$\boldsymbol{n}_e$，依次排列建立相应的列向量，其长度为 AB。建立的方法是使矩阵的第一行变成相应向量的第一段，第二行变成第二段，以此类推。例如

$$\boldsymbol{f}_e=\begin{bmatrix} f_{e0}\\ \vdots\\ f_{e1}\\ \vdots\\ f_{e2}\\ \vdots\\ f_e(A-1)\end{bmatrix} \tag{6-95}$$

其中段 f_{ei} 是将矩阵 f_e 的第 i 行转置而形成的。用同样的方法可建立向量 $\boldsymbol{g}_e$ 和 $\boldsymbol{n}_e$。

第三，建立 $AB\times AB$ 矩阵 $\boldsymbol{H}$，$\boldsymbol{H}$ 是由 A^2 块组成，每块大小是 $B\times B$，于是有

$$\boldsymbol{H}=\begin{bmatrix} \boldsymbol{H}_0 & \boldsymbol{H}_{A-1} & \boldsymbol{H}_{A-2} & \cdots & \boldsymbol{H}_1\\ \boldsymbol{H}_1 & \boldsymbol{H}_0 & \boldsymbol{H}_{A-1} & \cdots & \boldsymbol{H}_2\\ \boldsymbol{H}_2 & \boldsymbol{H}_1 & \boldsymbol{H}_0 & \cdots & \boldsymbol{H}_3\\ \vdots & \vdots & \vdots & & \vdots\\ \boldsymbol{H}_{A-1} & \boldsymbol{H}_{A-2} & \boldsymbol{H}_{A-3} & \cdots & \boldsymbol{H}_0\end{bmatrix} \tag{6-96}$$

其中，每个 $\boldsymbol{H}_i$ 是这样建立的

$$\boldsymbol{H}_i=\begin{bmatrix} h_e(i,0) & h_e(i,B-1) & h_e(i,B-2) & \cdots & h_e(i,1)\\ h_e(i,1) & h_e(i,0) & h_e(i,B-1) & \cdots & h_e(i,2)\\ h_e(i,2) & h_e(i,1) & h_e(i,0) & \cdots & h_e(i,3)\\ \vdots & \vdots & \vdots & & \vdots\\ h_e(i,B-1) & h_e(i,B-2) & h_e(i,B-3) & \cdots & h_e(i,0)\end{bmatrix} \tag{6-97}$$

用同样方法从矩阵 $\boldsymbol{l}_e$ 可建立 $AB\times AB$ 矩阵 $\boldsymbol{L}$。

按照上面定义的向量 $\boldsymbol{f}_e$、$\boldsymbol{g}_e$、$\boldsymbol{n}_e$ 和矩阵 $\boldsymbol{H}$ 及 $\boldsymbol{L}$，可将式(6-92)，式(6-93)和式(6-94)表示为以下矩阵式形式：

$$\boldsymbol{g}_e=\boldsymbol{H}\boldsymbol{f}_e+\boldsymbol{n}_e \tag{6-98}$$

$$(\boldsymbol{g}_e-\boldsymbol{H}\boldsymbol{f}_e)^{\mathrm{T}}(\boldsymbol{g}_e-\boldsymbol{H}\boldsymbol{f}_e)=\boldsymbol{e}^2 \tag{6-99}$$

并且使

$$\boldsymbol{f}_e^{\mathrm{T}}\boldsymbol{L}^{\mathrm{T}}\boldsymbol{L}\boldsymbol{f}_e \tag{6-100}$$

为最小。

这样的恢复问题就是要找一个使式(6-100)最小的式(6-98)的解 $\boldsymbol{f}_e$，并且同时满足式(6-99)给出的约束条件。

由前面的讨论，这一解可直接由式(6-101)得出，即

$$\boldsymbol{f}_e = \left(\boldsymbol{H}^T\boldsymbol{H} + \frac{1}{\lambda}\boldsymbol{L}^T\boldsymbol{L}\right)^{-1}\boldsymbol{H}^T\boldsymbol{g}_e \tag{6-101}$$

这里 $A \geqslant M+2J-2, B \geqslant N+2K-2$。

直接求解式(6-101)比较困难。可以用傅里叶变换的方法在变换域中计算式(6-101)。由于矩阵 $\boldsymbol{H}$ 和 $\boldsymbol{L}$ 是分块循环矩阵，所以二维傅里叶变换可把分块循环矩阵变成对角形矩阵。

设 $\boldsymbol{W}$ 为一个 $AB \times AB$ 矩阵，它由 A^2 块组成，每块大小为 $B \times B$。$\boldsymbol{W}$ 的第(m,n)块记为 $\boldsymbol{W}_{mn}$ 并表示如下：

$$\boldsymbol{W}_{mn} = \exp\left(\mathrm{j}\frac{2\pi}{A}mn\right)\boldsymbol{W} \qquad m,n = 0,1,2,\cdots,A-1 \tag{6-102}$$

其中 $\boldsymbol{W}$ 是 $B \times B$ 矩阵，其第(i,k)元由式(6-103)表示，即

$$W(i,k) = \exp\left(\mathrm{j}\frac{2\pi}{B}ik\right) \qquad i,k = 0,1,2,\cdots,B-1 \tag{6-103}$$

矩阵 $\boldsymbol{W}$ 的逆矩阵 $\boldsymbol{W}^{-1}$ 也由 A^2 块组成，每块大小也是 $B \times B$。如果用 $\boldsymbol{W}_{mn}^{-1}$ 表示矩阵 $\boldsymbol{W}^{-1}$ 的第(m,n)块，则有

$$\boldsymbol{W}_{mn}^{-1} = \frac{1}{A}\exp\left(-\mathrm{j}\frac{2\pi}{A}mn\right)\boldsymbol{W}^{-1} \qquad m,n = 0,1,2,\cdots,A-1 \tag{6-104}$$

式中$[W]^{-1}$是 $B \times B$ 矩阵，其第(i,k)个元素由式(6-105)表示，即

$$W^{-1}(i,k) = \frac{1}{B}\exp\left(-\mathrm{j}\frac{2\pi}{B}ik\right) \qquad i,k = 0,1,2,\cdots,B-1 \tag{6-105}$$

令 $\boldsymbol{F}_e$、$\boldsymbol{H}_e$、$\boldsymbol{G}_e$、$\boldsymbol{L}_e$ 分别是 $\boldsymbol{f}_e$、$\boldsymbol{H}_e$、$\boldsymbol{g}_e$、$\boldsymbol{L}_e$ 的二维离散傅里叶变换。其向量仍然由形成 $\boldsymbol{f}_e$ 那样的方法形成，则有

$$\begin{aligned}
\boldsymbol{F}_e &= \boldsymbol{W}^{-1}\boldsymbol{f}_e \\
\boldsymbol{G}_e &= \boldsymbol{W}^{-1}\boldsymbol{g}_e \\
\boldsymbol{H} &= \boldsymbol{W}\boldsymbol{D}_h\boldsymbol{W}^{-1} \\
\boldsymbol{H}^T &= \boldsymbol{W}\boldsymbol{D}_h^*\boldsymbol{W}^{-1} \\
\boldsymbol{L} &= \boldsymbol{W}\boldsymbol{D}_l\boldsymbol{W}^{-1} \\
\boldsymbol{L}^T &= \boldsymbol{W}\boldsymbol{D}_l^*\boldsymbol{W}^{-1}
\end{aligned} \tag{6-106}$$

式中 $\boldsymbol{D}_h$ 和 $\boldsymbol{D}_l$ 是 $AB \times AB$ 对角形矩阵。对角形矩阵的元由式(6-107)表示，即

$$\begin{gathered}
D_h(k,k) = ABH_e\left(\left[\frac{k}{A}\right], k \bmod B\right) \\
D_l(k,k) = ABL_e\left(\left[\frac{k}{A}\right], k \bmod B\right) \\
k = 0,1,2,\cdots,AB-1
\end{gathered} \tag{6-107}$$

式中$\left[\dfrac{h}{A}\right]$表示小于$\dfrac{k}{A}$的最大整数，$k \bmod B$ 是 k 除以 B 所得的余数。矩阵 $\boldsymbol{H}_e$ 和 $\boldsymbol{L}_e$ 前面已有定义。$\boldsymbol{H}_e(u,v)$和 $\boldsymbol{L}_e(u,v)$分别是 $\boldsymbol{H}_e$ 和 $\boldsymbol{L}_e$ 的二维离散傅里叶变换。

把式(6-106)中的后4个关系式代入式(6-101),利用式(6-106)前两式及向量二维离散傅里叶变换的关系可得到

$$F_e(u,v)=\frac{1}{AB}\frac{H_e^*(u,v)G_e(u,v)}{|H_e(u,v)|^2+\frac{1}{\lambda}|L_e(u,v)|^2} \tag{6-108}$$

$$u=0,1,2,\cdots,A-1;\ v=0,1,2,\cdots,B-1$$

在复原过程中所用的滤波器传递函数为

$$M(u,v)=\frac{1}{H_e(u,v)}\frac{|H_e(u,v)|^2}{AB\left(|H_e(u,v)|^2+\frac{1}{\lambda}|L_e(u,v)|^2\right)} \tag{6-109}$$

$$u=0,1,2,\cdots,A-1;\ v=0,1,2,\cdots,B-1$$

这个公式有点类似于维纳滤波器,但是两者之间有重大区别。维纳滤波器是对一族图像在平均意义上的最好复原,而这一公式只对一幅图像给出最佳复原。另外,推导维纳滤波器的基本假定的随机像场是均匀的并且谱密度为已知,此处滤波器没有做这样的假设而只是确定了一个最佳准则。

6.6 中值滤波

对受到噪声污染的退化图像的复原可以采用线性滤波方法来处理,有许多情况下是很有效的。但是多数线性滤波具有低通特性,在去除噪声的同时也使图像的边缘变得模糊了。中值滤波方法在某些条件下可以做到既去除噪声又保护了图像边缘的较满意的复原。中值滤波是一种去除噪声的非线性处理方法。它是由图基(Turky)在1971年提出的。开始,中值滤波用于时间序列分析,后来被用于图像处理,在去噪复原中得到了较好的效果。

6.6.1 中值滤波的基本原理

中值滤波的基本原理是把数字图像或数字序列中一点的值用该点的一个邻域中各点值的中值代替。中值的定义如下:

一组数 $x_1,x_2,x_3,\cdots,x_n$,把个数按值的大小顺序排列如下:

$$x_{i1}\leqslant x_{i2}\leqslant x_{i3}\cdots\leqslant x_{in}$$

$$y=\mathrm{Med}(x_1,x_2,x_3,\cdots,x_n)=\begin{cases}x_{i\left(\frac{n+1}{2}\right)}, & n\text{为奇数}\\ \frac{1}{2}\left[x_{i\left(\frac{n}{2}\right)}+x_{i\left(\frac{n}{2}+1\right)}\right], & n\text{为偶数}\end{cases} \tag{6-110}$$

y 称为序列 $x_1,x_2,x_3,\cdots,x_n$ 的中值。例如,有一序列为(80,90,200,110,120),这个序列的中值为110。

把一个点的特定长度或形状的邻域称为窗口。在一维情形下,中值滤波器是一个含有奇数个像素的滑动窗口。窗口正中间那个像素的值用窗口内各像素值的中值代替。

设输入序列为$\{x_i,i\in I\}$,I 为自然数集合或子集,窗口长度为 n。则滤波器输出为

$$y_i = \text{Med}\{x_i\} = \text{Med}[x_{i-u} \cdots x_i \cdots x_{i+u}] \tag{6-111}$$

其中 $i \in I, u = \frac{(n-1)}{2}$。

例如，有一输入序列如下：

$$\{x_i\} = \{0\ 0\ 0\ 8\ 0\ 0\ 2\ 3\ 2\ 0\ 2\ 3\ 2\ 0\ 3\ 5\ 3\ 0\ 3\ 5\ 3\ 0\ 0\ 2\ 3\ 4\ 5\ 5\ 5\ 5\ 5\ 0\ 0\ 0\}$$

在此序列中前面的 8 是脉冲噪声，中间一段是一种寄生振荡，后面是希望保留的斜坡和跳变。在此采用长度为 3 的窗口，得到的结果为

$$\{y_i\} = \{0\ 0\ 0\ 0\ 0\ 0\ 2\ 2\ 2\ 2\ 2\ 2\ 2\ 2\ 3\ 3\ 3\ 3\ 3\ 3\ 3\ 0\ 0\ 2\ 3\ 4\ 5\ 5\ 5\ 5\ 5\ 0\ 0\ 0\}$$

显然，经中值滤波后，脉冲噪声 8 被滤除了，振荡被平滑掉了，斜坡和阶跃部分被保存了下来。

中值滤波的运算方法可以在有限程度上作些分析。例如，常数 K 与序列 $f(i)$ 相乘的中值有以下关系存在

$$\text{Med}\{Kf(i)\} = K\text{Med}\{f(i)\} \tag{6-112}$$

而常数 K 与序列 $f(i)$ 相加的中值有以下关系：

$$\text{Med}\{K + f(i)\} = K + \text{Med}\{f(i)\} \tag{6-113}$$

对几种基本信号进行中值滤波的例子如图 6-3 所示。图 6-3(a)是阶跃信号，经中值滤波后仍然保持了阶跃部分；图 6-3(b)所示的原始信号是斜坡，滤波后也保持了其形状；图 6-3(c)所示的原始信号是单脉冲信号，经滤波后消去了这个脉冲；图 6-3(d)所示的原始信号是双脉冲，经中值滤波后也被消去了；图 6-3(e)所示的原始信号是三脉冲，滤波后对其没有影响；图 6-3(f)所示的原始信号是三角形，滤波后虽然有少许变形，但也还基本保持了原来的形状。

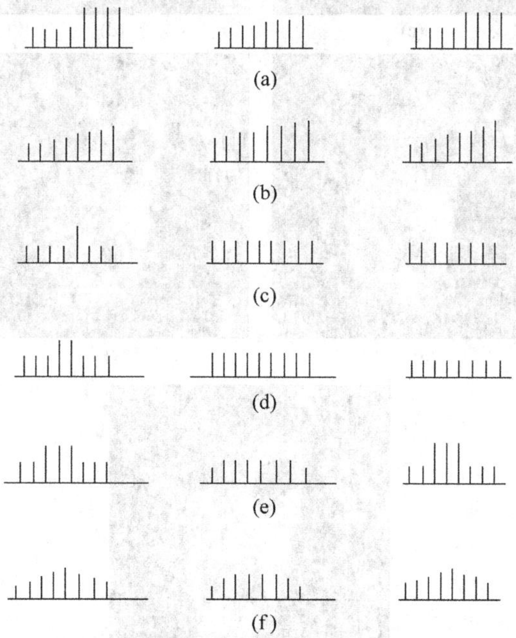

图 6-3　对几种基本信号中值滤波的结果的例子

中值滤波的概念很容易推广到二维，此时可以利用某种形式的二维窗口。设 $\{x_{ij}, (i,j) \in I^2\}$ 表示数字图像各点的灰度值，滤波窗口为 A 的二维中值滤波可定义为

$$y_{ij} = \underset{A}{\mathrm{Med}}\{x_{ij}\} = \mathrm{Med}\{x_{(i+r),(j+s)}(r,s) \in A,(i,j) \in I^2\} \tag{6-114}$$

二维中值滤波的窗口可以取方形,也可以取近似圆形或十字形。

图 6-4 是二维中值滤波的实例。图 6-4(a)是原始图像,图 6-4(b)是混有高斯白噪声的图像,图 6-4(c)是中值滤波结果图像,图 6-4(d)是均值滤波结果图像,图 6-4(e)是加有椒盐噪声的图像,图 6-4(f)是中值滤波结果图像,图 6-4(g)是均值滤波结果图像。

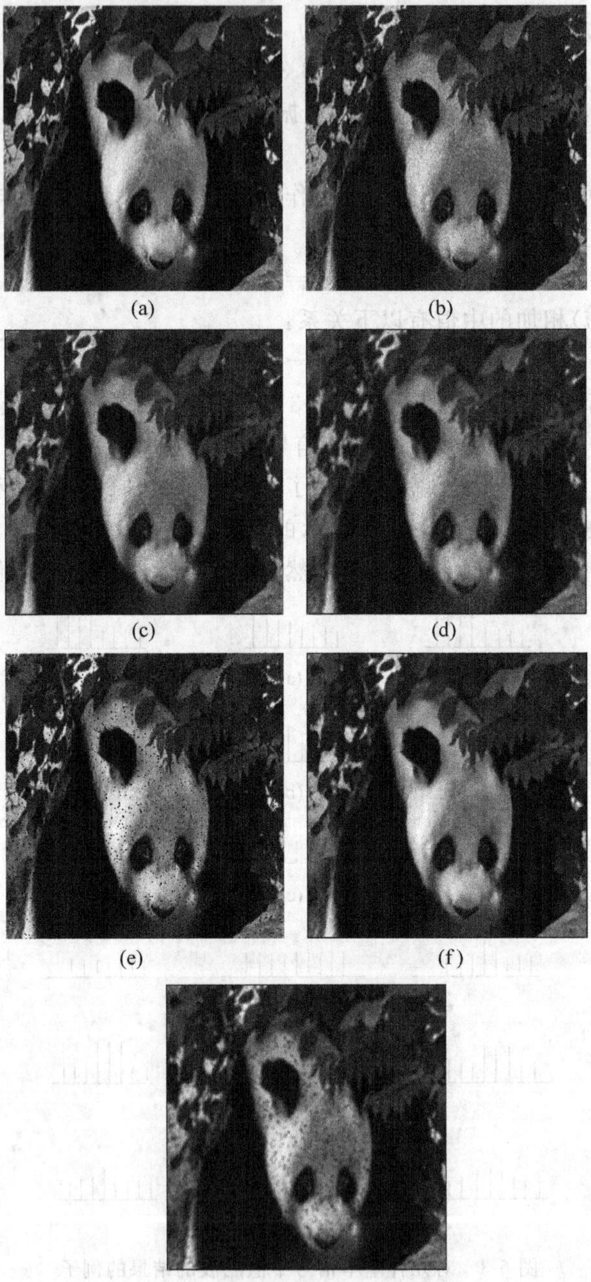

(a) (b) (c) (d) (e) (f) (g)

图 6-4　二维中值滤波及均值滤波实例

6.6.2　加权的中值滤波

以上讨论中的中值滤波,窗口内各点对输出的作用是相同的。如果希望强调中间点或距中间点最近的几个点的作用,可以采用加权中值滤波法。加权中值滤波的基本原理是改变窗口中变量的个数,可以使一个以上的变量等于同一点的值,然后对扩张后的数字集求中值。以窗口为 3 的一维加权中值滤波为例,表示如下:

$$\begin{aligned} y_i &= \text{Weighted\_Med}(x_{i-1}, x_i, x_{i+1}) \\ &= \text{Med}(x_{i-1}, x_{i-1}, x_i, x_i, x_i, x_{i+1}, x_{i-1}) \end{aligned} \tag{6-115}$$

由式(6-115)可见,在窗口内,中间点取奇数,两边点取对称数,也就是位于窗口中间的像素重复两次,位于窗口边缘的两个像素重复一次,形成新的序列,然后对新的序列再施以常规中值滤波处理。

二维加权中值滤波与一维情况类似。如果适当地选取窗口内各点的权重,加权中值滤波比简单中值滤波能更好地从受噪声污染的图像中恢复出阶跃边缘以及其他细节。二维加权中值滤波以 3×3 窗口为例,表示如下。

原始窗口为:

$$\begin{array}{ccc} x_{i-1,j-1} & x_{i-1,j} & x_{i-1,j+1} \\ x_{i,j-1} & x_{i,j} & x_{i,j+1} \\ x_{i+1,j-1} & x_{i+1,j} & x_{i+1,j+1} \end{array}$$

加权后的中值滤波如下:

$$\begin{aligned} y_{ij} &= \text{Weighted\_Med}(x_{i-1,j-1}, x_{i-1,j}, x_{i-1,j+1}, \\ &\qquad x_{i,j-1}, x_{i,j}, x_{i,j+1}, x_{i+1,j-1}, x_{i+1,j}, x_{i+1,j+1}) \\ &= \text{Med}(x_{i-1,j-1}, x_{i-1,j}, x_{i-1,j}, x_{i-1,j+1}, x_{i,j-1}, x_{i,j-1}, x_{i,j}, \\ &\qquad x_{i,j}, x_{i,j}, x_{i,j+1}, x_{i,j+1}, x_{i+1,j-1}, x_{i+1,j}, x_{i+1,j}, x_{i+1,j+1}) \end{aligned} \tag{6-116}$$

即中间的点取 3 个值(重复两次),上、下、左、右的点各取两个(重复一次),对角线上的点取一个(不重复)。

加权中值滤波与普通中值滤波有时会有不同的效果。例如,对于普通中值滤波有 $y=$ Med(1 1 1 1 5 5 1 5 5)=1(注意,这里取窗口为 9);而加权后的中值滤波为 $y=$Med(1 1 1 1 1 5 5 5 5 1 5 5 5)=5。(这里窗口为 13)加权中值滤波保持了方块角上的一点的值。

中值滤波可有效地去除脉冲型噪声,而且对图像的边缘有较好的保护。但是它也有其固有的缺陷,如果使用不当,会损失许多图像细节。例如,采用 3×3 窗口对图 6-5(a)所示的原始图像滤波。滤波结果如图 6-5(b)所示,其结果不但削去了方块的 4 个角,而且把中间的小方块也滤掉了。因此,中值滤波在选择窗口时要考虑其形状及等效带宽,以避免滤波处理造成的信息损失。图 6-6 是中值滤波的另一实例。图 6-6(a)是一条细线条图像,经 3×3 窗口滤波后,图像中的细线条完全滤掉了,如图 6-6(b)所示。以上两例可以直观地看到,中值滤波对图像中的细节处很不理想,所以,中值滤波对所谓的椒盐噪声(pepper salt noise)的滤除非常有效,但是它对点、线等细节较多的图像却不太适用。

在本章给出一个中值滤波的计算机程序(见光盘附录六),以供读者参考。

在图 6-3 中,为了比较中值滤波的效果,也给出了均值滤波的处理结果。均值滤波的滤

(a)

1	1	1	1	1	1	1	1	1	1
1	1	1	1	1	1	1	1	1	1
1	1	5	5	5	5	5	5	1	1
1	1	5	5	8	8	5	5	1	1
1	1	5	5	8	8	5	5	1	1
1	1	5	5	5	5	5	5	1	1
1	1	5	5	5	5	5	5	1	1
1	1	1	1	1	1	1	1	1	1
1	1	1	1	1	1	1	1	1	1

(b)

1	1	1	1	1	1	1	1	1	1
1	1	1	1	1	1	1	1	1	1
1	1	1	5	5	5	5	1	1	1
1	1	5	5	5	5	5	5	1	1
1	1	5	5	5	5	5	5	1	1
1	1	5	5	5	5	5	5	1	1
1	1	5	5	5	5	5	5	1	1
1	1	1	1	1	1	1	1	1	1
1	1	1	1	1	1	1	1	1	1

图 6-5 中值滤波的实例一

(a)

0	0	1	0	0
0	0	1	0	0
0	0	1	0	0
0	0	1	0	0
0	0	1	0	0

(b)

0	0	0	0	0
0	0	0	0	0
0	0	0	0	0
0	0	0	0	0
0	0	0	0	0

图 6-6 中值滤波的实例二

波过程也是使一个窗口在图像(或序列)上滑动,窗口中心位置的值用窗内各点值的平均值来代替。以二维均值滤波为例,它的定义如下。

设$\{x_{ij}\}$表示数字图像各像素的灰度值,A为一个3×3的窗口,则二维均值滤波的定义为

$$
\begin{aligned}
y_{ij} &= \mathrm{Mean}\{x_{ij}\} \\
&= \frac{1}{9}\{x_{i-1,j-1} + x_{i-1,j} + x_{i-1,j+1} + x_{i,j-1} + x_{i,j} \\
&\quad + x_{i,j+1} + x_{i+1,j-1} + x_{i+1,j} + x_{i+1,j+1}\}
\end{aligned}
\tag{6-117}
$$

一般均值滤波的边缘保护特性不如中值滤波。光盘中附录七是一个二维均值滤波的程序,以便于读者参照比较。

6.7 几种其他空间复原技术

前边讨论了几种基本的代数图像复原技术。除此之外,尚有一些其他的空间图像复原方法,本节将对这些方法做一些简要的讨论。

6.7.1 几何畸变校正

在图像的获取或显示过程中往往会产生几何失真,如成像系统有一定的几何非线性。这主要是由于视像管摄像机及阴极射线管显示器的扫描偏转系统有一定的非线性,因此会

造成如图 6-7 所示的枕形失真或桶形失真。图 6-7(a)所示为原始图像,图 6-7(b)和图 6-7(c)所示为失真图像。除此之外,还有由于斜视角度获得的图像的透视失真。另外,由卫星摄取的地球表面的图像往往覆盖较大的面积,由于地球表面呈球形,这样摄取的平面图像也将会有较大的几何失真。对于这些图像必须加以校正,以免影响分析精度。

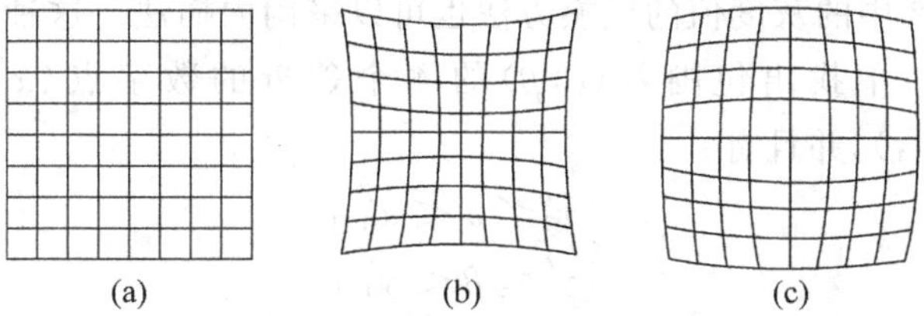

图 6-7　几何畸变

由成像系统引起的几何畸变的校正有两种方法：一种是预畸变法,这种方法是采用与畸变相反的非线性扫描偏转法,用来抵消预计的图像畸变；另一种是所谓的后验校正方法,这种方法是用多项式曲线在水平方向和垂直方向去拟合每一畸变的网线,然后求得反变化的校正函数。用这个校正函数即可校正畸变的图像。图像的空间几何畸变及其校正过程如图 6-8 所示。

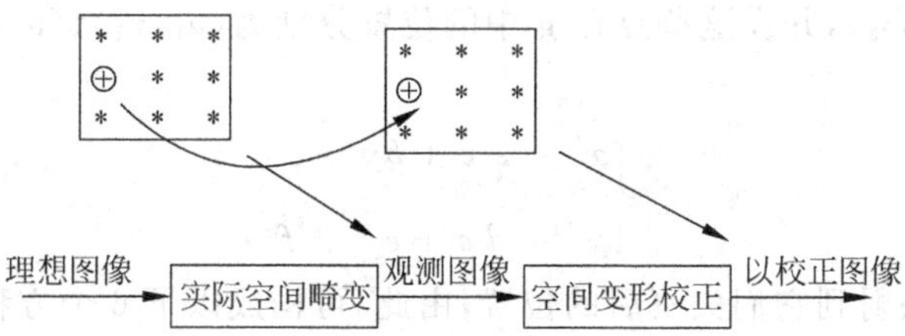

图 6-8　空间几何畸变及校正的概念

任意几何失真都可由非失真坐标系(x,y)变换到失真坐标系(x',y')的方程来定义。方程的一般形式为

$$\begin{cases} x' = h_1(x,y) \\ y' = h_2(x,y) \end{cases} \tag{6-118}$$

在透视畸变的情况下,变换是线性的,即

$$\begin{cases} x' = ax + by + c \\ y' = dx + ey + f \end{cases} \tag{6-119}$$

设 $f(x,y)$是无失真的原始图像,$g(x',y')$是 $f(x,y)$畸变的结果,这一失真的过程是已知的并且用函数 h_1 和 h_2 定义。于是有

$$g(x',y') = f(x,y) \tag{6-120}$$

这说明在图像中本来应该出现在像素(x,y)上的灰度值由于失真,实际上却出现在(x',y')上了。这种失真的复原问题实际上是映射变换问题。在给定了 $g(x',y')$、$h_1(x,y)$、$h_2(x,y)$的情况下,其复原处理可按以下步骤进行。

① 对于 $f(x,y)$中的每一点(x_0,y_0),找出在 $g(x',y')$中相应的位置$(\alpha,\beta)=[h_1(x_0,y_0)$,

$h_2(x_0,y_0)]$。由于 α 和 β 不一定是整数，所以通常(α,β)不会与 $g(x',y')$中的任何点重合。

② 找出 $g(x',y')$中与(α,β)最靠近的点(x'_1,y'_1)，并且令 $f(x_0,y_0)=g(x'_1,y'_1)$，也就是把 $g(x'_1,y'_1)$点的灰度值赋予 $f(x_0,y_0)$。如此逐点做下去，直到整个图像，则几何畸变得到校正。

③ 如果不采用②中的灰度值的代换方法也可以采用内插法。这种方法是假定(α,β)点找到后，在 $g(x',y')$ 中找出包围着(α,β)的 4 个邻近的数字点(x'_1,y'_1)、(x'_{1+1},y'_1)、(x'_1,y'_{1+1})、(x'_{1+1},y'_{1+1})，并且有

$$\begin{cases}x'_1\leqslant\alpha<x'_{1+1}\\ y'_1\leqslant\beta<y'_{1+1}\end{cases}\tag{6-121}$$

$f(x,y)$中点(x_0,y_0)的灰度值由 $g(x',y')$中 4 个点的灰度值间的某种内插法来确定。

在以上方法的几何校正处理中，如果(α,β)处在图像 $g(x',y')$之外，则不能确定其灰度值，而且校正后的图像多半不能保持其原来的矩形形状。

以上讨论的是 g、h_1、h_2 都知道的情况下几何畸变的校正方法。如果只知道 g，而 h_1 和 h_2 都不知道，但是若有类似规则的网格之类的图案可供参考利用，那么就有可能通过测量 g 中的网格点的位置来决定失真变换的近似值。

例如，如果给出了 3 个邻近网格点构成的小三角形，其在规则网格中的理想坐标为(r_1,s_1)、(r_2,s_2)、(r_3,s_3)，并设这些点在 g 中的位置分别为(u_1,v_1)、(u_2,v_2)、(u_3,v_3)。由线性变换关系

$$\begin{cases}x'=ax+by+c\\ y'=dx+ey+f\end{cases}$$

可认为它把 3 个点映射到它们失真后的位置，由此，可构成以下 6 个方程：

$$\begin{cases}u_1=ar_1+bs_1+c\\ v_1=dr_1+es_1+f\\ u_2=ar_2+bs_2+c\\ v_2=dr_2+es_2+f\\ u_3=ar_3+bs_3+c\\ v_3=dr_3+es_3+f\end{cases}\tag{6-122}$$

解这 6 个方程可求得 a、b、c、d、e、f。这种变换可用来校正 g 中被这 3 点连线包围的三角形部分的失真。由此对每 3 个一组的网格点重复进行，即可实现全部图像的几何校正。

6.7.2 盲目图像复原

多数的图像复原技术都是以图像退化的某种先验知识为基础，也就是假定系统的脉冲响应是已知的。但是，在许多情况下难以确定退化的点扩散函数。在这种情况下，必须从观察图像中以某种方式抽出退化信息，从而找出图像复原方法。这种方法就是所谓的盲目图像复原。对具有加法性噪声的模糊图像作盲目图像复原的方法有两种，就是直接测量法和间接估计法。

直接测量法盲目图像复原通常要测量图像的模糊脉冲响应和噪声功率谱或协方差函

数。在所观察的景物中，往往点光源能直接指示出冲激响应。另外，图像边缘是否陡峭也能用来推测模糊冲激响应。在背景亮度相对恒定的区域内测量图像的协方差可以估计出观测图像的噪声协方差函数。

间接估计法盲目图像复原类似于多图像平均法处理。例如，在电视系统中，观测到的第 i 帧图像为

$$g_i(x,y) = f_i(x,y) + n_i(x,y) \tag{6-123}$$

式中，$f_i(x,y)$是原始图像；$g_i(x,y)$是含有噪声的图像；$n_i(x,y)$是加性噪声。如果原始图像在 M 帧观测图像内保持恒定，对 M 帧观测图像求和，得到式(6-124)的关系，即

$$f_i(x,y) = \frac{1}{M}\sum_{i=1}^{M} g_i(x,y) - \frac{1}{M}\sum_{i=1}^{M} n_i(x,y) \tag{6-124}$$

当 M 很大时，式(6-124)右边的噪声项的值趋向于它的数学期望值 $E\{n(x,y)\}$。一般情况下，白色高斯噪声在所有(x,y)上的数学期望等于零，因此，合理的估计量是

$$\hat{f}_i(x,y) = \frac{1}{M}\sum_{i=1}^{M} g_i(x,y) \tag{6-125}$$

盲目图像复原的间接估计法也可以利用时间上平均的概念去掉图像中的模糊。如果有一成像系统，其中相继帧含有相对平稳的目标退化，这种退化是由于每帧有不同的线性位移不变冲激响应 $h_i(x,y)$引起的，如大气湍流对远距离物体摄影就会产生这种图像退化。只要物体在帧间没有很大移动并每帧取短时间曝光，那么第 i 帧的退化图像可表示为

$$g_i(x,y) = f_i(x,y) * h_i(x,y) \tag{6-126}$$

式中，$f_i(x,y)$是原始图像；$g_i(x,y)$是退化图像；$h_i(x,y)$是点扩散函数；$*$ 代表卷积。式中 $i=1,2,3,\cdots,M$。退化图像的傅里叶变换为

$$G_i(u,v) = F_i(u,v)H_i(u,v) \tag{6-127}$$

利用同态处理方法把原始图像的频谱和退化传递函数分开，则可得到

$$\ln[G_i(u,v)] = \ln[F_i(u,v)] + \ln[H_i(u,v)] \tag{6-128}$$

如果帧间退化冲激响应是不相关的，则可得到下面的和式，即

$$\sum_{i=1}^{M}\ln[G_i(u,v)] = M\ln[F_i(u,v)] + \sum_{i=1}^{M}\ln[H_i(u,v)] \tag{6-129}$$

当 M 很大时，传递函数的对数和式接近于一恒定值，即

$$K_{\mathrm{H}}(u,v) = \lim_{M\to\infty}\sum_{i=1}^{M}\ln[H_i(u,v)] \tag{6-130}$$

因此，图像的估计量为

$$\hat{F}_i(u,v) = \exp\left\{\frac{K_{\mathrm{H}}(u,v)}{M}\right\}\prod_{i=1}^{M}[G_i(u,v)]^{\frac{1}{M}} \tag{6-131}$$

对式(6-131)取傅里叶反变换就可得到空域估计是$\hat{f}(x,y)$。

在上面的分析中，并没考虑加性噪声分量。如果考虑加性噪声分量，则无法进行式(6-128)的分离处理，后边的推导也就不成立了。对于这样的问题，可以对观测到的每帧图像先进行滤波处理，去掉噪声，然后在图像没有噪声的假设下再进行上述处理。

在本章介绍的图像复原处理中，应注意到所有的模型都以减小某种误差为准则，对视觉标准来说它未必是最佳的。总之，在这个领域中还有很多工作要做。

思考题

1. 试述图像退化的基本模型,并画出框图。

2. 什么是线性、空间不变的系统?试写出其表达式。

3. 试刻画出连续退化模型,何为点扩散函数?

4. 试写出离散退化模型。

5. 什么是约束复原?什么是非约束复原?在什么条件下进行选择?

6. 逆滤波复原的基本原理是什么?它的主要难点是什么?如何克服?

7. 试描述最小二乘方复原方法。

8. 如果不知道原始图像的功率谱,而只知道噪声的方差,采用何种方法复原图像为好?试述其原理。

9. 试述一维和二维中值滤波的基本原理。

10. 试描述窗口为3的一维加权的中值滤波原理及窗口为3×3的二维加权的中值滤波原理。

11. 试述均值滤波的基本原理。

12. 试对下图作3×3的中值滤波处理,并写出处理结果。

$$
\begin{matrix}
1 & 1 & 7 & 1 & 8 & 1 & 7 & 1 & 1 \\
1 & 1 & 1 & 1 & 5 & 1 & 1 & 1 & 1 \\
1 & 1 & 1 & 5 & 5 & 5 & 1 & 1 & 7 \\
7 & 1 & 1 & 5 & 5 & 5 & 1 & 1 & 1 \\
1 & 1 & 1 & 5 & 5 & 5 & 1 & 8 & 1 \\
1 & 8 & 1 & 1 & 5 & 1 & 1 & 1 & 1 \\
1 & 8 & 1 & 1 & 5 & 1 & 1 & 8 & 1 \\
1 & 1 & 1 & 1 & 5 & 1 & 1 & 1 & 1 \\
1 & 1 & 7 & 1 & 8 & 1 & 7 & 1 & 1
\end{matrix}
$$

13. 对上图作3×3的均值滤波,并比较均值滤波与中值滤波的差异。

第7章 图像重建

数字图像处理中一个重要研究分支是物体图像的重建，它被广泛地应用于检测和观察中，而这种重建方法一般是根据物体的一些横截面部分的投影而进行的。在一些应用中，某个物体的内部结构图像的检测只能通过这种重建才不会有任何物理上的损伤。由于这种无损检测技术的显著优点，因此，它的适用面非常广泛，它在各个不同的应用领域中都显示出独特的重要性，如医疗放射学、核医学、电子显微、无线和雷达天文学、光显微和全息成像学及理论视觉等领域都多有应用。

7.1 概述

三维重建处理中研究的主要问题及各种不同的重建方案如图 7-1 所示。

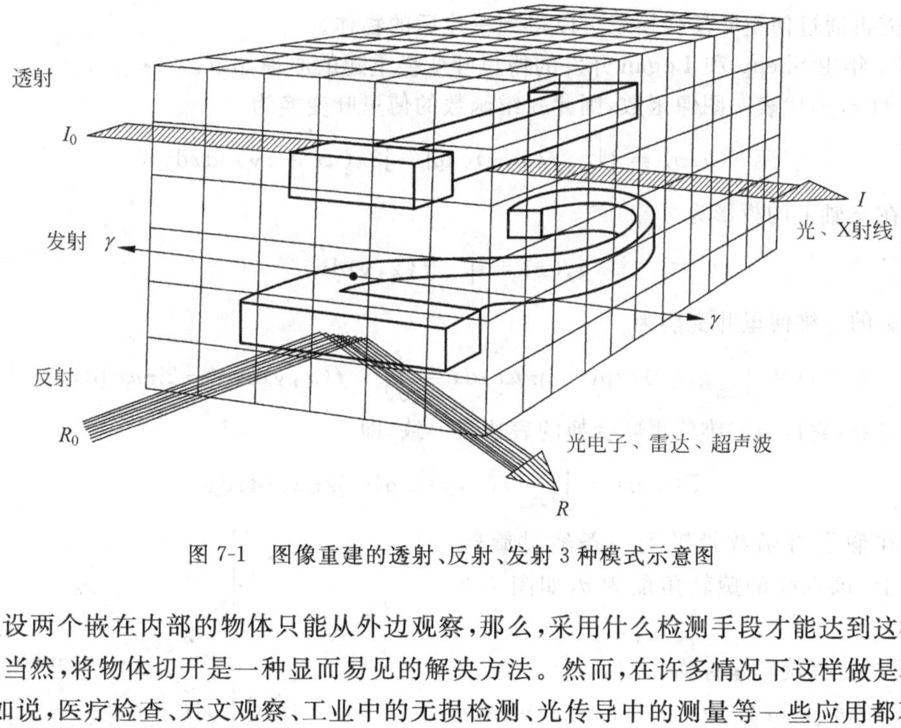

图 7-1 图像重建的透射、反射、发射 3 种模式示意图

假设两个嵌在内部的物体只能从外边观察，那么，采用什么检测手段才能达到这样的目的呢？当然，将物体切开是一种显而易见的解决方法。然而，在许多情况下这样做是不实际的，比如说，医疗检查、天文观察、工业中的无损检测、光传导中的测量等一些应用都不能采用这种破坏性方法。在目前的技术条件下，上述应用中的每一种情况，利用一些特殊的检测方法确定内部物体的特征，无论是在理论上还是在应用上都是有可能的。图 7-1 中示出了 3 种检测模型，即透射模型、发射模型和反射模型。透射模型建立于能量通过物体后有 部分能量会被吸收的基础之上，透射模型经常用在 X 射线、电子射线及光线和热辐射的情况下，

这些都遵从一定的吸收法则。发射也可用来确定物体的位置，并且这种方法已经广泛用于正电子检测，它是通过在相反的方向分解散射的两束 γ 射线来实现的。这两束射线的渡越时间可用来确定物体的位置。能量反射也可用来测定物体的表面特性，如光线、电子束、激光或作为能量源的超声波等都可以用来进行这种测定。这 3 种模型是无损检测中常用的数据获取方法。这一章将集中研究三维重建问题，正像绪论中谈到的那样，图像重建处理经多年研究已取得了巨大进展，也产生了许多有效的算法，如代数法、迭代法、傅里叶反投影法、卷积反投影法等，其中以卷积反投影法运用最为广泛，因为它的运算量小、速度快。近年来，由于与计算机图形学相结合，把多个二维图像合成三维图像，并加以光照模型和各种渲染技术，已能生成各种具有强烈真实感及纯净的高质量三维人造图像。这些方法融入了三维图形的主要算法，如线框法、表面法、实体法、彩色分域法等。此外，三维重建技术也是当今颇为热门的虚拟现实和科学可视化技术的基础。

7.2 傅里叶变换重建

傅里叶变换是最简单的重建方法。一个三维（或二维）物体，它的二维（或一维）投影的傅里叶变换恰与此物体的傅里叶变换的主体部分相等，而傅里叶变换重建方法也正是以此为基础的。通过将投影进行旋转和部分傅里叶变换，可以首先构造整个傅里叶变换的平面，然后只需再通过傅里叶反变换就可以得到重建后的物体。

1974 年由 Shepp 和 Logan 开发的傅里叶变换重建的原理如下。

令 $f(x,y)$ 代表一图像函数，则此二维函数的傅里叶变换为

$$F(u,v)=\iint_{-\infty}^{\infty} f(x,y)\exp[-\mathrm{j}2\pi(ux+vy)]\mathrm{d}x\mathrm{d}y \tag{7-1}$$

而图像在 x 轴上的投影为

$$g_y(x)=\int_{-\infty}^{\infty} f(x,y)\mathrm{d}y \tag{7-2}$$

投影的一维傅里叶变换为

$$G_y(u)=\int_{-\infty}^{\infty} g_y(x)\exp(-2\mathrm{j}\pi ux)\mathrm{d}x=\iint_{-\infty}^{\infty} f(x,y)\exp(-2\mathrm{j}\pi ux)\mathrm{d}x\mathrm{d}y \tag{7-3}$$

由此式可见，它恰与二维傅里叶变换的表达式一致，即

$$F(u,0)=\iint_{-\infty}^{\infty} f(x,y)\exp(-\mathrm{j}2\pi ux)\mathrm{d}x\mathrm{d}y \tag{7-4}$$

现在假设将函数投影到一条经过旋转的直线上，该直线的旋转角度为 θ，如图 7-2 所示。

首先，定义旋转坐标为

$$s=x\cos\theta+y\sin\theta,\quad t=-x\sin\theta+y\cos\theta \tag{7-5}$$

而将函数投影的直线选为 x 轴。投影点通过对距离 t 轴为 s_1 处的一平行线进行函数积分，因此，该投影可如下表示：

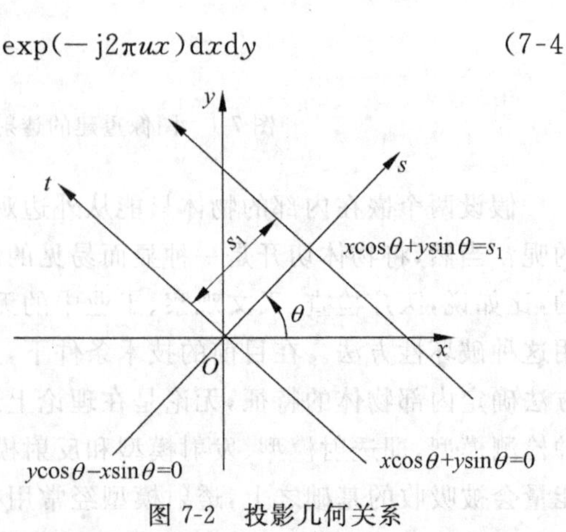

图 7-2 投影几何关系

$$g(s_1,\theta)=\int_{s_1} f(x,y)\mathrm{d}t \tag{7-6}$$

这里，积分路径是沿着直线 $s_1=x\cos\theta+y\sin\theta$ 进行。此投影的一维傅里叶变换为

$$G(r,\theta)=\int_{-\infty}^{\infty} g(s_1,\theta)\exp(-\mathrm{j}2\pi r s_1)\mathrm{d}s_1 \tag{7-7}$$

展开后为

$$G(r,\theta)=\iint_{-\infty}^{\infty} f(x,y)\exp[-\mathrm{j}2\pi r(x\cos\theta+y\sin\theta)]\mathrm{d}x\mathrm{d}y \tag{7-8}$$

为使展开式与投影的二维傅里叶变换相等，把指数项做某种代换得到

$$u=r\cos\theta,\quad v=r\sin\theta \tag{7-9}$$

因而，若点(u,v)在一条θ角一定而距原点距离为r的直线上，投影变换将与二维变换中的一直线有相同的傅里叶变换，即$F(u,v)=G(r,\theta)$。显然，若投影变换$G(r,\theta)$中的所有r及θ值都是已知的，则图像的二维变换也是可以确定的。为得到图像函数，须进行反变换运算，即

$$f(x,y)=\iint_{-\infty}^{\infty} F(u,v)\exp[\mathrm{j}2\pi(ux+vy)]\mathrm{d}u\mathrm{d}v \tag{7-10}$$

这就是重建技术的基础。

这些结论很容易推广到三维情形中。令$f(x_1,x_2,x_3)$表示一物体，这里f可为实数或复数。它的三维傅里叶变换由式(7-11)给出，即

$$F(u_1,u_2,u_3)=\iiint_{-\infty}^{\infty} f(x_1,x_2,x_3)\exp[-2\pi\mathrm{j}(u_1x_1+u_2x_2+u_3x_3)]\mathrm{d}x_1\mathrm{d}x_2\mathrm{d}x_3 \tag{7-11}$$

而变换的中心部分是

$$F(u_1,u_2,0)=\iint_{-\infty}^{\infty}\left[\int_{-\infty}^{\infty} f(x_1,x_2,x_3)\mathrm{d}x_3\right]\exp[-2\pi\mathrm{j}(u_1x_1+u_2x_2)]\mathrm{d}x_1\mathrm{d}x_2 \tag{7-12}$$

通过定义，纵剖面或在x_1,x_2面上的投影是

$$f_3(x_1,x_2)=\int_{-\infty}^{\infty} f(x_1,x_2,x_3)\mathrm{d}x_3 \tag{7-13}$$

注意到$f_3(x_1,x_2)$的二维傅里叶变换正好等于上述三维变换的中心部分。这也说明如果投影在x_1,x_2在平面上旋转了θ角度，相应的傅里叶变换部分正好也将在变换域内的u_1，u_2平面内转过θ角。这样，投影可以采用不同的方向角θ插入到三维变换域中。建立一个傅里叶变换空间需要很多的投影。最后，通过傅里叶反变换重建图像$f(x_1,x_2,x_3)$。既然在三维空间中的任意平面都可以被重建，那么，一个二维图像$f(x_1,x_2)$的重建也不失一般性。所以，可重写二维投影方程，定出θ及投影平面ρ：

$$g(\rho,\theta)=\int_s f(x,y)\mathrm{d}s \tag{7-14}$$

这里$\mathrm{d}s$是光线几何路径中的微分长度。而傅里叶变换的结论由下面给出：

$$F(R,\theta)=\int_{-\infty}^{\infty} g(\rho,\theta)\exp(-\mathrm{j}2\pi R\rho)\mathrm{d}\rho \tag{7-15}$$

和

$$f(x,y)=\iint_{-\infty}^{\infty} F(u,v)\exp[\mathrm{j}2\pi(ux+vy)]\mathrm{d}u\mathrm{d}v \tag{7-16}$$

如图 7-3 所示，图 7-3(a)是投影数据，图 7-3(b)是傅里叶变换的组合。若已知无数的投影，从极坐标 $F(R,\theta)$ 中计算得到的投影变换推出在矩形平面 $F(u,v)$ 中的傅里叶变换并不困难。但是，若只有有限个投影是有效的，则可能需要在变换中插入一些数据。另外需要注意的是，虽然只需一维傅里叶变换的投影数据就可构成变换空间，但图像重建则需要二维反变换。由此得出一个推论，即三维图像不能在得到部分投影数据过程中局部地重建，而必须延迟到所有投影数据都获得之后才能重建。

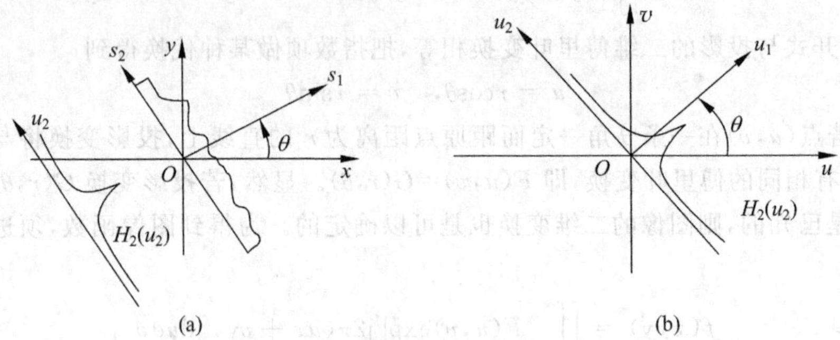

图 7-3 傅里叶变换的几何原理

7.3 卷积法重建

在讨论卷积法重建之前，先看一下图 7-4 所示的极坐标中的傅里叶反变换表达式。

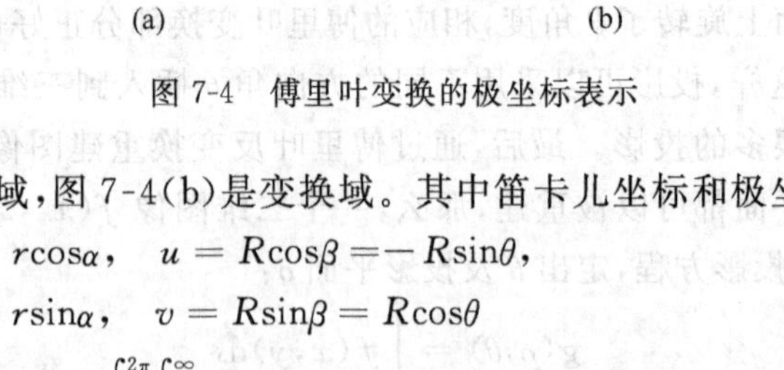

图 7-4 傅里叶变换的极坐标表示

图 7-4(a)是空间域，图 7-4(b)是变换域。其中笛卡儿坐标和极坐标的关系如下：

$$\begin{aligned} x &= r\cos\alpha, \quad u = R\cos\beta = -R\sin\theta, \\ y &= r\sin\alpha, \quad v = R\sin\beta = R\cos\theta \end{aligned} \tag{7-17}$$

$$f(r,\alpha) = \int_0^{2\pi}\int_{-\infty}^{\infty} F(R,\theta)R \cdot \exp[\mathrm{j}2\pi Rr\sin(\alpha-\theta)]\mathrm{d}R\mathrm{d}\theta \tag{7-18}$$

由对称共轭特性可得到

$$f(r,\alpha) = \int_{-\frac{\pi}{2}}^{\frac{\pi}{2}}\int_{-\infty}^{\infty} |R| F(R,\theta)\exp[\mathrm{j}2\pi Rr\sin(\alpha-\theta)]\mathrm{d}R\mathrm{d}\theta \tag{7-19}$$

令 $|R| \equiv R\mathrm{sgn}(R) \equiv -\mathrm{j}2\pi R[\mathrm{j}\pi\mathrm{sgn}(R)]/2\pi^2$。

这里

$$\mathrm{sgn}R=\begin{cases}1 & R>0,\\ 0 & R=0,\quad z=r\sin(\alpha-\theta)\\ -1 & R<0,\end{cases}\tag{7-20}$$

则

$$f(r,\alpha)=\frac{1}{2\pi^2}\int_{-\frac{\pi}{2}}^{\frac{\pi}{2}}\int_{-\infty}^{\infty}[\mathrm{j}\pi\mathrm{sgn}(R)](-\mathrm{j}2\pi R)F(R,\theta)\exp(\mathrm{j}2\pi Rz)\mathrm{d}R\mathrm{d}\theta\tag{7-21}$$

此表达式也可写成下列形式

$$f(r,\alpha)=\frac{1}{2\pi^2}\int_{-\pi/2}^{\pi/2}\left[\frac{\partial g(z,\theta)}{\partial z}\right]*\left(\frac{1}{z}\right)\mathrm{d}\theta\tag{7-22}$$

此处，$*$ 号代表卷积运算。

此卷积表达式可直接写成

$$f(r,\alpha)=\frac{1}{2\pi^2}\int_{-\pi/2}^{\pi/2}\int_{-\infty}^{\infty}\left[\frac{\partial g(\rho,\theta)/\partial\rho}{r\sin(\alpha-\theta)-\rho}\right]\mathrm{d}\theta\tag{7-23}$$

这里，过 ρ 的积分可以解释为 Hilbert 在 $r=\sin(\alpha-\theta)$ 对 $g(\rho,\theta)$ 求偏导的变换式。这种解释的重要性在于：若取样值个数为有限的，则积分值为有限的，也就是收敛的。应注意到，前面所写的含有 $|R|$ 的积分表达式(7-19)不总是收敛的。

另外，这样求导也可推出一种很简便的图像重建方法。假定将投影数据 $g(\rho,\theta)$ 都存放于一等量矩形空间内，这种存放数据的方式称为 Layergram。对于一恒定 θ 值，可线性地滤出该投影数据，既可在频域内用 Rho 滤波器乘以 $|R|$ 得出，也可以在空间域内通过一个滤波器冲激响应是 Rho 频率滤波器的反变换的投影数据卷积得出，表达式为

$$h_\theta(\rho)=\int_{-A/2}^{A/2}|R|\exp(\mathrm{j}2\pi R\rho)\mathrm{d}R\tag{7-24}$$

此处，积分上、下限 A 是无限的，但在实际中一定为有限值。

这一处理就是所谓的 Rho Filtered Layergram 方法。为得到最终的重建图像，只需将 Rho Filtered Layergram 对 θ 在一特定 $\rho=r\cos(\alpha-\theta)$ 值作积分，即

$$f(r,\alpha)=\int_0^\pi g'(r\cos(\alpha-\theta),\theta)\mathrm{d}\theta\tag{7-25}$$

此处 $g'(\rho,\theta)=g(\rho,\theta)*h_\theta(\rho)$。

这个处理过程如图 7-5 所示。图 7-5(a)是投影数据卷积，图 7-5(b)是对于卷积的 Rho 滤波。

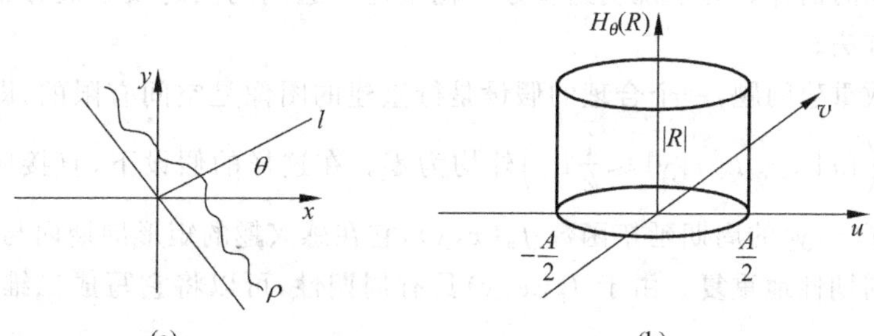

图 7-5 卷积技术图示

(a) 卷积技术的几何表示；(b) Rho 滤波

因为这一重建技术只需用到一维滤波和积分，因而在重建处理中具有极大的吸引力。另外，该方法可以很容易产生与极坐标中的图像 $f(r,\alpha)$ 相对应的矩形值。

7.4 代数重建方法

下面讨论重建公式的数字计算。由于数字传感器的动态范围不断增大，重建运算都用计算机来实现。基本的映射公式的数值计算需要以下几个步骤来实现。基本投影公式为

$$g(\rho,\theta)=\int_s f(x,y)\mathrm{d}s \tag{7-26}$$

首先，映射数据 ρ,θ 的取值必须为离散的。如

$$g(\rho_m,\theta_n)\quad m=1,2,\cdots,M;\quad n=1,2,\cdots,N \tag{7-27}$$

其次，可以直接使用下面的积分式：

$$f(x,y)=\iint a(r,s)H(x,y,r,s)\mathrm{d}r\mathrm{d}s \tag{7-28}$$

如果积分是进行数字化计算，可以用级数来表示函数估计值 $\hat{f}(x,y)$

$$\hat{f}(x,y)=\sum_{k=0}^{K-1}\sum_{l=0}^{L-1}a_{kl}H_{kl}(x,y) \tag{7-29}$$

此处，系数 a_{kl} 及激励函数 $H_{kl}(x,y)$ 由重建选定的方法来决定。

级数估计值应同时满足投影方程，即

$$g(\rho,\theta)=\int_s \hat{f}(x,y)\mathrm{d}s=\int_s f(x,y)\mathrm{d}s \tag{7-30}$$

或

$$g(\rho,\theta)=\sum_{k=0}^{K-1}\sum_{l=0}^{L-1}a_{kl}\int_s H_{kl}(x,y)\mathrm{d}s \tag{7-31}$$

系数 a_{kl} 需选择一定的值才可以满足上述条件。当然，由于变量取值是有限的，这种条件并不总能得到满足。最后希望仅通过一系列离散的点来得到估计图像。

$$\hat{f}(x_i,y_j)\quad i=1,2,\cdots,I;\quad j=1,2,\cdots,J \tag{7-32}$$

此外，当作此估值时应将量化效应考虑进去。当得到一组矩阵式后，则可以在某些特定条件下得到预期的估计。为了说明这些数字化重建中遇到的问题及解决方案，再讨论一下傅里叶变换的方法。

对于大多数重建问题，一个合理的假设是待重建的图像是空间有限的，即 $f(x,y)$ 在定义的矩形范围 $\left(|x|\leqslant\frac{1}{2}L_x,|y|\leqslant\frac{1}{2}L_y\right)$ 外均为零。在这样的假设下，直接应用抽样理论，首先可以推出 $f(x,y)$ 的周期延拓函数 $f_{\mathrm{p}}(x,y)$，它在感兴趣的矩形周期内与 $f(x,y)$ 等效，并且在平面内周期性地重复。由于 $f_{\mathrm{p}}(x,y)$ 具有周期性，可以将它写成二维傅里叶级数形式如下：

$$f_{\mathrm{p}}(x,y)=\sum_{m=-\infty}^{\infty}\sum_{n=-\infty}^{\infty}G_{mn}\exp[\mathrm{j}2\pi(mx/L_x+ny/L_y)] \tag{7-33}$$

这里傅里叶级数系数由式(7-34)给出，即

$$G_{mn}=\frac{1}{L_xL_y}\int_{-L_x/2}^{L_x/2}\int_{-L_y/2}^{L_y/2}f(x,y)\exp[-\mathrm{j}2\pi(mx/L_x+ny/L_y)]\mathrm{d}x\mathrm{d}y \tag{7-34}$$

此级数在预先确定了系数的情况下，可以被截短而得到一有限级数表达式。

现在，利用在证明抽样理论中曾经用过的方法，在变换域中用等间隔栅格上的函数插值方法表示 $f(x,y)$ 的傅里叶变换如下：

$$F(u,v)=L_xL_y\sum_{m=-\infty}^{\infty}\sum_{n=-\infty}^{\infty}G_{mn}\operatorname{sinc}\left[L_x\left(\frac{m}{L_x}-u\right)\right]\operatorname{sinc}\left[L_y\left(\frac{n}{L_y}-v\right)\right] \tag{7-35}$$

这里系数 G_{mn} 等于在 $(u=m/L_x, v=n/L_y)$ 点的傅里叶变换抽样值。其中，$\operatorname{sinc}(x)=\frac{\sin\pi x}{\pi x}$。

在 m、n 取有限值的情况下，如果能确定这些系数，也即 $m=0,1,2,\cdots,M-1$；$n=0,1,2,\cdots,N-1$，则可以用有限傅里叶级数表达式来计算 $f(x,y)$ 在感兴趣范围内任意点的值。这样，在给出傅里叶变换在极坐标中计算出的投影点后，需要确定系数 G_{mn}。

$F(u,v)$ 表示成极坐标形式，有

$$F(u,v);\quad \begin{aligned}u_i&=R_i\cos\theta_i,\quad i=1,2,\cdots,I\\ v_j&=R_j\sin\theta_j,\quad j=1,2,\cdots,J\end{aligned} \tag{7-36}$$

现在可以写出用等值向量形式表示的有限插入公式，即

$$\boldsymbol{F}=\boldsymbol{WG} \tag{7-37}$$

此处 $\boldsymbol{F}$ 是一组下标为 IJ 的矢量，$\boldsymbol{G}$ 是下标为 MN 的矢量。则 $[\boldsymbol{W}]$ 是按 $IJ\times MN$ 排列的加权矩阵。到现在为止，该问题已简化为与线性恢复相同形式的问题了。这样，可以写出逆矩阵，即

$$\boldsymbol{G}=(\boldsymbol{W}^{\mathrm{T}}\boldsymbol{W})^{-1}\boldsymbol{W}^{\mathrm{T}}\boldsymbol{F} \tag{7-38}$$

此方程可能并不易于计算。转置矩阵的阶数有待确定，这一阶数等于频域的点数。例如，要确定变换域内一个 80×80 栅格上的点，若直接解决该问题，需要转置一个 6400×6400 的矩阵。由此得出结论：傅里叶变换法的数字计算可以说是一种级数法。

另外一种数字法是基于 $f(x,y)$ 是带限函数这一假设的基础上的方法，也就是

$$F(u,v)=0,\quad 如果\ |u|\geqslant 1/2l_x\quad |v|\geqslant 1/2l_y \tag{7-39}$$

在这种情况下，$f(x,y)$ 可以用基函数内插的方法来表示。

$$f(x,y)=\sum_{m=-\infty}^{\infty}\sum_{n=-\infty}^{\infty}f(ml_x,nl_y)\operatorname{sinc}\left(\frac{x-ml_x}{l_x}\right)\operatorname{sinc}\left(\frac{y-nl_y}{l_y}\right) \tag{7-40}$$

该式的截短形式可以提供一种估算 $\hat{f}(x,y)$ 的方法，即

$$\hat{f}(x,y)=\sum_{m=0}^{M-1}\sum_{n=0}^{N-1}f(ml_x,nl_y)\operatorname{sinc}\left(\frac{x-ml_x}{l_x}\right)\operatorname{sinc}\left(\frac{x-ml_y}{l_y}\right) \tag{7-41}$$

沿直线上的积分可由式(7-42)给出，即

$$\hat{g}(\rho,\theta)=\sum_{m=0}^{M-1}\sum_{n=0}^{N-1}f(ml_x,nl_y)\int_s\operatorname{sinc}\left(\frac{x-ml_x}{l_x}\right)\operatorname{sinc}\left(\frac{y-nl_y}{l_y}\right)\mathrm{d}s \tag{7-42}$$

为了估算沿直线的积分，直线方程由式(7-43)给出，即

$$y=ax+b \tag{7-43}$$

通过定义

$$x'=x-ml_x,\quad y'=y-nl_y \tag{7-44}$$

可以方便地在任何一个取样点重新定位原点。

对于一个给定的 ρ 和 θ，直线方程为

$$y' = a'x + b' \tag{7-45}$$

这里，$a' = \tan\theta$，$b' = \rho\sec\theta + ml_x\tan\theta - nl_y$

$$W_{mn}(\rho,\theta) = \int_{-\infty}^{+\infty}\mathrm{sinc}\left(\frac{x-ml_x}{l_x}\right)\mathrm{sinc}\left(\frac{x-ml_y}{l_y}\right)(1+a^2)^{1/2}\mathrm{d}x \tag{7-46}$$

为了对这个表达式进一步求值，得到加权函数如下式：

$$W_{mn}(\rho,\theta) = \begin{cases}(1+a^2)^{1/2}l_x\mathrm{sinc}[(\rho c + ml_x a - nl_y)/l_y], & 0 \leqslant |a| \leqslant l_y/l_x \\ (1+a^2)^{1/2}(l_y/|a|)\mathrm{sinc}[(\rho c + ml_x - nl_y)/l_x\alpha], & l_y/l_x < |a| < \infty \\ l_y\mathrm{sinc}[(\rho + ml_x)/l_x], & |a| = \infty\end{cases} \tag{7-47}$$

这里，$a = \tan\theta$，$c = \sec\theta$。所以得到了一系列代数表达式

$$g(\rho,\theta) = \sum_{m=0}^{M-1}\sum_{n=0}^{N-1}W_{mn}(\rho,\theta)f(ml_x, nl_y) \tag{7-48}$$

式中，已知投影值及加权函数是一组离散值，并且从中可以确定离散点的图像值。实际上，加权函数必须通过一有限宽的射线来计算，因而，这会使过程稍复杂一些。

下面说明级数方法中的最后部分，假定图像由一个矩阵表示，如图 7-6 所示，并且每一元素内的函数具有一致的取值，比如说 $\hat{f}(ml_x, nl_y)$，则任意点 (x,y) 的函数可表示如下：

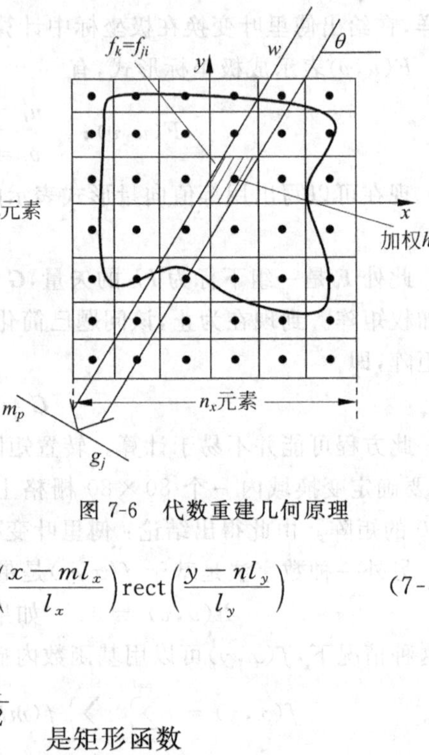

图 7-6 代数重建几何原理

$$\hat{f}(x,y) = \sum_{m=0}^{M-1}\sum_{n=0}^{N-1}\hat{f}(ml_x, nl_y)\mathrm{rect}\left(\frac{x-ml_x}{l_x}\right)\mathrm{rect}\left(\frac{y-nl_y}{l_y}\right) \tag{7-49}$$

式中

$$\mathrm{rect}(x) = \begin{cases}1, & |x| \leqslant \dfrac{1}{2} \\ 0, & |x| > \dfrac{1}{2}\end{cases}$$ 是矩形函数

在模拟方式中，此函数可以沿一射线路径来积分，这个积分宽度可能是有限的情况下来确定一系列加权函数 $W'_{mn}(\rho,\theta)$，以开发线性系统，即

$$g(\rho,\theta) = \sum_{m=0}^{M-1}\sum_{n=0}^{N-1}\hat{f}(ml_x, nl_y)W'_{mn}(\rho,\theta) \tag{7-50}$$

重建方程的数字解决方法可以使我们得到一线性方程系统，从而解决确定该图像的问题，对于这样一个已成熟的问题，这里不再详述，仅简单提几点。首先，由于任意角度投影值的总和等于图像函数的积分，

$$\int g(\rho,\theta)\mathrm{d}\rho = \iint f(x,y)\mathrm{d}x\mathrm{d}y \tag{7-51}$$

可以容易地在系统中引入相关方程式，这样就产生了一个单一系统方程。其次，这也使引用以下一些客观标准成为可能，如最小均方误差以及这组可行性方案中的一些先验约束因素。最后，可以使用直接、迭代或直接-迭代混合算法来使问题近似成为一系列线性方程表示。这样一来，近似算法就变得很容易了。

7.5 重建的优化问题

图像重建中的问题也可以通过选择一合理的准则函数来解决。此函数用来衡量真实图像与重建图像之间的差异，并且开发一种使此准则函数最小的解决方案。Kaskyap 和 Mittal 于 1975 年巧妙地将重建问题转变成最小化(函数)问题，目前已有多种基于该准则的代数解决方案，下面介绍其原理。

首先引入向量符号来表示重建投影。令 $\boldsymbol{f}$ 代表一图像向量，此向量通过将图像行向量 $\boldsymbol{f}_i$ 堆成一列向量而形成，即

$$\boldsymbol{f}=(\boldsymbol{f}_1,\boldsymbol{f}_2,\cdots,\boldsymbol{f}_n)^{\mathrm{T}} \tag{7-52}$$

如图 7-6 所示，向量的大小为 n^2。

其次，考虑到投影射线是以相对于水平角度 θ_k 入射，如图 7-7 所示，还应注意到 p 个这样的投影，其角度分别从 $\theta_1,\theta_2,\cdots,\theta_p$，令 $\boldsymbol{g}_k$ 是角度为 θ_k 时投影的向量值，显然，可以认为它由 n 个分量组成：

$$\boldsymbol{g}_k=(g_{k,1},g_{k,2},g_{k,3},\cdots,g_{k,n})^{\mathrm{T}} \tag{7-53}$$

将各角度的投影向量纵向排列，可得到 pn 个分量组成的向量 $\boldsymbol{g}$，即

$$\boldsymbol{g}=(\boldsymbol{g}_1,\boldsymbol{g}_2,\cdots,\boldsymbol{g}_p)^{\mathrm{T}} \tag{7-54}$$

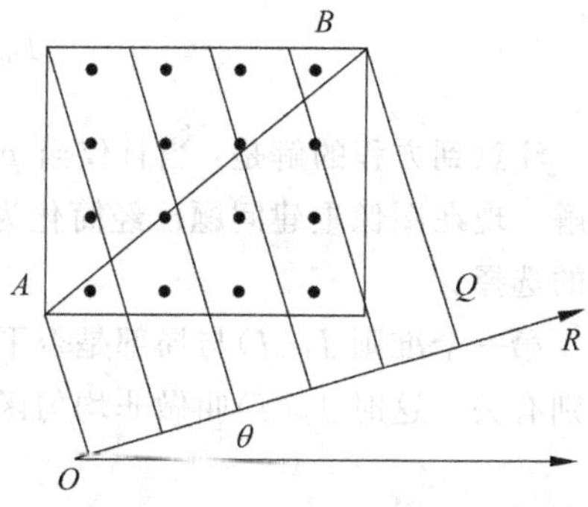

图 7-7　角度为 θ_k 的透影元素的赋值

如果投影值假定为下述图像值的线性组合，则

$$g_{k,l}=\sum_{j\in D_{(k+1)n+l}} f_j\quad k=1,2,\cdots,p;\quad l=1,2,\cdots,n \tag{7-55}$$

其中集合 D_j 由投影 $\boldsymbol{g}_j$ 组合的所有元素组成，如图 7-6 所示。注意到某个几何加权也能够计算出来。它是与射线宽度 w 和图 7-6 所示的元素 f_{ij} 的图形单元的交集部分有关的。为了简便起见，可不这样做。比较合适的方法是，如果一条入射角为 θ_k 的射线落在 f_{ij} 单元内任意点，则总有一个元素可以用来组成投影值 g_{ij}。在这种假设下，有以下所述的过程来得到元素的集合 D_j。

首先，在图像元素 f_{ij} 取一单元(i,j)，此单元也可以称为单元 k，此处

$$k=(n-1)i+j \tag{7-56}$$

且令元素的中心在$\left(i-\dfrac{1}{2},j-\dfrac{1}{2}\right)$点。

现在令 PQ 为图像主对角线 AB 的投影线，此时 OR 轴与水平轴夹角为 θ_k。如图 7-7 所示，则 PQ 长度为

$$\overline{PQ}=n\sqrt{2}\cos(45^\circ-\theta_k) \tag{7-57}$$

将此长度平均分为 n 等分，$P_{k,1},P_{k,2},\cdots,P_{k,n}$，如图 7-7 所示。将一元素分配给集合 D 的原则是：若单元(i,j)的中心投影落在相应的增量范围内，则认为此单元是投影的一部分。单元(i,j)在 OR 上的中心投影为

$$P_{ij}=\left[\left(i-\frac{1}{2}\right)^2+\left(j-\frac{1}{2}\right)^2\right]\cos(q_{ij}-\theta_k) \tag{7-58}$$

这里

$$q_{ij}=\arctan\left[\left(j-\frac{1}{2}\right)\Big/\left(i-\frac{1}{2}\right)\right] \tag{7-59}$$

如果单元(i,j)的投影 P_{ij} 满足条件

$$(l-1)\sqrt{2}\cos(45°-\theta_k)\leqslant P_{ij}\leqslant l\sqrt{2}\cos(45°-\theta_k) \tag{7-60}$$

则对一给定的 l 值，可以认为此点在集合 $D_{(K-1)N+l}$ 内。实质上，对于每个投影过程来说，每一图像元素的中心都被投影了，而上述条件则用以确定图像元素是否被投影了。

以下讨论数学过程中存在的问题。投影方程的集合可以写成

$$\boldsymbol{g}=\boldsymbol{B}\boldsymbol{f} \tag{7-61}$$

这里 $\boldsymbol{B}$ 是一个大小为 pn、n^2 个元素的二元矩阵

$$B_{ij}=\begin{cases}1, & 若\ j\in D_j\\ 0, & 其他\end{cases} \tag{7-62}$$

注意到方程的解是：当且仅当 $p=n$ 时，有唯一解；当 $p<n$ 时，无解；当 $p>n$ 时，有多个解。现在图像重建问题已经简化为解线性方程组的问题。下一个要考虑的问题是准则函数的选择。

第一个准则 $J_1(\boldsymbol{f})$与局部是否平坦的或在一个局部一个元素与其邻点间的强度是否有差别有关。这时 $J_1(\boldsymbol{f})$叫做非均匀函数，其表达式如下：

$$J_1(\boldsymbol{f})=\frac{1}{2}\boldsymbol{f}^{\mathrm{T}}\boldsymbol{C}\boldsymbol{f} \tag{7-63}$$

其中 $\boldsymbol{C}$ 是 8 邻域平滑矩阵。矩阵 $\boldsymbol{C}$ 结构是半正定的。注意到 $J_1(\boldsymbol{f})\geqslant 0$，对于均匀图像 $J_1(\boldsymbol{f})=0$。因此，需要使用约束条件来解决最小化问题。这可能会使不确定系统得不到唯一解。所以，考虑准则函数 $J_2(\boldsymbol{f})$，即

$$J_2(\boldsymbol{f})=\frac{1}{2}\boldsymbol{f}^{\mathrm{T}}\boldsymbol{f}+\alpha J_1(\boldsymbol{f}) \tag{7-64}$$

$J_2(\boldsymbol{f})$的第一项与图像的能量有关，也与样本方差 σ^2 有关。由于

$$\sigma^2=E((\boldsymbol{f}-\boldsymbol{\mu})^{\mathrm{T}}(\boldsymbol{f}-\boldsymbol{\mu}))=E(\boldsymbol{f}^{\mathrm{T}}\boldsymbol{f})-\boldsymbol{\mu}^{\mathrm{T}}\boldsymbol{\mu} \tag{7-65}$$

此处$\boldsymbol{\mu}=E(\boldsymbol{f})$，常量 α 可用实验方法来确定，可以获得最好的重建图像的那一个值便是常量 α。

现在，图像重建的问题就可归结为最小化 $J_2(\boldsymbol{f})=\frac{1}{2}\boldsymbol{f}^{\mathrm{T}}\boldsymbol{f}+\alpha\frac{1}{2}\boldsymbol{f}^{\mathrm{T}}\boldsymbol{C}\boldsymbol{f}$ 的问题了，这是由前述约束条件 $\boldsymbol{g}=\boldsymbol{B}\boldsymbol{f}$ 推导出来的。而有约束的最小化问题可以通过引入一个 np 的拉格朗日(Lagrange)乘数向量$\boldsymbol{\lambda}$ 加以解决。这里引入一新的准则函数

$$J_3(\boldsymbol{f},\boldsymbol{\lambda})=J_2(\boldsymbol{f})+\boldsymbol{\lambda}^{\mathrm{T}}(\boldsymbol{B}\boldsymbol{f}-\boldsymbol{g}) \tag{7-66}$$

它可被直接最小化，在考虑到 $\boldsymbol{f}$ 的情况下，为了最小化 $J_3(\boldsymbol{f})$，来计算偏导数

$$\frac{\partial J_3}{\partial \boldsymbol{f}} = \boldsymbol{f} + \alpha \boldsymbol{C}\boldsymbol{f} + \boldsymbol{B}^{\mathrm{T}} \boldsymbol{\lambda} \tag{7-67}$$

令偏导数为零，则得到

$$(\boldsymbol{I} + \alpha \boldsymbol{C})\boldsymbol{f} = -\boldsymbol{B}^{\mathrm{T}} \boldsymbol{\lambda} \tag{7-68}$$

由于 $\boldsymbol{C}$ 是一半正定矩阵，$\boldsymbol{I}+\alpha\boldsymbol{C}$ 是一非奇异矩阵，因此，可以解出 $\boldsymbol{f}$，即

$$\boldsymbol{f} = -(\boldsymbol{I} + \alpha \boldsymbol{C})^{-1} \boldsymbol{B}^{\mathrm{T}} \boldsymbol{\lambda} \tag{7-69}$$

其中，$\boldsymbol{\lambda}$ 的值可以通过上式乘以 $\boldsymbol{B}$ 加以确定：

$$\boldsymbol{B}\boldsymbol{f} = -\boldsymbol{B}(\boldsymbol{I} + \alpha \boldsymbol{C})^{-1} \boldsymbol{B}^{\mathrm{T}} \boldsymbol{\lambda} \tag{7-70}$$

这个结果与约束条件

$$\boldsymbol{g} = \boldsymbol{B}\boldsymbol{f} = -\boldsymbol{B}(1 + \alpha \boldsymbol{C})^{-1} \boldsymbol{B}^{\mathrm{T}} \boldsymbol{\lambda} \tag{7-71}$$

相同。如果 $p<n$ 时，$\boldsymbol{B}$ 可能是非奇异的，就可能得到一个假答案。例如：

$$\alpha = -[\boldsymbol{B}(1 + \alpha \boldsymbol{C})^{-1} \boldsymbol{B}^{\mathrm{T}}]^{\#} \boldsymbol{g} \tag{7-72}$$

这里，# 表示伪逆，对于重建图像 $\boldsymbol{f}$ 可以写成

$$\boldsymbol{f} = \boldsymbol{F}\boldsymbol{g} \tag{7-73}$$

这里，

$$\boldsymbol{F} = (\boldsymbol{I} + \alpha \boldsymbol{C})^{-1} \boldsymbol{B}^{\mathrm{T}} [\boldsymbol{B}(\boldsymbol{I} + \alpha \boldsymbol{C})^{-1} \boldsymbol{B}^{\mathrm{T}}]^{\#} \tag{7-74}$$

注意到矩阵 $\boldsymbol{F}$ 仅与下列因素有关：参数 α、图像几何结构以及约束条件。所以 $\boldsymbol{F}$ 可以预先计算出来。

因为矩阵尺寸很大，并且需要采用逆矩阵的方法计算，则就计算方法来说，最优化重建方法并非是最简便的一种。Kashyap 和 Mittal 在 1975 年曾提出了几种实用性很强的迭代方案。当然，最优化方案的可取之处在于其公式化。

7.6 图像重建的应用

图像重建技术在许多科学领域得到广泛应用，其中最为显著的是医学方面的应用。根据原始数据获取方法及重建原理的不同可分为以下几种。

① 放射断层重建成像(Emission Computed Tomography，ECT)。这种方法是在物体中注入放射性物质，然后从物体外部检测通过物体后放射出来的能量，由于物体内部不同的物质或人体不同的组织对放射能量有不同的吸收或衰减，由此可获取不同的数据，用这些数据就可以重建出所需要的图像，从而达到检测物体内部的分布情况或人体内部病变的目的。

② 透射断层重建成像(Transmission Computed Tomography，TCT)。这种方法是射线源的射线穿过物体或人体组织，然后由接收器接收经过物体或人体组织吸收后的剩余射线，由于不同的物质或组织对射线的吸收不同，所以，剩余的射线反映了物体内部的状况和人体内部的不同组织，通过这些数据再重建图像，从而发现物体内部缺欠或人体内部病变。

③ 反射断层重建成像(Reflection Computed Tomography，RCT)。该方法常用于雷达系统。雷达图像通常是由物体反射的回波产生的。

④ 核磁共振重建成像(Magnetic Resonance Imaging,MRI)。该方法是由于具有奇数个质子或中子的原子核包含有一定磁动量或旋量的质子,如果把它们放在磁场中,它们就会像陀螺在重力场中一样运动,在一般情况下,质子在磁场中任意排列,当有适当强度和频率的共振场作用于物体时,质子吸收能量并转向与磁场相交的方向。如果此时把共振磁场去掉,则质子吸收的能量释放并被检测器收集,根据检测的信号就可以确定质子的密度。通过控制共振磁场的强度,可检测到一条直线上的信号,从而通过该信号数据可重建出物体图像。

以上是图像重建的几种方法,这些方法有的是人们所熟悉的在医学中广泛应用的方法。下面就医学应用介绍一些基本图像重建的原理。

在1968~1972年英国的EMI公司的G. N. Hounsfeld研制了头部CT,发明了计算机断层摄影术。这是图像处理技术对医学领域的杰出贡献。它第一次用X光作为信息收集源,把X光学成像应用于临床诊断。在该技术中,用横向运动技术,开发了一种计算机断层摄影术——简称CTAT或CAT的技术。近年来,计算机断层摄影术更广泛地应用于核医学来描述正电子发射的同位素图像。人们把这一技术称为放射计算机摄影术(ECT)。

计算机断层摄影术是随着著名的针对脑部的X射线扫描系统的引入而开始发展起来的一种技术。这个系统由英格兰EMI有限公司(Hounsfield)于1971年开发出来的。接下来,Terpogossian和菲利普把计算机断层摄影术的原理应用到核医学图像处理。在核医学图像处理中,他们对断层摄影系统在用正电子发射使同位素衰减方面的应用作了进一步的发展。1975年,Budinger又把计算机断层摄影术的原理应用到腹部图像重建中。

图7-8显示了X光系统的基本装置。在传统的辐射学中,从三维物体中得到的信息可用二维的形式叠加在胶片上。通常,诊断中收集到的信息需要增强处理,以提高对比度。计算机断层摄影术是指图像数据是从物体横断面上直接截取。在这一横断面上,一个虚构的图像矩阵是由事前规定了尺寸的方形元素组成的。在X光脑部成像系统中,元素的大小为1~3mm²。通常,为了使图像能包含目标物,图像矩阵应足够大。在脑部的检测中,典型的大小是148个元素,约有25cm。

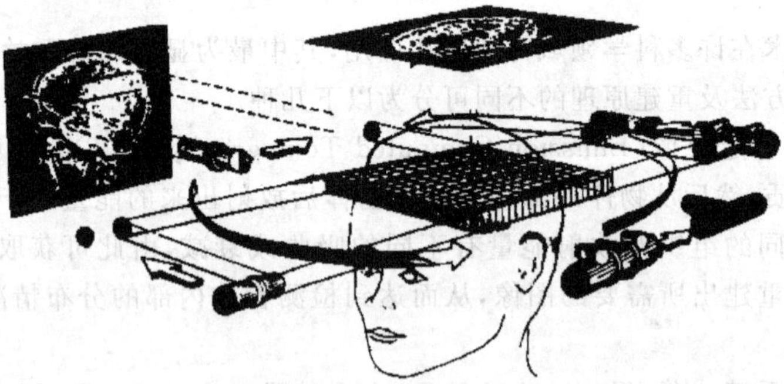

图7-8 X光计算机断层系统原理

为了收集数据并重建图像,该装置把X光源构成的检测器排成一行,装置的X光具有一个像素宽度并高度平行。扫描动作的初始,横切运动是一个线性的运动,其中每148行(每行包含148个以上的元素)分成一块。这样,在这一横切过程中,148(或更多)个离散点数据被输入计算机。一个横切过程完成后,整个X光源检测器的几何位置就要旋转到一个新的位置(假设每次增加值定为 1°),于是,下一个线性的横切扫描运动又重新开始。经过 180°的投影全部完成后,得到的数据为 148×180,即 26 640 个离散的投影图数据就被输入到计算机内。根据需要控制图像的信息密度是 X 光计算机断层摄影技术的一个重要功能。人体组织对 EMI 扫描器 X 光的吸收系数是不同的,变化范围大约在百分之几,这取决于人体的不同组织,如脂肪、肌肉或其他组织。但是,辐射的统计数量必须满足要求,一般每一个数据点应包含 4000～50 000 计数,这一数量的数据由 X 光检测器收集。

1. 关于计算机断层成像原理

计算机断层是一种将物体的每一片层完全隔离出来进行观察的无损检测技术。它通过透射测量检测得到数据。对于医学应用来说,X 射线经过物体时会发生衰减,不同的物质衰减是不一样的。通过透射得到物体图像最直接的方法是 X 射线沿 y 轴经衰减直接在胶片上成像,这与 X 光透视的原理是一样的,当然,这样会造成图像的混叠。如图 7-10 所示,CT 是把物体在 y 轴方向划分成小的薄片,每个薄片再划分为小的单元,人们称之为体素。在断层扫描时,生成大量的数据,根据该数据再计算出每个体素的衰减系数,然后把这些衰减系数按一定的函数关系显示在屏幕上,这样,就产生了断层图像。实际上,这里计算的特性是组织的衰减系数 μ,对于人体来说,大部分软组织是水,但仍有足够的差异,以产生不同的衰减系数。这样既可以给出一幅解剖横截面图像,也包括一些定量信息。

关于衰减系数的单位是 H-豪斯费尔德(Hounsfield)。

一个豪斯费尔德等于水的衰减系数的 0.1%,标度上选择 $H(\text{水})=0$。一般情况下

$$
\begin{aligned}
& H=\frac{\mu(\text{组织})-\mu(\text{水})}{\mu(\text{水})}\times 1000 \\
\text{空气}\quad & H=-1000 \\
\text{骨骼}\quad & H\approx+1000
\end{aligned}
\tag{7-75}
$$

计算机断层成像原理如图 7-9 所示。

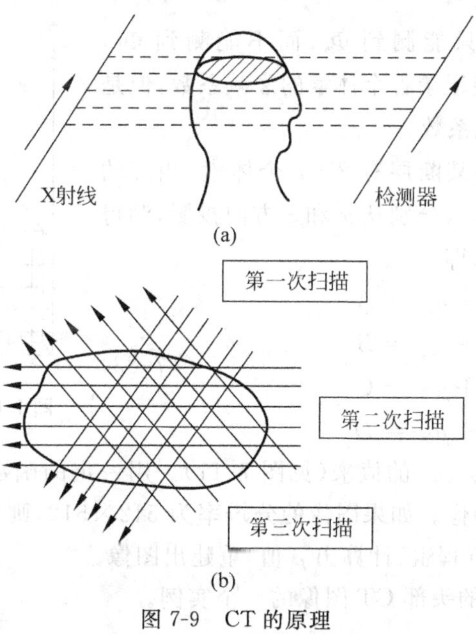

图 7-9 CT 的原理

扫描系统由 X 射线源和检测器组成，X 射线穿透物体，由检测器检测，X 射线源和检测器组合横向扫描，可产生一个投影。在旋转角度变更的条件下，就可产生一个投影数据组。

CT 是把物体在 y 轴方向划分成小的薄片，薄片的厚度是一个重要的参数，一般为 1mm、2mm、3mm、4mm、5mm、8mm、10mm，每个薄片再划分为小的单元，即体素。在断层扫描时，生成大量的数据，根据该数据再计算出每个体素的衰减系数，然后把这些衰减系数按一定的函数关系显示在屏幕上，这样就产生了断层图像。

设某一物体体素对 X 射线的衰减系数为 μ，体素厚度为 d，Φ_0 和 Φ 为穿透物体前后的 X 射线的辐射强度，则衰减定律如下：

$$\Phi = \Phi_0 e^{-\mu d} \tag{7-76}$$

$$\mu = \frac{1}{d}\ln\frac{\Phi_0}{\Phi} \tag{7-77}$$

假如一条直线上有 n 个体素，对于第一个体素的衰减为

$$\Phi_1 = \Phi_0 e^{-\mu_1 d} \tag{7-78}$$

第二个体素衰减为

$$\Phi_2 = \Phi_1 e^{-\mu_2 d} = \Phi_0 e^{-\mu_1 d} \cdot e^{-\mu_2 d} = \Phi_0 e^{-(\mu_1+\mu_2)d} \tag{7-79}$$

对于第 n 个体素有

$$\Phi_n = \Phi_0 e^{-(\mu_1+\mu_2+\cdots+\mu_n)d} \tag{7-80}$$

显然

$$\mu_1 + \mu_2 + \cdots + \mu_n = \frac{1}{d}\ln\frac{\Phi_0}{\Phi_n} \tag{7-81}$$

即

$$\sum_{i=1}^{n}\mu_i = \frac{1}{d}\ln\frac{\Phi_0}{\Phi_n} \tag{7-82}$$

一般情况下探测器只能测到 Φ_n，而不能测到 Φ_1，Φ_2，…，Φ_n，因此，不能直接记录各个体素的衰减系数，但是可以用数学方法求解衰减系数。

假如，图 7-10 所示的某断层有 2×2 个体素，相应的衰减系数为 μ_{11}、μ_{12}、μ_{21}、μ_{22}，分别从 x 和 z 方向投影，测得的衰减系数为 A、B、C、D，即

$$\begin{aligned}\mu_{11} + \mu_{12} &= A\\ \mu_{21} + \mu_{22} &= B\\ \mu_{11} + \mu_{21} &= C\\ \mu_{12} + \mu_{21} &= D\end{aligned} \tag{7-83}$$

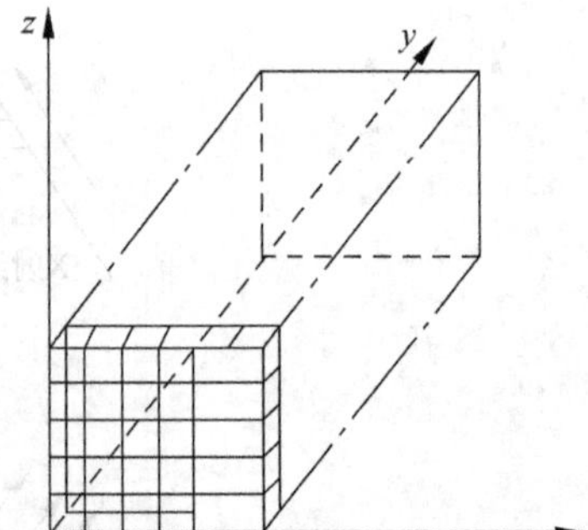

图 7-10 投影和断层扫描原理

从而，可以解出 μ_{11}、μ_{12}、μ_{21}、μ_{22} 的值来（见图 7-11）。用一定的函数关系在屏幕上显示出来就可以得到相应的断层图像。如果图像的分辨率为 512×512，则图像有 262 144 个独立阵元，需要解 262 144 元的方程组，计算出 μ 值，重建出图像。

图 7-12 示出了重建的头部 CT 图像的一个实例。

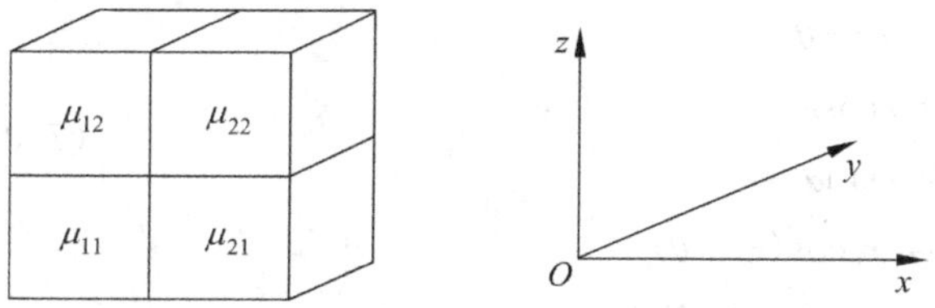

(a)　　(b)

图 7-11　求解衰减系数的数学方法示意图

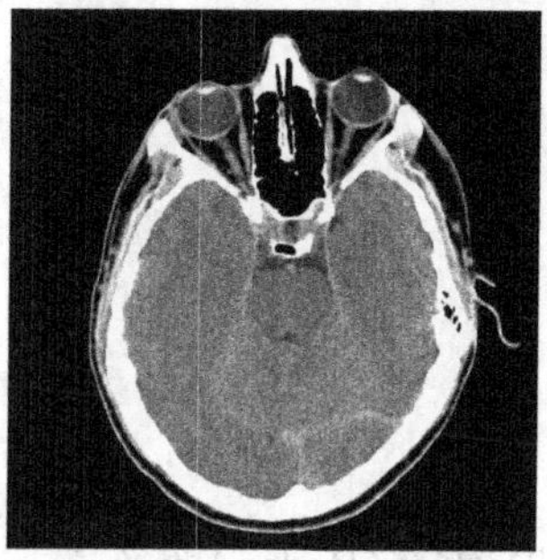

图 7-12　重建的头部 CT 图像实例

2. 断层成像的算法

1）关于坐标系

为了从理论上分析重建算法，先定义几个坐标系。

（1）x-y 坐标系。

（2）x_r-y_r 坐标系，它相对于 x-y 坐标系逆时针旋转了一个角度，如图 7-13 所示。其中

$$\begin{aligned} x_r &= x\cos\theta + y\sin\theta \\ y_r &= -x\sin\theta + y\cos\theta \\ x_{r_1} &= x\cos\theta \\ x_{r_2} &= y\sin\theta \end{aligned} \tag{7-84}$$

注：

$$\begin{aligned} x_r &= x_{r_1} + x_{r_2} = x\cos\theta + y\sin\theta \\ y_{r_1} &= y\cos\theta \\ y_{r_2} &= x\sin\theta \\ y_r &= y_{r_1} - y_{r_2} = y\cos\theta - x\sin\theta = -x\sin\theta + y\cos\theta \end{aligned} \tag{7-85}$$

（3）极坐标。极坐标如图 7-14 所示。

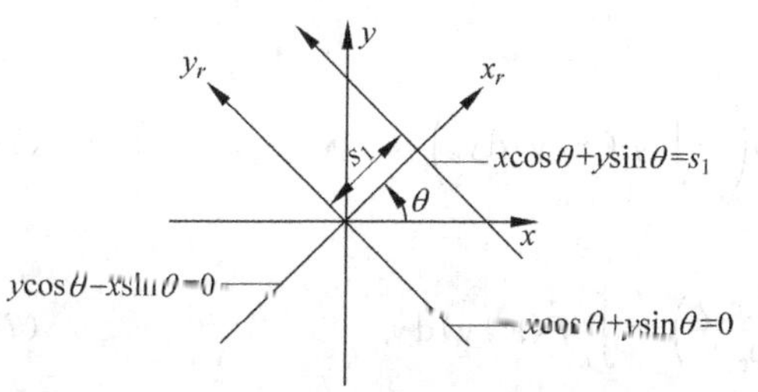

图 7-13　x-y 坐标及其旋转 θ 角度的坐标

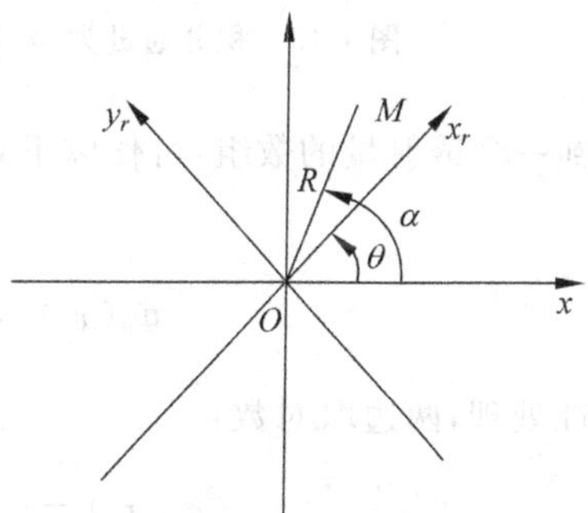

图 7-14　极坐标

其中

$$
\begin{aligned}
r_r &= r \\
\alpha_r &= \alpha - \theta \\
x &= r\cos\alpha \\
y &= r\sin\alpha \\
x_r &= r_r\cos(\alpha-\theta) \\
y_r &= r_r\sin(\alpha-\theta)
\end{aligned}
\tag{7-86}
$$

2）雷登(Radon)变换

令 $f(x,y)$是介质的衰减系数。

如果衰减系数在介质中为恒定的，即 $f(x,y)=\mu$。

并且X射线传输的距离为 x，则如前边所述的那样，射线衰减规律将遵循比尔定律(Beer's law)。即

$$\Phi = \Phi_0 \exp(-\mu x) \tag{7-87}$$

式中，Φ_0 为入射光子积分通量；Φ 为透射的光子积分通量。

如果不是恒定值，则要沿吸收路径做积分。

即

$$\Phi = \Phi_0 \exp\left(-\int_L f(x,y)\,\mathrm{d}L\right) \tag{7-88}$$

式中 L 为X射线源与检测器的直线路径，其原理如图7-15所示。

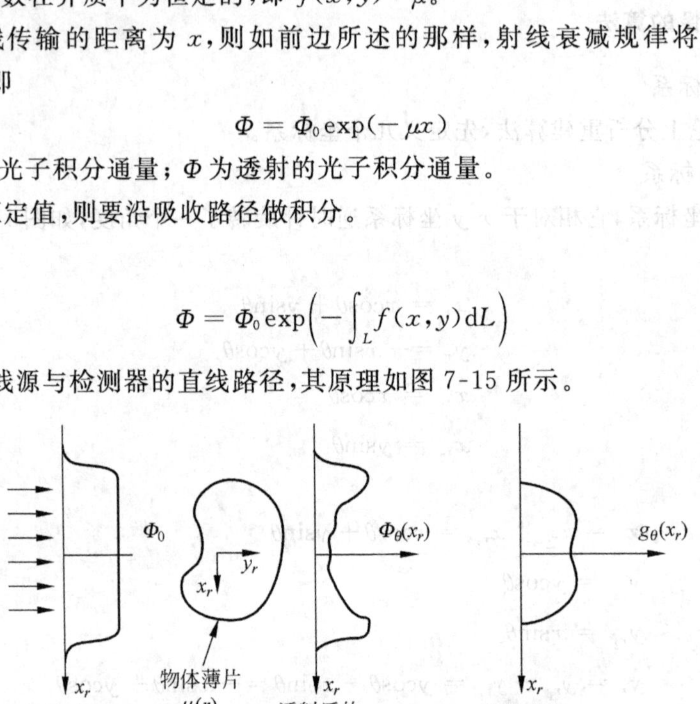

图7-15 积分通量为 Φ_0 的X射线穿过物体后衰减为 $\Phi_\theta(x_r)$的示意图

为得到一个透射量的数组，可作以下处理：

即

$$\Phi_\theta(x_r) = \Phi_0 \exp\left(-\int_L f(x,y)\,\mathrm{d}y_r\right) \tag{7-89}$$

做线性处理，两边取对数：

$$g_\theta(x_r) = -\ln\left(\frac{\Phi_\theta(x_r)}{\Phi_0}\right) = \int_L f(x,y)\,\mathrm{d}y_r \tag{7-90}$$

这里 $g_\theta(x_r)$就叫雷登变换(Radon transformation)或称为 $f(x,y)$的投影。

这里物体片层重建的任务就是求 $g_\theta(x_r)$的逆。

可把 $g_\theta(x_r)$ 看成是在给定的投影在 θ 之下关于 x_r 的一维连续函数。

为了清楚起见，先看一下物体从 x-y 空间到投影数据空间 $x_r \to \theta$ 空间的关系。有以下结论：

(1) 在雷登空间中，每一点代表通过物体的一个线积分。

(2) 物体空间与雷登空间的等效关系可以由两个空间点的映射关系来阐述。

(3) 物体空间中的一点 M 或 (r,α)，其 x_r 值由式(7-91)给出，即

$$x_r = r\cos(\alpha - \theta) \tag{7-91}$$

这在雷登空间是一个圆方程。该方程由原点及 $x_r = r, \theta = \alpha$ 为端点的圆的直径唯一确定。这些结论如图 7-16 所示。所以，以 x_r 和 θ 作为笛卡儿坐标来对投影数据进行映射，同样可以得到投影空间中各点与物体空间中线积分路径之间的一一对应关系。这里只考虑，$0 < \theta < \pi$ 内的 θ 值。通过物体的给定点的所有投影的轨迹由 $x_r = r\cos(\alpha - \theta)$ 给出，如图 7-17 所示。图 7-16(a)为积分路径 l 变换为雷登空间的点，图 7-16(b)为通过 M 点的所有投影的轨迹是圆心在 $(r/2,\alpha)$，直径为 r 的圆。

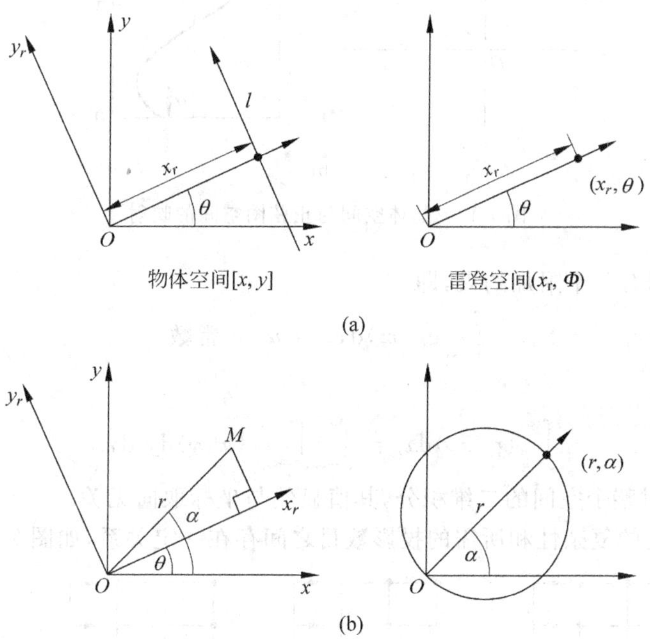

图 7-16　物体空间与雷登空间的映射

图 7-17(a)为投影数据点映射到正弦图空间中的$[x_r, \theta]$，图 7-17(b)为通过(r,α)的所有线积分的轨迹，幅值为 r，相角为 α。

这是一条余弦曲线，这样物体点的矢径 r 与方位角 α 可以被直接编码，这一投影的数据的特殊形式称为正弦图(sinogram)格式。

数据组 $g_\theta(x_r)$ 有以下一些性质：

(1) 它是有界的，$f(x,y)$ 与 $g_\theta(x_r)$ 同属于一个最小的支集圆。

(2) 存在对称性，实际上，X 射线源与检测互换不影响检测器的透射测量值，即

$$g_\theta(x_r) = g_{\theta+\pi}(-x_r)$$

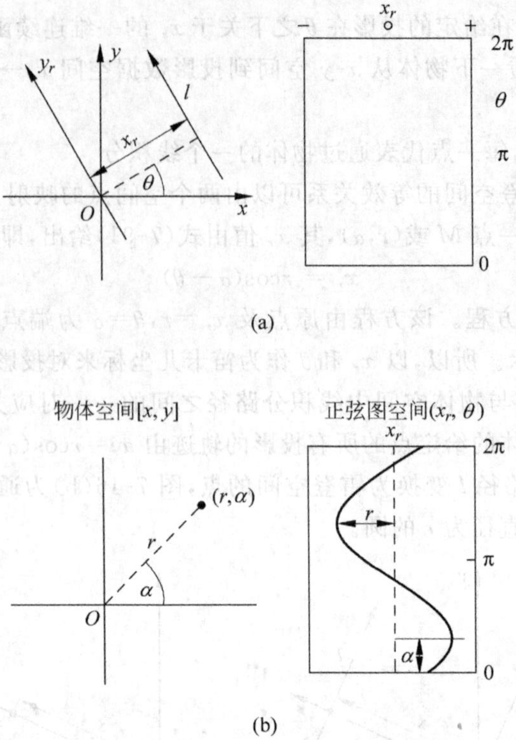

图 7-17　物体空间与正弦图空间的映射

(3) 投影数据有一个附加约束,即

$$\int_{-\infty}^{\infty} g_\theta(x_r)\mathrm{d}x_r = w = \text{常数} \tag{7-92}$$

实际上

$$\int_{-\infty}^{\infty} g_\theta(x_r)\mathrm{d}x_r = \int_{-\infty}^{\infty}\int_{-\infty}^{\infty} f(x,y)\mathrm{d}y_r\mathrm{d}x_r \tag{7-93}$$

此式右边是物体对整个空间的二维积分,其值显然与坐标取向无关。

(4) 物体构造的复杂性和所需的投影数目之间存在一定关系,如图 7-18 所示。

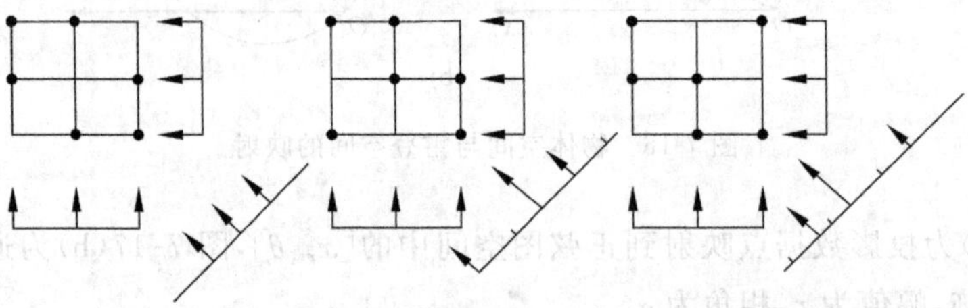

图 7-18　物体构造的复杂性和所需的投影数目之间的关系

如果只有水平和垂直投影,显然有不确定性,加上第三个投影就可以消除这种不确定性了。

物体和投影的关系有 3 个特点:

① 任何物体可完全由其连续的投影组来描述,也就是说,最复杂的物体也可以由其投影来重建。

② 蕴含在每一个投影中的信息都有一明确的解释。

③ 由②提供的解释导出了求解：

$g_\theta(x_r)=\int_L f(x,y)\mathrm{d}y_r$ 的各种等价的解析方法。

3) 投影定理(中心切片定理)

考虑通过角度 θ 穿过物体的投影表达式为

$$g_\theta(x_r)=\int_{-\infty}^{\infty}f(x_r,y_r)\mathrm{d}y_r \tag{7-94}$$

$g_\theta(x_r)$的一维傅里叶变换由式(7-95)给出，即

$$G_\theta(u_r)=\int_{-\infty}^{\infty}g_\theta(x_r)\exp(-2\pi\mathrm{j}u_rx_r)\mathrm{d}x_r=\int_{\infty}^{\infty}\int_{-\infty}^{\infty}f(x_r,y_r)\exp(-2\pi\mathrm{j}u_rx_r)\mathrm{d}x_r\mathrm{d}y_r \tag{7-95}$$

如果用(u_r,v_r)表示与(x_r,y_r)相对应的傅里叶空间域变量，则有

$$\begin{aligned}G_\theta(u_r)&=\int_{-\infty}^{\infty}\int_{-\infty}^{\infty}f(x_r,y_r)\exp[-2\pi\mathrm{j}(u_rx_r+v_ry_r)]\cdot\mathrm{d}x_r\mathrm{d}y_r\Big|_{v_r}\\&=0=\mathcal{F}[f(x_r,y_r)]\Big|_{v_r=0}=G_\theta(u_r,0)\end{aligned} \tag{7-96}$$

式(7-96)表明，投影的一维傅里叶变换等于物体二维傅里叶变换的一个特定截面，即 u_r 轴。该式的右边是物体的二维傅里叶变换沿 v_r 等于零所取的值。这就是中心切片定理。

为了进一步说明上述定理，考虑一个有界物体，通过对它的所有二维空间频率分量的线性叠加总能合成这一物体。

现在考虑一个余弦分量，如图 7-19 所示。

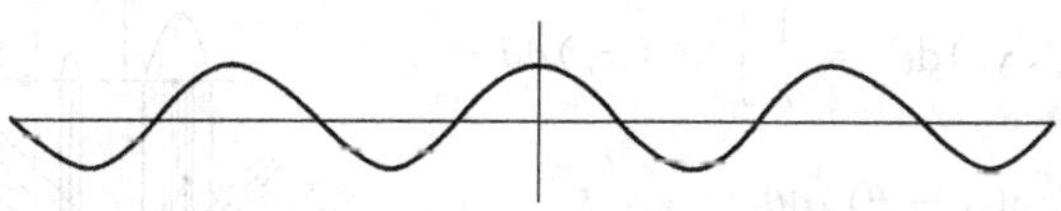

图 7-19 余弦分量

仅当投影方向平行于波脊时，投影才不等于零。在这个特定方向下，整个余弦分量被投影到 x_r 轴上，分量的傅里叶变换示于图 7-20 中。

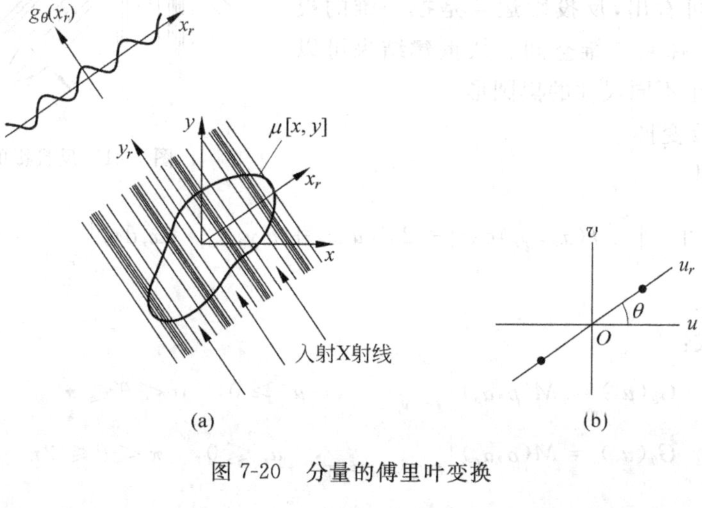

图 7-20 分量的傅里叶变换

图 7-20(a)为物体 $\mu(x,y)$余弦分量,图 7-20(b)为分量的傅里叶变换是 u_r 轴上的一对 δ 函数(图中的一对黑点)。

原物体是由许多具有不同相位、不同频率和不同方向的正弦波分量叠加而成的。

由这一定理得出两个结论:

(1) 在这些投影中的确包含了足够的信息用来重建一般物体。

(2) 为了重建这一物体,需要无穷多个或连续的投影数据;因为只有这样才能完全确定傅里叶空间的物体分布,从而通过反变换确定实际物体。实际上用有限个投影角,每个投影以有限个样本就可以得到满意的重建。

4) 反投影与累加图像

反投影是指投影之逆,形象地解释是取 x_r 的一维函数(投影数据),把它沿 y_r 方向向整个空间均匀地抹一次,由此产生一个二维分布 $K_\theta(x_r,y_r)$,其概念如图 7-21 所示。

用数学表示,一维投影 $g_\theta(x_r)$的反投影由式(7-97)给出,即

$$K_\theta(x_r,y_r) = g_\theta(x_r) \tag{7-97}$$

极坐标下:

$$K_\theta(r,\alpha) = g_\theta(r\cos(\alpha-\theta)) \tag{7-98}$$

把许多反投影加以组合就会产生一个新的二维图像,称为累加图像。如果取相应于不同角度 θ_i 的一组物体投影的一系列离散的反投影,则累加图像就是各个反投影的算术和。

离散情况如下:

$$b_a(r,\alpha) = \sum_i K_{\theta_i}(x_r,y_r) = \sum_i g_{\theta_i}(x_r) = \sum_i g_{\theta_i}(r\cos(\alpha-\theta)) \tag{7-99}$$

在连续情况下:

$$\begin{aligned} b(r,\alpha) &= \frac{1}{\pi}\int_0^\pi K_\theta(x_r,y_r)\mathrm{d}\theta = \frac{1}{\pi}\int_0^\pi g_\theta(x_r)\mathrm{d}\theta \\ &= \frac{1}{\pi}\int_0^\pi g_\theta(r\cos(\alpha-\theta))\mathrm{d}\theta \end{aligned} \tag{7-100}$$

对 θ 的积分区间在 $0\sim\pi$ 之间就可获得全部信息。$b(r,\alpha)$就是反投影图像,称其为“层图”(layergram)。

从图 7-21 可看出,反投影运算是把一维的投影数据均匀地回抹到二维空间。从重建结果可以看出,物体是两个不同尺寸的黑圆形。

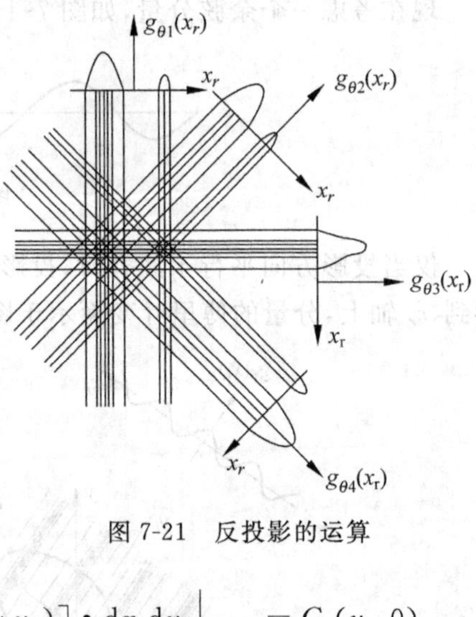

图 7-21 反投影的运算

5) Radon 反变换

由投影定理

$$G_\theta(u_r) = \int_{-\infty}^{\infty}\int_{-\infty}^{\infty} f(x_r,y_r)\exp[-2\pi \mathrm{j}(u_r x_r + v_r y_r)]\cdot \mathrm{d}x_r\mathrm{d}y_r\Big|_{v_r=0} = G_\theta(u_r,0) \tag{7-101}$$

写成极坐标形式:

$$G_\theta(u_r) = M(\rho,\alpha_\rho)\Big|_{\rho=+u_r,\alpha_\rho=\theta},\quad u_r \geqslant 0,\quad 0<\theta\leqslant\pi \tag{7-102}$$

$$G_\theta(u_r) = M(\rho,\alpha_\rho)\Big|_{\rho=-u_r,\alpha_\rho=\theta+\pi},\quad u_r \leqslant 0,\quad \pi<\theta\leqslant 2\pi \tag{7-103}$$

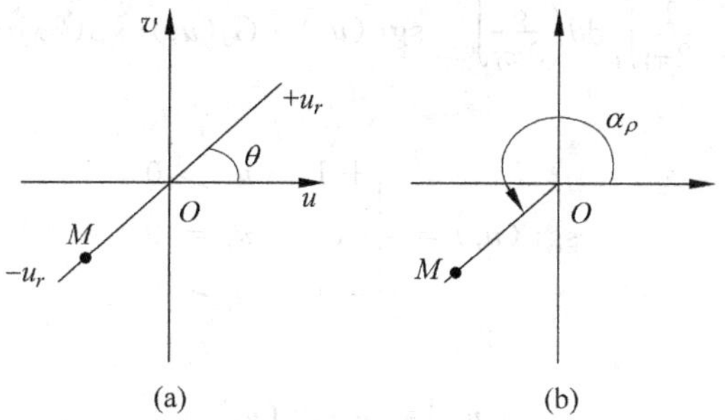

(a) (b)

图 7-22 傅里叶空间中的一点 M 可用极坐标(ρ,α_ρ)来表示

傅里叶空间中的一点 M 可用极坐标(ρ,α_ρ)来表示(见图 7-22),也可以用坐标(u_r,θ)表示。

这里写成两部分是必要的。因为傅里叶空间的极坐标定义区间为 $\rho\geqslant 0, 0<\alpha_\rho\leqslant 2\pi$,而数据采集坐标 θ 和 u_r 的定义在 $-\infty<u_r<\infty, 0\leqslant\theta\leqslant\pi$。

用极坐标表示傅里叶反变换为

$$m(r,\alpha)=\int_0^{2\pi}\mathrm{d}\alpha_\rho\int_0^\infty \rho M(\rho,\alpha_\rho)\cdot\exp[2\pi\mathrm{j}\rho r\cos(\alpha_r)]\mathrm{d}\rho \tag{7-104}$$

为了把物体函数用它的投影 $g_\theta(x_r)$清楚地表示出来,把式(7-104)分成两部分:

$$m(r,\alpha)=I_1+I_2$$

$$I_1=\int_0^{\pi}\mathrm{d}\alpha_\rho\int_0^\infty \rho M(\rho,\alpha_\rho)\exp[2\pi\mathrm{j}\rho r\cos\alpha_\rho]\mathrm{d}\rho \tag{7-105}$$

$$I_2=\int_\pi^{2\pi}\mathrm{d}\alpha_\rho\int_0^\infty \rho M(\rho,\alpha_\rho)\exp[2\pi\mathrm{j}\rho r\cos\alpha_\rho]\mathrm{d}\rho \tag{7-106}$$

由于

$$\rho=u_r,\quad \theta=\alpha_\rho$$

则

$$I_1=\int_0^{\pi}\mathrm{d}\theta\int_0^\infty u_r M(u_r,\theta)\exp[2\pi\mathrm{j}u_r r\cos(\theta-\alpha)]\mathrm{d}u_r \tag{7-107}$$

利用投影定理

$$I_1=\int_0^{\pi}\mathrm{d}\theta\int_0^\infty u_r G_\theta(u_r)\exp[2\pi\mathrm{j}u_r x_r]\mathrm{d}u_r \tag{7-108}$$

此式中利用了

$$x_r=r\cos(\alpha-\theta)$$

利用

$$-u_r=\rho,\theta=\alpha_\rho-\pi$$

则

$$I_2=-\int_0^{\pi}\mathrm{d}\theta\int_{-\infty}^0 u_r G_\theta(u_r)\exp(2\pi\mathrm{j}u_r x_r)\mathrm{d}u_r \tag{7-109}$$

合并二式,得

$$m(r,\alpha)=\int_0^{\pi}\mathrm{d}\theta\int_{-\infty}^\infty |u_r| G_\theta(u_r)\exp(2\pi\mathrm{j}u_r x_r)\mathrm{d}u_r \tag{7-110}$$

这一式子可理解为$|u_r|\cdot G_\theta(u_r)$的一维傅里叶反变换。该式也可以写成下列形式:

$$m(r,\alpha)=\frac{1}{2\pi \mathrm{j}}\int_0^{\pi}\mathrm{d}\theta\left(\frac{\partial}{\partial x_r}\int_{-\infty}^{\infty}\mathrm{sgn}(u_r)\cdot G_\theta(u_r)\exp(2\pi \mathrm{j}u_r x_r)\right)\mathrm{d}u_r \tag{7-111}$$

式中

$$\mathrm{sgn}(u_r)=\begin{cases}+1, & u_r>0\\ 0, & u_r=0\\ -1, & u_r<0\end{cases}$$

这里：

$$|u_r|=u_r\mathrm{sgn}(u_r)$$

应用卷积定理

$$m(r,\alpha)=\frac{1}{2\pi^2}\int_0^{\pi}\mathrm{d}\theta\left\{\frac{\partial}{\partial x_y}\left[g_\theta(x_y)*P\left(\frac{1}{x_y}\right)\right]\right\}\Bigg|_{x_y=r\cos(\alpha-\theta)} \tag{7-112}$$

式中 P 代表柯西主值。

这种结果中利用了傅里叶变换的对偶性，即

$$\begin{aligned}&\mathcal{F}[\mathrm{sgn}(x)]=\frac{1}{(\pi \mathrm{j}u)}\\&\mathcal{F}\left(\frac{1}{\pi \mathrm{j}u}\right)=\mathrm{sgn}(-u)=-\mathrm{sgn}(u)\end{aligned} \tag{7-113}$$

即

$$\mathcal{F}^{-1}[\mathrm{sgn}(u)]=-\frac{1}{\pi \mathrm{j}x} \tag{7-114}$$

这个结论中，有边就是柯西主值。由卷积的定义，容易证明

$$\begin{aligned}&\frac{\partial}{\partial x}[f(x)*g(x)]=f'(x)*g(x)\\&f'(x)=\frac{\partial f(x)}{\partial x}\end{aligned} \tag{7-115}$$

因此式(7-115)为

$$m(r,\alpha)=\frac{1}{2\pi}\int_0^{\pi}\mathrm{d}\theta P\int_{-\infty}^{\infty}\frac{\partial g_\theta(x'_r)/\partial x'_r}{r\cos(\alpha-\theta)-x'_r}\mathrm{d}x'_r \tag{7-116}$$

这就是 Randon 反变换的一种方式。这是图像重建的一个重要理论。这仅仅是图像重建的一种医学应用，正像在本书绪论中讲到的那样，三维重建算法发展很快，而且由于与计算机图形学相结合，把多个二维图像合成三维图像，并加以光照模型和各种渲染技术，能生成各种具有强烈真实感及纯净的高质量图像。该技术的应用不仅在医学诊断、工业无损检测、科学研究中有重要应用，而且在文化娱乐及影视创作领域也大有可为。同时，三维重建技术也是当今颇为热门的虚拟现实和科学可视化技术的基础。

思考题

1. 图像重建中数据的获取模型有哪几种？
2. 试述傅里叶重建法的基本原理。

3. 试述卷积法图像重建的基本原理。
4. 试述代数法重建的基本原理。
5. 重建优化问题有什么意义?
6. CT 断层成像的基本原理是什么?
7. 试述雷登变换的基本原理。

第 8 章　图像分析

对图像进行增强、恢复、编码等处理时，输入是图像，所要求的输出是一幅近似于输入的图像，这是此类处理的一个特点。图像处理的另一个主要分支是图像分析或景物分析。这类处理的输入仍然是图像，但是所要求的输出是已知图像或景物的描述。这类处理基本上用于自身图像分析和模式识别一类的领域。例如，染色体的分类、排列，血球的分类、计数，航空照片的地貌分类以及机器人的识别系统等。描述一般是针对图像或景物中的特定区域或目标。为了描述，首先要进行分割，有些分割运算可直接用于整个图像，而有些分割算法只适用于已被局部分割的图像。例如，分割染色体的处理，可先用设置门限的方法把染色体和背景分割开来，然后可采用尺寸大小、形状等准则进一步将其分割成单个染色体。

值得注意的是，没有唯一的、标准的分割方法，因此，也就没有规定成功分割的准则。本章只讨论一些最基本的分割及描述方法。

8.1　分割

分割的目的是把图像空间分成一些有意义的区域。例如，一幅航空照片，可以分割成工业区、住宅区、湖泊、森林等。可以以逐个像素为基础去研究图像分割，也可以利用在规定领域中的某些图像信息去分割。分割的依据可建立在相似性和非连续性两个基本概念之上。

8.1.1　灰度阈值法分割

最常用的图像分割方法是把图像灰度分成不同的等级，然后用设置灰度门限的方法确定有意义的区域或欲分割的物体边界。

假定一幅图像具有图 8-1 所示的直方图。由直方图可以知道，图像 $f(x,y)$ 的大部分像素灰度值较低，其余像素较均匀地分布在其他灰度级上。由此可以推断这幅图像是由有灰度级的物体叠加在一个暗背景上形成的。可以设一个阈值 T，把直方图分成两个部分，如图 8-1所示。T 的选择要本着以下原则：B_1 应尽可能包含与背景相关联的灰度级，而 B_2 则应包含物体的所有灰度级。当扫描这幅图像时，从 $B_1 \sim B_2$ 之间的灰度变化就指示出有边界存在。当然，为了找出水平方向和垂直方向上的边界，要进行两次扫描。也就是说，首先确定一个门限 T，然后执行下列步骤：

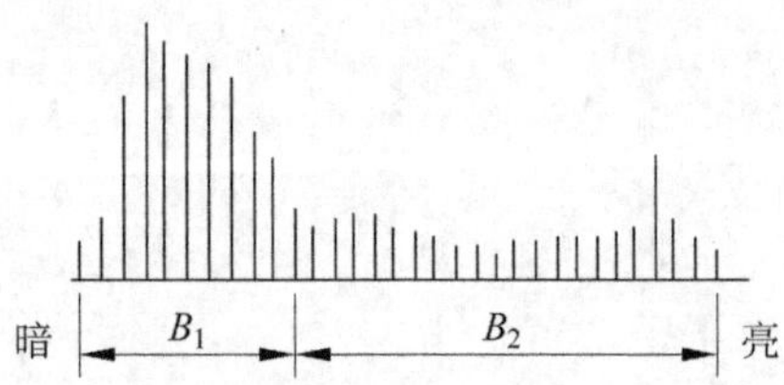

图 8-1　图像 $f(x,y)$ 的直方图

① 对 $f(x,y)$ 的每一行进行检测，产生的图像的灰度将遵循以下规则：

$$f_1(x,y)=\begin{cases}L_E, & f(x,y) \text{ 和 } f(x,y-1) \text{ 处在不同的灰度级上}\\ L_B, & \text{其他}\end{cases}\tag{8-1}$$

式中，L_E 是指定的边缘灰度级；L_B 是背景灰度级。

② 对 $f(x,y)$的每一列进行检测，产生的图像的灰度将遵循下述规则：

$$f_2(x,y)=\begin{cases}L_E, & f(x,y) \text{ 和 } f(x-1,y) \text{ 灰度处在不同的灰度级上}\\ L_B, & \text{其他}\end{cases}\tag{8-2}$$

为了得到边缘图像，可采用下述关系：

$$f(x,y)=\begin{cases}L_E, & f_1(x,y) \text{ 或 } f_2(x,y) \text{ 中的任何一个等于 } L_E\\ L_B, & \text{其他}\end{cases}\tag{8-3}$$

上述方法是以某像素到下一个像素间灰度的变化为基础。这种方法也可以推广到多灰度级阈值方法中。由于确定了更多的灰度级阈值，可以提高边缘抽取技术的能力，其关键问题是如何选择阈值。

一种方法是把图像变成二值图像。例如，图像 $f(x,y)$的灰度级范围是(z_1, z_h)，设 T 是 z_1 和 z_h 之间的一个数，那么 $f_1(x,y)$可由式(8-4)表示，即

$$f_t(x,y)=\begin{cases}1, & \text{若 } f(x,y)\geqslant T\\ 0, & \text{若 } f(x,y)<T\end{cases}\tag{8-4}$$

另一方法是把规定的灰度级范围变换为 1，而把范围以外的灰度级变换为 0，例如

$$f_u(x,y)=\begin{cases}1, & \text{若 } f(x,y)\leqslant u\\ 0, & \text{若 } f(x,y)>u\end{cases}\tag{8-5}$$

$$f_{u,v}(x,y)=\begin{cases}1, & \text{若 } u\leqslant f(x,y)\leqslant v\\ 0, & \text{其余}\end{cases}\tag{8-6}$$

另外，还有一种所谓半阈值法，这种方法是将灰度级低于某一阈值的像素灰度变换为 0，而其余的灰度级不变，仍保留原来的灰度值。总之，设置灰度级阈值的方法不仅可以提取物体，也可以提取目标物的轮廓。这些方法都是以图像直方图为基础去设置阈值的。

那么，在分割中如何设置最佳阈值呢？假设一幅图像是由背景和物体组成。其中，物体像素的灰度级具有正态概率密度 $p(z)$，其均值为 μ，方差为 σ^2；而背景像素的灰度级也具有正态概率密度 $q(z)$，其均值为 ν，方差为 τ^2。物体占图像总面积的比为 θ，背景占总面积的比为 $1-\theta$，所以这幅图像总的灰度级概率为

$$\theta p(z)+(1-\theta)q(z)\tag{8-7}$$

假设对图像设置一阈值 t，并且把小于 t 的全部点称为目标物体点，而把不小于 t 的所有点称为背景点。那么，把背景错归为物体点的概率为 $Q_1(t)$，把物体点错归为背景点的概率为 $Q_2(t)$，则有

$$Q_1(t)=\int_{-\infty}^{t} q(z)\,\mathrm{d}z\tag{8-8}$$

$$\begin{aligned}Q_2(t)&=\int_{t}^{\infty} p(z)\,\mathrm{d}z\\ &=1-p(t)\end{aligned}\tag{8-9}$$

总的错分概率为

$$\theta Q_2(t)+(1-\theta)Q_1(t)=\theta(1-p(t))+(1-\theta)Q_1(t) \tag{8-10}$$

要求得式(8-10)的最小阈值,可将式(8-10)对 t 微分,并令其结果为0,则得到

$$(1-\theta)q(t)=\theta p(t) \tag{8-11}$$

因为

$$p(t)=\frac{1}{\sqrt{2\pi}\sigma}\exp\left[\frac{-(t-\mu)^2}{2\sigma^2}\right] \tag{8-12}$$

$$q(t)=\frac{1}{\sqrt{2\pi}\tau}\exp\left[\frac{-(t-\nu)^2}{2\tau^2}\right] \tag{8-13}$$

代入式(8-11),并取对数

$$\ln\sigma+\ln(1-\theta)-\frac{(t-v)^2}{2\tau^2}=\ln\tau+\ln\theta-\frac{(t-\mu)^2}{2\sigma^2} \tag{8-14}$$

或者

$$\begin{aligned}&\tau^2(t-\mu)^2-\sigma^2(t-v)^2\\ &=2\sigma^2\tau^2\ln\frac{\tau\theta}{\sigma(1-\theta)}\end{aligned} \tag{8-15}$$

由这个二次方程可以求解出 t 值。如果 $\theta=\frac{1}{2}$,$\tau=\sigma$ 那么

$$t=\frac{(\mu+v)}{2} \tag{8-16}$$

这一结果可以证明如下:

如果知道图像点的 θ 部分是物体点,那么可以设一个分位数 θ,即设置一个阈值 t,使像点的一部分 θ 具有小于 t 的灰度级,因此,有

$$\int_{-\infty}^{t}[\theta p(z)+(1-\theta)q(z)]\mathrm{d}z=\theta \tag{8-17}$$

在 $\theta=1/2$ 和 $\tau=\sigma$ 的情况下,密度函数

$$\mathrm{d}z=\frac{1}{\sqrt{2\pi}\sigma}\left\{\exp\left[\frac{-(z-\mu)^2}{2\sigma^2}\right]+\exp\left[\frac{-(z-v)^2}{2\sigma^2}\right]\right.$$

在点 $z=\frac{(\mu+v)}{2}$ 的周围是对称的,即对任何 ω 有

$$d\left(\frac{\mu+v}{2}+\omega\right)=d\left(\frac{\mu+v}{2}-\omega\right) \tag{8-18}$$

因此,$\frac{\mu+v}{2}$ 是 $d(z)$ 的中位数。将 $\theta p(z)+(1-\theta)q(z)$ 式对 z 微分,并令其结果为零可找出该式的极大值和极小值,即

$$\theta\tau^3\exp\left[\frac{-(z-\mu)^2}{2\sigma^2}\right](z-\mu)+(1-\theta)\sigma^3\exp\left[\frac{-(z-v)^2}{2\tau^2}\right](z-v)=0 \tag{8-19}$$

在特殊情况下,式(8-19)可简化为式(8-20)的形式

$$\exp\left[\frac{-(z-\mu)^2}{2\sigma^2}\right](z-\mu)+\exp\left[\frac{-(z-v)^2}{2\sigma^2}\right](z-v)=0 \tag{8-20}$$

此式在 $z=\frac{(\mu+v)}{2}$ 处有一个根。这个根是对应的极大值还是极小值需验证 $d(z)$ 的导

数。在忽略共同的正的常数因子的情况下，它的一次导数为

$$d'(z)=-(z-\mu)\exp\left[\frac{-(z-\mu)^2}{2\sigma^2}\right]-(z-v)\exp\left[\frac{-(z-v)^2}{2\sigma^2}\right] \tag{8-21}$$

对于 $z<\mu$，则式(8-21)两项均为正，$z>v$，这两项都为负，因此当 $z<\mu$ 时，$d(z)$ 严格递增，而 $z>v$ 时，$d(z)$ 严格递减。另外

$$d''(z)=\left[\frac{(z-\mu)^2}{\sigma^2}-1\right]\exp\left[\frac{-(z-\mu)^2}{2\sigma^2}\right]+\left[\frac{(z-v)^2}{\sigma^2}-1\right]\exp\left[\frac{-(z-v)^2}{2\sigma^2}\right] \tag{8-22}$$

同样，略去共同的正的常数因子，当 $z=\frac{(\mu+v)}{2}$ 时，此式取值为

$$2\left[\frac{(v-\mu)^2}{4\sigma^2}-1\right]\exp\left[\frac{-(v-\mu)^2}{8\sigma^2}\right] \tag{8-23}$$

这样，如果 $(v-\mu)^2>4\sigma^2$，则 $d''\left(\frac{\mu+v}{2}\right)$ 为正。那么 $d(z)$ 在 $z=\frac{(\mu+v)}{2}$ 处有极小值，并且由于 $z<\mu$ 时，$d(z)$ 递增，$z>v$ 时 $d(z)$ 递减，则在 μ 和 $\frac{\mu+v}{2}$ 之间以及在 $\frac{\mu+v}{2}$ 和 v 之间它还必须有极大值。若 $v-\mu>2\sigma$，阈值 $\frac{\mu+v}{2}$ 对应于 $d(z)$ 的两峰间的一个极小值。以上便是在 $\theta=\frac{1}{2}$，$\tau=\sigma$ 的情况下，对 $t=\frac{\mu+v}{2}$ 的简单分析。当然，即使概率密度函数 $p(z)$ 和 $q(z)$ 不是正态分布，方程 $(1-\theta)q(t)=\theta p(t)$ 仍可用来确定最小误差阈值 t，只要 p 和 q 是已知函数，就可以用数值解法来对 t 求解。

对于复杂图像，在许多情况下对整幅图像用单一阈值不能给出良好的分割结果。例如，图像是在光亮背景上的暗物体，但由于照射光的不均匀，虽然物体与背景始终有反差，但在图像的某一部分物体和背景两者都比另一部分亮。因此，在图像的一部分能把物体和背景精确地分开的阈值，对另一部分来说，可能把太多的背景也当作物体分割下来了。克服这一缺点有以下一些方法：如果已知在图像上的位置函数描述不均匀照射，就可以设法利用灰度级校正技术进行校正，然后采用单一阈值来分割；另外一种方法是把图像分成小块，并对每一块设置局部阈值。但是，如果某块图像只含物体或只含背景，那么对这块图像就找不到阈值。这时，可以由附近的像块求得的局部阈值用内插法给此像块指定一个阈值。

在确定阈值时，如果阈值定得过高，偶然出现的物体点就会被认作背景。如果阈值定得过低，则会发生相反的情况。克服的方法是使用两个阈值。例如，$t_1<t_2$，把灰度值超过 t_2 的像素分类为核心物体点，而灰度值超过 t_1 的像素仅当它们紧靠核心物体点时才算作物体点。t_2 的选择要使每个物体有一些像素灰度级高于 t_2，而背景不含有这样的像素。同时，应选择 t_1 使每个物体像素点具有高于 t_1 的灰度级。如果只使用 t_2，则物体总是分割得不完整；如果只使用 t_1，则会有许多背景像素被错分为物体像素。但是，如果同时使用 t_1 和 t_2 就能把背景与物体很好地分割开来。当然，如果物体与背景的对比是鲜明的，就不必使用这种方法。

此外，如果存在一个阈值 t_2，使得每个物体的像素灰度级高于 t_2，而背景不包含这种像素，可对图像设置阈值 t_2，然后检查高于阈值像素的领域，目的是寻找一个局部阈值，以便在每个类似领域中把物体和背景分开。如果这些物体相当小，并且不太靠近在一起时，这种方

法比较适用。所使用的领域应足够大，以保证它们既包含物体像素，也包含背景像素，这样就可以使领域的直方图是双峰的。

有时需要寻找一幅图像的局部最大点，即提取比附近像素有较高的某种局部性质值的像素。一般来讲，也要求这些点具有高于一个低阈值 t_1 的值，一旦超过 t_1，不管它的绝对值大小如何，一切相对的最大值都被采纳。因此，可把寻找局部最大值看作为局部设置阈值的极端情况。在对图像进行匹配运算或检测界线时可采用这种方法。

8.1.2 样板匹配

在数字图像处理中，样板是为了检测某些不变区域特性而设计的阵列。样板可根据检测目的的不同而分为点样板、线样板、梯度样板、正交样板等。

点样板的例子如图 8-2 所示。下面用一幅具有恒定强度背景的图像来讨论。这幅图像包含了一些强度与背景不同且互相隔开的小块（点），假定小块之间的距离大于$[(\Delta x)^2+(\Delta y)^2]^{\frac{1}{2}}$，这里 Δx、Δy 分别是在 x 和 y 方向的取样距离，用点样板的检测步骤如下：

−1	−1	−1
−1	8	−1
−1	−1	−1

图 8-2 点样板

样板中心（标号为 8）沿着图像从一个像素移到另一个像素，在每一个位置上，把处在样板内的图像的每一点的值乘以样板的相应方格中指示的数字，然后把结果相加。如果在样板区域内所有图像的像素有同样的值，则其和为零。另一方面，如果样板中心位于一个小块的点上，则其和不为零。如果小块在偏离样板中心的位置上，其和也不为零，但其响应幅度比起这个小块位于样板中心的情况时要小一些，这时，可以采用阈值法清除这类较弱的响应，如果其幅度值超过阈值，就意味着小块被检测出来了；如果低于阈值则忽略掉。

例如，设 $\omega_1,\omega_2,\cdots,\omega_9$ 代表 3×3 模板的权，并使 $x_1,x_2,\cdots,x_9$ 为模板内各像素的灰度值。从上述方法来看，应求两个矢量的积，即

$$\boldsymbol{W}^{\mathrm{T}}\boldsymbol{X}=\omega_1x_1+\omega_2x_2+\cdots+\omega_9x_9=\sum_{n=1}^{9}\omega_nx_n \tag{8-24}$$

式中

$$\boldsymbol{W}=\begin{bmatrix}\omega_1\\ \omega_2\\ \vdots\\ \omega_9\end{bmatrix} \tag{8-25}$$

$$\boldsymbol{X}=\begin{bmatrix}x_1\\ x_2\\ \vdots\\ x_9\end{bmatrix} \tag{8-26}$$

设置一阈值 T，如果

$$W^{T}X > T \tag{8-27}$$

则认为小块已检测出来了。这个步骤可以很容易地推广到 $n\times n$ 大小的样板，不过此时要处理 n^2 维矢量。

线样板如图 8-3 所示。其中，图 8-3(a)所示为沿一幅图像移动，它将对水平取向的线(一个像素宽度)有最强的响应。对于恒定背景，当线通过样板中间一行时出现最大响应；图 8-3(b)所示为对 45°方向的那些线具有最好响应；图 8-3(c)所示为对垂直线有最大响应；图 8-3(d)所示为对－45°方向的那些线有最好的响应。

−1	−1	−1
2	2	2
−1	−1	−1

(a)

−1	−1	2
−1	2	−1
2	−1	−1

(b)

−1	2	−1
−1	2	−1
−1	2	−1

(c)

2	−1	−1
−1	2	−1
−1	−1	2

(d)

图 8-3　线样板

设 W_1、W_2、W_3、W_4 是图 8-3 中 4 个样板的权值组成的九维矢量。与点样板的操作步骤一样，在图像中的任意一点上，线样板的各个响应为 $W_i^{T}X$，这里 $i=1$、2、3、4。此处 X 是样板面积内 9 个像素形成的矢量。给定一个特定的 X，希望能确定在讨论问题的区域与 4 个线样板中的哪一个有最相近的匹配。如果第 i 个样板响应最大，则可以断定 X 和第 i 个样板最相近。换言之，如果对所有的 j 值，除 $j=i$ 外，有

$$W_i^{T}X > W_j^{T}X \tag{8-28}$$

就可以说 X 和第 i 个样板最相近。如果 $W_1^{T}X > W_j^{T}X$，$j=2$、3、4，可以断定 X 代表的区域有水平线的性质。

对于边缘检测来说也同样遵循上述原理。通常采用的方法是执行某种形式的二维导数。类似于离散梯度计算，考虑 3×3 大小的模板，如图 8-4 所示。

a	b	c
d	e	f
g	h	i

图 8-4　3×3 样板

考虑 3×3 的图像区域，G_x 及 G_y 分别用式(8-29)、式(8-30)表示

$$G_x = (g+2h+i)-(a+2b+c) \tag{8-29}$$

$$G_y = (c+2f+i)-(a+2d+g) \tag{8-30}$$

在 e 点的梯度为

$$G = [G_x^2 + G_y^2]^{\frac{1}{2}} \tag{8-31}$$

采用绝对值的一种定义为

$$G = |G_x| + |G_y| \tag{8-32}$$

梯度样板如图 8-5 所示。

把图 8-5 所示的区域与式(8-29)进行比较，可以看出 G_x 为第一行和第二行的差，其中最靠近 e 的元素(b 和 h)的加权等于角偶上权值的两倍，因此，G_x 代表在 x 方向上导数的估

值。式(8-31)和式(8-32)可用图 8-5 中两个样板来实现。

1	2	1
0	0	0
−1	−2	−1

1	0	−1
2	0	−2
1	0	−1

图 8-5 梯度样板

边缘检测也可以表示成矢量，其形式与线样板检测相同。如果 $\boldsymbol{X}$ 代表所讨论的图像区域，则

$$\boldsymbol{G}_x = \boldsymbol{W}_1^{\mathrm{T}}\boldsymbol{X} \tag{8-33}$$

$$\boldsymbol{G}_y = \boldsymbol{W}_2^{\mathrm{T}}\boldsymbol{X} \tag{8-34}$$

这里 $\boldsymbol{W}_1$、$\boldsymbol{W}_2$ 是图 8-5 中的两个样板矢量。$\boldsymbol{W}_1^{\mathrm{T}}$、$\boldsymbol{W}_2^{\mathrm{T}}$ 分别代表它们的转置。这样，梯度公式(8-31)和式(8-32)变为式(8-35)和式(8-36)的形式。

$$\boldsymbol{G} = [(\boldsymbol{W}_1^{\mathrm{T}}\boldsymbol{X})^2 + (\boldsymbol{W}_1^{\mathrm{T}}\boldsymbol{X})^2]^{\frac{1}{2}} \tag{8-35}$$

$$\boldsymbol{G} = |\boldsymbol{W}_1^{\mathrm{T}}\boldsymbol{X}| + |\boldsymbol{W}_2^{\mathrm{T}}\boldsymbol{X}| \tag{8-36}$$

检测点、线和边缘的矢量公式可应用于 1977 年费雷和陈提出的一种检测技术。他们提出的检测方法是这样实现的，假定有两个只有 3 个元素的样板，此时，则有两个矢量 $\boldsymbol{W}_1$ 和 $\boldsymbol{W}_2$，它们都是三维的。又假定 $\boldsymbol{W}_1$ 和 $\boldsymbol{W}_2$ 都是正交的和归一化的，因此，它们都有单位幅值。$\boldsymbol{W}_1^{\mathrm{T}}\boldsymbol{X}$ 和 $\boldsymbol{W}_2^{\mathrm{T}}\boldsymbol{X}$ 项分别等于在相应矢量 $\boldsymbol{W}_1$ 和 $\boldsymbol{W}_2$ 上 $\boldsymbol{X}$ 的投影。对于 $\boldsymbol{W}_1$ 来说：

$$\boldsymbol{W}_1^{\mathrm{T}}\boldsymbol{X} = |\boldsymbol{W}_1||\boldsymbol{X}|\cos\theta \tag{8-37}$$

这里 θ 是两个矢量间的夹角。因为 $|\boldsymbol{W}_1| = 1$，因此有

$$|\boldsymbol{X}|\cos\theta = \boldsymbol{W}_1^{\mathrm{T}}\boldsymbol{X} \tag{8-38}$$

这就是 $\boldsymbol{X}$ 在 $\boldsymbol{W}_1$ 上的投影，这种情况如图 8-6 所示。对 $\boldsymbol{W}_2$ 来说亦然。

现在假定有 3 个正交的单位矢量 $\boldsymbol{W}_1$、$\boldsymbol{W}_2$、$\boldsymbol{W}_3$ 分别与 3 个 3 点样板相对应，那么乘积 $\boldsymbol{W}_1^{\mathrm{T}}\boldsymbol{X}$、$\boldsymbol{W}_2^{\mathrm{T}}\boldsymbol{X}$、$\boldsymbol{W}_3^{\mathrm{T}}\boldsymbol{X}$ 代表 $\boldsymbol{X}$ 在 3 个矢量 $\boldsymbol{W}_1$、$\boldsymbol{W}_2$、$\boldsymbol{W}_3$ 上的投影。其几何关系如图 8-7 所示。

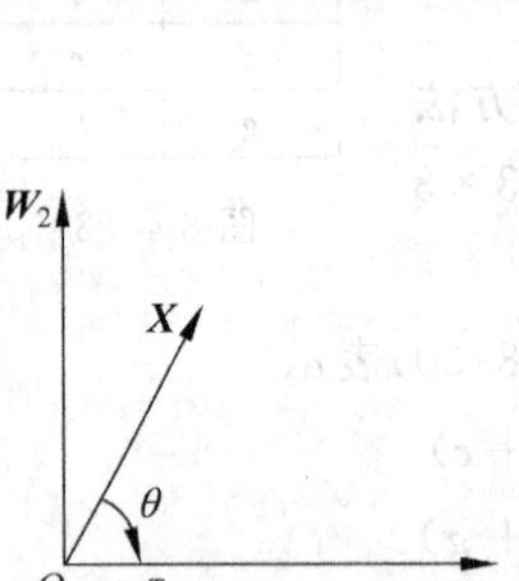

图 8-6 $\boldsymbol{X}$ 向单位矢量 $\boldsymbol{W}_1$ 的投影

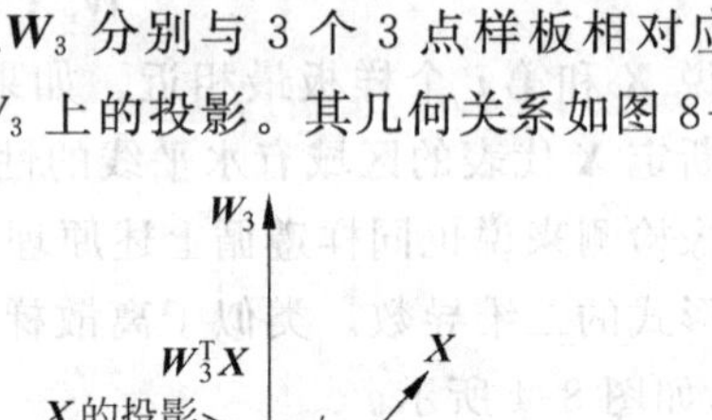

图 8-7 $\boldsymbol{X}$ 向 $\boldsymbol{W}_1$、$\boldsymbol{W}_2$、$\boldsymbol{W}_3$ 确定的子空间的投影

假定样板 1 和样板 2 是检测线的，而 3 是检测点的，$\boldsymbol{X}$ 代表的这个区域更像一条线呢还是更像一个点呢？为了回答这一问题，把 $\boldsymbol{X}$ 投影到 $\boldsymbol{W}_1$、$\boldsymbol{W}_2$、$\boldsymbol{W}_3$ 的子空间上去，$\boldsymbol{X}$ 和子空间的夹角可以说明 $\boldsymbol{X}$ 更接近于线还是更接近于点。这可以从图 8-7 所示的几何关系上看出来。$\boldsymbol{X}$ 在由 $\boldsymbol{W}_1$ 和 $\boldsymbol{W}_2$ 所确定的平面上投影的幅度可由式(8-35)表示，而 $\boldsymbol{X}$ 的幅度由式(8-39)表示，即

$$|\boldsymbol{X}|=\left[(\boldsymbol{W}_1^{\mathrm{T}}\boldsymbol{X})^2+(\boldsymbol{W}_2^{\mathrm{T}}\boldsymbol{X})^2+(\boldsymbol{W}_3^{\mathrm{T}}\boldsymbol{X})^2\right]^{\frac{1}{2}} \tag{8-39}$$

$\boldsymbol{X}$ 和其投影间的夹角为

$$\begin{aligned}\theta &= \arccos\left\{\frac{\left[(\boldsymbol{W}_1^{\mathrm{T}}\boldsymbol{X})^2+(\boldsymbol{W}_2^{\mathrm{T}}\boldsymbol{X})^2\right]^{\frac{1}{2}}}{\left[(\boldsymbol{W}_1^{\mathrm{T}}\boldsymbol{X})^2+(\boldsymbol{W}_2^{\mathrm{T}}\boldsymbol{X})^2+(\boldsymbol{W}_3^{\mathrm{T}}\boldsymbol{X})^2\right]^{\frac{1}{2}}}\right\} \\ &= \arccos\left\{\frac{\left[\sum_{i=1}^{2}(\boldsymbol{W}_i^{\mathrm{T}}\boldsymbol{X})^2\right]^{\frac{1}{2}}}{\left[\sum_{j=1}^{3}(\boldsymbol{W}_j^{\mathrm{T}}\boldsymbol{X})^2\right]^{\frac{1}{2}}}\right\}=\cos^{-1}\left\{\frac{1}{|\boldsymbol{X}|}\left[\sum_{i=1}^{2}(\boldsymbol{W}_i^{\mathrm{T}}\boldsymbol{X})^2\right]^{\frac{1}{2}}\right\}\end{aligned} \tag{8-40}$$

同理，向 $\boldsymbol{W}_3$ 子空间上投影的夹角可由式(8-41)表示，即

$$\phi=\arccos\left\{\frac{1}{|\boldsymbol{X}|}\left[\sum_{i=3}^{3}(\boldsymbol{W}_i^{\mathrm{T}}\boldsymbol{X})^2\right]^{\frac{1}{2}}\right\}=\arccos\left\{\frac{1}{|\boldsymbol{X}|}\,|\boldsymbol{W}_3^{\mathrm{T}}\boldsymbol{X}|\right\} \tag{8-41}$$

那么，如果 $\theta<\phi$，就说明 $\boldsymbol{X}$ 所代表的区域更接近于线特性而不是点特性。

如果考虑 3×3 的模板，则问题就成为九维的，但前边讨论的概念仍然适用。这里，需要 9 个九维正交矢量形成一个完整的基。这 9 个模板如图 8-8 所示。其中前 4 块模板适合于边缘检测；后 4 块模板适合于检测线；最后一块模板则正比于一幅图像中模板所在区域的像素平均值。

1	$\sqrt{2}$	1
0	0	0
−1	$-\sqrt{2}$	−1

(a)

1	0	−1
$\sqrt{2}$	0	$-\sqrt{2}$
1	0	−1

(b)

0	−1	$\sqrt{2}$
1	0	−1
$-\sqrt{2}$	1	0

(c)

$\sqrt{2}$	1	0
−1	0	1
0	1	$-\sqrt{2}$

(d)

0	1	0
−1	0	−1
0	1	0

(e)

−1	0	1
0	0	0
1	0	−1

(f)

1	−2	1
−2	4	−2
1	−2	1

(g)

−2	1	−2
1	4	1
−2	1	−2

(h)

1	1	1
1	1	1
1	1	1

(i)

图 8-8　正交模板

如果由 $\boldsymbol{X}$ 代表的 3×3 区域，并假定矢量 $\boldsymbol{W}_i$，$i=1,2,3,\cdots,9$ 是归一化的，从前边的讨论有

$$p_{\mathrm{e}}=\left[\sum_{i=1}^{4}(\boldsymbol{W}_i^{\mathrm{T}}\boldsymbol{X})^2\right]^{\frac{1}{2}} \tag{8-42}$$

$$p_{\mathrm{i}}=\left[\sum_{i=5}^{8}(\boldsymbol{W}_i^{\mathrm{T}}\boldsymbol{X})^2\right]^{\frac{1}{2}} \tag{8-43}$$

$$p_{\mathrm{a}}=|\boldsymbol{W}_9^{\mathrm{T}}\boldsymbol{X}| \tag{8-44}$$

式中 p_{e}、p_{i}、p_{a} 分别是 X 向边缘、线和平均子空间投影的幅度。同样道理，有

$$\theta_e = \arccos\left\{\frac{1}{|\boldsymbol{X}|}\left[\sum_{i=1}^{4}(\boldsymbol{W}_i^{\mathrm{T}}\boldsymbol{X})^2\right]^{\frac{1}{2}}\right\} \tag{8-45}$$

$$\theta_i = \arccos\left\{\frac{1}{|\boldsymbol{X}|}\left[\sum_{i=5}^{8}(\boldsymbol{W}_i^{\mathrm{T}}\boldsymbol{X})^2\right]^{\frac{1}{2}}\right\} \tag{8-46}$$

$$\theta_a = \arccos\left\{\frac{1}{|\boldsymbol{X}|}\,|\boldsymbol{W}_9^{\mathrm{T}}\boldsymbol{X}|\right\} \tag{8-47}$$

式中 θ_e、θ_i、θ_a 是 $\boldsymbol{X}$ 与它在边缘、线及平均子空间的投影之间的夹角。

采用这种检测方法可扩展到其他基与维数，只要基本矢量是正交的就可以。

8.1.3 区域生长

分割的目的是要把一幅图像划分成一些区域，对于这个问题的最直接的方法是把一幅图像分成满足某种判据的区域，也就是说，把点组成区域。为了实现分组，首先要确定区域的数目，其次要确定一个区域与其他区域相区别的特征，最后还要产生有意义分割的相似性判据。

分割区域的一种方法叫区域生长或区域生成。如图 8-9 所示，假定区域的数目以及在每个区域中单个点的位置已知，则可推导一种算法。从一个已知点开始，加上与已知点相似的邻近点形成一个区域。这个相似性准则可以是灰度级、彩色、组织、梯度或其他特性。相似性的测度可以由所确定的阈值来判定。它的方法是从满足检测准则的点开始，在各个方向上生长区域。当其邻近点满足检测准则就并入小块区域中，当新的点被合并后再用新的区域重复这一过程，直到没有可接受的邻近点时，生成过程终止。

5	5	8	6
4	8	$\underline{9}$	7
2	2	8	3
3	3	3	3

(a)

5	5	$\underline{8}$	6
4	$\underline{8}$	$\underline{9}$	7
2	2	$\underline{8}$	3
3	3	3	3

(b)

5	5	$\underline{8}$	6
4	$\underline{8}$	$\underline{9}$	$\underline{7}$
2	2	$\underline{8}$	3
3	3	3	3

(c)

5	5	8	$\underline{6}$
4	8	9	$\underline{7}$
2	2	8	3
3	3	3	3

(d)

图 8-9 区域生长简例

图 8-9 示出了一个简单的例子。这个例子的相似性准则是邻近点的灰度级与物体的平均灰度级的差小于 2。图中被接受的点和起始点均用一短线标出，其中图 8-9(a)是输入图像；图 8-9(b)是第一步接受的邻近点；图 8-9(c)是第二步接受的邻近点；图 8-9(d)是从 6 开始生成的结果。

当生成任意物体时，接受准则可以结构为基础，而不是以灰度级或对比度为基础。为了把候选的小群点包含在物体中，可以检测这些小群点，而不是检测单个点，如果它们的结构与物体的结构充分并且足够相似时就接受它们。另外,还可以使用界线检测对生成建立"势垒",如果在"势垒"的近邻点和物体之间有界线,则不能把这邻近点接受为物体中的点。

8.1.4　区域聚合

区域聚合可直接用于图像分割。它要求聚合中的各个点必须在平面上相邻接而且特性相似。区域聚合的步骤是首先检查图像的测度集,以确定在测度空间中聚合的位置和数目,然后把这些聚合的定义用于图像,以得到区域聚合。一般区域聚合技术可以说明如下:

首先可以在图片上定义某个等价关系。例如,最简单的等价关系可定义为 $p(i,j)=p(k,l)$。也就是说,如果 $p(i,j)=p(k,l)$,就说明 $p(i,j)$与 $p(k,l)$等价。任何在点的格子上的等价关系又可划分为等价类。例如,$p(i,j)$的取值范围为 0～63,就可以产生 64 个等价类的模板。如果关系满足,它的值等于 1,否则为 0。模板的图像是两两不相交的,那么 64 个模板就会充满整个格子。这些等价的类又可以进一步分为最大连接的子集,把这个叫做连接分量。连接性可以用点(i,j)的邻点来定义。如 4 连接邻点、8 连接邻点等。4 连接邻点是 4 个非对角线上的 4 个邻点,8 连接邻点则是环绕的 8 个邻点。假如 R 是属于格子的子集,在 R 中存在一个点序列,第一个点是 p_1,末一个点是 p_2,属于格子的子集 R 的两个点 p_1 和 p_2 是被连接起来的,这样,相继的各点是 4 连接相邻的。通过这样的连接关系可以定义一个属于 R 的子集,这个子集形成一个区域。在这个区域中,任何点都与 R 有关。利用等价模板可分成最大的连接区域。然后,这些最大的连接区域又可以像搭积木一样形成有意义的分割。

1970 年布赖斯和芬尼玛提出一种分割方法。这个方法如图 8-10 所示。图 8-10(a)是具有灰度级的 3×3 的 **G** 阵列,图 8-10(b)是对 **S** 的分割结果。其中图像格子为 **G**,它是大格子 **S** 的子格子。**G** 为 $n\times m$ 的格子,**S** 是$(2n+1)\times(2m+1)$的大格子。在大格子中,**G**(i,j)点位于 **S** 的$(2i+1,2j+1)$点上。**G** 中的点与 **S** 中的点相对应,其中每一下标都是奇数,其余的点用来代表区域的边界。以这种形式表现的区域,产生一种寻找最大连接区域的方法。**G** 中的点与它上边和右边的点相比较,灰度级相同就合并,灰度级不同就插入边界线。把图像中的每个点都考虑了之后,整个图像就被分割成区域了。在这个例子中,由于采用了 4 连接等价关系,因此,由图 8-10 可见,在对角线方向上的等灰度级产生了隔开的区域。

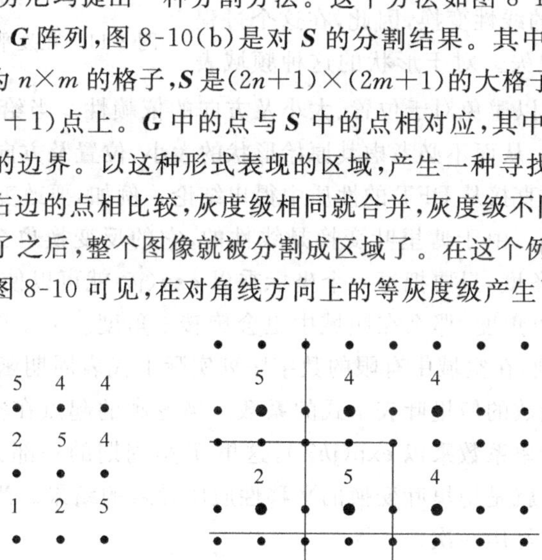

(a)　　(b)

图 8-10　布赖斯和芬尼玛分割方法

8.2 描绘

当一幅图像被分割或确定之后，通常希望用一系列符号或某种规则来具体地描述该图像的特征，以便在进一步的识别、分析或分类中有利于区分不同性质的图像。同时，也可以减少图像区域中的原始数据量。一般把表征图像特征的一系列符号叫做描绘子。对这些描绘子的基本要求是它们对图像的大小、旋转、平移等变化不敏感。也就是说，只要图像内容不变，仅仅产生几何变化，描绘图像的描绘子将是唯一的。

8.2.1 区域描绘

1. 傅里叶描绘子

当一个区域边界上的点已被确定时，可以从这些点中提取信息。这些信息就可以用来鉴别不同区域的形状。假如一个区域上有 M 个点可利用，可以把这个区域看作是在复平面内，纵坐标为虚轴，横坐标为实轴，如图 8-11 所示。

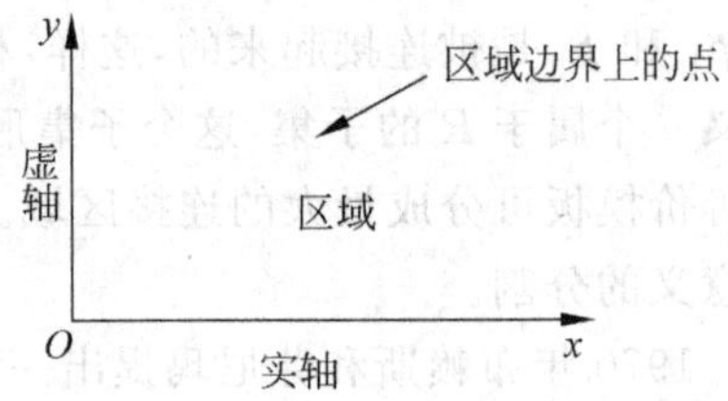

图 8-11 在复平面上区域边界的表示

在边界上要分析每一个点的坐标 (x,y) 可以用一复数来表示，即 $x+\mathrm{j}y$。从边界上任意点开始，沿此边界跟踪一周就可以得到一个复数序列。这个复数序列叫做傅里叶描绘子(Fourier Descriptor，FD)。

因为 DFT 是可逆的线性变换，因此，在这个过程中没有信息的增益或损失。对于形状的这种频域表示作些简单的处理就可以避免对于位置、大小及方向的依赖性。当给定了任意的 FD，用若干步骤可以使之归一化，从而不必考虑其原始形状的大小、位置及方向。

关于归一化问题可直接从 DFT 的性质中得出结论。例如，要改变轮廓大小，只要把 FD 分量乘一个常数就行了。由于傅里叶变换是线性的，它的反变换也会被乘以同样的常数。又如，把轮廓旋转一个角度，只要把每一个坐标乘以 $\exp(\mathrm{j}\theta)$ 就可以使其旋转 θ 角。由 DFT 的性质，在空域旋转了 θ 角度，那么在频域中也会旋转 θ 角度。关于轮廓起始点的移动，由 DFT 的周期性可以看到，在空域中有限的数字序列实际上代表周期函数的一个周期。DFT 的系数就是这个周期函数的傅里叶表示式的系数。当轮廓的起点在空域中移动时，就相当于在频域中把第 k 次频率系数乘以 $\exp(\mathrm{j}kT)$，这里 T 是周期的一部分，这部分即为起始点移动的部分。实际上这就是傅里叶变换的平移性质所导致的结果。当 T 从 $0\sim2\pi$ 变化时，则起点将把整个轮廓点经历一次。

给定一任意轮廓的 FD 后，归一化后就可以执行一系列步骤，使轮廓有一个标准的大小、方向和起点。

在实际执行上还要考虑到以下一些问题：其一，如果取样不均匀将会给问题带来困难，因此，在理论上采用均匀间隔取样；其次是 FFT 的算法要求阵列长度为 2 的整数次幂，这样在采用 FFT 之前，应调整表达式的长度。为做到这一点，首先计算出轮廓的周长，然后用所希望的长度(当然应是 2 的整数次幂)去除,然后从一个起始点去追踪,所希望的 2 的幂次可以是大于序列长度的最小的 2 的幂次。

实际上,输入到形状分析运算中的将是从取样图片中取出的轮廓。这个轮廓的周长近似等于轮廓的实际周长。如果原始图像的取样密度足够高的话,那么序列将是轮廓的很好的近似。例如,图 8-12 所示的等边直角三角形,如果用 4 个取向的链码来追迹则会比较粗糙,如果用 8 个取向的链码来追迹,就可得到精确得多的结果。由图 8-12 可见,追踪后的轮廓长度是直角边长度的 4 倍。如图 8-13 所示,用 8 个方向来追踪,其结果更接近实际轮廓的长度。

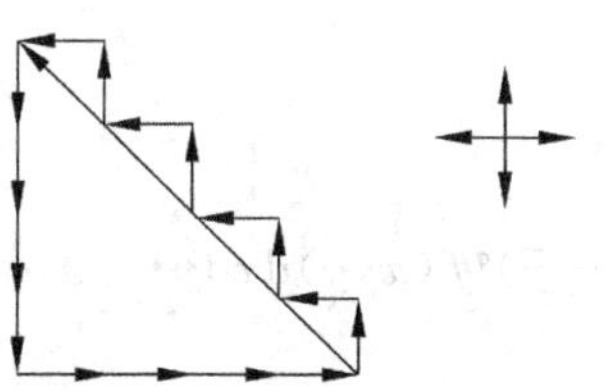

图 8-12　4 个取向的链码追迹

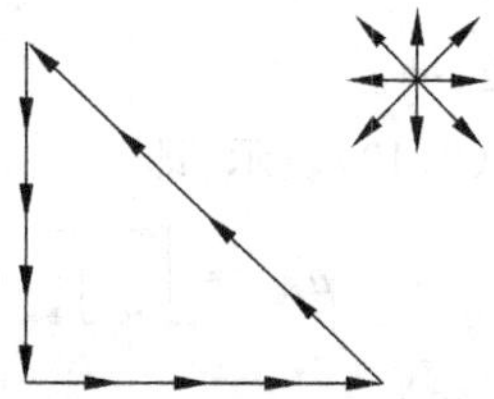

图 8-13　8 个方向的链码追迹

在归一化中,为了克服噪声和量化误差带来的扰动,应选择最大幅度系数作为归一化系数。

图 8-14 是飞机侧影的描绘结果。这些结果是用以下方法得到的:计算边界的 NFD(应用 512 点);保留最低频率的 32 个点而把其他的点置 0;求修改了的 512 阵列的傅里叶反变换,得到原始数据的近似。由图 8-14 所看到的结果,在最低的 32 个分量中的信息足以区别这些飞机的外形。

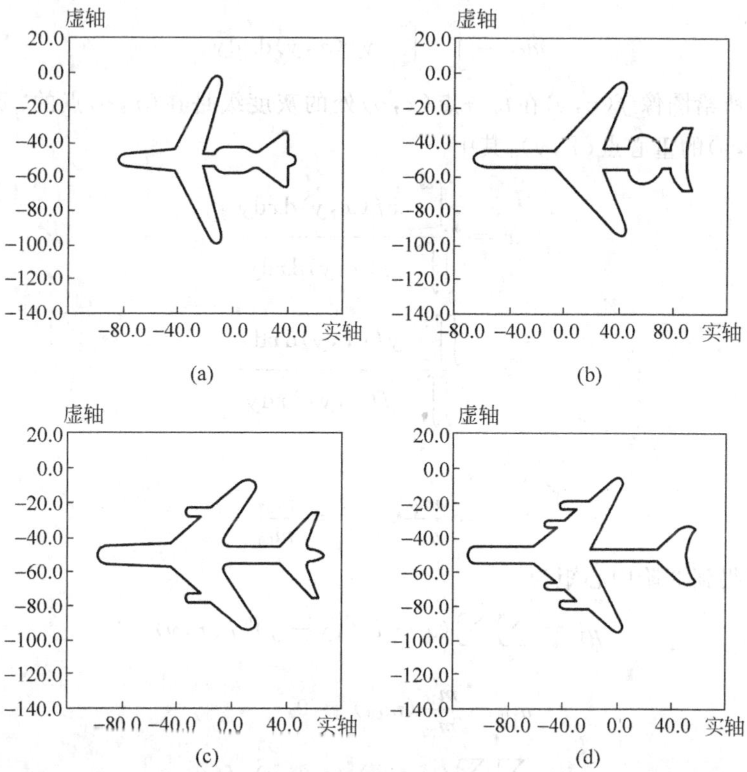

图 8-14　采用傅里叶描绘子得到的外形

2. 矩描绘子

采用傅里叶描绘子是以边界上的集合点(可用的)为基础的。有时,一个区域以内部点的形式给出,那么,可用另外一种描绘子来描述。它对于图像的变换、旋转和大小变化都是恒定的,这就是矩描绘子。

设 $f(x,y)$是一个二维函数,可用式(8-48)来表示$(p+q)$阶矩,即

$$m_{pq}=\int_{-\infty}^{\infty}\int_{-\infty}^{\infty}x^p y^q f(x,y)\mathrm{d}x\mathrm{d}y \tag{8-48}$$

式中 $p,q=0,1,2,\cdots$。

中心矩由式(8-49)表示,即

$$\mu_{pq}=\int_{-\infty}^{\infty}\int_{-\infty}^{\infty}(x-\bar{x})^p(y-\bar{y})^q f(x,y)\mathrm{d}x\mathrm{d}y \tag{8-49}$$

式中$\bar{x}=\dfrac{m_{10}}{m_{00}}$,$\bar{y}=\dfrac{m_{01}}{m_{00}}$,对于数字图像来说,式(8-49)可表示为式(8-50),即

$$\mu_{pq}=\sum_x\sum_y(x-\bar{x})^p(y-\bar{y})^q f(x,y) \tag{8-50}$$

m_{00}、m_{10}、m_{01}定义如下

$$m_{00}=\int_{-\infty}^{\infty}\int_{-\infty}^{\infty}f(x,y)\mathrm{d}x\mathrm{d}y \tag{8-51}$$

$$m_{10}=\int_{-\infty}^{\infty}\int_{-\infty}^{\infty}xf(x,y)\mathrm{d}x\mathrm{d}y \tag{8-52}$$

$$m_{01}=\int_{-\infty}^{\infty}\int_{-\infty}^{\infty}yf(x,y)\mathrm{d}x\mathrm{d}y \tag{8-53}$$

如果假定所给图像 $f(x,y)$在每一点(x,y)处的灰度级是在(x,y)点的“质量”,那么就可以定义 $f(x,y)$的重心点$(\bar{x},\bar{y})$,其中

$$\bar{x}=\frac{\iint_{-\infty}^{\infty}xf(x,y)\mathrm{d}x\mathrm{d}y}{\iint_{-\infty}^{\infty}f(x,y)\mathrm{d}x\mathrm{d}y} \tag{8-54}$$

$$\bar{y}=\frac{\iint_{-\infty}^{\infty}yf(x,y)\mathrm{d}x\mathrm{d}y}{\iint_{-\infty}^{\infty}f(x,y)\mathrm{d}x\mathrm{d}y} \tag{8-55}$$

因此有

$$\bar{x}=\frac{m_{10}}{m_{00}},\quad \bar{y}=\frac{m_{01}}{m_{00}} \tag{8-56}$$

由上边各式可得到 3 阶中心矩为

$$\begin{aligned}\mu_{10}&=\sum_x\sum_y(x-\bar{x})^1(y-\bar{y})^0 f(x,y)\\&=m_{10}-\frac{m_{10}}{m_{00}}(m_{00})=0\end{aligned} \tag{8-57}$$

$$\mu_{11}=\sum_x\sum_y(x-\bar{x})^1(y-\bar{y})^1 f(x,y)$$

$$= m_{11} - \frac{m_{10}m_{01}}{m_{00}} \tag{8-58}$$

$$\mu_{20} = \sum_x \sum_y (x-\bar{x})^2 (y-\bar{y})^0 f(x,y)$$

$$= m_{20} - \frac{2m_{10}^2}{m_{00}} + \frac{m_{10}^2}{m_{00}} = m_{20} - \frac{m_{10}^2}{m_{00}} \tag{8-59}$$

$$\mu_{02} = \sum_x \sum_y (x-\bar{x})^0 (y-\bar{y})^2 f(x,y)$$

$$= m_{02} - \frac{m_{01}}{m_{00}} \tag{8-60}$$

$$\mu_{30} = \sum_x \sum_y (x-\bar{x})^3 (y-\bar{y})^0 f(x,y)$$

$$= m_{30} - 3\bar{x}m_{20} + 2m_{10}\bar{x}^2 \tag{8-61}$$

$$\mu_{12} = \sum_x \sum_y (x-\bar{x})^1 (y-\bar{y})^2 f(x,y)$$

$$= m_{12} - 2\bar{y}m_{11} - \bar{x}m_{02} + 2\bar{y}^2 m_{10} \tag{8-62}$$

$$\mu_{21} = \sum_x \sum_y (x-\bar{x})^2 (y-\bar{y})^1 f(x,y)$$

$$= m_{21} - 2\bar{x}m_{11} - \bar{y}m_{20} + 2\bar{x}^2 m_{01} \tag{8-63}$$

$$\mu_{03} = \sum_x \sum_y (x-\bar{x})^0 (y-\bar{y})^3 f(x,y)$$

$$= m_{03} - 3\bar{y}m_{02} + 2\bar{y}^2 m_{01} \tag{8-64}$$

概括起来有以下一些结果

$$\mu_{00} = m_{00}, \quad \mu_{01} = 0, \quad \mu_{10} = 0$$

$$\mu_{20} = m_{20} - \bar{x}m_{10}, \quad \mu_{02} = m_{02} - \bar{y}m_{01}$$

$$\mu_{11} = m_{11} - \bar{y}m_{10}$$

$$\mu_{30} = m_{30} - 3\bar{x}m_{20} + 2m_{10}\bar{x}^2$$

$$\mu_{12} = m_{12} - 2\bar{y}m_{11} - \bar{x}m_{02} + 2\bar{y}^2 m_{10}$$

$$\mu_{21} = m_{21} - 2\bar{x}m_{11} - \bar{y}m_{20} + 2\bar{x}^2 m_{01}$$

$$\mu_{03} = m_{03} - 3\bar{y}m_{02} + 2\bar{y}^2 m_{01}$$

定义归一化中心矩为

$$\eta_{pq} = \frac{\mu_{pq}}{\mu_{00}^{\gamma}} \tag{8-65}$$

$$\gamma = \frac{p+q}{2} \tag{8-66}$$

利用第二阶矩和第三阶矩可导出 7 个不变矩组：

$$\phi_1 = \eta_{20} + \eta_{02}$$

$$\phi_2 = (\eta_{20} - \eta_{02})^2 + 4\eta_{11}^2$$

$$\phi_3 = (\eta_{30} - 3\eta_{12})^2 + (3\eta_{21} + \eta_{03})^2$$

$$\phi_4 = (\eta_{30} + \eta_{12})^2 + (\eta_{21} + \eta_{03})^2$$

$$
\begin{aligned}
\phi_5 = &(\eta_{30} - 3\eta_{12})(\eta_{30} + \eta_{12})[(\eta_{30} + \eta_{12})^2 - 3(\eta_{21} + 3\eta_{03})^2] \\
&+ (3\eta_{21} - \eta_{03})(\eta_{21} + \eta_{03})[3(\eta_{30} + \eta_{12})^2 - (\eta_{21} + \eta_{03})^2] \\
\phi_6 = &(\eta_{20} - \eta_{02})[(\eta_{30} + \eta_{12})^2 - (\eta_{12} + \eta_{03})^2] \\
&+ 4\eta_{11}(\eta_{30} + \eta_{12})(\eta_{21} + \eta_{03}) \\
\phi_7 = &(3\eta_{12} - \eta_{30})(\eta_{30} + \eta_{12})[(\eta_{30} + \eta_{12})^2 - 3(\eta_{21} + \eta_{03})^2] \\
&+ (3\eta_{21} - \eta_{03})(\eta_{21} + \eta_{03})[3(\eta_{30} + \eta_{12})^2 - (\eta_{12} + \eta_{03})^2]
\end{aligned}
\tag{8-67}
$$

Hu 于 1962 年已经证明了这个矩组对于平移、旋转和大小比例变化都是不变的，因此用它们可以描绘一幅给定的图像，如图 8-15 所示。

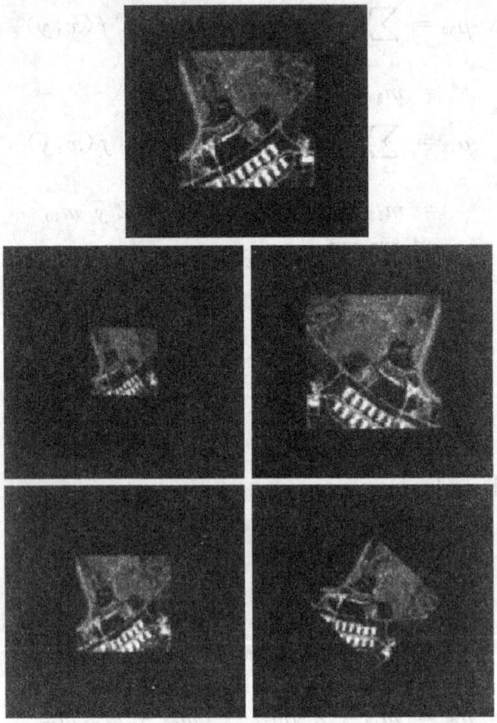

图 8-15　说明矩组不变性质的图像(图像是一幅体育场的鸟瞰图)

图像产生几何变化时，7 个不变矩组的数据如表 8-1 所示，说明，尽管图像发生了大小及旋转的变化，但是，ϕ 的值可以说基本不变。

表 8-1　7 个不变矩组的数据

不变量	原值	一半尺寸	映像	旋转 2°	旋转 45°
ϕ_1	6.249	6.226	6.919	6.253	6.318
ϕ_2	17.180	16.954	19.955	17.270	16.803
ϕ_3	22.655	23.531	26.689	22.836	19.724
ϕ_4	22.919	24.236	26.901	23.130	20.437
ϕ_5	45.749	48.349	53.724	46.136	40.525
ϕ_6	31.830	32.916	37.134	32.068	29.315
ϕ_7	45.569	48.343	53.590	46.017	40.470

3. 拓扑描绘子

拓扑学是研究图形性质的理论。拓扑特性可用于描绘图像平面区域。有些图形只要不撕裂或连接，其拓扑性质并不受形变的影响。图 8-16 是带有两个孔洞的图形，如果把区域中孔洞数作为拓扑描绘子，显然这个性质不受伸长或旋转变换的影响，但是，如果撕裂或折叠时孔洞数就要变化了。

区域描绘的另一种有用的拓扑特性是连接部分的个数。一个集合的连接部分就是它的最大子集，在这个子集中的任何两点都可以用一条完全在子集中的曲线加以连接。图 8-17 所示的图形就有 3 个连接部分。

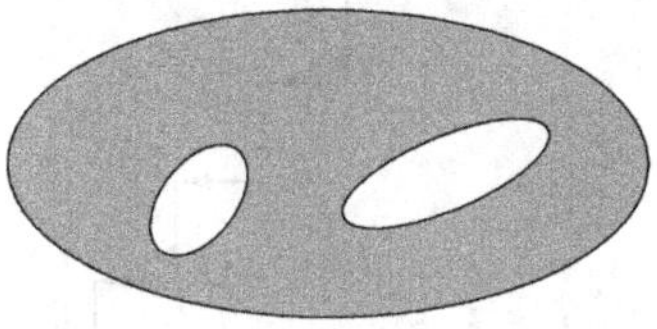

图 8-16　带有两个孔洞的区域

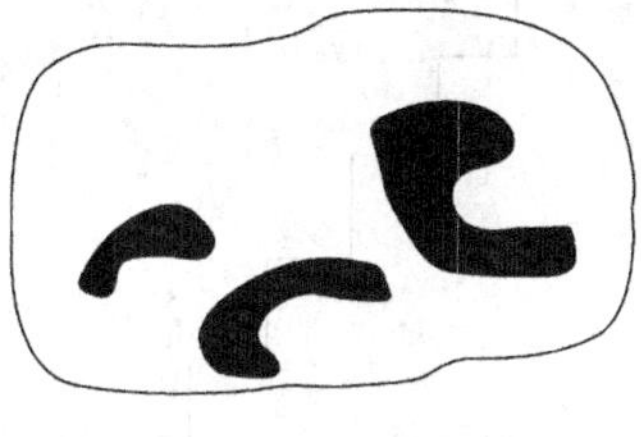

图 8-17　有 3 个连接部分的区域

如果一幅图像的孔洞数为 H，连接部分为 C，则欧拉数的定义如式(8-68)所示，即

$$E = C - H \tag{8-68}$$

欧拉数也是拓扑特性之一。图 8-18(a)所示图形有一个连接部分和一个孔，所以它的欧拉数为 0；而图 8-18(b)有一个连接部分和两个孔，所以它的欧拉数为－1。

由直线表示的区域，按照欧拉数有一个简单的解释。如图 8-19 所示的多角网络，把这样的网络内部区域分成面和孔。如果设顶点数为 W，边缘数为 Q，面数为 F，将得到下列关系，这个关系称为欧拉公式，即

$$W - Q + F = C - H \tag{8-69}$$

即

$$W - Q + F = C - H = E$$

在图 8-19 所示的多角网络中，有 7 个顶点、11 条边、2 个面、1 个连接区、3 个孔。因此，由式(8-69)可得到 7－11＋2＝1－3＝－2。

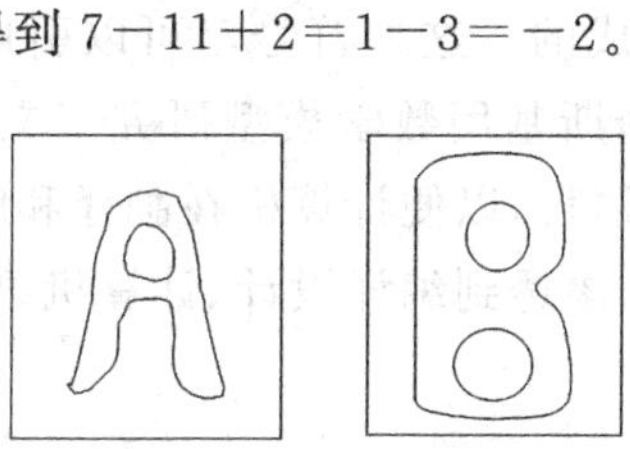

(a)　(b)

图 8-18　具有欧拉数为 0 和－1 的图形

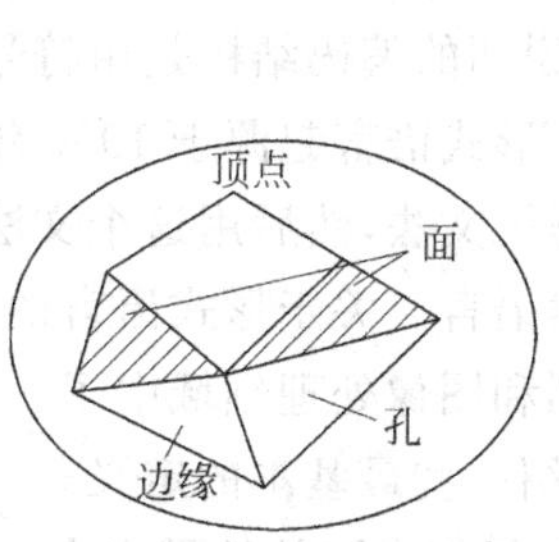

图 8-19　包含多角网络的区域

拓扑的概念通常在图像中确定特征区域时很有用。

8.2.2 关系描绘

如果图像已经被分割为区域或部分，则图像描绘的下一步任务就是如何把这些元素组织成为有意义的关系结构。结构描绘一般是以文法概念为基础的。例如，从一幅图像中已分割出如图 8-20 所示的阶梯形结构，要用某种方法来描绘它，首先要定义一些基本元素，然后再定义一个重写规则就可以描绘出此阶梯形结构。图 8-20(a)所示是阶梯结构；图 8-20(b)所示是基本元素；图 8-20(c)所示是编码结构。

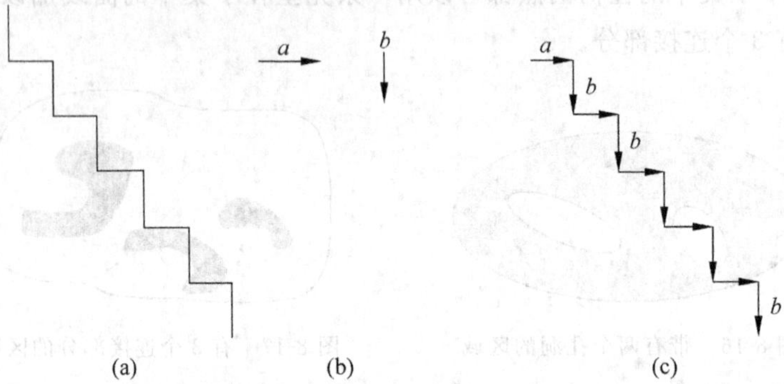

图 8-20　阶梯形结构的描绘

在描绘过程中规定基本元素为 a 和 b，重写规则如下：

$$S \to aA$$
$$A \to bS$$
$$A \to b$$

这里 S 和 A 是变量，元素 a 和 b 是常量。第一个规则说明 S 可以用基本元素 a 和变量 A 来代替，变量 A 可以用 b 和 S 来代替，也可以用 b 来代替。如果用 bS 来代替 A，则可以重复第一个规则的步骤。如果用 b 来代替，则步骤终止。这里假定都用 S 为起始点，第一个元素后面总是 b。由上例可见，只需 3 条重写规则就可以产生无穷多的相似结构。

1. 串文法和语言

图 8-20 说明的编码结构是由符号的连接串组成的。这种符号串可以引用形式语言的概念来处理。形式语言起源于 1950 年。诺姆、乔姆斯基用数学模型研究了文法，其目的是研究一种计算机文法，然后用这个文法去研究自然语言，以便计算机在翻译和解答问题的过程中解释自然语言。关于形式语言的研究和应用已渗透到编译设计、计算机语言、自动机理论及模式识别和图像处理领域中了。

首先，介绍一些最基本的定义。

定义 V 为任何有限的符号集合；在 V 范围内的一个句子、一串字符或字都是由集合中的符号组成的任何有限长度的串。例如，给定 $V=\{0,1\}$，则$\{0,1,00,01,11,000,001,\cdots\}$都是有效的句子。定义没有符号的句子为空句子，用 λ 来代表。用 V^* 代表由 V 中的符号组成的所有句子集合，其中包括空句子。V^+ 代表$(V^*-\lambda)$的句子集合。

例如，字母 $V=\{a,b\}$，$V^*=\{\lambda,a,b,ab,aa,ba,\cdots\}$，$V^+=\{a,b,ab,aa,ba,\cdots\}$。语言是在字母范围内句子的任意集合。

形式语言理论主要研究文法及其性质。串文法(或叫简单文法)是四元的，即

$$G=(V_N,V_T,P,S)$$

其中，V_N 为非终端符集合(变量)；V_T 为终端符的集合(常量)；P 为产生式或重写规则集合；S 为起始符或根符号。假定 S 属于集合 V_N，并且 V_N 和 V_T 是不相交的集合，字母 V 是 V_N 和 V_T 的合集。

由形式串文法 G 产生的语言记作 $L(G)$，这个语言就代表了一个模式。由字符产生的语言 $L(G)$ 满足两个条件：每一串只由终端符组成，每一串都由 S 开始并用由 P 决定的产生式来生成。

例如，有文法 $G=(V_N,V_T,P,S)$，$V_N=\{S\}$，$V_T=\{a,b\}$，$P=\{S\to aSb,S\to ab\}$，如果把第一个产生式用 $m-1$ 次，然后再用第二个产生式，由此可产生下列语言：

$$S\to aSb\to aaSbb\to a^3Sb^3\cdots\to a^{m-1}Sb^{m-1}\to a^mb^m$$

显然，这个文法产生的语言看作仅仅由这种形式的串组成，特定的串长取决于 m。m 可以是任意整数，可以把 $L(G)$ 表达为下面的形式：

$$L(G)=\{a^mb^m\mid_{m\geqslant 1}\}$$

这个简单的文法可以用来产生无限多串组成的语言。

2. 文法的类型

在讨论文法类型之前，为了便于叙述，规定所使用的符号如下：非终端符 V_N 用大写英文字母表示，如 $S,A,B,C,\cdots$；终端符 V_T 用小写英文字母表示，如 $a,b,c,\cdots$；终端字符串用英文字母表后边的小写字母来表示，如 $v,\omega,x,y\cdots$；终端和非终端的混合字符串用小写的希腊字母来表示，如 $\alpha,\beta,\gamma,\delta,\cdots$。

通常把产生式的一般形式为 $\alpha\to\beta$ 的文法叫短语结构文法，一般根据加于产生式的约束条件而把文法分成以下几类：

(1) 无约束文法

这种文法的产生式为 P：$\alpha\to\beta$，其中箭头的左、右端可以是任意形式的链。

(2) 上下文有关的文法

这种文法的产生式为 P：$\alpha_1A\alpha_2\to\alpha_1\beta\alpha_2$，其中 $A\in V_N$，$\alpha_1,\alpha_2,\beta\in V^*$，$\beta\neq\lambda$，这种文法规定只有当 A 出现在 α_1 和 α_2 串的前后关系 $\alpha_1A\alpha_2$ 中时，才允许用串 β 来代替非终端符 A。

(3) 上下文无关的文法

此文法的产生式为 P：$A\to\beta$，其中 $A\in V_N$，$\beta\in V^*$。这个文法并不考虑出现 A 的上下文就可以用串 β 去代替 A 变量。

(4) 正则文法

这种文法也称为有限状态文法。它的产生式为 P：$A\to\alpha B$ 或 $A\to\alpha$，这里 $A,B\in V_N$，$\alpha\in V_T$，A、B、α 均是单个符号。还可以选择另外一种产生式，即 P：$A\to B\alpha$ 和 $A\to\alpha$。当然两种产生式中只能选一种，而不可同时选用。

上述 4 类文法有时依次称为 0 型、1 型、2 型和 3 型文法。由它们产生的语言分别称为 0 类型语言、1 类型语言、2 类型语言及 3 类型语言。由上述分类可以看出，所有的正则文法

都是上下文无关的，所有上下文无关的文法都是上下文有关的，所有上下文有关的文法都是无约束的。对上述 4 类文法下面分别举例说明。

例 8-1 无约束文法如下：

$$G=(V_N, V_T, P, S)$$

$$V_N=\{A, B, S\}$$

$$V_T=\{a, b, c\}$$

P：① $S \to aAbc$

② $Ab \to bA$

③ $Ac \to Bbcc$

④ $bB \to Bb$

⑤ $aB \to aaA$

⑥ $aB \to a$

$$S \xrightarrow{①} aAbc \xrightarrow{②} abAc \xrightarrow{③} abBbcc \xrightarrow{④} aBbbcc \xrightarrow{⑤} aaAbbcc \xrightarrow{②} aabAbcc$$
$$\xrightarrow{②} aabbAcc \xrightarrow{③} a^2b^2Bbccc \xrightarrow{④} a^2bBbbccc \xrightarrow{④} a^2Bbbbccc \xrightarrow{⑥} a^2b^3c^3$$

所以有

$$L(G)=(a^n b^{n+1} c^{n+1} |_{n>0})$$

例 8-2 上下文相关文法如下：

$$G=(V_N, V_T, P, S)$$

$$V_N=\{A, B, S\}$$

$$V_T=\{a, b, c\}$$

P：① $S \to abc$

② $S \to aAbc$

③ $Ab \to bA$

④ $Ac \to Bbcc$

⑤ $bB \to Bb$

⑥ $aB \to aaA$

⑦ $aB \to aa$

$$S \xrightarrow{②} aAbc \xrightarrow{③} abAc \xrightarrow{④} abBbcc \xrightarrow{⑤} aBbbcc \xrightarrow{⑦} aabbcc \longrightarrow a^2b^2c^2$$

所以

$$L(G)=(a^n b^n c^n |_{n\geqslant 1})$$

例 8-3 上下文无关的文法如下：

$$G=(V_N, V_T, P, S)$$

$$V_N=\{S\}$$

$$V_T=\{a, b, c\}$$

P：① $S \to ab$

② $S \to aSb$

$$S \xrightarrow{②} aSb \xrightarrow{②} aaSbb \xrightarrow{①} aaabbb \longrightarrow a^3b^3$$

所以，

$$L(G)=(a^nb^n\mid_{n\geqslant 1})$$

例 8-4　正则文法如下：

$$G=(V_N,V_T,P,S)$$

$$V_N=\{S\}$$

$$V_T=\{a,b\}$$

P：① $S\rightarrow a$

② $S\rightarrow b$

③ $S\rightarrow aS$

④ $S\rightarrow bS$

⑤ $A\rightarrow aA$

⑥ $A\rightarrow a$

$$S\xrightarrow{③}aS\xrightarrow{③}aaS\xrightarrow{③}aaaS\xrightarrow{①}a^4$$

$$S\xrightarrow{④}bS\xrightarrow{④}bbS\xrightarrow{②}b^3$$

$$S\xrightarrow{③}bS\xrightarrow{④}abS\longrightarrow\cdots\longrightarrow a^nb^m$$

所以

$$L(G)=(a^nb^n\mid_{m,n\geqslant 0})$$

3. 位置算子的运用

前述的字符串是一维结构，而图像是二维结构，因此，在用字符串来描绘图像时就需要建立一种相应的方法，把二维的位置关系缩减为一维形式。

串文法在图像描绘中大多数是从物体中抽取的连接线段为基础的。这种方法如图 8-21 所示。这是用有特定方向和长度的线段把结果编码。

另外一种方法如图 8-22 所示。利用有向线段并用已定义的一些运算来描绘图像的某些部分。图 8-22(a)是用有向线段来表示某些区域，图 8-22(b)是定义的某些运算。下面用一个具体例子来说明这些概念。

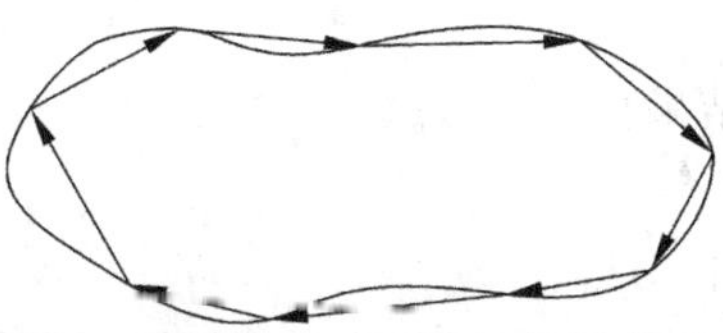

图 8-21　用有方向的线段描绘区域边界

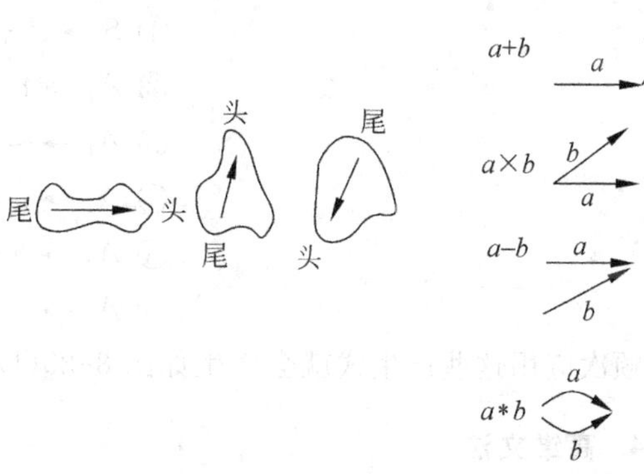

图 8-22　另一种描绘方法

例 8-5　图片描绘语言如下：

$$G=(V_N,V_T,P,S)$$

$$V_N=\{S,A_1,A_2,A_3,A_4,A_5\}$$

$$V_T=\{a\nearrow,b\searrow,c\rightarrow,d\downarrow\}$$

P：① $S\rightarrow d+A_1$

② $A_1\rightarrow c+A_2$

③ $A_2\rightarrow \sim d*A_3$

④ $A_3\rightarrow a+A_4$

⑤ $A_4\rightarrow b*A_5$

⑥ $A_5\rightarrow c$

这里($\sim d$)表示与基本单元 d 方向相反的像元，而 a、b、c、d 的方向如 V_T 中所定义的那样。应用产生式产生一个像元 d，其后，跟随一个尚未定义的变量 A_1。但是，A_1 分量所表示的结构的尾在这点上将和 d 的头相连，这是由规定的算法“+”所决定的。变量 A_1 又可分解为 $c+A_2$，当然 A_2 尚未定义。同样 A_2 又可分解为 $\sim d*A_3$。应用前 3 条产生式得到的结果如图 8-23(a)～(c)所示。算子“*”定义为尾到尾、头到头的连接方式。使用全部产生式所得到的最后结果示于图 8-23(f)中。这种 PDL 文法只能产生一个结构。如果在产生式的规则中引入递归规则(变量有代替自己的能力)，则这种文法所产生的结构可扩展到各种结果。

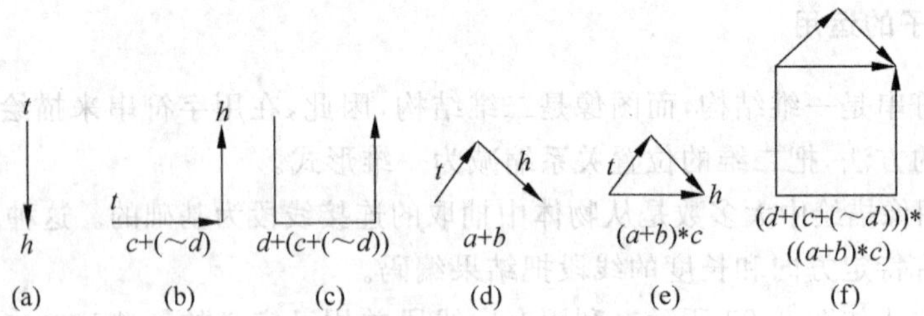

图 8-23　PDL 结构组成步骤

例 8-6　利用例 8-5 的条件，定义下列产生式规则：

① $S\rightarrow d+A_1$

② $A_1\rightarrow c+A_1$

③ $A_1\rightarrow \sim d*A_2$

④ $A_2\rightarrow a+A_2$

⑤ $A_2\rightarrow b*A_2$

⑥ $A_2\rightarrow c$

如果顺次应用这些产生式就会产生如图 8-23(f)所示的结果。

4. 高维文法

串文法适用于那些图像元素的连接可以用从头到尾或用其他连续形式的图像元素的描绘。在这里考虑一种更普遍的文法描绘途径，它有能力描绘更高级的图像元素。

1）树文法

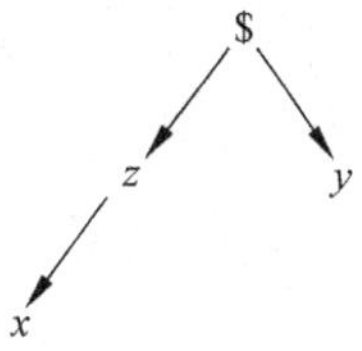

图 8-24　树图

高维文法之一是所谓树文法。树文法中所定义的树是一个或一个以上的节点的集合。其中有一个唯一的指定的节点为根；剩下的节点划分为 m 个不相交的集合，这些集合为 $T_1,T_2,\cdots,T_m$，把 T_m 叫做 T 的子树；树尖是树的根干部节点的集合，取从左到右的次序。图 8-24 是一树图，其中 \$ 是根(root)，x、y 为树尖。

一般来讲，在树图中有两类重要信息。一类是关于节点的信息；另一类便是节点与其邻点的有关信息。在存储时，节点是用一组字描述并存储的，而节点与邻点的有关信息是以对其邻点的指示符的集合的形式存储。第一类信息用于识别模式的像元，第二类信息定义像元和其他子结构间的物理关系。例如，把图 8-25 所示的关系用图 8-25(b)所示的树来表示。图 8-25(b)中，\$ 表示根，在 \$ 中包含着 a 和 c 两部分，因此，从根放射出两个分支。第二级，a 中包含 b，c 中包含 d 和 e，在 e 中又包含 f。这样就构成了一个树图，其中 b、d、f 是树的叶子。

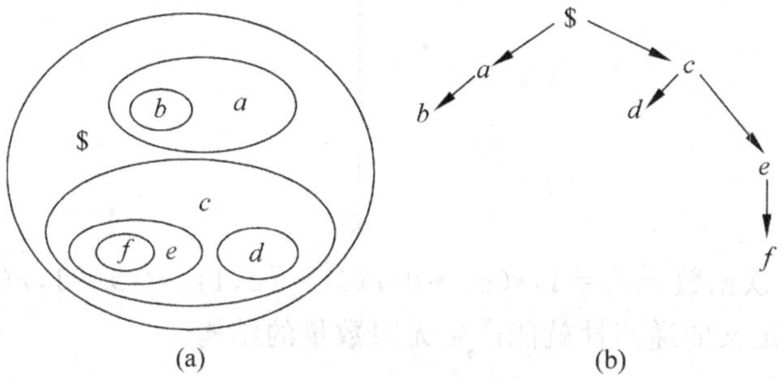

图 8-25　用树来表示简单的组合区域

树文法为五元式，即

$$G=(V_{\mathrm{N}},V_{\mathrm{T}},P,r,S)$$

其中，V_{N} 为非终端符；V_{T} 为终端符；S 为起始符；P 为产生式集合；r 为秩函数，它指出一个节点直接下降的数目。

例 8-7　利用树文法把图 8-26(a)所示的电路结构表示成树的形式。这个树图是把 L-C 网络的最左边的节点定义为根。其树文法如下(电路中的 L 用 l，C 用 c)：

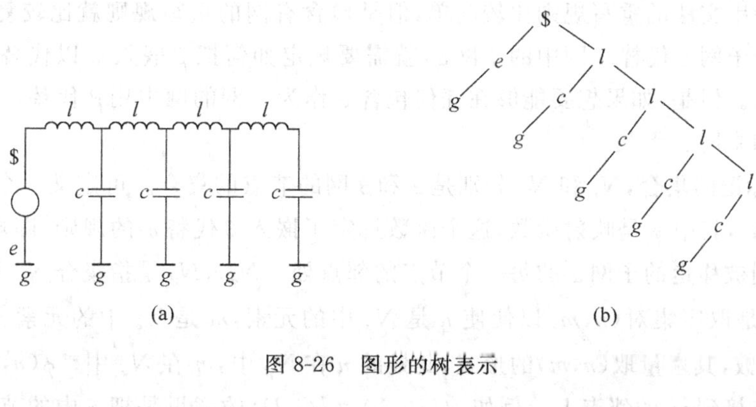

图 8-26　图形的树表示

$$G=(V_N,V_T,P,r,S)$$
$$V_N=\{S,A\}$$
$$V_T=\{e,g,l,c,\$\}$$

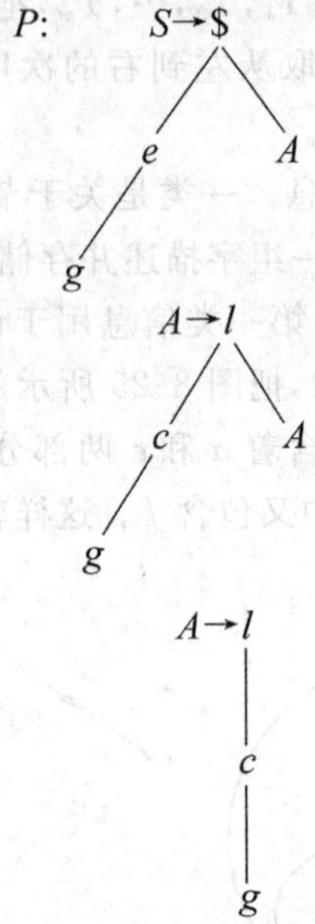

在这种情况下，秩函数 $r(e)=1, r(g)=0, r(l)=\{2,1\}, r(c)=1, r(\$)=\{2,1\}$ 利用 3 条产生式并利用 A 定义的递归性就能产生无限数量的结构。

2）网文法

网是把节点加以标号的无指向图结构。在作图像描绘时，它的表示法比串或树更加简单。图 8-27 示出了一些简单的网。

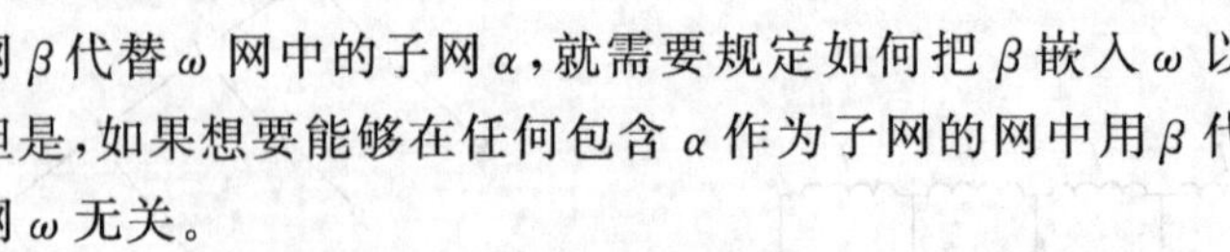

图 8-27 一些简单的网

短语结构串文法的重写规则比较简单，但是包含有网的重写规则就比较复杂了。如果要用另外一个子网 β 代替 ω 网中的子网 α，就需要规定如何把 β 嵌入 ω 以代替 α。为此，要规定嵌入规则。但是，如果想要能够在任何包含 α 作为子网的网中用 β 代替 α，就要使嵌入规则的定义和主网 ω 无关。

设 V 是标记的集合，N_α 和 N_β 分别是 α 和 β 网的节点的集合。可定义一个三重网的重写规则 (α,β,ϕ)，其中 ϕ 是映射函数，这个函数规定了嵌入 β 代替 α 的规则，即规定如何把 β 的节点连接到被移走的子网 α 的每一个节点的邻点处。$N_\alpha\times N_\beta$ 是指集合 N_α 和 N_β 的笛卡儿乘积，也就是取序集对 (n,m) 以便使 n 是 N_β 中的元素，m 是 N_α 中的元素。ϕ 是序集对 $N_\beta\times N_\alpha$ 的函数，其宗量取 (n,m) 的形式，此处的 n 在 N_β 中，m 在 N_α 中。$\phi(n,m)$ 的值规定了允许把 n 连接到 m 的邻点上。例如，$\phi(B,A)=\{C,D\}$ 的意思是把 β 中的节点 B 连接到

节点 A 的邻点上，A 在 α 中。它们的标记或者是 C 或者是 D。

网文法定义为四元式，即

$$G=(V_N,V_T,P,S)$$

式中：V_N 为非终端词汇，V_T 为终端词汇，P 为网的产生式规则的集合，S 为起始符号。一般来讲，S 在 V_N 内，词汇 V 是 V_N 和 V_T 的合集。

例如：网文法

$$G=(V_N,V_T,P,S)$$
$$V_N=\{S\}$$
$$V_T=\{a,b,c\}$$

P：　α　　β　　ϕ

① S　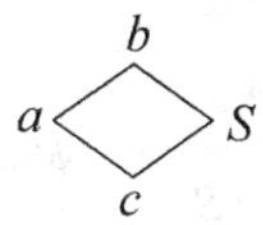　$\phi(a,S)=\{b,c\}$

② S　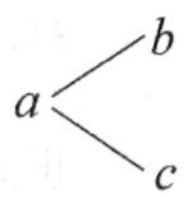　$\phi(a,S)=\{b,c\}$

这里用 ϕ 说明的嵌入指出，把 β 的节点 α 连接到 S 的标号为 b 和 c 的邻点上，α 可用 β 来重写。但是，这个规则不能应用于第一次产生式执行的情况，因为一个单点网的起始没有邻接点。在这样的情况下，可以理解为第一次运用产生式时 ϕ 为零。这种网文法可以产生如图 8-28所示的结构。

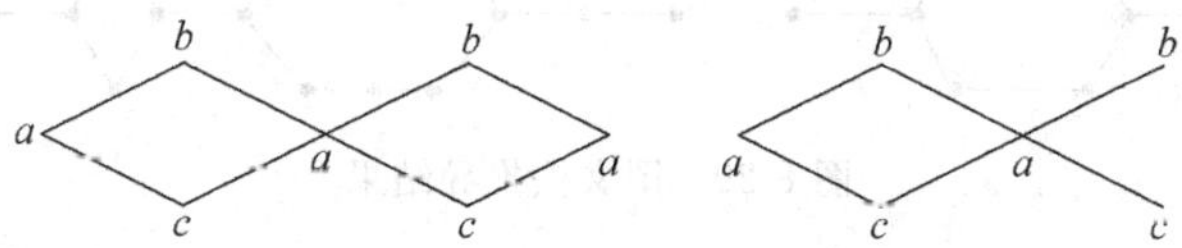

图 8-28　由网文法产生的结构

上面定义的网文法类似于无约束串文法。如果对产生式加以限制，就可以定义出约束型网文法。

如果存在一个 α 的非终端点 A，使得 $(\alpha-\beta)$ 是 β 的一个子网，网的重写规则 (α,β,ϕ) 叫做上下文有关的。这种情况下，重写的只是 α 的一个单点，而不考虑 α 是如何复杂。如果 α 包含一个单点，把 (α,β,ϕ) 叫做上下文无关的，应注意的是这只是上下文有关规则的一个特殊情况，因为当 α 包含一个单点时，$(\alpha-A)$ 是空的。

网文法的一种特殊情况是网中的终止符集 V_T 仅由一个符号组成。在这种情况下，由文法产生的每一个网的每一个点具有相同的标号。于是可以忽略标号而以其基本图来识别网。这种类型的网文法有时被称为“图文法”。

例 8-8　考虑上下文有关图文法如下：

$$G=(V_N,V_T,P,S)$$
$$V_N=\{A,B,C,S\}$$
$$V_T=\{a\}$$

P: α　　β　　ϕ

① S　　$A\bullet$——$\bullet B$　　$\phi(A,S)=\{\alpha\}$

② B　　$A\bullet$——$\bullet B$　　$\phi(A,B)=\{A,\alpha\}$

③ B　　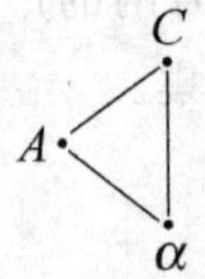

　　$\phi(A,B)=\{A,\alpha\}$

④ 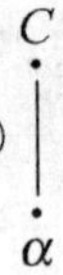

　　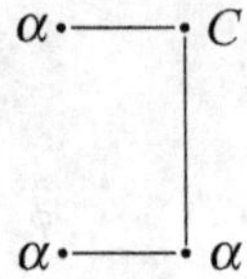

　　$\phi(\alpha,C)=\{A,\alpha\}$

$\phi(\alpha,\alpha)=\{A,\alpha\}$

⑤ 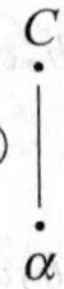

　　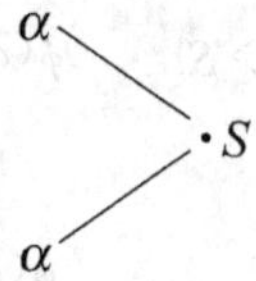

　　$\phi(\alpha,C)=\{A,\alpha\}$

$\phi(\alpha,\alpha)=\{A,\alpha\}$

⑥ $A\mid B\mid C$　　α　　正则

这个文法产生的图形结构包含有任何数量的串联和并联部分。并联的分段至少被一个串联节隔开，并且所有结构的起始和终端至少有一个这样的节。两个简单的结果如图 8-29 所示。

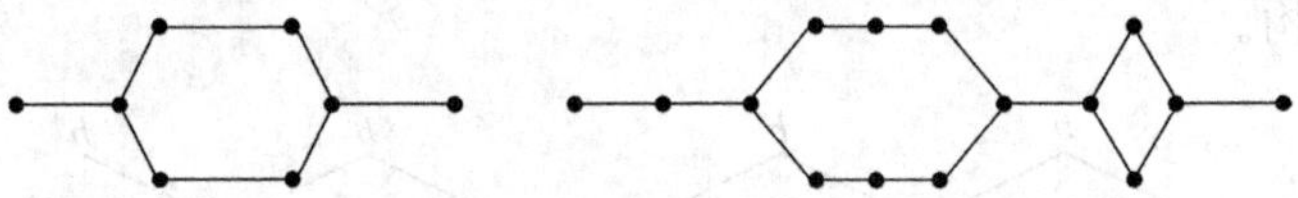

图 8-29　图文法推导结果

例 8-9　下面的网文法产生一些简单的几何图形。

$G=(V_N,V_T,P,S)$

$V_N=\{S,A,B\}$

$V_T=\{a,b,c\}$

P:　α　　β　　ϕ

① S　　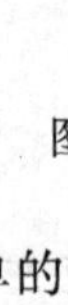

　　正则

② 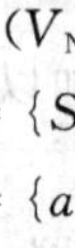

　　

　　$\phi(b,A)=\{b,a\}$

$\phi(a,a)=$ 正则

③ $b\bullet$——$\bullet A$　　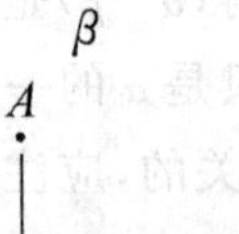

　　$\phi(a,A)=\{b,a\}$

$\phi(b,b)=$ 正则

④ 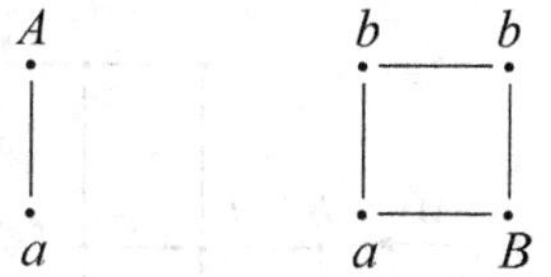

$\phi(b,A) = \{b,a\}$

$\phi(a,a) =$ 正则

⑤ 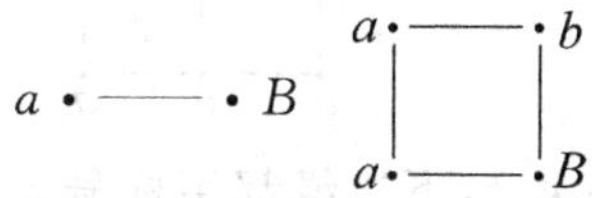

$\phi(b,B) = \{b,a\}$

$\phi(a,a) =$ 正则

⑥ 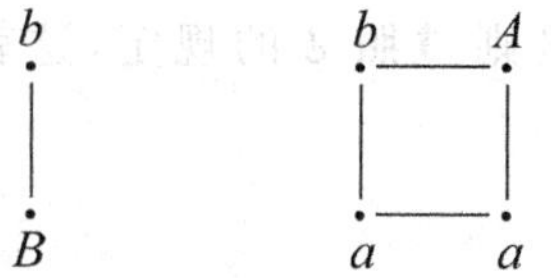

$\phi(a,B) = \{b,a\}$

$\phi(b,b) =$ 正则

⑦ A　　b　　正则

⑧ B　　a　　正则

根据上述规则可做出以下推导：

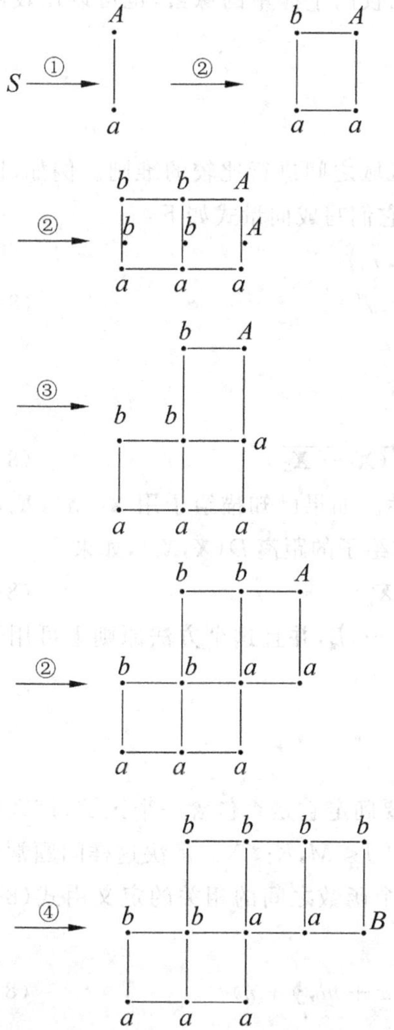

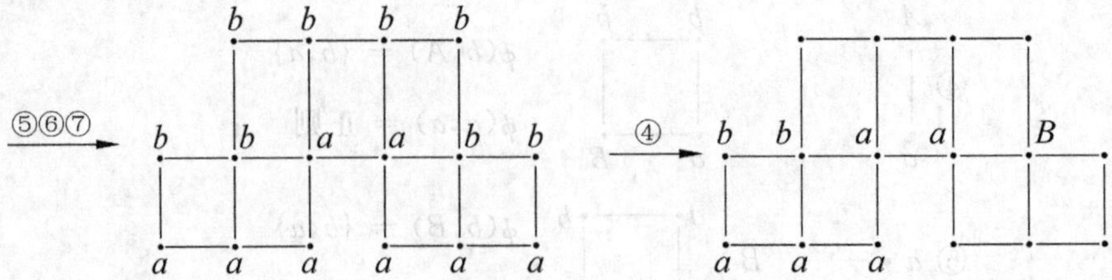

在上述推导中，结构的上边缘都用标号 b，下边缘都用标号 a。总的描述规则由(α,β,ϕ)来规定，也就是用 β 代替 α，节点的连接则遵照 ϕ 的规定，这就是网文法的基本重写规则。

8.2.3 相似性描绘

图像描绘的另外一种途径可借助于与已知描绘子的相似程度来进行，这种方法可以在任何复杂的程度上建立相应的相似性测度。它可以比较两个简单的像素，也可以比较两个或两个以上的景物。

1. 距离测度

前面研究过的某些方法可以用来作为两幅图像区域之间进行比较的准则。例如，以矩作为描绘子，假如两个区域的矩分别为 $\boldsymbol{X}_1$ 和 $\boldsymbol{X}_2$。把它们写成向量式如下：

$$\boldsymbol{X}_1 = \{x_1, x_2, x_3, \cdots, x_n\}$$
$$\boldsymbol{X}_2 = \{x_1', x_2', x_3', \cdots, x_n'\} \tag{8-70}$$

此时，$\boldsymbol{X}_1$ 和 $\boldsymbol{X}_2$ 之间的距离可定义如下：

$$\begin{aligned} D(\boldsymbol{X}_1, \boldsymbol{X}_2) &= | \boldsymbol{X}_1 - \boldsymbol{X}_2 | \\ &= \sqrt{(\boldsymbol{X}_1 - \boldsymbol{X}_2)'(\boldsymbol{X}_1 - \boldsymbol{X}_2)} \end{aligned} \tag{8-71}$$

采用距离这一测度可以测量两个描绘子之间的相似性。如果已知描绘子用 $\boldsymbol{X}_1, \boldsymbol{X}_2, \boldsymbol{X}_3, \cdots, \boldsymbol{X}_L$ 表示，未知描绘子用 $\boldsymbol{X}$ 表示，可以计算 $\boldsymbol{X}$ 与已知描绘子的距离 $D(\boldsymbol{X}, \boldsymbol{X}_i)$，如果

$$D(\boldsymbol{X}, \boldsymbol{X}_i) < D(\boldsymbol{X}, \boldsymbol{X}_j) \tag{8-72}$$

就可以判定 $\boldsymbol{X}$ 更接近第 i 个描绘子。式中 $j=1,2,3,\cdots,L$，并且这个方法原则上可用于各种描绘子，只要它们能够用一矢量来表示就可以。

2. 相关性

当给定一幅大小为 $M\times N$ 的数字图像 $f(x,y)$，要确定它是否包含一个区域，该区域与某个大小为 $J\times K$ 中的某个区域 $w(x,y)$ 相类似，其中 $J<M, K<N$。解决这样问题常用的方法之一是求 $w(x,y)$ 和 $f(x,y)$ 之间的相关性。两个函数之间的相关的定义由式(8-73)表示，即

$$R(m,n) = \sum_x \sum_y f(x,y) w(x+m, y+n) \tag{8-73}$$

其中，$m=0,1,2,3,\cdots,M-1$；$n=1,2,3,\cdots,N-1$。

注意，在有的文献中，把相关定义为下式，即

$$R(m,n)=\sum_x\sum_y f(x,y)w(x-m,y-n)$$

该式与严格的相关的定义有差别，但是在相似性描绘中计算上要方便一些，特别是采用傅里叶变换方法计算时会更容易，但对描绘结果没有区别。

具体检测步骤如下：

对于 $f(x,y)$ 中的任意值 (m,n) 用式(8-73)可求得一个 R 值，在 m、n 变化时，$w(x,y)$ 沿着图像移动，这时可得到 $R(m,n)$。求出 $R(m,n)$ 的最大值就说明 $w(x,y)$ 和 $f(x,y)$ 在此处最相似。但是在 m、n 接近边缘时，其精度较差。这个误差量正比于 $w(x,y)$ 的大小。上述步骤可由图 8-30 加以形象地说明。

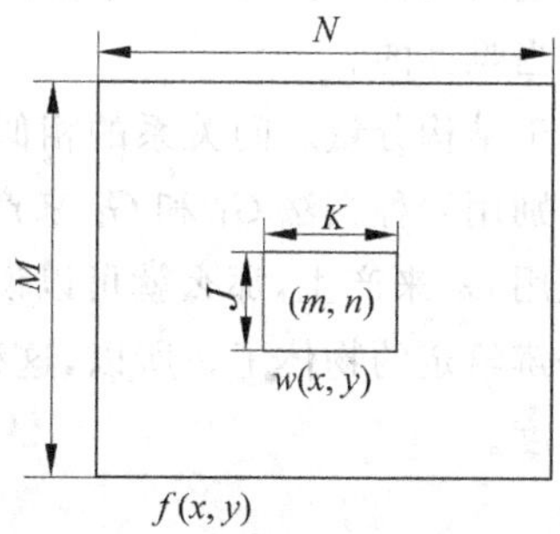

图 8-30　在给定点 (m,n) 上求 $f(x,y)$ 和 $w(x,y)$ 的相关性步骤

这里提到的相关检测法与前述的样板匹配法颇为相似。在这种意义下，样板就是 $w(x,y)$。相关检测法与样板匹配法的主要区别是 (x,y) 一般是一幅子图像。适合于图像特性的更复杂的相关定义可由式(8-74)表示，即

$$r(m,n)=\frac{\sum_x\sum_y f(x,y)w(x+m,y+n)}{\left[\sum_x\sum_y f^2(x,y)\right]^{\frac{1}{2}}\left[\sum_x\sum_y w^2(x+m,y+n)\right]^{\frac{1}{2}}}\tag{8-74}$$

注意，上述定义是关于相关的通常意义上的定义，有的书籍和文献采用以下定义：

$$r(m,n)=\frac{\sum_x\sum_y f(x,y)w(x-m,y-n)}{\left[\sum_x\sum_y f^2(x,y)\right]^{\frac{1}{2}}\left[\sum_x\sum_y w^2(x-m,y-n)\right]^{\frac{1}{2}}}$$

在处理效果上是一样的，但在计算上会比较方便。式中引入了归一化因子。归一化因子的计算是在 $w(x,y)$ 被划定的整个面积上进行的，因此，它是作为位移函数而变化的。显然，$r(m,n)\leqslant 1$。

相关性的计算可通过 FFT 算法在频域上进行，这样比直接在空域上计算更有效。

3. 结构相似性

一般来讲，结构相似性的描绘比起距离测度与相关性更难以公式化，因此，应用起来也就有更高的难度。可以用作相似测度的典型结构描绘子是线段的长度、线段之间的角度、亮度特性、区域的面积、在一幅图像中一个区域相对于另外一个区域的位置等。例如，对一幅图像可用出现于图像中的物体以及这些物体间的关系来描述图像，用于描述的一部分性质可能是下列的一种或几种。

(1) 亮度：黑、灰、白、亮、暗、均匀、有阴影等。

(2) 颜色：红、橙、黄、绿、青等。

(3) 结构：平滑、粒状、斑驳的、有条纹的等。

(4) 大小：长度、面积、体积、高度、宽度、深度、大小、高、矮、宽、窄等。

(5) 取向：水平、垂直、倾斜。

(6) 形状：实心的、中空的、密集的、参差不齐的、伸长的等。

上述的几种只反映了一个侧面，但是，就是这些，如果要从一幅图像中将它们抽取出来也是相当难办的。

基于结构分量之间关系的相似性测度，可以用某些文法将其公式化。假定有两类物体，可以分别用两种文法 G_1 和 G_2 来产生它们。给定一个特定的物体，如果它能用 G_1 来产生而不能用 G_2 来产生，那么就可以说这个物体更接近第一类。如果用两种文法都能产生，就不能分辨给定的物体了。所以，这种方法可以把文法近似于给定结构的紧密程度作为相似性的测度。

8.2.4 霍夫变换

霍夫变换是一种线描述方法。它可以将笛卡儿坐标空间的线变换为极坐标空间中的点。图 8-31 是(x,y)坐标系中的一条直线。如果用 ρ 代表直线距原点的法线距离，θ 为该法线与 x 轴的夹角，则可用以下参数方程来表示该直线。这一直线的霍夫变换是

$$\rho = x\cos\theta + y\sin\theta \tag{8-75}$$

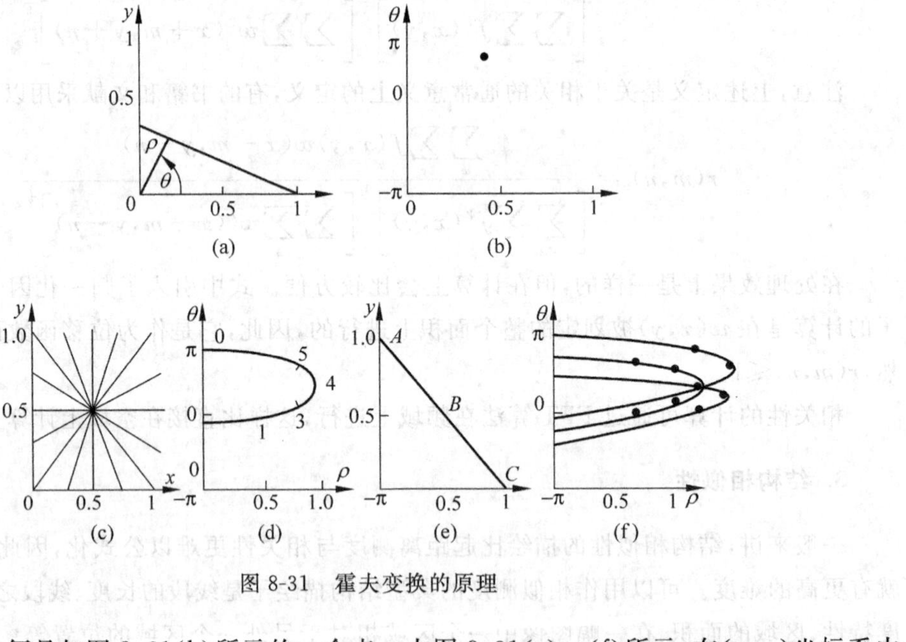

图 8-31 霍夫变换的原理

在极坐标域中便是如图 8-31(b)所示的一个点。由图 8-31(c)～(f)所示，在(x,y)坐标系中通过公共点的一簇直线，映射到(ρ,θ)坐标系中便是一个点集。在(x,y)坐标系中共线的点映射到(ρ,θ)坐标系便成为共点的一簇曲线。由此可见，霍夫变换使不同坐标系中的线和点建立了一种对应关系。

综上所述，可总结霍夫变换的几点性质如下：

(1) (x,y)域中的一点对应于变换域(ρ,θ)中的一条正弦曲线。

(2) 变换域中的一点对应于(x,y)域中的一条直线。

(3) (x,y)域中一条直线上的n个点对应于变换域中经过一个公共点的n条曲线。这条性质可证明如下：

证明　设(x,y)平面中的n个点(x_1,y_1)、(x_2,y_2)、(x_3,y_3)、…、(x_n,y_n)共一条直线，则有

$$y_i = ax_i + b,\quad i = 1,2,3,\cdots,n$$

由霍夫变换的定义可知，变换域的曲线为

$$\rho_i = x_i\cos\theta_i + y_i\sin\theta_i$$

将$y_i = ax_i + b$代入上式，有

$$\begin{aligned}\rho_i &= x_i\cos\theta_i + y_i\sin\theta_i\\ &= x_i\cos\theta_i + (ax_i + b)\sin\theta_i\\ &= x_i(\cos\theta_i + a\sin\theta_i) + b\sin\theta_i\end{aligned}$$

由此可知，无论x_i为何值，曲线都将通过$\cos\theta_i + a\sin\theta_i = 0$这一点，也就是$\left\{\theta = -\arctan\frac{1}{a},\ \rho = b\sin\left(-\arctan\frac{1}{a}\right)\right\}$这一点。

(4) 变换域中一条曲线上的n点对应于(x,y)域中过一公共点的n条直线。这条性质可证明如下：

证明　假设变换域中有n点(ρ_1,θ_1)、(ρ_2,θ_2)、(ρ_3,θ_3)、…、(ρ_n,θ_n)在同一曲线上，则有

$$\rho_i = a\cos\theta_i + b\sin\theta_i\quad i = 1,2,3,\cdots,n$$

对应于(x,y)域的直线可导出如下：

因为

$$\rho_i = a\cos\theta_i + b\sin\theta_i\quad i = 1,2,3,\cdots,n$$

$$y_i = -x_i\cot\theta_i + \frac{1}{\sin\theta_i}\cdot\rho$$

所以

$$\begin{aligned}&= -x_i\cot\theta_i + \frac{1}{\sin\theta_i}(a\cos\theta_i + b\sin\theta_i)\\ &= (-x_i + a)\cot\theta_i + b\end{aligned}$$

由此可见，不管θ_i为何值，直线都经过$\{x_i = a, y_i = b\}$这一点。

霍夫变换的应用可用以下方法实现：

在(x,y)域中的每一离散数据点变换为(ρ,θ)域中的曲线。将θ和ρ分成许多小段，每一个θ段和每一ρ小段构成一个小单元$(\Delta\rho,\Delta\theta)$。对应于每一个小单元可设一累加器。在$(x,y)$域中可能落在直线上的每一点对应变换域中的一条曲线$\rho = x_i\cos\theta + y_i\sin\theta$。分别使$\theta$等于$0,\Delta\theta,2\Delta\theta,3\Delta\theta$、…，便可求出相应的$\rho$值，并分别计算落在各小单元中的次数，待全部$(x,y)$域内数据点变换完后，可对小单元进行检测，这样，落入次数较多的单元，说明此点为较多曲线的公共点，而这些曲线对应的(x,y)平面上的点可以认为是共线的。检测出(x,y)平

面上 n 点后，将曲线交点坐标(ρ_0,θ_0)代入 $\rho_0=x\cos\theta_0+y\sin\theta_0$，便可得到逼近 n 点的直线方程。

在这种实现中，变换域小单元$(\Delta\rho,\Delta\theta)$的大小直接影响$(x,y)$域中逼近直线的精度。霍夫变换的另外一个实用弱点是未考虑点的相邻性，有时得到的最佳逼近直线可能会由于邻近点的影响而产生扭曲。

作为霍夫变换的推广，可看到以下一些结果。例如，有一曲线方程为

$$Ax^2+By^2=C \tag{8-76}$$

显然，在椭圆上的每一点都满足式(8-76)。在此式中 x、y 是变量，A、B、C 是系数。如果把式(8-76)写成式(8-77)的形式，即

$$x^2A+y^2B=C \tag{8-77}$$

这里，把 A、B、C 看成变量，把 x^2、y^2 看成系数，那么在(x,y)域中的任何一点将对应于变换域中的一个曲面。(x,y)域中椭圆上的 n 点将对应于变换域中 n 个有共同交点的 n 个曲面。这一推广可用于圆的检测。

8.3 纹理分析

对纹理图像很难下一个确切的定义。类似于布纹、草地、砖砌地面等重复性结构的图像称为纹理图像。一般来说，纹理图像中灰度分布具有某种周期性，即便灰度变化是随机的，它也具有一定的统计特性。J.K.霍金斯认为纹理的标志有 3 个要素：一是某种局部的序列性，在该序列更大的区域内不断重复；二是序列是由基本部分非随机排列组成的；三是各部分大致都是均匀的统一体，纹理区域内任何地方都有大致相同的结构尺寸。当然，这些也只是从感觉上看来是合理的，并不能得出定量的纹理测度。正因为如此，对纹理特征的研究方法也是多种多样的，所提出的纹理特征参数效果如何也有待于进一步探讨。

8.3.1 纹理特征

纹理图像在很大范围内没有重大细节变化，在这些区域内图像往往显示出重复性结构。纹理可分为人工纹理和天然纹理。人工纹理是由自然背景上的符号排列组成，这些符号可以是线条、点、字母、数字等。自然纹理是具有重复排列现象的自然景象，如砖墙、种子、森林、草地之类的照片。人工纹理往往是有规则的，而自然纹理往往是无规则的。自然纹理和人工纹理的例子如图 8-32 所示。

归纳起来，对纹理有两种看法，一是凭人们的直观印象，一是凭图像本身的结构。从直观印象出发包含有心理学因素，这样就会产生多种不同的统计纹理特性。从这一观点出发，纹理分析应该采用统计方法。从图像结构观点出发，则认为纹理是结构，根据这一观点，纹理分析应该采用句法结构方法。

描述图像特性的参数有很多种，对于纹理图像来说有必要知道各个像素及其邻近像素的灰度分布情况。了解邻近像素灰度值变化情况的最简单方法是取一阶微分、二阶微分值的平均值与方差，如果要考虑纹理的方向性特征，则可考察 θ 方向与 $\theta+\frac{\pi}{2}$ 方向差分的平均

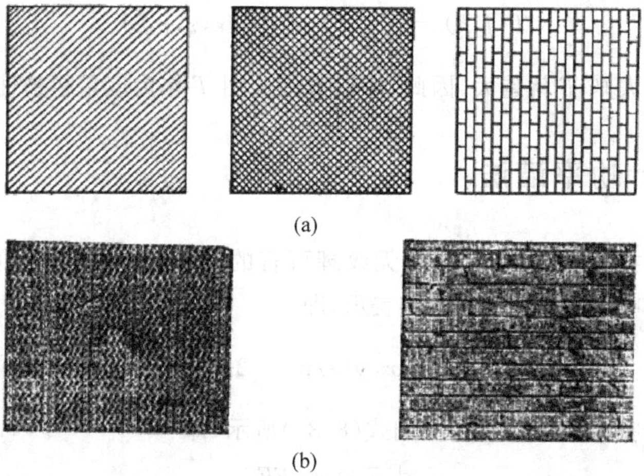

图 8-32　人工纹理与自然纹理

(a) 人工纹理图例；(b) 自然纹理图例

值与方差。

另外一种方法是检查小区域内的灰度直方图。例如，取小区域为 $n\times n(n=3\sim7)$ 作这 n^2 个像素的灰度直方图。然后检查各个小区域直方图的相似性。具有相似直方图的小区域同属于某一个大区域，而直方图不同的小区域分属不同的区域。检测灰度直方图相似性可以采用克尔玛哥诺夫-斯米诺夫检测法。这种方法先求两个灰度直方图的分布函数 $F_1(x)$ 和 $F_2(x)$，对所有的灰度值求分布函数的差，从中找出最大差值 $\max\limits_x|F_2(x)-F_1(x)|$。若最大差值小于某一门限值，则认为这两个灰度直方图是相似的，具有相同的灰度分布，否则认为是不同的灰度直方图。

8.3.2　用空间自相关函数作纹理测度

纹理常用它的粗糙性来描述，如在相同的观看条件下毛料织物要比丝织品粗糙。粗糙性的大小与局部结构的空间重复周期有关，周期大的纹理粗，周期小的纹理细。这种感觉上的粗糙与否不足以作为定量的纹理测度，但至少可以用来说明纹理测度变化的倾向。即小数值的纹理测度表示细纹理，大数值测度表示粗纹理。

用空间自相关函数作为纹理测度的方法如下：设图像为 $f(m,n)$，自相关函数可定义为式(8-78)，即

$$C(\varepsilon,\eta,j,k)=\frac{\sum\limits_{m=j-w}^{j+w}\sum\limits_{n=k-w}^{k+w}f(m,n)f(m-\varepsilon,n-\eta)}{\sum\limits_{m=j-w}^{j+w}\sum\limits_{n=k-w}^{k+w}[f(m,n)]^2}\tag{8-78}$$

式(8-78)是对 $(2w+1)\times(2w+1)$ 窗口内的每一像点 (j,k) 与偏离值为 $\varepsilon,\eta=0,\pm1,\pm2,\cdots,\pm T$ 的像素之间的相关值作计算。一般粗纹理区对给定偏离 (ε,η) 时的相关性要比细纹理区高，因而纹理粗糙性应与自相关函数的扩展成正比。自相关函数的扩展一种测度是二阶矩，即

$$T(j,k)=\sum_{\varepsilon=-T}^{j}\sum_{\eta=-T}^{k}\varepsilon^2\eta^2C(\varepsilon,\eta,j,k) \tag{8-79}$$

纹理粗糙性越大则 T 就越大，因此，可以方便地用 T 作为度量粗糙性的一种参数。

8.3.3　傅里叶功率谱法

计算纹理要选择窗口，仅一个点是无纹理可言的，所以纹理是二维的。设纹理图像为 $f(x,y)$，它的傅里叶变换可由式(8-80)表示，即

$$F(u,v)=\iint_{-\infty}^{\infty}f(x,y)\exp\{-\mathrm{j}2\pi(ux+vy)\}\mathrm{d}x\mathrm{d}y \tag{8-80}$$

二维傅里叶变换的功率谱的定义如式(8-81)所示，即

$$|F|^2=FF^* \tag{8-81}$$

式中 F^* 为 F 的共轭。功率谱 $|F|^2$ 反映了整个图像的性质。如果把傅里叶变换用极坐标形式表示，则有 $F(r,\theta)$ 的形式。如图 8-33(a)所示，考虑到距原点为 r 的圆上的能量为

$$\Phi_r=\int_0^{2\pi}[F(r,\theta)]^2\mathrm{d}\theta \tag{8-82}$$

由此可得到能量随半径 r 的变化曲线如图 8-33(b)所示。对实际纹理图像的研究表明，在纹理较粗的情况下，能量多集中在离原点近的范围内，如图中曲线 A 那样，而在纹理较细的情况下，能量分散在离原点较远的范围内，如图中曲线 B 所示。由此可总结出如下分析规律：如果 r 较小，Φ_r 很大；r 很大时，Φ_r 反而较小，则说明纹理是粗糙的；反之，如果 r 变化对 Φ_r 的影响不是很大时，则说明纹理是比较细的。

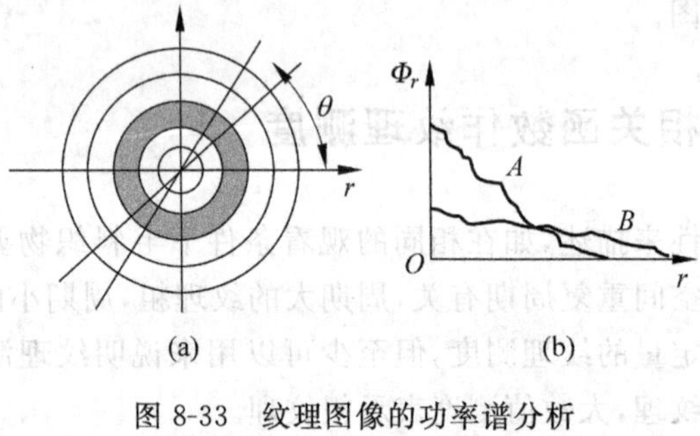

(a)　　(b)

图 8-33　纹理图像的功率谱分析

另外，如图 8-33(a)所示，研究某个 θ 角方向上的小扇形区域内的能量。这个能量随角度变化的规律可由式(8-83)求出，即

$$\Phi_\theta=\int_0^{\infty}|F(r,\theta)|^2\mathrm{d}r \tag{8-83}$$

当某一纹理图像沿 θ 方向的线、边缘等大量存在时，则在频率域内沿 $\theta+\frac{\pi}{2}$，即与 θ 角方向成直角的方向上能量集中出现。如果纹理不表现出方向性，则功率谱也不呈现方向性。因此 $|F|^2$ 值可以反映纹理的方向性。

8.3.4 联合概率矩阵法

联合概率矩阵法是对图像所有像素进行统计调查，以便描述其灰度分布的一种方法。

取图像中任意一点(x,y)及偏离它的另一点$(x+a,y+b)$，设该点对的灰度值为(g_1,g_2)。令点(x,y)在整个画面上移动，则会得到各种(g_1,g_2)值，设灰度值的级数为k，则g_1与g_2的组合共有k^2种。对于整个画面，统计出每一种(g_1,g_2)值出现的次数，然后排列成一个方阵，再用(g_1,g_2)出现的总次数将它们归一化为出现的概率$p(g_1,g_2)$，称这样的方阵为联合概率矩阵。

图 8-34 所示为一个示意的简单例子。图 8-34(a)所示为原图像，灰度级为 16 级，为使联合概率矩阵简单些，首先将灰度级数减为 4 级，其中令图 8-34(a)所示矩阵中的 2 对应 0、6 对应 1、10 对应 2、14 对应 3。这样，图 8-34(a)变为图 8-34(b)所示的形式。g_1、g_2分别取值为 0、1、2、3，由此，将(g_1,g_2)各种组合出现的次数排列起来，就可得到图 8-34 (c)～(e)所示的联合概率矩阵。

2	6	10	14	2	6	10
6	10	14	2	6	10	14
10	14	2	6	10	14	2
14	2	6	10	14	2	6
2	6	10	14	2	6	10
6	10	14	2	6	10	14
10	14	2	6	10	14	2

(a)

0	1	2	3	0	1	2
1	2	3	0	1	2	3
2	3	0	1	2	3	0
3	0	1	2	3	0	1
0	1	2	3	0	1	2
1	2	3	0	1	2	3
2	3	0	1	2	3	0

(b)

	0	1	2	3
0	0	10	0	0
1	0	0	11	0
2	0	0	0	11
3	10	0	0	0

→(+1)

$(a=1,b=0)$

(c)

	0	1	2	3
0	8	0	0	0
1	0	9	0	0
2	0	0	10	0
3	0	0	0	9

→(+1)

$(a=1,b=1)$

(d)

	0	1	2	3
0	0	0	9	0
1	0	0	0	10
2	9	0	0	0
3	0	8	0	0

→(+1)

$(a=2,b=0)$

(e)

图 8-34 联合概率矩阵计算示例

以图 8-34(c)所示为例，其产生过程如下：初始情况，(x,y)为(0,0)时，g_1为 0，经$a=1$、$b=0$移位后，g_2为 1，所以(g_1,g_2)为(0,1)。在图 8-34(c)中，共有 10 处这种组合。同理，(g_1,g_2)为(1,2)的组合有 11 处，其他以此类推，形成图 8-34(d)、(e)所示的联合矩阵。

由此可见，距离差分值(a,b)取不同的数值组合，可以得到不同的情况下的联合概率矩阵。(a,b)的取值要根据纹理周期分布的特性来选择，对于较细的纹理，选取(1,0)、(1,1)、(2,0)等这样小的差分值是有必要的。当(a,b)取值较小时，对应于变化缓慢的纹理图像，其联合概率矩阵对角线上的数值较大，而纹理的变化越快，则对角线上的数值越小，而对角线两侧上的元素值增大。为了能描述纹理的状况，有必要选取能综合表现联合概率矩阵状况

的参数,典型的有以下几种:

$$Q_1 = \sum_{g_1}\sum_{g_2}[p(g_1,g_2)]^2 \tag{8-84}$$

$$Q_2 = \sum_{k} k^2\left[\sum_{g_1}\sum_{g_2} p(g_1,g_2)\right]$$

$$k = |g_1 - g_2| \tag{8-85}$$

$$Q_3 = \frac{\sum_{g_1}\sum_{g_2} g_1 g_2 p(g_1,g_2) - \mu_x\mu_y}{\sigma_x\sigma_y} \tag{8-86}$$

$$Q_4 = -\sum_{g_1}\sum_{g_2} p(g_1,g_2)\log p(g_1,g_2) \tag{8-87}$$

其中

$$\mu_x = \sum_{g_1} g_1 \sum_{g_2} p(g_1,g_2) \tag{8-88}$$

$$\mu_y = \sum_{g_2} g_2 \sum_{g_1} p(g_1,g_2) \tag{8-89}$$

$$\sigma_x^2 = \sum_{g_1}(g_1-\mu_x)^2 \sum_{g_2} p(g_1,g_2) \tag{8-90}$$

$$\sigma_y^2 = \sum_{g_2}(g_2-\mu_y)^2 \sum_{g_1} p(g_1,g_2) \tag{8-91}$$

这些参数到底都代表着哪一种图像特性并不是直观的,但是,这些参数用来描述纹理特性还是相当有效的。

8.3.5 灰度差分统计法

设(x,y)为图像中的一点,该点与和它只有微小距离的点$(x+\Delta x, y+\Delta y)$的灰度差值为

$$g_\Delta(x,y) = g(x,y) - g(x+\Delta x, y+\Delta y) \tag{8-92}$$

式中 g_Δ 称为灰度差分。设灰度差分值的所有可能取值共有 m 级,令点(x,y)在整个画面上移动,统计出 $g_\Delta(x,y)$取各个数值的次数,由此可以作出 $g_\Delta(x,y)$的直方图。由直方图可以知道 $g_\Delta(x,y)$取值的概率 $p_\Delta(i)$。

当取较小 i 值的概率 $p_\Delta(i)$较大时,说明纹理较粗糙;概率较平坦时,说明纹理较细。

一般采用下列参数来描述纹理图像的特性。

(1) 对比度:

$$\text{CON} = \sum_i i^2 p_\Delta(i) \tag{8-93}$$

(2) 角度方向二阶矩:

$$\text{ASM} = \sum_i [p_\Delta(i)]^2 \tag{8-94}$$

(3) 熵:

$$\text{ENT} = -\sum_i p_\Delta(i)\log p_\Delta(i) \tag{8-95}$$

(4) 平均值：

$$\text{MEAN} = \frac{1}{m}\sum_{i} i p_{\Delta}(i) \tag{8-96}$$

在上述各式中，$p_{\Delta}(i)$较平坦时，ASM较小，ENT较大，$p_{\Delta}(i)$越分布在原点附近，则MEAN值越小。

8.3.6 行程长度统计法

设点(x,y)的灰度值为g，与其相邻的点的灰度值可能也为g。统计出从任意一点出发沿θ方向上连续n个点都具有灰度值g这种情况发生的概率，记为$p(g,n)$。在某一方向上具有相同灰度值的像素个数称为行程长度(run length)。由$p(g,n)$可以引出一些能够较好地描述纹理图像变化特性的参数。

(1) 长行程加重法：

$$\text{LRE} = \frac{\sum_{g,n} n^2 p(g,n)}{\sum_{g,n} p(g,n)} \tag{8-97}$$

(2) 灰度值分布：

$$\text{GLD} = \frac{\sum_{g}\left[\sum_{n} p(g,n)\right]^2}{\sum_{g,n} p(g,n)} \tag{8-98}$$

(3) 行程长度分布：

$$\text{RLD} = \frac{\sum_{g}\left[\sum_{n} p(g,n)\right]}{\sum_{g,n} p(g,n)} \tag{8-99}$$

(4) 行程比：

$$\text{RPG} = \frac{\sum_{g,n} p(g,n)}{N^2} \tag{8-100}$$

式中N^2为像素总数。

8.3.7 其他几种方法

除前述的几种纹理统计分析法外，还有一些其他方法，如线性预测系数法。这种方法是将某点(i,j)的灰度g_{ij}由相邻接的8个点的灰度值来预测，g_{ij}的预测值为$\hat{g}_{ij}$，即

$$\begin{aligned}\hat{g}_{ij} &= a_1 g_{i-1,j-1} + a_2 g_{i-1,j} + a_3 g_{i-1,j+1} + a_4 g_{i,j-1} \\ &\quad + a_5 g_{i,j+1} + a_6 g_{i+1,j-1} + a_7 g_{i+1,j} + a_8 g_{i+1,j+1}\end{aligned} \tag{8-101}$$

可以选择系数$a_1,a_2,a_3,\cdots,a_8$，使g_{ij}值与预测值$\hat{g}_{ij}$的差为最小。对于不同的纹理可得到不同的系数矢量$\boldsymbol{A}$，$\boldsymbol{A}=\{a_1,a_2,a_3,\cdots,a_8\}$。由此可用不同矢量间的距离来区别不同的纹理。

还有一种像素点组合的方法。这种方法是先确定检查纹理特性所需要的像素组合，这种组合出现的灰度模式为 X，然后对各种纹理模式 $w_1, w_2, w_3, \cdots, w_n$，去检查这种像素组合灰度模式 X 出现的概率 $p(X/w_1), p(X/w_2), \cdots, p(X/w_n)$。从这些概率中找出最大者，则可以认为所检查的纹理图像的纹理属于概率值最大的那一类纹理模式。

8.3.8　纹理的句法结构分析法

在纹理的句法结构分析中把纹理定义为结构基元按某种规则重复分布所构成的模式。为了分析纹理结构，首先要描述结构基元的分布规则，一般可做以下两项工作：

① 从输入图像中提取结构基元并描述其特征。

② 描述结构基元的分布规则。

具体做法是首先把一张纹理图片分成许多窗口，也就是形成子纹理。最小的小块，就是最基本的子纹理，即基元。纹理基元可以是一个像素，也可以是 4 个或 9 个灰度比较一致的像素集合。纹理的表达可以是多层次的，如图 8-35(a)所示。它可以从像素或小块纹理一层一层向上拼合。当然，基元的排列可有不同的规则，如图 8-35(b)所示，第一级纹理排列为甲乙甲，第二级排列为乙甲乙等，其中甲、乙代表基元或子纹理。这样就组成一个多层的树状结构，可用树状文法产生一定的纹理并用句法加以描述。纹理的树状安排可有多种方法。第一种方法如图 8-35(c)所示，树根安排在中间，树枝向两边伸出，每个树枝有一定的长度。当窗口中像点数为奇数时用这种排列比较方便，此时，每个分支长度相同。第二种方法如图 8-35(d)所示，树根安排在一侧，分支都向另一侧伸展。这种排列对奇数像点和偶数像点都适用。

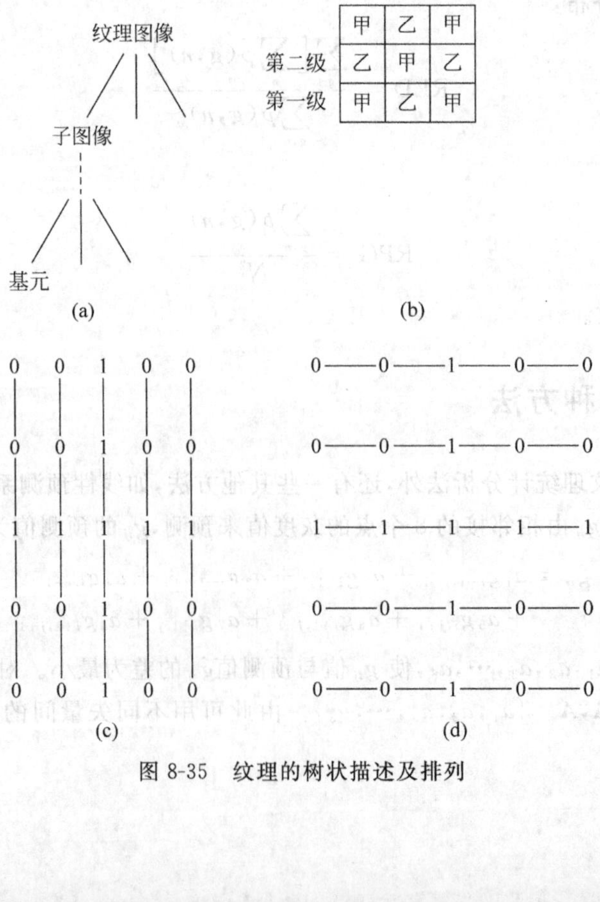

图 8-35　纹理的树状描述及排列

纹理判别可用以下办法：

首先把纹理图像分成固定尺寸的窗口，用树状文法说明属于同纹理图像的窗口，识别树状结构可以用树状自动机，因此，对每一个纹理文法可建立一个"结构保存的误差修正树状自动机"。该自动机不仅可以接受每个纹理图像中的树，而且能用最小距离判据，辨识类似的有噪声的树。以后，可以对一个分割成窗口的输入图像进行分类。

思考题

1. 试设计一个具有双峰直方图特性图像的最佳分割点的程序。

2. 如果图像背景和目标灰度分布均有正态分布特性，其均值分别为 μ 和 v，而且图像与背景面积相等，证明最佳阈值点为$\frac{\mu+v}{2}$。

3. 如果图像灰度由于照明原因引起不均匀，如何求得最佳分割效果？试述几种可能的解决方案。

4. 如何设计检测线和点的模板？举例说明。

5. 试述区域生长分割算法的基本原理。

6. 对描绘子的基本要求是什么？有哪几种常用的描绘子？

7. 什么是形式语言？它有什么用途？

8. 试述文法类型及其之间的关系。

9. 试用图片描绘语言描绘如图 8-36 所示图形。

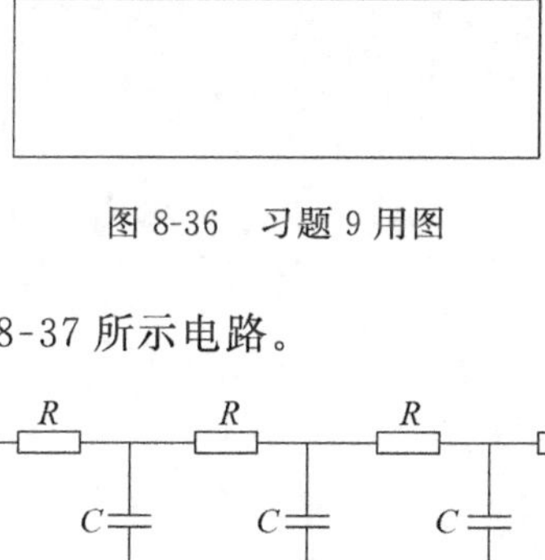

图 8-36　习题 9 用图

10. 试用树文法描绘如图 8-37 所示电路。

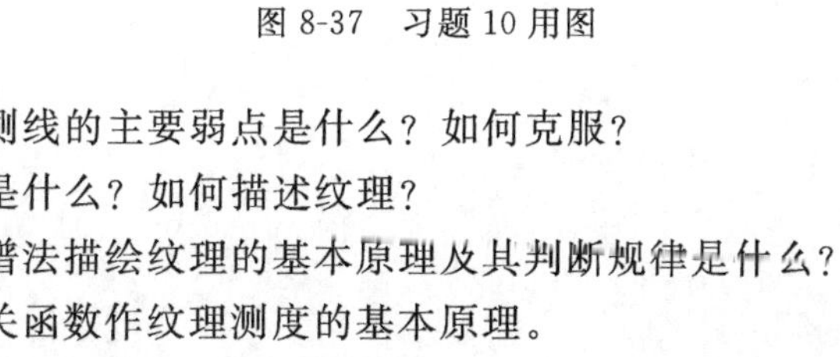

图 8-37　习题 10 用图

11. 霍夫变换检测线的主要弱点是什么？如何克服？

12. 纹理的定义是什么？如何描述纹理？

13. 傅里叶功率谱法描绘纹理的基本原理及其判断规律是什么？

14. 试述用自相关函数作纹理测度的基本原理。

15. 有如图 8-38 所示的纹理图像,试求其联合概率矩阵。

$$
\begin{matrix}
0 & 1 & 2 & 0 & 1 & 2 \\
1 & 2 & 0 & 1 & 2 & 0 \\
2 & 0 & 1 & 2 & 0 & 1 \\
0 & 1 & 2 & 0 & 1 & 2 \\
1 & 2 & 0 & 1 & 2 & 0 \\
2 & 0 & 1 & 2 & 0 & 1
\end{matrix}
$$

图 8-38 习题 15 用图

第 9 章　数学形态学原理

数学形态学是一门综合了多学科知识的交叉科学，其理论基础颇为艰深，但其基本观念却比较简单。它体现了逻辑推理与数学演绎的严谨性，又要求具备与实践密切相关的实验技术与计算技术。它涉及微分几何、积分几何、测度论、泛函分析和随机过程等许多数学理论，其中积分几何和随机集论是其赖以生存的基石。总之，数学形态学是建立在严格的数学理论基础上而又密切联系实际的科学。在图像处理中数学形态学显示了其独特的优越性，因此，其应用受到了广泛的关注。

9.1　数学形态学的发展

数学形态学(mathematical morphology)是一种应用于图像处理和模式识别领域的新的方法。形态学是生物学的一个分支，常用它来处理动物和植物的形状和结构。数学形态学的历史可追溯到 19 世纪的 Eular. steiner. Crofton 和 20 世纪的 Minkowski。1964 年，法国学者 J. Serra 对铁矿石的岩相进行了定量分析，以预测铁矿石的可轧性。几乎在同时，G. Matheron 研究了多孔介质的几何结构、渗透性及两者的关系，他们的研究成果直接导致数学形态学雏形的形成。随后，J. Serra 和 G. Matheron 在法国共同建立了枫丹白露(Fontainebleau)数学形态学研究中心。在以后几年的研究中，他们逐步建立并进一步完善了数学形态学的理论体系，此后，又研究了基于数学形态学的图像处理系统。

数学形态学是一门建立在严格的数学理论基础上的科学。G. Matheron 于 1973 年出版的 *Ensembles Aleatoires Geometric Integraton* 一书严谨而详尽地论证了随机集论和积分几何，为数学形态学奠定了理论基础。1982 年，J. Serra 出版的专著 *Image Analysis and Mathematical Morphology* 是数学形态学发展的里程碑，它表明数学形态学在理论上已趋于完备，在实际应用中不断深入。此后，经过科学工作者的不断努力，J. Serra 主编的 *Image Analysis and Mathematical Morphology* 卷 2、卷 3 相继出版，1986 年，CVGIP(Computer Vision Graphics and Image Processing)发表了数学形态学专辑，从而使得数学形态学的研究呈现了新的景象。同时，枫丹白露研究中心的学者们又相继提出了基于数学形态学方法的纹理分析模型系列，从而使数学形态学的研究前景更加光明。

随着数学形态学逻辑基础的发展，其应用开始向边缘学科和工业技术方面拓展。数学形态学的应用领域已不限于传统的微生物学和材料学领域，20 世纪 80 年代初又出现了几种新的应用领域，如工业控制、放射医学、运动场景分析等。数学形态学在我国的应用研究发展也很快，目前，已研制出一些以数学形态学为基础的实用图像处理系统，如中国科学院生物物理研究所和计算机技术研究所负责，由软件研究所、电子研究所和自动化所参加研究的癌细胞自动识别系统等。

用于描述数学形态学的语言是集合论，因此，它可以提供一个统一而强大的工具来处理图像处理中所遇到的问题。利用数学形态学对物体几何结构的分析过程就是主、客体相互逼近的过程。利用数学形态学的几个基本概念和运算，将结构元灵活地组合、分解，应用形态变换序列达到分析的目的。

利用数学形态学进行图像分析的基本步骤有以下几步：

① 提出所要描述的物体几何结构模式，即提取物体的几何结构特征。

② 根据该模式选择相应的结构元素，结构元素应该简单而对模式具有最强的表现力。

③ 用选定的结构元对图像进行击中与否(HMT)变换，便可得到比原始图像显著突出物体特征信息的图像。如果赋予相应的变量，则可得到该结构模式的定量描述。

④ 经过形态变换后的图像突出了需要的信息，此时，就可以方便地提取信息。

数学形态学方法比其他空域或频域图像处理和分析方法具有一些明显的优势。例如，在图像恢复处理中，基于数学形态学的形态滤波器可借助于先验的几何特征信息，利用数学形态学算子有效地滤除噪声，又可以保留图像中的原有信息；另外，数学形态学算法易于用并行处理方法有效地实现，而且硬件实现容易；基于数学形态学的边缘信息提取处理优于基于微分运算的边缘提取算法，它不像微分算法对噪声那样敏感，同时，提取的边缘也比较光滑；利用数学形态学方法提取的图像骨架也比较连续，断点少。

数学形态学的核心运算是击中与否变换(Hit or Miss Transformation，HMT)，在定义了 HMT 及其基本运算膨胀(dilation)和腐蚀(erosion)后，再从积分几何和体视学移植一些概念和理论，根据图像分析的各种要求，构造出统一的、相同的或变化很小的结构元素进行各种形态变换。在形态算法设计中，结构元的选择十分重要，其形状、尺寸的选择是能否有效地提取信息的关键。一般情况下，结构元的选择本着以下几个原则进行：

① 结构元必须在几何上比原图像简单，且有界。当选择性质相同或相似的结构元时，以选择极限情况为宜。

② 结构元的凸性非常重要，对非凸子集，由于连接两点的线段大部分位于集合的外面，故而用非凸子集作为结构元将得不到什么信息。

总之，数学形态学的基本思想和基本研究方法具有一些特殊性，掌握和运用好这些特性是取得良好结果的关键。

9.2 数学形态学的基本概念和运算

在数学意义上，用形态学来处理一些图像，用以描述某些区域的形状，如边界曲线、骨架结构和凸形外壳等。另外，也用数学形态学技术来进行预测和快速处理，如形态过滤、形态细化、形态修饰等。而这些处理都是基于一些基本运算实现的。

用于描述数学形态学的语言是集合论。数学形态学最初是建立在集合论基础上的代数系统。它提出了一套独特的变换和概念用于描述图像的基本特征。这些数学工具是建立在积分几何和随机集论的基础之上。这决定了它可以得到几何常数的测量和反映图像的体视性质。

集合代表图像中物体的形状，如在二进制图像中所有黑色像素点的集合就是对这幅图像的完整描述。在二进制图像中，当前集合指二维整型空间的成员，集合中的每个元素都是一个二维变量,用(x,y)表示。按规则代表图像中的一个黑色像素点。灰度数字图像可以用三维集合来表示。在这种情况下,集合中每个元素的前两个变量用来表示像素点的坐标,第三个变量代表离散的灰度值。在更高维数的空间集合中可以包括其他的图像属性,如颜色和时间等。

形态运算的质量取决于所选取的结构元和形态变换。结构元的选择要根据具体情况来确定,而形态运算的选择必须满足一些基本约束条件。这些约束条件称为图像定量分析的原则。

9.2.1　数学形态学定量分析原则

1. 平移兼容性

设待分析图像为 X,Φ 表示某种图像变换或运算,$\Phi(X)$表示 X 经变换或运算后的新图像。设 $\boldsymbol{h}$ 为一矢量,X_h 表示将图像 X 平移一个位移矢量后的结果,那么,平移兼容性原则可表示为

$$\Phi(X_h) = [\Phi(X)]_h \tag{9-1}$$

此式说明图像 X 先平移然后变换的结果与图像先变换后平移的结果是一样的。

2. 尺度变换兼容性

设缩放因子 λ 是一个正的实常数,λX 表示对图像 X 所做的相似变换,则尺度变换兼容性原则可表示为

$$\lambda\Phi\left(\frac{1}{\lambda}X\right) = \Phi_\lambda(X) \tag{9-2}$$

如果设图像运算 Φ 为结构元 B 对 X 的腐蚀$(X\ominus B)$,则 Φ_λ 为结构元 λB 对 X 的腐蚀,则式(9-2)可具体化为

$$\lambda\left(\frac{1}{\lambda}X \ominus B\right) = X \ominus \lambda B \tag{9-3}$$

3. 局部知识原理

如果 Z 是一个图形(“闭集”),则相对于 Z 存在另一个闭集 Z',使得对于图形 X 式(9-4)成立,即

$$(\Phi(X \cap Z)) \cap Z' = \Phi(X) \cap Z' \tag{9-4}$$

在物理上,可以将 Z 理解为一个“掩模”。在实际中,观察某一个对象时,每次只能观察一个局部,即某一掩模覆盖的部分 $X\cap Z$。该原则要求对每种确定的变换或运算 Φ,当掩模 Z 选定以后,都能找到一个相应的模板 Z',使得通过 Z'所观察到的局部性质,即$(\Phi(X\cap Z))\cap Z'$与整体性质 $\Phi(X)\cap Z'$相一致。

4. 半连续原理

在研究一幅图像时,常采用逐步逼近的方法,即对图像 X 的研究往往需要通过一系列图像 $X_1,X_2,\cdots,X_n$ 的研究实现,其中诸个 X_n 逐步逼近 X。半连续原理要求各种图像变换后应满足这样的性质:对真实图像 X 的处理结果应包含在对一系列图像 X_n 的处理结果内。

5. 形态运算的基本性质

除了一些特殊情况外，数学形态学处理一般都是不可逆的。实际上，对图像进行重构的思想在该情况下是不恰当的。任何形态处理的目的都是通过变换去除不感兴趣的信息，保留感兴趣的信息。在形态运算中的几个关键性质如下。

递增性：

$$X \subset Y \Rightarrow \Psi(X) \subset \Psi(Y), \quad \forall X, Y \in \wp(E) \tag{9-5}$$

反扩展性：

$$\Psi(X) \subset X, \quad \forall X \in \wp(E) \tag{9-6}$$

幂等性：

$$\Psi[\Psi(X)] = \Psi(X), \quad \forall X \in \wp(E) \tag{9-7}$$

其中，Ψ 表示形态变换；$\wp(E)$表示 Euclidean 空间 E 的幂集。

9.2.2 数学形态学的基本定义及基本算法

集合论是数学形态学的基础，在这里首先对集合论的一些基本概念作一总结性的概括。对于形态处理的讨论，将从两个最基本的模加处理和模减处理开始。它们是以后大多数形态处理的基础。

1. 基本的定义

1）集合

具有某种性质的确定的有区别的事物的全体。如果某种事物不存在，称为空集。集合常用大写字母 $A,B,C,\cdots$表示，空集用$\varnothing$表示。

设 E 为一自由空间，$\wp(E)$是由集合空间 E 所构成的幂集，集合 $X,B\in \wp(E)$，则集合 X 和 B 之间的关系只能有以下 3 种形式：

① 集合 B 包含于 X（表示为 $B\subset X$）。

② 集合 B 击中 X（表示为 $B\Uparrow X$），即 $B\cap X\neq\varnothing$。

③ 集合 B 相离于 X（表示为 $B\subset X^C$），即 $B\cap X=\varnothing$。

这 3 种形式的物理意义如图 9-1 所示。

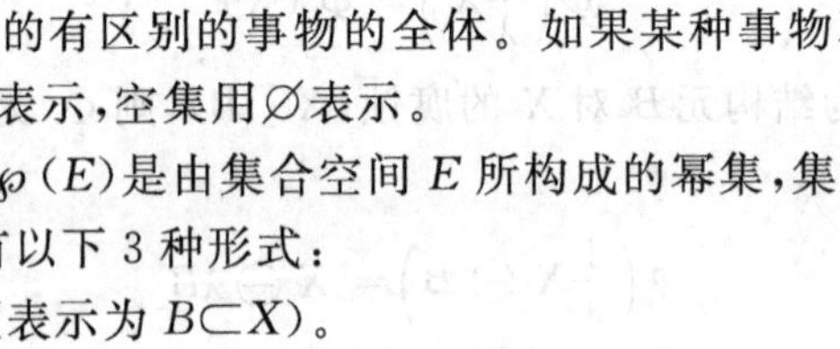

图 9-1 B_1 击中 X，B_2 相离于 X，B_3 包含于 X

2）元素

构成集合的每一个事物称为元素，元素常用小写字母 $a,b,c,\cdots$表示。应注意的是，任何事物都不是空集的元素。

3）平移转换

设 A 和 B 是两个二维集合，A 和 B 中的元素分别是

$$a = (a_1, a_2), \quad b = (b_1, b_2)$$

定义 $x=(x_1,x_2)$，对集合 A 的平移转换为

$$(A)_x = \{c \mid c = a + x, a \in A\} \tag{9-8}$$

4）子集

当且仅当集合 A 的所有元素都属于 B 时，称 A 为 B 的子集。

5）补集

定义集合 A 的补集为

$$A^c = \{x \mid x \notin A\} \tag{9-9}$$

6）差集

定义集合 A 和 B 的差集为

$$A - B$$

$$A - B = \{x \mid x \in A, x \notin B\} = A \cap B^c \tag{9-10}$$

7）映像

定义集合 B 的映像为 $\hat{B}$

$$\hat{B} = \{x \mid x = -b, b \in B\} \tag{9-11}$$

8）并集

由 A 和 B 的所有元素组成的集合称为 A 和 B 的并集。

$$C = A \cup B \tag{9-12}$$

9）交集

由 A 和 B 的公共元素组成的集合称为 A 和 B 的交集。

$$D = A \cap B \tag{9-13}$$

图 9-2 解释了上述几个定义，图中的黑点为集合的原点。图 9-2(a)显示集合 A；图 9-2(b)表示 A 被 $x=(x_1,x_2)$ 平移，注意平移是在 A 的每个元素上加上 $x=(x_1,x_2)$；图 9-2(c)表示集合 B；图 9-2(d)显示了 B 关于原点的反转；图 9-2(e)显示了集合 A 及其补；图 9-2(f)显示了图 9-2(e)的集合 A 与图 9-2(f)中的集合 B 的差。

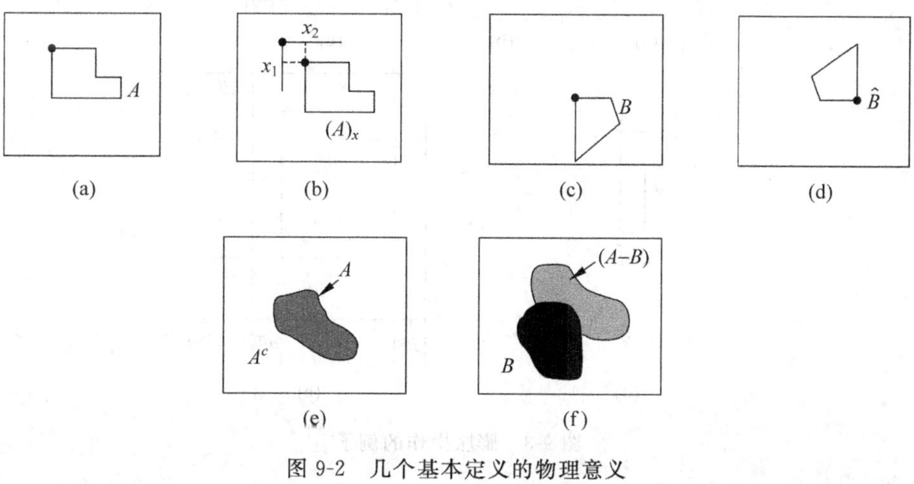

图 9-2　几个基本定义的物理意义

前 4 幅图的黑点表示了每个集合的起点。

2. 膨胀

A、B 为 Z^2 中的集合，$\varnothing$为空集，A 被 B 的膨胀，记为 $A \oplus B$，$\oplus$为膨胀算子，膨胀的定义为

$$A \oplus B = \{x \mid [(\hat{B})_x \cap A] \neq \varnothing\} \tag{9-14}$$

该式表明的膨胀过程是 B 首先做关于原点的映射，然后平移 x。A 被 B 的膨胀是$\hat{B}$被所有 x 平移后与 A 至少有一个非零公共元素。根据这个解释，式(9-14)可以重写为

$$A \oplus B = \{x \mid [(\hat{B})_x \cap A] \subseteq A\} \tag{9-15}$$

与在其他的形态处理中一样，集合 B 在膨胀操作中通常被称为结构元素。

式(9-14)不是现在数学形态学文献中膨胀的唯一定义。然而，前面这个定义有一个明显的优势，因为当结构元素 B 被看做为卷积模板时有更加直观的概念。尽管膨胀是基于集合的运算，而卷积是基于算术运算，但是，B 关于原点的“映射”及而后连续的平移，使它可以滑过集合(图像)A 的基本过程类似于卷积过程。

图 9-3(a)表示一个简单的集合，图 9-3(b)表示一个结构元素及其“映射”。在此图情况下，因为结构元素 B 关于原点对称，所以，结构元素 B 及其映射$\hat{B}$相同。图 9-3(c)中的虚线表示作为参考的原始集合，实线示出若$\hat{B}$的原点平移至 x 点超过此界限，则$\hat{B}$与 A 的交集为空。这样，实线内的所有点构成了 A 被 B 的膨胀。图 9-3(d)表示预先设计的一个结构元素，其目的是为了得到一个垂直膨胀比水平膨胀大的结果。图 9-3(e)显示为用该结构元素膨胀后得到的结果。

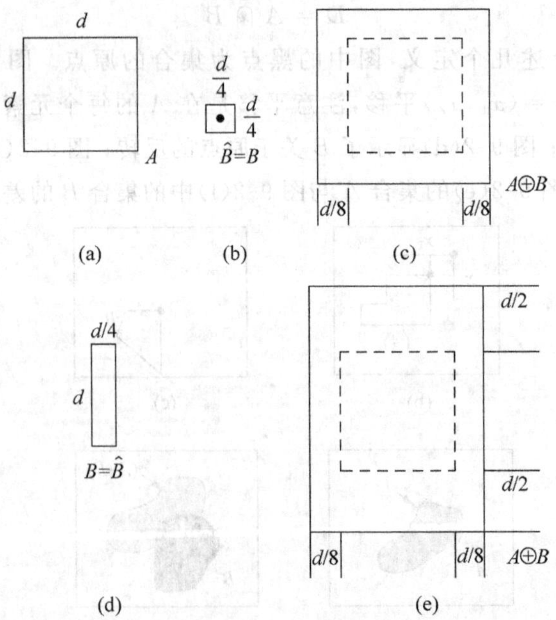

图 9-3　膨胀操作的例子

3. 腐蚀

A、B 为 Z^2 中的集合，A 被 B 腐蚀，记为 $A \ominus B$，其定义为

$$A \ominus B = \{x \mid (B)_x \subseteq A\} \tag{9-16}$$

也就是说，A 被 B 的腐蚀的结果为所有使 B 被 x 平移后包含于 A 的点 x 的集合。与膨胀一样，公式(9-16)也可以用相关的概念加以理解。

图 9-4 表示了类似于图 9-3 的一个过程。像以前一样，集合 A 在图 9-4(c)用虚线表示作为参考。实线表示若 B 的原点平移至 x 点超过此界限，则 A 不能完全包含 B。这样，在这个实线边界内的点构成了 A 被 B 的腐蚀。图 9-4(d)画出了伸长的结构元素，图 9-4(e)显示了 A 被此结构元素腐蚀的结果。注意，原来的集合被腐蚀成一条线了。

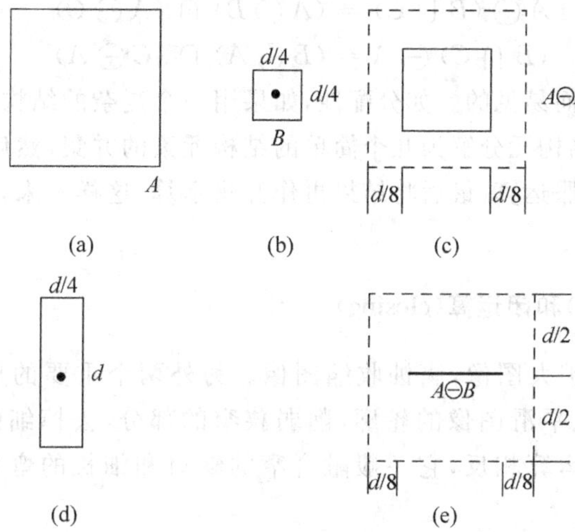

图 9-4　腐蚀操作的例子

膨胀和腐蚀是关于集合补和反转的对偶。也就是：

$$(A \ominus B)^c = A^c \oplus \hat{B} \tag{9-17}$$

关于式(9-17)的正确性可证明如下。

从腐蚀的定义可知：

$$(A \ominus B)^c = \{x \mid (B)_x \subseteq A\}^c$$

如果集合 $(B)_x$ 包含于集合 A，那么 $(B)_x \cap A_c = \varnothing$。在这种情况下，上式变为

$$(A \ominus B)^c = \{x \mid (B)_x \cap A^c = \varnothing\}^c$$

但是满足 $(B)_x \cap A^c = \varnothing$ 的集合 x 的补集是使 $(B)_x \cap A^c \neq \varnothing$ 的 x 集合。这样

$$\begin{aligned}(A \ominus B)^c &= \{x \mid (B)_x \cap A^c \neq \varnothing\} \\ &= A^c \oplus \hat{B}\end{aligned}$$

命题得证。

膨胀和腐蚀运算的一些性质对设计形态学算法，进行图像处理和分析是非常有用的，下面列出几个较重要的性质：

① 交换性

$$A \oplus B = B \oplus A \tag{9-18}$$

② 结合性

$$A \oplus (B \oplus C) = (A \oplus B) \oplus C \tag{9-19}$$

③ 递增性

$$A \subseteq B \Rightarrow A \oplus C \subseteq B \oplus C \tag{9-20}$$

$$A \subseteq B \Rightarrow A \ominus C \subseteq B \ominus C$$

④ 分配性

$$(A \cup B) \oplus C = (A \oplus C) \cup (B \oplus C) \tag{9-21}$$

$$A \oplus (B \cup C) = (A \oplus B) \cup (A \oplus C) \tag{9-22}$$

$$A \ominus (B \cup C) = (A \ominus B) \cap (A \ominus C) \tag{9-23}$$

$$(B \cap C) \ominus A = (B \ominus A) \cap (C \ominus A) \tag{9-24}$$

这些性质的重要性是显而易见的。如分配性，如果用一个复杂的结构元素对图像作膨胀运算，则可以把这个复杂结构元分解为几个简单的结构元素的并集，然后，用几个简单的结构元素对图像分别进行膨胀运算，最后将结果再作并集运算，这样一来，就可以大大简化运算的复杂性。

4. 开运算(opening)和闭运算(closing)

如前边所见，膨胀扩大图像，腐蚀收缩图像。另外两个重要的形态运算是开运算和闭运算。开运算一般能平滑图像的轮廓，削弱狭窄的部分，去掉细的突出。闭运算也是平滑图像的轮廓，与开运算相反，它一般融合窄的缺口和细长的弯口，去掉小洞，填补轮廓上的缝隙。

设 A 是原始图像，B 是结构元素图像，则集合 A 被结构元素 B 作开运算，记为 $A \circ B$，其定义为

$$A \circ B = (A \ominus B) \oplus B \tag{9-25}$$

换句话说，A 被 B 开运算就是 A 被 B 腐蚀后的结果再被 B 膨胀。

设 A 是原始图像，B 是结构元素图像，集合 A 被结构元素 B 作闭运算，记为 $A \cdot B$，其定义为

$$A \cdot B = (A \oplus B) \ominus B \tag{9-26}$$

换句话说，A 被 B 作闭运算就是 A 被 B 膨胀后的结果再被 B 腐蚀。

图 9-5 图释了集合 A 被一个圆盘形结构元素作开运算和闭运算的情况。图 9-5(a)是集合 A，图 9-5(b)示出了在腐蚀过程中圆盘结构元素的各个位置，当完成这一过程时，形成分开的两个图形示于图 9-5(c)。注意，A 的两个主要部分之间的桥梁被去掉了。“桥”的宽度小于结构元素的直径，也就是结构元素不能完全包含于集合 A 的这一部分，这样就违反了公式(9-16)的条件。由于同样的原因，A 的最右边的部分也被切除掉了。图 9-5(d)画出了对腐蚀的结果进行膨胀的过程，而图 9-5(e)示出了开运算的最后结果。图 9-5(f)至图 9-5(i)示出了用同样的结构元素对 A 作闭运算的结果。结果是去掉了 A 的左边对于 B 来说较小的弯。注意，用一个圆形的结构元素对集合 A 作开运算和闭运算均使 A 的一些部分平滑了。

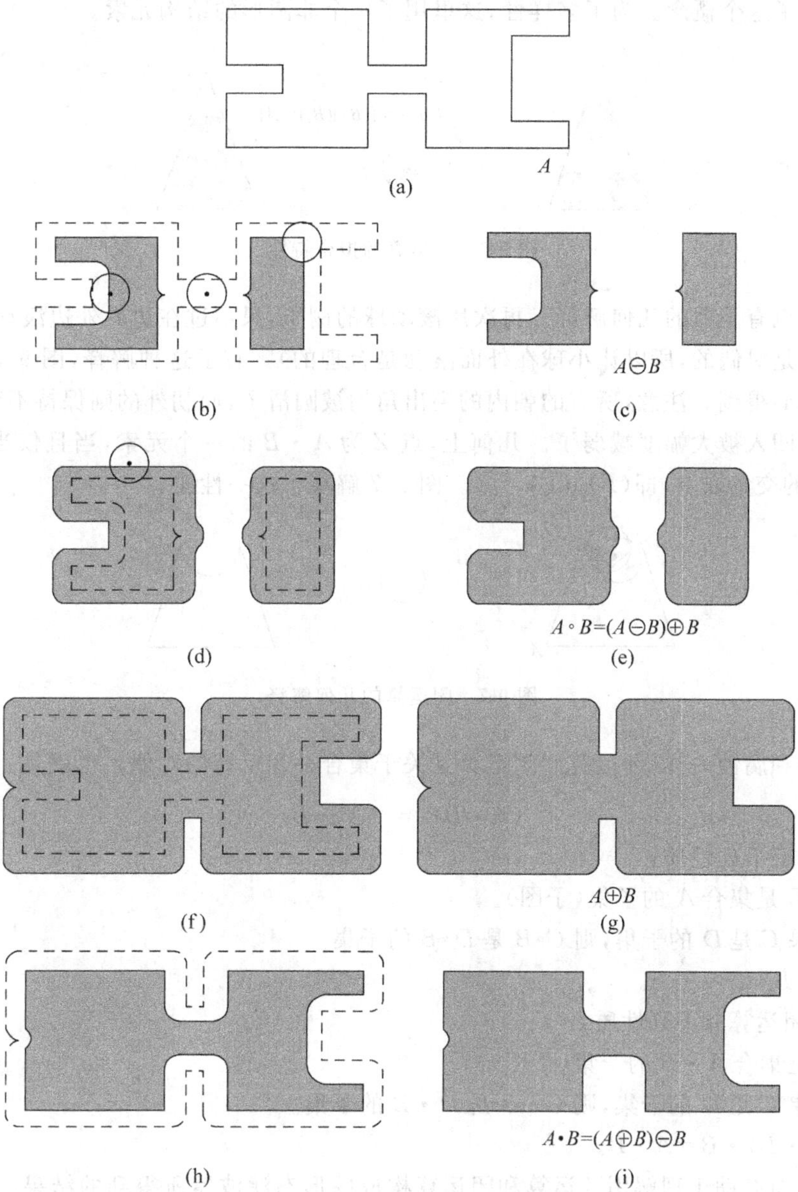

图 9-5　开运算和闭运算的图示

开运算和闭运算有一个简单的几何解释。假设把圆盘形结构元素 B 看作一个(平面的)"滚动球"。$A \circ B$ 的边界为 B 在 A 内滚动所能达到的最远处的 B 的边界所构成。这个解释能从图 9-5(a)得到图 9-5(e)。注意，所有的朝外的突出角均被圆滑了，而朝内的则没有影响。突出的不能容下这球的部分被去掉了。这种开运算的几何拟合性得出了集合论的一个定理：

A 被 B 的开运算就是 B 在 A 内的平移(保证 $(B)_x \subseteq A$)所得到的集合的并集。这样开运算可以被描述为拟合过程，即

$$A \circ B = \bigcup \{(B)_x \mid (B)_x \subseteq A\} \tag{9-27}$$

图 9-6 解释了这个概念。为了多样性，这里用了一个非圆形的结构元素。

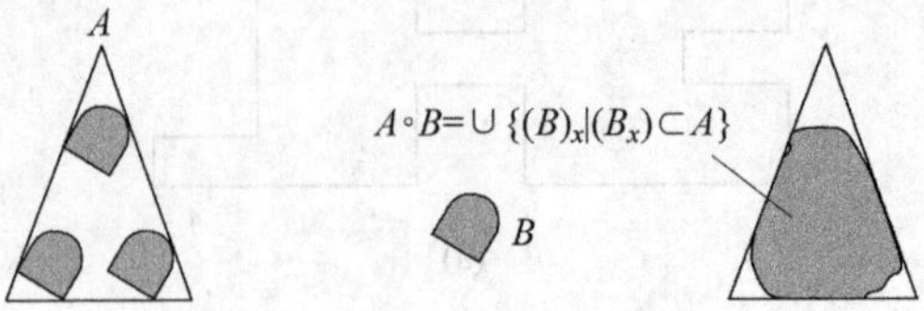

图 9-6　开运算的拟合特性

闭运算也有类似的几何解释。再次用滚动球的例子，只不过在边界外边滚动该球(开运算和闭运算是对偶的，所以让小球在外面滚动是合理的)。有了这种解释，图 9-5(i)就很容易从图 9-5(a)得到。注意，所有的朝内的突出角均被圆滑了，而朝外的则保持不变。集合 A 的最左边的凹入被大幅度减弱了。几何上，点 Z 为 $A \cdot B$ 的一个元素，当且仅当包含 Z 的 $(B)_x$ 与 A 的交集非空，即 $(B)_x \cap A \neq \varnothing$。图 9-7 解释了这一性质。

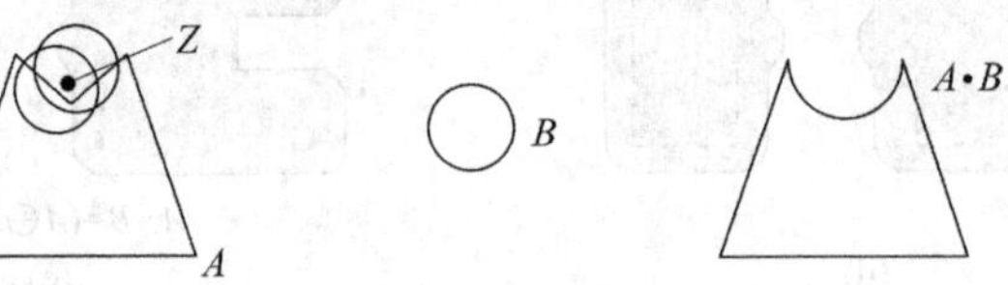

图 9-7　闭运算的几何解释

像膨胀和腐蚀一样，开运算和闭运算是关于集合补和反转的对偶。也就是

$$(A \cdot B)^c = (A^c \circ \hat{B}) \tag{9-28}$$

开运算有下列性质：

① $A \circ B$ 是集合 A 的子集(子图)。

② 如果 C 是 D 的子集，则 $C \circ B$ 是 $D \circ B$ 的子集。

③ $(A \circ B) \circ B = A \circ B$。

同样，闭运算有下列性质：

① A 是集合 $A \cdot B$ 的子集(子图)。

② 如果 C 是 D 的子集，则 $C \cdot B$ 是 $D \cdot B$ 的子集。

③ $(A \cdot B) \cdot B = A \cdot B$。

这些性质有助于理解用开运算和闭运算构成的形态滤波器所得到的结果。例如，用开运算构造一个滤波器。可参考上面的性质：(1)结果是输入的子集；(2)单调性会被保持；(3)多次同样的开运算对结果没有影响。最后一条性质有时称为幂等性。同样的解释适合于闭运算。

考虑图 9-8(a)所示的简单的二值图像，它包含一个被噪声影响的矩形目标。这里噪声用暗元素(阴影)在亮的背景表示，而光使暗目标为空的。注意，集合 A 包含目标和背景噪声，而目标中的噪声构成了背景显示的内部边界。目的是去除噪声及其对目标的影响，并且对目标的影响越小越好。形态“滤波器” $(A \circ B) \cdot B$ 可以用来达到此目的。图 9-8(c)显示了用一个比所有噪声成分都大的圆盘形结构元素对 A 进行开运算的结果。注意，这步运算考虑了背景噪声但对内部边界没有影响。

因为在这个理想的例子中，所有的背景噪声成分的物理大小均小于结构元素，背景噪声在开运算的腐蚀过程中被消除(腐蚀要求结构元素完全包含于被腐蚀的集合内)。而目标内的噪声成分的大小却变大了(见图 9-8(b)),这在意料之中,原因是目标中的空白事实上是内部边界,在腐蚀中会变大。最后,图 9-8(e)和图 9-8(c)示出了形态闭运算的结果。内部的边界在闭运算后的膨胀运算中被消除了,如图 9-8(d)所示。

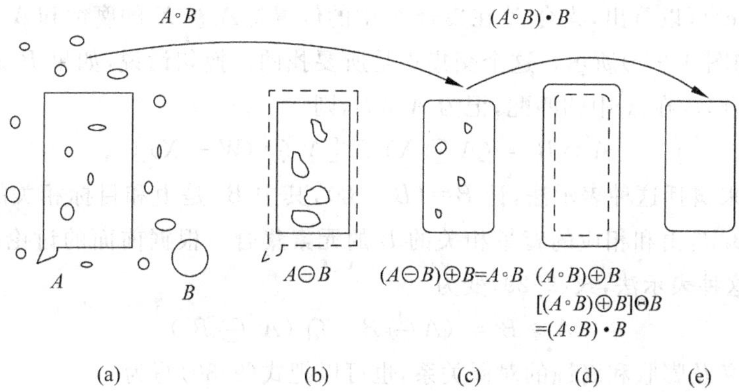

图 9-8　形态学滤波

5. 击中(Hit)击不中(Miss)变换(HMT)

形态学中击中(hit)或击不中(miss)变换是形状检测的基本工具。通过图 9-9 引入这个概念。图中集合 A 包含 3 个部分(子集),记为 X、Y、Z。图 9-9(a)～(c)中的图形为原始集合,而图 9-9(d)、(e)中的阴影为形态运算的结果。目标是找到一个图形 X 的位置。

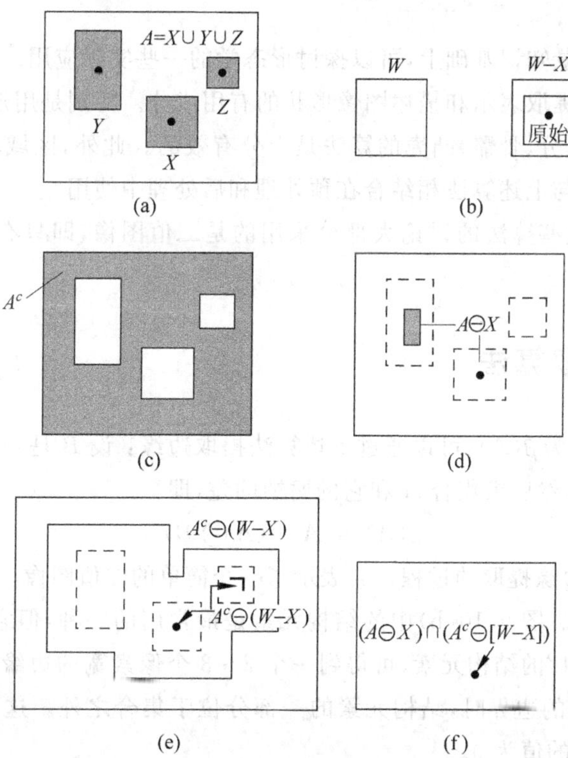

图 9-9　击中或击不中变换图例

让每个图形的原点位于它的重心。如果用一个小窗口 W 包含 X，X 关于 W 的本地背景是图 9-9(b)中的集合差($W-X$)。图 9-9(c)所示为集合 A 的补。图 9-9(d)示出 A 被 X 腐蚀的结果。A 被 X 的腐蚀在 X 中只有 X 的原点，这样 X 才能完全包含于 A。图 9-9(e)表示集合 A 的补被本地背景集合($W-X$)的腐蚀；外围阴影区域也是腐蚀结果的一部分。从图 9-9(d)、(e)可以看出，集合 X 在集合 A 中的位置是 A 被 X 的腐蚀和 A^c 被($W-X$)的腐蚀的交集，如图 9-9(f)所示。这个交集正是所要找的。换句话说，如果 B 记为由 X 和其背景构成的集合，B 在 A 中的匹配，记为 $A \circledast B$，则

$$A \circledast B = (A \ominus X) \cap [A^c \ominus (W-X)] \tag{9-29}$$

可以这样来概括这种表示法，让 $B=(B_1, B_2)$，其中 B_1 是由和目标相关的 B 的元素形成的集合，而 B_2 是由和相应的背景相关的 B 的元素集合。根据前面的讨论，$B_1=X$，$B_2=(W-X)$。用这种表示法，式(9-29)变为

$$A \circledast B = (A \ominus B_1) \cap (A^c \ominus B_2) \tag{9-30}$$

用集合差的定义及膨胀和腐蚀的对偶关系，也可以把式(9-30)写为

$$A \circledast B = (A \ominus B_1) - (A \oplus \hat{B}_2) \tag{9-31}$$

这样集合 $A \circledast B$ 包括所有的点，同时，B_1 在 A 中找到了一个匹配"击中"，B_2 在 A^c 中找到了匹配"击中"。

9.3 一些基本形态学算法

在前面讨论的背景知识基础上，可以探讨形态学的一些实际应用。当处理二值图像时，形态学的主要应用是提取表示和描述图像形状的有用成分。特别是用形态学方法提取某一区域的边界线、连接成分、骨骼、凸壳的算法是十分有效的。此外，区域填充、细化、加粗、裁剪等处理方法也经常与上述算法相结合在预处理和后处理中使用。

为使概念清楚，这些算法的讨论大部分采用的是二值图像，即只有黑和白两级灰度，1 表示黑，0 表示白。

9.3.1 边缘提取算法

集合 A 的边界记为 $\beta(A)$，可以通过下述算法提取边缘：设 B 是一个合适的结构元素，首先，令 A 被 B 腐蚀，然后求集合 A 和它的腐蚀的差，即

$$\beta(A) = A - (A \ominus B) \tag{9-32}$$

图 9-10 解释了边缘提取的过程。它表示了一个简单的二值图像，一个结构元素和用公式(9-32)得出的结果。图 9-10(b)中的结构元素是最常用的一种，但它绝不是唯一的。如果采用一个 5×5 全"1"的结构元素，可得到一个 2～3 个像素宽的边缘。应注意的是，当集合 B 的原点处在集合的边界时，结构元素的一部分位于集合之外。这种条件下，通常的处理是约定集合边界外的值为 0。

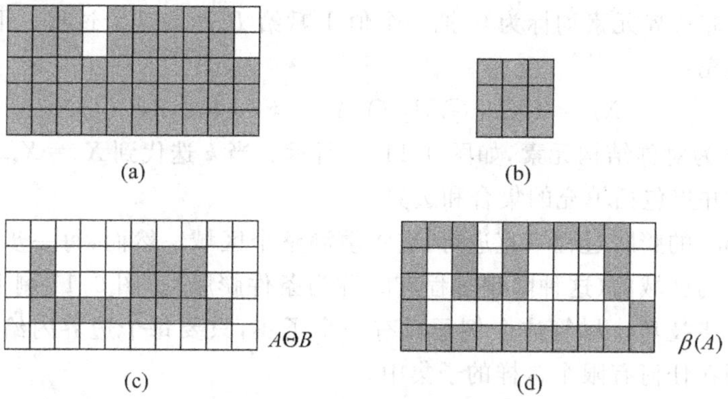

图 9-10　边缘提取算法示意图

9.3.2　区域填充算法

下面讨论的是一种基于集合膨胀、取补和取交的区域填充的简单算法。在图 9-11 中，A 表示一个包含一个子集的集合，子集的元素为 8 字形的连接边界的区域。从边界内的一点 P 开始，目标是用 1 去填充整个区域。

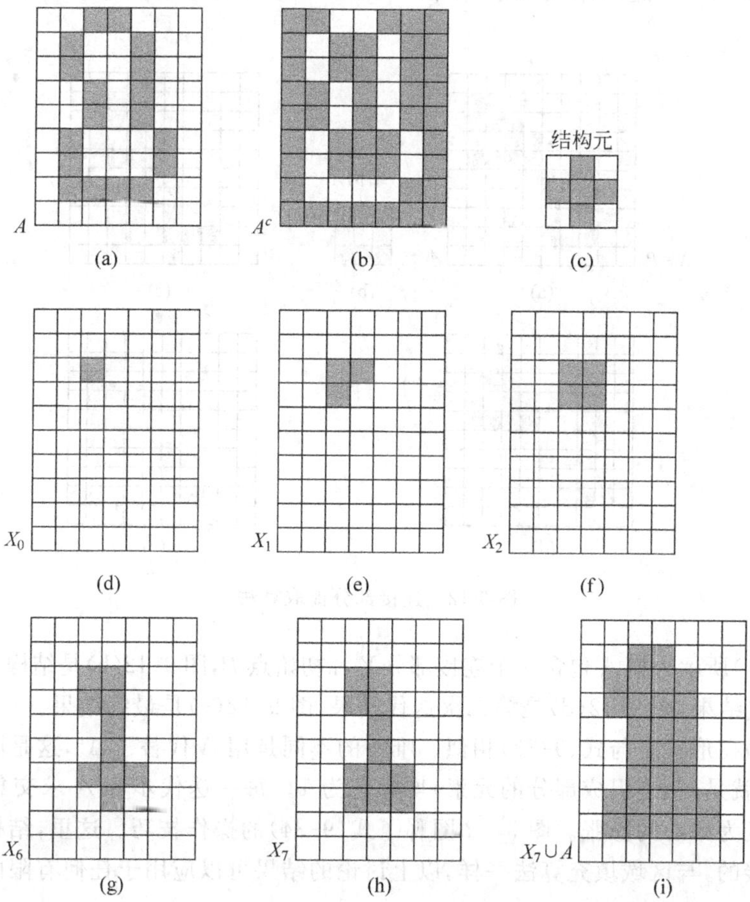

图 9-11　区域填充算法

假定所有的非边界元素均标为 0，把一个值 1 赋给 P 开始这个过程。下述过程将把这个区域用 1 来填充：

$$X_k = (X_{k-1} \oplus B) \cap A^c, \quad k = 1,2,3,\cdots \tag{9-33}$$

式中：$X_0 = P$，B 为对称结构元素，如图 9-11(c)所示。当 k 迭代到 $X_k = X_{k-1}$ 时，算法终止。集合 X_k 和 A 的并集包括填充的集合和边界。

如果式(9-33)的膨胀过程一直进行，它将填满整个区域。然而，每一步与 A^c 的交把结果限制在感兴趣的区域内(这种限制过程有时称为条件膨胀)。图 9-11 剩下的部分解释了式(9-33)的进一步技巧。尽管这个例子只有一个子集，只要每个边界内给定一个点，这个概念可清楚地用在任何有限个这样的子集中。

9.3.3　连接部分提取算法

在实际应用中，在二值图像中提取相连接部分是许多自动图像分析应用关注的问题。Y 表示一个包含于集合 A 的连接部分，假设 Y 内的一个点 P 已知。那么下述迭代表达式可得到 Y 中的所有元素

$$X_k = (X_{k-1} \oplus B) \cap A, \quad k = 1,2,3,\cdots \tag{9-34}$$

其中 $X_0 = P$，B 为一合适的结构元素，如图 9-12 所示。如果 $X_k = X_{k-1}$，则算法收敛，并使 $Y = X_k$。

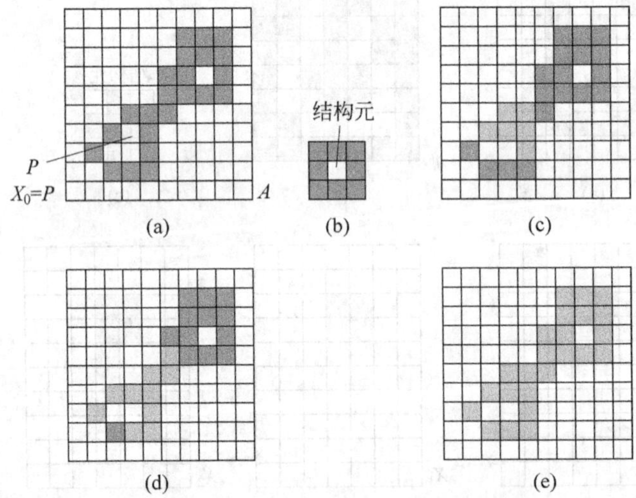

图 9-12　连接部分提取算法

图 9-12(a)所示为集 A 包含一个连接部分 Y 和初始点 P，图 9-12(b)是结构元，图 9-12(c)是第一次迭代结果，图 9-12(d)是第二次迭代结果，图 9-12(e)是最终结果。

式(9-34)在形式上与式(9-33)相似。唯一的不同是用 A 代替了 A^c，这是因为所提取的全部元素(也就是，相连组成部分的元素)均标记为 1。每一迭代步和 A 求交集可除去以标记为 0 的元素为中心的膨胀。图 9-12 图释了式(9-34)的操作技巧。这里，结构元素的形状是 8 字形连接的，与区域填充算法一样，以上讨论的结果可以应用于任何有限的包含在集合 A 中的连接部分。

9.3.4 凸壳算法

集合的凸壳是有用的图像描述工具。在此提出一种获得集合 A 凸壳 $C(A)$ 的简单形态学算法。设 $B^i(i=1,2,3,4)$ 代表 4 个结构元素。这个处理过程由下述公式实现：

$$X_k^i = (X_{k-1}^i \circledast B^i) \cup A \quad i = 1,2,3,4; \quad k = 1,2,3,\cdots \tag{9-35}$$

其中 $X_0^i = A$。现令 $D^i = X_{\text{conv}}^i$，下标"conv"表示当 $X_k^i = X_{k-1}^i$ 时收敛。那么，A 的凸壳为

$$C(A) = \bigcup_{i=1}^{4} D^i \tag{9-36}$$

换句话说，这个过程包括对 A 和 B^1 重复使用击中(Hit)与击不中(Miss)变换；当没有进一步的变化发生时，求 A 和所谓的结果 D^1 并集。对 B^2 重复此过程直到没有进一步的变化为止。4 个结果 D 的并构成了 A 的凸壳。

图 9-13 解释了式(9-35)和式(9-36)的过程。图 9-13(a)示出了为提取凸壳的结构元素(每个结构元素的原点位于它的中心)。图 9-13(b)给出了要提取凸壳的集合 A，从 $X_0^1 = A$ 开始，重复式(9-35) 4 步后得到的结果 X_4^1 如图 9-13(c)所示。然后，令 $X_0^2 = A$，再次利用式(9-35)得到的结果 X_2^2 示于图 9-13(d)(注意只用两步就收敛了)。下两个结果 X_8^3 和 X_2^4 用同样的方法得到。最后，把图 9-13(c)～(f)中的集合求并的结果就为所求凸壳 $C(A)$。每个结构元素对结果的贡献在图 9-13(h)的合成集合中用不同加亮表示。

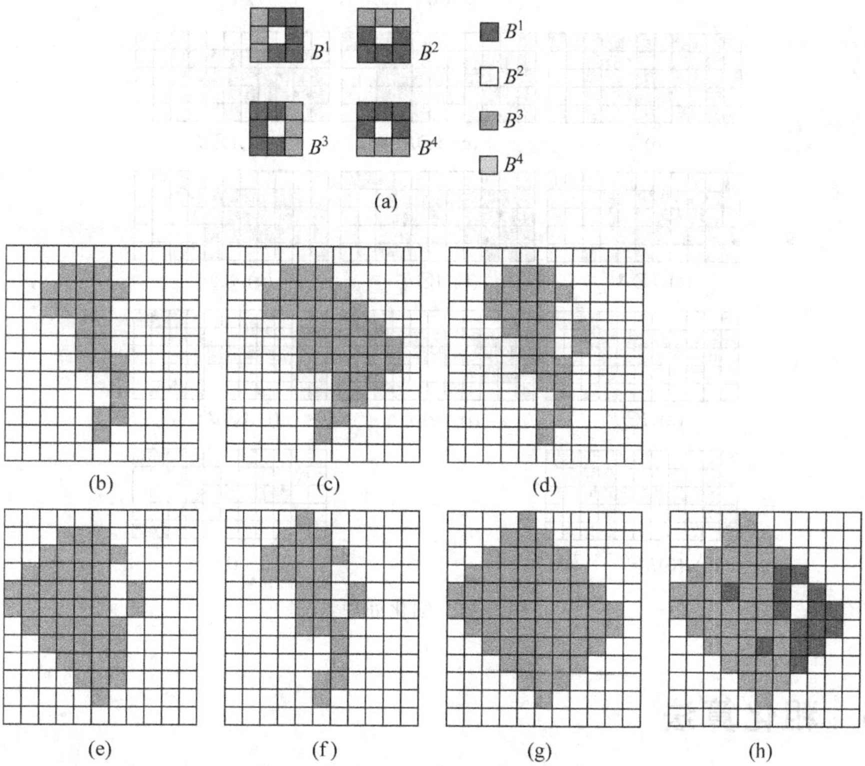

图 9-13　凸壳算法示例

9.3.5 细化算法

集合 A 被结构元素的细化用 $A \otimes B$ 表示，根据击中(Hit)或击不中(Miss)变换定义：

$$A \otimes B = A - (A \circledast B) \tag{9-37}$$
$$= A \cap (A \circledast B)^c$$

对称细化 A 的一个更有用的表达是基于结构元素序列：

$$\{B\} = \{B^1, B^2, B^3, \cdots, B^n\} \tag{9-38}$$

其中 B^i 是 B^{i-1} 的旋转。根据这个概念，现定义被一个结构元素序列的细化为

$$A \otimes \{B\} = ((\cdots((A \otimes B^1) \otimes B^2)\cdots) \otimes B^n) \tag{9-39}$$

换句话说，这个过程是用 B^1 细化 A，然后用 B^2 细化前一步细化的结果……直到 A 被 B^n 细化。整个过程重复进行到没有进一步的变化发生为止。

图 9-14(a)是一组用于细化的结构元素，图 9-14(b)所示为用上述方法细化的集合 A。图 9-14(c)示出用 B^1 细化 A 得到的结果，图 9-14(d)至图 9-14(k)所示为用其他结构元素细化的结果。当第二次通过 B^4 时收敛。图 9-14(i)示出细化的结果。

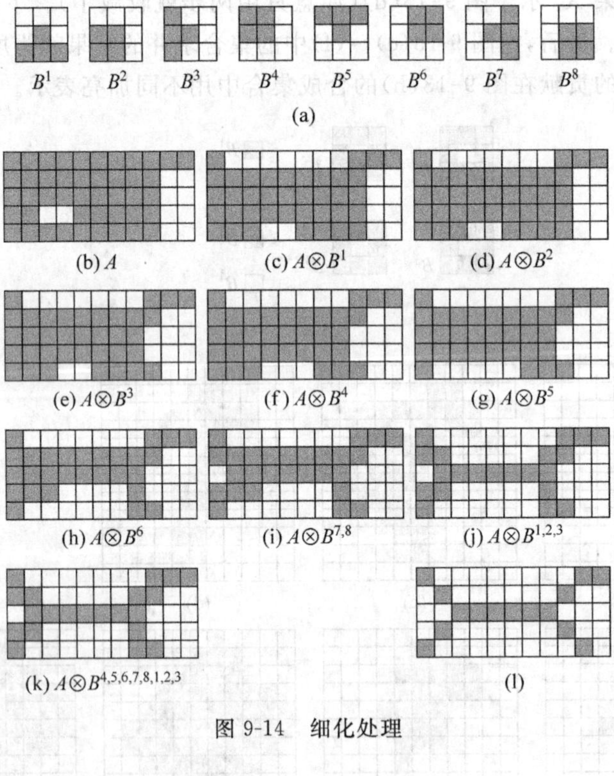

图 9-14 细化处理

9.3.6 粗化算法

粗化是细化的形态学上的对偶，记为 $A \odot B$，定义为

$$A \odot B = A \cup (A \circledast B) \tag{9-40}$$

其中 B 是适合粗化的结构元素。像细化一样，粗化可以定义为一个序列运算

$$A\odot\{B\}=((\cdots((A\odot B^1)\odot B^2)\cdots)\odot B^n) \tag{9-41}$$

用来粗化的结构元素同细化的结构元素具有相同的形式。只是所有的 0 和 1 交换位置。然而，在实际中，粗化的算法很少使用。相反地，通常的过程是细化集合的背景，然后求细化结果的补而达到粗化的结果。换句话说，为了粗化集合 A，先令 $C=A^c$，细化 C，然后得到 C^c 即为粗化结果。图 9-15 解释了这个过程。

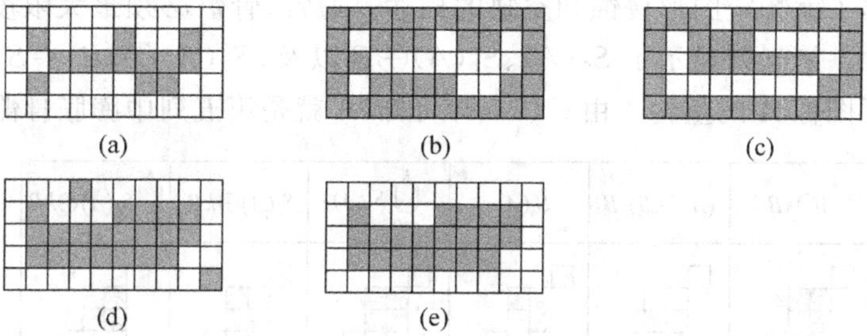

图 9-15　粗化处理

如图 9-15(d)所示，这个过程可能产生一些不连贯的点，这取决于 A 的性质。因此，用这种方法粗化通常要进行一个简单的后处理步骤来清除不连贯的点。从图 9-15(c)可以看出，细化的背景为粗化过程形成一个边界。这个有用的性质在直接使用式(9-41)实现粗化过程中不会出现，这是用背景细化来实现粗化的一个主要原因。

9.3.7　骨骼化算法

利用形态学方法提取一个区域的骨骼可以用腐蚀和开运算表示。也就是，A 的骨骼记为 $S(A)$，骨骼化可以表示如下：

$$S(A)=\bigcup_{k=0}^{K} S_k(A) \tag{9-42}$$

和

$$S(A)=\bigcup_{k=0}^{K} \{(A\ominus kB)-[(A\ominus kB)\circ B]\} \tag{9-43}$$

式中，B 是结构元素；$(A\ominus kB)$表示对 A 连续腐蚀 k 次，就是

$$A\ominus kB=((\cdots(A\ominus B)\ominus B)\ominus\cdots)\ominus B$$

共执行 k 次，K 是 A 被腐蚀为空集以前的最后一次迭代的步骤。即

$$K=\max\{k\mid (A\ominus kB)\neq\varnothing\} \tag{9-44}$$

式(9-42)和式(9-43)明确表明集合 A 的骨骼 $S(A)$可以由骨骼子集 $S_k(A)$的并得到，以上等式同样表明 A 可以通过式(9-44)从这些子集中重构。

$$A=\bigcup_{k=0}^{K} (S_k(A)\oplus kB) \tag{9-45}$$

式中$(S_k(A)\oplus kB)$表明参数 k 是对子集 $S_k(A)$连续膨胀 k 次。正如前面所述，它相当于下式：

$$(S_k(A) \oplus kB) = ((\cdots(S_k(A) \oplus B) \oplus B\cdots) \oplus B) \tag{9-46}$$

图 9-16 所示的解释说明了以上讨论的概念。第一列显示了原始集合(顶部)和通过结构元素 B 两次腐蚀的图形。由于再多一次对 A 的腐蚀将产生空集,所以选取 $k=2$。第二列显示了第一列通过 B 的开运算而得到的图形。以上结果可以通过以前讨论过的开运算拟合性质加以解释。第三列仅仅显示出第一列与第二列的差别。第四列包含两个部分骨骼及最后的结果(第四列的底部)。最后的骨骼不但比所要求的更粗,而且更重要,它是不连续的。形态学给出了就特定图形侵蚀和空缺的描述。通常,骨骼必须最大限度地细化、相连,最小限度地腐蚀。第五列显示了 $S_0(A)$、$S_1(A)\oplus B$ 以及 $(S_2(A)\oplus 2B)=S_2(A)\oplus B)\oplus B$。最后一列显示了图像 A 的重构。由式(9-44)可知,A 就是第五列中膨胀骨骼子集的"并"。

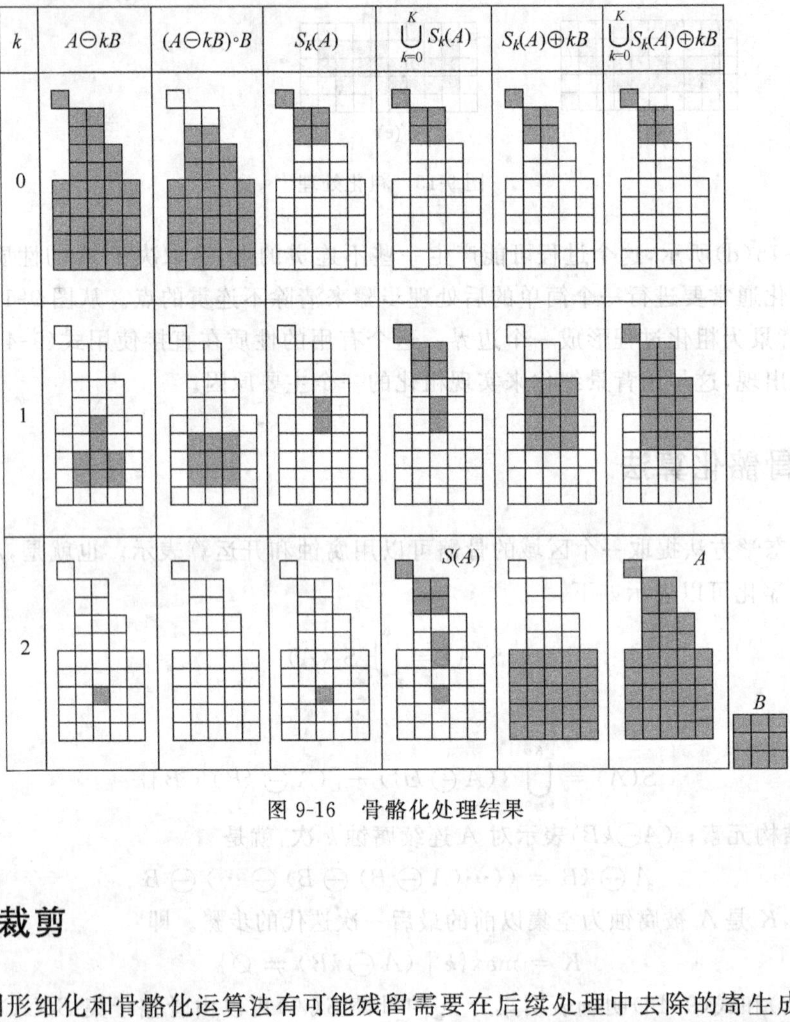

图 9-16 骨骼化处理结果

9.3.8 裁剪

由于图形细化和骨骼化运算法有可能残留需要在后续处理中去除的寄生成分,因而裁剪方法成为对图形细化、骨骼化运算的必要补充。下面将讨论裁剪问题,这里将运用已成熟的理论来阐明,如何通过融合现今已有的技术来解决这一个问题。

分析每个待识别字符的骨骼形状是自动识别手写字符的一种常见处理方法。由于对组成字符的笔画的不均匀腐蚀,字符的骨架常常带有"毛刺"(一种寄生成分)。这里将提出一种解决这种问题的形态学方法。首先假设寄生成分"毛刺"的长度不超过 3 个像素。

图 9-17(a) 显示了手写字符"a"的骨骼。在字符最左边部分的寄生成分是一种典型的待去除成分。去除的方法是基于不断减少该字符的终点，对寄生成分加以抑制。当然不可否认这样也不可避免地会消去(或减少)被处理字符其余必要的骨架，但是默认的结构信息是在最多不超过 3 个像素的假设前提下，即最多减少 3 个像素的字符结构信息的前提下。对于一个输入集合 A，通过一系列用于检测字符端点的结构元素的细化处理，达到所希望的结果。即

$$X_1 = A \otimes \{B\} \tag{9-47}$$

式(9-47)中$\{B\}$表示在图 9-17(b)、(c)中的结构元序列。结构元素的序列包含两个不同的结构，每一个结构将对全部 8 个元素作 90°的旋转，在某种意义上，不管该位置上的值是 0 还是 1 都毫无关系。许多图形学文献记载的结果都是基于类似于图 9-17(b)中单一结构的运用基础之上的，不过不同的是，在第一列中多了"不用考虑"的状态而已。这样的处理是不完善的。例如，这个元素将标识图 9-17(a)位于第八排、第四列作为最后一点的点，如果减去该元素将破坏这一笔的连接性。

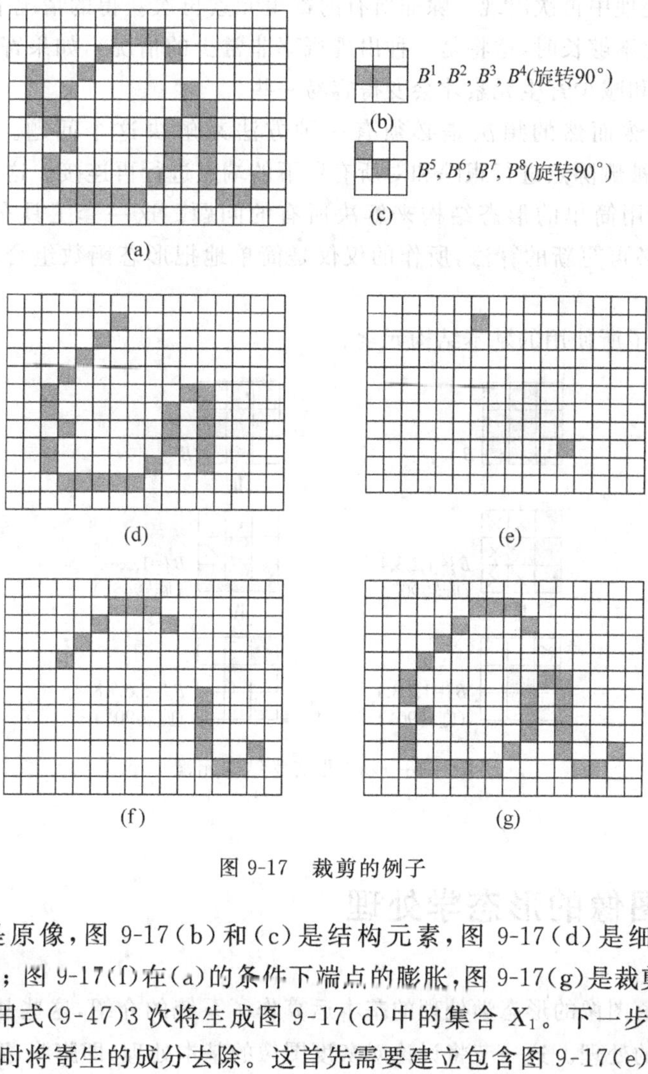

图 9-17　裁剪的例子

图 9-17(a)是原像，图 9-17(b)和(c)是结构元素，图 9-17(d)是细化 3 次的结果，图 9-17(e)是端点；图 9-17(f)在(a)的条件下端点的膨胀，图 9-17(g)是裁剪后的图像。

连续对 A 运用式(9-47)3 次将生成图 9-17(d)中的集合 X_1。下一步是把字符"恢复"到最初的形状，同时将寄生的成分去除。这首先需要建立包含图 9-17(e)所有边缘信息的

集合 X_2,即

$$X_2 = \bigcup_{k=1}^{8} (X_1 \circledast B^k) \tag{9-48}$$

式(9-48)中 B^k 是和前面一样的端点检测因子,下一步对边缘进行 3 次放大处理,集合 A 作为消减因子:

$$X_3 = (X_2 \oplus H) \cap A \tag{9-49}$$

式(9-49)中 H 是一个值为 1 的 3×3 的结构元素,类似局域填充和连接成分的提取的情况,这一类条件膨胀处理有效地避免了在感兴趣区域外值 1 元素的产生,正如图 9-17(f)中显示的结果证实的一样。最后,X_3 和 X_1 的并生成了最后的结果,即

$$X_4 = X_1 \cup X_3 \tag{9-50}$$

如图 9-17(g)中所示。

在更复杂的情况下,使用式(9-49)有时可以捡拾一些寄生分支的"尖端"。如果分支端点离骨骼较近,这种情况便会发生。尽管可以通过式(9-47)减少,但是由于它们是 A 中的有效点而在膨胀处理中再次出现。除非所有的寄生元素再次获得的情况下(当这些寄生元素与字符笔画相比不够长时,这将是一种出现概率非常少的情况),如果寄生元素处在非连接区域,那么检测和减少寄生元素才会变得容易一些。

在这一点,自然而然的想法是必须有一种方法来解决这个问题。例如,可以运用式(9-47),仅仅对被删除点进行跟踪和对所有留下的端点进行再连接。这样的选择是正确的,它的优点是使用简单的形态结构来解决所有的问题。这一套工具在可用的情况下,它的优点在于不必再写新的算法,所作的仅仅是简单地把形态函数组合到算子序列中就可以了。

图 9-18 示出了所使用的基本结构元素。

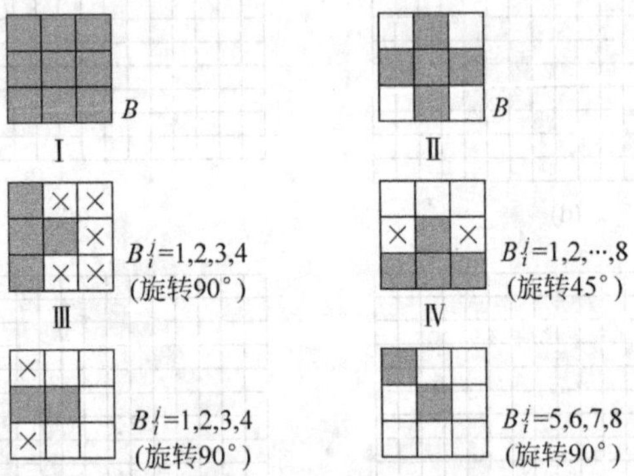

图 9-18 基本形态学结构元素

9.4 灰度图像的形态学处理

以上针对二值图像的形态学处理的基本运算作了系统的介绍,这些基本算法可方便地推广至灰度图像的处理。这一节将讨论对灰度图像的基本处理,即膨胀、腐蚀、开运算、闭运

算。由此建立一些基本的灰度形态运算法则。同样,这一节的重点是运用灰度形态学提取描述和表示图像的有用成分。特别是,将通过形态学梯度算子开发一种边缘提取和基于纹理的区域分割算法。同时,将讨论在预处理及后处理步骤中非常有用的平滑及增强处理算法。

与前述二值图像形态学处理理论不同的是,在以下的讨论中将处理数字图像函数而不是集合。设 $f(x,y)$是输入图像,$b(x,y)$是结构元素,它可被看做是一个子图像函数。如果 **Z** 表示实整数的集合,同时假设(x,y)是来自 $Z\times Z$ 的整数,f 和 b 是对坐标为(x,y)像素灰度值的函数(来自实数集 **R** 的实数)。如果灰度也是整数,则 **Z** 可由整数 **R** 所代替。

9.4.1 膨胀

函数 b 对函数 f 进行灰度膨胀可定义为 $f\oplus b$,运算式如下:

$$(f\oplus b)(s,t)=\max\{f(s-x,t-y)+b(x,y)\mid(s-x),(t-y)\in D_f;\ (x,y)\in D_b\} \tag{9-51}$$

式中 D_f 和 D_b 分别是函数 f 和 b 的定义域,和前面一样,b 是形态处理的结构元素,不过在这里的 b 是一个函数而不是一个集合。

位移参数$(s-x)$和$(t-y)$ 必须包含在函数 f 的定义域内,此时,它模仿二值膨胀运算定义。在这里两个集合必须至少有一个元素相交叠。还可以注意到,式(9-51)很类似于二维卷积公式,同时,在这里用"最大"代替卷积求和,并以"相加"代替相乘。

下面将用一维函数来解释式(9-51)中的运算原理。对于仅有一个变量的函数,式(9-51)可以简化为

$$(f\oplus b)(s)=\max\{f(s-x)+b(x)\mid(s-x)\in D_f;\ x\in D_b\} \tag{9-52}$$

在卷积中,$f(-x)$仅是 $f(x)$关于 x 轴原点的映射,正像卷积运算那样,相对于正的 s,函数 $f(s-x)$将向右移;对于$-s$,函数 $f(s-x)$将向左移。其条件是$(s-x)$必须在 f 的定义域内,x 的值必须在 b 的定义域内。这意味着 f 和 b 将相互覆盖,即 b 应包含在 f 内。这和二值图像膨胀定义要求的情形是类似的,即两个集合至少应有一个元素是相互覆盖的。最后,与二值图像的情况不同,不是结构元素 b 而是 f 平移。式(9-51)可以使 b 代替 f 写成平移的形式。然而,如果 D_b 比 D_f 小(这是实际中常见的),式(9-51)所给出的形式就可在索引项中加以简化,并可以获得同样的结果。就概念而言,在 f 上滑动 b 和在 b 上滑动 f 是没有区别的。

膨胀是可以代换的,因而 f 和 b 相互代换的方法运用于式(9-51)可以用来计算 $b\oplus f$,结果都是一样的,而且 b 是平移函数。相反,腐蚀是不可交换的,因而,这种函数也是不可互换的。膨胀的例子可参见图 9-19。

由于膨胀操作是由结构元素形状定义的邻域中选择 $f+b$ 的最大值,因而通常对灰度图像的膨胀处理方法可得到两种结果:

(1) 如果所有的结构元素都为正,则输出图像将趋向比输入图像亮。

(2) 黑色细节减少或去除取决于在膨胀操作中结构元素相关的值和形状。

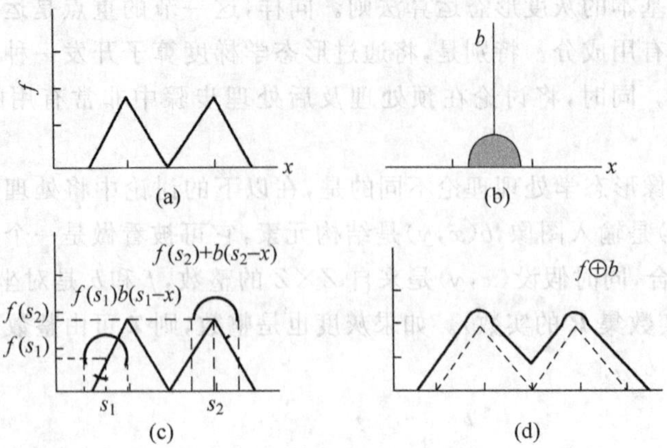

图 9-19 灰度膨胀图例

9.4.2 腐蚀

灰度图像的腐蚀定义为 $f\ominus b$，其运算公式为

$$(f\ominus b)(s,t)=\min\{f(s+x,t+y)-b(x,y)\mid (s+x),(t+y)\in D_f;\ (x,y)\in D_b\} \tag{9-53}$$

式中 D_f 和 D_b 分别是 f 和 b 的定义域。平移参数 $(s+x)$ 和 $(t+y)$ 必须包含在 f 的定义域内，与二元腐蚀的定义类似，所有的结构元素将完全包含在与被腐蚀的集合内。还应注意到式(9-53)的形式与二维相关公式相似，只是用"最小"取代求和，用减法代替乘积。

如果只有一个变量，可以用一维的腐蚀来说明式(9-53)的原理。此时，表达式可简化为

$$(f\ominus b)(s)=\min\{f(s+x)-b(x)\mid (s+x)\in D_f;\ (x)\in D_b\} \tag{9-54}$$

在相关情况下，当 s 为正时，函数 $f(s+x)$ 将向右平移；当 s 为负时，函数 $f(s+x)$ 将移向左边，同时，要求 $(s+x)\in D_f$。$x\in D_b$ 意味着 b 将包含在 f 的范围内。这一点同二值图像腐蚀定义的情况相似，所有的结构元素将完全包含在被腐蚀的集合内。

不同于二值图像腐蚀定义，操作中是 f 在平移，而不是结构元素 b 在平移。式(9-53)可以把 b 写成平移函数，由于 f 在 b 上滑动同 b 在 f 上滑动在概念上是一致的。图 9-20 展示了通过图 9-20(b)所示的结构元素腐蚀图 9-20(a)函数的结果。

正如式(9-53)所示，腐蚀是在结构元素定义的领域内选择 $(f-b)$ 的最小值，因而，通常对灰度图像的膨胀处理可得到两种结果：

(1) 如果所有的结构元素都为正，则输出图像将趋向比输入图像暗。

(2) 在比结构元素还小的区域中的明亮细节，经腐蚀处理后其效果将减弱，减弱的程度取决于环绕亮度区域的灰度值以及结构元素自身的形状和幅值。

与求补、映射相关的膨胀、腐蚀是有互补性的，即

$$(f\ominus b)^c(x,y)=(f\oplus\hat{b})(x,y) \tag{9-55}$$

其中 $f^c=-f(x,y)$，$\hat{b}=(-x,-y)$。

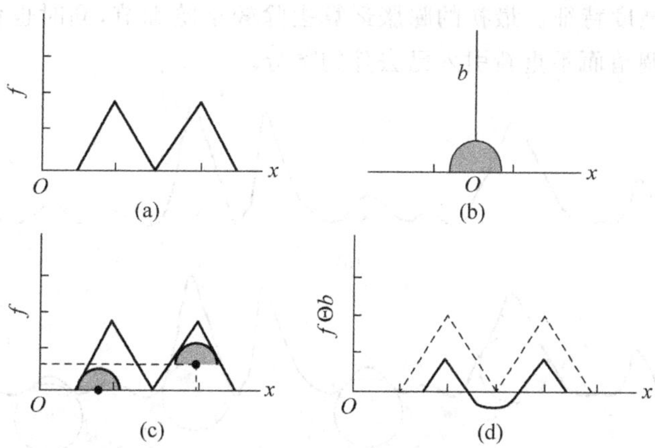

图 9-20　灰度腐蚀图例

9.4.3　开运算和闭运算

灰度图像开运算和闭运算的表达式与二值图像相比具有相同的形式。结构元素 b 对图像 f 作开运算处理，可定义为 $f\circ b$，即

$$f \circ b = (f \ominus b) \oplus b \tag{9-56}$$

如果是二值图像的情况，开运算是 b 对 f 的简单的腐蚀操作，接下来对腐蚀的结果再进行膨胀操作。类似地，b 对 f 的闭运算，定义为 $f \bullet b$，即

$$f \bullet b = (f \oplus b) \circ b \tag{9-57}$$

灰度图像开运算和闭运算对于求补和映射也是对偶的，即

$$(f \bullet b)^c = f^c \circ \hat{b} \tag{9-58}$$

由于 $f^c = -f(x,y)$，式 (9-58) 也可以写为 $-(f \bullet b) = (-f \circ b)$。

图像的开运算和闭运算有一个简单的几何解释。

假设看到一个三维的图像函数 $f(x,y)$（像一幅地貌地图），x 和 y 是空间坐标轴，第三坐标轴是亮度坐标轴（即 f 的值）。在重现中，图像作为一个平面显示，其中的任意点 (x,y) 是 f 在该点的坐标值。假设想用球形结构元素 b 对 f 作开运算，这时可将 b 看作“滚动的球”。b 对 f 的开运算处理在几何上可解释为让“滚动球”沿 f 的下沿滚动，经这一“滚动”处理，所有的比“小球”直径小的峰都磨平了。图 9-21 解释了这一概念。如图 9-21(a)所示，为解释简单，把灰度图像简化为连续函数剖面线。图 9-21(b)显示了“滚动球”在不同的位置上滚动，图 9-21(c)显示了沿函数剖面线结构元素 b 对 f 开运算处理的结果。所有小于球体直径的波峰值、尖锐度都减小了。在实际运用中，开运算处理常用于去除较小的亮点（相对结构元素而言），同时保留所有的灰度和较大的亮区特征不变。腐蚀操作去除较小的亮的细节，同时使图像变暗。如果再施以膨胀处理，将增加图像的亮度而不再引入已去除的部分。

图 9-21(d)显示了结构元素 b 对 f 的闭操作处理。此时，小球（结构元素）在函数剖面上沿滚动，图 9-21(e)给出了处理结果，只要波峰的最窄部分超过小球的直径则波峰保留原来的形状。在实际运用中，闭运算处理常用于去除图像中较小的暗点（较结构元素而言），同

时保留原来较大的亮度特征。最初的膨胀运算去除较小暗细节，同时也使图像增亮。随后的腐蚀运算将图像调暗而不重新引入已去除的部分。

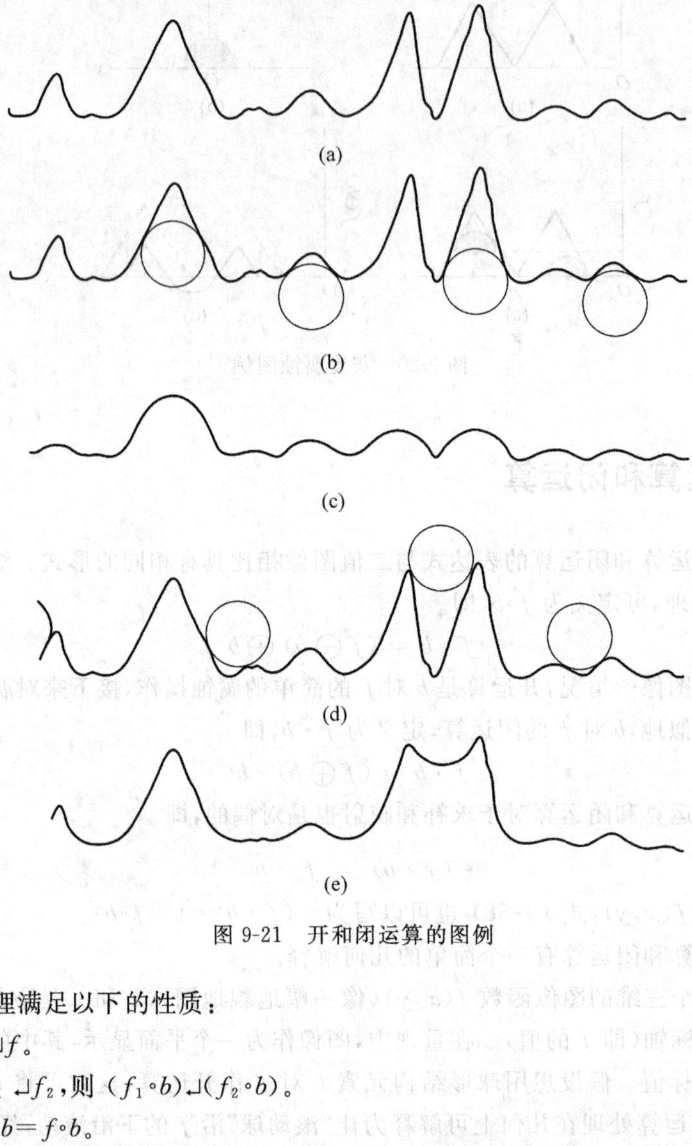

图 9-21 开和闭运算的图例

开运算处理满足以下的性质：

① $(f\circ b)\lrcorner f$。

② 如果 $f_1\lrcorner f_2$，则 $(f_1\circ b)\lrcorner(f_2\circ b)$。

③ $(f\circ b)\circ b=f\circ b$。

表达式 $u\lrcorner v$ 表示 u 是 v 的子集，而且在 u 的定义域内对于任意 (x,y) 都有 $u(x,y)\leqslant v(x,y)$。

类似地，闭运算处理满足以下的性质：

① $f\lrcorner(f\bullet b)$。

② 如果 $f_1\lrcorner f_2$，则 $(f_1\bullet b)\lrcorner(f_2\bullet b)$。

③ $(f\bullet b)\bullet b=f\bullet b$。

这些表达式的使用类似于对应的二值表达式。正如在二值情况下，对开运算处理和闭运算处理性质②和性质③分别称为单调增加和等幂。

9.4.4 灰度形态学的应用

根据以上讨论的灰度形态学的基本运算，介绍一些简单的形态学实用处理算法，这些处理都是针对灰度图像进行的。

1. 形态学图像平滑

形态学图像平滑是将图像先进行闭运算处理，然后再进行开运算处理的一种获得平滑的方法，处理结果将去除或消减亮斑和暗斑。

2. 形态学图像梯度

除了前述去除亮点和暗斑处理外，膨胀和腐蚀处理常用于计算图像的形态梯度，梯度用 g 表示，则

$$g=(f\oplus b)-(f\ominus b) \tag{9-59}$$

经过形态学梯度处理，使输入图像灰度变化更加尖锐，与利用像 Sobel 算子这样的一类处理方法所获得的梯度图像相反，运用对称结构元素获得的形态学梯度将较少受边缘方向的影响，这一优点的获得是以运算量显著增加为代价的。

3. Top-hat 变换

图像形态的 Top-hat 变换用 h 来表示，其定义为

$$h=f-(f\circ b) \tag{9-60}$$

式中，f 是输入图像；b 是结构元素函数。这一变换的最初命名是由于用平顶圆柱和平行六面体作为结构元素函数，因此，得名 Top-hat(高帽)变换，它常用于阴影的细节增强处理。

4. 纹理分割

图 9-22(a)是一幅包含两个纹理区的图像，目的是分割出两个纹理区并提取两个区域的边界。由于闭运算可去除图像中的暗细节，在这种特殊情况下，依次使用较大的结构元素对输入图像进行闭运算处理。当结构元素的尺寸与小圆的尺寸相当时，它们将从图像中被除去，在原来的位置仅留下小圆曾经占有的区域的亮的背景。处理到这种状态，仅有右边大圆区域和左边背景区域。下一步，采用相对于大圆间的间隙较大的结构元素作开运算处理，去除圆间的亮的区域，仅留下右边包含大圆的暗区域，这样，处理的结果将产生一个右边为暗，左边为亮的区域。用一个简单的门限就可以检测出两个区域。

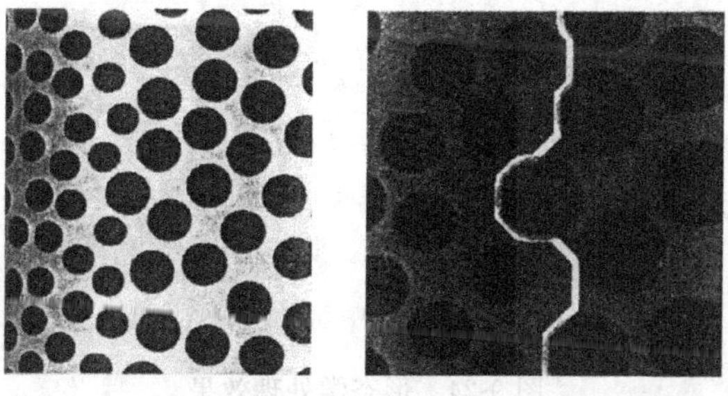

(a)　(b)

图 9-22　纹理分割

5. 粒状处理

粒状处理和其他处理一样，是决定一幅图像分散颗粒尺寸大小的处理。图 9-23(a)显示了包含 3 种不同尺寸的亮颗粒图像。这些颗粒不但重叠，而且混乱到无法检测单一个体的程度。由于与背景相比，颗粒较亮，形态学处理可以用来决定尺寸的分布。首先对原始图像用不断增大尺寸的结构元素进行开运算处理。经过不同的结构元素的开运算处理后，原始图像和开运算处理后图像的差异可以被算出，处理最后，这些区别将先被归一化并作出颗粒分布的直方图。这一方法是基于这样的观点：对特殊尺寸的开运算处理对包含最小尺寸颗粒的输入图像最有效。因此，通过计算输入图像和输出图像的差异可测得这些颗粒的相对数量。图 9-23(b)显示了这种情况的结果。直方图表明了输入图像中最多的 3 种颗粒分布。

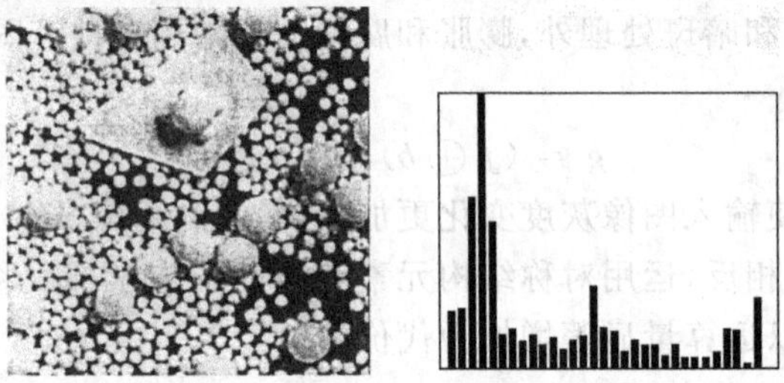

(a)　(b)

图 9-23　颗粒图像处理

图 9-24 示出了数学形态学基本处理的结果。同时，在光盘附录八中给出了数学形态学的基本处理程序，供读者参考。

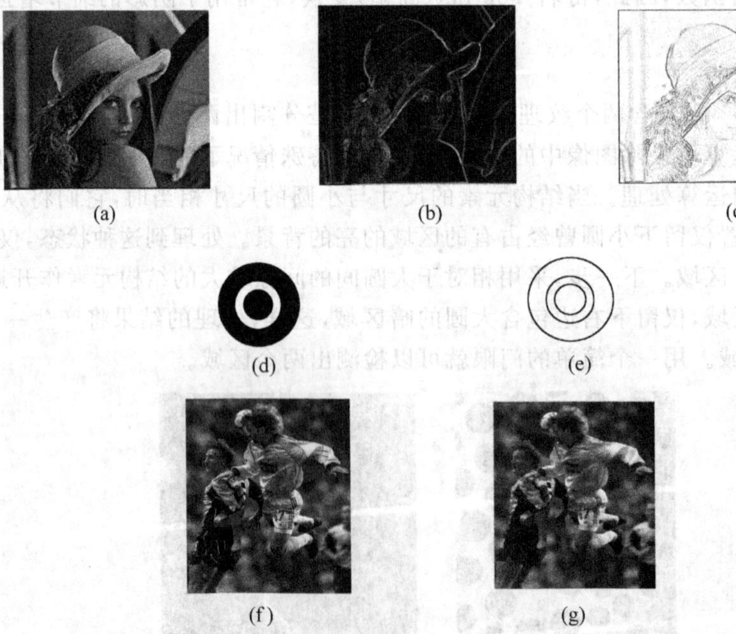

(a)　(b)　(c)

(d)　(e)

(f)　(g)

图 9-24　形态学处理效果

图 9-24(a)为原图，图 9-24(b)为梯度处理结果，图 9-24(c)为边缘提取结果，图 9-24(d)为原图二值图像，图 9-24(e)为二值边缘提取处理结果，图 9-24(f)为原图像，图 9-24(g)为平滑处理结果。

思考题

1. 如果把膨胀和腐蚀通过向量来运算，则膨胀可用下式来实现，即

$$\boldsymbol{A} \oplus \boldsymbol{B} = \{x \mid x = a + b \quad \text{对于 } a \in \boldsymbol{A}, b \in \boldsymbol{B}\}$$

试证明该式与 $\boldsymbol{A}\oplus\boldsymbol{B}=\{x|[(\hat{\boldsymbol{B}})_x\cap\boldsymbol{A}]\neq\varnothing\}$ 是等价的。式中 $\boldsymbol{A}$、$\boldsymbol{B}$ 都是向量。

2. 试证明腐蚀 $\boldsymbol{A}\ominus\boldsymbol{B}=\{x|(\boldsymbol{B})_x\subseteq\boldsymbol{A}\}$ 与 $\boldsymbol{A}\ominus\boldsymbol{B}=\{x|(x+b)\in\boldsymbol{A}\}$，对于 $b\in\boldsymbol{B}$ 也是等价的，$\boldsymbol{A}$，$\boldsymbol{B}$ 都是向量。

3. 画出半径为 $r/8$ 的圆形结构元素膨胀一个半径为 r 的圆形图像的示意图。

4. 画出半径为 $r/8$ 的圆形结构元素腐蚀一个半径为 r 的圆形图像的示意图。

5. 设计一个形态学算法，将 8 连通二值边界转化为 m 连通二值边界，可假定原边界的宽度为一个像素宽度。

6. 设计一个形态学平滑处理程序(利用开运算、闭运算)。

7. 利用公式 $g=(f\oplus b)-(f\ominus b)$ 设计一个形态学梯度处理程序。

8. 设计一个 Top-hat 变换程序，观察图像处理结果。

第 10 章　模式识别的理论和方法

模式识别研究的目的是构造自动处理某些信息的机器系统，以代替人完成分类和辨识的任务。特别是有直觉形象的一类图像识别问题同人脑的智力活动联系密切。因此，根据人的大脑识别的机理，在工程上用计算机模拟，从而研究识别方法是有现实意义的。尽管这种模拟同人的意识和思维活动有本质的差别，但若从人类识别图像的过程及认识规律中得到启发，在某些环节上得到借鉴，从而采用现代技术解决实际问题是十分有益的。在具有视觉形象的图像识别中，许多方法和概念就是从人类认识图像的过程中直接移植过来的。人类在现实生活中要区别各种现象、物体及声音，一般总是首先抓住它们的特征进行比较、分析、判断，从而将它们分类或识别。特别是数理统计和模糊数学的发展，总结了人们的认识逻辑，从而也使图像识别有了理论基础。本章介绍一些基本原理。

10.1　概述

模式识别是随着计算机的发展而兴起的一门新的技术科学。它诞生于 20 世纪 20 年代，随着计算机的出现和发展，自 20 世纪 50 年代末期及 60 年代发展成为一门学科以来，至今已得到了迅速的发展和广泛的应用。谈到模式识别，对我们每个人来说，每时每刻都在进行着。例如，医生看病，要了解许多情况，最后判断患了什么病，这是一个识别过程；读书、看报也是识别过程，不会识别就看不懂。用计算机进行模式识别就是研究让计算机处理哪些信息和怎样处理这些信息。因此，它是信息处理中的又一个研究领域。例如，根据气象观测数据或气象卫星拍摄的照片如何准确地预报天气；根据石油勘探的人工地震波如何提供存油的岩层结构；从遥感图片中如何区别出农作物、湖泊、森林、导弹基地等；在高能物理实验中怎样识别粒子径迹；在医疗诊断中如何从 X 光片中发现病灶；如何根据信函上的邮政编码自动分拣信件；在繁华的交通中心根据车辆的流量如何决定开放红灯或绿灯等诸如此类的问题都是模式识别研究的课题。这些课题看上去五花八门、名目繁多，但总起来看主要是研究分类问题。模式识别研究的对象基本上可概括为两类：一类是有直觉形象的，如图片、相片、图案、文字等，另一类是无直觉形象而只有数据或信号波形的，如语言、声音、心电脉冲、地震波等。但对模式识别来说，无论是数据、信号还是平面图形和物体，都是除掉它们的物理内容找出它们的共性，把具有同一共性的归为一类，有另一种共性者则归为另一类。例如，10 个阿拉伯数字分为 10 类；26 个英文字母分成 26 类；白血球有 5 种就分为 5 类；肺部 X 光片可分为异常和正常两类等。

图像识别系统可分为 3 个主要部分：图像信息的获取；信息的加工和处理，抽取特征；判断或分类，其框图如图 10-1 所示。

第一部分相当于对被研究对象的调查和了解，从中得到数据和材料。对图像识别来说，

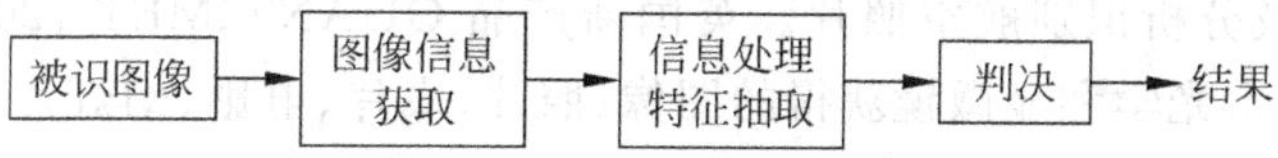

图 10-1　图像识别系统框图

就是把图片、底片、文字图形等用光电扫描设备变换为电信号；第二部分相当于人们把调查了解到的数据材料进行加工、整理、分析、归纳，以去伪存真，去粗取精，抽出能反映事物本质的东西。当然，抽取什么特征、保留多少特征与采用何种判决有很大关系。第三部分是判决和分类，这相当于人们从感性认识上升到理性认识而做出结论的过程。第三部分与抽取特征的方式密切相关。它的复杂程度依赖于特征的抽取方式，如类似度、相关性、最小距离等。

模式识别的主要方法可分为两大类，这就是统计学方法和语言学方法。前一种方法是建立在被研究对象的统计知识上，也就是对图像进行大量的统计分析，抽出图像中本质的特征而进行识别。这是一种数学方法，它是受数学中的决策理论的启发而产生的识别方法。在这种方法中大量的工作是抽取图像特征，也就是把图像大量的原始信息减缩为少数特征，然后再提取这些特征，把它作为识别的依据。另外一种是语言学法或句法结构识别法，它是立足于分析图像结构，把一个图像看成语言构造。例如，一个英文句子，它是词和短语组成的并按一定的语法表达出来，其中最基本元素是单词。与此类似，图像是由一些直线、斜线、点、弯曲线及环等组成。剖析这些基本元素，看它们是以什么规则构成图像，这就是结构分析的课题。这些基本元素相当于句子中的单词，那些直线、曲线的组合相当于短语，它们全体如何构成图像就相当于语法规则。此时，图像识别就相当于检查图像所代表的某一类句型是否符合事先规定的语法，如果语法正确就识别出结果。由此可见，这种方法主要是利用了图像结构上的关系，这和统计学方法不同。

从上述两类方法看来，第一种方法没有利用图像本身的结构关系，第二类方法没有考虑图像在环境中受噪声的干扰。如果两者结合起来考虑可能会有新的识别方法，目前这方面的研究还不多。除此之外，基于模糊数学的发展，目前正在发展一种模糊识别法。这种方法较多地考虑了人的逻辑思维方法，方法较为独特，这种方法的研究得到了人们的关注。

模式识别的应用较广，大致可有以下几个方面：

① 字符识别(character recognition)。

② 医学诊断(medical diagnosis)。

③ 遥感(remote sensing)。

④ 人脸和指纹鉴别(identification of human faces and fingerprints)。

⑤ 污染(pollution)。

⑥ 自动检查和自动化(automatic inspection and automation)。

⑦ 可靠性(reliability)。

⑧ 社会经济(socio-economics)。

⑨ 语音识别和理解(speech understanding and recognition)。

⑩ 考古(archaeology)。

目前世界上已有一些较为完善的图像识别系统。这些系统无论从识别分析的功能还是从处理速度上，都较初期有很大的发展。例如，美国的 OLPARS(联机图像分析识别系统)

能识别数字、字母及分析识别航空照片。英国新产品 QUANTIMET 720 高速多功能图像分析系统可以观察由光学和显微镜获得的图像、照片、底片、电影、幻灯片及 X 光照片，能对图像进行各种测量及单独实时测量特征，数据由微型计算机处理。日本的 OCR-ASPET/71 型识别系统能识别多种字体，每分钟可识别 2000 个字。英国的 IBM 1287 光学文字阅读机能识别 10 个阿拉伯数字，在邮局推广应用，误识率为 0.4%，拒识率为 1.4%。日本 NEC 公司研制的邮区编码信函分拣机能识别印刷体数字、字母，速度达 30 000 件每小时。在医学中也有较多应用，如一种 5 类白血球分类器可做到 95% 的正确分类，每分钟 100 个细胞。另外还有染色体自动分类，医学管理等方面也多有应用。

随着计算机技术的发展，模式识别的理论和方法得到进一步发展，特别是图像识别领域近年来十分活跃。从某种意义上来说，图像识别已发展成为人同机器、自然科学和社会科学、基础理论同技术应用之间的接口领域。目前，不仅研究单一功能的识别系统，而且在研制多功能的综合识别系统。如北京交通大学信息科学研究所会同清华大学、上海交通大学研究的“超级智能视听信息处理系统”就是一种多信息融合的处理系统，它的目的是利用多信息的融合技术，在模式识别中互相补充、互相借鉴，从而克服过去单一识别所面临的难以克服的困难，试图在模式识别领域有较大的突破。同时，该系统在当今颇为热门的人-机通过自然手段进行交互的领域也进行了有益的尝试。近年来国际上在这一领域给予了极大的重视，Microsoft、Intel、IBM 等公司纷纷提出研究计划，所谓的“Multimodel”研究已形成了新的研究热点。与此同时，对有关图像识别的图像处理软件及新算法也受到极大的重视，如人工神经元网络、遗传算法等在模式识别研究中已取得了可喜的结果。现在，研制高性能、多用途的图像分析识别系统乃是有待解决的课题，随着生产与科学技术的发展，各个领域将会给模式识别技术以极大的关注，这一技术必将在我国的现代化建设中发挥作用。

10.2 统计模式识别法

统计模式识别的过程如图 10-2 所示。这是计算机识别的基本过程。数字化的任务是把图像信号变成计算机能够接收的数字信号。预处理的目的是去除干扰、噪声及差异，将原始信号变成适合于进行特征抽取的形式，然后，对经过预处理的信号进行特征抽取。最后进行判决分类，得到识别结果。为了进行分类，必须有图像样本。对样本图像进行特征选择及学习是识别处理中必要的分析工作。

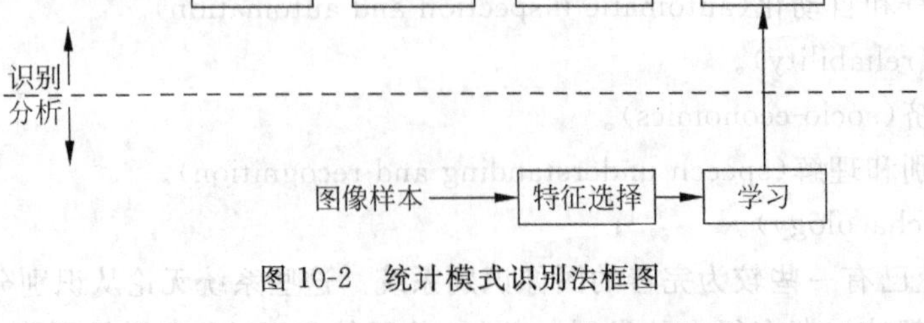

图 10-2 统计模式识别法框图

10.2.1 决策理论方法

正如图 10-2 框图所示，统计模式识别方法最终归结为分类问题。统计决策理论是统计模式识别问题的基本理论。假如已抽取出 N 个特征，而图像可分为 m 类，那么就可以对 N 进行分类，从而决定未知图像属于 m 类中的哪一类。一般把识别模式看成是对 N 维空间中的向量 $\boldsymbol{X}$ 进行分类，即

$$\boldsymbol{X} = \begin{bmatrix} x_1 \\ x_2 \\ x_3 \\ \vdots \\ x_N \end{bmatrix} \tag{10-1}$$

模式类别为 $\omega_1, \omega_2, \omega_3, \cdots, \omega_m$。识别就是要判断 $\boldsymbol{X}$ 是否属于 ω_i，以及 x_j 属于 ω_i 中的哪一类。在这个过程中主要解决两个问题：一是如何抽取特征，要求特征数 N 尽可能小而且对分类判断有效；二是假设已有了代表模式的向量，如何决定它属于哪一类，这就需要判别函数。例如，模式有 $\omega_1, \omega_2, \omega_3, \cdots, \omega_m$ 共 m 个类别，则应有 $D_1(\boldsymbol{X}), D_2(\boldsymbol{X}), D_3(\boldsymbol{X}), \cdots, D_m(\boldsymbol{X})$，共 m 个判别函数。如果 $\boldsymbol{X}$ 属于第 i 类，则有：

$$D_i(\boldsymbol{X}) > D_j(\boldsymbol{X}), \quad j = 1,2,3,\cdots,m, \quad j \neq i \tag{10-2}$$

在两类的分界线上，则有

$$D_i(\boldsymbol{X}) = D_j(\boldsymbol{X}) \tag{10-3}$$

这时 $\boldsymbol{X}$ 既属于第 i 类，也属于第 j 类，因此这种判别失效。为了进行识别就必须重新考虑其他特征，再进行判别。问题的关键是找到合适的判别函数。

1. 常用的决策规则

(1) 基于最小错误率的贝叶斯决策

在图像识别中，人们总希望尽量减少分类错误，利用贝叶斯(Bayes)公式能够得到错误率最小的分类规则，这就是基于最小错误率的贝叶斯决策。

为解决两类事务 $\boldsymbol{X}$ 的分类问题，设模式类别为 ω_1 和 ω_2，其中类别状态是一个随机变量，状态的概率是可以估计的。状态 ω_1 的概率为 $P(\omega_1)$，状态 ω_2 的概率为 $P(\omega_2)$。显然，$P(\omega_1)+P(\omega_2)=1$。

设：$p(\boldsymbol{X}/\omega_1)$ 为 ω_1 状态下观察 $\boldsymbol{X}$ 类的条件概率密度；$p(\boldsymbol{X}/\omega_2)$ 为 ω_2 状态下观察 $\boldsymbol{X}$ 类的条件概率密度。利用贝叶斯公式：

$$P(\omega_i/\boldsymbol{X}) = \frac{p(\boldsymbol{X}/\omega_i)P(\omega_i)}{\sum_{j=1}^{2} p(\boldsymbol{X}/\omega_j)P(\omega_j)} \tag{10-4}$$

得到的条件概率 $P(\omega_i/\boldsymbol{X})$ 称为状态的后验概率。贝叶斯公式实质上是通过观察 $\boldsymbol{X}$，把状态的先验概率 $P(\omega_i)$ 转化为状态的后验概率 $P(\omega_i/\boldsymbol{X})$。这样基于最小错误率的贝叶斯决策规则为：

如果 $P(\omega_1/\boldsymbol{X})>P(\omega_2/\boldsymbol{X})$，则把 $\boldsymbol{X}$ 归类为 ω_1；如果 $P(\omega_1/\boldsymbol{X})<P(\omega_2/\boldsymbol{X})$，则把 $\boldsymbol{X}$ 归类

为 ω_2。

上面的规则也可以写成：

$$P(\omega_i/\boldsymbol{X}) = \max_{j=1,2} P(\omega_j/\boldsymbol{X}),\quad 则\ \boldsymbol{X} \in \omega_i \tag{10-5}$$

(2) 基于最小风险的贝叶斯决策

最小风险的贝叶斯决策是考虑各种错误造成损失而提出的决策规则。

设：① 观察 $\boldsymbol{X}$ 是 n 维随机向量：

$$\boldsymbol{X} = [x_1, x_2, \cdots, x_n]^{\mathrm{T}} \tag{10-6}$$

② 状态空间 $\boldsymbol{\Omega}$ 由 c 个自然状态组成：

$$\boldsymbol{\Omega} = \{\omega_1, \omega_2, \cdots, \omega_c\} \tag{10-7}$$

③ 决策空间由 a 个决策 $\alpha_i(i=1,2,\cdots,\alpha_a)$ 组成。

④ 损失函数为 $\lambda(\alpha_i, \omega_j)(i=1,2,\cdots,a;\ j=1,2,\cdots,c)$，它表示当真实状态为 ω_j，而所采取的决策为 α_i 时所带来的损失。

已知条件概率 $P(\omega_j)$ 及类条件概率密度 $p(\boldsymbol{X}/\omega_j)(j=1,2,\cdots,c)$，后验概率为

$$P(\omega_j/\boldsymbol{X}) = \frac{p(\boldsymbol{X}/\omega_j)P(\omega_j)}{p(\boldsymbol{X})}$$
$$p(\boldsymbol{X}) = \sum_{i=1}^{c} p(\boldsymbol{X}/\omega_i)P(\omega_i) \tag{10-8}$$

这里引入了“损失”的概念，就必须考虑所采取的决策是否能使损失最小。对于给定的 $\boldsymbol{X}$，如果采用决策 α_i，λ 可以在 $\lambda(\alpha_i, \omega_j)(i=1,2,\cdots,a;\ j=1,2,\cdots,c)$ 中任选一个，在这种情况下，条件期望损失 $R(\alpha_i/\boldsymbol{X})$ 为

$$R(\alpha_i/\boldsymbol{X}) = E[\lambda(\alpha_i, \omega_j)] = \sum_{j=1}^{c} \lambda(\alpha_i, \omega_j)P(\omega_j/\boldsymbol{X}),\quad i = 1,2,\cdots,a \tag{10-9}$$

条件期望损失 $R(\alpha_i/\boldsymbol{X})$ 也称为条件风险。

由于 $\boldsymbol{X}$ 是观察值，采取不同的决策 α_i，条件风险的大小不同，因此，采用的决策与 $\boldsymbol{X}$ 有关，这样决策 α 可以看成是 $\boldsymbol{X}$ 的函数，即 $\alpha(\boldsymbol{X})$，因此，可定义期望风险为

$$R = \int R(\alpha(\boldsymbol{X})/\boldsymbol{X})p(\boldsymbol{X})\mathrm{d}\boldsymbol{X} \tag{10-10}$$

这里 R 是采取 $\alpha(\boldsymbol{X})$ 的平均风险，$R(\alpha_i/\boldsymbol{X})$ 是对某一 $\boldsymbol{X}$ 的取值采取决策 α_i 所带来的风险。因此，最小风险贝叶斯决策为

$$R(\alpha_k/\boldsymbol{X}) = \min_{i=1,2,\cdots,a} R(\alpha_i/\boldsymbol{X}),\quad 则\ \alpha = \alpha_k \tag{10-11}$$

2. 线性判别函数

线性判别函数是应用较广的一种判别函数。所谓线性判别函数是指判别函数是图像所有特征量的线性组合，即

$$D_i(\boldsymbol{X}) = \sum_{k=1}^{N} \omega_{ik}x_k + \omega_{i0} \tag{10-12}$$

式中，$D_i(\boldsymbol{X})$ 代表第 i 个判别函数；ω_{ik} 是系数或权；ω_{i0} 为常数项或称为阈值。在两类之间的判决界处有

$$D_i(\boldsymbol{X}) - D_j(\boldsymbol{X}) = 0 \tag{10-13}$$

该方程在二维空间中是直线，在三维空间中是平面，在 N 度空间中则是超平面。

$D_i(\boldsymbol{X})-D_j(\boldsymbol{X})$ 可以写成

$$D_i(\boldsymbol{X})-D_j(\boldsymbol{X})=\sum_{k=1}^{N}(\omega_{ik}-\omega_{jk})x_k+(\omega_{i0}-\omega_{j0}) \tag{10-14}$$

其判决过程如下进行：如果 $D_i(\boldsymbol{X})>D_j(\boldsymbol{X})$ 或 $D_i(\boldsymbol{X})-D_j(\boldsymbol{X})>0$，则 $x\in\omega_i$；如果 $D_i(\boldsymbol{X})<D_j(\boldsymbol{X})$ 或 $D_i(\boldsymbol{X})-D_j(\boldsymbol{X})<0$，则 $x\in\omega_j$。

用线性判别函数进行分类的是线性分类器。任何 m 类问题都可以分解为 $(m-1)$ 个 2 类识别问题。方法是先把模式空间分为 1 类和其他类，如此进行下去即可。因此，最简单和最基本的是两类线性分类器。

分离两类的判决界由 $D_1-D_2=0$ 表示。对于任何特定的输入模式必须判定 D_1 大还是 D_2 大。若考虑某个函数 $D=D_1-D_2$，对于 1 类模式 D 为正，对于 2 类模式 D 为负。于是，只要处理与 D 相应的一组权的输入模式并判断输出符号即可进行分类。执行这种运算的分类器的原理框图如图 10-3 所示。

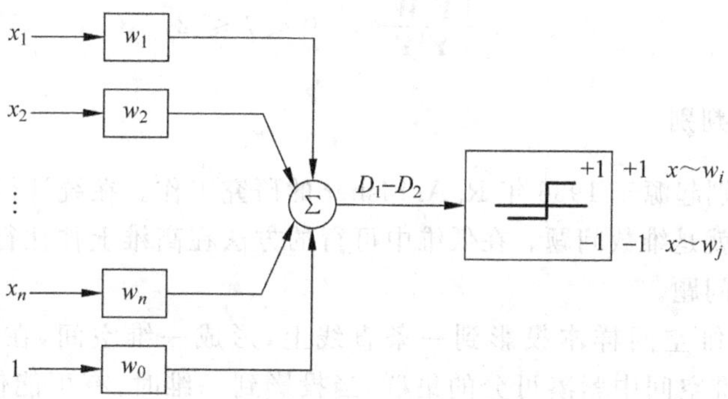

图 10-3　两类线性分类器

在线性分类器中要找到合适的系数，以便使分类尽可能不出差错，唯一的办法就是试验法。例如，先设所有的系数为 1，送进每一个模式，如果分类有错就调整系数，这个过程就叫做线性分类器的训练或学习。例如，把 N 个特征 $\boldsymbol{X}$ 和 1 放在一起叫做 $\boldsymbol{Y}$，$N+1$ 个系数为 $\boldsymbol{W}$，即

$$\boldsymbol{Y}=\begin{bmatrix}x_1\\x_2\\x_3\\\vdots\\x_N\\1\end{bmatrix},\quad \boldsymbol{W}=\begin{bmatrix}\omega_1\\\omega_2\\\vdots\\\omega_N\\\omega_{N+1}\end{bmatrix} \tag{10-15}$$

考虑分别属于两个不同模式类，$m=2$，此时，有两个训练集 T_1 和 T_2。两个训练集合是线性可分的，这意味着存在一个加权向量 $\boldsymbol{W}$，使得

$$\begin{cases}\boldsymbol{Y}^{\mathrm{T}}\boldsymbol{W}>0, & \boldsymbol{Y}\in T_1\\ \boldsymbol{Y}^{\mathrm{T}}\boldsymbol{W}<0, & \boldsymbol{Y}\in T_2\end{cases} \tag{10-16}$$

式中 $\boldsymbol{Y}^{\mathrm{T}}$ 是 $\boldsymbol{Y}$ 的转置。

如果分类器的输出不能满足式(10-16)的条件,可以通过"误差校正"的训练步骤对系数加以调整。例如,如果第一类模式 $\boldsymbol{Y}^{\mathrm{T}}\boldsymbol{W}$ 不大于零,则说明系数不够大,可用加大系数的方法进行误差修正。具体修正方法如下:

对于任一个 $\boldsymbol{Y}\in T_1$,若 $\boldsymbol{Y}^{\mathrm{T}}\boldsymbol{W}\leqslant 0$,则使

$$\boldsymbol{W}=\boldsymbol{W}+\alpha\boldsymbol{Y} \tag{10-17}$$

对于任一个 $\boldsymbol{Y}\in T_2$,若 $\boldsymbol{Y}^{\mathrm{T}}\boldsymbol{W}>0$,则使

$$\boldsymbol{W}=\boldsymbol{W}-\alpha\boldsymbol{Y} \tag{10-18}$$

通常使用的误差修正方法有固定增量规则、绝对修正规则及部分修正规则。固定增量规则是选择 α 为一个固定的非负数。绝对修正规则是取 α 为一个最小整数,它可使 $\boldsymbol{Y}^{\mathrm{T}}\boldsymbol{W}$ 的值刚好大于零,即

$$\alpha=\text{大于}\frac{|\boldsymbol{Y}^{\mathrm{T}}\boldsymbol{W}|}{\boldsymbol{Y}^{\mathrm{T}}\boldsymbol{Y}}\text{的最小整数} \tag{10-19}$$

部分修正规则可取 α 为式(10-20)所决定的值,即

$$\alpha=\lambda\frac{|\boldsymbol{Y}^{\mathrm{T}}\boldsymbol{W}|}{\boldsymbol{Y}^{\mathrm{T}}\boldsymbol{Y}},\quad 0<\lambda\leqslant 2 \tag{10-20}$$

3. Fisher 线性判别

Fisher 线性判别起源于 1936 年 R. A. Fisher 的研究工作。在统计模式识别方法中,遇到的主要问题之一就是维数问题。在低维中可行的方法在高维上往往行不通。因此,降低维数是识别的关键问题。

考虑把一个 d 维空间样本投影到一条直线上,形成一维空间,在数学上并非难事。但是,在原有的 d 维空间中紧凑可分的集群,当投影到一维时,有可能使几类样本混在一起而无法识别。因此,如何找到最好的、易于分类的投影线就是 Fisher 法要解决的基本问题。

设有一个集合 $\boldsymbol{R}$ 包含 N 个 d 维样本 $\boldsymbol{x}_1,\boldsymbol{x}_2,\cdots,\boldsymbol{x}_N$,其中 N_1 个属于 ω_1 类的样本子集为 $\boldsymbol{R}_1$,属于 ω_2 的 N_2 个样本为 $\boldsymbol{R}_2$。对 $\boldsymbol{x}_N$ 的分量作线性组合有

$$y_n=\boldsymbol{W}^{\mathrm{T}}\boldsymbol{x}_n,\quad n=1,2,\cdots,N_i \tag{10-21}$$

由此可得到 N 个一维样本 y_n 组成的集合。从几何上看,如果 $\|\boldsymbol{W}\|=1$,则每个 y_n 就是相对应的 $\boldsymbol{x}_n$ 到方向为 $\boldsymbol{W}$ 直线上的投影。这里 $\boldsymbol{W}$ 方向的选择是很重要的,它将影响投影后的可分离程度,进而影响识别结果。

设:

① 在 d 维 X 空间,各类样本的均值向量为 $\boldsymbol{m}_i$

$$\boldsymbol{m}_i=\frac{1}{N_i}\sum_{x\in R_i}\boldsymbol{x},\quad i=1,2 \tag{10-22}$$

样本类内离散度矩阵为 $\boldsymbol{S}_i$,总类内离散度矩阵为 $\boldsymbol{S}_{\mathrm{W}}$

$$\boldsymbol{S}_i=\sum_{x\in R_i}(\boldsymbol{x}-\boldsymbol{m}_i)(\boldsymbol{x}-\boldsymbol{m}_i)^{\mathrm{T}},\quad i=1,2$$

$$\boldsymbol{S}_{\mathrm{W}}=\boldsymbol{S}_1+\boldsymbol{S}_2 \tag{10-23}$$

样本类间离散度为 $\boldsymbol{S}_b$

$$\boldsymbol{S}_b=(\boldsymbol{m}_1-\boldsymbol{m}_2)(\boldsymbol{m}_1-\boldsymbol{m}_2)^{\mathrm{T}} \tag{10-24}$$

② 在一维 Y 空间各类样本均值为 $\tilde{m}_i$

$$\tilde{m}_i = \frac{1}{N_i}\sum_{y\in R_i} \boldsymbol{y}, \quad i = 1,2 \tag{10-25}$$

样本类内离散度矩阵为 $\widetilde{S}_i^2$，总类内离散度矩阵为 $\widetilde{S}_W$

$$\widetilde{S}_i^2 = \sum_{y\in R_i}(y-\tilde{m}_i)^2, \quad i = 1,2$$

$$\widetilde{S}_W = \widetilde{S}_1^2 + \widetilde{S}_2^2 \tag{10-26}$$

人们希望投影后在一维 Y 空间中各类样本都能分得开，也就是两类均值之差 $(\tilde{m}_1-\tilde{m}_2)$ 越大也好，而且希望类内散度越小越好。因此，定义 Fisher 准则为

$$\boldsymbol{J}_{\mathrm{F}} = \frac{(\tilde{m}_1-\tilde{m}_2)^2}{\widetilde{S}_1^2+\widetilde{S}_2^2} \tag{10-27}$$

显然，应选择 $\boldsymbol{J}_{\mathrm{F}}(\boldsymbol{w})$ 尽可能大的 $\boldsymbol{W}$ 作为投影方向。

由于

$$(\tilde{m}_1-\tilde{m}_2) = \boldsymbol{W}^{\mathrm{T}}\boldsymbol{S}_b\boldsymbol{W} \tag{10-28}$$

$$(\widetilde{S}_1^2+\widetilde{S}_2^2) = \boldsymbol{W}^{\mathrm{T}}\boldsymbol{S}_W\boldsymbol{W} \tag{10-29}$$

所以

$$\boldsymbol{J}_{\mathrm{F}}(\boldsymbol{W}) = \frac{\boldsymbol{W}^{\mathrm{T}}\boldsymbol{S}_b\boldsymbol{W}}{\boldsymbol{W}^{\mathrm{T}}\boldsymbol{S}_W\boldsymbol{W}} \tag{10-30}$$

为了求取使 $\boldsymbol{J}_{\mathrm{F}}(\boldsymbol{W})$ 取极大值的 $\boldsymbol{W}^*$，采用 Lagrange 乘数法求解，令分母为非零常数，即 $\boldsymbol{W}^{\mathrm{T}}\boldsymbol{S}_W\boldsymbol{W}=\boldsymbol{c}\neq 0$。

定义 Lagrange 函数为

$$L(\boldsymbol{W},\lambda) = \boldsymbol{W}^{\mathrm{T}}\boldsymbol{S}_b\boldsymbol{W} - \lambda(\boldsymbol{W}^{\mathrm{T}}\boldsymbol{S}_W\boldsymbol{W}-\boldsymbol{c}) \tag{10-31}$$

λ 为 Lagrange 乘数。式(10-31)对 $\boldsymbol{W}$ 求导，则

$$\frac{\partial L(\boldsymbol{W},\lambda)}{\partial \boldsymbol{W}} = \boldsymbol{S}_b\boldsymbol{W} - \lambda\boldsymbol{S}_W\boldsymbol{W}$$

令偏导数为 0，得：

$$\boldsymbol{S}_b\boldsymbol{W}^* - \lambda\boldsymbol{S}_W\boldsymbol{W}^* = 0$$

$\boldsymbol{W}^*$ 是 $\boldsymbol{J}_{\mathrm{F}}(\boldsymbol{W})$ 的极值解。左乘 $\boldsymbol{S}_W^{-1}$，得到

$$\boldsymbol{S}_W^{-1}\boldsymbol{S}_b\boldsymbol{W}^* = \lambda\boldsymbol{W}^*$$

由 $\boldsymbol{S}_b$ 的定义，$\boldsymbol{S}_b\boldsymbol{W}^* = (\boldsymbol{m}_1-\boldsymbol{m}_2)(\boldsymbol{m}_1-\boldsymbol{m}_2)^{\mathrm{T}}\boldsymbol{W}^* = (\boldsymbol{m}_1-\boldsymbol{m}_2)R$

$$R = (\boldsymbol{m}_1-\boldsymbol{m}_2)^{\mathrm{T}}\boldsymbol{W}^*$$

因此，$\lambda\boldsymbol{W}^* = \boldsymbol{S}_W^{-1}(\boldsymbol{m}_1-\boldsymbol{m}_2)R$，忽略比例因子，有

$$\boldsymbol{W}^* = \boldsymbol{S}_W^{-1}(\boldsymbol{m}_1-\boldsymbol{m}_2) \tag{10-32}$$

$\boldsymbol{W}^*$ 就是使 Fisher 准则函数 $\boldsymbol{J}_{\mathrm{F}}(\boldsymbol{W})$ 取得极大值的解，也就是 d 维 X 空间到一维 Y 空间的最好投影方向。由此也就把 d 维分类问题转化为一维分类问题了。

4. 最小距离分类器

线性分类器中重要的一类是用输入模式与特征空间中作为模板的点之间的距离作为分类的准则。假设有 m 类，给出 m 个参考向量 $\boldsymbol{R}_1,\boldsymbol{R}_2,\boldsymbol{R}_3,\cdots,\boldsymbol{R}_i,\boldsymbol{R}_i$ 与模式类 w_i 相联系。对

于 $\boldsymbol{R}_i$ 的最小距离分类就是把输入的新模式 $\boldsymbol{X}$ 分为 ω_i 类，其分类准则就是 $\boldsymbol{X}$ 与参考模式原型 $\boldsymbol{R}_1,\boldsymbol{R}_2,\boldsymbol{R}_3,\cdots,\boldsymbol{R}_m$ 之间的距离，与哪一个最近就属于那一类。$\boldsymbol{X}$ 与 $\boldsymbol{R}_i$ 之间的距离可表示为

$$|\boldsymbol{X}-\boldsymbol{R}_i| = \sqrt{(\boldsymbol{X}-\boldsymbol{R}_i)^{\mathrm{T}}(\boldsymbol{X}-\boldsymbol{R}_i)} \tag{10-33}$$

其中 $(\boldsymbol{X}-\boldsymbol{R}_i)^{\mathrm{T}}$ 是 $(\boldsymbol{X}-\boldsymbol{R}_i)$ 的转置。由式(10-33)得

$$\begin{aligned}|\boldsymbol{X}-\boldsymbol{R}_i|^2 &= (\boldsymbol{X}-\boldsymbol{R}_i)^{\mathrm{T}}(\boldsymbol{X}-\boldsymbol{R}_i)\\ &= \boldsymbol{X}^{\mathrm{T}}\boldsymbol{X}-\boldsymbol{X}^{\mathrm{T}}\boldsymbol{R}_i-\boldsymbol{R}_i^{\mathrm{T}}\boldsymbol{X}+\boldsymbol{R}_i^{\mathrm{T}}\boldsymbol{R}_i\\ &= \boldsymbol{X}^{\mathrm{T}}\boldsymbol{X}-(\boldsymbol{X}^{\mathrm{T}}\boldsymbol{R}_i+\boldsymbol{R}_i^{\mathrm{T}}\boldsymbol{X}-\boldsymbol{R}_i^{\mathrm{T}}\boldsymbol{R}_i)\end{aligned}$$

由此可设定最小距离判别函数 $D_i(\boldsymbol{X})$ 为

$$D_i(\boldsymbol{X}) = \boldsymbol{X}^{\mathrm{T}}\boldsymbol{R}_i+\boldsymbol{R}_i^{\mathrm{T}}\boldsymbol{X}-\boldsymbol{R}_i^{\mathrm{T}}\boldsymbol{R}_i,\quad i=1,2,3,\cdots,m \tag{10-34}$$

由上述判别函数可知，在分类中，如果 $\boldsymbol{X}\in\omega_i$，则 $d(\boldsymbol{X},\boldsymbol{R}_i)=\min$。由式(10-34)可见 $D_i(\boldsymbol{X})$ 是一个线性函数，因此，最小距离分类器也是一个线性分类器。在最小距离分类中，在决策边界上的点与相邻两类都是等距离的，这种方法就难以解决，此时必须寻找新的特征，重新分类。

这种分类还可以用决策区域来表示。例如，有两类问题 ω_1、ω_2，其模板分别为 $\boldsymbol{R}_1$、$\boldsymbol{R}_2$，当距离 $d(\boldsymbol{X},\boldsymbol{R}_1)<d(\boldsymbol{X},\boldsymbol{R}_2)$ 或者

$$\left[\sum_{i=1}^{n}(\boldsymbol{X}_i-\boldsymbol{R}_1)^2\right]^{\frac{1}{2}} < \left[\sum_{i=1}^{n}(\boldsymbol{X}_i-\boldsymbol{R}_2)^2\right]$$

则 $\boldsymbol{X}\in\omega_1$，并可用决策区域表示，如图 10-4 所示。将模板 $\boldsymbol{R}_1$、$\boldsymbol{R}_2$ 作连线，再作平分线，平分线左边为 $\boldsymbol{R}_1$ 区域，平分线右边为 $\boldsymbol{R}_2$ 区域，$\boldsymbol{R}_1$、$\boldsymbol{R}_2$ 为决策区域，中间为决策面。在这种分类中，两类情况界面为线，决策区为两平面。对于 3 类情况，界面为超平面，决策区为半空间。

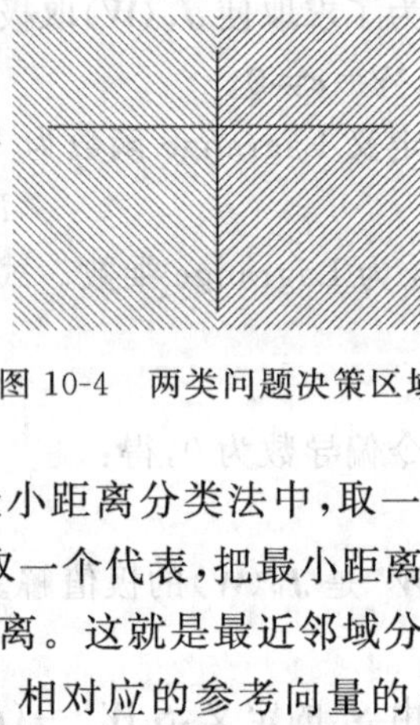

图 10-4 两类问题决策区域

5. 最近邻域分类法

最近邻域分类法是图像识别中应用较多的一种方法。在最小距离分类法中，取一个最标准的向量作为代表。将这类问题稍微扩张一下，一类不能只取一个代表，把最小距离的概念从一个点和一个点间的距离扩充到一个点和一组点之间的距离。这就是最近邻域分类法的基本思路。设 $\boldsymbol{R}_1,\boldsymbol{R}_2,\boldsymbol{R}_3,\cdots,\boldsymbol{R}_m$ 分别是与类 $\omega_1,\omega_2,\omega_3,\cdots,\omega_m$ 相对应的参考向量的 m 个集合，在 $\boldsymbol{R}_i$ 中的向量为 $\boldsymbol{R}_i^k$，即 $\boldsymbol{R}_i^k\in\boldsymbol{R}_i$，$i=1,2,\cdots,l$，也就是

$$\boldsymbol{R}_i = \{\boldsymbol{R}_i^1\boldsymbol{R}_i^2\cdots\boldsymbol{R}_i^l\} \tag{10-35}$$

输入特征向量 $\boldsymbol{X}$ 与 $\boldsymbol{R}_i$ 之间的距离用式(10-36)表示，即

$$d(\boldsymbol{X},\boldsymbol{R}_i) = \min_{k=1,2,\cdots,l}|\boldsymbol{X}-\boldsymbol{R}_i^k| \tag{10-36}$$

这就是说，$\boldsymbol{X}$ 和 $\boldsymbol{R}_i$ 之间的距离是 $\boldsymbol{X}$ 和 $\boldsymbol{R}_i$ 中每一个向量的距离中的最小者。如果 $\boldsymbol{X}$ 与 $\boldsymbol{R}_i^k$ 之间的距离由式(10-36)确定，则其判别函数为

$$D_i(\boldsymbol{X}) = \min_{k=1,2,\cdots,l}\{\boldsymbol{X}^{\mathrm{T}}\boldsymbol{R}_i^k+(\boldsymbol{R}_i^k)^{\mathrm{T}}\boldsymbol{X}-(\boldsymbol{R}_i^k)^{\mathrm{T}}\boldsymbol{R}_i^k\},\quad i=1,2,\cdots,m \tag{10-37}$$

设

$$D_i^k(\boldsymbol{X}) = \boldsymbol{X}^{\mathrm{T}}\boldsymbol{R}_i^k+(\boldsymbol{R}_i^k)^{\mathrm{T}}\boldsymbol{X}-(\boldsymbol{R}_i^k)^{\mathrm{T}}\boldsymbol{R}_i^k \tag{10-38}$$

则

$$D_i(\boldsymbol{X}) = \min_{k=1,2,\cdots,l} \{D_i^k(\boldsymbol{X})\}, \quad i = 1,2,\cdots,m \tag{10-39}$$

其中 $D_i^k(\boldsymbol{X})$是特征的线性组合,决策边界将是分段线性的。例如,如图 10-5 所示,有一个两类判别问题,ω_1 类的代表为 $\boldsymbol{R}_1^1$、$\boldsymbol{R}_1^2$,ω_2 类的代表为 $\boldsymbol{R}_2^1$、$\boldsymbol{R}_2^2$、$\boldsymbol{R}_2^3$。如果有一个模式送入识别系统,首先要计算它与每个点的距离,然后找最短距离。这种方法的概念简单,分段线性边界可以代表很复杂的曲线,也可能本来是非线性边界,现在可用分段线性来近似代替。

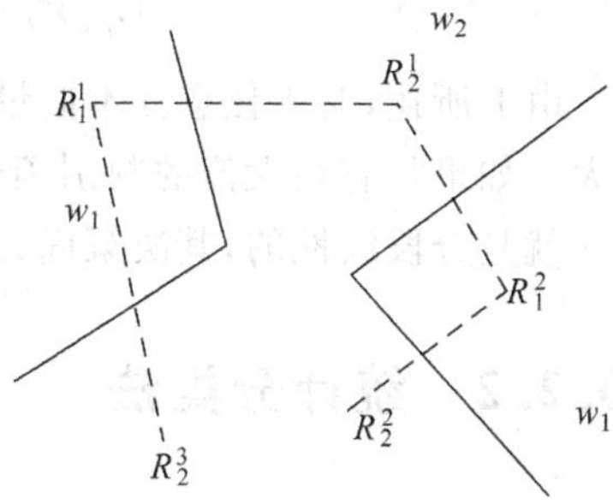

图 10-5　两类最近邻域分类

6. 非线性判别函数

线性判别函数很简单,但也有缺点。它对于较复杂的分类往往不能胜任。也就是说,很多图像识别问题并不是线性可分的,在较复杂的分类问题中就要提高判别函数的次数,因此根据问题的复杂性,可将判别函数从线性推广到非线性。非线性判别函数可写成式(10-40)形式,即

$$\begin{aligned} D(\boldsymbol{X}) &= \omega_0 + \omega_1 x_1 + \omega_2 x_2 + \cdots + \omega_N x_N \\ &\quad + \omega_{12} x_1 x_2 + \omega_{13} x_1 x_3 + \cdots + \omega_{1N} x_1 x_N \\ &\quad + \omega_{11} x_1^2 + \omega_{22} x_2^2 + \cdots + \omega_{NN} x_N^2 \\ &= \omega_0 + \sum_{k=1}^{N} \omega_{kk} x_k^2 + \sum_{k=1}^{N} \omega_k x_k + \sum_{k=1}^{N} \sum_{l=2}^{N} \omega_{kl} x_k x_l \end{aligned} \tag{10-40}$$

式(10-40)是一个二次型判别函数。通常二次型判别函数的决策边界是一个超二次曲面。

分段线性判别函数是一种特殊的非线性判别函数,它所确定的决策面是由若干超平面段组成。由于其基本组成仍然是超平面,与一般的超曲面相比仍然很简单。又由于它是由多个超平面组成的,它可以逼近各种形状的超曲面,具有很强的适应能力。一般情况下,分段线性判别函数比一般线性判别函数错误率要小,又比非线性判别函数简单。

一般情况,如果对 ω_i 类再取 l_i 个代表点,也就是把属于 ω_i 类的样本区域 $\boldsymbol{R}_i$ 再分为 l_i 个子区域,即 $\boldsymbol{R}_i = \{\boldsymbol{R}_i^1, \boldsymbol{R}_i^2, \cdots, \boldsymbol{R}_i^{l_i}\}$,这里 $\boldsymbol{R}_i^l$ 表示第 i 类的第 l 子区域。用 $\boldsymbol{m}_i^l$ 表示该子区域中样本的均值向量,并以它作为该子区域的代表点,可定义判别函数如下:

$$D_i(\boldsymbol{X}) = \min_{l=1,2,\cdots,l_i} \| \boldsymbol{X} - \boldsymbol{m}_i^l \| \tag{10-41}$$

如果

$$D_j(\boldsymbol{X}) = \min_{l=1,2,\cdots,c} D_i(\boldsymbol{X})$$

则 $\boldsymbol{X}$ 归到 ω_j 类,这样的分类器也叫分段线性分类器。

现在把每一类别分为若干个子类,也就是

$$\omega_i = \{\omega_i^1, \omega_i^2, \cdots, \omega_i^l\} \tag{10-42}$$

对每一类定义一个线性判别函数,即

$$D_i(\boldsymbol{X}) = \boldsymbol{W}_i^{l\mathrm{T}} X + \omega_{i0}^l \quad l = 1,2,\cdots,l_i \quad i = 1,2,\cdots,c \tag{10-43}$$

式中 $\boldsymbol{W}_i^l$ 和 ω_{i0}^l 分别是子类 ω_i^l 的权向量及阈值。ω_i 类的线性判别函数为

$$D_i(\boldsymbol{X}) = \max_{l=1,2,\cdots,c} D_i^l(\boldsymbol{X}) \tag{10-44}$$

对于 c 类问题可以定义 c 个判别函数，$D_i(\boldsymbol{X}), i=1,2,\cdots,c$。决策规则为

$$D_j(\boldsymbol{X}) = \max_i D_i(\boldsymbol{X}), \quad \text{则判决 } \boldsymbol{X} \in \omega_j \tag{10-45}$$

由上所述，对于任意样本向量 $\boldsymbol{X}$，一定有某个子类的判别函数比其他各子类的判别函数值大。如果具有最大值的判别函数 $D_i^n(\boldsymbol{X})$，则把子类 $\boldsymbol{X}$ 归到子类 ω_i^n 所属的类。这样的决策面就是分段线性的，其决策面方程由各子类的判别函数确定。

10.2.2 统计分类法

前边谈到的分类方法是在没有噪声干扰的情况下进行的，此时测得的特征确能代表模式。如果在抽取特征时有噪声，那么可能抽取的特征代表不了模式，这时就要用统计分类法。用统计方法对图像进行特征抽取、学习和分类是研究图像识别的主要方法之一，而统计方法的最基本内容之一是贝叶斯分析，其中包括贝叶斯决策方法、贝叶斯分类器、贝叶斯估计理论、贝叶斯学习及贝叶斯距离等。

1. 贝叶斯公式

在古典概率中就已有为大家所熟悉的贝叶斯定理，这里再次写出：

$$P(B_i \mid A) = \frac{P(B_i)P(A \mid B_i)}{\sum_{j=1}^{n} P(B_j)P(A \mid B_j)} \tag{10-46}$$

式中，$B_1, B_2, \cdots, B_n$ 是 n 个互不相容的事件，$P(B_i)$是事件 B_i 的先验概率；$P(A|B_i)$是 A 在 B_i 已发生条件下的条件概率。贝叶斯定理说明在给定了随机事件 $B_1, B_2, \cdots, B_n$ 的各先验概率 $P(B_i)$及条件概率 $P(A|B_i)$时，可计算出事件 A 出现时事件 B_i 出现的后验概率 $P(B_i|A)$。

贝叶斯公式常用于分类问题和参数估值问题中。设 $\boldsymbol{X}$ 表示事物的状态或特征的随机变量，它可以代表图像的灰度或形状等；设 ω_i 代表事物类别的离散随机变量。对事物（比如是图像的亮度或形状）进行分类就可以用以下公式，即

$$P(\omega_i \mid \boldsymbol{X}) = \frac{P(\boldsymbol{X} \mid \omega_i)P(\omega_i)}{\sum_i P(\boldsymbol{X} \mid \omega_i)P(\omega_i)} \tag{10-47}$$

式中 $P(\omega_i)$称为 ω_i 的先验概率，它表示事件属于 ω_i 的预先粗略了解；$P(\boldsymbol{X}|\omega_i)$表示事件属于 ω_i 类而具有 $\boldsymbol{X}$ 状态的条件概率；$P(\omega_i|\boldsymbol{X})$叫做 $\boldsymbol{X}$ 条件下 ω_i 的后验概率，它表示对事件 $\boldsymbol{X}$ 的状态作观察后判断属于 ω_i 类的可能性。由式(10-47)可见，只要类别的先验概率及 $\boldsymbol{X}$ 的条件概率已知，就可以得到类别的后验概率。再加上最小误差概率或最小风险法则，就可以进行统计判决分类。

在参数估值问题中，贝叶斯公式的两个变量常常为连续随机变量，如果写作变量 $\boldsymbol{X}$ 及参数 θ，则有以下公式，即

$$p(\theta/\boldsymbol{X}) = \frac{p(\boldsymbol{X} \mid \theta)p(\theta)}{\int p(\boldsymbol{X} \mid \theta)p(\theta)\mathrm{d}\theta} \tag{10-48}$$

通过式(10-48)，由参数的先验分布 $p(\theta)$ 及预先设定的条件分布 $p(\boldsymbol{X}|\theta)$，即可求得参数的后验分布 $p(\theta|\boldsymbol{X})$。贝叶斯公式是参数估值的有力工具。

2. 贝叶斯分类法

假设有两类，每类用两种统计参数代表，即

$$\begin{aligned}\omega_1: P(\omega_1), p(\boldsymbol{X} \mid \omega_1)\\ \omega_2: P(\omega_2), p(\boldsymbol{X} \mid \omega_2)\end{aligned} \tag{10-49}$$

式中，$P(\omega_1)$、$P(\omega_2)$是先验概率；$p(\boldsymbol{X}|\omega_1)$，$p(\boldsymbol{X}|\omega_2)$是条件概率密度函数。在噪声的不确定性的影响下，每个模式已不能用一个向量来表示，因此，只能得到某一类模式的概率分布。

用贝叶斯规则的结果是

$$\left.\begin{array}{ll}\text{如果} & P(\omega_1)p(\boldsymbol{X} \mid \omega_1) > P(\omega_2)p(\boldsymbol{X} \mid \omega_2)\\ \text{则有} & \boldsymbol{X} \in \omega_1\\ \text{如果} & P(\omega_1)p(\boldsymbol{X} \mid \omega_1) < P(\omega_1)p(\boldsymbol{X} \mid \omega_1)\\ \text{则有} & \boldsymbol{X} \in \omega_2\end{array}\right\} \tag{10-50}$$

显然，$P(\omega_i)p(\boldsymbol{X}|\omega_i)$在这里起到了判别函数的作用。

在应用中，为方便起见，常取 $P(\omega_i)p(\boldsymbol{X}|\omega_i)$的对数形式，即

$$\lg P(\omega_1)p(\boldsymbol{X} \mid \omega_1) \leqslant \lg P(\omega_2)p(\boldsymbol{X} \mid \omega_2) \tag{10-51}$$

也就是

$$\left.\begin{array}{l}\lg \dfrac{p(\boldsymbol{X} \mid \omega_1)}{p(\boldsymbol{X} \mid \omega_2)} > \lg \dfrac{P(\omega_2)}{P(\omega_1)}, \quad \boldsymbol{X} \in \omega_1\\ \lg \dfrac{p(\boldsymbol{X} \mid \omega_1)}{p(\boldsymbol{X} \mid \omega_2)} < \lg \dfrac{P(\omega_2)}{P(\omega_1)}, \quad \boldsymbol{X} \in \omega_2\end{array}\right\} \tag{10-52}$$

在两类问题中，分界面为

$$\lg P(\omega_1)p(\boldsymbol{X} \mid \omega_1) - \lg P(\omega_2)p(\boldsymbol{X} \mid \omega_2) = 0 \tag{10-53}$$

或者

$$\lg \frac{P(\omega_1)p(\boldsymbol{X} \mid \omega_1)}{P(\omega_2)p(\boldsymbol{X} \mid \omega_2)} = 0 \tag{10-54}$$

假如一个模式遵循正态分布，它的均值为 $\boldsymbol{M}_i$，协方差矩阵是 $\boldsymbol{K}_i$，设 $m=2$，可得到其决策分界面如下：

因为 $p(\boldsymbol{X}|\omega_i)$是正态分布，所以

$$p(\boldsymbol{X} \mid \omega_i) = (2\pi)^{-\frac{N}{2}} \mid \boldsymbol{K}_i \mid^{-\frac{1}{2}} \exp\left[-\frac{1}{2}(\boldsymbol{X}-\boldsymbol{M}_i)^{\mathrm{T}} \cdot \boldsymbol{K}^{-1}(\boldsymbol{X}-\boldsymbol{M}_i)\right] \tag{10-55}$$

当 $i=1,2$ 时，按贝叶斯规则：

如果

$$\lg \frac{p(\boldsymbol{X} \mid \omega_1)}{p(\boldsymbol{X} \mid \omega_2)} > \lg \frac{P(\omega_2)}{P(\omega_1)} \tag{10-56}$$

则

$$\boldsymbol{X} \in \omega_1$$

由式(10-55)和式(10-56)可得到

$$\begin{aligned}&-\frac{1}{2}\lg \frac{\mid \boldsymbol{K}_1 \mid}{\mid \boldsymbol{K}_2 \mid} - \frac{1}{2}[(\boldsymbol{X}-\boldsymbol{M}_1)^{\mathrm{T}}\boldsymbol{K}_1^{-1}(\boldsymbol{X}-\boldsymbol{M}_1)]\\ &+\frac{1}{2}[(\boldsymbol{X}-\boldsymbol{M}_2)^{\mathrm{T}}\boldsymbol{K}^{-1}(\boldsymbol{X}-\boldsymbol{M}_2)] > \lg \frac{P(\omega_2)}{P(\omega_1)}\end{aligned} \tag{10-57}$$

这时，两类间的决策边界是二次的。

如果两个协方差矩阵相同，即$\boldsymbol{K}_1=\boldsymbol{K}_2=\boldsymbol{K}$，则

$$\begin{aligned}&\boldsymbol{X}^{\mathrm{T}}\boldsymbol{K}^{-1}(\boldsymbol{M}_1-\boldsymbol{M}_2)+\frac{1}{2}(\boldsymbol{M}_1+\boldsymbol{M}_2)^{\mathrm{T}}\boldsymbol{K}^{-1}(\boldsymbol{M}_1-\boldsymbol{M}_2)>\lg\frac{P(\omega_2)}{P(\omega_1)}\\ \text{则有}\quad&\boldsymbol{X}\in\omega_1\\ &\boldsymbol{X}^{\mathrm{T}}\boldsymbol{K}^{-1}(\boldsymbol{M}_1-\boldsymbol{M}_2)+\frac{1}{2}(\boldsymbol{M}_1+\boldsymbol{M}_2)^{\mathrm{T}}\boldsymbol{K}^{-1}(\boldsymbol{M}_1-\boldsymbol{M}_2)<\lg\frac{P(\omega_2)}{P(\omega_1)}\\ \text{则有}\quad&\boldsymbol{X}\in\omega_2\end{aligned}\tag{10-58}$$

在这种情况下，决策边界称为线性的。所以，求两类分类问题时，如果每类都是正态分布，但有不同的协方差矩阵，分界是二次函数，如果N很大，求$\boldsymbol{K}^{-1}$相当麻烦。

除了上述方法外，也可以用最小风险来求其类别。

考虑$x_1,x_2,x_3,\cdots,x_N$是随机变量，对于每一类模式$\omega_i,i=1,2,\cdots,m$，其$p(\boldsymbol{X}|\omega_i)$及$\omega_i$出现的概率$P(\omega_i)$都是已知的。以$p(\boldsymbol{X}|\omega_i)$及$P(\omega_i)$为基础，一个分类器成功的条件是要在误识概率最小的条件下完成分类任务。可定义一个决策函数$d(x)$，其中$d(x)=d_i$表示假设$\boldsymbol{X}\in\omega_i$被接受。如果输入模式实际是来自$\omega_i$，而作出的决策是$d_j$，则可用$L(\omega_i,d_j)$表示分类器引起的损失。条件风险为

$$r(\omega_i,d)=\int L(\omega_i,d)p(\boldsymbol{X}\mid\omega_i)\mathrm{d}X\tag{10-59}$$

对于给定的先验概率集$P=\{P(\omega_1),P(\omega_2),P(\omega_3),\cdots,P(\omega_m)\}$，平均风险为

$$R(P,d)=\sum_{i=1}^{m}P(\omega_i)r(\omega_i,d)\tag{10-60}$$

把式(10-59)代入式(10-60)并且令

$$r_x(P,d)=\frac{\sum_{i=1}^{m}L(\omega_i,d)P(\omega_i)p(\boldsymbol{X}\mid\omega_i)}{P(\boldsymbol{X})}\tag{10-61}$$

则

$$R(P,d)=\int P(\boldsymbol{X})r_x(P,d)\mathrm{d}\boldsymbol{X}\tag{10-62}$$

$r_x(P,d)$定义为对于给定的特征向量$\boldsymbol{X}$决策为d的后验条件平均风险。

问题在于选择适当的决策$d_i,i=1,2,\cdots,m$，以使平均风险$R(P,d)$取极小，或者使条件平均风险$r(\omega_i,d)$的极大值取极小。这种使平均风险取极小的最优决策规则称为贝叶斯规则。

如果d^*是在使平均损失极小的意义上的最优决策，则

$$r_x(P,d^*)\leqslant r_x(P,d)\tag{10-63}$$

即

$$\begin{aligned}&\sum_{i=1}^{m}L(\omega_i,d^*)P(\omega_i)p(\boldsymbol{X}\mid\omega_i)\\ &\leqslant\sum_{i=1}^{m}L(\omega_i,d)P(\omega_i)p(\boldsymbol{X}\mid\omega_i)\end{aligned}\tag{10-64}$$

对于(0,1)损失函数为

$$L(\omega_i, d_j) = \begin{cases} 0, & i = j \\ 1, & i \neq j \end{cases} \tag{10-65}$$

平均风险实际上也就是误识的概率。在这种情形下，贝叶斯规则是 $d^* = d_i$，则 $\boldsymbol{X} \in \omega_i$，即

$$P(\omega_i)p(\boldsymbol{X} \mid \omega_i) \geqslant P(\omega_j)p(\boldsymbol{X} \mid \omega_j), \quad \text{对所有的 } j = 1, 2, \cdots, m \tag{10-66}$$

3. 贝叶斯分类器

多类贝叶斯分类器如图 10-6 所示。其中 $p(\boldsymbol{X}|\omega_i)$与 $P(\omega_i)$的乘积就是第 i 类判别函数 $D_i(\boldsymbol{X})$。如果 $D_i(\boldsymbol{X}) > D_j(\boldsymbol{X})$，对于一切 $i \neq j$ 的情况下，分类器把给定的一个特征量归于 ω_i 类。

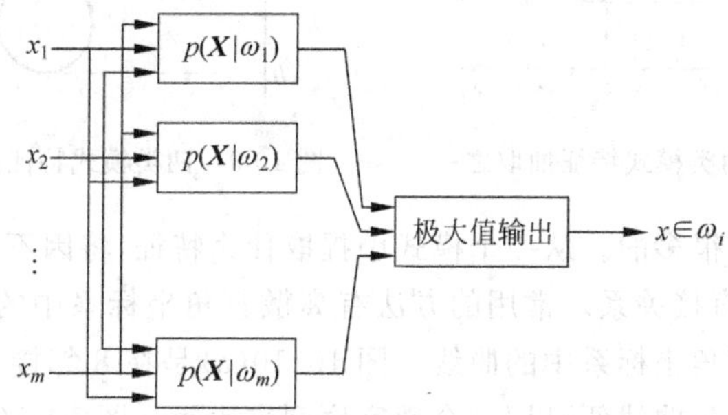

图 10-6　多类贝叶斯分类器

二类贝叶斯分类器如图 10-7 所示。在这类范畴的问题中，有时不制定两个判别函数 $D_1(\boldsymbol{X})$和 $D_2(\boldsymbol{X})$，而是定义一个判别函数

$$D(\boldsymbol{X}) = D_1(\boldsymbol{X}) - D_2(\boldsymbol{X}) \tag{10-67}$$

若 $D(\boldsymbol{X}) > 0$，则决策 ω_1，否则决策 ω_2。

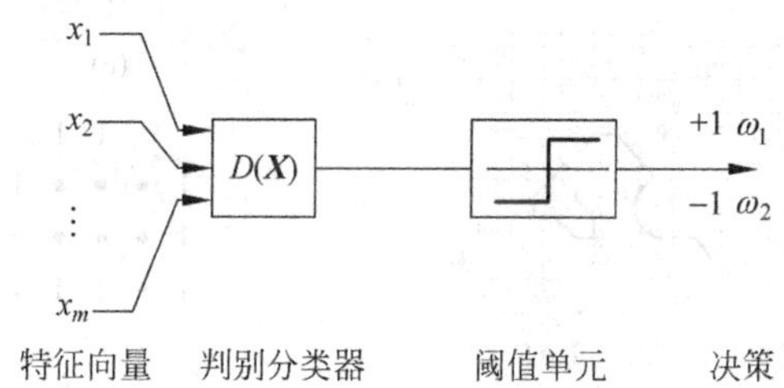

图 10-7　二类贝叶斯分类器

10.2.3　特征的抽取与选择

在模式识别中，确定判据是重要的。但是问题的另一面，即如何抽取特征也是相当重要的。如果特征找不对，分类就不可能准确。这好比医生看病，如果只注意病人穿什么衣服，头发的长短，就不会正确诊断。当然，特征是很多的，如果把所有的特征不分主次全都罗列出来，N 会很大，这也会给正确判断带来麻烦。例如，如图 10-8 所示，有两类模式，用两个特征 x_1、x_2 来表达。在 x_1 上的投影为 ab、cd，在 x_2 上的投影为 ef、gh。那么，由图可见，ac

这一段肯定是属于 ω_1 的，bd 肯定是属于 ω_2 的，但是 cd 段就难以分出属于哪一类。一种设想是把坐标轴作一个旋转，变成 y_1、y_2，此时不再去测量 x_1、x_2，而是测量 y_1、y_2，如图 10-9 所示。由图可见，这时检测 y_1 当然也分不清，可是检测 y_2 就可以分得很清。这说明当作一变换后，y_2 是一个很好的特征。

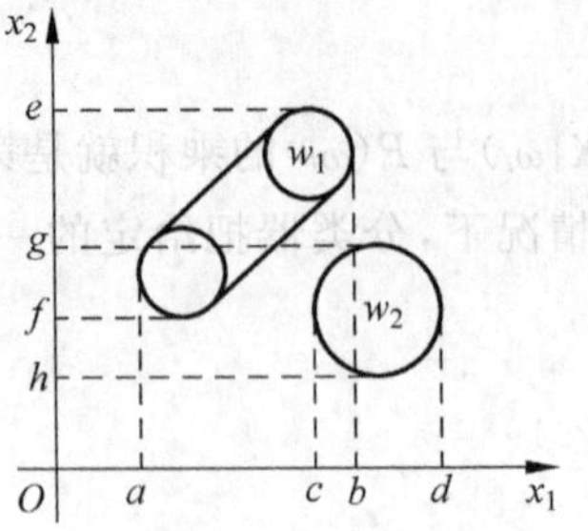

图 10-8　两类模式特征抽取之一

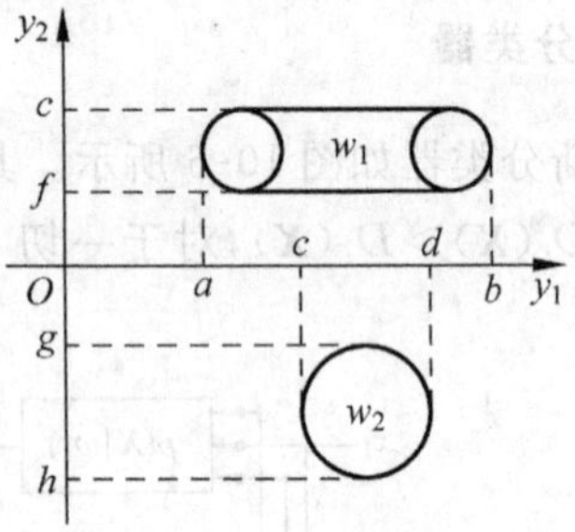

图 10-9　两类模式特征抽取之二

特征提取的方法是很多的。从一个模式中提取什么特征，将因不同的模式而异，并且与识别的目的、方法等有直接关系。常用的方法有离散直角坐标系中的弗里曼链码法。它可以方便地描述在离散直角坐标系中的曲线。图 10-10(a)是在 8 邻接定义下的弗里曼链码。位于坐标系内的任意一条曲线便可用一个数字序列来表示。图 10-10(b)示出了一条曲线，若从 a 点出发可编出其链码如下：1 0 0 1 2 3 1 1 0 7 7 7 6 4 5 4 2 1。

在提取边缘细条的过程中会出现断线，因此，断线的接续是特征提取中的一个处理步骤。最基本的方法是利用膨胀和收缩技术。所谓膨胀是以二值图像内为 1 的像素为中心，强制性地把与其 4 邻接或 8 邻接的相邻像素都变成 1，如图 10-11 所示。

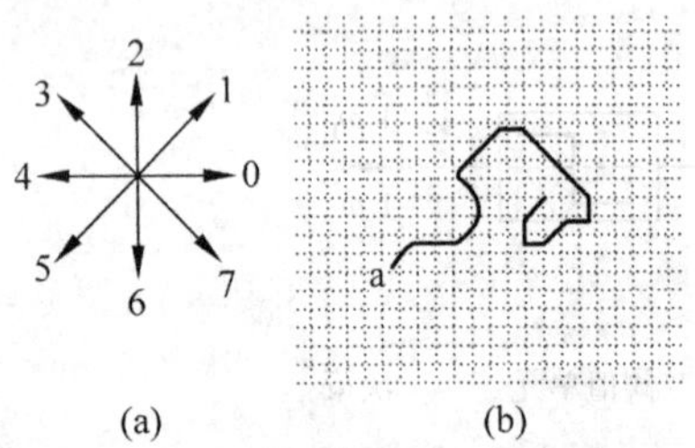

图 10-10　8 邻接弗里曼链码的定义及其编码示例

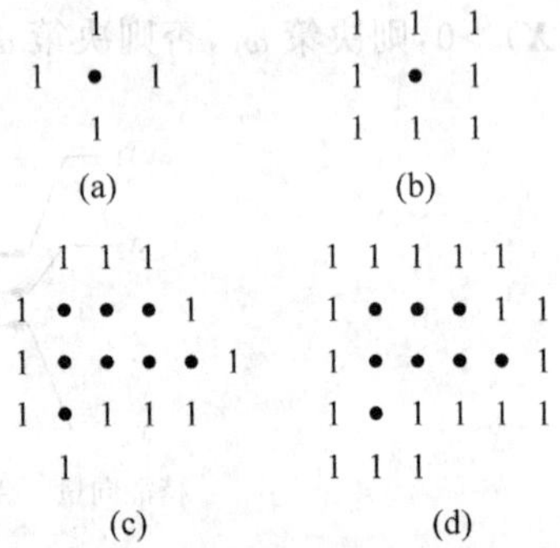

图 10-11　膨胀操作

(a) 4 邻接式膨胀；(b) 8 邻接式膨胀；(c) 4 邻接式膨胀；(d) 8 邻接式膨胀

收缩方法是把值为 0 的像素作为中心，强制性地把与其 4 邻接或 8 邻接的相邻像素变成 0。这样连续膨胀 n 次，再连续收缩 n 次，就可以把断线长度为 $2n$ 以内的线接续起来。

接续断线的另一种方法是山脊线寻迹法。具体做法是使用某种方法已找出直到点(x,y)为止的一段山脊线，接着判断$(x+1,y+1)$、$(x+2,y+2)$等点是否也位于该山脊线的延长线上。判断的标准就是看这些点的微分值是否足够大，这些点周围的灰度变化斜率最大的方向是与线的延长线方向垂直。这些点与周围延长线方向成直角方向上的点相比灰度值是否为极大值等。这种方法碰到折点及分支点比较难以判断。

在特征提取中，关于线的检测及表达方法有最小二乘法曲线拟合法、霍夫变换法等。在进行线提取时，往往不是简单地用一些直线段把检测出来的点连接起来就行了，而是希望用某个数学方程式所描述的曲线去逼近检测出来的点列。这种用数学方程式去近似图像中各种线条的方法称为曲线拟合。

最简单的曲线拟合是用直线方程去近似所给出的点列，这种方程有 $y=g(x)$ 的形式。在拟合处理中自然需要一定的标准去评价该方程与点列的近似程度，常用的评价标准是观察直线方程所代表的直线与点列之间的距离。对距离有不同的定义，常用的有

$$d=\sum_{i=0}^{M}|y_i-g(x_i)| \tag{10-68}$$

$$d=\sum_{i=0}^{M}[y_i-g(x_i)]^2 \tag{10-69}$$

$$d=\max_i|y_i-g(x_i)| \tag{10-70}$$

式(10-68)是以直线方程与各点之差的绝对值的和为最小作为评价标准；式(10-69)是以差的平方和最小作为评价标准，通常称为最小二乘法判决函数；式(10-70)是以差值中的最大值是否小于某一标准进行评价。

霍夫变换也广泛用于线检测，它的概念已在第 8 章中作了介绍。除此之外，用于线检测的特征提取方法还有很多，如用曲率作为曲线的特征、曲线分割、距离变换、骨骼化及细化等。

在图 10-8 和图 10-9 所说明的特征提取的例子中，用坐标旋转的方法得到了既少又好的特征。空间坐标的旋转就是特征空间的线性变换。空间怎样变换才能找到较好的特征呢？普遍的方法是把每一类的协方差矩阵变成对角形矩阵，在变换后的矩阵中取其特征向量及与其相对应的特征值，然后，把特征向量按其特征值的大小排列起来。特征值大的那个特征向量就是最好的特征。另外，在变换后的空间中，如果有 m 个彼此关联的特征，可采用前 n 个最大特征值对应的特征向量作为特征，这样既可保证均方误差最小，又可大大减少特征的数目。

另外一个途径是寻找一种变换，使同一类向量靠得更近一些，以便把它聚合到一起去。在这种思想指导下，可以找每一类点与点之间的距离，使它最小化。这样做是应用特征值最小的那些特征向量。

假定有两类模式，测量两种特征都是正态分布，均值是 m_1 和 m_2。这两个分布离得越远越容易识别。所谓离得远不一定是均值相关较远。在这种情况下，不能用点与点之间的距离，也不是点与一组点之间的距离，而是两个分布之间的距离，这是一个统计距离。如果在统计意义上两类离得远就容易识别。如果有 M 个特征，就要计算它们的统计距离，哪个特征上的统计距离最远，那个特征就最好。一般计算统计距离的方法有许多，如贝叶斯误差概率、疑义度或香农熵、贝叶斯距离、广义柯尔莫哥洛夫距离等。

另外，在 m 很大时，同时分开 m 类比较复杂。这时不如采用树状分类结构，每次分两三类，逐次细分。当然，寻找一个最好的树也并非容易。

10.2.4 统计学习理论与支持向量机

传统的模式识别和机器学习方法都是在样本数目足够多的前提下研究的，所提出的各种方法只有在样本数趋于无穷大时其性能才有理论上的保证。而在多数实际应用中，样本数目通常是有限的，图像样本更是如此，因为图像所需的存储和计算量都比较大，对它进行大数量级的取样是不可想象的。

统计学习理论是一种小样本统计理论，它为研究有限样本情况下的统计模式识别和更广泛的机器学习问题建立了一个较好的理论框架，同时也发展了一种新的模式识别方法——支持向量机，能够较好地解决小样本学习问题。

1. 机器学习理论的基本问题

基于数据的机器学习是现代智能技术中十分重要的一个方面，主要研究如何从一些观测数据(样本)出发，得到目前尚不能通过原理分析得到的规律，利用这些规律去分析客观对象，对未来数据或无法观测的数据进行预测。

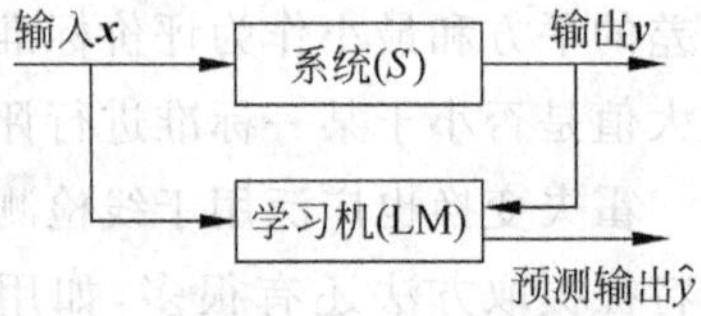

图 10-12 机器学习的基本模型

机器学习问题的基本模型可以用图 10-12 表示。其中，系统 S 是研究的对象，它在一定输入 $\boldsymbol{x}$ 下得到一定的输出 $\boldsymbol{y}$，LM 是所求的学习机，输出为 $\hat{y}$。机器学习的目的是根据给定的已知训练样本，求取对系统输入与输出之间依赖关系的估计，以对未知输出作尽可能准确的预测。

机器学习问题可以形式化地表示为：已知变量 $\boldsymbol{y}$ 与输入 $\boldsymbol{x}$ 之间存在一定的未知依赖关系，即存在一个未知的联合概率 $F(\boldsymbol{x},\boldsymbol{y})$，机器学习就是根据 n 个独立同分布观测样本

$$(\boldsymbol{x}_1,\boldsymbol{y}_1),(\boldsymbol{x}_2,\boldsymbol{y}_2),\cdots,(\boldsymbol{x}_n,\boldsymbol{y}_n)$$

在一组函数 $\{f(\boldsymbol{x},\omega)\}$ 中求一个最优的函数 $f(\boldsymbol{x},\omega_0)$。使预测的期望风险

$$R(\omega)=\int L(\boldsymbol{y},f(\boldsymbol{x},\omega))\mathrm{d}F(\boldsymbol{x},\boldsymbol{y}) \tag{10-71}$$

最小。其中，$\{f(\boldsymbol{x},\omega)\}$ 称为预测函数集，$\omega\in\Omega$ 为函数的广义参数，故 $\{f(\boldsymbol{x},\omega)\}$ 可以表示任何函数集；$L(\boldsymbol{y},f(\boldsymbol{x},\omega))$ 为由于用 $f(\boldsymbol{x},\omega)$ 对 $\boldsymbol{y}$ 进行预测而造成的损失。不同类型的机器学习问题有不同形式的损失函数。预测函数通常也称为学习函数、学习模型或学习机器。

有 3 类基本的机器学习问题，它们是模式识别、函数逼近和概率密度估计。

对于模式识别问题，系统输出就是类别标号。在两类情况下，$y=\{0,1\}$ 或 $y=\{-1,1\}$ 是二值函数，这时预测函数称为指示函数，也称为判别函数。模式识别问题中损失函数的基本定义可以是

$$L(y,f(\boldsymbol{x},\omega))=\begin{cases}0, & y=f(\boldsymbol{x},\omega)\\ 1, & y\neq f(\boldsymbol{x},\omega)\end{cases} \tag{10-72}$$

要使式(10-71)定义的期望风险最小化，必须依赖关于联合概率 $F(\boldsymbol{x},\boldsymbol{y})$ 的信息，在模式识别问题中就是必须已知类先验概率和类条件概率密度。但是，在实际的机器学习问题中，只能利用已知样本的信息，因此，期望风险无法计算和最小化。

在实际中，常用算术平均代替式中的数学期望，于是定义

$$R_{\text{emp}}(\omega)=\frac{1}{n}\sum_{i=1}^{n}L(\boldsymbol{y}_i,f(\boldsymbol{x}_i,\omega)) \tag{10-73}$$

来逼近式中的期望风险，也称为经验风险。相应地，对参数 ω 求经验风险 $R_{\text{emp}}(\omega)$ 的最小值就称为经验风险最小化(Experience Risk Minimization，ERM)原则。

然而，从期望风险最小化到经验风险最小化并没有可靠的理论依据，所以必然存在着一些问题。

在以往的机器学习实践中，人们往往注重经验风险最小化的实现，但很快便发现，一味追求训练误差最小并不总能达到好的预测效果。将学习机器对未来输出进行正确预测的能力称为推广性。某些情况下，当训练误差过小反而会导致推广能力的下降。之所以出现这种现象，一是因为学习样本不充分，二是学习机器设计不合理，这两个问题是相互关联的。

所以经验风险最小化并不一定意味着期望风险最小，学习机器的复杂性不但与所研究的系统有关，而且要和有限的学习样本相适应。

2. 统计学习理论的核心内容

统计学习理论被认为是目前针对小样本统计估计和预测学习的最佳理论。它从理论上较系统地研究了经验风险最小化原则成立的条件、有限样本下经验风险与期望风险的关系，以及如何利用这些理论找到新的学习原则和方法等问题。

研究表明，当训练样本数目趋于无穷大时，经验风险的最优值能够收敛到真实风险的最优值，这就是所谓的学习过程的一致性。只有满足一致性条件，才能保证在经验风险最小化原则下得到的最优方法，当样本无穷大时趋近于使期望风险最小的最优结果。这种关系可用图 10-13 表示。

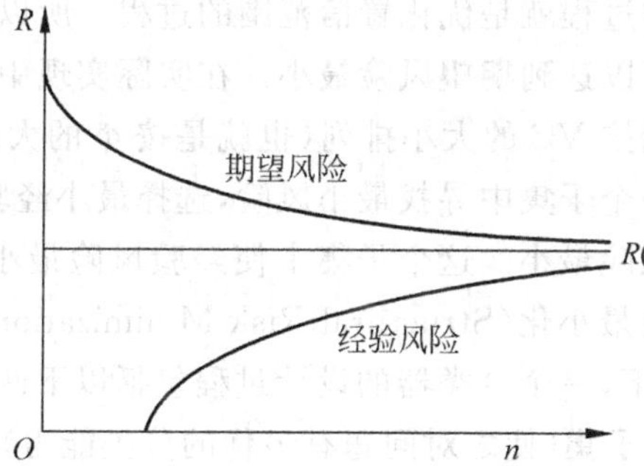

图 10-13　经验风险和真实风险的关系示意图

对于有界损失函数，经验风险最小化学习一致的充要条件是经验风险在以下意义上一致地收敛于真实风险：

$$\lim_{n\to\infty}P[\sup(R(\omega)-R_{\text{emp}}(\omega))>\varepsilon]=0\quad\forall\varepsilon>0 \tag{10-74}$$

式中：P 表示概率；$R_{\text{emp}}(\omega)$ 和 $R(\omega)$ 分别表示在 n 个样本下的经验风险和对于同一 ω 的真实风险。这就是在统计学习理论中的重要定理——学习理论的关键定理。该定理把学习一致性问题转化为式(10 74)的一致收敛问题。它既依赖于预测函数集，也依赖于样本的概率分布。

3. VC 维

VC 维(Vapnik-Chervonenkis dimension)是为了研究函数集在经验风险最小化原则下的学习一致性问题和一致性收敛速度而定义的。

一般来讲,VC 维是一组函数的特性,这种特性是各类函数集都具有的。这里仅考虑两类的模式识别问题。假如存在一个有 h 个样本的样本集能够被一个函数集中的函数按照所有可能的形式分成两类,则称函数集能够把样本数为 h 的样本集打散(shattering)。函数集的 VC 维就是用这个函数集所能打散的最大样本集的样本数目。也就是说,如果存在 h 个样本的样本集能够被函数集打散,而不存在有 $h+1$ 个样本集能够被函数集打散,则函数集的 VC 维就是 h。如果对于任意样本数,总能找到一个样本集能够被这个函数集打散,则函数集的 VC 维就是无穷大。研究表明,经验风险最小化学习过程一致的充分必要条件是函数集的 VC 维有限,且这时的收敛速度是最快的。

VC 维是统计学习理论中的一个核心概念,它是目前为止对函数集学习性能的最好描述指标。

实际上,经验风险最小化原则下学习机器的实际风险是由两部分组成,可以写为

$$R(\omega) \leqslant R_{\mathrm{emp}}(\omega) + \Phi \tag{10-75}$$

其中第一部分为训练样本的经验风险,另一部分称为置信范围,也叫 VC 信任(VC confidence)。

4. 结构风险最小化

从前面的讨论中可以看出,传统的机器学习方法中普遍采用的经验风险最小化原则在样本数目有限时是不合理的,因为经验风险和置信范围需要同时最小化。事实上,在传统方法中,选择学习模型和算法的过程就是优化置信范围的过程。所以,选择最小经验风险与置信范围之和最小的函数集,可以达到期望风险最小。在实际实现中,可以把函数集分成一个函数子集序列,使各个子集能按 VC 的大小排列(也就是按 Φ 的大小排列),这样,在同一个子集中置信范围相同,在每一个子集中寻找最小风险,选择最小经验风险与置信范围之和最小的子集,就可以达到期望风险最小。这个子集中使经验风险最小的函数就是要求的最优函数,这种思想称为结构风险最小化(Structural Risk Minimization,SRM)原则。

在结构风险最小化原则下,一个分类器的设计过程包括以下两方面的任务:

① 选择一个适当的函数子集(使之对问题有最优的分类能力)。

② 从这个子集中选择一个判别函数(使经验风险最小)。

结构风险最小化原则提供了一种不同于经验风险最小化的更科学的学习机器设计原则,而支持向量机则是这一原则的具体应用成果。

5. 支持向量机

支持向量机(Support Vector Machines)简称 SVM 方法,是实现统计学习理论的一种具体方法,其主要内容在 1992—1995 年才基本完成,目前仍处在不断发展阶段。可以说,统计学习理论之所以从 20 世纪 90 年代以来受到越来越多的重视,在很大程度上是因为提出了支持向量机这一通用学习方法。因为从某种意义上它可以表示成类似神经网络的形式,支持向量机起初也叫支持向量网络。

支持向量机是从线性可分情况下的最优分类面(optimal hyperplane)提出的。考虑图 10-14 所示的二维两类线性可分情况,图中的两类点分别表示两类训练样本,H 是把两类正确分开的分类线,H_1、H_2 分别为过各类样本中离分类线最近的点且平行于分类线的直线,H_1 和 H_2 之间的距离叫做两类的分类空隙或分类间隔(margin)。所谓最优分类线就是要求分类线不但能将两类无错误地分开,而且要使两类的分类空隙最大。前者保证经验风险最小,而分类空隙最大实际上就是使置信范围最小,从而使真实风险最小。

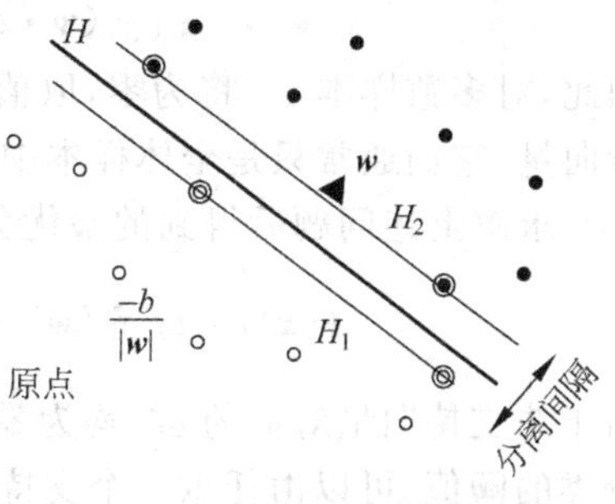

图 10-14　最优分类面示意图

设:线性可分样本为$(\boldsymbol{x}_i, y_i), i=1,\cdots,n, \boldsymbol{x}\in R^d, y\in\{+1,-1\}$是类别标号。$d$ 维空间中线性判别函数的一般形式为 $g(\boldsymbol{x})=\boldsymbol{w}\cdot\boldsymbol{x}+b$,分类面方程为

$$\boldsymbol{w}\cdot\boldsymbol{x}+b=0 \tag{10-76}$$

将判别函数归一化,使两类所有样本都满足 $g(\boldsymbol{x})\geqslant 1$,这样,离分离面最近的样本 $|g(\boldsymbol{x})|=1$,分类间隔就等于 $2/\|\boldsymbol{w}\|$,因此,间隔最大等价于使 $\|\boldsymbol{\omega}\|$(或 $\|\boldsymbol{\omega}\|^2$)最小;而要求分类线对所有样本正确分类,就是要求它满足

$$y_i[(\boldsymbol{w}\cdot\boldsymbol{x}_i)+b]-1\geqslant 0 \quad i=1,2,\cdots,n \tag{10-77}$$

因此,满足上述条件且使 $\|\boldsymbol{\omega}\|^2$ 最小的分类面就是最优分类面。过两类样本中离分类面最近的点且平行于最优分类面的超平面 H_1、H_2 上的训练样本就是式(10-77)中使等号成立的那些样本,它们叫做支持向量(support vectors)。因为它们支撑了最优分类面。最优分类面的示意图如图 10-14 所示,图中用圆圈标出的点为支持向量。

最优分类面的问题可以表示成约束优化问题,即在条件(10-77)的约束下,求函数

$$\phi(\boldsymbol{w})=\frac{1}{2}\|\boldsymbol{w}\|^2=\frac{1}{2}(\boldsymbol{w}\cdot\boldsymbol{w}) \tag{10-78}$$

的最小值。为此,定义以下拉格朗日函数,即

$$L(\boldsymbol{w},b,\alpha)=\frac{1}{2}(\boldsymbol{w}\cdot\boldsymbol{w})-\sum_{i=1}^{n}\alpha_i\{y_i[(\boldsymbol{w}\cdot\boldsymbol{x}_i)+b]-1\} \tag{10-79}$$

其中,$\alpha_i>0$ 为拉格朗日系数。对 $\boldsymbol{w}$ 和 b 求拉格朗日函数的极小值。把式(10-79)分别对 $\boldsymbol{w}$ 和 b 求偏微分并令它们等于 0,就可以把原问题转化为以下较简单的对偶问题。

在约束条件

$$\sum_{i=1}^{n}y_i\alpha_i=0 \quad \alpha_i>0, \quad i=1,2,\cdots,n \tag{10-80}$$

下对 α_i 求解下列函数的最大值:

$$Q(\alpha)=\sum_{i=1}^{n}\alpha_i-\frac{1}{2}\sum_{i,j=1}^{n}\alpha_i\alpha_j y_i y_j(\boldsymbol{x}_i\cdot\boldsymbol{x}_j) \tag{10-81}$$

若 α_i^* 为最优解,则

$$\boldsymbol{w}^*=\sum_{i=1}^{n}\alpha_i^* y_i\boldsymbol{x}_i \tag{10-82}$$

即最优分类面的权系数向量是训练样本向量的线性组合。

这是一个不等式约束下的二次函数极值问题,存在唯一解。且根据 Kühn-Tucker 条

件，这个优化问题的解须满足

$$\alpha_i[y_i(\boldsymbol{w}\cdot\boldsymbol{x}_i+b)-1]=0,\quad i=1,2,\cdots,n \tag{10-83}$$

因此，对多数样本 α_i^* 将为零，取值不为零的 α_i^* 对应于使式(10-77)等号成立的样本，即支持向量，它们通常只是全体样本中的很少的一部分。

求解上述问题后得到的最优分类函数是

$$f(\boldsymbol{x})=\operatorname{sgn}[(\boldsymbol{w}^*\cdot\boldsymbol{x})+b^*]=\operatorname{sgn}\left[\sum_{i=1}^{n}\alpha_i^* y_i(\boldsymbol{x}_i\cdot\boldsymbol{x})+b^*\right] \tag{10-84}$$

由于非支持向量对应的 α_i^* 均为零，因此，式中的求和实际上只对支持向量进行的。而 b^* 是分类的阈值，可以由任意一个支持向量用式(10-77)求得，或通过两类中任意一对支持向量取中值求得。

上面讨论的最优分类面仅限于样本线性可分的情况，分类函数(10-84)中只包括待分样本与训练样本中的支持向量的内积运算$(\boldsymbol{x}\cdot\boldsymbol{x}_i)$，同样，它的求解过程式(10-80)至式(10-82)也只涉及训练样本之间的内积运算$(\boldsymbol{x}_i\cdot\boldsymbol{x}_j)$，可见，要解决一个特征空间的最优线性分类问题，只要知道该空间的内积运算即可。

如果问题定义的空间不是线性可分的，则必须通过非线性变换来解决这些样本的分类问题。于是，定义非线性变换 Φ: $\boldsymbol{R}^d\rightarrow F$，将原空间 $\boldsymbol{R}^d$ 映射到另一个高维空间 F，将原空间的向量 $\boldsymbol{x}=[x_1,x_2,\cdots,x_d]$映射成新空间的向量$\boldsymbol{\Phi}(\boldsymbol{x})=[\Phi_1(\boldsymbol{x}),\Phi_2(\boldsymbol{x}),\cdots,\Phi_N(\boldsymbol{x})]$，使经过映射之后的样本在新的高维空间中变得线性可分，并在空间 F 中求最优分类面。经过映射之后，内积运算变成以下 $\Phi(\boldsymbol{x})\cdot\Phi(\boldsymbol{x}_i)$形式。此时的优化函数(10-81)变为

$$Q(\alpha)=\sum_{i=1}^{n}\alpha_i-\frac{1}{2}\sum_{i,j=1}^{n}\alpha_i\alpha_j y_i y_j\Phi(\boldsymbol{x}_i)\cdot\Phi(\boldsymbol{x}_j) \tag{10-85}$$

相应的判别函数(10-84)变为

$$f(\boldsymbol{x})=\operatorname{sgn}\left(\sum_{i=1}^{n}\alpha_i^* y_i\Phi(\boldsymbol{x}_i)\cdot\Phi(\boldsymbol{x})+b^*\right) \tag{10-86}$$

非线性映射的理论基础是 Cover 关于样本可分性的理论，该理论指出，一个线性不可分多维样本空间可以映射到一个全新的线性可分的高维空间进行处理。这种映射必须满足两个条件，首先，映射是非线性的；其次，特征空间的维数必须相当高。这种非线性变换可以解决实际操作中的高维空间计算问题，可以使某些高维映射的内积运算变得简单。图 10-15 为非线性映射示意图。

图 10-15(a)是线性不可分的样本空间，图 10-15(b)是经过非线性映射后成为线性可分的新空间。

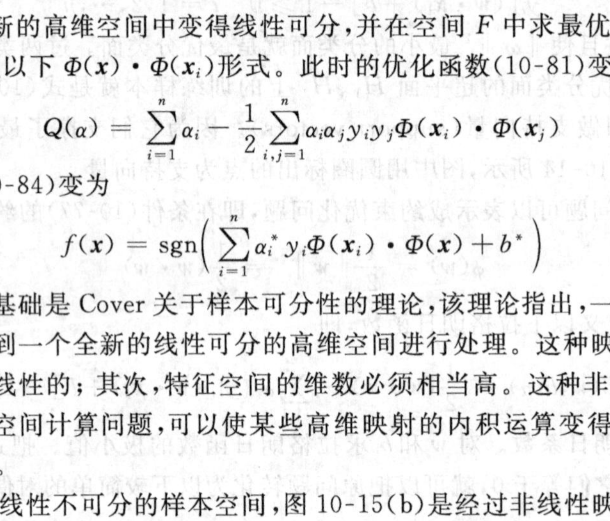

图 10-15　非线性映射示意图

根据泛函理论中的 Hilbert-Schmidt 原理，只要一种核函数 $K(\boldsymbol{x},\boldsymbol{y})$ 满足 Mercer 条件，它就对应某一变换空间的内积，核函数的定义如下：

$$K(\boldsymbol{x},\boldsymbol{y}) = \Phi(\boldsymbol{x}) \cdot \Phi(\boldsymbol{y}) \tag{10-87}$$

这样的话，只要选择合适的核函数，然后用内积函数代替分类函数(10-86)中的内积，就构成了支持向量机，具体形式见式(10-88)：

$$f(\boldsymbol{x}) = \mathrm{sgn}\left(\sum_{i=1}^{n} \alpha_i^* y_i K(\boldsymbol{x}_i \cdot \boldsymbol{x}) + b^* \right) \tag{10-88}$$

其建立过程不考虑非线性映射的具体形式，只需进行核函数的计算(式(10-87))。

支持向量机求得的分类函数形式上类似于一个神经网络，其输出是若干中间层节点的线性组合，而每个中间层节点对应于输入样本与一个支持向量的内积(非线性样本可用核函数代替)。由于最终的判别函数实际只包含支持向量的内积和求和，因此，识别时的计算复杂度取决于支持向量的个数。

核函数有多种形式，列出以下常用的几种。

(1) 多项式形式内积函数

$$K(\boldsymbol{x},\boldsymbol{y}) = (\boldsymbol{x} \cdot \boldsymbol{y} + 1)^q \tag{10-89}$$

(2) 径向基内积函数

$$K(\boldsymbol{x},\boldsymbol{y}) = \mathrm{e}^{-\| x-y \|^2/2\sigma^2} \tag{10-90}$$

(3) Sigmoid 内积函数

$$K(\boldsymbol{x},\boldsymbol{y}) = \tanh(k\boldsymbol{x} \cdot \boldsymbol{y} - \delta) \tag{10-91}$$

统计学习理论和支持向量机的算法之所以从 20 世纪 90 年代以来受到很大的重视，在于它们对有限样本情况下模式识别中的一些根本性的问题进行了系统的理论研究，并且在此基础上建立了一种较好的通用学习算法。以往很多困扰机器学习方法的问题，在这里都得到了一定程度的解决。而且，很多的传统机器学习方法都可以看作是支持向量机的一种实现，因而统计学习理论和支持向量机被很多人看作研究机器学习问题的一个基本框架。

关于句法结构模式识别与模糊识别法，由于篇幅所限，这里就不再介绍了，如需要可参考《数字图像处理学(第二版)》(阮秋琦，电子工业出版社，2007)一书。

10.3　模式识别的几种应用

模式识别的应用较广，大致可有以下几个方面：字符识别；语音识别和理解；医学诊断；遥感图像解译；人脸和指纹鉴别；污染监测；自动检查和自动化；可靠性；社会经济；考古等。下面介绍一些实例。

10.3.1　生物特征识别

生物特征是人的内在属性，具有很强的自身稳定性和个体差异性，因此是身份验证的最理想的依据。生物特征包括人脸、指纹、虹膜、掌纹、DNA 等。人脸包含丰富的人类思想和情感信息，利用人脸特征进行身份验证由于具有直接、方便、友好、使用者无任何心理障碍等优点，因而有着极其广泛的应用前景。

1. 指纹识别

指纹是重要的生物特征之一，如图 10-16 所示。指纹具有两大特性，第一是没有两个人的指纹是相同的；第二是当指纹不受损伤时终生不变。所以它是识别人最有力的手段之一。指纹本身是一个无穷类问题，在应用中有不同的情况。一种情况是对指纹进行核对查找，这是一个匹配问题。当然不是匹配每根隆线，而是匹配特征。如果档案数目很大，就要进行分类，把无穷类问题变成有限类问题，以减轻匹配负担。指纹分析是标准的结构分析，分成小块后只需测量隆线的斜率，通常采用 0～7，8 个方向。

首先，指纹分为 7 类（平斗、左箕、右箕、平弓、帐弓、左双箕、右双箕）。第一类再分为 18 个小类，然后测量斜率。总的过程是分类、分层、分窗口，在这个过程中包括细化、连接断线等处理。尔后整个窗口用一个树代表，树的每一个分支是窗口中的一根隆线，然后找出文法，最后做一树状自动机。据有关专家说，实验中大约有 10％的指纹由于噪声大而难以识别。识别一个指纹大约要 50s，40s 用于前后处理，10s 用于结构分析。美国在 1965 年开始进行指纹识别自动化研究，在 1972 年完成了叫做 FINGER 的系统。北京大学模式识别国家实验室的指纹识别研究历经十几年的研究，已在公安部门及银行中得到了实际应用。

图 10-16 指纹

2. 人脸识别

人脸识别技术（face recognition）就是利用计算机分析人脸图像，从中提取有效的识别信息，用来辨认身份的一门技术，它是典型的模式识别问题。完整的人脸识别问题不仅涉及图像处理、计算机视觉、人工智能、优化理论等诸多学科的知识，同时与认知学、神经科学、生理心理学的研究领域都有密切联系。

人脸识别有广泛的应用前景，如：在国家安全和公共安全领域、网络信息安全领域、人机交互领域、虚拟现实领域、先进的人机界面、可视电话/会议电视、计算机动画领域等都有潜在的应用价值。

人脸识别系统取样方便，可以不接触目标就进行识别，具有方便性和直观性，开发研究的实际意义大。与指纹图像不同的是，人脸图像受到很多因素的干扰，如：人脸表情的多样性；在成像过程中的光照、图像尺寸、旋转、姿势变化等，使得同一个人在不同环境下拍摄所得到的人脸图像不同，给识别带来很大难度。因此人脸识别是一项具有挑战性的模式识别课题。

1）人脸识别系统的基本组成

典型的人脸识别系统的基本框图如图 10-17 所示。

由图可见，人脸识别主要由以下几个功能模块组成。

(1) 图像获取。

图像获取模块完成获取人脸图像功能。图像有可能来自于摄像机或是扫描仪等设备。

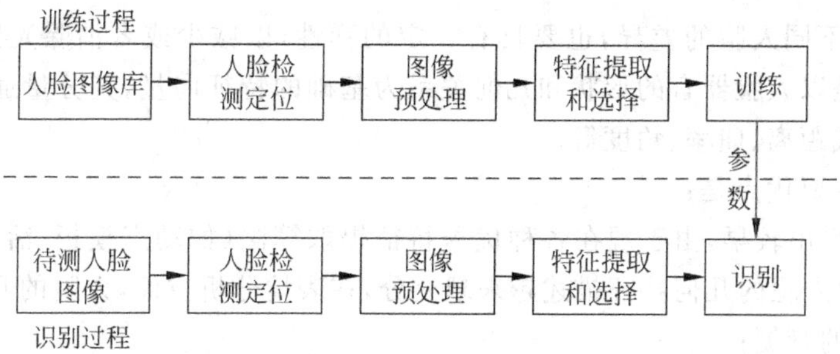

图 10-17　人脸识别系统原理框图

(2) 人脸检测定位。

处理和分析输入的图像，判断其中是否有人脸，如果存在人脸则找到人脸存在的位置，并将人脸从背景中分离出来。输入的图像可能是静态的也可能是动态的，可能是彩色的也可能是灰度的，可能是简单背景也可能是复杂背景，可能有一个或者多个人脸，要根据不同情况作相应的处理。这一部分的工作在整个系统中是非常重要的，它直接影响后续的特征提取和识别等工作的成功与否。

(3) 图像预处理。

预处理的主要作用在于尽可能去除或者减小光照、成像系统、外部环境等对待处理图像的干扰，为后续处理提供高质量的图像。图像预处理主要包括归一化、消除噪声、消除光照影响等处理，使不同人脸图像尽可能在同一条件下完成特征抽取、训练和识别。

(4) 特征提取和选择。

对预处理后的人脸图像按照某种策略抽取用于识别的特征是人脸识别的重要环节。如何提取稳定和有效的特征是识别系统成败的关键。具体的特征形式随识别方法的不同而不同，比如在基于几何特征的识别方法中，这一步主要是提取特征点，然后构造特征向量；在统计识别方法中，特征脸方法就是利用图像相关矩阵的特征向量构造特征脸；模板匹配方法用相关系数作为判据等。

(5) 训练。

训练过程也就是分类器的设计过程。这一步将生成可用于识别的参数。在人脸识别问题中就是把输入的不同的人像归入某个人这一类。这部分的基本做法是在样本训练集基础上确定某个判决规则，使按这种规则对被识别对象进行分类所造成的错误识别率最小。

(6) 识别。

根据训练所得的参数完成人脸的识别工作，把输入的人脸图像与库中的人脸图像进行比较匹配的过程，给出最后的识别结果。

概括地说，人脸识别一般可以划分为两个过程，一是训练过程，也叫做分类器的设计过程；另外就是识别过程，也叫做分类决策过程。

2) 人脸识别基本算法

在近 30 年研究发展中，形成了多种人脸识别算法，大体可分为基于几何特征的方法(geometrical features based)、基于神经网络的方法(neural network based)和基于代数特征的方法(algebraic features based)3 类算法。目前的主流方法是基于代数特征的方法。

(1) 基于几何特征的方法。

基于几何特征的方法是早期的人脸识别算法。该方法要求选取的特征矢量有一定的独特性，既要反映不同人脸的差异，也要具有一定的弹性，以减少或者消除光照差异等影响。几何特征向量是以人脸器官的形状和几何关系为基础的特征向量，其分量通常包括人脸指定两点间的欧式距离、曲率、角度等。

该方法的主要优点是：

- 该算法提出较早，由于现在各种优秀特征提取算法（如动态模板、活动轮廓等）的提出，使得人脸的几何特征描述越来越充分，在表情分析方面，人脸的几何特征仍然是最有力的判据；
- 基于几何特征的人脸识别算法符合人类识别的机理，易于理解；
- 对每幅图像只需要存储一个特征矢量，存储量小；
- 对光照变化不太敏感。

算法的不足是：

- 对图像的约束条件较多，提取的特征数目较少，自动提取特征的准确度较低；
- 从图像中抽取稳定的特征比较困难，特别是特征受到遮挡时更是如此；
- 对强烈的表情变化和姿态变化的鲁棒性较差；
- 一般几何特征只描述了部件的基本形状与结构关系，忽略了局部细微特征，造成部分信息丢失，因此，该方法较适合于粗分类。

(2) 基于神经网络的方法。

早期用于人脸识别的神经网络主要是 Kohonen 自联想映射神经网络，当人脸图像受噪声污染严重或部分缺损时，用 Kohonen 网络恢复完整的人脸的效果较好。Cottrell 等人使用级联 BP 神经网络进行人脸识别，对部分受损的、光照有所变化的人脸图像识别能力较好。

基于神经网络的方法将人脸直接用灰度图（二维矩阵）表征，通过训练把模式的特性隐含在神经网络的结构和参数之中，即设计特定结构神经网络作为决策分类器。所选用的神经网络有反向传播神经网络（back propagation NN）、卷积神经网络（convolution NN）及支持向量机（Support Vector Machines，SVM）等。

该算法的主要优点是：

- 神经网络作为分类器具有很好的适应性和扩展性；
- 可以通过学习的过程获得其他方法难以实现的关于人脸识别的规律和规则的隐性表达，对于复杂的、难以显式描述的模式具有一定的优势；
- 神经网络在结构上更类似于人脑，编码存储方式是分布式的，信息处理方式是并行的，如果能用硬件实现，就能显著提高速度。

缺点是：构造模型太大，参数繁多。由于原始图像数据量十分庞大，因此神经元数目通常很多，训练时间很长。当网络结构比较复杂，网络有许多参数（网络的层数、节点个数、学习速度等）需要调整时可能导致过度训练（overfitting）问题。

(3) 基于代数特征的方法。

这类算法是采用代数特征向量，即人脸图像在由“特征脸”向量张成的降维子空间上的投影。基于代数特征识别的主要原理是利用统计方法提取特征，从而形成子空间进行识别。

基于代数特征的方法的基本处理过程为：将图像看作一个数值矩阵，对其进行 SVD 分解，得到的奇异值作为人脸图像的描述。由于奇异值向量与图像有一一对应关系，而且具有较好的稳定性和各种变换的不变性，代数特征反映了图像的本质，可以用做人脸特征的描述。

Sirovich 和 Kirby 首先将 K-L 变换用于人脸图像的最优表示；Turk 和 Pentland 进一步提出了“特征脸”方法，该方法以训练样本集的总体散布矩阵为产生矩阵，经 K-L 变换后得到相应的一组特征向量，称为“特征脸”，这样，就产生了一个由“特征脸”向量张成的子空间，每一幅人脸图像通过投影都可以获得一组坐标系数，这组坐标系数表明了人脸在子空间中的位置。实验表明其具有较强的稳定性，可以作为人脸识别的依据。

由于代数特征向量具有一定的稳定性，识别系统对不同的倾斜角度，甚至不同的表情均有一定的鲁棒性。其主要不足是对表情的描述不够充分，难以用于表情分析。

3) 当前主流算法

当前比较普遍的一些算法有特征脸(eigenface)算法、基于 Fisher 线性判别分析算法、弹性图匹配方法(elastic graph matching)、局部特征分析算法(Local Feature Analysis, LFA)、非线性子空间算法(non-linear subspace)。详细算法可参考有关文献。

4) 人脸识别中的相似度比较方法

将待识别图像映射到特征空间后，需要确定训练集中的哪幅图像与之最相似。一般有两种方法确定图像间的相似程度。一种方法是比较两幅图像 N 维像素向量间的距离；第二种方法是估算两幅图像的相似度。当测量向量距离时，希望向量间距离小，最相似的两幅图像的像素向量之间距离最小；当计算相似度时，希望找到相似度最大的两幅图像，相似度越大的图像越相似。计算向量间距离和相似度的方法有很多，这里介绍 5 种供读者参考。

(1) L_1 准则。

L_1 准则又称城市阻塞准则或和准则，实际上它来自明氏距离(Minkowski distance)。明氏距离的定义如下：

$$L_p = D(A,B) = \left(\sum_i \mid A_i - B_i \mid^p \right)^{1/p}$$

当 $p=1$ 时，该距离演化为 L_1 准则，也就是绝对距离。

图像 A 和图像 B 的 L_1 准则可以表示为

$$L_1(A,B) = \sum_{i=1}^{N} \mid A_i - B_i \mid \tag{10-92}$$

(2) L_2 准则。

L_2 准则又称欧氏准则，它同样来自明氏距离。当 $p=2$ 时，即得到 L_2 准则，它的平方根又称欧式距离。图像 A 和图像 B 的 L_2 准则为

$$L_2(A,B) = \left(\sum_i \mid A_i - B_i \mid^2 \right)^{1/2} \tag{10-93}$$

(3) 协方差。

协方差方法也称为角度方法，它计算两个归一化向量间的角度。通过两个归一化向量的点积来计算。图像 A 和图像 B 之间的协方差为

$$\mathrm{cov}(A,B) = \frac{A}{\| A \|} \cdot \frac{B}{\| B \|} \tag{10-94}$$

协方差是表示相似度的尺度。

（4）马氏距离。

当特征向量之间具有相关性，而且各个特征向量对距离测度的贡献不一样的时候，可以采用马氏距离(Mahalanobis distance)。其定义为

$$D(A,B)=\sqrt{(F_A-F_B)^{\mathrm{T}}\boldsymbol{C}^{-1}(F_A-F_B)} \tag{10-95}$$

式中，$\boldsymbol{C}$代表特征向量的协方差矩阵。

马氏距离是向量间距离的尺度。

（5）相关性。

相关性表示了两幅图像像素间的变化速度。它计算出来的结果在−1～1之间，−1表示两幅图像互不相关，1表示两幅图像完全一样。图像A和图像B之间的相关性可表示为

$$\operatorname{corr}(A,B)=\sum_{i=1}^{N}\frac{(A_i-\mu_A)(B_i-\mu_B)}{\sigma_A\sigma_B} \tag{10-96}$$

式中，μ_A表示A的平均数；σ_A表示A的标准差。

5）子空间算法实现人脸识别

人脸识别中特征的维数通常都是非常高的，实际上在这样高维空间中的分布很不紧凑，因而不利于分类，计算上的复杂度也非常大。为了得到人脸图像的较紧凑分布，Kirby和Turk等人首次把主分量分析的子空间思想引入到人脸识别中，并获取了较大的成功。随后子空间分析方法就引起了人们的广泛注意，从而成为当前人脸识别的主流方法之一。

子空间分析的思想就是根据一定的性能目标来寻找一种线性或非线性的空间变换，把原始数据压缩到一个低维子空间，使数据在子空间中的分布更加紧凑，为数据的更好描述提供了手段。从而，也大大降低了计算的复杂度。

目前在人脸识别中较为成功应用的线性子空间方法有主分量分析(Principal Component Analysis，PCA)、线性判别分析(Linear Discriminant Analysis，LDA)、矢量量化(Vector Quantization，VQ)、独立元分析(Independent Component Analysis，ICA)和非负矩阵因子(Non-negative Matrix Factorization，NMF)等方法。基于核技术的非线性子空间分析方法有核主分量分析(Kernel Principal Component Analysis，KPCA)和核Fisher判决分析(Kernel Fisher Discriminant Analysis，KFDA)等。

下面主要介绍主分量分析法。

主分量分析法(PCA)的主要思想是选择样本点分布方差大的坐标轴进行投影，降低维数并使信息量损失最少，这样就把问题转化为求样本数据协方差矩阵的特征值问题。

PCA方法将包含人脸图像区域看做一种随机变量，因此，可以采用K-L变换得到正交变换基，对应其中较大的特征值的基底具有与人脸相似的形状。PCA利用这些基底的线性组合可以描述和逼近人脸，因此可以进行人脸的识别和重建。其主要步骤如下。

（1）计算特征脸。

特征脸是通过计算一系列训练集图像像素点的协方差矩阵的特征向量确定的。假设训练集中有P幅人脸图像，每幅图像的像素构成一个N维列向量：

$$\boldsymbol{x}^i=[x_1^i,x_2^i,\cdots,x_N^i]^{\mathrm{T}} \tag{10-97}$$

这P幅图像的平均值向量为

$$\boldsymbol{m} = \frac{1}{P}\sum_{i=1}^{P} x^i \tag{10-98}$$

每个人脸图像 $\boldsymbol{x}^i$ 与平均值向量 $\boldsymbol{m}$ 的差值向量为

$$\bar{\boldsymbol{x}}^i = \boldsymbol{x}^i - \boldsymbol{m} \tag{10-99}$$

将所有图像的向量结合在一起,形成了一个 $N\times P$ 大小的矩阵,即

$$\bar{\boldsymbol{X}} = [\bar{\boldsymbol{x}}^1, \bar{\boldsymbol{x}}^2, \cdots, \bar{\boldsymbol{x}}^P] \tag{10-100}$$

将矩阵 $\bar{\boldsymbol{X}}$ 的转置矩阵与 $\bar{\boldsymbol{X}}$ 相乘得到其协方差矩阵,即

$$\boldsymbol{\Omega} = \bar{\boldsymbol{X}}\bar{\boldsymbol{X}}^{\mathrm{T}} \tag{10-101}$$

假设 $P<N$,求解协方差矩阵的非零特征值及其对应的特征向量。将计算出来的特征值由大到小排列,对应的特征向量也按顺序排列。最大特征值对应的特征向量反映了图像间的最大差异,第二个最大特征值对应的特征向量反映了图像间的第二大差异,以此类推,最小的特征值对应的特征向量反映了图像间的最小差异。

通过特征空间映射识别人脸有 3 个基本步骤。首先,通过对训练集图像进行训练创建特征空间;其次,训练集图像被映射到特征空间;最后,将待测图像映射到特征空间,通过与映射到特征空间的训练集图像进行比较,实现人脸识别。

(2) 创建特征空间。

依照下述步骤创建特征空间。

① 计算每幅图像像素矩阵与均值矩阵的差值:利用式(10-98)计算训练集中图像的均值矩阵,利用式(10-99)计算图像像素矩阵与均值矩阵的差值。

② 创建数据矩阵:用式(10-100)形成 $N\times P$ 的数据矩阵,其中,P 为训练集中图像的个数。

③ 计算协方差矩阵:用式(10-101)计算数据矩阵的协方差矩阵。

④ 计算协方差矩阵的特征值和特征向量:协方差矩阵的特征值和特征向量满足式(10-102),即

$$\lambda\boldsymbol{V} = \boldsymbol{\Omega}\boldsymbol{V} \tag{10-102}$$

式中,$\boldsymbol{V}$ 为特征值所对应的特征向量的集合。

⑤ 对特征向量进行排序:将协方差矩阵的特征值 $\lambda_i\in\lambda$ 按由大到小的顺序排序,特征值所对应的特征向量 $\boldsymbol{V}_i\in\boldsymbol{V}$ 也按同样的顺序排列。排序只针对非零特征值所对应的特征向量。这个排序后的特征向量集就是特征空间 $\boldsymbol{V}$,$\boldsymbol{V}$ 中的每一列代表一个列向量。

$$\boldsymbol{V} = [\boldsymbol{v}_1, \boldsymbol{v}_2, \cdots, \boldsymbol{v}_P] \tag{10-103}$$

(3) 映射训练集图像。

应用式(10-104)将训练集图像向量($\bar{\boldsymbol{x}}^i$)映射到特征空间。

$$\tilde{\boldsymbol{x}}^i = \boldsymbol{V}^{\mathrm{T}}\,\bar{\boldsymbol{x}}^i \tag{10-104}$$

(4) 识别待测图像。

每一幅待测图像首先都要通过减去均值向量得到一列向量,然后被投影到由 $\boldsymbol{V}$ 定义的特征空间中.

$$\bar{\boldsymbol{y}}^i = \boldsymbol{y}^i - \boldsymbol{m},\quad \boldsymbol{m} = \frac{1}{P}\sum_{i=1}^{P} x^i \tag{10-105}$$

且

$$\tilde{\boldsymbol{y}}^i = \boldsymbol{V}^{\mathrm{T}}\,\bar{\boldsymbol{y}}^i \tag{10-106}$$

将待测图像的投影与每一个训练集的投影进行比较，与待测图像投影最接近的训练集图像就是要识别的训练集中的图像。

最近几年，尤其是SVM的研究展开后，关于核方法的研究受到重视。最新的理论研究成果表明，通过与核方法的有机融合而形成的基于核的主成分分析方法(KPCA)，不仅特别适合于处理非线性问题，且能提供更多的信息。由于篇幅关系在这里就不详细叙述了，如感兴趣，可参考有关文献。

人脸识别的试验结果示于图10-18中。

图10-18　部分人脸图像

该试验采用KPCA人脸识别算法，使用美国的Yale人脸库进行试验。

图像库中共15人，每人11张照片，人脸数目共计为165。利用PCA算法及KPCA算法进行人脸识别的实验结果的识别率分别为87.5%和93.3%。

10.3.2　模式识别在医学上的应用

模式识别在医学图像方面的应用还不多，主要是医学图片在预处理和分割等方面的问题还没有解决，大部分工作尚在解决此类问题。

染色体分类是句法方法的一个例子，目前只用于形状分类，其实真正染色体的分类还要用到染色体本身灰度的变化。一般作法是先找到染色体，然后扫描、分开，找到染色体的方向，找到中心，测量臂长、灰度等参数，然后加以识别。染色体分类系统的框图如图10-19所示。目前有资料谈到染色体的正确识别率为93.7%。

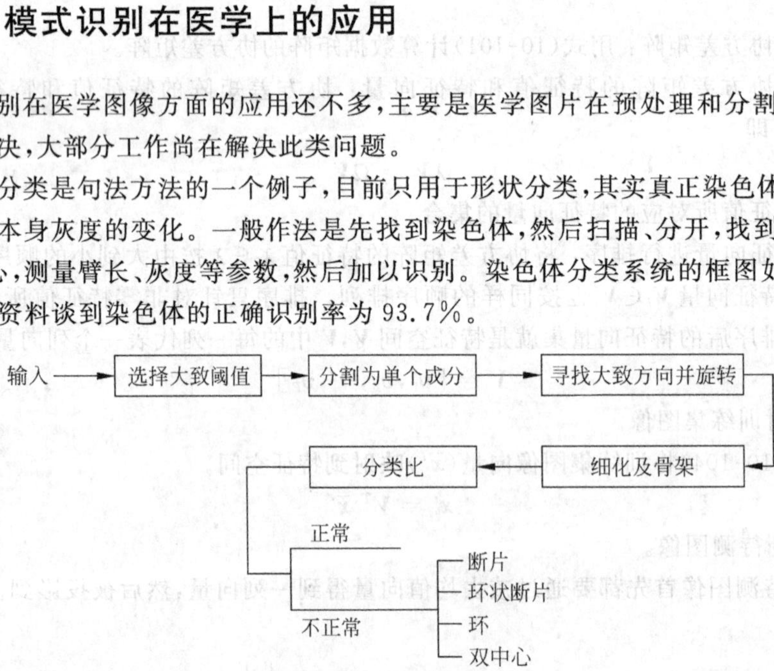

图10-19　染色体分类系统框图

除染色体分类，在医学中的应用还有血球分类。目前有的医院使用 5 类分类器，可以做到 95%的正确分类。分类方法与染色体分类大致相同。此外，还有细胞分类、X 光透视照片分析等。

10.3.3　模式识别在自动检测中的应用

模式识别的一个较为广泛的应用领域是自动检测，它包括自动视觉检查及工业零件的自动识别等。在生产过程中，为了排除次品和查出与故障有关的零件隐患等，要在生产过程中用目测方法对产品进行外观检查，但目测法有因人而异和漏检的问题。为此，有必要研制能在一定的标准条件下定量的、一个不漏地进行检查的装置，这就是利用模式识别技术的自动外观检查装置。下面的例子是应用支持向量机对胶片缺陷检测中的应用。

应用支持向量机进行胶片缺陷检测算法的主要步骤可以用如图 10-20 所示的流程图表示。

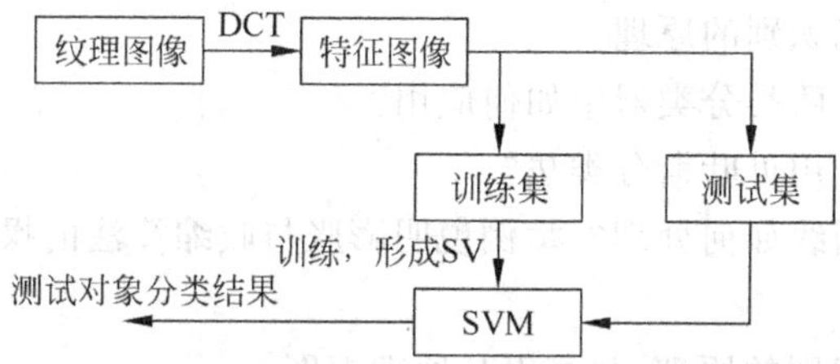

图 10-20　应用支持向量机进行胶片缺陷检测算法的流程

胶片在生产过程中，会形成各种各样的缺陷，图 10-21 至图 10-23 显示了其中的部分实例，分别为面刮擦缺陷、拉丝缺陷和压痕缺陷。仔细分析这些图像不难发现，胶片的背景(非缺陷区域)灰度分布均匀，属于非常典型的纹理模式，而缺陷区域的灰度分布与之差别很大。人眼之所以能迅速地将缺陷区域找到，就是因为它们的存在破坏了正常胶片纹理基元的规律排列，破坏了胶片整体纹理的均匀一致性，从而给人的视觉以冲击，使人眼能够轻易地将它们识别出来。所以说，人眼认知缺陷的过程实际上就是一个对胶片图像进行纹理分析的过程，纹理分析是进行胶片缺陷检测的有力工具。图 10-24 至图 10-26 是对图 10-21 至图 10-23的检测结果。

图 10-21　面刮擦缺陷

图 10-22　拉丝缺陷

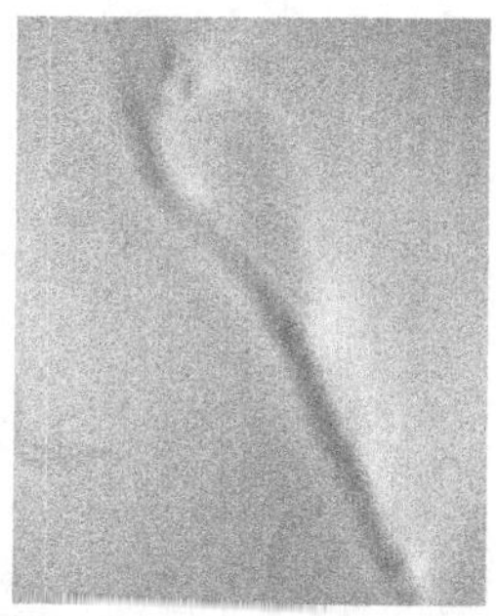

图 10-23　压痕缺陷

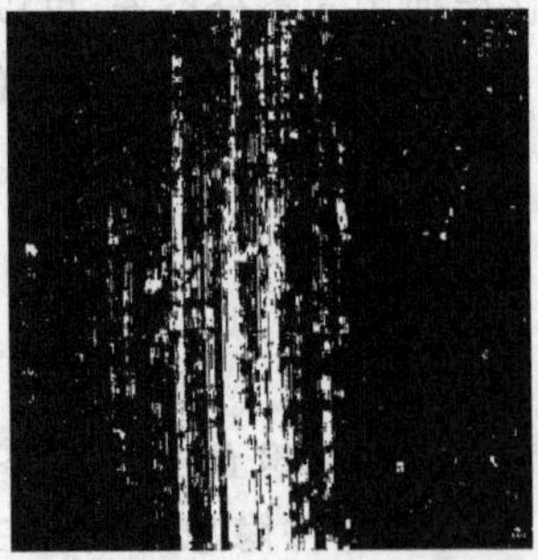

对图 10-21 所示缺陷的检测结果

图 10-24 应用 PCA 提取特征

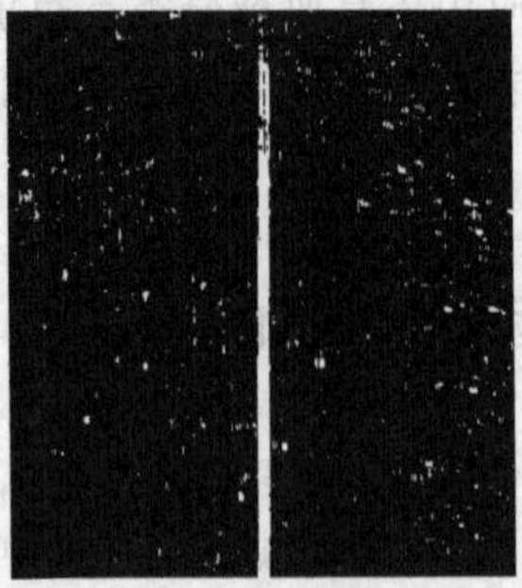

对图 10-22 所示缺陷的检测结果

图 10-25 应用 PCA 提取特征

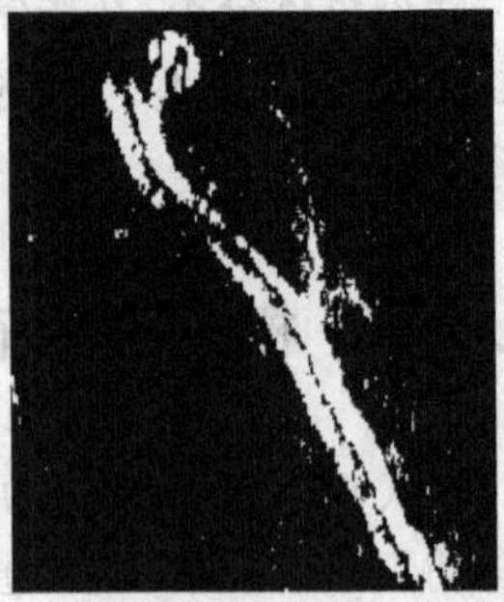

对图 10-23 所示缺陷的检测结果

图 10-26 应用 PCA 提取特征

思考题

1. 试说明统计模式识别的原理。

2. 线性判别函数在两类分类器中如何应用?

3. 在什么情况下可用贝叶斯分类法?

4. 边缘抽取中的断线如何处理? 举例说明膨胀与收缩算法的操作与作用,试编一小程序加以处理。

5. 试述句法模式识别的原理,并画出其原理框图。

6. 考虑两类决策问题,如果 $X>Q$,判决为 W_1,否则判决为 W_2,指出错误概率

$$P = P(W_1)\int_{-\infty}^{Q} P(\boldsymbol{X}/W_1)\mathrm{d}\boldsymbol{X} + P(W_2)\int_{Q}^{\infty} P(\boldsymbol{X}/W_2)\mathrm{d}\boldsymbol{X}$$

对上式求导,指出 P 极小的条件是 Q 满足

$$P(Q/W_1)P(W_1) = P(Q/W_2)P(W_2)$$

7. 如何用最小风险求类别?

8. 试设计一个 3 类贝叶斯分类器,画出其框图,并说明其操作。

参 考 文 献

[1] 冈萨雷斯 R C,温茨 P 著. 数字图像处理. 李叔梁等译. 北京：科学出版社,1982.

[2] 罗森菲尔德 A,卡克 A C 著. 数字图像处理. 余英林等译. 北京：人民邮电出版社,1982.

[3] 本肇. 画像の情报处理. コロナ社,1978.

[4] 宫川洋,渡部叡. 画像エレトロニクスの基础. コロナ社,1975.

[5] 普拉特 W K 箸. 数字图像处理学. 高荣坤译. 北京：科学出版社,1984.

[6] 习鸟. 画像特徵. テレビ誌 29 卷,第二号,1975.

[7] 藤尾. 画像 量 との 视觉系. 信学誌,1976,59(11).

[8] Hutson H H. Color Television Theory PAL-system Principles and receiver Circuitry. Company Limited,1971.

[9] Pratt W K. Spatial Transform Coding of Color Images. IEEE Trans. Commun. Tech, CoM-19, 12, December 1971.

[10] Kretzmer E R. Statistics of Television Signals. The Bell System Technical Journal,1952.

[11] 斯坦利 W D 著. 数字信号处理. 常迥译. 北京：科学出版社,1979.

[12] 蒋先进. 微光电视. 北京：国防工业出版社,1984.

[13] 木户出,正继,筱田等. 快速数字图像处理装置的发展趋势. 北京：国外自动化科学技术出版社,1979.

[14] Gilbert A. A Real-Time Video Tracking System. IEEE trans. PAMI,1980,2(1)：47～56.

[15] 袁保宗. 数字信号处理与通信. 北京：人民邮电出版社,1981.

[16] Cooleg J W,Tukey J W. An Algorithm for Machine Calculation of Complex Fourier Series. Math Computation,April,1965.

[17] 胡征,樊昌信. 沃尔什变换及其在通信中的应用. 北京：人民邮电出版社,1980.

[18] Hall E L. Computer Image Processing and Pattern Recognition. Academic Press,1979.

[19] Goodall W M. Television by Pulse Code modulation. The Bell System Technical Journal,1951.

[20] Review A. Picture Coding. Proceedings of IEEE,1980,68(3).

[21] 张宏基. 信源编码. 北京：人民邮电出版社,1980.

[22] Wintz P A. Transform Picture Coding. Proc of the IEEE,1972,60(7).

[23] Ahmed N,Natarajan T,Rao K R. An Image Processing and Discrete Cosine Transform. IEEE Trans. Computers,C-23,1,January 1974.

[24] Habibi A. Two-dimension Bayesian Estimate of Images. Proceedings of the IEEE 1972,60(7).

[25] Fu K S. Digital Pattern Recognition. Springer-Verlag Berlin Heidelberg New York 1976.

[26] Gordon J Vanderbrug and Azriel Rosenfel. Two-Stage Template Matching. IEEE trans. Computers, 1977,C-26(4).

[27] 陈尚勤,魏鸿俊. 模式识别理论及应用. 成都：成都电讯工程学院出版社,1983.

[28] 付京孙著. 模式识别及其应用. 戴汝为,胡启恒译. 北京：科学出版社,1983.

[29] 李月景. 图像识别技术及应用. 北京：机械工业出版社,1983.

[30] 阮秋琦. 视频图像实时的 Waloh-Hadarmada 变换编码研究. 北京交通大学,[硕士论文]. 1981.

[31] 张丽英. 视频信号的自适应增量编码装置. [硕士论文],北京交通大学,1982

[32] 楼世博,金晓龙. 模糊数学及其应用. 国外自动化,1980,2(2).

[33] Kanal L N. Interactive Pattern Analysis and Classification System：A Survey and Commentary.

Proceedings of the IEEE,1972,60(10).

[34] Ulliman J R. Picture Recognition and Analysis. The Radio and Electronic Engineer,1977,47(1).

[35] Preston K. A Comparision of Analog and Digital Techniques for Pattern Recognition. Proceedings of the IEEE,1972,60(10).

[36] Nahi N E, Franco C A. Recursive Image Enhancement Vector Processing. IEEE Trans. On Communication Vol CoM-21,April 1973.

[37] 阮秋琦,袁保宗.全电视信号实时编码研究.全国信号处理学术会议,1980.

[38] 阮秋琦.全电视信号实时 Walsh-Hadamard 变换编码研究.全国图像处理学术会议,1983.

[39] 阮秋琦.图像的伪彩色增强研究.全国图像处理学术会议,1986.

[40] 阮秋琦.模糊图像的恢复研究.全国计算机用户协会学术会议,1986.

[41] Farzin Mokhtarian and Alan Mackworth. Scale-Based Description and Recognition of Planar Curves and Two-Dimensional Shapes. IEEE trans. PAMI,Vol. 8,No. 1,January 1986：34～43.

[42] 阮秋琦.数字图像处理基础.中国铁道出版社,1988.

[43] Qiuqi Ruan. An improvement of the Realization Method for the Restoration of A Motion blurred Image. New products Show Conference. Chicago,1987.

[44] Qiuqi Ruan. Dimensioning inspection on X-ray images. GE Report. U. S. A,1988.

[45] Qiuqi Ruan. The Displacement Measurement in the X-ray Image Using Hierarchical Correlation Method. GE Report,U S A,1988.

[46] Qiuqi Ruan. PDP-11 Image Processing System. AI&CV LAB Report,USA,1989.

[47] Qiuqi Ruan. Intelligent Transtent Fault Monitor. Lead Ltd. Report,USA,1989.

[48] 阮秋琦.用分层相关法实现运动目标的检测.第五届全国图像图形学学术会议论文集,1990.

[49] Burdea G,Zhuang J. Dextrous Telerobotics with Force Feedback-An Overview, part 1：Human factors. Robotica,9,171-178,UK,1991.

[50] 阮秋琦.计算机视觉环境及软件包的研究.第六届全国图像图形学学术会议论文集,1992.

[51] Qiuqi Ruan. The Realization and Application of a Fast Searching Algorithm of the Correlation matching. IEEE ICCT'92,1992.

[52] Qiuqi Ruan,Yuan Bao Zong. Super Intelligent Visual Auditory Information Processing System. IEEE SMC',Chicago,1992.

[53] Qiuqi Ruan. Landslide Hazard Remote Sensing Information System. 12Th Asian conf. on remote sensing,1991.

[54] 阮秋琦.图像处理和计算机视觉检测技术在美国.北方交大学报,1992.

[55] Appino P,Lewis J B,Koved L et al. An Architecture for Virtual Worlds. Teleoperators and Virtual Environments,1992,1(1)：1-17.

[56] Bajura M. H. Fuchs,R. Ohbuch. Merging Virtual Objects with the Real world：See Ultrasound Imagery within the patient. Computer Graphics,1992,26(2)：203-210.

[57] Begault D. The Virtual Reality of 3-D Sound. Proceedings of Cyberarts Conference. Pasadena,CA,1992,79-87.

[58] Adam J. Virtual Reality is for real. IEEE Spectrum,1993,22-29.

[59] Airey J,Rohlf J,Brooks Jr F. Towards Image Reality with Interactive Update Rates in Complex Virtual Building Environments. Computer Graphics,AM,1990.(24),No. 2,41-50.

[60] Aley D,Donahae M. A Sourceless Orientation Sensor. Sensor,pp. 55,1993.

[61] Bejczy A. State-of-the-Art in Remote Manipulation Using Virtual Environment Display. IEEE Workshop on Force Display on Virtual Environments and Its Application to Robotic Teleoperation, Atlanta,GA 1993.

[62] 阮秋琦.模式识别与分类的发展动向.北方交大学报,1993,17(2).

[63] 阮秋琦.智能信息处理技术在高速铁路中的应用初探.高速铁路文集,1993.

[64] 阮秋琦.相关匹配的快速算法研究.北方交大学报,1993.

[65] 阮秋琦.计算机听视觉信息处理的现状及发展.电信科学,1993.

[66] Qiuqi Ruan. The Research of the Computer Vision Information Processing Environment. ICSP'93, International Conference. 1993.

[67] 唐四春,阮秋琦.分类分层遥感图像数据库.第六届全国语音图像通讯信号处理学术会议,1993.

[68] 冯为民,阮秋琦.一种利用视觉特性和小波变换的混合编码方案.成都:第六届全国语音图像通讯信号处理学术会议,1993.

[69] William B Thompson, Pameta Lechleider, Elizabeth R Stuck. Detecting Moving Objects Using the Rigidity Constraint, IEEE Trans. PAMI, 1993, 15(2): 162-166.

[70] Murray D, Basu. Motion Tracking with an Active Camera. IEEE Trans. on PAMI, 1994, 16(5), 449-495.

[71] 阮秋琦.人工地震数据进行地质构造的三维重建研究,第七届全国图像图形学学术会议,成都,1994.

[72] 阮秋琦.处理和计算机视觉技术在铁路现代化建设中的应用.北方交大学报.

[73] 阮秋琦.计算机及通信中的多媒体技术.电子学报 1994,16(4).

[74] 阮秋琦.遥感图像三维重建算法研究.铁道学报,1994,22(11).

[75] 阮秋琦.智能视觉信息处理系统研究. IIT'95,1995.

[76] 阮秋琦.地质构造三维重建研究. IIT'95,1995.

[77] 阮秋琦.智能视听信息处理系统研究. PC WORLD 特刊,1995.5.

[78] Qiuqi Ruan. Research of the Image Coding Based on the Wavelet Transformation. IEEE, SIP'95, Amarican. Las vigas, 1995.

[79] 阮秋琦.信号与信息处理技术在现代通信中的作用.全国铁路通信学术会议,1995.

[80] 阮秋琦.信息高速公路与智能信息处理技术.电子科技导报,1995,9.

[81] 阮秋琦.铁路新知识手册(信息技术部分).北京:中国铁道出版社,1995.

[82] Lshida T, Richard E K. Moving-Target Search: A Real-Time Search for Changing Goals. IEEE Trans. PAMI, Vol. 17, No. 6, June 1995, 609-619.

[83] 阮秋琦.听视觉信息处理的新策略.北方交通大学学报,第二期,1996,20.

[84] Qiuqi Ruan. Wavelet Transformation Image Coding Based on the Human Visual Specificity. ICSP'96, Beijing, 1996.

[85] 阮秋琦.序列图像中运动目标的检测.铁道学报,1996,18(6).

[86] 孙方立,阮秋琦.基于霍夫变换的断层地质构造识别研究.铁路航测,1997 年第二期.

[87] Qiuqi Ruan. Research of Tracking of Moving Target. Germany, APPT'97, International Conference. 1997.

[88] 寇元元,阮秋琦.多媒体视频卡的应用研究.海峡两岸交通大学电子信息技术研讨会论文集,1998.9.

[89] 阮秋琦.基于 LAN/INTERNET 的 CSCW 系统研究.海峡两岸交通大学电子信息技术研讨会论文集,1998.9.

[90] Qiuqi Ruan. New adaptive Tracking algorithm of Non-rigid Object. IEEE, ICSP'98.

[91] Qiuqi Ruan. MFSC Algorithm Research of the Sequence Image Coding. IEEE JCIS'98.

[92] 阮秋琦.基于 Hausdorff 距离的非刚体目标自适应轮廓跟踪.通信学报,1998.6.

[93] 阮秋琦.图像编码中的运动补偿研究. 1997 通信学术交流论文集.北京:人民邮电出版社,1997.

[94] 张颖,阮秋琦.一种基于小波变换的心电图 QRS 综合波自动检测算法. 1997 通信学术交流论文集.北京:人民邮电出版社,1997.

[95] 孙方立,阮秋琦.基于 TCP/IP 协议下的 CSCW 系统及其相关技术研究.铁道学报,1998,20(4).

[96] 阮秋琦.序列图像编码的 FMSC 算法研究.铁道学报,1999,21(3).

[97] 王海滨,阮秋琦. PC机虚拟现实系统研究. 信号处理,1999,15: 103.

[98] 王海滨,阮秋琦. 视觉方法在虚拟现实系统头部姿态检测中的应用研究. 信号处理,1999,15: 106.

[99] Wang haibin,Ruan Qiuqi. A VR application Based PC System with Vision Tracking. APCC/OECC'99, Beiing,1999,P1043-1047.

[100] 王海滨,阮秋琦. 立体显示与视觉跟踪方法集成在虚拟现实系统中的应用研究. 北京: 中国智能自动化学术会议,1999. 10.

[101] 边肇祺,张学工. 模式识别. 北京: 清华大学出版社,2000.

[102] Tian Y L,Kandade T,Cohn J F. Recognizing Action Units for Facial Expression Analysis. CMU Robotics Institute Technical Report 99,1999.

[103] Yang J,Waibel A. A Real-Time Face Tracker. In Proceedings of the Third Workshop on Application of Computer Vision,1996,142-147.

[104] Keating C F,Keating E G. Monkeys and Mug Shots: Cues Used by Rhesus Monkeys (Macaca mulata) to Recognize a Human Face. Journal. Comparative Psychology,1993,107(2): 131-139.

[105] Baskan S,Atalay V. Projection Based Method for Segmentation of Human Face and Its Evaluation. Pattern Recognition Letters 23,2002,1623-1629.

[106] Zhou Z H,Geng X. Projection Functions for Eye Detection. Pattern Recognition,2004.

[107] Reisfeld D,Yeshurun Y. Robust Detection of Facial Features by Generalized Symmetry. IAPR, 1992,117-120.

[108] Ramadan S,Almageed W A,Smith C E. Eye Tracking using Active Deformable Models. 2002,Indian Conf. on Computer Vision,Graphics and Image Processing.

[109] Jeng S H,Liao H Y. Facial Feature Detection Using Geometrical Face Model: An Efficient Approach. Pattern Recognition,1998,31(3): 273-282.

[110] Brunelli R,Poggio T. Face Recognition: Features Versus Templates. IEEE Trans. On PAMI,1993, 15(10): 1042-1052.

[111] Lucey S,Sridharan S,Chandran V. Improved Facial Feature Detection for AVSP via Unsupervised Clustering and Dicriminant Analysis,EURASIP Journal on Applied Signal Processing,2003,3: 264-275.

[112] Chellappa R,Wilson C L,et al. Human and Machine Recognition Of Faces: A Survey. Proceedings of the IEEE,1995,83(5): 40-705.

[113] Smeraldi F,Bigun J Retinal. Vision Applied to Facial Features Detection and Face Authentication. Pattern Recognition Letters,2002,23: 463-475.

[114] Shackleton M A,Welsh W J. Classification of Facial Features for Recognition. Proc. IEEE Conf. ComputerVision and Pattern Recognition,1991: 573-579.

[115] Gerald Kaiser. A Friendly Guide to Wavelets. Birkhauser,Quinn-Woodbine,1994.

[116] 阮秋琦. 数字图像处理学(第二版). 北京: 电子工业出版社,2007.